電子學 含實習

滿分總複習（上）

電子學含實習 滿分總複習（上）

編 著 者	高昱綸、楊明豐
出 版 者	旗立資訊股份有限公司

住　　　址	台北市忠孝東路一段83號
電　　　話	(02)2322-4846
傳　　　真	(02)2322-4852
劃 撥 帳 號	18784411
帳　　　戶	旗立資訊股份有限公司
網　　　址	https://www.fisp.com.tw
電 子 郵 件	school@mail.fisp.com.tw
出 版 日 期	2021／6月初版
	2025／5月五版
I S B N	978-986-385-405-0

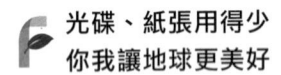

光碟、紙張用得少
你我讓地球更美好

國家圖書館出版品預行編目資料

電子學含實習滿分總複習/高昱綸, 楊明豐編著. --
五版. -- 臺北市：旗立資訊股份有限公司,
2025.05-
　　冊；　公分
ISBN 978-986-385-405-0 (上冊：平裝)

1.CST: 電子學 2.CST: 工業教育 3.CST: 技職教育

528.8352　　　　　　　　　　　　114005757

Printed in Taiwan

※著作權所有，翻印必究

※本書如有缺頁或裝訂錯誤，請寄回更換

大專院校訂購旗立叢書，請與總經銷旗標
科技股份有限公司聯絡：
住址：台北市杭州南路一段15-1號19樓
電話：(02)2396-3257
傳真：(02)2321-2545

編輯大意

一、 本書係根據108年實施之十二年國民基本教育技術型高級中等學校群科課程綱要—電機與電子群「電子學」及「電子學實習」科目，融合統測等相關試題編寫而成，可做為高二課餘複習與高三升學準備之用。

二、 本書分上、下冊，專為學習電子、電機的同學所編著，針對近年的各項升學命題趨勢，作有系統的歸納整理，可供同學平日進修或升四技、二專等考試之用。

三、 全書內容分成六部分：

1. 考前速覽：各章章首提示學習重點、命題分析，並表格化彙整「考前3分鐘」，使同學能掌握正確方向，以收「事半功倍」之研讀成效。

2. 重點整理：各章之重要觀念、原理、定理與公式，有系統的加以歸納整理並輔以圖、表說明，使同學能有整體且清晰的概念。

3. 精選範例：以實例解說重要觀念、原理、定理或公式，講解後馬上練習，加深同學印象。

4. 立即練習：立即練習該單元的學習成果，由「基礎」而「進階」，以奠定良好的基礎並增強解題技巧與能力。

5. 歷屆試題：章末提供精選歷屆試題，且附有詳解，使同學能並能「鑑往知來」，掌握統一入學測驗命題趨勢。

6. 模擬統測：章末提供「電子學」及「電子學實習」模擬試題，以求能徹底吸收了解全章內容，並精心設計「素養導向題」，使同學能掌握未來考試趨勢。

四、 本書於書末提供技專校院入學測驗中心公告之跨領域（專業科目一）素養導向題示例，供學生練習跨領域連結之題型。

五、 本書內容經多次研究與校正，力求完善詳實，但疏漏難免，尚祈讀者、先進不吝指正。

編著　謹誌

114年統一入學測驗
電子學（含實習）試題分析

一、出題範圍

電機類、資電類的專業科目(一)考試為同一份試題，共50題，其中電子學及電子學實習的部分佔25題。出題比重較高的章節為**CH2二極體及應用電路**（4題）、**CH7金氧半場效電晶體放大電路**（3題）、**CH11運算放大器振盪電路及濾波器**（4題），其他章節則各有1～2題的命題。

以元件類型來分析出題比重，基本波形有1題，二極體有4題，雙極性電晶體有6題，場效電晶體有8題，運算放大器有6題。二極體題目較少，多集中在雙極性電晶體、場效電晶體及運算放大器等章節。<u>出題比重與113年大致相同，二極體增加了1題，運算放大器則少了1題。</u>

二、題型及難易度分析

本屆考試的題目難易適中，其中觀念題型佔9題，計算題型佔16題。**今年計算題型偏多，但大多是基本公式運算，除少數題型較難外，多數題型中偏易；而觀念題型多數偏易**。第45題之「雙極性接面電晶體多級放大電路」題型算式較複雜，需使用精確解才能順利解答。只要熟讀本書內容、熟記公式、靈活運用，即可順利取得高分。

三、配分比例

章節	單元名稱	題數	114年統測試題題次	比例
CH1	電子元件及波形基本概念	1	40	4%
CH2	二極體及應用電路	4	26, 27, 28, 42	16%
CH3	雙極性接面電晶體	2	41, 43	8%
CH4	雙極性接面電晶體放大電路	2	29, 30	8%
CH5	雙極性接面電晶體多級放大電路	2	44, 45	8%
CH6	金氧半場效電晶體	2	31, 32	8%
CH7	金氧半場效電晶體放大電路	3	33, 34, 35	12%
CH8	金氧半場效電晶體多級放大電路	1	46	4%
CH9	金氧半場效電晶體數位電路	2	37, 50	8%
CH10	運算放大器	2	36, 47	8%
CH11	運算放大器振盪電路及濾波器	4	38, 39, 48, 49	16%
合計		25		100%

目錄 Contents

CHAPTER 1 電子元件及波形基本概念

- 1-1 電子元件的發展歷史及未來趨勢 1-3
- 1-2 基本波形認識 1-4
- 1-3 各種儀表之操作 1-9
- 1-4 工業安全衛生 1-15

CHAPTER 2 二極體及應用電路

- 2-1 本質、P型及N型半導體 2-4
- 2-2 P-N接面二極體 2-9
- 2-3 稽納二極體 2-27
- 2-4 發光二極體 2-38
- 2-5 整流電路 2-41
- 2-6 濾波電路 2-50

CHAPTER 3 雙極性接面電晶體

- 3-1 雙極性接面電晶體之構造及特性 3-4
- 3-2 雙極性接面電晶體之特性曲線 3-17
- 3-3 雙極性接面電晶體之直流偏壓 3-32
- 3-4 音訊放大電路 3-55

CHAPTER 4 雙極性接面電晶體放大電路

- 4-1 雙極性接面電晶體放大器工作原理 4-4
- 4-2 共射極放大電路 4-10
- 4-3 共集極放大電路 4-28
- 4-4 共基極放大電路 4-36
- 4-5 各種放大組態之比較 4-39

CHAPTER 5 雙極性接面電晶體多級放大電路

- 5-1 增益數以及分貝數 5-5
- 5-2 電阻電容（RC）耦合串級放大電路 5-12
- 5-3 直接耦合串級放大電路 5-20

CHAPTER 6 金氧半場效電晶體

- 6-1 金氧半場效電晶體之構造及特性 6-4
- 6-2 空乏型金氧半場效電晶體之特性曲線 6-11
- 6-3 增強型金氧半場效電晶體之特性曲線 6-20
- 6-4 金氧半場效電晶體之直流偏壓 6-30

114年統一入學測驗試題 114-1

CHAPTER 1 電子元件及波形基本概念

本章學習重點

章節架構	必考重點	
1-1 電子元件的發展歷史及未來趨勢	• 電子元件的發展歷程	★★★★★
1-2 基本波形認識	• 各種波形的波形值	★★★★☆
1-3 各種儀表之操作	• 直流電源供應器 • 函數波信號產生器 • 示波器	★★★★★
1-4 工業安全衛生	• 工業安全及衛生 • 消防安全的認識	★★★★★

統測命題分析

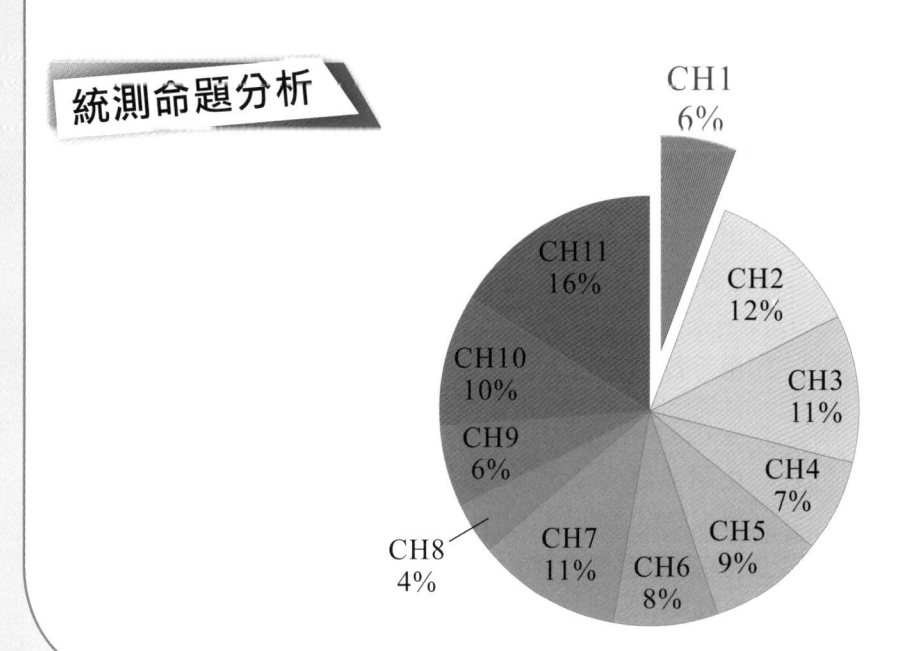

- CH1 6%
- CH2 12%
- CH3 11%
- CH4 7%
- CH5 9%
- CH6 8%
- CH7 11%
- CH8 4%
- CH9 6%
- CH10 10%
- CH11 16%

考前 3 分鐘

1. 積體電路的分類

積體電路	邏輯閘數目	電子元件數目
小型積體電路SSI	12個以下	100個以下
中型積體電路MSI	12個～10^2個	10^2個～10^3個
大型積體電路LSI	10^2個～10^3個	10^3個～10^4個
超大型積體電路VLSI	10^3個～10^4個	10^4個～10^5個
極大型積體電路ULSI	10^4個～10^6個	10^5個～10^7個
巨大型積體電路GLSI	10^6個以上	10^7個以上

2. 各種波形的比較表

波形＼函數	最大值 V_m	有效值 V_{eff}	平均值 V_{av}	波峰因數 C.F.	波形因數 F.F.
直流	V_m	V_m	V_m	1	1
方波（矩形波）	V_m	V_m	V_m	1	1
正弦波（半波整流）	V_m	$\frac{1}{2}V_m = 0.5V_m$	$\frac{1}{\pi}V_m = 0.318V_m$	2	1.57
正弦波（全波整流）	V_m	$\frac{1}{\sqrt{2}}V_m = 0.707V_m$	$\frac{2}{\pi}V_m = 0.636V_m$	$\sqrt{2} \cong 1.414$	$\frac{\pi}{2\sqrt{2}} \cong 1.11$
三角波（鋸齒波）	V_m	$\frac{1}{\sqrt{3}}V_m = 0.577V_m$	$\frac{1}{2}V_m = 0.5V_m$	$\sqrt{3} \cong 1.732$	$\frac{2}{\sqrt{3}} \cong 1.155$

3. 火災的種類與滅火器的種類

火災類型	火災種類	燃燒物質	滅火方法	滅火器
甲類（A類）火災	普通火災	由可燃性的固體所引起的火災	冷卻法	消防水 泡沫滅火器 ABC類乾粉滅火器
乙類（B類）火災	油類火災	由可燃性液體或可燃性氣體所引起的火災	窒息法	泡沫滅火器 二氧化碳滅火器 ABC類乾粉滅火器
丙類（C類）火災	電氣火災	由電氣設備或配電失火所引起的火災	抑制連鎖反應法	二氧化碳滅火器 ABC類乾粉滅火器
丁類（D類）火災	金屬火災	由可燃性金屬或禁水性物質所引起的火災	抑制連鎖反應法	D類乾粉滅火器

1-1 電子元件的發展歷史及未來趨勢

理論重點

重點 1 電子元件的發展歷程

1. 電子是由 ＿＿＿＿＿＿＿＿ 所發現。

2. ＿＿＿＿＿＿＿＿ 發現電流的磁效應。

3. 電子學的發展歷程由真空管時期 → ＿＿＿＿＿＿＿＿ → ＿＿＿＿＿＿＿＿ → 微電腦時期。

4. 積體電路依電子元件數與邏輯閘的數目分類

積體電路	邏輯閘數目	電子元件數目
小型積體電路SSI	＿＿＿＿＿＿	＿＿＿＿＿＿
中型積體電路MSI	＿＿＿＿＿＿	＿＿＿＿＿＿
大型積體電路LSI	＿＿＿＿＿＿	＿＿＿＿＿＿
超大型積體電路VLSI	＿＿＿＿＿＿	＿＿＿＿＿＿
極大型積體電路ULSI	＿＿＿＿＿＿	＿＿＿＿＿＿
巨大型積體電路GLSI	＿＿＿＿＿＿	＿＿＿＿＿＿

5. 電子工業的發展趨勢而言，主要有以下四個領域：＿＿＿＿＿＿＿＿、＿＿＿＿＿＿＿＿、＿＿＿＿＿＿＿＿ 以及 ＿＿＿＿＿＿＿＿，簡稱為 ＿＿＿＿＿＿。

答案：1. 湯普森　　2. 奧斯特　　3. 電晶體時期、積體電路時期

4. 12個以下、100個以下、12個～10^2個、10^2個～10^3個、10^2個～10^3個、10^3個～10^4個、10^3個～10^4個、10^4個～10^5個、10^4個～10^6個、10^5個～10^7個、10^6個以上、10^7個以上

5. 電子元件（Components）、通訊（Communication）、電腦（Computer）、控制（Control）、4C

立即練習

基礎題

(　) 1. 電子是由下列哪一個學者發現？
(A)庫倫（Coulomb）　(B)奧斯特（Orsted）
(C)安培（Ampere）　(D)湯姆生（Thompson）

(　) 2. 超大型積體電路（VLSI）的電子元件數目為何？
(A)100個以下　(B)10^2個～10^3個　(C)10^3個～10^4個　(D)10^4個～10^5個

( )3. 極大型積體電路的英文簡稱為？　(A)LSI　(B)VLSI　(C)ULSI　(D)GLSI

( )4. 下列何者不是目前電子工業的發展趨勢？
(A)計算機運算速度的提升　(B)虛擬實際　(C)計算機的體積逐漸變大　(D)物聯網

進階題

( )1. 電子學的發展歷程，依序為何？
(A)真空管 → 積體電路 → 微電腦 → 電晶體
(B)真空管 → 電晶體 → 積體電路 → 微電腦
(C)積體電路 → 微電腦 → 真空管 → 電晶體
(D)真空管 → 電晶體 → 微電腦 → 積體電路

1-2　基本波形認識　105 106 107 110 111 112

理論重點

重點 1　各種波形的波形值

1. 弦波方程式 $v(t) = V_m \sin(\omega t \pm \theta)$，$V_m$ 為振幅，是波形的 ＿＿＿＿＿，ω 為角頻率，其 ω = ＿＿＿＿＿。

   (1) 當頻率為50Hz時，角頻率 ω = ＿＿＿＿＿ 弳／秒（rad/s）。

   (2) 當頻率為60Hz時，角頻率 ω = ＿＿＿＿＿ 弳／秒（rad/s）。

2. 平均值 V_{av} 的表示式為 ＿＿＿＿＿＿＿＿＿＿。

3. 均方根值 V_{rms}（有效值 V_{eff}）或以 V 簡稱，V_{rms} 的表示式為 ＿＿＿＿＿＿＿＿＿＿。

4. 波峰因數（crest factor，C.F.）是波形之 ＿＿＿＿＿ 與 ＿＿＿＿＿ 的比值。

5. 波形因數（form factor，F.F.）是波形之 ＿＿＿＿＿ 與 ＿＿＿＿＿ 的比值。

6. 工作週期（duty cycle）又稱 ＿＿＿＿＿（mark-space ratio），時脈寬度（T_W）佔用的時間與週期 T 的比值，工作週期的數學式為：

   ＿＿＿＿＿＿＿＿＿＿。

第 1 章 電子元件及波形基本概念

7. 鋸齒波應用在線性控制電壓電路作為掃描信號，如類比示波器的 _____，因此鋸齒波所產生的電壓又稱為 _____。

8. 方波應用在電視、收音機及電腦電路作為 _____，以及測試放大器的 _____。

9. 方波是由 _____ 與 _____ 所組成。

10. 鋸齒波是由基本波、_____ 與 _____ 所組成。

11. 各種波形的比較表

波形＼函數	最大值 V_m	有效值 V_{eff}	平均值 V_{av}	波峰因數 C.F.	波形因數 F.F.
直流	V_m	V_m	V_m	1	1
方波（矩形波）	V_m	V_m	V_m	1	1
正弦波（半波整流）	V_m				
正弦波（全波整流）	V_m				
三角波（鋸齒波）	V_m				

12. 在一週期內，若交流電壓與直流電壓加在相同電阻產生之 _____ 相等，則稱此 _____ 即為交流電壓的 _____。

13. 混合波 $v_A = V_A + V_m \sin\omega t$ 的平均值 V_{av} 為 _____，均方根值 V_{rms} 為 _____。

答案：
1. 最大值、$2\pi f$、314、377
2. $\dfrac{1週期內電壓之面積和}{1個週期的時間}$
3. $\sqrt{\dfrac{1個週期內電壓平方之面積和}{1個週期的時間}}$
4. 最大值 V_m、均方根值 V_{rms}
5. 均方根值 V_{rms}、平均值 V_{av}
6. 占空比、$D\% = \dfrac{T_W}{T} \times 100\%$
7. 水平掃描、掃描電壓
8. 時序訊號、頻率響應
9. 基本波、奇次諧波
10. 偶次諧波、奇次諧波
11. $\dfrac{1}{2}V_m = 0.5V_m$、$\dfrac{1}{\pi}V_m = 0.318V_m$、2、1.57、$\dfrac{1}{\sqrt{2}}V_m = 0.707V_m$、$\dfrac{2}{\pi}V_m = 0.636V_m$、$\sqrt{2} \cong 1.414$、$\dfrac{\pi}{2\sqrt{2}} \cong 1.11$、$\dfrac{1}{\sqrt{3}}V_m = 0.577V_m$、$\dfrac{1}{2}V_m = 0.5V_m$、$\sqrt{3} \cong 1.732$、$\dfrac{2}{\sqrt{3}} \cong 1.155$
12. 熱功率、直流電壓值、有效值
13. V_A、$\sqrt{V_A^2 + \left(\dfrac{V_m}{\sqrt{2}}\right)^2}$

🎧 老師講解

1. 已知有一正弦波電壓標準式為 $v(t) = 110\sqrt{2}\sin(377t - 30°)$ V，試求

(1)角速度 ω　　(2)頻率 f　　(3)週期 T　　(4)最大值 V_m

(5)有效值 V_{rms}　(6)平均值 V_{av}　(7)波峰因數 CF　(8)波形因數 FF，分別為何？

解 (1) 角速度 $\omega = 377$ rad/s（弳／秒）

(2) $\omega = 377 = 2\pi \times f \Rightarrow$ 頻率 $f = 60$ Hz

(3) 週期 $T = \dfrac{1}{f} = \dfrac{1}{60} = 16.67$ ms

(4) 最大值 $V_m = 110\sqrt{2}$ V

(5) 有效值 $V_{rms} = \dfrac{V_m}{\sqrt{2}} = \dfrac{110\sqrt{2}}{\sqrt{2}} = 110$ V

(6) 平均值 $V_{av} = \dfrac{2}{\pi} \times V_m = 0.636 V_m = 0.636 \times 110\sqrt{2} \approx 99$ V

(7) 波峰因數 $CF = \dfrac{\text{最大值電壓}}{\text{均方根電壓}} = \dfrac{V_m}{V_{rms}} = \dfrac{110\sqrt{2}}{110} = \sqrt{2} = 1.414$

(8) 波形因數 $FF = \dfrac{\text{均方根值電壓}}{\text{平均值電壓}} = \dfrac{V_{rms}}{V_{av}} = \dfrac{110}{99} \approx 1.11$

🎤 學生練習

1. 已知有一正弦波電壓標準式為 $v(t) = 200\sin(314t - 30°)$ V，試求

(1)角速度 ω　　(2)頻率 f　　(3)週期 T　　(4)最大值 V_m

(5)有效值 V_{rms}　(6)平均值 V_{av}，分別為何？

🎧 老師講解

2. 如右圖所示之矩形波，試求該電壓：

(1)平均值 V_{av}　(2)有效值 V_{rms}

(3)工作週期 $D\%$，分別為何？

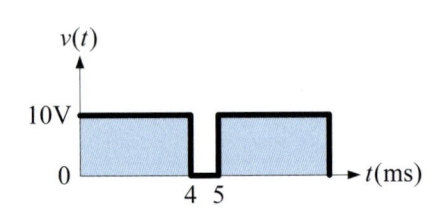

解 (1) 平均值：$V_{av} = \dfrac{10\text{V} \times 4\text{ms}}{5\text{ms}} = 8$ V

(2) 有效值：$V_{rms} = \sqrt{\dfrac{(10\text{V})^2 \times 4\text{ms}}{5\text{ms}}} = \sqrt{80}\text{ V} = 4\sqrt{5}$ V

(3) 工作週期（$D\%$）$= \dfrac{T_W}{T} \times 100\% = \dfrac{4\text{ms}}{5\text{ms}} \times 100\% = 80\%$，屬於寬幅波

學生練習

2. 如下圖所示之矩形波，試求該電壓：
(1)平均值 V_{av}　(2)工作週期 $D\%$，分別為何？

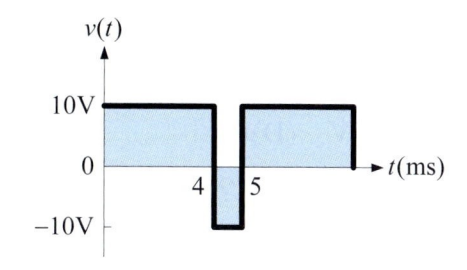

老師講解

3. 有一個交直流混合波的方程式為 $v(t)=8+6\sqrt{2}\sin\omega t$ V，試求此電壓：
(1)平均值 V_{av}　(2)有效值 V_{rms}，分別為何？

解 (1) 平均值 $V_{av}=8$ V

(2) 有效值 $V_{rms} = \sqrt{(8)^2+(\dfrac{6\sqrt{2}}{\sqrt{2}})^2} = \sqrt{64+36} = 10$ V

學生練習

3. 如下圖所示，試求該波形的
(1)平均值 V_{av}　(2)有效值 V_{rms}，分別為何？

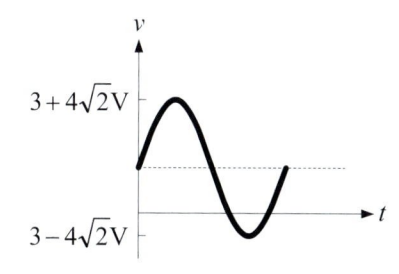

立即練習

基礎題

( )1. 三角波的波形因數（$F.F$）為何？
(A)1.15　(B)1.414　(C)1.57　(D)1.732

( )2. 有一個交直流混合波的方程式為 $v(t) = 4 + 3\sqrt{2}\sin 100t$ V，試求此電壓之有效值 V_{rms} 為何？　(A)3V　(B)4V　(C)5V　(D)6V

( )3. 試求圖(1)的平均值電壓 V_{av} 為多少伏特？
(A)6V　(B)8V　(C)10V　(D)12V

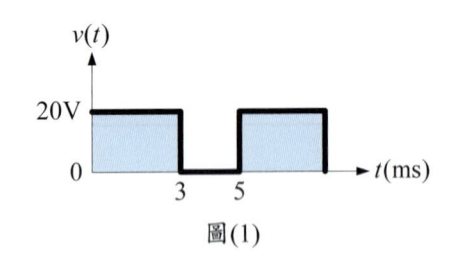

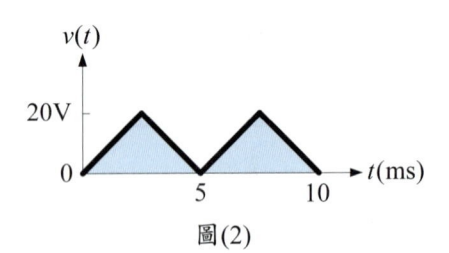

圖(1)　　　　圖(2)

( )4. 試求圖(2)的平均值電壓 V_{av} 為多少伏特？
(A)6V　(B)8V　(C)10V　(D)12V

( )5. 方波是由下列何者所組合而成？
(A)基本波與偶次諧波
(B)基本波與奇次諧波
(C)只有基本波所組成
(D)由三角波所組成

( )6. 波形對稱之三角波，其波峰因數（$C.F$）為何？
(A)1　(B)$\sqrt{2}$　(C)$\sqrt{3}$　(D)$\sqrt{5}$

進階題

( )1. 若電壓相位角為$-10°$，電流超前電壓$60°$，系統頻率為60Hz，電流有效值為30A，則此電流方程式為何？
(A)$i(t) = 30\sqrt{2}\sin(377t + 50°)$ A
(B)$i(t) = 30\sin(377t - 50°)$ A
(C)$i(t) = 30\sqrt{2}\sin(377t - 50°)$ A
(D)$i(t) = 30\sin(377t + 50°)$ A

第 1 章 電子元件及波形基本概念

1-3 各種儀表之操作　105 107 108 109 112 114

實習重點

重點 1　直流電源供應器

1. 外觀：

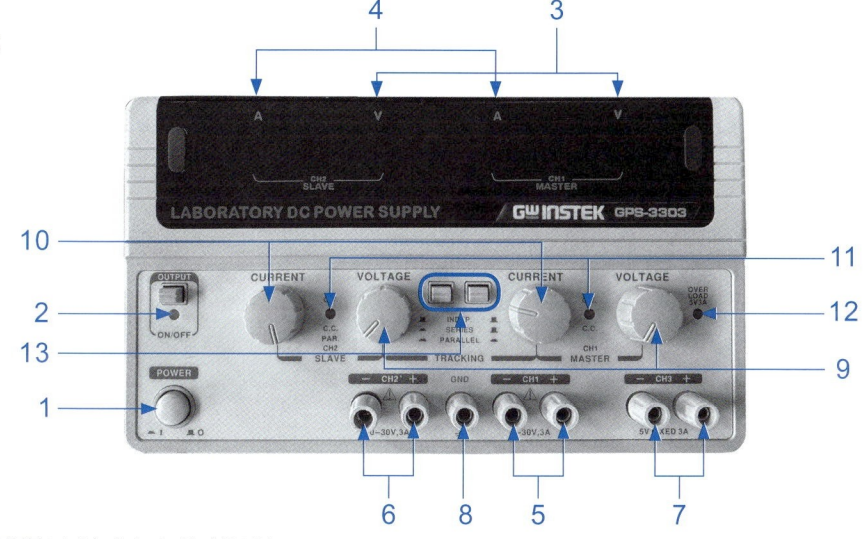

2. 面板開關及旋鈕功能說明：

編號	面板開關及旋鈕名稱	中文名稱	功能
1	POWER	電源開關	電源開關
2	OUTPUT	輸出開關	電源輸出開關
3	V	電壓指示欄位	指示主電源（MASTER）與輔（從）電源（SLAVE）的輸出電壓
4	A	電流指示欄位	指示主電源（MASTER）與輔（從）電源（SLAVE）的輸出電流
5	CH1	主電源輸出端	可輸出的電源範圍 ＿＿＿＿＿ 可輸出的電流範圍 ＿＿＿＿＿
6	CH2	輔（從）電源輸出端	可輸出的電源範圍 ＿＿＿＿＿ 可輸出的電流範圍 ＿＿＿＿＿
7	CH3	固定電壓輸出端	輸出電壓固定為 ＿＿＿＿＿ 最大輸出電流為 ＿＿＿＿＿
8	GND	GND端子	機座與大地連接之端子
9	VOLTAGE	電壓調整旋鈕	調整輸出電壓之大小
10	CURRENT	電流調整旋鈕	調整輸出電流之大小
11	C.V. & C.C.	電壓與電流指示燈	亮 ＿＿＿＿＿ 表示電壓正常輸出；亮 ＿＿＿＿＿ 表示輸出電流超過額定值，或輸出被短路，限流在3A
12	OVER LOAD	CH3過載指示燈	當負載超過3A，燈號亮起

More…

電子學含實習　滿分總複習（上）

編號	面板開關及旋鈕名稱	中文名稱	功能
13	INDEP	獨立控制模式	_____ _____
	SERIES	串聯追蹤模式	_____， MASTER與SLAVE _____，最大電壓可達 _____
	PARALLEL	並聯追蹤模式	_____， MASTER與SLAVE _____，最大電流可達 _____

答案：2. 0～30V、0～3A、0～30V、0～3A、5V、3A、綠燈、紅燈、
　　　 主電源（MASTER）與從電源（SLAVE），各自調整、
　　　 從電源（SLAVE）被主電源（MASTER）控制、串聯、60V
　　　 從電源（SLAVE）被主電源（MASTER）控制、並聯、6A

重點 2　示波器

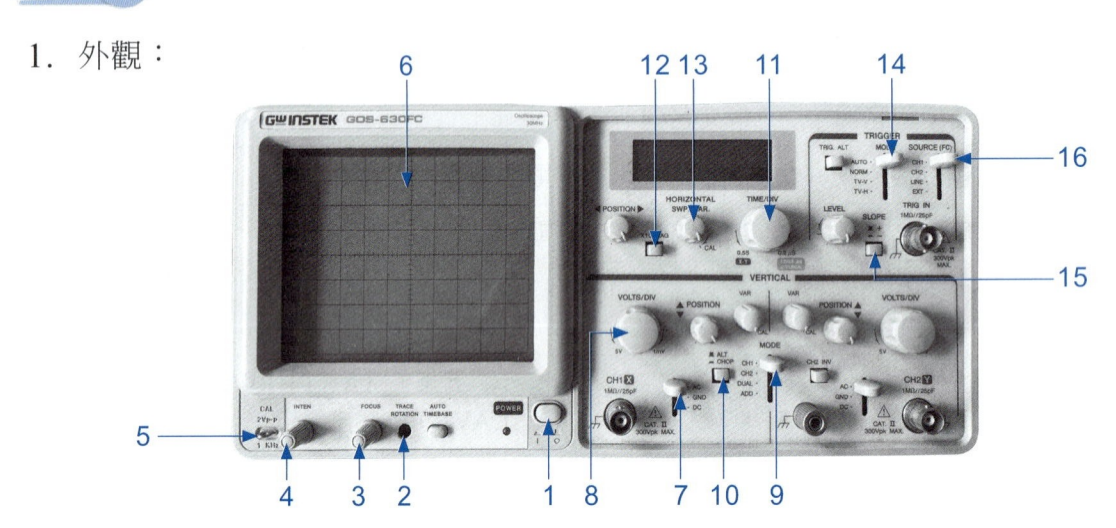

1. 外觀：

2. 面板開關及旋鈕功能說明：

   (1) 螢幕顯示及校正

編號	面板開關及旋鈕名稱	中文名稱	功能
1	POWER	電源開關	110V交流電開關
2	TRACE ROTATION	光跡水平旋鈕	_____
3	FOCUS	聚焦旋鈕	_____
4	INTEN	亮度調整旋鈕	_____
5	CAL	標準校正 信號端子	輸出 _____ 的 _____，可將此接至CH1及CH2，可做示波器的自我測試以及校正
6	DISPLAY	螢光顯示螢幕	一般橫軸為 _____、縱軸為 _____

1-10

第 1 章 電子元件及波形基本概念

(2) 垂直調整區

編號	面板開關及旋鈕名稱	中文名稱	功能
7	AC-GND-DC	_____ 選擇開關	(1) AC檔位：只顯示 _____ (2) DC檔位：顯示 _____ 以及 _____ (3) GND檔位：零電壓位置調整
8	VOLTS / DIV	垂直刻度旋鈕	(1) 電壓測量範圍通常為 _____ (2) 待測信號的峰對峰值為：_____
9	VERTICAL MODE	信號觀測模式選擇開關	(1) CH1：單軌跡模式，只顯示CH1之輸入信號 (2) CH2：單軌跡模式，只顯示CH2之輸入信號 (3) _____：_____，同時顯示CH1及CH2信號 (4) ADD：_____，顯示CH1及CH2信號輸入信號之代數和
10	ALT / CHOP	交替／切割按鈕	(1) ALT：_____，用於 _____ 信號 (2) CHOP：_____，用於 _____ 信號

(3) 水平調整區

編號	面板開關及旋鈕名稱	中文名稱	功能
11	TIME / DIV	水平刻度旋鈕	待測信號的週期為：_____
12	×10MAG	水平放大10倍	將輸入信號的週期 _____，顯示於螢幕
13	SWP.VAR	水平衰減校正旋鈕	置於CAL位置，所測得之週期才正確

(4) 觸發調整區

編號	面板開關及旋鈕名稱	中文名稱	功能
14	TRIGGER MODE	外部觸發模式選擇開關	AUTO：自動觸發，一般將開關至於此位置
15	SLOPE	觸發斜率切換開關	(1) 置於"＋"：波形的起點為 _____ (2) 置於"－"：波形的起點為 _____
16	TRIGGER SOURCE	外部觸發源選擇開關	(1) CH1：以CH1信號為觸發信號 (2) CH2：以CH2信號為觸發信號 (3) LINE：以 _____ 為觸發信號 (4) EXT：以 _____ 信號為觸發信號

電子學含實習　滿分總複習（上）

答案：2. (1) 時基線水平調整、信號聚焦調整、信號亮度調整、$2V_{p-p}$/1kHz、方波、10格、8格
　　　　(2) 交流-接地-直流、交流信號、直流準位、交流信號、5mV～5V、檔位 × 垂直的格數、DUAL、雙軌跡模式、單軌跡模式、交替掃描、高頻、切割掃描、低頻
　　　　(3) 檔位 × 一個週期水平的格數、放大10倍
　　　　(4) 正斜率、負斜率、AC110V、TRIG IN端

重點 3　函數波信號產生器

1. 外觀：

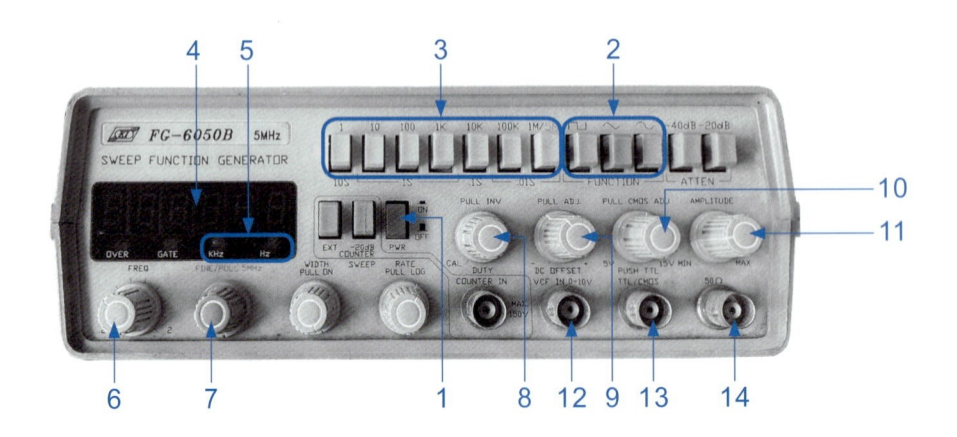

2. 面板開關及旋鈕功能說明：

編號	面板開關及旋鈕名稱	中文名稱	功能
1	PWR	電源開關	電源開關
2	FUNCTION	波形選擇	可選擇 ＿＿＿＿＿＿、＿＿＿＿＿＿與 ＿＿＿＿＿＿
3	RANGE	頻率調整範圍	範圍從 ＿＿＿＿＿＿ 調整
4	DISPLAY	數字顯示器	顯示輸出頻率
5	KHz/Hz	頻率單位	顯示的數字乘以燈號亮的次冪
6	FREQUENCY	頻率粗調旋鈕	調整輸出頻率
7	FINE	頻率微調旋鈕	調整輸出頻率
8	DUTY/INV	＿＿＿＿＿＿	(1) 旋鈕按下時調整輸出電壓之工作週期 (2) 旋鈕拉出時使輸出信號反相 (3) 置於CAL時輸出信號為對稱波形
9	OFFSET/ADJ	＿＿＿＿＿＿	(1) 旋鈕按下時輸出信號的直流準位為0 (2) 旋鈕拉出時可調整輸出信號的直流準位

More…

第 1 章 電子元件及波形基本概念

編號	面板開關及旋鈕名稱	中文名稱	功能
10	TTL/CMOS	＿＿＿＿＿	(1) 旋鈕按下時為TTL的固定電壓準位（＿＿＿＿＿） (2) 旋鈕拉出時為CMOS的可調電壓準位（＿＿＿＿＿）
11	AMPL/−20dB	＿＿＿＿＿	(1) 旋鈕按下時可調整輸出信號之振幅 (2) 旋鈕拉出時訊號衰減＿＿＿＿＿
12	INPUT VCF	壓控輸入	電壓控制頻率輸入
13	OUTPUT TTL/CMOS	數位脈波調整	可輸出TTL與CMOS的電壓準位的脈波
14	OUTPUT 50Ω	信號輸出	信號輸出端子

答案：2. 方波、三角波、正弦波、1Hz～1MHz、工作週期調整、直流工作點調整、電壓準位調整、5V$_{P-P}$脈波、5V$_{P-P}$～15V$_{P-P}$、振幅調整、10倍

老師講解

1. 使用示波器測量某電路的電壓波形如下圖所示，若示波器垂直刻度的檔位1V/DIV，水平刻度的檔位2.5ms/DIV，試求此電壓波形之 (1)峰對峰值 (2)週期 (3)頻率 為何？

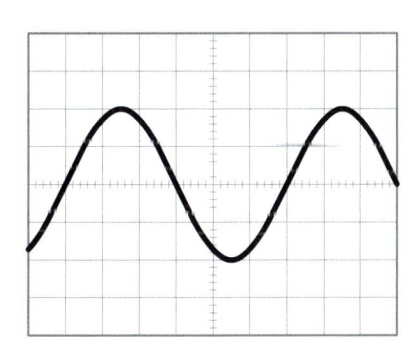

解 (1) 垂直的格數有4格，所以峰對峰值為
　　　　檔位 × 垂直的格數 = 1V/DIV × 4DIV = 4 V

(2) 一個週期的格數有6格，所以週期為
　　檔位 × 一個週期水平的格數 = 2.5ms/DIV × 6DIV = 15 ms

(3) 頻率為週期之倒數，所以 $f = \dfrac{1}{T} = \dfrac{1}{15\text{ms}} \approx 66.67 \text{ Hz}$

學生練習

1. 使用示波器測量某電路的電壓波形如右圖所示，若示波器的水平刻度切置於1ms/DIV，垂直刻度切置於1V/DIV，則 (1)峰對峰值 (2)週期 (3)頻率 為何？

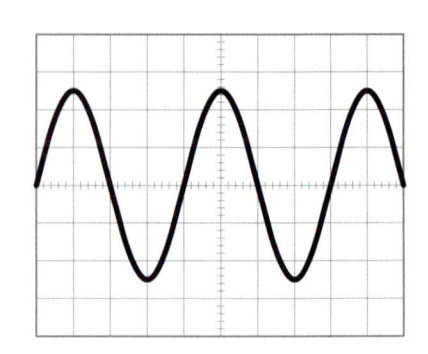

立即練習

基礎題

( ) 1. 函數信號產生器的「Duty」功能為何者？ (A)控制輸出信號振幅的衰減倍數 (B)調整脈波工作週期 (C)調整輸出信號波形的工作週期 (D)調整輸出信號頻率範圍

( ) 2. 當電源供應器的「C.C.」指示燈亮表示何種意義？ (A)可控制電流輸出 (B)在定電壓狀態工作 (C)輸入電壓被短路狀態 (D)輸出電流超過設定值或輸出電壓被短路狀態

( ) 3. 欲使示波器的螢幕同時顯示兩個頻道的波形，必須將信號觀測模式調整為下列何者？
(A)ALT (B)Change (C)Add (D)Dual

( ) 4. 示波器測試棒衰減率在×10位置，若螢幕顯示2V，則實際測得的電壓值為多少？
(A)200V (B)20V (C)2V (D)0.2V

( ) 5. 用於示波器校準電壓的波形為下列何者？
(A)正弦波 (B)三角波 (C)鋸齒波 (D)方波

( ) 6. 要增加示波器上波形顯示之寬度，應調整哪一個旋鈕？
(A)FOCUS (B)TRIGGER (C)VOLTS/DIV (D)TIME/DIV

( ) 7. 要增加示波器上波形顯示之高度，應調整哪一個旋鈕？
(A)FOCUS (B)TRIGGER (C)VOLTS/DIV (D)TIME/DIV

( ) 8. 調整示波器螢光幕光點之清晰之旋鈕為 (A)亮度 (B)聚焦 (C)振幅 (D)斜率

( ) 9. 欲量測純交流信號，示波器之耦合模式選擇開關（COUPLING）應選擇哪一檔位？
(A)DC (B)HF REJ (C)TV (D)AC

( ) 10. 測量交流信號的相位差應使用
(A)三用電表 (B)信號產生器 (C)示波器 (D)電源供應器

( ) 11. 示波器螢光幕顯示為波形的 (A)峰對峰值 (B)平均值 (C)有效值 (D)峰值

進階題

( ) 1. 將電源供應器設定為『TRACKING』模式，且主電源（MASTER）調整為10V，則從電源（SLAVE）為 (A)0V (B)5V (C)10V (D)15V

( ) 2. 將電源供應器設定為串聯追蹤模式『SERIES TRACKING』模式，且主電源（MASTER）調整為6V、1A，則輸出電壓最大可達
(A)6V、1A (B)6V、2A (C)12V、1A (D)12V、2A

1-4 工業安全衛生 106 107 108 109 111 113

實習重點

重點 1　工業安全與衛生

感電事故

1. 感電災害的類型區分為：_____、_____、_____、_____ 與 _____ 等五種。

2. 電擊感電災害為人體某一部位碰觸電源或帶電部分，形成電氣回路所造成的災害，區分為：_____，_____。

3. 直接以手指碰觸110V或220V的交流電源，所造成的事故稱為 _____；人體碰觸非帶電金屬的部份，因電器故障，所造成的事故稱為 _____。

4. 人體觸電的方式，區分為 _____、_____、_____。

5. 電壓只要超過 _____ 對人體即有危害，人體只要通過 _____ 的電流，即有可能造成危險。

6. _____ 對人體的傷害最大，若頻率增加則對人體所造成的危險程度會降低。

感電事故的預防

1. 浴室或潮濕場所應裝設 _____，避免人員發生感電事故。

2. 安全帽依性質可分為 A、B、C、D四類，其中 _____ 適用於電器類工作用，具備高度絕緣特性，可以承受 _____ 之交流電。

3. 發現有人發生感電事故，首要處理的第一個動作是 _____。

4. 避免雷擊事故，應該高樓頂端或電視機等戶外入口處加裝 _____。

急救處理

1. 外傷出血急救分為：直接壓迫傷口止血法、止血點止血法與止血帶止血法，其中以＿＿＿＿＿＿＿＿＿＿需標示使用的＿＿＿＿＿＿＿與＿＿＿＿＿＿＿，並且每隔＿＿＿＿＿＿＿，緩慢鬆開15秒左右。

2. 呼吸停止急救又稱為＿＿＿＿＿＿＿＿＿，成人以每分鐘＿＿＿＿＿次之方式，而小孩每分鐘＿＿＿＿＿次，實施口對口人工呼吸急救，直至患者恢復呼吸。

3. 心肺復甦術其步驟為＿＿＿＿＿＿＿＿＿，步驟如下：

    (1) 叫：＿＿＿＿＿＿＿，拍打病患之肩部，以確定傷患有無意識，檢查呼吸。

    (2) 叫：＿＿＿＿＿：快找人幫忙，打119

    (3) C（Compression）：每分鐘＿＿＿＿＿＿＿＿＿胸部按壓，下壓深度至少＿＿＿＿＿＿＿。

    (4) A（Airway）：＿＿＿＿＿＿＿＿，壓額抬下巴。

    (5) B（Breathing）：＿＿＿＿＿＿，若沒有呼吸，一律吹2口氣，每一口氣時間為1秒。胸部按壓與人工呼吸的比率為＿＿＿＿＿＿，即30次胸部按壓後，施行2次人工呼吸。

    (6) D（Defibrillation）：D是指體外去顫，也就是俗稱＿＿＿＿＿＿，每一次電擊之後緊接著實施心肺復甦術。

4. 若傷患呼吸停止但尚有脈搏，則應立即施予＿＿＿＿＿＿＿；若呼吸與脈搏皆已停止，則應施予＿＿＿＿＿＿＿＿。

5. 體外去顫器（AED）之貼片應置於沒有呼吸或脈博患者之＿＿＿＿＿＿＿＿＿以及＿＿＿＿＿＿＿＿處。

6. 體外去顫器（AED）會＿＿＿＿＿＿＿患者是否有心跳，若無心跳才會實施電擊，依語音指示：開（開電源）、貼（貼上電極）、插（線頭插入電擊插孔）、電（執行電擊）。

7. 灼傷與燒燙傷急救，一般灼傷與燒燙傷可分為四等級：其中第二度灼傷會造成皮膚出現紅腫，有水泡產生又稱為＿＿＿＿＿＿＿＿＿，又以第四度灼傷最嚴重，又稱為＿＿＿＿＿＿＿。

8. 灼傷與燒燙傷的急救步驟為：＿＿＿、＿＿＿、＿＿＿、＿＿＿、＿＿＿。

9. 灼傷或燒燙傷應泡在水中約＿＿＿＿＿＿＿分鐘。

10. 患者意識清楚，而異物梗塞在氣管時，需施以＿＿＿＿＿＿＿＿＿。

答案：感電事故
1. 電擊感電災害、電弧灼傷、電氣火災、靜電危害、雷擊災害
2. 直接觸電、間接觸電
3. 直接觸電、間接觸電
4. 單相（線）觸電、兩相（線）觸電、跨步電壓觸電
5. 35V、0.1A
6. 低頻的交流電（40Hz～60Hz）

感電事故的預防
1. 漏電斷路器（ELCB）
2. B類、20kV
3. 立即切斷電源
4. 避雷針

急救處理
1. 止血帶止血法、日期、時間、15～20分鐘
2. 口對口人工呼吸法、12、20
3. 叫叫CABD　(1) 檢查意識　(2) 求救　(3) 100次～120次、5公分
　　　　　　　(4) 暢通呼吸道　(5) 檢查呼吸、30:2　(6) 電擊
4. 人工呼吸、心肺復甦術
5. 右胸、左腹
6. 自動偵測
7. 水泡性灼傷、炭化性灼傷
8. 沖、脫、泡、蓋、送
9. 10～30
10. 哈姆立克急救法

重點 2 消防安全的認識

1. 形成燃燒的四要素：＿＿＿＿＿＿、＿＿＿＿＿＿、＿＿＿＿＿＿與＿＿＿＿＿＿。
2. 滅火的原理與方法：
   (1) 隔離法：將可燃物從火場中移除或斷絕其供應來源，常見的方法為＿＿＿＿＿＿。
   (2) 窒息法：氧氣是燃燒時的助燃物，如果隔離氧氣的供應，即可使燃燒停止。
   (3) 冷卻法：將燃燒物冷卻，使其溫度降低至燃燒點以下，即可達到滅火的目的，常見的方法為＿＿＿＿＿＿。
   (4) 抑制連鎖反應法：破壞燃燒中的游離子，使其連鎖反應失敗，例如＿＿＿＿＿＿。
3. 火災的種類與滅火器的種類

火災類型	火災種類	燃燒物質	滅火方法	滅火器
甲類（A類）火災	＿＿＿＿	由＿＿＿＿＿＿所引起的火災	冷卻法	消防水 泡沫滅火器 ABC類乾粉滅火器
乙類（B類）火災	＿＿＿＿	由＿＿＿＿＿＿或＿＿＿＿＿＿所引起的火災	窒息法	泡沫滅火器 二氧化碳滅火器 ABC類乾粉滅火器
丙類（C類）火災	＿＿＿＿	由＿＿＿＿＿＿或配電失火所引起的火災	＿＿＿＿＿＿	二氧化碳滅火器 ABC類乾粉滅火器
丁類（D類）火災	＿＿＿＿	由＿＿＿＿＿＿或＿＿＿＿＿＿所引起的火災	抑制連鎖反應法	D類乾粉滅火器

4. _____：適用於ＡＢＣ類火災，滅火效果最佳，但缺點是會破壞臭氧層，已禁止生產。

5. _____ 是海龍滅火器之替代品，適用於ＡＢＣ類火災，這類滅火器是最新的產品，符合NFPA 2001零污染滅火藥劑系統規範。

6. _____ 適用ＡＢ類火災，這種滅火器已經很少見，使用前必須先將滅火器倒過來。

7. 滅火器的使用口訣：

   (1) 拉：將安全插梢「旋轉並拉開」。

   (2) 瞄：握住皮管噴嘴後，瞄準火源 _____。

   (3) 壓：用力握下手壓柄（壓到底），朝向火源根部上方2～3公分處噴射。

   (4) 掃：左右移動掃射後，持續監控並確定火源熄滅，滅火器有效距離是 _____，因此在滅火時，使用者所站的位置最好是距火源處1至3公尺遠，並位在 _____。

答案：
1. 可燃物、熱力（熱能）、助燃物、連鎖反應
2. (1) 開闢防火巷　　　　　　(3) 水冷卻法　　　　　　(4) 乾粉滅火器
3. 普通火災、可燃性的固體、油類火災、可燃性液體、可燃性氣體、電氣火災、電氣設備、抑制連鎖反應法、金屬火災、可燃性金屬、禁水性物質
4. 海龍（鹵化烷）滅火器　　5. 潔淨滅火器　　6. 泡沫滅火器
7. (2) 底部　　　　　　　　　(4) 10至15公尺、上風處

ABCD 立即練習

基礎題

( ) 1. 人體對電流的效應中，引起昏迷的電流為
(A)1mA　(B)10mA　(C)30mA　(D)0.3mA

( ) 2. 校園中飲水機等設備的外殼，會連接一條綠色線至接地點。目的為何？
(A)預防設備發生短路事故
(B)預防設備發生過載事故
(C)預防設備漏電時，發生人員感電事故
(D)預防設備發生過熱事故

( ) 3. 安全帽依性質可分為Ａ、Ｂ、Ｃ、Ｄ四類，其中哪一類之安全帽用於電器類施工時佩戴？　(A)A類　(B)B類　(C)C類　(D)D類

( ) 4. 下列哪一種急救法需標註施作之日期與時間？
(A)止血點止血法　(B)止血帶止血法　(C)直接壓止血法　(D)以上皆是

( ) 5. 水可用來撲滅　(A)A類火災　(B)B類火災　(C)C類火災　(D)A、B、C類火災

( )6. 一般工業用途以
　　　(A)綠色　(B)黃色　(C)橙色　(D)紅色　標示安全及急救藥品存放位置

( )7. 何種滅火器是海龍滅火器之替代品,適用於ABC類火災?
　　　(A)潔淨滅火器　　　　　　　(B)二氧化碳滅火器
　　　(C)泡沫滅火器　　　　　　　(D)鹵化烷滅火器

( )8. 只能撲滅氣體、電線引起的火災之滅火器為
　　　(A)清水泡沫滅火器　　　　　(B)水滅火器
　　　(C)乾粉滅火器　　　　　　　(D)二氧化碳滅火器

進階題

( )1. 對於AED的敘述,下列何者錯誤?
　　　(A)為自動體外心臟電擊去顫器
　　　(B)具有自動判讀患者心臟搏動之情況
　　　(C)只能給具有專業知能之醫護人員操作,一般民眾禁止使用
　　　(D)行政院公告納為公共場所之必要緊急救護用

( )2. 使用前必須先將滅火器倒過來,等待裡面液體產生化學作用者為
　　　(A)潔淨滅火器　(B)二氧化碳滅火器　(C)泡沫滅火器　(D)鹵化烷滅火器

歷屆試題

電子學試題

( )1. 積體電路中，依邏輯閘數目之多寡分類，且由多到少排序，何者正確？
(A)SSI > MSI > LSI > VLSI
(B)VLSI > ULSI > LSI > MSI
(C)ULSI > VLSI > SSI > LSI
(D)ULSI > VLSI > MSI > SSI　　　　　　　　　　　　　　　　　　　　[1-1][統測]

( )2. 一般而言，邏輯閘數目最少的積體電路為
(A)LSI　(B)MSI　(C)SSI　(D)VLSI　　　　　　　　　　　　　　　　[1-1][統測]

( )3. 有一交流正弦波為$v(t) = 155\sin(377t + 30°)$，其頻率為多少？
(A)50Hz　(B)60Hz　(C)155Hz　(D)377Hz　　　　　　　　　　　　　[1-2][統測]

( )4. 交流電的頻率為60Hz，則其角頻率為多少？
(A)60弳／秒　(B)220弳／秒　(C)377弳／秒　(D)480弳／秒　　　　　[1-2][統測]

( )5. 電晶體與真空管比較，下列何者為電晶體之優點？
(A)易生高熱　(B)消耗大量功率　(C)價格昂貴　(D)體積小　　　　　　[1-1][統測]

( )6. 有一電壓源$v(t) = -3 + 4\sqrt{2}\sin 5t$ V，其平均值電壓與有效值電壓比約為何？
(A)－0.6　(B)0　(C)0.75　(D)1　　　　　　　　　　　　　　　　　[1-2][統測]

( )7. 有A、B兩個獨立電壓源，A串接一個100Ω的負載電阻，B串接一個50Ω的負載電阻。A輸出之電壓為脈波，其工作週期（duty cycle）為64%，高準位電壓為5V，低準位電壓為0V，頻率為50Hz；B輸出之電壓為$5\sin(50t)$V。則下列敘述何者錯誤？
（$\sqrt{0.64} = 0.8$，$\sqrt{2} = 1.414$）
(A)A的電壓頻率較B高
(B)A輸出的平均功率較B高
(C)A的平均值電壓較B高
(D)A的有效值電壓較B高　　　　　　　　　　　　　　　　　　　　[1-2][統測]

( )8. 台電所供應之110V/60Hz家庭用電，以下何者最可能是其瞬時電壓表示式（單位：伏特）？
(A)$110\sin(60t)$　　　　　　　　　　(B)$110\sin(60\pi t)$
(C)$110\sqrt{2}\sin(60\pi t)$　　　　　　　　(D)$110\sqrt{2}\sin(120\pi t)$　　　　　[1-2][102統測]

( )9. 某電壓$v(t) = 4\sqrt{2} + 6\sin 377t$ V，$v(t)$之最大值為何？
(A)11.66V　(B)10.66V　(C)6.66V　(D)5.66V　　　　　　　　　　　[1-2][103統測]

( )10. 兩電壓$v_1(t) = 8\cos(20\pi t + 13°)$ V及$v_2(t) = 4\sin(20\pi t + 45°)$ V，則兩電壓之相位差為多少度？　(A)58　(B)45　(C)32　(D)13　　　　　　　　　　　　　　[1-2][104統測]

( )11. 一週期性脈波信號其正峰值電壓為+10V，負峰值電壓為-2V。若此信號的平均值為+5.2V，則工作週期（duty cycle）約為下列何值？
(A)70%　(B)60%　(C)50%　(D)40%　　　　　　　　　　　　　　　[1-2][105統測]

第 1 章 電子元件及波形基本概念

(　　)12. 如圖(1)所示之$v_1(t)$為週期性電壓波形，若$V_P = 10\ V$，$T_1 = 3\ s$，$T_2 = 2\ s$，則其工作週期（duty cycle）為何？　(A)30%　(B)40%　(C)60%　(D)80%　　　[1-2][106統測]

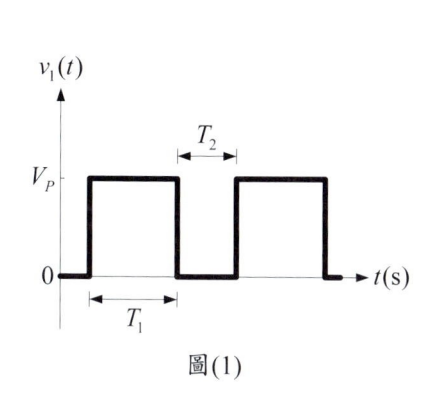

圖(1)

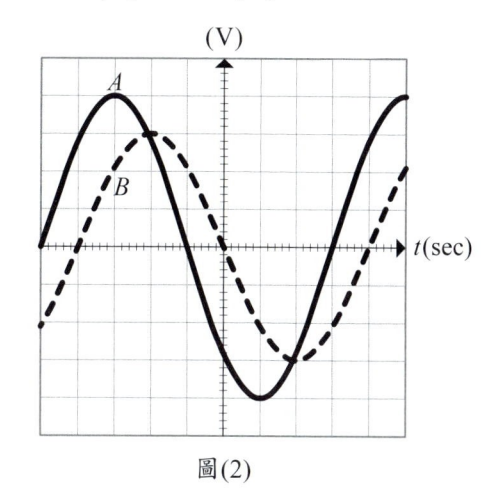

圖(2)

(　　)13. 如圖(2)所示，示波器顯示兩個相同頻率的電壓波形A與B，則兩者間的相位關係敘述何者正確？
(A)A波形落後B波形135度
(B)A波形落後B波形45度
(C)A波形超前B波形135度
(D)A波形超前B波形45度　　　[1-2][107統測]

(　　)14. 如圖(3)所示之電壓信號，頻率為50Hz，T為週期，脈波寬度為8ms，則此信號的平均值為何？　(A)10V　(B)5V　(C)4V　(D)2V　　　[1-2][110統測]

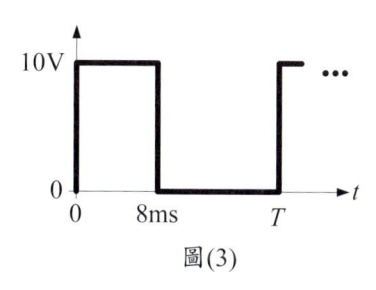

圖(3)

電子學實習試題

( )1. 使用示波器測量正弦波電壓信號時，測試棒調於衰減10倍的位置，VOLTS／DIV的旋鈕置於0.5V位置，若此信號的峰對峰值在示波器螢光幕上顯示為4格，則此信號的峰對峰值為多少？ (A)0.2V (B)2.0V (C)10V (D)20V [1-3][統測]

( )2. 如圖(1)所示為示波器量測之結果，若示波器之水平掃描時間刻度為1μs（1μs／DIV）；垂直刻度為5V（5V／DIV）；測試探棒衰減係數等於1，則示波器顯示之波形為下列何者？
(A)頻率為250kHz；電壓值（峰對峰值）為20V之交流信號
(B)頻率為250kHz；電壓值（均方根值）為20V之交流信號
(C)頻率為1MHz；電壓值（峰對峰值）為20V之交流信號
(D)頻率為1MHz；電壓值（均方根值）為20V之交流信號 [1-3][統測]

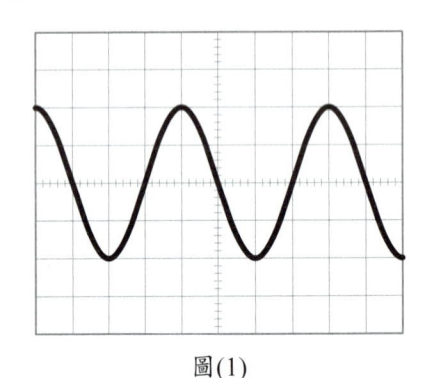

圖(1)

( )3. 假如不幸在實驗室受到大火灼傷，較佳的緊急處理程序為何？
(A)沖、脫、泡、蓋、送 (B)沖、脫、蓋、泡、送
(C)沖、泡、脫、蓋、送 (D)送、泡、沖、脫、蓋 [1-4][統測]

( )4. 電氣火災是屬於哪一類火災？
(A)甲類（A類） (B)乙類（B類） (C)丙類（C類） (D)丁類（D類） [1-4][統測]

( )5. 若變壓器發生短路故障，而保護設備失效時，所引起的火災，是屬於哪一類的火災？
(A)甲類（A類）火災 (B)乙類（B類）火災
(C)丙類（C類）火災 (D)丁類（D類）火災 [1-4][統測]

( )6. 鋰、鈉、鉀或鎂等金屬所引起的火災是屬於哪一類火災？
(A)甲類（A類） (B)乙類（B類） (C)丙類（C類） (D)丁類（D類） [1-4][統測]

( )7. 下列何者是示波器之垂直控制部份的主要功能之一？
(A)亮度控制 (B)水平感度調整（Time／DIV）
(C)待測信號感度調整（Volts／DIV） (D)觸發模式選擇 [1-3][統測]

( )8. 示波器量測交流電壓V_1與V_2的波形如圖(2)所示，下列V_1與V_2的相位關係之敘述何者正確？
(A)V_1電壓相位落後V_2電壓相位約20°
(B)V_1電壓相位領前V_2電壓相位約45°
(C)V_1電壓相位領前V_2電壓相位約20°
(D)V_1電壓相位落後V_2電壓相位約45° [1-3][統測]

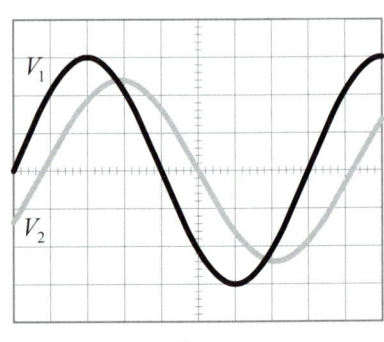

圖(2)

(　　)9. 若示波器之測試棒衰減比為10：1，VOLT/DIV鈕置於2V/DIV，TIME/DIV鈕置於2ms/DIV。當測量某週期信號時，顯示波形在水平軸每2格重覆一次，垂直軸高度6格，則此信號之頻率f與峰對峰電壓V_{P-P}分別為何？
(A)$f = 100$ Hz，$V_{P-P} = 100$ V
(B)$f = 125$ Hz，$V_{P-P} = 60$ V
(C)$f = 250$ Hz，$V_{P-P} = 120$ V
(D)$f = 500$ Hz，$V_{P-P} = 120$ V　　　　　　　　　　　　　　　　　　[1-3][統測]

(　　)10. 如圖(3)所示為一直流漣波電壓波形，其直流平均值為V_o，電壓漣波為ΔV_o，欲使用示波器量測電壓漣波ΔV_o時，選擇開關應置於哪位置？
(A)AC　(B)DC　(C)GND　(D)ATT　　　　　　　　　　　　　　　　　　[1-3][統測]

圖(3)

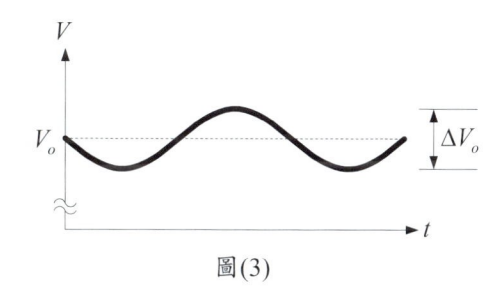

(　　)11. 函數波信號產生器（Function Generator）面板上的ATT.或ATTENUATOR的功能為何？
(A)輸入相位調整　　　　　　　　(B)輸出信號偏移調整
(C)輸入信號偏移調整　　　　　　(D)輸出信號振幅衰減調整　　　　　　　[1-3][統測]

(　　)12. 示波器上的CAL校正端子，其輸出波形為
(A)正弦波　(B)方波　(C)三角波　(D)鋸齒波　　　　　　　　　　　　　[1-3][統測]

(　　)13. 一雙電源之電源供應器設定於追蹤模式。假設主電源區的限流為1A且電壓調整鈕設定於10V，一負載兩端分別接於主電源輸出正極與副電源的輸出負極。若定電流模式指示燈亮起，請問此負載功率可能為下列何者？
(A)10W　(B)15W　(C)18W　(D)21W　　　　　　　　　　　　　　　　　[1-3][統測]

(　　)14. 如圖(4)為一數位儲存式示波器在直流檔位下的測量畫面，請問下列敘述何者有誤？
(A)觸發信號源為Ch1
(B)信號V_{o1}與V_{o2}的頻率約為10kHz
(C)Ch2信號的平均值$V_{o2(ave)}$約為5V
(D)Ch1信號V_{o1}的峰對峰振幅約為20V　　　　　　　　　　　　　　　[1-3][統測]

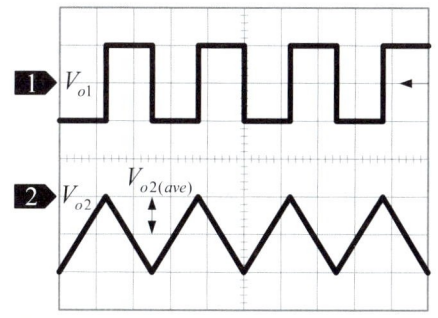

CH1：10V　CH2：5.0V　M：40.0μs　A　CH1 ∫400mV

圖(4)

( )15. 就火災種類之敘述，下列何項不正確？
(A)A類火災是由一般可燃性固體所引起的火災
(B)B類火災是由可燃性液體、氣體或固體油脂類物質所引起的火災
(C)C類火災是由通電中之電力設施或電氣設備所引起的火災
(D)D類火災是由可燃性非金屬所引起的火災 [1-4][統測]

( )16. 某示波器的水平刻度調整鈕切換在5μs檔位，垂直刻度調整鈕切換在10mV檔位。假設所顯示的波形最高與最低垂直間距為3.6格，且該波形一個週期佔用4格，則此波形之V_{P-P}與頻率各分別為多少？
(A)12mV、60kHz (B)24mV、50kHz
(C)24mV、60kHz (D)36mV、50kHz [1-3][統測]

( )17. 由一般可燃性物質如紙張、木材、紡織品等所引起的火災，可使用大量的水來撲滅，是屬於下列何種火災？
(A)A（甲）類火災 (B)B（乙）類火災
(C)C（丙）類火災 (D)D（丁）類火災 [1-4][102統測]

( )18. 當火災發生時，關於滅火的敘述，以下何者有誤？
(A)化學藥品及油類所引起的火災，可使用二氧化碳、乾粉等滅火器或水予以撲救較為有效
(B)滅火時應優先將火場內的電源先予截斷
(C)滅火最重要時刻是剛起火的數分鐘內
(D)一般物質的初期火災，可以考慮用沙、土或水等加以覆蓋撲滅 [1-4][102統測]

( )19. 在測量放大器的輸入信號電壓或輸出電壓時，示波器的選擇開關通常應放置在何位置？ (A)Series (B)GND (C)AC (D)Trigger [1-3][102統測]

( )20. 關於示波器輸入信號選擇按鈕AC、DC之操作功能，下列敘述何者正確？
(A)AC除可正確量測交流信號外，亦可正確量測直流信號
(B)DC僅可正確量測直流信號，不可正確量測交流信號
(C)DC可作為完整信號之量測
(D)AC可作為校正及完整信號之量測 [1-3][103統測]

( )21. 下列有關使用心肺復甦術（CPR）急救基本步驟的敘述，何者錯誤？
(A)Analysis（分析現場狀況）
(B)Breathing（實施人工呼吸）
(C)Circulation（按壓心臟維持循環）
(D)Defibrillation（利用心臟電擊器進行體外去顫） [1-4][103統測]

( )22. 有關電子學實習中所用的示波器，下列敘述何者正確？
(A)如果同時使用CH1與CH2量測電路信號，應將CH1與CH2共同接地才能量到正確結果
(B)示波器螢幕上的垂直方向刻度表示週期
(C)可以使用示波器的EXT輸入端子來量測電路待測點的電流信號
(D)如將示波器輸入耦合選擇開關置於DC位置，只能觀測待測點的直流信號 [1-3][103統測]

( )23. 小林上電子學實習課時，為了能準確量測其實驗電路，首先需校正他使用的雙軌跡示波器，示波器面板上有一個標示為CAL的小孔，則其輸出信號最有可能是哪一種波形？
(A)1kHz方波 (B)1kHz三角波 (C)0.5kHz鋸齒波 (D)0.5kHz三角波 [1-3][105統測]

( )24. "叫叫CABD"為心肺復甦術（CPR）的急救步驟，下列何者代表字母A的意義？
(A)使用體外去顫器AED電擊　(B)胸部按壓
(C)進行人工呼吸　(D)暢通呼吸道　[1-4][106統測]

( )25. 當示波器垂直軸刻度旋鈕（VOLTS/DIV）順時針轉動時，螢幕上觀察到的波形會變大，則下列敘述何者正確？
(A)電壓量測值變大　(B)電壓量測值變小
(C)頻率量測值變大　(D)電壓量測值不變　[1-3][107統測]

( )26. 使用中的馬達起火燃燒，屬於下列何種火災類別？
(A)A（甲）類火災　(B)B（乙）類火災
(C)C（丙）類火災　(D)D（丁）類火災　[1-4][107統測]

( )27. 示波器面板上所提供之校準方波，一般不是用於下列何種功能？
(A)校正示波器水平掃描時間檔位
(B)校正示波器電壓檔位
(C)校正示波器有效頻寬
(D)檢查測試棒的衰減檔位　[1-3][107統測]

( )28. 電源線路、電動機具或變壓器等電器設備因過載、短路或漏電所引起之火災，在電源未切斷時，不適合使用下列何種裝置滅火？
(A)泡沫滅火器　(B)ABC乾粉滅火器
(C)BC乾粉滅火器　(D)二氧化碳滅火器　[1-4][108統測]

( )29. 示波器在觸發部份（TRIGGER）有一個LEVEL旋鈕，對它功能的敘述，下列何者正確？
(A)控制輸入觸發信號的阻抗
(B)控制輸入信號垂直電壓範圍
(C)控制水平時基線與輸入信號的同步
(D)控制輸入觸發信號頻寬　[1-3][108統測]

( )30. 火災分類依據燃燒物性質可分四類，對於火災分類的說明，下列何者錯誤？
(A)A類火災又稱普通火災，它是由可燃性紙張、油脂塗料等引起的火災
(B)金屬火災用特種乾粉式滅火器撲滅
(C)D類火災又稱金屬火災
(D)中可燃性液體如酒精所致的火災為B類火災　[1-4][108統測]

( )31. 在實驗室若受到火焰灼傷時，較適當的急救程序為何？
(A)送、泡、脫、蓋、沖　(B)沖、蓋、送、泡、脫
(C)沖、脫、泡、蓋、送　(D)送、沖、蓋、泡、脫　[1-4][109統測]

( )32. 採用示波器量測純弦波信號，示波器的VOLT/DIV設定於2V/DIV，TIME/DIV設定於0.5ms/DIV，探棒置於×10（衰減10倍）的位置，顯示信號的峰對峰值為4格刻度，每週期時間為4格刻度；若此信號無直流成分，則信號的頻率及電壓有效值各為何？
(A)頻率為200Hz，電壓有效值為$10\sqrt{2}$V
(B)頻率為200Hz，電壓有效值為40V
(C)頻率為500Hz，電壓有效值為$20\sqrt{2}$V
(D)頻率為500Hz，電壓有效值為$40\sqrt{2}$V　[1-3][109統測]

電子學含實習　滿分總複習（上）

最新統測試題

(　)1. 電壓 $v(t) = 6 + 8\sqrt{2}\sin(10t)$ V，則其有效值 V_{rms} 與平均值 V_{av} 之比值（V_{rms}/V_{av}）約為何？　(A)1.67　(B)1.41　(C)1.34　(D)1.11
[1-2][111統測]

(　)2. 心肺復甦術（CPR）的步驟為「叫、叫、C、A、B、D」，其中字母「B」為進行下列哪一個步驟？
(A)以自動體外心臟電擊去顫器（AED）實施電擊
(B)暢通呼吸道
(C)實施人工呼吸
(D)實施胸部按壓
[1-4][111統測]

(　)3. 如圖(1)所示之週期性電壓 $v(t)$，若 $V_p = 10$ V、$T = 5$ ms、$t_1 = 3$ ms，則 $v(t)$ 之工作週期 D（duty cycle）與電壓平均值 V_{av} 分別為何？
(A)$D = 3$ ms、$V_{av} = 6$ V
(B)$D = 60\%$、$V_{av} = 6$ V
(C)$D = 2$ ms、$V_{av} = 4$ V
(D)$D = 40\%$、$V_{av} = 4$ V
[1-2][112統測]

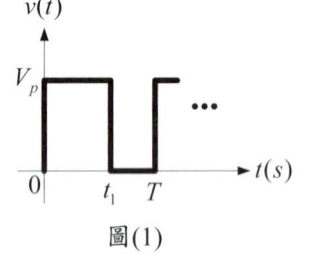

圖(1)

(　)4. 有關示波器之使用，下列敘述何者正確？
(A)使用示波器的EXT輸入端子，與電路串聯接線，能測量電流信號
(B)將示波器輸入耦合設置於DC，只能測量電路的直流信號
(C)將示波器輸入耦合設置於AC，只能測量電路的交流信號
(D)示波器螢幕上的垂直方向刻度，只能測量電路的信號週期
[1-3][112統測]

(　)5. 心肺復甦術（CPR）的急救步驟為「叫叫CABD」，其中字母D的意義，下列敘述何者正確？
(A)暢通呼吸道
(B)使用自動體外心臟電擊去顫器AED電擊
(C)取出口腔內的異物並進行人工呼吸
(D)成人每分鐘至少100次的胸部按壓
[1-4][113統測]

(　)6. 如圖(2)所示，示波器量測得之弦波電壓信號 $v(t)$，測試棒及示波器端之衰減比皆設定為1：1，若示波器垂直刻度設定為2V／DIV、水平刻度設定為1ms／DIV，則此信號峰對峰值及頻率分別為何？
(A)$16\sqrt{2}$、500Hz　　　　　　　　(B)16V、500Hz
(C)$8\sqrt{2}$、250Hz　　　　　　　　(D)8V、250Hz
[1-3][114統測]

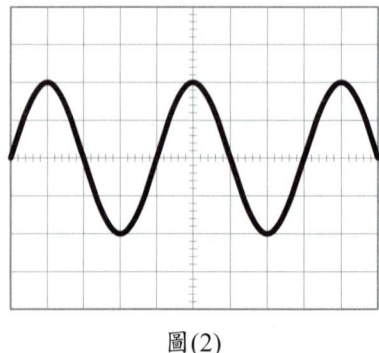

圖(2)

第 1 章 電子元件及波形基本概念

模擬演練

電子學試題

( ) 1. 電子學的發展歷程如下，依序應為何？
①真空管時期　②積體電路　③微電腦時期　④電晶體時期
(A)②①④③　(B)①④②③　(C)②①③④　(D)①④③②　[1-1]

( ) 2. $v(t) = 100\sqrt{2}\sin(377t)$ V，試求在 $t = \dfrac{1}{120}$ 秒的瞬間值為多少？
(A)0V　(B)50V　(C)$50\sqrt{2}$V　(D)86.6V　[1-2]

( ) 3. $v(t) = 10\sin(314t - 60°)$ V，試求第一個正峰值的時間為何？
(A)$\dfrac{1}{30}$秒　(B)$\dfrac{1}{60}$秒　(C)$\dfrac{1}{120}$秒　(D)$\dfrac{1}{240}$秒　[1-2]

( ) 4. 試求圖(1)電壓波形的平均值電壓為何？
(A)1V　(B)2V　(C)3V　(D)4V　[1-2]

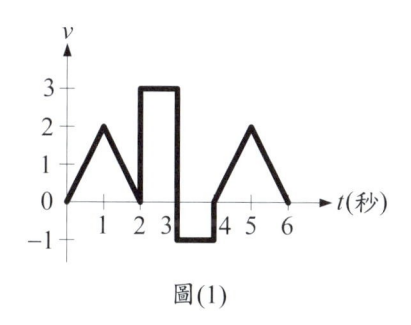

圖(1)

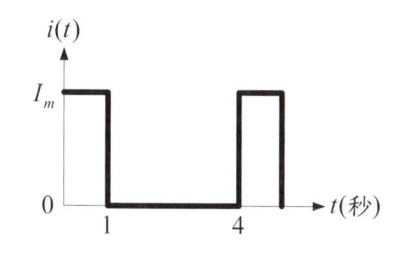

圖(2)

( ) 5. 圖(2)的電流波形通過電阻10歐姆，電阻消耗平均功率1000瓦，試求該電流波形的最大值I_m為何？
(A)5A　(B)10A　(C)20A　(D)25A　[1-2]

( ) 6. 承上題所示，試求該電流的平均值為何？
(A)5A　(B)10A　(C)20A　(D)25A　[1-2]

( ) 7. 某一電路上的電壓及電流如圖(3)所示，試求在 $0 < t < 10$ 秒內，此電路所消耗之能量為何？　(A)500J　(B)375J　(C)250J　(D)125J　[1-2]

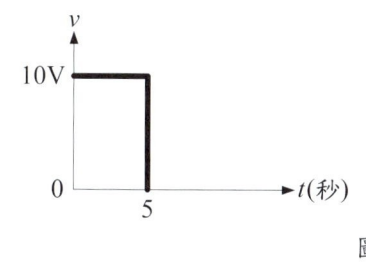

圖(3)

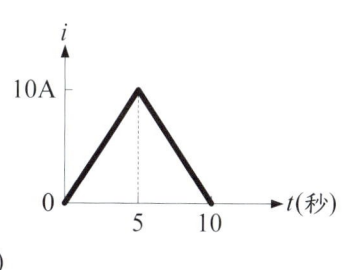

(　　)8. 如圖(4)所示，若直流電源$E = 10\text{ V}$，且電阻R皆為10Ω，若兩電路產生之熱功率相同，試求V_m為何？　(A)5V　(B)$5\sqrt{2}$V　(C)10V　(D)$10\sqrt{2}$V　　　　[1-2]

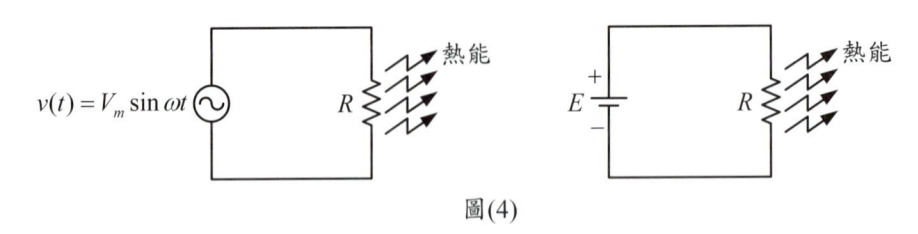

圖(4)

(　　)9. 如圖(5)所示，若電阻4Ω消耗平均功率4.8W，試求電源電壓$v(t)$的工作週期（duty cycle）為何？　(A)25%　(B)30%　(C)50%　(D)75%　　　　[1-2]

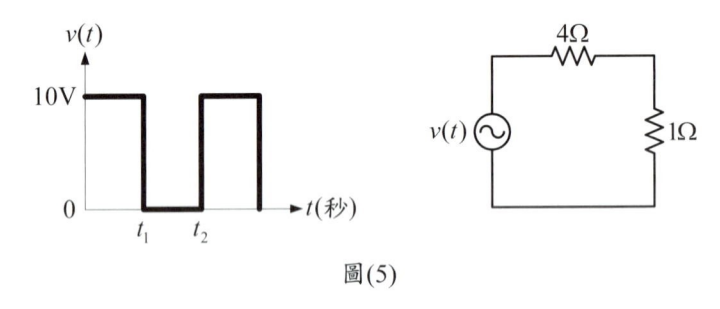

圖(5)

(　　)10. 如圖(6)所示，下列敘述何者正確？
① $v(t) = -5 + 2\sin \omega t \text{ V}$　　　　② $v(t) = -5 + 2\sin(\omega t + 180°) \text{ V}$
③ $V_{dc} = -7 \text{ V}$　　　　④ $V_{rms} = 3\sqrt{3} \text{ V}$
(A)①③　(B)①④　(C)②④　(D)②③　　　　[1-2]

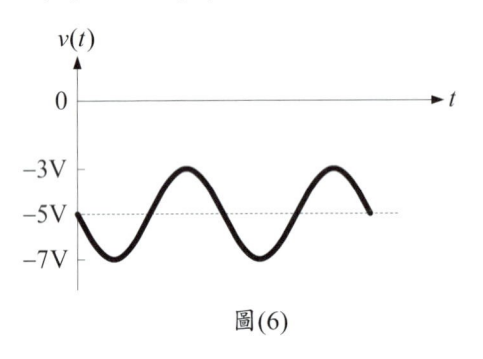

圖(6)

電子學實習試題

(　)1. 若將示波器信號的選擇開關置於DC耦合模式，則顯示器會輸出何種信號？
(A)交流（AC）訊號
(B)直流（DC）訊號
(C)交流（AC）訊號以及直流（DC）訊號
(D)無法判斷 [1-3]

(　)2. 如圖(1)所示為直流電源供應器，調整輸出電壓為±15V，電流限制1A，下列何者為正確之接法？（若CH1與CH2無內部自動短接之功能）
(A)①為輸出−15V，⑤為輸出+15V
(B)②為輸出+15V，①③⑤連接，④為輸出−15V
(C)①為輸出−15V，③④連接，⑤為輸出+15V
(D)②為輸出+15V，②③連接，①為輸出−15V [1-3]

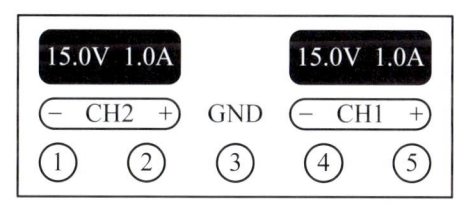

圖(1)

(　)3. 有一函數波形產生器輸出正弦波，頻率$f = 5\ \text{kHz}$，信號大小為$V_{P-P} = 12\ \text{V}$，示波器的衰減測試棒切入×1，則此示波器之VOLTS/DIV及TIME/DIV，宜置於？
(A)$10\mu s/\text{DIV}$，$2V/\text{DIV}$
(B)$25\mu s/\text{DIV}$，$1V/\text{DIV}$
(C)$50\mu s/\text{DIV}$，$1V/\text{DIV}$
(D)$50\mu s/\text{DIV}$，$2V/\text{DIV}$ [1-3]

(　)4. 示波器調校歸零後，將某電路接至示波器的CH1，其波形顯示如圖(2)，則示波器的檔位較有可能切至？
(A)AC　(B)GND　(C)DC　(D)DUAL [1-3]

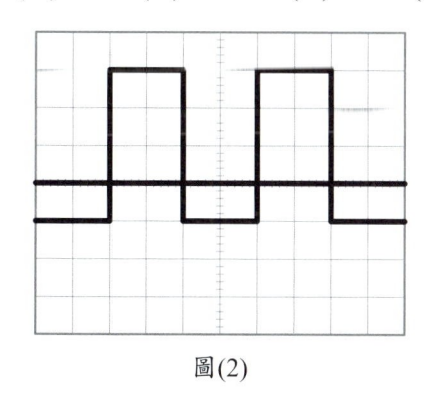

圖(2) 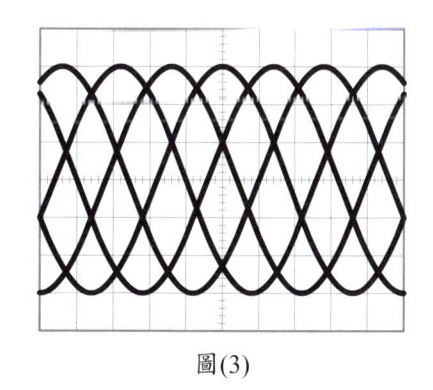　　　　圖(3)

(　)5. 實習中若示波器只要顯示一個電壓波形，結果螢幕卻顯示如圖(3)，則必須調整哪一個鈕才可使波形穩定？
(A)SWP.VAR　(B)LEVEL　(C)TRIGGER　(D)TIME/DIV [1-3]

(　　)6. 如圖(4)所示，要將示波器顯示的三角波調整為鋸齒波，則應該調整函數波信號產生器的哪個旋鈕？
(A)FUNCTION　(B)RANGE　(C)FINE　(D)DUTY [1-3]

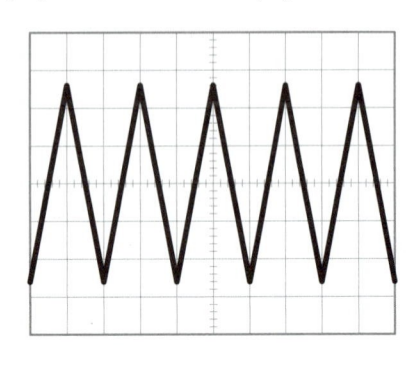

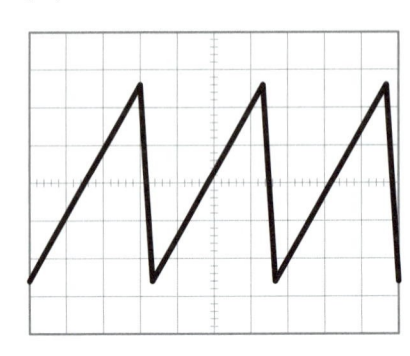

圖(4)

(　　)7. 已知示波器之VOLTS/DIV有1、2、5、10V等檔位，今用此示波器測量有效值為70.7V之交流電源，衰減測試棒為10：1，則應撥至哪一個檔位，正弦波顯示在螢幕上的波形最大且不失真？
(A)1V/DIV　(B)2V/DIV　(C)5V/DIV　(D)10V/DIV [1-3]

(　　)8. 有一交流信號$v(t)=20\sin(314t)$ V，若示波器的TIME/DIV置於5ms，則示波器上會顯示幾個正弦波？　(A)2　(B)2.5　(C)3　(D)4 [1-3]

(　　)9. CPR急救步驟，其施作口訣為「叫叫CABD」，若顧慮患者可能具有傳染病，施作時可以免除下列哪一步驟？　(A)C　(B)A　(C)B　(D)D [1-4]

(　　)10. 魯夫在更換日光燈時不慎發生感電事故而倒地不起，在未能確定魯夫是否為感電狀態時，下列何者為最優先應處理的項目？
(A)立即通知臺灣電力公司進行救援
(B)盡速切斷電源
(C)將魯夫拉離感電區域
(D)立即進行心肺復甦術 [1-4]

第 1 章 電子元件及波形基本概念

素養導向題

▲ 閱讀下文，回答第1～3題

佐助要設計一個積體電路，於是在一大堆電子材料中找到3個電子零件，已知規格如下：A元件的邏輯閘有4個，B元件的邏輯閘有2000個，C元件的電子元件數目有5000個，則依照積體電路的分類，試問：

( )1. A元件為　(A)SSI　(B)MSI　(C)LSI　(D)VLSI

( )2. B元件為　(A)SSI　(B)MSI　(C)LSI　(D)VLSI

( )3. C元件為　(A)SSI　(B)MSI　(C)LSI　(D)VLSI

▲ 閱讀下文，回答第4～5題

AED（Automated External Defibrillator），稱為「自動體外心臟電擊去顫器」，是一台能夠自動偵測傷病患心律脈搏、並施以電擊使心臟恢復正常運作的儀器，因為使用的方式相當容易，開啟機器時會有語音說明其使用方式，並有圖示輔助說明，就像使用「傻瓜相機」一樣簡單，所以，坊間稱之為「傻瓜電擊器」，試問：

( )4. AED的設置是依據
(A)緊急醫療救護法　(B)消防法　(C)職業安全衛生法　(D)勞基法

( )5. AED的操作有五項流程，試問正確的順序依序為何？
①分析心律　②貼上電擊片　③按下電擊按鈕　④打開電源　⑤線頭插入電擊插孔
(A)④ ⇒ ② ⇒ ⑤ ⇒ ① ⇒ ③
(B)④ ⇒ ① ⇒ ② ⇒ ⑤ ⇒ ③
(C)④ ⇒ ② ⇒ ① ⇒ ⑤ ⇒ ③
(D)④ ⇒ ⑤ ⇒ ① ⇒ ② ⇒ ③

解答

(＊表示附有詳解)

1-1立即練習

基礎題
1.D　　2.D　　3.C　　4.C

進階題
1.B

1-2立即練習

基礎題
1.A　　*2.C　　*3.D　　*4.C　　5.B　　6.C

進階題
1.A

1-3立即練習

基礎題
1.C　　2.D　　3.D　　4.B　　5.D　　6.D　　7.C　　8.B　　9.D　　10.C
11.A

進階題
1.C　　2.C

1-4立即練習

基礎題
1.C　　2.C　　3.B　　4.B　　5.A　　6.A　　7.A　　8.D

進階題
1.C　　2.C

歷屆試題

電子學試題
1.D　　2.C　　3.B　　4.C　　5.D　　*6.A　　*7.B　　8.D　　*9.A　　*10.A
11.B　　*12.C　　*13.D　　*14.C

電子學實習試題
*1.D　　*2.A　　3.A　　4.C　　5.C　　6.D　　7.C　　*8.B　　*9.C　　10.A
11.D　　12.B　　*13.D　　*14.C　　15.D　　*16.D　　17.A　　18.A　　19.C　　20.C
21.A　　22.A　　23.A　　24.D　　25.D　　26.C　　27.C　　28.A　　29.C　　30.A
31.C　　*32.C

最新統測試題
*1.A　　2.C　　*3.B　　*4.C　　5.B　　*6.D

模擬演練

電子學試題
1.B　　*2.A　　*3.C　　*4.A　　*5.C　　*6.A　　*7.C　　*8.D　　*9.B　　*10.C

電子學實習試題
1.C　　2.B　　*3.D　　*4.C　　*5.B　　6.D　　*7.C　　*8.B　　9.C　　10.B

第 1 章 電子元件及波形基本概念

── 解 答 ──

（*表示附有詳解）

素養導向題

1. A　　2. D　　3. C　　4. A　　5. A

NOTE

CHAPTER 2 二極體及應用電路

本章學習重點

章節架構	必考重點	
2-1　本質、P型及N型半導體	• 本質半導體及外質半導體之差異 • 外質半導體之特性及計算	★★★☆☆
2-2　P-N接面二極體	• 二極體之電路計算	★★★★★
2-3　稽納二極體	• 稽納二極體之物理特性 • 稽納二極體之相關計算	★★★★☆
2-4　發光二極體	• 發光二極體之特性	★★☆☆☆
2-5　整流電路	• 整流電路之種類及計算	★★★★★
2-6　濾波電路	• 濾波電路之種類及計算	★★★★☆

統測命題分析

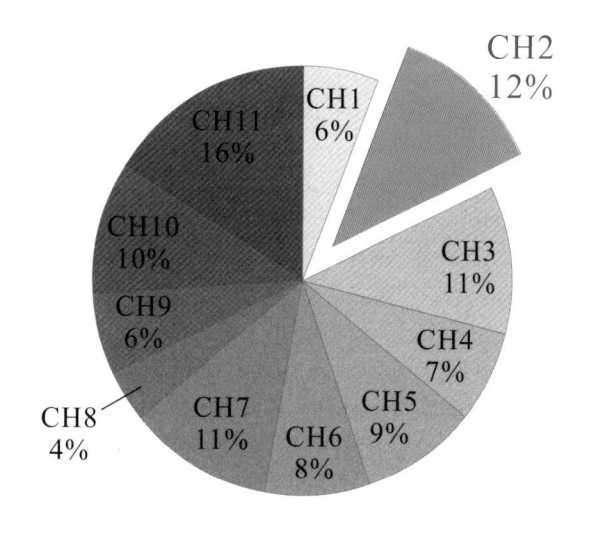

- CH1 6%
- CH2 12%
- CH3 11%
- CH4 7%
- CH5 9%
- CH6 8%
- CH7 11%
- CH8 4%
- CH9 6%
- CH10 10%
- CH11 16%

考前 3 分鐘

1. P型半導體是將4個價電子的矽或鍺原子，摻雜3價元素，其中3價元素有硼（B）、鋁（Al）、銦（In）、鎵（Ga）原子，其中3價元素又稱受體。

2. P型半導體的多數載子為電洞，少數載子為自由電子，整塊P型半導體為電中性。

3. P型半導體的電子濃度 $n = \dfrac{n_i^2}{p} \approx \dfrac{n_i^2}{N_A^-}$。

4. N型半導體是將4個價電子的矽或鍺原子，摻雜5價元素，其中5價元素有砷（As）、磷（P）、鉍（Bi）或銻（Sb）原子，其中5價元素又稱施體。

5. N型半導體的多數載子為自由電子，少數載子為電洞，整塊N型半導體為電中性。

6. N型半導體的電洞濃度 $p = \dfrac{n_i^2}{n} \approx \dfrac{n_i^2}{N_D^+}$。

7. P型與N型半導體結合後，P側靠近接合面處形成帶負電的受體負離子，而在N側靠近接合面處形成帶正電的施體正離子。

8. 順向偏壓造成空乏區寬度變小；逆向偏壓造成空乏區變大。

9. 室溫（25°C）下矽（Si）質二極體的切入電壓為0.6伏特～0.7伏特；鍺（Ge）質二極體的切入電壓約為0.2伏特～0.3伏特。

10. 二極體的電流方程式 $I_D = I_S \times (e^{\frac{V_D}{\eta \times V_T}} - 1)$。

11. 矽二極體的逆向飽和電流 I_S 約為數nA，而鍺質二極體的逆向飽和電流 I_S 約數 μA。

12. 矽質二極體每上升1°C切入電壓 V_D 下降約2.5mV，即 –2.5mV/°C；
    鍺質二極體每上升1°C切入電壓 V_D 下降約1mV，即 –1mV/°C。

13. 實際稽納二極體具正常穩壓的工作電流 I_Z 範圍為：$I_{ZK} < I_Z < I_{ZM}$。

14. 崩潰電壓大於6V時，屬於累增崩潰，且崩潰電壓隨溫度上升而增加，屬於正溫度係數元件。

15. 崩潰電壓小於6V時，屬於稽納崩潰，且崩潰電壓隨溫度上升而減少，屬於負溫度係數元件。

16. 累增崩潰為熱效應所產生；稽納崩潰為電場效應所產生。

17. 整流電路

電路名稱	半波整流	中心抽頭式全波整流	橋式全波整流
二極體數目	1	2	4
輸出電壓頻率	f_i	$2f_i$	$2f_i$
二極體PIV	電阻負載：V_m 電容負載：$2V_m$	$2V_m$	V_m
輸出電壓平均值	$\frac{1}{\pi}V_m = 0.318V_m$	$\frac{2}{\pi}V_m = 0.636V_m$	$\frac{2}{\pi}V_m = 0.636V_m$
輸出電壓有效值	$\frac{1}{2}V_m = 0.5V_m$	$\frac{1}{\sqrt{2}}V_m = 0.707V_m$	$\frac{1}{\sqrt{2}}V_m = 0.707V_m$

18. 濾波電路

電路名稱	半波整流濾波器	全波整流濾波器
輸出電壓頻率	f_i	$2f_i$
二極體PIV	V_m	中心抽頭式：$2V_m$ 橋式：V_m
漣波峰對峰值電壓 $V_{r(P-P)}$	$\dfrac{V_m}{f_i \times R_L \times C}$	$\dfrac{V_m}{2 \times f_i \times R_L \times C}$
漣波有效值 $V_{r(rms)}$	$\dfrac{V_m}{2\sqrt{3} \times f_i \times R_L \times C}$	$\dfrac{V_m}{4\sqrt{3} \times f_i \times R_L \times C}$
漣波因數 $r\%$ （若頻率為60Hz且電阻以kΩ為單位，電容以 μF 為單位）	$\dfrac{4.8}{R_L \times C} \times 100\%$	$\dfrac{2.4}{R_L \times C} \times 100\%$

2-1 本質、P型及N型半導體

理論重點

重點 1　價電子學說與能帶理論

1. 根據價電子學說，導體的價電子數 ＿＿＿＿＿＿，絕緣體的價電子數 ＿＿＿＿＿＿，半導體的價電子數 ＿＿＿＿＿＿。

2. 根據能帶理論，物質的能階分為，＿＿＿＿＿＿、＿＿＿＿＿＿、＿＿＿＿＿＿。禁帶為傳導帶與價帶之間的能量間隙，又稱為 ＿＿＿＿＿＿，其中價電子（電子軌道最外層的電子）位於 ＿＿＿＿＿＿，而自由電子（電子軌道外的電子）位於 ＿＿＿＿＿＿。

3. 各種物質的能隙：

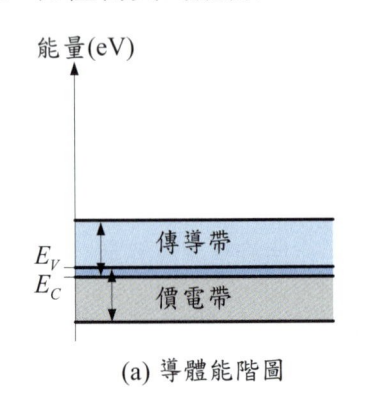

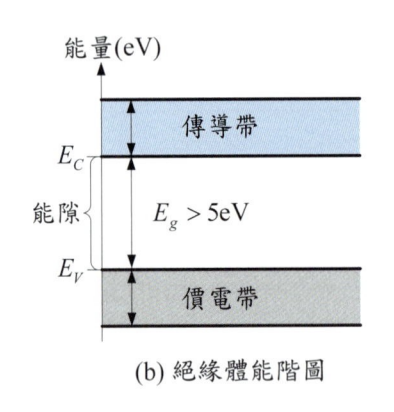

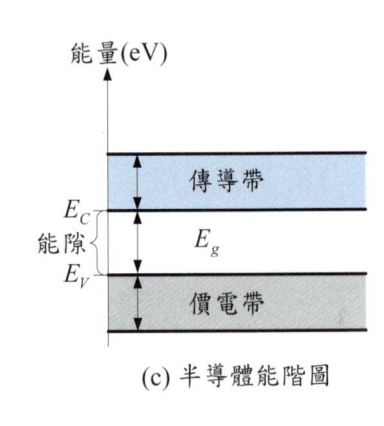

(a) 導體能階圖　　(b) 絕緣體能階圖　　(c) 半導體能階圖

答案：1. 小於4個、大於4個、等於4個
　　　2. 傳導帶、價帶、禁帶、能隙、價帶、傳導帶

重點 2　本質半導體

1. 以純矽或是純鍺製作而成的半導體，此種半導體不含其他雜質，只由單一元素結晶所組成稱為 **本質半導體**（intrinsic semiconductor）。

2. 矽的原子序為14，矽的電子數由內層至外層的分佈依序為 ＿＿＿＿＿＿，價電子數為 ＿＿＿＿，屬性為 ＿＿＿＿＿＿。

3. 鍺的原子序為32，鍺的電子數由內層至外層的分佈依序為 ＿＿＿＿＿＿，價電子數為 ＿＿＿＿，屬性為 ＿＿＿＿＿＿。

第 2 章 二極體及應用電路

4. 矽與鍺在0K（絕對溫度）與300K（室溫）時的能隙大小。

溫度 \ 元素名稱	矽（Si）	鍺（Ge）	特性
0K的禁帶寬度（能隙）	_____	_____	絕緣體
300K的禁帶寬度（能隙）	_____	_____	半導體

答案：2. 2-8-4、4、半導體　　　3. 2-8-18-4、4、半導體
　　　4. 1.21eV、0.785eV、1.1eV、0.72eV

重點 3　擴散電流與漂移電流

1. **擴散電流**（diffusion current）：半導體內由於 _____ 的不同，使得濃度較高載子往濃度較低的區域移動，所造成的電流稱之為擴散電流。

2. **漂移電流**（drift current）：半導體內由於 _____ 所造成的電流，這種因 _____ 所造成的載子流動的情形稱之為漂移電流。

3. 半導體內部的載子流動的主要成分為 _____ 以及 _____，而金屬只有 _____ 無 _____。

註：半導體內的電流主要是由電子流與電洞流，兩者所組成，而電洞為價電子變成自由電子移動後所造成之空缺。

答案：1. 載子濃度
　　　2. 電位梯度（電場強度）、電位差
　　　3. 漂移電流、擴散電流、漂移電流、擴散電流

重點 4　離子化

1. 原子吸收或釋放能量，造成原本電中性的原子有較多正電荷或是較多負電荷之情形，稱為 _____。

2. 原子吸收一個或數個電子，使原子變成帶 _____ 之 _____。

3. 原子失去一個或數個電子，使原子變成帶 _____ 之 _____。

答案：1. 離子化　　　2. 負電、負離子　　　3. 正電、正離子

電子學含實習　滿分總複習（上）

🎧 老師講解

1. 下列敘述何者不正確？
(A)矽在300K的能隙約1.1V
(B)擴散電流為濃度不同所形成的電流
(C)漂移電流為電位差所形成的電流
(D)原子失去一個或數個電子成為正離子

解 (A)

能隙的單位為eV

🎤 學生練習

1. 下列敘述何者不正確？
(A)矽在0K的特性如同絕緣體
(B)鍺在300K的能隙為0.72eV
(C)鍺與矽的價電子數為4
(D)自由電子位於價帶

重點 5　外質半導體

1. P型半導體

    (1) **P型半導體**（P-type semiconductor）係將4個價電子的矽或鍺原子**摻雜**（doping）帶有 ＿＿＿＿ 價電子的 ＿＿＿＿ 、＿＿＿＿ 、＿＿＿＿ 、＿＿＿＿ 原子，3價元素提供額外的電洞，因此稱3價元素為 ＿＿＿＿ 。

    (2) P型半導體的 ＿＿＿＿ 為**多數載子**（majority carrier），而**少數載子**（minority carrier）為 ＿＿＿＿ ，整塊P型半導體為 ＿＿＿＿ 。

2. N型半導體

    (1) **N型半導體**（N-type semiconductor）係將4個價電子的矽或鍺原子摻雜帶有 ＿＿＿＿ 價電子的 ＿＿＿＿ 、＿＿＿＿ 、＿＿＿＿ 或 ＿＿＿＿ 原子，5價元素提供額外的自由電子，因此稱5價元素為 ＿＿＿＿ 。

    (2) N型半導體的 ＿＿＿＿ 為多數載子，而少數載子為 ＿＿＿＿ ，整塊N型半導體為 ＿＿＿＿ 。

3. 一般二極體的摻雜濃度，本質濃度（矽或鍺的四價元素）與外質濃度（三價元素或五價元素）的比例為 ＿＿＿＿ 。

4. 摻雜可以使半導體的 ＿＿＿＿ 降低，其目的是在改變半導體的 ＿＿＿＿ 。

5. 多數載子與 ＿＿＿＿ 成正比；少數載子是由 ＿＿＿＿ 所產生，與 ＿＿＿＿ 成正比。

第 2 章 二極體及應用電路

答案：1. (1) 3個、硼（B）、鋁（Al）、銦（In）、鎵（Ga）、受體（acceptor）雜質
　　　　(2) 電洞、自由電子、電中性
　　2. (1) 5個、砷（As）、磷（P）、鉍（Bi）、銻（Sb）、施體（donor）雜質
　　　　(2) 自由電子、電洞、電中性
　　3. $10^8:1$　　　　4. 能隙、導電特性　　　　5. 摻雜濃度、熱擾動、溫度

重點 6　質量作用定律

1. 外質半導體在熱平衡的情況下，正、負載子濃度的乘積為定值，即 ＿＿＿＿＿＿＿（n為自由電子的濃度，p為電洞的濃度，n_i為本質濃度）。

2. P型半導體

   (1) P型半導體為電中性，所以電洞濃度（p）近似於受體的雜質濃度（N_A），即 $p \approx N_A$，且受體雜質濃度帶負電性，故以N_A^-表示。

   (2) 依質量作用定理（$n \times p = n_i^2$）可得：電子濃度 ＿＿＿＿＿＿＿。

3. N型半導體

   (1) N型半導體為電中性，所以電子濃度（n）近似於施體的雜質濃度（N_D），即 $n \approx N_D$，且施體雜質濃度帶正電性，故以N_D^+表示。

   (2) 依質量作用定理（$n \times p = n_i^2$）可得：電洞濃度 ＿＿＿＿＿＿＿。

答案：1. $n \times p = n_i^2$　　　2. $n = \dfrac{n_i^2}{p} \approx \dfrac{n_i^2}{N_A^-}$　　　3. $p = \dfrac{n_i^2}{n} \approx \dfrac{n_i^2}{N_D^+}$

老師講解

2. 有一個純矽半導體，本質濃度$n_i = 1.5 \times 10^{10}/\text{cm}^3$，原子密度為$5 \times 10^{22}/\text{cm}^3$，若於每$10^9$個矽原子摻入1個施體（donor）雜質，則該半導體為何種類型的半導體且電洞密度為何？
   (A)P型、$4.5 \times 10^6/\text{cm}^3$
   (B)N型、$4.5 \times 10^6/\text{cm}^3$
   (C)P型、$4.5 \times 10^5/\text{cm}^3$
   (D)N型、$4.5 \times 10^5/\text{cm}^3$

   解 (B)

   (1) 加入施體（donor）雜質，因此為N型半導體

   (2) 施體正離子的濃度 $N_D^+ = \dfrac{5 \times 10^{22}}{10^9} = 5 \times 10^{13}/\text{cm}^3$

   (3) 電洞濃度 $p = \dfrac{n_i^2}{n} \approx \dfrac{n_i^2}{N_D^+} = \dfrac{(1.5 \times 10^{10})^2}{5 \times 10^{13}} = 4.5 \times 10^6/\text{cm}^3$

學生練習

2. 有一個純矽半導體，本質濃度 $n_i = 1.5 \times 10^{10}/cm^3$，原子密度為 $2 \times 10^{20}/cm^3$，若於每 10^8 個矽原子摻入1個硼原子，則該半導體為何種類型的半導體且電子密度為何？
   (A)P型、$6.25 \times 10^7/cm^3$
   (B)N型、$6.25 \times 10^6/cm^3$
   (C)P型、$1.125 \times 10^8/cm^3$
   (D)N型、$1.125 \times 10^6/cm^3$

立即練習

基礎題

( )1. 在室溫下的矽晶體中，欲使價電子由共價鍵釋放出來而成為自由電子，至少需要多少能量？ (A)1.21eV (B)1.1eV (C)0.785eV (D)0.72eV

( )2. 在室溫下的鍺晶體中，欲使價電子由共價鍵釋放出來而成為自由電子，至少需要多少能量？ (A)1.21eV (B)1.1eV (C)0.785eV (D)0.72eV

( )3. 電子伏特（eV：electron volt）是下列何者所使用的單位？
   (A)電壓 (B)電流 (C)能量 (D)電功率

( )4. P型半導體，是指在本質半導體加上微量的
   (A)二價元素 (B)三價元素 (C)四價元素 (D)五價元素

( )5. 在N型半導體中，其多數載子為何？
   (A)自由電子 (B)電洞 (C)中子 (D)負離子

( )6. 在P型半導體的載子為何？
   (A)只有電洞
   (B)只有自由電子
   (C)多數載子為自由電子，少數載子為電洞
   (D)多數載子為電洞，少數載子為自由電子

( )7. 下列何種元素摻入本質半導體中，可以使本質半導體轉為P型半導體？
   (A)砷（As） (B)磷（P） (C)硼（B） (D)銻（Sb）

2-2　P-N接面二極體　105 106 108 109 110

理論重點

重點 1　空乏區

1. P型與N型半導體結合後，接合面的多數載子（電洞與自由電子）跨越接合面而結合，P側靠近接合面處形成帶負電的 ＿＿＿＿＿＿＿＿，而在N側靠近接合面處形成帶正電的 ＿＿＿＿＿＿＿＿，此結構稱為 ＿＿＿＿＿＿＿＿。

2. P側又稱為**陽極**（anode，簡記為A）；N側又稱為**陰極**（cathode，簡記為K）。

3. 二極體的電路符號與實體圖

4. PN接合面區域內的電洞與自由電子全結合了，所以沒有可任意移動的電洞與自由電子存在，僅有不可移動的正負離子，故稱此區域為 ＿＿＿＿＿＿＿＿。

5. 摻雜濃度與空乏區的寬度成 ＿＿＿＿＿＿＿＿，當二極體的摻雜濃度愈 ＿＿＿＿＿＿，空乏區的寬度愈 ＿＿＿＿＿＿。

答案：1. 受體負離子、施體正離子、PN接面二極體
　　　4. 空乏區　　　5. 反比、高、小

重點 2　障壁電勢

1. 在空乏區內，P側的受體離子帶負電、N側的施體離子帶正電，正負電相對應所形成的電場稱為 ＿＿＿＿＿＿＿＿，或 ＿＿＿＿＿＿＿＿，其形成的電壓稱為 ＿＿＿＿＿＿＿＿，又稱為 ＿＿＿＿＿＿＿＿。

2. 切入電壓又稱 ＿＿＿＿＿＿＿＿ 或 ＿＿＿＿＿＿＿＿。

3. 障壁電勢的目的是阻止 ＿＿＿＿＿＿＿＿ 往接合面擴散，並且加速 ＿＿＿＿＿＿＿＿ 跨越接合面。

4. 少數載子流主要是接合面之 ＿＿＿＿＿＿ 所引起，稱為 ＿＿＿＿＿＿，而此電流幾乎為定值故又稱為 ＿＿＿＿＿＿，簡稱為 I_S。

5. 空乏區內的電場方向是由 ＿＿＿＿＿＿。

6. 一般二極體在室溫（25°C）下的障壁電勢，矽（Si）質為 ＿＿＿＿＿＿；鍺（Ge）質約為 ＿＿＿＿＿＿，且無法以直流電壓表測得。

7. 溫度增加時，因半導體內自由電子數目增加，障壁電勢會隨之 ＿＿＿＿＿＿，矽切入電壓的溫度係數為 ＿＿＿＿＿＿，鍺為 ＿＿＿＿＿＿。

答案： 1. 內建電場、空乏電場、障壁電勢、切入電壓
2. 抵補（offset）電壓、臨限（threshold）電壓
3. 多數載子、少數載子
4. 內建電場、漂移電流、逆向飽和電流（reverse saturation current）
5. N側指向P側　　6. 0.6V～0.7V、0.2V～0.3V　　7. 降低、−2.5mV/°C、−1mV/°C

老師講解

1. 未偏壓之二極體，其障壁電壓的作用是
   (A)阻止多數載子與少數載子通過接合面
   (B)加速多數載子與少數載子通過接合面
   (C)阻止多數載子通過接合面，加速少數載子跨越接合面
   (D)加速多數載子通過接合面，阻止少數載子跨越接合面

   解 (C)

學生練習

1. 關於PN接面二極體的敘述何者正確？
   (A)逆向飽和電流主要是由多數載子所形成
   (B)空乏區的P側帶正電
   (C)空乏區內的電場方向由P側指向N側
   (D)溫度增加，障壁電勢會隨之降低

老師講解

2. 矽二極體的切入電壓在25°C時為0.7V，試求在65°C的切入電壓為何？
   (A)0.5V　(B)0.6V　(C)0.65V　(D)0.72V

   解 (B)
   $0.7 - 2.5\text{mV}/°C \times (65°C - 25°C) = 0.6\text{ V}$

學生練習

2. 鍺二極體的切入電壓在25°C時為0.6V，試求在切入電壓為0.55V時的溫度為何？
(A)56°C　(B)58°C　(C)70°C　(D)75°C

重點 3　偏壓組態與電流方程式

1. 二極體的P側接正電壓，而N側接負電壓，這種外加電壓的方式稱為 ＿＿＿＿＿＿。外加的順向偏壓增加，造成空乏區 ＿＿＿＿＿＿，障壁電勢 ＿＿＿＿＿＿。

2. 二極體的P側接負電壓，而N側接正電壓，這種外加電壓的方式稱為 ＿＿＿＿＿＿。只有少數載子會通過PN接面，產生微小逆向飽和電流I_S，其大小與 ＿＿＿＿＿＿ 的大小無關，而與 ＿＿＿＿＿＿ 成正比，矽二極體的逆向飽和電流I_S約為 ＿＿＿＿＿＿，而鍺質二極體的逆向飽和電流I_S約 ＿＿＿＿＿＿。

3. 順向偏壓愈大則空乏區 ＿＿＿＿＿＿；逆向偏壓愈大則空乏區 ＿＿＿＿＿＿。

4. 二極體的電流方程式：$I_D = I_S \times (e^{\frac{V_D}{\eta \times V_T}} - 1)$，電流隨順向偏壓的增加成指數增加；逆向偏壓時亦適用此公式。

$$I_D = I_S \times (e^{\frac{K \times V_D}{T_K}} - 1) = I_S \times (e^{\frac{V_D}{\eta \times V_T}} - 1)$$

公式	名稱	單位或意義
	I_D：二極體順向電流	安培（A）
	I_S：逆向飽和電流	安培（A）
	T_K：凱氏溫度	凱氏溫度（K）
	V_D：二極體外加偏壓	伏特（V）
	$K: \dfrac{11600}{\eta}$ 二極體特性常數	鍺質：$\eta=1$ 矽質：$\eta=2$
	V_T：溫度的伏特當量 $(V_T = \dfrac{T_K}{11600})$	伏特（V）

5. 二極體的電壓變化量 ＿＿＿＿＿＿。（通過二極體的電流從I_1變化到I_2）

6. **逆向峰值電壓**（Peak Inverse Voltage，簡稱為PIV），矽質二極體的PIV約 ＿＿＿＿＿＿，而鍺質二極體的PIV約 ＿＿＿＿＿＿。

答案：1. 順向偏壓、減小、減小　　2. 逆向偏壓、逆向偏壓、溫度、1nA～10nA、1μA～2μA
　　　3. 愈小、愈大　　5. $\Delta V_D = \eta \times V_T \ln(\dfrac{I_2}{I_1})$　　6. 250V、50V

重點 4 漏電流的溫度效應

1. 溫度約每增加10°C，逆向飽和電流（漏電流）增為原來的2倍來計算，其數學表示式為 $I_{S(T_2)} = I_{S(T_1)} \times 2^{(\frac{T_2 - T_1}{10})}$。

公式	名稱	單位或意義
$I_{S(T_2)} = I_{S(T_1)} \times 2^{(\frac{T_2 - T_1}{10})}$	T_1：原來的溫度	攝氏溫度（°C）
	T_2：增加後的溫度	攝氏溫度（°C）
	$I_{S(T_1)}$：原來的逆向飽和電流	安培（A）
	$I_{S(T_2)}$：溫度增加後的逆向飽和電流	安培（A）

2. 二極體具有單向導通的特性，具有 ＿＿＿＿、＿＿＿＿、＿＿＿＿ 等功能，但不具 ＿＿＿＿ 作用。

3. 二極體串聯可以增加 ＿＿＿＿。

答案：2. 整流、截波、箝位、放大　　　　3. 逆向峰值電壓

老師講解

3. 關於二極體的敘述，下列何者錯誤？
   (A)二極體的P側接電源的正端，N側接電源的負端，稱為順向偏壓
   (B)二極體的逆向偏壓愈大，逆向飽和電流愈大
   (C)二極體的逆向偏壓愈大，空乏區隨之變大
   (D)鍺質二極體的逆向飽和電流I_S，約是矽質二極體逆向飽和電流I_S的1000倍

   解 (B)
   逆向飽和電流I_S與逆向偏壓的大小無關

學生練習

3. 二極體不具下列何種功能？
   (A)整流　(B)濾波　(C)箝位　(D)放大

老師講解

4. 如右圖所示,為兩個PN矽質二極體串接,並供給5V電源,則二極體D_1之兩端電壓V_{D1}為
(A)18mV　(B)26mV　(C)36mV　(D)52mV
(註:$\eta V_T = 52\,\text{mV}$,$\ln 2 = 0.693$)

解 (C)

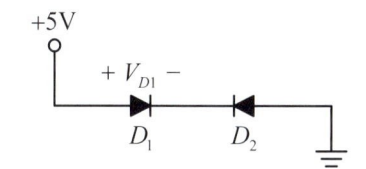

(1) $I_D = I_S \times (e^{\frac{V_D}{\eta \times V_T}} - 1) = I_S \times e^{\frac{V_D}{\eta \times V_T}} - I_S$,因為串聯電路的電流相同,∴ $I_D = I_S$

(2) $2I_S = I_S \times e^{\frac{V_{D1}}{\eta \times V_T}} \Rightarrow 2 = e^{\frac{V_{D1}}{\eta \times V_T}} \Rightarrow \ln 2 = \frac{V_{D1}}{\eta \times V_T}$ (等號兩邊同取ln)

$\Rightarrow V_{D1} = \eta \times V_T \times \ln 2 = 52\,\text{mV} \times 0.693 = 36\,\text{mV}$

學生練習

4. 如右圖所示,為兩個PN鍺質二極體串接,並供給3V電源,則二極體D_2之兩端電壓V_{D2}約為
(A)2.98V　(B)2.86V　(C)2.56V　(D)2.46V
(註:$\eta V_T = 26\,\text{mV}$,$\ln 2 = 0.693$)

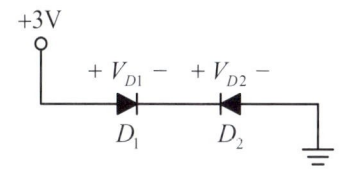

老師講解

5. 一矽二極體,在溫度25°C時的逆向飽和電流為2nA,則溫度升高至65°C時,逆向飽和電流為　(A)4nA　(B)20nA　(C)32nA　(D)48nA

解 (C)

$$I_{S(T_2)} = I_{S(T_1)} \times 2^{(\frac{T_2 - T_1}{10})} = 2\text{nA} \times 2^{(\frac{65 - 25}{10})} = 32\,\text{nA}$$

學生練習

5. 矽二極體在溫度20°C時之逆向飽和電流為5nA,若逆向飽和電流變為40nA,溫度為何?　(A)30°C　(B)40°C　(C)50°C　(D)60°C

重點 5　二極體的電壓與溫度特性曲線

1. 常溫下二極體的電壓特性曲線：
2. 二極體的溫度特性曲線：

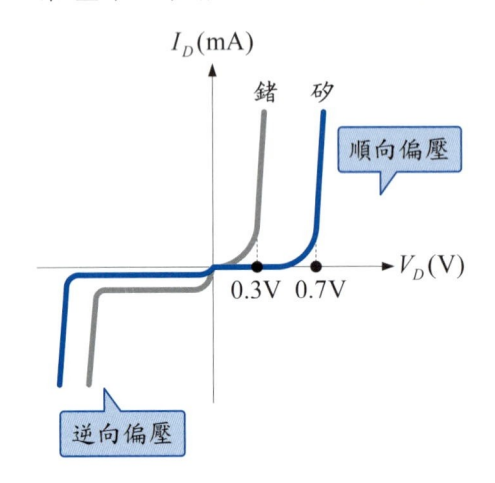

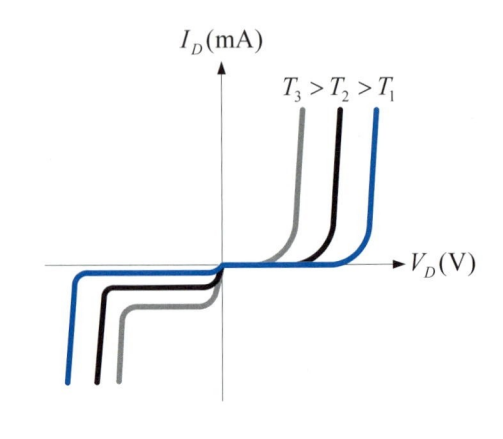

3. 溫度 ＿＿＿＿＿ 則二極體的切入電壓 ＿＿＿＿＿。

答案：3. 愈高、愈小

重點 6　二極體的電阻特性

1. **靜態電阻**（static resistance）：順向偏壓特性曲線的工作點，二極體端電壓 V_{DQ} 與順向電流 I_{DQ} 兩者的比值稱為 ＿＿＿＿＿ 或 ＿＿＿＿＿，公式為 $R_D = \dfrac{V_{DQ}}{I_{DQ}}$。

2. **本體電阻**（bulk resistance）：二極體製作完成後，受到摻雜濃度、空乏區內截面積與電流所通過的路徑長度的影響，每個二極體都有不同的內阻值，此電阻稱為 ＿＿＿＿＿、＿＿＿＿＿ 或是 ＿＿＿＿＿。

   (1) 矽二極體：$r_f = \dfrac{V_2 - V_1}{I_2 - I_1} = \dfrac{1 - 0.7}{I_F - 0} = \dfrac{0.3}{I_F}$。
   （外加電壓1V時，通過二極體的順向電流 I_F）

   (2) 鍺二極體：$r_f = \dfrac{V_2 - V_1}{I_2 - I_1} = \dfrac{1 - 0.3}{I_F - 0} = \dfrac{0.7}{I_F}$。
   （外加電壓1V時，通過二極體的順向電流 I_F）

3. **動態電阻**（dynamic resistance）：公式為 $r_d = \dfrac{\eta \times V_T}{I_{DQ}}$，其中 η 為實驗常數，依其物理結構及材質決定，V_T 為溫度的伏特當量又稱為**熱當電壓**（thermail voltage），室溫時 $V_T = 25$ mV 或 26mV。動態電阻又稱為交流電阻。

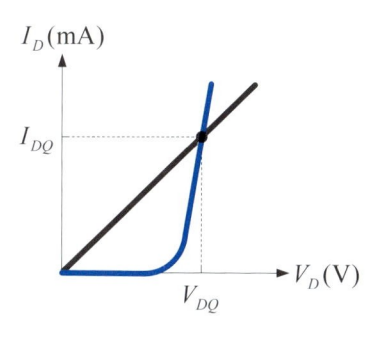

I_D(mA) ... V_{DQ} ... V_D(V)

(a) 靜態電阻 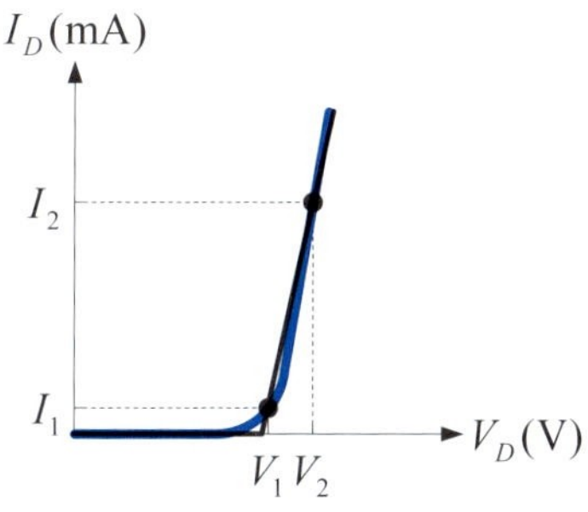　　(b) 本體電阻 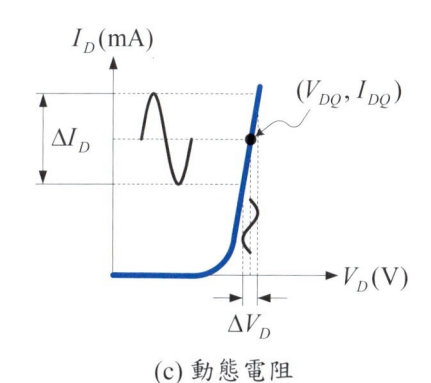　　(c) 動態電阻

答案：1. 直流電阻、靜態電阻　　2. 分佈電阻、本體電阻、順向電阻

老師講解

6. 有一個二極體在工作點的電壓和電流分別為 $V_{DQ} = 2\,\text{V}$，$I_{DQ} = 25\,\text{mA}$，則此二極體直流電阻為　(A)80Ω　(B)70Ω　(C)60Ω　(D)50Ω

解 (A)

$$R_D = \frac{V_{DQ}}{I_{DQ}} = \frac{2\text{V}}{25\text{mA}} = 80\,\Omega$$

學生練習

6. 有一個二極體在工作點的電阻和電流分別為 $R_D = 100\,\Omega$，$I_Q = 20\,\text{mA}$，則此二極體的工作點電壓為　(A)8V　(B)6V　(C)4V　(D)2V

老師講解

7. 有一鍺質二極體在室溫時，若 $V_T = 26\,\text{mV}$，電流為 $1.3\,\text{mA}$，則其動態電阻（dynamic resistance）為　(A)1.3Ω　(B)2Ω　(C)20Ω　(D)26Ω

解 (C)

$$r_d = \frac{\eta \times V_T}{I_{DQ}} = \frac{1 \times 26\text{mV}}{1.3\text{mA}} = 20\,\Omega$$

學生練習

7. 有一矽質二極體在室溫時，若 $V_T = 26\,\text{mV}$，電流為 $1\,\text{mA}$，則其動態電阻（dynamic resistance）為　(A)15Ω　(B)30Ω　(C)45Ω　(D)52Ω

重點 7 二極體的電容效應

1. **擴散電容**（diffusion capacitance，簡稱為C_D）：二極體在順向偏壓時，在空乏區外由超額少數載子所形成的電容，又稱為＿＿＿＿＿＿＿＿＿＿，其公式如下：

公式	名稱	單位或意義
$C_D = \dfrac{\tau \times I_{DQ}}{\eta \times V_T}$	τ：少數載子的平均生存時間	秒（S）
	I_{DQ}：通過接合面的電流量	安培（A）
	η：材料特性係數	鍺質：$\eta = 1$ 矽質：$\eta = 2$
	V_T：熱當電壓	伏特（V）

2. **過渡電容**（transition capacitance，簡稱為C_T）：二極體在逆向偏壓的空乏區域內由正負離子所形成的電容，又稱為＿＿＿＿＿＿＿＿＿＿ 或 ＿＿＿＿＿＿＿＿＿＿，係因外加偏壓改變造成空乏區寬度隨之改變，其公式如下：

公式	名稱	單位或意義
$C_T = \varepsilon \times \dfrac{A}{d}$ $= \varepsilon_0 \times \varepsilon_r \times \dfrac{A}{d}$	C_T：電容量	法拉（F）
	ε：介電係數	$\varepsilon = \varepsilon_0 \times \varepsilon_r$
	ε_0：真空中介電係數	$\dfrac{1}{36\pi \times 10^9} \approx 8.85 \times 10^{-12}$（法拉／公尺）
	ε_r：相對介電係數	空氣或真空中 $\varepsilon_r = 1$
	d：空乏區寬度	公尺（m）
	A：空乏區接面的截面積	平方公尺（m^2）

3. 無論在順向偏壓或是逆向偏壓時，二極體皆會有與擴散電容C_D與過渡電容C_T，順向偏壓時擴散電容＿＿＿＿＿＿過渡電容；逆向偏壓時擴散電容＿＿＿＿＿＿過渡電容。

答案：1. 儲存電容（storage capacitance）
2. 空乏電容（depletion capacitance）、空間電荷電容（space-charge capacitance）
3. 大於、小於

老師講解

8. 過渡電容C_T的大小 (A)與外加逆向偏壓成正比 (B)與外加逆向偏壓成反比 (C)與其順向偏壓電流成正比 (D)與其順向偏壓電流成反比

解 (B)

學生練習

8. 下列有關二極體電容效應的敘述，何者正確？
   (A)過渡電容與二極體外加逆向偏壓大小無關
   (B)二極體的外加逆向偏壓增加，過渡電容亦增加
   (C)擴散電容與二極體順向電流大小無關
   (D)二極體的順向電流增加，擴散電容之值隨之增加

重點 8　二極體的等效電路

1. **理想模型**（the ideal-diode model）：理想二極體順向偏壓視為 ＿＿＿＿＿＿，逆向偏壓視為 ＿＿＿＿＿＿。

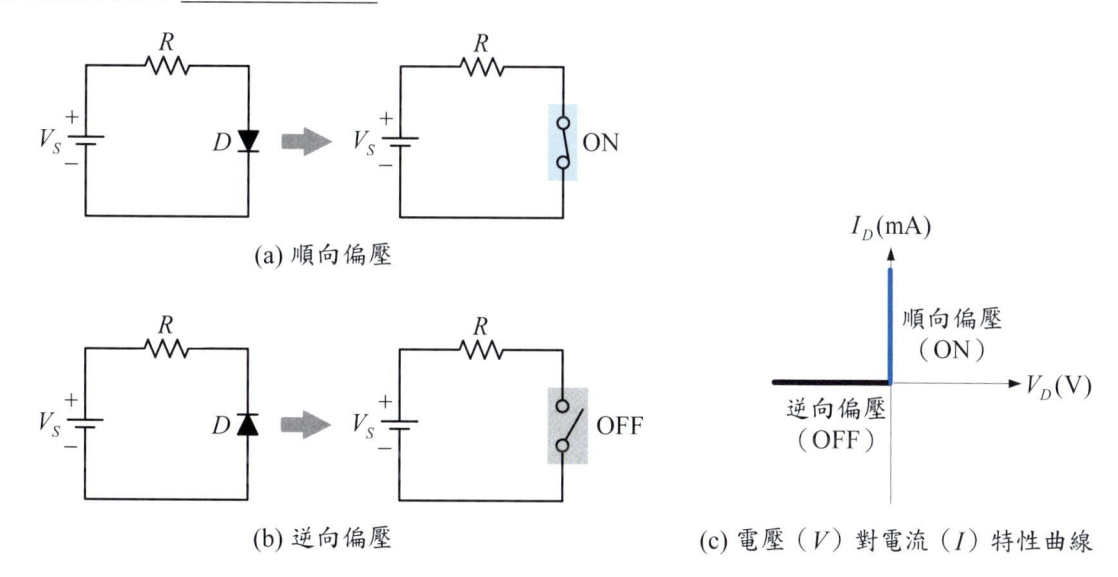

   (a) 順向偏壓

   (b) 逆向偏壓

   (c) 電壓（V）對電流（I）特性曲線

2. **定電壓降模型**（the constant-voltage-drop model）：順向偏壓大於二極體的切入電壓時，二極體導通（ON）；而當順向偏壓小於二極體的切入電壓或逆向偏壓時，二極體截止（OFF）。

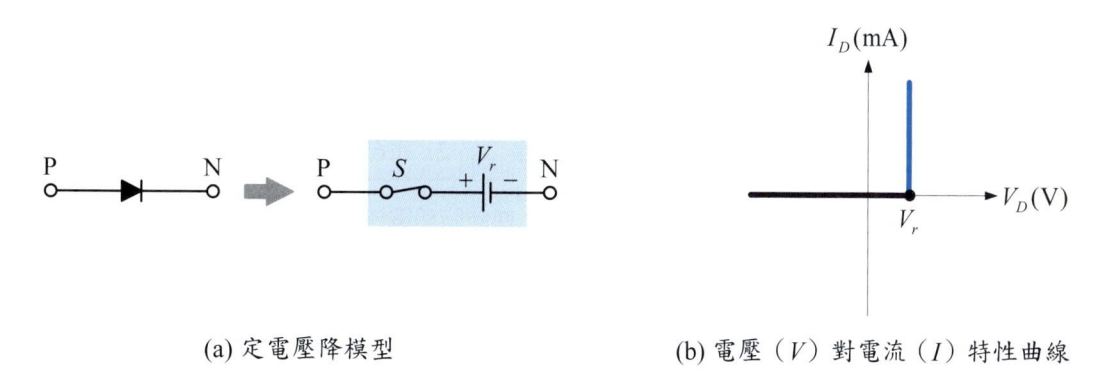

   (a) 定電壓降模型

   (b) 電壓（V）對電流（I）特性曲線

3. **片段線性模型**（piecewise linear model, PLM）：二極體的等效電路類似開關、電阻與電壓降三者串聯的電路。

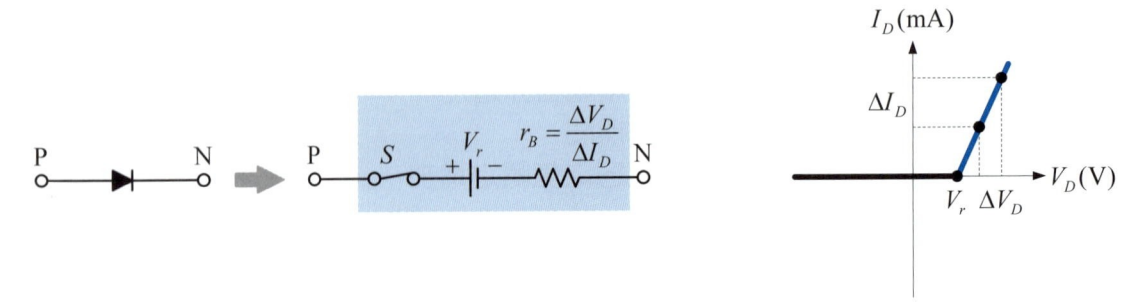

(a) 片段線性模型　　　　　　　(b) 電壓（V）對電流（I）特性曲線

答案：1. 短路、開路

重點 9　二極體之綜合比較

項目＼二極體	矽	鍺	特性
原子序	14	32	鍺多一層主層
電子排列	2-8-4	2-8-18-4	鍺的外層價電子較易成為自由電子
切入電壓	0.6V～0.7V	0.2V～0.3V	矽用於整流電路　鍺用於檢波電路
逆向峰值電壓（PIV）	250V	50V	鍺的PIV較小
工作溫度	$-65°C$～$175°C$	$-65°C$～$75°C$	矽比鍺常用於一般積體電路
切入電壓與溫度係數之關係	＿＿＿	＿＿＿	＿＿＿
漏電流	1. 約數nA　2. 每10°C增加2^n倍	1. 約數μA　2. 每6°C增加2^n倍	

註：一般若未特別說明，通常溫度每增加10°C，逆向飽和電流增加2倍。

答案：$-2.5\text{mV}/°C$、$-1\text{mV}/°C$、矽的切入電壓受溫度影響較大、鍺的漏電流受溫度影響較大

第 2 章 二極體及應用電路

老師講解

9. 如右圖所示，若二極體具理想特性，試求電流 I 與電壓 V，分別為何？
(A) 10mA、9V (B) 1mA、9V
(C) 1mA、0V (D) 10mA、0V

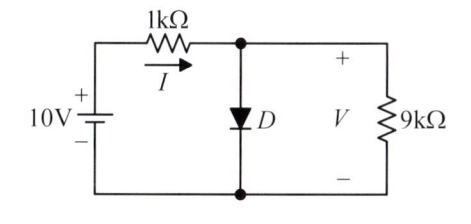

解 (D)

理想二極體，順向偏壓時視為短路，

所以電流 $I = \dfrac{10}{1k} = 10$ mA，電壓 $V = 0$ V

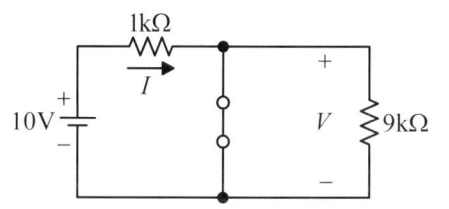

學生練習

9. 如右圖所示，若二極體具理想特性，試求電流 I 與電壓 V，分別為何？
(A) 5mA、1V (B) 10mA、1V
(C) 5mA、5V (D) 10mA、10V

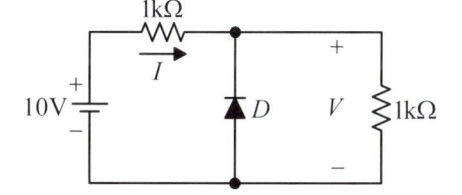

老師講解

10. 如右圖所示，試求輸出電壓 V_o 為何？
(A) 1V (B) 3V (C) 5V (D) 6V

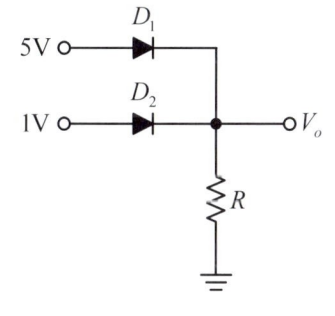

解 (C)

技巧：先假設後判斷

(1) 先假設，電位差最大的二極體導通，即 D_1 ON，D_2 OFF，所以輸出為 5V

(2) 後判斷，在輸出電壓 $V_o = 5$ V 時，D_1 ON，D_2 OFF，符合假設

學生練習

10. 如右圖所示，試求輸出電壓 V_o 為何？（二極體具理想特性）
(A) 0.1V (B) 0.2V (C) 0.3V (D) 0.4V

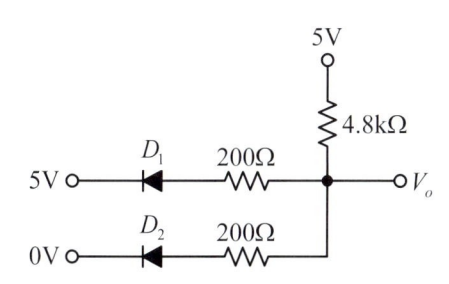

老師講解

11. 如右圖所示，若二極體切入電壓為0.6V，試求輸出電壓V_o為何？
(A)1.2V (B)2.4V (C)3.6V (D)4.8V

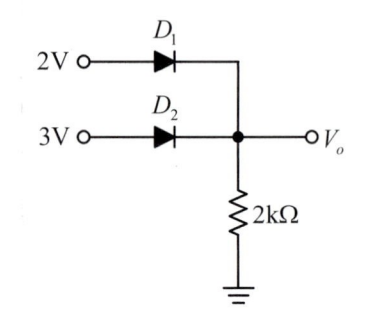

解 (B)

技巧：先假設後判斷

(1) 先假設，電位差最大的二極體導通，即D_1 OFF，D_2 ON，所以輸出電壓$V_o = 3 - 0.6 = 2.4$ V

(2) 後判斷，在輸出電壓$V_o = 2.4$ V時，D_1 OFF，D_2 ON，符合假設

學生練習

11. 如右圖所示，若二極體切入電壓為0.6V，試求輸出電壓V_o為何？
(A)5.4V (B)−5.4V (C)6V (D)−6V

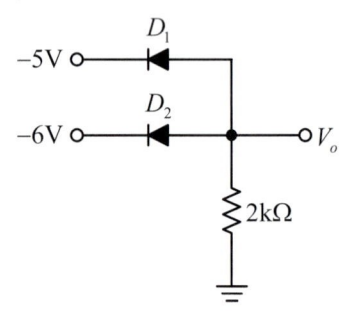

老師講解

12. 如下圖所示，若二極體切入電壓為0.6V，順向電阻$R_f = 500\,\Omega$，逆向電阻$R_R = \infty$，試求輸出電壓V_o為何？
(A)−4V (B)−5V (C)−6V (D)−7V

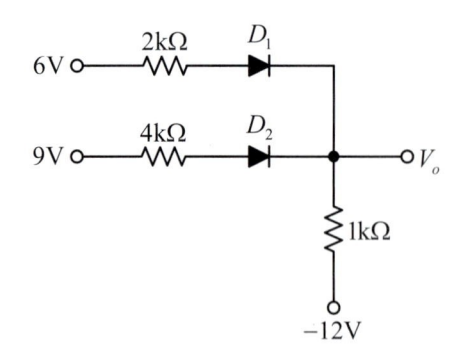

解 (B)

技巧：先假設後判斷

(1) 先假設，電位差最大的二極體導通，即D_1 OFF，D_2 ON，

故電流$I = \dfrac{9 - 0.6 - (-12)}{4k + 1k + 500} \approx 3.7 \text{ mA}$，輸出電壓$V_o = -12\text{V} + 3.7\text{mA} \times 1\text{k}\Omega = -8.3 \text{ V}$

(2) 後判斷，在輸出電壓$V_o = -8.3 \text{ V}$時，D_1與D_2皆ON，不符合假設

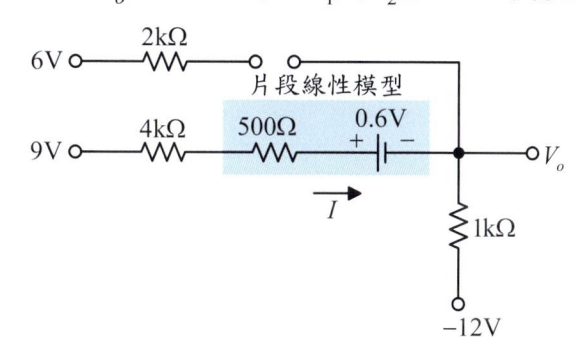

(3) 重新假設，假設兩者皆ON，運用密爾門定理，

可得$V_o = \dfrac{\left(\dfrac{6-0.6}{2500} + \dfrac{9-0.6}{4500} + \dfrac{-12}{1000}\right)}{\left(\dfrac{1}{2500} + \dfrac{1}{4500} + \dfrac{1}{1000}\right)} \approx -5 \text{ V}$

(4) 重新判斷，在輸出電壓$V_o = -5 \text{ V}$時，D_1與D_2皆ON，符合假設

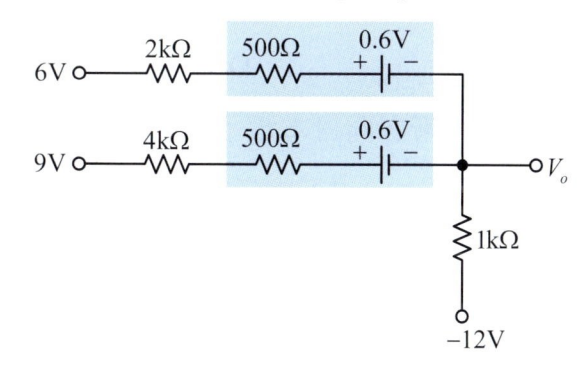

學生練習

12. 如下圖所示，若二極體切入電壓為0.6V，順向電阻$R_f = 500 \, \Omega$，逆向電阻$R_R = \infty$，試求輸出電壓V_o為何？ (A)-7.92V (B)-3.65V (C)-2.78V (D)-2.55V

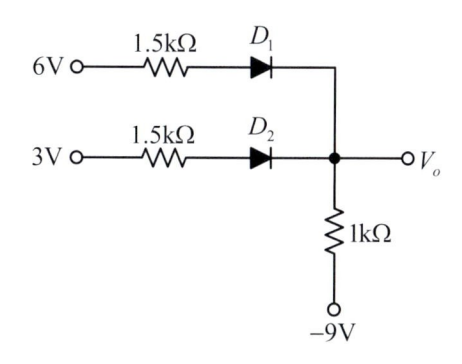

電子學含實習　滿分總複習（上）

實習重點

重點 1　日式規格

1. 二極體的規格一般以日本製以及美國製為主。

2. 日式編號：日本工業標準（JIS），如下表所示。

項次	第一項	第二項	第三項	第四項	第五項
編號	1	S	×	11	×

(1) 第一項：

0：光電晶體或光二極體。

1：_____。

2：_____，如電晶體（BJT）、場效應電晶體（FET）、SCR、UJT等。

3：四極元件，如雙閘FET、SCS。

(2) 第二項：半導體之意以S（semiconductor）表示。

(3) 第三項：表示用途與極性

A：_____　　　　　　　B：_____

C：_____　　　　　　　D：_____

(4) 第四項：表示序號，依照廠商向日本電子機械工會登記之序號，由11號開始。

(5) 第五項：改良品以A（Advanced）表示。

答案：1. (1) 二極體、三極元件
　　　　(3) PNP高頻用電晶體、PNP低頻用電晶體、NPN高頻用電晶體、NPN低頻用電晶體

重點 2　美式規格

1. 美式編號：如下表所示。

項次	第一項	第二項
編號	1N	6001

(1) 第一項：

1N：二極體　　　2N：三極體　　　3N：四極體。

(2) 第二項：表示用途及極性，需查詢資料手冊。

2-22

第 2 章 二極體及應用電路

重點 3 常用二極體之編號

1. 常用二極體之編號，矽二極體為 ＿＿＿＿＿＿＿ 系列，常用於 ＿＿＿＿＿＿＿ 電路；鍺二極體為 ＿＿＿＿＿＿＿ 系列，常用於 ＿＿＿＿＿＿＿ 電路。

2. 常用整流用二極體之編號（編號愈大，耐壓愈大）。

編號	規格	編號	規格
1N4001	1A／50V	1N4005	1A／600V
1N4002	1A／100V	1N4006	1A／800V
1N4003	1A／200V	1N4007	1A／1000V
1N4004	1A／400V		

答案：1. 1N40××、整流與截波、1N60××、檢波

重點 4 二極體之量測

1. 使用日式指針式三用電錶之歐姆檔作元件的測試，需注意 ＿＿＿＿＿＿＿ 接於電表內部電池的 ＿＿＿＿＿＿＿，而 ＿＿＿＿＿＿＿ 接於電表內部電池的 ＿＿＿＿＿＿＿。

2. 極性判斷：

    步驟1：先將歐姆檔切換至 ＿＿＿＿＿＿＿ 檔位，並作歸零調整。

    步驟2：順偏測量，將黑棒接到二極體的P側，紅棒接到二極體的N側，指針偏轉，電阻值顯示約50Ω～100Ω表示正常，若指針偏轉到0（短路）或∞（開路），表示二極體已經損壞。

    步驟3：逆偏測量，黑棒接到二極體的N側，紅棒接到二極體的P側，若指針不偏轉，表示正常；偏轉很大，表示二極體已經損壞。

3. 矽質、鍺質二極體之判斷

    (1) 將歐姆檔撥到 ＿＿＿＿＿＿＿ 檔位，並作歸零調整。

    (2) 將黑棒接到二極體的P側，紅棒接到二極體的N側，若電表上的LV刻度上的數值為 ＿＿＿＿＿＿＿ 表示為 ＿＿＿＿＿＿＿ 二極體，LV刻度上的數值為 ＿＿＿＿＿＿＿ 則為 ＿＿＿＿＿＿＿ 二極體。

答案：1. 黑色測試棒、正極、紅色測試棒、負極　　2. $R \times 10$
　　　3. (1) $R \times 1k$　　(2) 0.4V～0.75V、矽質、0.1V～0.3V、鍺質

老師講解

13. 使用日式指針式三用電錶的歐姆檔測量二極體，下列敘述何者正確？
(A)黑棒接二極體P端，紅棒接二極體的N端，指針偏轉到零歐姆
(B)紅棒接二極體P端，黑棒接二極體的N端，指針不偏轉
(C)黑棒接二極體N端，紅棒接二極體的P端，指針偏轉到低電阻
(D)紅棒接二極體N端，黑棒接二極體的P端，指針不偏轉

解 (B)

學生練習

13. 使用日式指針式三用電錶測量二極體，下列敘述何者錯誤？
(A)判斷二極體的良劣，需使用歐姆檔
(B)檔位切至歐姆檔，黑棒接二極體P端，紅棒接二極體的N端，指針偏轉到低電阻
(C)檔位切至歐姆檔，黑棒接二極體N端，紅棒接二極體的P端，指針不偏轉
(D)檔位切至伏特檔，對未加偏壓之二極體進行量測，可判斷矽質或鍺質二極體

ABCD 立即練習

基礎題

( ) 1. 二極體加上逆向偏壓時，仍有少量電流流動，是因為
(A)多數載子的流動 (B)少數載子的流動
(C)多數與少數載子同時流動 (D)短路電流

( ) 2. 鍺質二極體在室溫時的交流電阻為10Ω，則此時流經二極體的直流電流為
(A)5.2mA (B)4.8mA (C)4.5mA (D)2.6mA

( ) 3. 下列有關矽質與鍺質二極體之比較敘述，何者正確？
(A)矽質二極體的逆向峰值電壓較高
(B)矽質二極體的可工作溫度較低
(C)矽質二極體的抵補電壓較低
(D)矽質二極體的逆向飽和電流較大

( ) 4. 理想二極體的特性，下列敘述何者錯誤？
(A)順向時視為短路，逆向時視為開路
(B)順向電阻等於零，逆向電阻無限大
(C)無順向電壓降，無逆向電流
(D)順向電壓等於零，逆向電流無限大

第 2 章 二極體及應用電路

( )5. 鍺質二極體較矽質二極體,更適合當檢波器,原因為
(A)切入電壓低　　　　　　　(B)漏電流受溫度影響較小
(C)逆向峰值電壓較小　　　　(D)受雜訊影響較小

( )6. 理想二極體的電壓(V)與電流(I)特性曲線為何?
(A)　　(B)　　(C)　　(D)

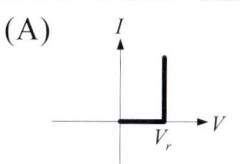

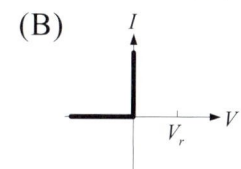

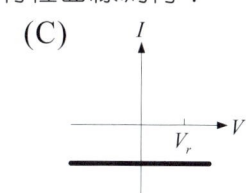

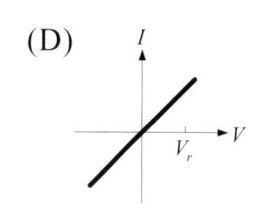

( )7. 矽二極體,溫度約每增加多少度時,其逆向飽和電流將增加一倍?
(A)10°C　(B)20°C　(C)30°C　(D)40°C

( )8. 過渡電容C_T的大小
(A)與外加逆向偏壓成正比　　(B)與外加逆向偏壓成反比
(C)與順向偏壓電流成正比　　(D)與順向偏壓電流成反比

( )9. 擴散電容C_D的大小
(A)與外加逆向偏壓成正比　　(B)與外加逆向偏壓成反比
(C)與順向偏壓電流成正比　　(D)與順向偏壓電流成反比

( )10. 下列關於二極體的空乏電容(transition capacitance)的敘述,下列何者錯誤?
(A)空乏電容的效應主要發生在逆向偏壓時
(B)空乏電容又稱為儲存電容
(C)空乏電容與空乏區的寬度成反比
(D)空乏電容與空乏區所形成的接面面積成正比

( )11. 有關二極體的特性,下列敘述何者錯誤?
(A)溫度愈高,漏電流愈大　　(B)溫度愈高,順向壓降愈小
(C)逆向偏壓愈大,過渡電容愈大　(D)順向電流愈大,擴散電容愈大

( )12. 圖(1)為二極體在三種不同溫度下之特性曲線,何者正確?
(A)$T_3 > T_2 > T_1$　　(B)$T_2 > T_3 > T_1$
(C)$T_3 > T_1 > T_2$　　(D)$T_1 > T_2 > T_3$

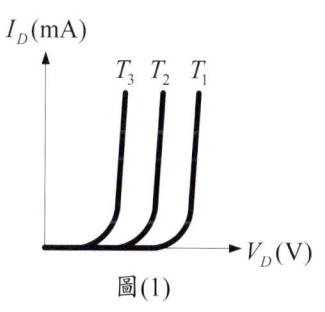

( )13. 室溫下鍺質二極體之障壁電勢為0.3V,若溫度升至85°C時,其障壁電壓為何?
(A)0.3V　(B)0.24V　(C)0.22V　(D)0.2V

圖(1)

( )14. 已知在溫度25°C時,二極體的逆向飽和電流為10nA,當溫度增加至75°C時的逆向飽和電流為何?　(A)80nA　(B)120nA　(C)320nA　(D)640nA

( )15. 如圖(2),若二極體的切入電壓為0.7V,試求電流I_D以及輸出電壓V_o分別為何?
(A)1mA、8V　(B)2mA、8V　(C)1mA、4V　(D)2mA、4V

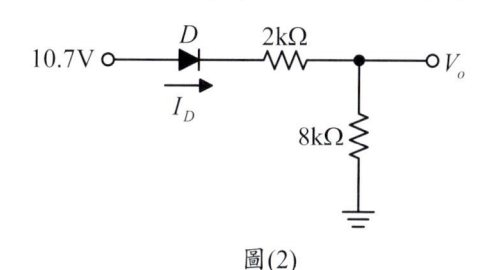

圖(2)

( )16. PN二極體產生之障壁電壓（barrier potential）的原因，下列何者正確？
 (A)P型半導體自然產生　　(B)N型半導體自然產生
 (C)加偏壓後自然產生　　(D)PN結合時自然產生

( )17. 下列有關二極體電容效應的敘述，何者正確？
 (A)過渡電容（transition capacitance）之值與二極體外加逆向偏壓大小無關
 (B)二極體外加逆向偏壓增加，過渡電容之值亦增加
 (C)擴散電容（diffusion capacitance）之值與二極體順向電流大小無關
 (D)二極體順向電流增加，擴散電容之值亦增加

( )18. 定電壓降模式的二極體電壓（V）與電流（I）特性曲線為何？（若二極體的切入電壓為 V_r）
 (A) (B) (C) (D)

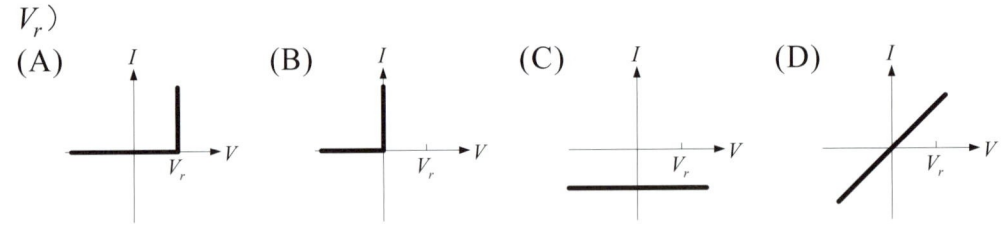

( )19. 下列有關PN接面二極體的順向偏壓之接法，何者敘述正確？
 (A)P型半導體接電源的正極，N型半導體接電源的正極
 (B)P型半導體接電源的負極，N型半導體接電源的正極
 (C)P型半導體接電源的負極，N型半導體接電源的負極
 (D)P型半導體接電源的正極，N型半導體接電源的負極

( )20. 以三用電表歐姆檔測試二極體兩端，倘若不論正、負兩測試棒如何調換，其指針均偏轉至低電阻時，則表示此二極體　(A)短路　(B)開路　(C)正常　(D)無法判定

( )21. 利用歐姆表測試二極體兩端，結果指針均指示在無限大位置，表示此二極體
 (A)短路　(B)開路　(C)正常　(D)無法判定

( )22. 下列何者為二極體之編號？　(A)1N4002　(B)2SC1384　(C)CS9012　(D)SH12

進階題

( )1. 如圖(1)所示，若二極體具理想特性，試求輸出電壓V_o？
 (A)−0.5V　(B)−1V　(C)−2V　(D)−4V

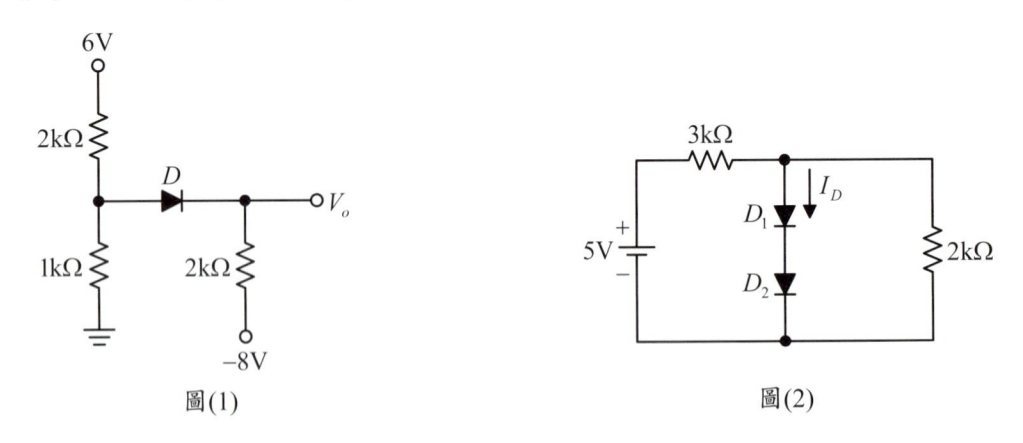

圖(1)

圖(2)

( )2. 如圖(2)所示，若二極體的切入電壓$V_r = 0.6$ V，試求通過二極體的電流I_D？
 (A)$\frac{1}{3}$mA　(B)$\frac{2}{3}$mA　(C)1mA　(D)1.5mA

2-3 稽納二極體 105 106 109 110 111 112 113

理論重點

重點 1 稽納二極體之特性

1. **稽納二極體**（Zener diode）是一種工作在 _____ 的二極體，又稱為 _____，主要目的是 _____。

2. 稽納二極體摻雜之濃度較高，本質濃度:雜質濃度約 _____。

3. 稽納二極體摻雜之濃度較高，其目的在於縮小PN接面之 _____，以提高 _____，使其能夠在崩潰區中工作。

4. 稽納二極體的摻雜濃度愈高，則崩潰電壓 _____。

答案：1. 逆向偏壓崩潰區、崩潰二極體（breakdown diode）、穩壓
　　　2. $10^5:1$　　　3. 空乏區、內建電場　　　4. 愈低

重點 2 稽納二極體之崩潰現象

特性\項目	摻雜濃度	崩潰電壓	產生原因	溫度係數
累增崩潰	低	$V_Z > 6V$	熱效應	正溫度係數（$T\uparrow V_Z\uparrow$）
稽納崩潰	高	$V_Z < 6V$	電場效應	負溫度係數（$T\uparrow V_Z\downarrow$）

重點 3 稽納二極體之偏壓特性

1. 順向偏壓，特性如同一般二極體。

2. 逆向偏壓時，當工作電流小於最小稽納電流 I_{ZK} 或逆向偏壓小於稽納電壓 V_Z，稽納二極體的狀態可以視同 _____，而工作電流大於最大逆向崩潰電流 I_{ZM}，稽納二極體將會 _____，因此稽納二極體具正常穩壓的工作電流 I_Z 的範圍為：_____。

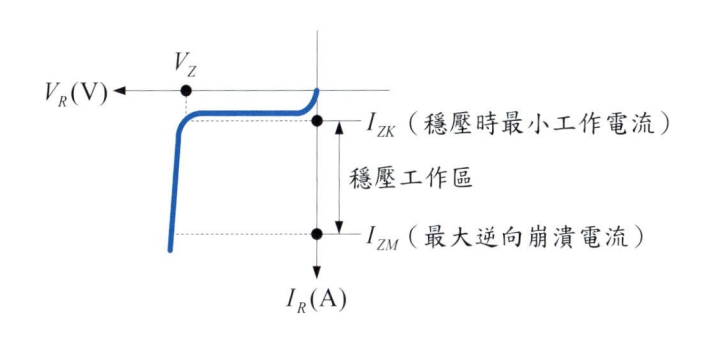

答案：2. 開路、燒毀、$I_{ZK} < I_Z < I_{ZM}$

重點 4 稽納二極體之溫度係數

稽納二極體的崩潰電壓會隨著週遭的環境溫度而改變，一般係指溫度每變化1°C（ΔT）時崩潰電壓的變化率（ΔV_Z）即**溫度係數**（temperature coefficient，簡稱為TC），其中溫度係數公式為 ＿＿＿＿＿＿。

答案：$TC = \dfrac{\Delta V_Z}{V_Z \times \Delta T}$

重點 5 稽納二極體崩潰時之等效模型

1. 定電壓降模型

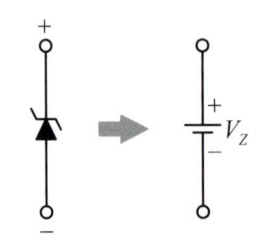

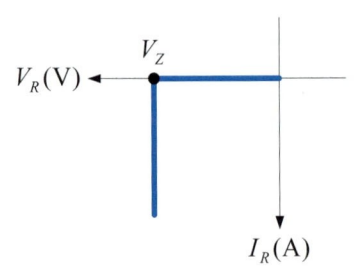

(a) 定電壓降模型的等效電路　　(b) 定電壓降模型的電壓（V）對電流（I）特性曲線

2. 片段線性模型

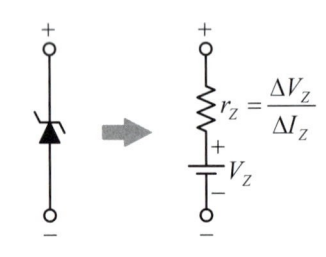

(a) 實際稽納二極體的等效電路　　(b) 電壓（V）對電流（I）特性曲線

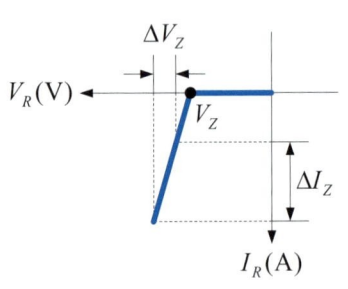

重點 6　稽納二極體之應用電路

題型1：忽略稽納二極體之內阻 r_Z

1. 若 $I_Z < I_{ZK}$ 或 $V_i \times \dfrac{R_L}{R_S + R_L} < V_Z$，則稽納二極體視為 ＿＿＿＿＿。

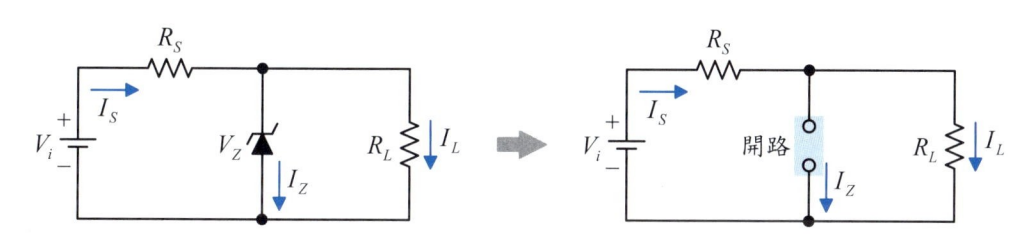

   (1) $I_Z = 0$　　(2) $I_L = \dfrac{V_i}{R_S + R_L}$　　(3) 稽納二極體消耗功率 $P_Z = V_Z \times I_Z = 0$

2. 若 $V_i \times \dfrac{R_L}{R_S + R_L} > V_Z$，則稽納二極體以定電壓降 V_Z 取代，具 ＿＿＿＿＿。

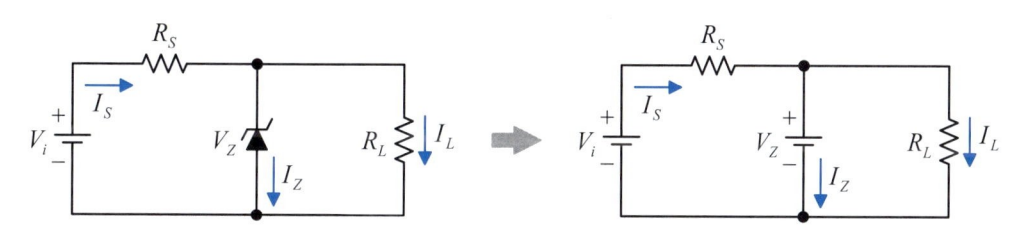

   (1) $I_L = \dfrac{V_Z}{R_L}$　　(2) $I_S = \dfrac{V_i - V_Z}{R_S}$

   (3) KCL：$I_Z = I_S - I_L$　　(4) 稽納二極體消耗功率 $P_Z = V_Z \times I_Z$

答案：1. 開路　　2. 穩壓特性

老師講解

1. 如下圖所示，試求輸出電壓 V_o 與稽納電流 I_Z，分別為何？
(A) 6V、1.5mA　　(B) 6V、0A
(C) 9V、1.5mA　　(D) 9V、0A

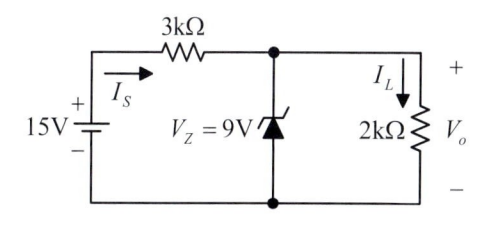

解 (B)

(1) 先判斷稽納二極體是否崩潰穩壓：$15V \times \dfrac{2k\Omega}{2k\Omega + 3k\Omega} = 6V < V_Z$，稽納二極體視為開路

(2) 輸出電壓 $V_o = 6\ V$

學生練習

1. 如右圖所示，試求電源電流 I_S 為何？
(A) 2.2mA (B) 2.8mA
(C) 3.2mA (D) 6.4mA

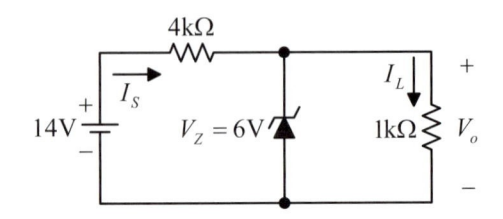

老師講解

2. 如下圖所示，試求輸出電壓 V_o 與稽納電流 I_Z，分別為何？
(A) 3V、3mA (B) 3V、3.5mA (C) 7.2V、1mA (D) 7.2V、0A

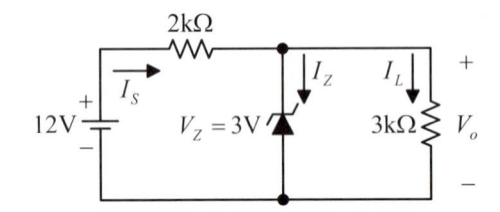

解 (B)

(1) 先判斷稽納二極體是否崩潰：$12V \times \dfrac{3k\Omega}{2k\Omega + 3k\Omega} = 7.2V > V_Z$，稽納二極體崩潰穩壓

(2) 輸出電壓 $V_o = 3\,V$

(3) 電源電流 $I_S = \dfrac{12V - 3V}{2k\Omega} = 4.5\,mA$，負載電流 $I_L = \dfrac{3V}{3k\Omega} = 1\,mA$

所以稽納電流 $I_Z = 4.5mA - 1mA = 3.5\,mA$

學生練習

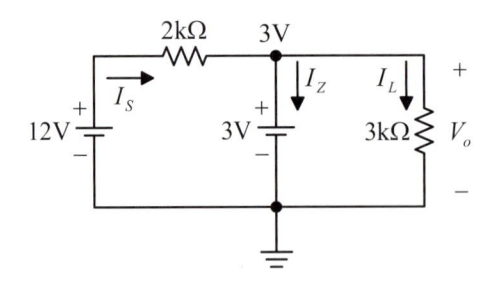

2. 如右圖所示，試求稽納二極體消耗功率為何？
(A) 2.5mW (B) 5mW
(C) 7.5mW (D) 0mW

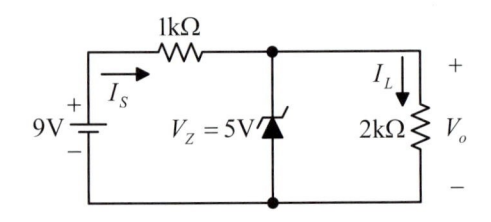

題型2：考慮稽納二極體之稽納電阻 r_Z

1. 若 $I_Z < I_{ZK}$ 或 $V_i \times \dfrac{R_L}{R_S + R_L} < V_Z$，則稽納二極體視為 _____。

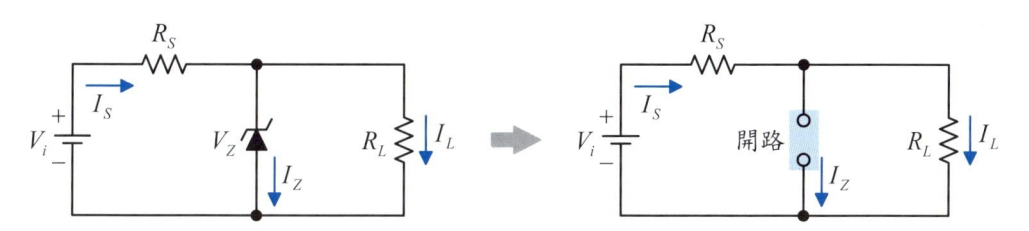

   (1) $I_Z = 0$ 　　(2) $I_L = \dfrac{V_i}{R_S + R_L}$ 　　(3) 稽納二極體消耗功率 $P_Z = V_Z \times I_Z = 0$

2. 若 $V_i \times \dfrac{R_L}{R_S + R_L} > V_Z$，則稽納二極體以定電壓降 V_Z 串聯稽納電阻 r_Z 取代，具 _____。

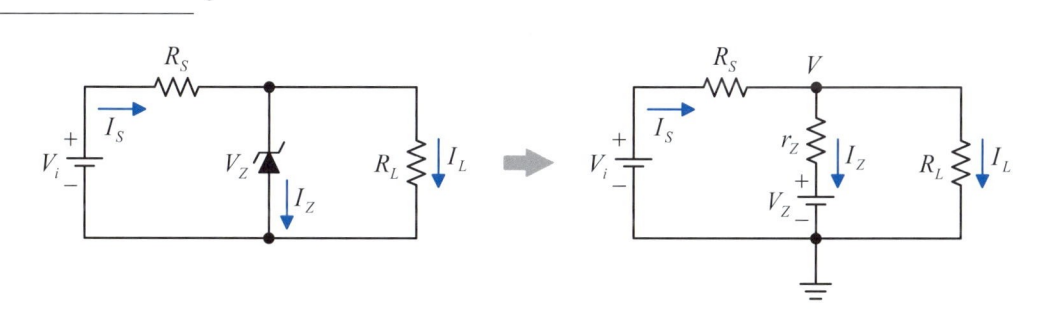

   (1) 先運用節點電壓法或密爾門定理，求出電壓 $V = \dfrac{\left(\dfrac{V_i}{R_S} + \dfrac{V_Z}{r_Z}\right)}{\dfrac{1}{R_S} + \dfrac{1}{r_Z} + \dfrac{1}{R_L}}$（密爾門定理）

   (2) 負載電流 $I_L = \dfrac{V}{R_L}$

   (3) 電源電流 $I_S = \dfrac{V_i - V}{R_S}$

   (4) 通過稽納二極體之電流 $I_Z = \dfrac{V - V_Z}{r_Z}$ 或 $I_Z = I_S - I_L$

   (5) 稽納二極體所消耗之功率 $P_Z = V_Z \times I_Z + I_Z^2 \times r_Z$

答案：1. 開路　　　　　　　2. 穩壓特性

老師講解

3. 如下圖所示，若稽納電阻 $r_Z = 150\,\Omega$，試求輸出電壓 V_o 為何？
(A)2V　(B)4V　(C)6V　(D)9V

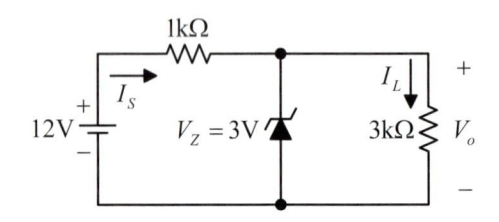

解 (B)

(1) $12V \times \dfrac{3k\Omega}{1k\Omega + 3k\Omega} = 9V > V_Z$，所以稽納二極體崩潰穩壓，等效電路如下

(2) 運用節點電壓法：$\dfrac{V-12}{1k\Omega} + \dfrac{V-3}{150\Omega} + \dfrac{V-0}{3k\Omega} \Rightarrow V = V_o = 4$ 伏特

學生練習

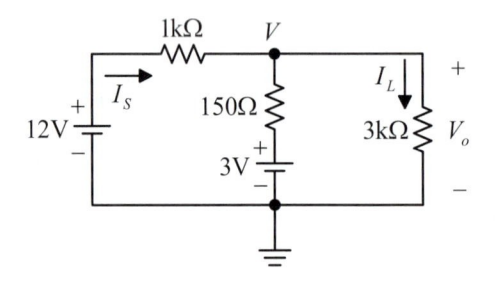

3. 承上題，稽納二極體所消耗之功率為何？
(A)$\dfrac{1}{75}$瓦特　(B)$\dfrac{2}{75}$瓦特　(C)$\dfrac{3}{75}$瓦特　(D)0瓦特

題型3：求穩壓時各元件之變動範圍

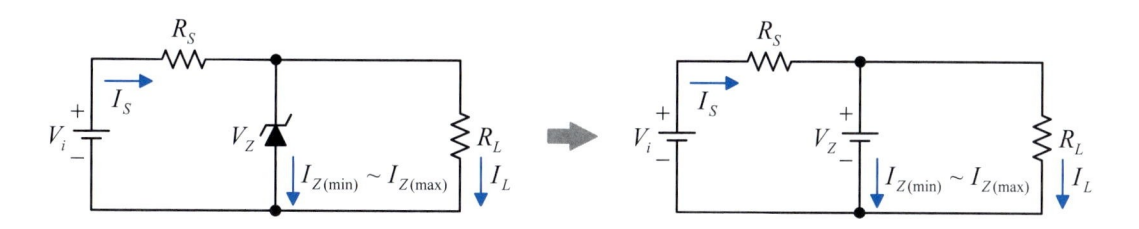

1. **求負載電阻R_L之範圍**（若電源電壓V_i與電源電阻R_S固定）

    (1) 電源電流$I_S = \dfrac{V_i - V_Z}{R_S}$

    (2) 負載電流的範圍 $\begin{cases} 最大負載電流\ I_{L(\max)} = I_S - I_{Z(\min)} = I_S - I_{ZK} \\ 最小負載電流\ I_{L(\min)} = I_S - I_{Z(\max)} = I_S - I_{ZM} \end{cases}$

    (3) 可得負載電阻的範圍 $\begin{cases} 最大負載電阻\ R_{L(\max)} = \dfrac{V_Z}{I_{L(\min)}} \\ 最小負載電阻\ R_{L(\min)} = \dfrac{V_Z}{I_{L(\max)}} \end{cases} \Rightarrow R_{L(\min)} \leq R_L \leq R_{L(\max)}$

2. **求電源電阻R_S之範圍**（若電源電壓V_i與負載電阻R_L固定）

    (1) 負載電流$I_L = \dfrac{V_Z}{R_L}$（定值）

    (2) 電源電流的範圍 $\begin{cases} 最大電源電流\ I_{S(\max)} = I_{Z(\max)} + I_L = I_{ZM} + I_L \\ 最小電源電流\ I_{S(\min)} = I_{Z(\min)} + I_L = I_{ZK} + I_L \end{cases}$

    (3) 可得電源電阻的範圍 $\begin{cases} 最大電源電阻\ R_{S(\max)} = \dfrac{V_i - V_Z}{I_{S(\min)}} \\ 最小電源電阻\ R_{S(\min)} = \dfrac{V_i - V_Z}{I_{S(\max)}} \end{cases} \Rightarrow R_{S(\min)} \leq R_S \leq R_{S(\max)}$

3. **求電源電壓V_i之範圍**（若電源電阻R_S與負載電阻R_L固定）

    (1) 負載電流$I_L = \dfrac{V_Z}{R_L}$（定值）

    (2) 電源電流的範圍 $\begin{cases} 最大電源電流\ I_{S(\max)} = I_{Z(\max)} + I_L = I_{ZM} + I_L \\ 最小電源電流\ I_{S(\min)} = I_{Z(\min)} + I_L = I_{ZK} + I_L \end{cases}$

    (3) 可得電源電壓的範圍 $\begin{cases} 最大電源電壓\ V_{i(\max)} = V_Z + I_{S(\max)} \times R_S \\ 最小電源電壓\ V_{i(\min)} = V_Z + I_{S(\min)} \times R_S \end{cases}$

    $\Rightarrow V_{i(\min)} \leq V_i \leq V_{i(\max)}$

老師講解

4. 如下圖電路,假設稽納二極體之 $V_Z = 10$ V,最大額定功率為400mW,若負載電阻 R_L 兩端的 V_o 電壓要維持在10V,試求負載電阻 R_L 之範圍?
(A)125Ω～250Ω　(B)200Ω～500Ω　(C)250Ω～750Ω　(D)500Ω～1000Ω

解 (A)

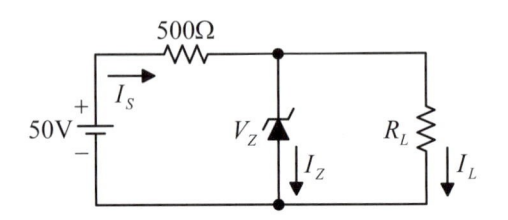

(1) $50\text{V} \times \dfrac{R_L}{500 + R_L} \geq 10\text{V} \Rightarrow 50R_L \geq 5000 + 10R_L \Rightarrow R_L \geq 125\,\Omega$（最小值）

(2) $P_{Z(\max)} = V_Z \times I_{Z(\max)} \Rightarrow 400\text{mW} = 10 \times I_{Z(\max)} \Rightarrow I_{Z(\max)} = 40$ mA

(3) 電源電流 $I_S = \dfrac{50\text{V} - 10\text{V}}{500\,\Omega} = 80$ mA

$I_{L(\min)} = I_S - I_{Z(\max)} = 80\text{mA} - 40\text{mA} = 40$ mA

(4) $R_{L(\max)} = \dfrac{V_Z}{I_{L(\min)}} = \dfrac{10\text{V}}{40\text{mA}} = 250\,\Omega$（最大值）

學生練習

4. 如右圖電路,稽納二極體的參數為 $V_Z = 8$ V、$I_{ZK} = 2$ mA 及 $I_{ZM} = 10$ mA,則使稽納二極體工作的負載電阻 R_L 範圍?
(A)571Ω～2000Ω　　(B)666.7Ω～2000Ω
(C)750Ω～1500Ω　　(D)666.7Ω～1500Ω

老師講解

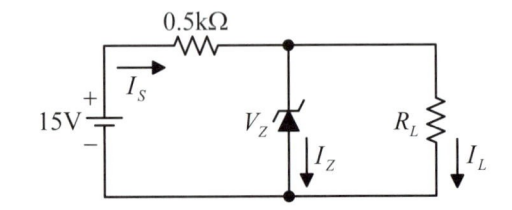

5. 如下圖電路,假設稽納二極體之 $V_Z = 6$ V,$I_{Z(\min)} = 4$ mA 及 $I_{Z(\max)} = 10$ mA,則使稽納二極體工作的電源電阻 R_S 範圍?
(A)500Ω～1800Ω　(B)900Ω～1800Ω　(C)1125Ω～1800Ω　(D)1125Ω～2000Ω

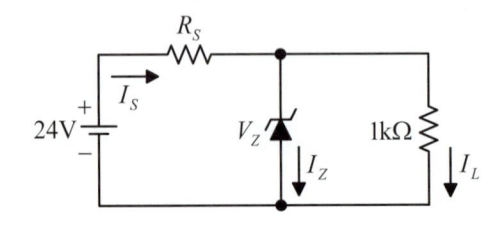

解 (C)

(1) 負載電流 $I_L = \dfrac{6V}{1k\Omega} = 6\,mA$（定值）

(2) $I_{S(min)} = I_{Z(min)} + I_L = 4mA + 6mA = 10\,mA$

$R_{S(max)} = \dfrac{V_i - V_Z}{I_{S(min)}} = \dfrac{24V - 6V}{10mA} = 1800\,\Omega$

(3) $I_{S(max)} = I_{Z(max)} + I_L = 10mA + 6mA = 16\,mA$

$R_{S(min)} = \dfrac{V_i - V_Z}{I_{S(max)}} = \dfrac{24V - 6V}{16mA} = 1125\,\Omega$

學生練習

5. 如右圖電路，假設稽納二極體之 $V_Z = 3\,V$，$I_{Z(min)} = 4\,mA$ 及 $P_{Z(max)} = 69\,mW$，則使稽納二極體工作的電源電阻 R_S 範圍？
(A)600Ω～1800Ω　(B)600Ω～2500Ω
(C)1125Ω～2500Ω　(D)900Ω～2500Ω

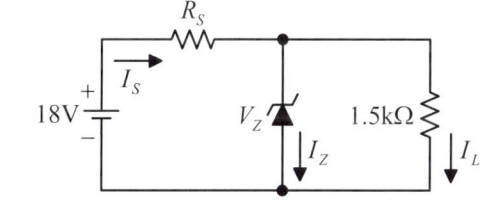

老師講解

6. 如下圖電路，假設稽納二極體之 $V_Z = 9\,V$，$I_{ZK} = 2\,mA$ 及 $I_{ZM} = 10\,mA$，則使稽納二極體工作的電源電壓 V_S 範圍？
(A)19V～35V　(B)21V～36V　(C)25V～40V　(D)28V～50V

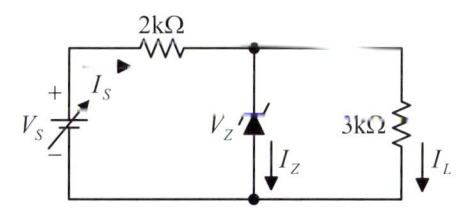

解 (A)

(1) 負載電流 $I_L = \dfrac{9V}{3k\Omega} = 3\,mA$（定值）

(2) 電源電流 $I_{S(max)} = I_{ZM} + I_L = 10mA + 3mA = 13\,mA$

$\Rightarrow$ 最高電源電壓 $V_{S(max)} = I_{S(max)} \times R_S + V_Z = 13mA \times 2k\Omega + 9V = 35\,V$

(3) 電源電流 $I_{S(min)} = I_{ZK} + I_L = 2mA + 3mA = 5\,mA$

$\Rightarrow$ 最低電源電壓 $V_{S(min)} = I_{S(min)} \times R_S + V_Z = 5mA \times 2k\Omega + 9V = 19\,V$

學生練習

6. 如右圖所示，假設稽納二極體之 $V_Z = 3\text{V}$，$I_{Z(\min)} = 4\text{mA}$ 及 $I_{Z(\max)} = 12\text{mA}$，則使稽納二極體工作的電源電壓 V_S 範圍？
(A) 8V～20V　　(B) 8V～17V
(C) 9V～17V　　(D) 9V～19V

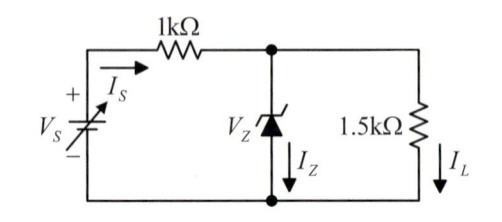

ABCD 立即練習

基礎題

( ) 1. 稽納二極體應用於　(A)放大電路　(B)濾波電路　(C)整流電路　(D)穩壓電路

( ) 2. 稽納二極體使用於穩壓時，是操作在
(A)順向偏壓　(B)升壓作用區　(C)逆向崩潰區　(D)線性放大區

( ) 3. 稽納二極體的摻雜濃度，本質濃度：雜質濃度一般為何？
(A) $10^8:1$　(B) $10^5:1$　(C) $10^3:1$　(D) $1:1$

( ) 4. 關於稽納二極體（Zener diode）的稽納電壓
(A)負溫度係數
(B)正溫度係數
(C)零溫度係數
(D)稽納電壓在6V以上為正溫度係數，在6V以下為負溫度係數

( ) 5. 關於稽納二極體的崩潰效應，下列敘述何者錯誤？
(A)累增崩潰（avalanche breakdown）是由於熱效應所產生
(B)稽納崩潰（Zener breakdown）是由於電場效應所產生
(C)崩潰電壓大於6V時，屬於累增崩潰（avalanche breakdown）
(D)稽納崩潰（Zener breakdown）為傳導的載子經過不斷的碰撞所產生

( ) 6. 如圖(1)所示，在正常工作下，當電源電壓固定而負載電阻 R_L 變大時，下列敘述何者正確？　(A) I_L 增加　(B) I_S 減少　(C) I_Z 減少　(D) P_Z 增加

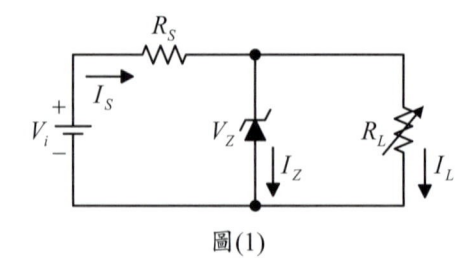

圖(1)

( ) 7. 稽納二極體的摻雜濃度增加，則稽納電壓 V_Z？
(A)增加　(B)減少　(C)不變　(D)不一定

( ) 8. 稽納二極體之額定功率為100mW，崩潰電壓為10V，則其最大電流為
(A) 2A　(B) 100mA　(C) 20mA　(D) 10mA

第 2 章 二極體及應用電路

進階題

( ) 1. 稽納二極體在25°C操作時稽納（Zener）電壓為6.5V，具有正溫度係數0.05%/°C，則此稽納二極體在85°C操作時的稽納電壓為何值？
(A)6.3V (B)6.5V (C)6.7V (D)6.9V

( ) 2. 如圖(1)，若稽納電壓為3V，則下列敘述何者錯誤？
(A)$I_S = 12\,\text{mA}$
(B)$I_Z = 10.5\,\text{mA}$
(C)電源提供功率$P_S = 180\,\text{mW}$
(D)稽納二極體提供功率$P_Z = 31.5\,\text{mW}$

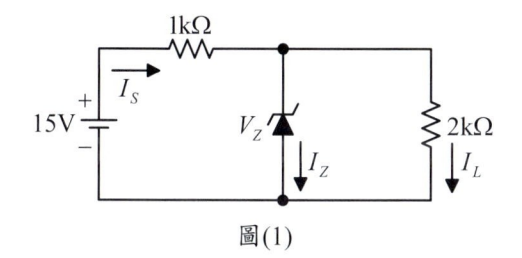

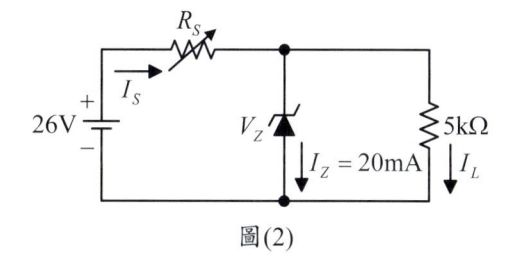

( ) 3. 如圖(2)，若稽納電壓為5V，則下列敘述何者錯誤？
(A)$I_L = 1\,\text{mA}$ (B)$I_S = 21\,\text{mA}$ (C)$R_S = 1\,\text{k}\Omega$ (D)$P_Z = 200\,\text{mW}$

( ) 4. 如圖(3)所示，若稽納電壓為6V，且稽納二極體不消耗功率，則可變電阻R_S需調整至多少？ (A)$R_S < 7\,\text{k}\Omega$ (B)$R_S < 8\,\text{k}\Omega$ (C)$R_S > 7\,\text{k}\Omega$ (D)$R_S > 8\,\text{k}\Omega$

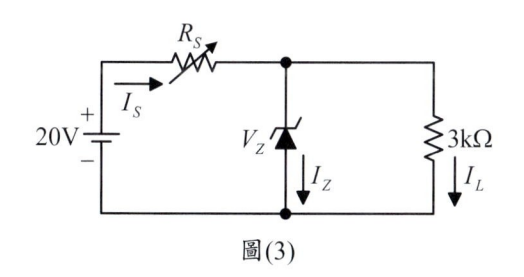

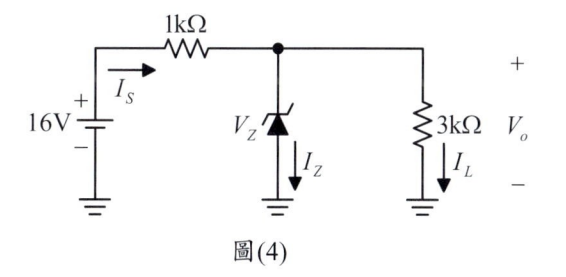

( ) 5. 如圖(4)所示，若稽納電壓為3V，試求稽納二極體消耗的功率為何？
(A)18mW (B)24mW (C)36mW (D)48mW

( ) 6. 如圖(5)所示，若稽納二極體的順向切入電壓為0.6V，且逆向崩潰電壓$V_{Z1} = 6\,\text{V}$、$V_{Z2} = 4\,\text{V}$，試求輸出電壓的範圍為何？
(A)−6.6V～6.6V (B)−4.6V～4.6V (C)−4.6V～6.6V (D)−6.6V～4.6V

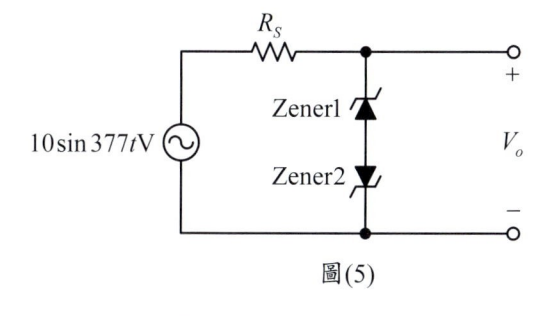

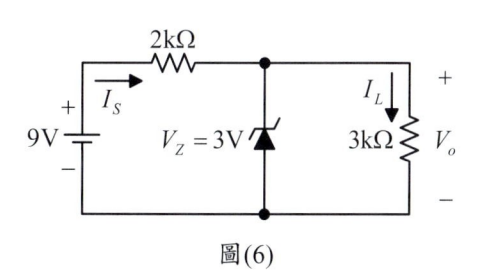

( ) 7. 如圖(6)所示，若稽納二極體的稽納崩潰電壓為3V，稽納電阻為300Ω，試求稽納二極體的端電壓為何？ (A)2.6V (B)3.48V (C)3.52V (D)5.4V

2-4 發光二極體

理論重點

重點 1 發光二極體之特性

1. 發光二極體（簡稱LED），符號如下，其工作電壓約 _____ 。

$$A \circ\!\!-\!\!\blacktriangleright\!\!\mid\!\!-\!\!\circ K$$
（陽極）　　　　（陰極）

2. 工作原理：LED需接順向偏壓，較 _____ 接腳（極板面積 _____ ）接電源正極，較 _____ 接腳（極板面積 _____ ）接電源負極。

3. 常用的光電半導體材料有 _____ 、_____ 、_____ 、_____ 等，以 _____ 的形式釋放能量，而矽與鍺是以 _____ 的形式釋放能量，較不適合製作LED。

4. 矽與鍺屬於 _____ ，所以不會發光；而LED以化合物半導體為材料，屬於 _____ 的材料，故可以發光。

5. 化合物半導體依元件採用無機與有機材料，簡單區分為 _____ 與 _____ 。

6. LED利用電子與電洞進行共價鍵結合時發光屬於 _____ 發光。

7. LED的發光強度與 _____ 成正比。

8. LED的發光顏色與 _____ 有關，而與 _____ 的大小無關。

9. 發光二極體所發射的光波長由半導體材料的 _____ 大小所決定。

10. **有機發光二極體**（Organic Light Emitting Diode，簡稱為OLED），係藉由外加的 _____ 下，激發螢光物質使其發光的機制。

11. 無機發光二極體為 _____ ，而有機發光二極體則是 _____ ，因此 _____ 為目前顯示器發展的趨勢。

12. LED主要用於數字的指示與顯示用途。

答案：
1. 1.5V～2V
2. 長、小、短、大
3. 砷化鎵（GaAs）、磷化鎵（GaP）、氮化鋁鎵（AlGaN）、磷化銦鎵鋁（AlGaInP）、光、熱
4. 間接能隙（indirect bandgap）材料、直接能隙
5. 無機（Inorganic）LED、有機（Organic）LED
6. 冷性
7. 順向電流的大小
8. 製造材料、順向偏壓
9. 能隙
10. 強電場
11. 單點發光、整面發光、有機發光二極體

老師講解

1. LED的發光顏色與下列何者有關？
   (A)外加順向偏壓之大小　(B)外加逆向偏壓之大小　(C)電流大小　(D)製作的材料

   解 (D)

學生練習

1. LED的發光亮度與下列何者有關？
   (A)外加順向偏壓之大小　(B)外加逆向偏壓之大小　(C)製作的材料　(D)接腳長度

老師講解

2. 如右圖所示，LED之工作電壓為1.5V，內阻為30Ω，工作電流為30mA，需串接的電阻R為何？
   (A)50Ω　(B)100Ω　(C)120Ω　(D)200Ω

   解 (C)

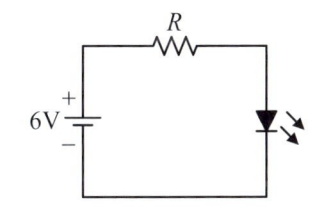

   $$\frac{6-1.5}{R+30} = 30\text{mA} \Rightarrow R = 120\,\Omega$$

學生練習

2. 承上題所示，若LED可承受的最大順向電流為100mA，則電阻R不得小於多少歐姆，以免LED燒毀？　(A)15Ω　(B)20Ω　(C)25Ω　(D)28Ω

實習重點

重點 1　發光二極體之判別

1. 運用日式指針式三用電錶的歐姆檔進行測量，以$R \times 1$的檔位測量（不需要歸零調整），將黑棒接到長腳，紅棒接到短腳，若二極體發光表示正常。

2. 將檔位逐漸由$R \times 1 \rightarrow R \times 1\text{k}$，發光二極體的亮度逐漸變暗，主因是三用電錶的內阻變大，造成輸出電流減小的緣故。

老師講解

3. 使用指針式三用電錶的歐姆檔，測量發光二極體，使用下列哪個檔位，發光二極體的亮度最亮？
(A)$R \times 1$　(B)$R \times 10$　(C)$R \times 100$　(D)$R \times 1k$

解 (A)

學生練習

3. 發光二極體的正確偏壓方式為何？
(A)發光二極體的長腳接電源之負極，短腳接電源之正極
(B)發光二極體的接腳無極性之分
(C)發光二極體的長腳接電源之正極，短腳接電源之負極
(D)以上皆非

ABCD 立即練習

基礎題

( )1. LED工作於
(A)順向偏壓　(B)逆向偏壓　(C)零電壓　(D)順向或逆向偏壓

( )2. 通常會將LED串聯一個電阻器，該電阻的功用是
(A)恆壓　(B)定電流　(C)限流　(D)放大

( )3. LED塑膠殼內，極板面積較小者，為
(A)陽極　(B)陰極　(C)閘極　(D)射極

( )4. LED工作時，其接腳的接法為
(A)長腳接正電壓，短腳接負電壓
(B)長腳接負電壓，短腳接正電壓
(C)長腳與短腳都接負電壓
(D)長腳與短腳都接正電壓

( )5. 發光二極體（LED）的光波長度與下列何者有關？
(A)外加逆向偏壓的大小　　　(B)工作電壓的頻率
(C)製造材料的能隙寬度　　　(D)工作電流的大小

( )6. 發光二極體主要的功用為何？
(A)整流　(B)檢波　(C)顯示　(C)放大

進階題

( )1. 關於無機發光二極體與有機發光二極體的敘述，下列何者錯誤？
　　　(A)有機發光二極體係藉由外加的強電場下，激發螢光物質使其發光的機制
　　　(B)無機發光二極體利用電子與電洞進行共價鍵結合時產生的冷性發光
　　　(C)無機發光二極體為單點發光，有機發光二極體則是整面發光
　　　(D)有機發光二極體的光色較單一；無機發光二極體的光色較柔和

( )2. 如圖(1)所示，LED燈的工作電壓為2V，電阻為50Ω，工作電流為10mA～80mA，則可變電阻R的調整範圍為？
　　　(A)100Ω～800Ω　　　(B)200Ω～800Ω
　　　(C)50Ω～750Ω　　　(D)50Ω～800Ω

圖(1)

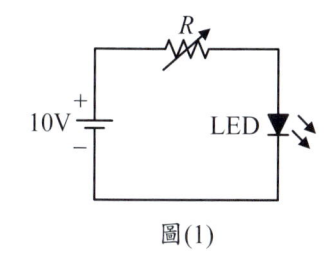

2-5 整流電路　105 106 107 108 109 110 112 113 114

理論重點

重點 1　電源電路

1. 交流電源轉為穩定直流電源的過程，一般需要 ＿＿＿＿ ⇒ ＿＿＿＿ ⇒ ＿＿＿＿ ⇒ ＿＿＿＿ 等四個流程。

答案：1. 降壓、整流、濾波、穩壓

重點 2　變壓器

1. 匝數比 ＿＿＿＿＿＿＿＿＿＿＿＿＿＿＿＿＿＿＿＿ 。
2. 視在功率 $S = V_1 \times I_1 = V_2 \times I_2$（輸出的視在功率等於輸入的視在功率）。

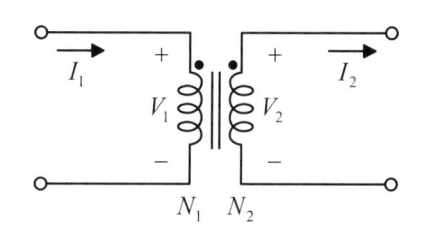

答案：1. $a = \dfrac{N_1}{N_2} = \dfrac{V_1}{V_2} = \dfrac{I_2}{I_1} = \sqrt{\dfrac{Z_1}{Z_2}}$

重點 3 整流電路

1. 半波整流電路

電路名稱	輸出正半週的半波整流電路	輸出負半週的半波整流電路
電路圖		
輸出波形		
輸出波形的週期 T_o	$T_o = T_i$	$T_o = T_i$
輸出波形的頻率 f_o	____	____
輸出波形的平均值 $V_{o(av)}$	____	____
輸出波形的有效值 $V_{o(rms)}$	____	____
漣波因數 $r\%$	____	____
二極體的 PIV	____	____

答案：1. $f_o = f_i$、$f_o = f_i$、$\frac{1}{\pi} \times V_m$、$-\frac{1}{\pi} \times V_m$、$\frac{1}{2} \times V_m$、$\frac{1}{2} \times V_m$、121%、121%、$V_m$、$V_m$

老師講解

1. 如右圖所示，若二極體具理想特性，且輸入電壓 $v_i(t) = 100\sin 377t$ V，試求輸出電壓的平均值、有效值及二極體 PIV 分別為何？
   (A) 31.8V、70.7V、200V　(B) 63.6V、70.7V、200V
   (C) 70.7V、63.8V、100V　(D) 31.8V、50V、100V

   解 (D)
   (1) 輸出電壓的最大值為 100V
   (2) 輸出電壓的平均值 $V_{dc} = V_m \times \frac{1}{\pi} = \frac{100}{\pi}$ V ≈ 31.8 V
   (3) 輸出電壓的有效值 $V_{rms} = V_m \times \frac{1}{2} = \frac{100}{2}$ V $= 50$ V
   (4) 二極體的 $PIV = 1 \times V_m = 100$ V

學生練習

1. 如右圖所示，若二極體具理想特性，且輸入電壓 $v_i = 110$ V，試求輸出電壓的有效值及 PIV 分別為何？

(A) $55\sqrt{2}$ V、$110\sqrt{2}$ V
(B) 55π V、$110\sqrt{2}$ V
(C) $55\sqrt{2}$ V、110 V
(D) 110 V、110 V

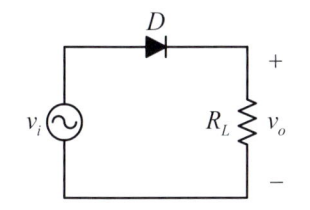

2. 中心抽頭全波整流電路

電路名稱	輸出正半週的中心抽頭整流電路	輸出負半週的中心抽頭整流電路
電路圖	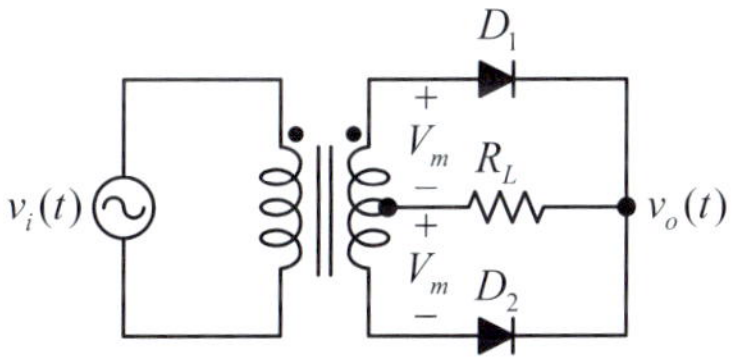	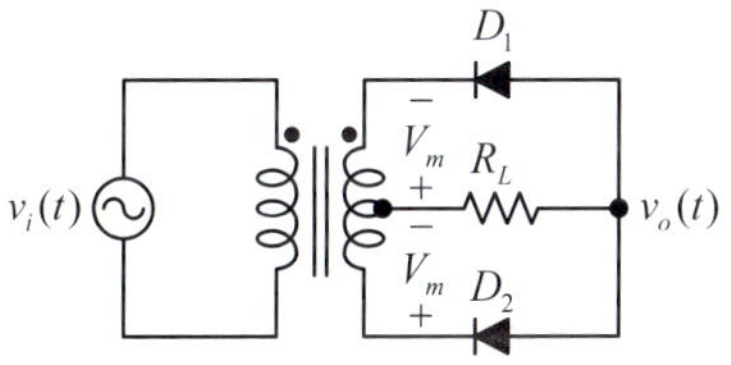
動作說明		
輸出波形	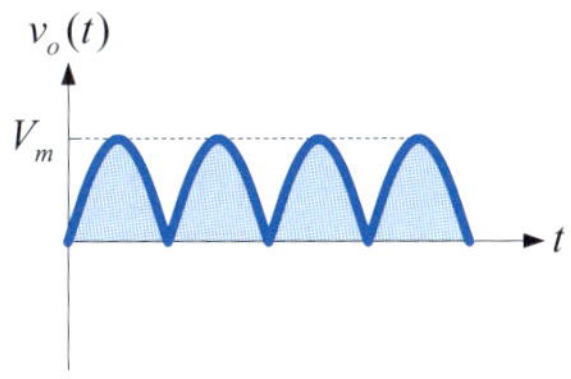	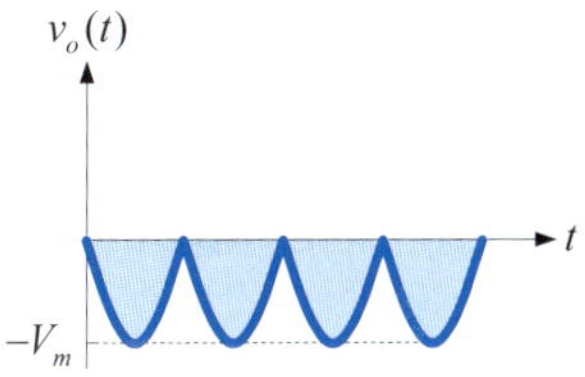
輸出波形的週期 T_o	$T_o = \dfrac{1}{2}T_i$	$T_o = \dfrac{1}{2}T_i$
輸出波形的頻率 f_o		
輸出波形的平均值 $V_{o(av)}$		
輸出波形的有效值 $V_{o(rms)}$		
漣波因數 $r\%$		
二極體的 PIV		

答案：2. 正半週：D_1 ON，D_2 OFF；負半週：D_1 OFF，D_2 ON、
正半週：D_1 OFF，D_2 ON；負半週：D_1 ON，D_2 OFF、

$f_o = 2 \times f_i$、$f_o = 2 \times f_i$、$\dfrac{2}{\pi} \times V_m$、$-\dfrac{2}{\pi} \times V_m$、$\dfrac{1}{\sqrt{2}} \times V_m$、$\dfrac{1}{\sqrt{2}} \times V_m$、$48.3\%$、$48.3\%$、$2V_m$、$2V_m$

老師講解

2. 如下圖所示為一中心抽頭全波整流電路,若變壓器的匝數比 $N_1 : N_2 = 10 : 1$,且輸入電壓為 100V/60Hz 的交流電,試求輸出電壓的有效值及平均值分別為何?

(A) $10V$、$\dfrac{20\sqrt{2}}{\pi}V$ (B) $\dfrac{20\sqrt{2}}{\pi}V$、$10V$

(C) $5V$、$\dfrac{10\sqrt{2}}{\pi}V$ (D) $\dfrac{10\sqrt{2}}{\pi}V$、$5V$

解 (C)

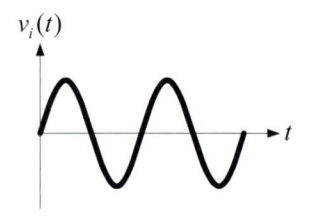

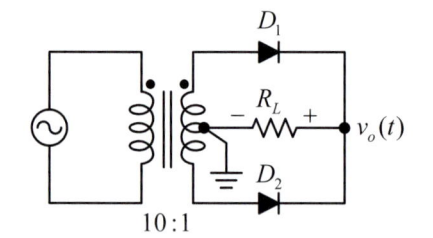

(1) 次級線圈的最大值 $V_m = 100\sqrt{2} \times \dfrac{1}{10} \times \dfrac{1}{2} = 5\sqrt{2}$ V

（輸出電壓最大值係指二次側繞組 $\dfrac{1}{2}$ 的電壓,因此需再乘以 $\dfrac{1}{2}$）

(2) 輸出電壓的有效值 $V_{o(rms)} = V_m \times \dfrac{1}{\sqrt{2}} = 5$ V

(3) 輸出電壓的平均值 $V_{o(dc)} = V_m \times \dfrac{2}{\pi} = \dfrac{10\sqrt{2}}{\pi}$ V

學生練習

2-1. 有一中心抽頭全波整流電路,若輸入電壓為 110V/60Hz 的交流訊號,變壓器的匝數比為 2:1,試求輸出電壓的有效值與頻率,分別為何?
(A) 27.5V、60Hz (B) 55V、60Hz
(C) 27.5V、120Hz (D) 55V、120Hz

2-2. 承上題,每個二極體的 PIV,至少需多少伏特?
(A) $5\sqrt{2}V$ (B) $10\sqrt{2}V$ (C) $25\sqrt{2}V$ (D) $55\sqrt{2}V$

3. 橋式全波整流電路

電路名稱	輸出正半週的 橋式全波整流電路	輸出負半週的 橋式全波整流電路
電路圖		
動作說明		
輸出波形		
輸出波形的週期T_o	$T_o = \dfrac{1}{2}T_i$	$T_o = \dfrac{1}{2}T_i$
輸出波形的頻率f_o		
輸出波形的平均值$V_{o(av)}$		
輸出波形的有效值$V_{o(rms)}$		
漣波因數$r\%$		
二極體的PIV		

答案：3. 正半週：D_2、D_4 ON，D_1、D_3 OFF；負半週：D_1、D_3 ON，D_2、D_4 OFF、
正半週：D_1、D_3 ON，D_2、D_4 OFF；負半週：D_2、D_4 ON，D_1、D_3 OFF、
$f_o = 2 \times f_i$、$f_o = 2 \times f_i$、$\dfrac{2}{\pi} \times V_m$、$-\dfrac{2}{\pi} \times V_m$、$\dfrac{1}{\sqrt{2}} \times V_m$、$\dfrac{1}{\sqrt{2}} \times V_m$、48.3%、48.3%、$V_m$、$V_m$

老師講解

3. 如下圖所示為橋式全波整流電路，若輸入電壓／頻率為220V／60Hz，試求輸出電壓的平均值及有效值分別為何？

(A) $\dfrac{44\sqrt{2}}{\pi}$ V、22V　　　　　　　　(B) 22V、$\dfrac{44\sqrt{2}}{\pi}$ V

(C) $\dfrac{22\sqrt{2}}{\pi}$ V、11V　　　　　　　　(D) 11V、$\dfrac{22\sqrt{2}}{\pi}$ V

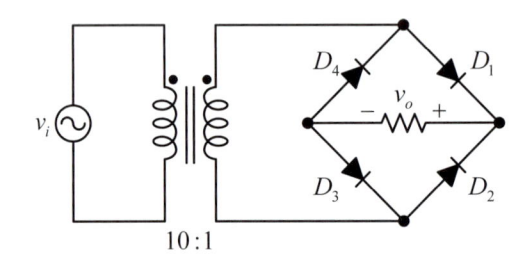

解 (A)

(1) $V_{o(dc)} = 220 \times \sqrt{2} \times \dfrac{1}{10} \times \dfrac{2}{\pi} = \dfrac{44\sqrt{2}}{\pi}$ V

(2) $V_{o(rms)} = 220 \times \sqrt{2} \times \dfrac{1}{10} \times \dfrac{1}{\sqrt{2}} = 22$ V

學生練習

3-1. 有一橋式全波整流電路，若輸入電壓／頻率為110V／60Hz的交流訊號，變壓器的匝數比為2：1，試求輸出電壓的有效值與頻率，分別為何？

(A) 55V、60Hz　　　　　　　　(B) 55V、120Hz

(C) $55\sqrt{2}$ V、60Hz　　　　　　　(D) $55\sqrt{2}$ V、120Hz

3-2. 承上題，每個二極體的PIV，至少需多少伏特？

(A) $25\sqrt{2}$ V　(B) $30\sqrt{2}$ V　(C) $55\sqrt{2}$ V　(D) $110\sqrt{2}$ V

4. 各種整流電路之比較

型式＼項目	輸出電壓平均值 $V_{o(dc)}$	輸出電壓有效值 $V_{o(rms)}$	輸出漣波電壓 $V_{r(rms)}$	漣波因數 $r\%$	漣波頻率 f_r	二極體數目	PIV
半波整流（電阻負載）	$0.318V_m$	$0.5V_m$	$0.385V_m$	121%	f_i	1	V_m
中心抽頭全波整流（電阻負載）	$0.636V_m$	$0.707V_m$	$0.308V_m$	48.3%	$2f_i$	2	$2V_m$
橋式全波整流（電阻負載）	$0.636V_m$	$0.707V_m$	$0.308V_m$	48.3%	$2f_i$	4	V_m

實習重點

重點 1 橋式整流二極體之量測

1. 常見的橋式整流器：圓形整流器、梳形（方形）整流器與IC形整流器，其中梳形（方形）整流器的 _____ 為輸出的正端。

(a) 圓形整流器　　(b) 梳形（方形）整流器　　(c) IC形整流器

2. 橋式整流器的符號如右，通常會直接標示在各種形式整流器的外殼，以方便使用者辨識。

   (1) 外殼標識『～』的符號，接至交流電源。

   (2) 外殼標識『＋』與『－』的符號，接至輸出的負載端，其中『＋』為輸出之正端，『－』為輸出之負端。

   (3) 量測方式與一般二極體的量測方式相同，以黑棒接P側而紅棒接N側，指針小幅度偏轉；而黑棒接N側而紅棒接P側，指針不偏轉，表示二極體正常。

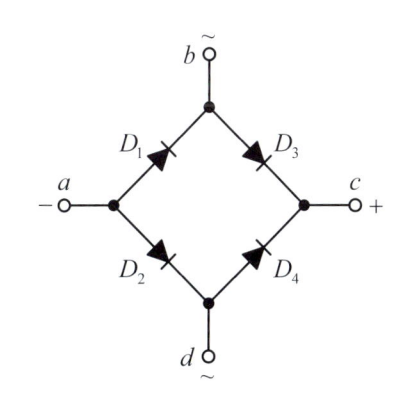

答案：1. 較長接腳

ABCD 立即練習

基礎題

(　　)1. 將交流電轉換為平穩的直流訊號,工作流程依序為?
(A)變壓 ⇒ 整流 ⇒ 濾波 ⇒ 穩壓
(B)變壓 ⇒ 濾波 ⇒ 整流 ⇒ 穩壓
(C)整流 ⇒ 變壓 ⇒ 濾波 ⇒ 穩壓
(D)變壓 ⇒ 穩壓 ⇒ 濾波 ⇒ 整流

(　　)2. 直流電源供應器中將交流電壓升壓或是降壓的裝置為
(A)變壓器　(B)整流器　(C)濾波器　(D)穩壓裝置

(　　)3. 直流電源供應器中,將交流電壓轉換為脈動直流電壓為
(A)變壓器　(B)整流器　(C)濾波器　(D)穩壓裝置

(　　)4. 有一半波整流電路輸出電壓的有效值為100V,試求輸出的峰值電壓為何?
(A)$100\sqrt{2}$ V　(B)$\dfrac{100\sqrt{2}}{\pi}$ V　(C)150V　(D)200V

(　　)5. 峰值電壓為100V的交流電源,經過5:1的變壓器降壓後,再經過半波整流器,此時以三用電錶的直流電壓檔測量整流的電壓,則所得到的電壓值為何?
(A)$20\sqrt{2}$ V　(B)$\dfrac{20}{\pi}$ V　(C)$\dfrac{40}{\pi}$ V　(D)20V

(　　)6. 有一中心抽頭全波整流電路,其輸出電壓的有效值為$10\sqrt{2}$ V,試問電路中每一個二極體的逆向峰值電壓(PIV)為何?
(A)20V　(B)30V　(C)40V　(D)60V

(　　)7. 如圖(1)所示為橋式全波整流電路,若輸入電壓/頻率為100V/60Hz,下列敘述何者錯誤?
(A)正半週:D_1、D_3 ON,D_2、D_4 OFF
(B)輸出電壓的頻率為120Hz
(C)輸入電壓的峰對峰值為$200\sqrt{2}$ V
(D)輸出電壓的有效值為$10\sqrt{2}$ V

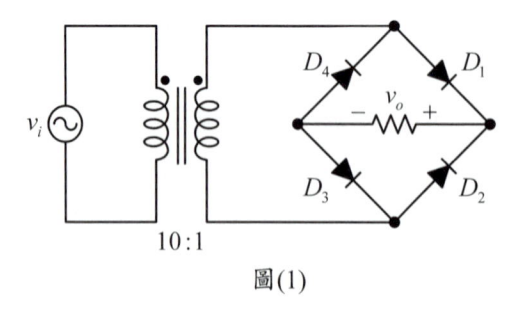

圖(1)

第 2 章 二極體及應用電路

進階題

( ) 1. 如圖(1)所示，輸出的電壓$v_o(t)$波形為何？
   (A) 3V 波形
   (B) 1.5V 波形
   (C) −3V 波形
   (D) −1.5V 波形

   輸入v_i：30V, −30V 正弦波；變壓器10:1，中心抽頭全波整流電路，D_1、D_2、R_L、$v_o(t)$

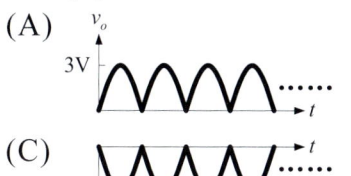

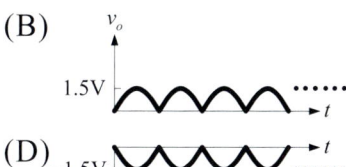

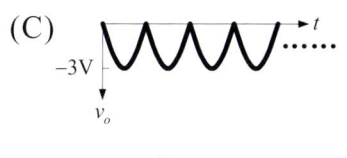

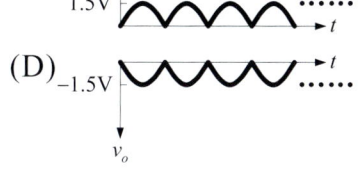

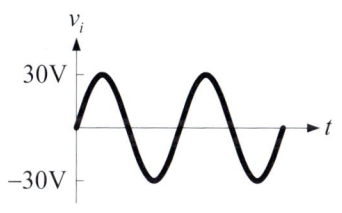

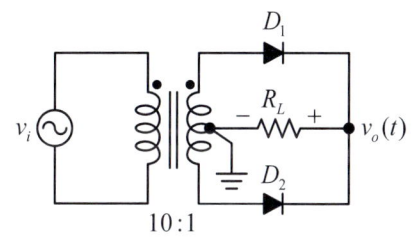

   圖(1)

( ) 2. 一中心抽頭全波整流電路，輸出電壓平均值為50V，求電路中每一個二極體所受到逆向峰值電壓PIV為多少？
   (A)70.7V (B)78.6V (C)141.4V (D)157.2V

( ) 3. 100sin377t伏特之交流電壓，經半波整流電路以測量其輸出，下列敘述何者錯誤？
   (A)輸出直流電壓約31.8V
   (B)輸出電壓的有效值約50V
   (C)輸出電壓的頻率為60Hz
   (D)輸出電壓的峰對峰值為50V

( ) 4. 如圖(2)所示為半波整流電路，若電源電壓為50V之交流電，試求輸出電壓為多少伏特？ (A)25V (B)$25\sqrt{2}$V (C)50V (D)$50\sqrt{2}$V

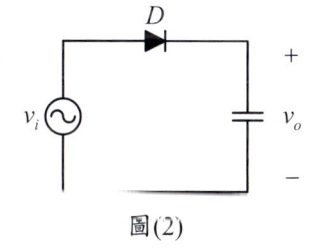

   圖(2) 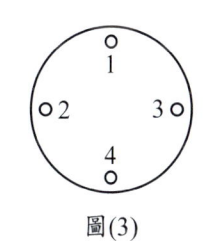   圖(3)

( ) 5. 如圖(3)為一個好的橋式整流器之底視圖，以三用電表之歐姆檔測試，當第3支腳接正電時，與另外三支腳都會通，可以判斷直流輸出的負端為第幾支腳？
   (A)1 (B)2 (C)3 (D)4

( ) 6. 橋式整流器是將四個整流二極體直接封裝在一起，變為單一個電子元件，而元件通常會有1支接腳會較其他3支還長，此接腳通常為何？
   (A)輸入的正端 (B)輸入的負端 (C)輸出的正端 (D)輸出的負端

2-6 濾波電路 105 107 108 111 113

理論重點

重點 1 漣波因數

1. 用來降低脈動直流電壓的漣波成分，以得到更平穩的直流電。
2. **漣波因數**（ripple factor，簡稱為 r）或稱漣波百分比來判斷漣波的大小，其定義為漣波有效值與平均值的比值，表示式為 $r = \dfrac{V_{r(rms)}}{V_{dc}} \times 100\%$。

重點 2 半波整流濾波電路

1. 電路圖

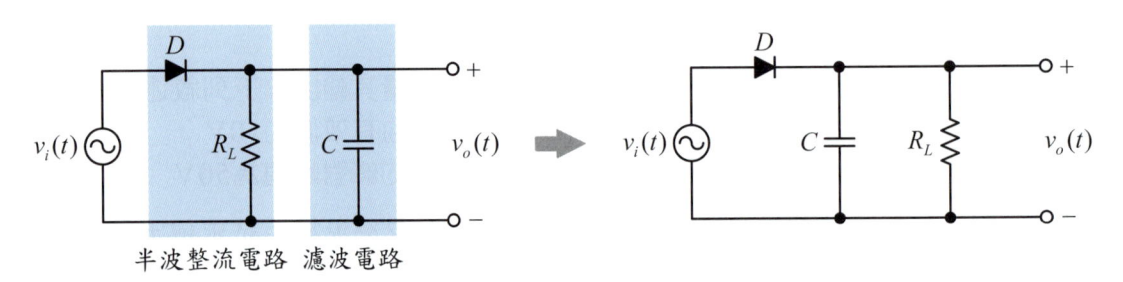

2. 充電路徑 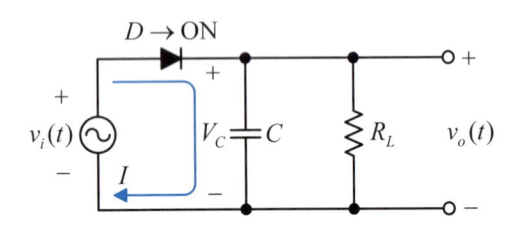   3. 放電路徑

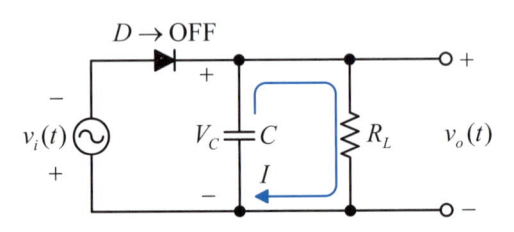

4. 輸出的電壓波形

   二極體導通（ON）的時間（ΔT_2）即為電容器的充電時間；而二極體截止（OFF）的時間（ΔT_1）即為電容器的放電時間，若希望輸出波形趨近於直流電，二極體的導通時間（相當於二極體的充電時間）宜 ＿＿＿＿＿＿，而電容器的放電時間（相當於二極體的截止時間）宜 ＿＿＿＿＿＿。

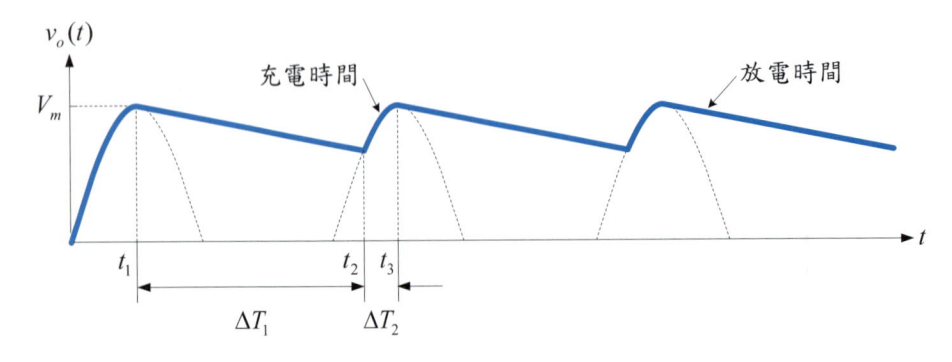

第 2 章 二極體及應用電路

5. 半波整流濾波電路的相關公式

   根據能量不滅定律，電容器充電的電荷等於放電的電荷，因此運用基本電學中電荷的公式 $Q = CV = It$，將公式重新整理如下 $C \times V_{r(P-P)} \approx I_{dc} \times \Delta T_1$，可得：

   (1) 漣波峰對峰值電壓 _____。

   (2) 漣波有效值 _____。

   (3) 漣波因數 _____。

   (4) 電源頻率 f_i 為 60Hz，且電阻以 kΩ 為單位，電容以 μF 為單位，可得漣波因數 _____。

答案：4. 愈短愈好、愈長愈好

5. (1) $V_{r(P-P)} \approx \dfrac{I_{dc} \times \Delta T_1}{C} = \dfrac{V_m}{f_i \times R_L \times C}$ (2) $V_{r(rms)} = \dfrac{V_{r(P-P)}}{2\sqrt{3}} = \dfrac{V_m}{2\sqrt{3} \times f_i \times R_L \times C}$

   (3) $r\% = \dfrac{V_{r(rms)}}{V_{dc}} = \dfrac{\frac{V_m}{2\sqrt{3} \times f_i \times R_L \times C}}{V_m} \times 100\% = \dfrac{1}{2\sqrt{3} \times f_i \times R_L \times C} \times 100\%$

   (4) $r\% = \dfrac{4.8}{R_L \times C} \times 100\%$

重點 3 全波整流濾波電路

1. 電路圖

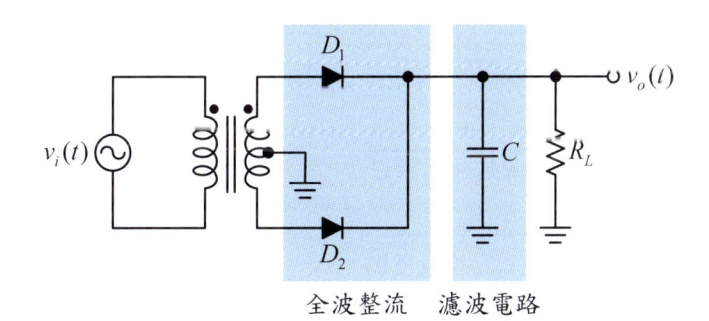

2. 充電路徑

3. 放電路徑

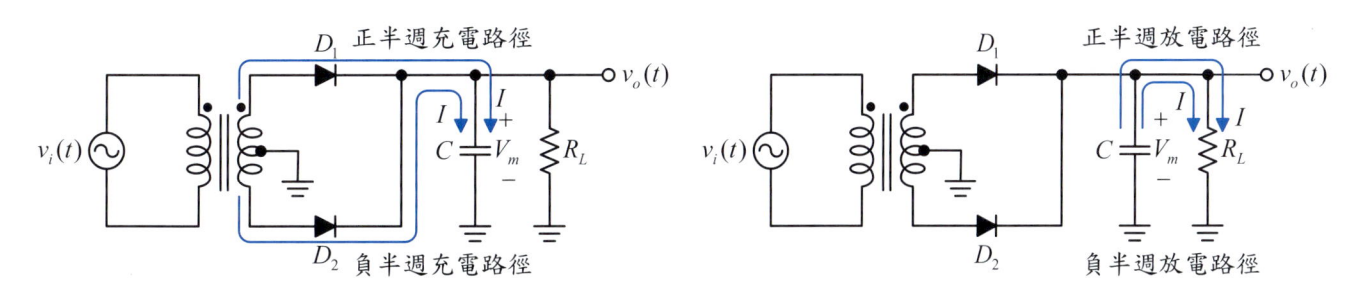

4. 輸出的電壓波形

二極體導通（ON）的時間（ΔT_2）即為電容器的充電時間；而二極體截止（OFF）的時間（ΔT_1）即為電容器的放電時間，若希望輸出波形趨近於直流電，二極體的導通時間（相當於二極體的充電時間）宜 _____，而電容器的放電時間（相當於二極體的截止時間）宜 _____。

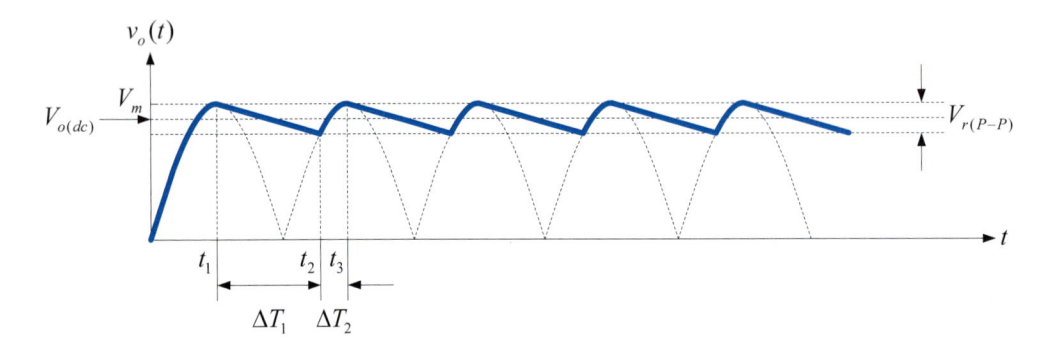

5. 全波整流濾波電路的相關公式

根據能量不滅定律，電容器充電的電荷等於放電的電荷，因此運用基本電學中電荷的公式 $Q = CV = It$，將公式重新整理如下 $C \times V_{r(P-P)} \approx I_{dc} \times \Delta T_1$，可得：

(1) 漣波峰對峰值電壓 _____。

(2) 漣波有效值 _____。

(3) 漣波因數 _____。

(4) 電源頻率 f_i 為60Hz，且電阻以kΩ為單位，電容以μF為單位，可得漣波因數 _____。

答案：4. 愈短愈好、愈長愈好

5. (1) $V_{r(P-P)} \approx \dfrac{I_{dc} \times \Delta T_1}{C} = \dfrac{V_m}{2 \times f_i \times R_L \times C}$

(2) $V_{r(rms)} = \dfrac{V_{r(P-P)}}{2\sqrt{3}} = \dfrac{V_m}{4\sqrt{3} \times f_i \times R_L \times C}$

(3) $r\% = \dfrac{V_{r(rms)}}{V_{dc}} = \dfrac{\dfrac{V_m}{4\sqrt{3} \times f_i \times R_L \times C}}{V_m} \times 100\% = \dfrac{1}{4\sqrt{3} \times f_i \times R_L \times C} \times 100\%$

(4) $r\% = \dfrac{2.4}{R_L \times C} \times 100\%$

重點 4 濾波電路公式彙整

型式 \ 項目	漣波峰對峰值 $V_{r(P-P)}$	漣波有效值 $V_{r(rms)}$	二極體 PIV	漣波因數 r% （R_L：kΩ、C：μF）
半波整流濾波電路	$\dfrac{V_m}{f_i \times R_L \times C}$	$\dfrac{V_m}{2\sqrt{3} \times f_i \times R_L \times C}$	$2V_m$	$r\% = \dfrac{4.8}{R_L \times C} \times 100\%$
全波整流濾波電路（中心抽頭）	$\dfrac{V_m}{2 \times f_i \times R_L \times C}$	$\dfrac{V_m}{4\sqrt{3} \times f_i \times R_L \times C}$	$2V_m$	$r\% = \dfrac{2.4}{R_L \times C} \times 100\%$
全波整流濾波電路（橋式）	$\dfrac{V_m}{2 \times f_i \times R_L \times C}$	$\dfrac{V_m}{4\sqrt{3} \times f_i \times R_L \times C}$	V_m	$r\% = \dfrac{2.4}{R_L \times C} \times 100\%$

註：半波濾波電路 $V_{dc} = V_m - \dfrac{8.33}{C} \times I_{dc} \approx (1 - \dfrac{8.33}{R_L \times C}) \times V_m$。

全波濾波電路 $V_{dc} = V_m - \dfrac{4.17}{C} \times I_{dc} \approx (1 - \dfrac{4.17}{R_L \times C}) \times V_m$。

（R_L 以 kΩ 為單位，C 以 μF 為單位，I_{dc} 以 mA 為單位）

老師講解

1. 濾波電路輸出的直流電壓成份（V_{dc}）為10V，漣波電壓有效值（$V_{r(rms)}$）為0.2V，則漣波因數 r% 為何？ (A)2% (B)4% (C)6% (D)10%

解 (A)

$r\% = \dfrac{V_{r(rms)}}{V_{dc}} \times 100\% = \dfrac{0.2}{10} \times 100\% = 2\%$

學生練習

1. 濾波電路輸出的直流電壓成份 V_{dc} 為2V且漣波因數為5%，則漣波電壓有效值 $V_{r(rms)}$ 為何？ (A)0.4V (B)0.3V (C)0.2V (D)0.1V

老師講解

2. 某半波整流器之負載電阻為5kΩ且輸入電壓$v_i = 50\sin(314t)$ V，若要使整流後之漣波電壓$V_{r(P-P)}$限制在1V，則需並聯的電容量最小為何？
(A)400μF (B)300μF (C)200μF (D)100μF

解 (C)

$$V_{r(P-P)} \approx \frac{V_m}{f_i \times R_L \times C} \Rightarrow \frac{50}{50 \times 5k \times C} \leq 1 \Rightarrow C \geq 200\ \mu F$$

學生練習

2. 某橋式整流器之負載電阻為10kΩ且輸入電壓$v_i = 100\sin(377t)$ V，若要使整流後之漣波電壓$V_{r(P-P)}$限制在2V，則需並聯的電容量最小為何？
(A)83.2μF (B)76.4μF (C)41.6μF (D)20.8μF

老師講解

3. 濾波電容為40μF，負載電流為40mA的半波整流器，峰值電壓為100V，若電源頻率為60Hz，試求該濾波器的直流電壓約為何？ (A)90V (B)92V (C)94V (D)96V

解 (B)

$$V_{dc} = V_m - \frac{8.33}{C} \times I_{dc} = 100 - \frac{8.33}{40} \times 40 \approx 92\ V$$

學生練習

3. 濾波電容為80μF，負載電流為80mA的全波整流器，峰值電壓為100V，若電源頻率為60Hz，試求該濾波器的直流電壓約為何？ (A)90V (B)92V (C)94V (D)96V

老師講解

4. 半波整流器之負載電阻為5kΩ且輸入電壓$v_i = 100\sin(377t)$ V，當濾波電容器為10μF時的漣波有效值$V_{r(rms)}$為何？ (A)9V (B)9.2V (C)9.4V (D)9.6V

解 (D)

$$V_{r(rms)} \approx \frac{V_m}{2\sqrt{3} \times f_i \times R_L \times C} = \frac{100}{2\sqrt{3} \times 60 \times 5k \times 10\mu} \approx 9.6\ V$$

學生練習

4. 全波整流器之負載電阻為 $10k\Omega$ 且輸入電壓 $v_i = 200\sin(314t)$ V，當濾波電容器為 $5\mu F$ 時的漣波有效值 $V_{r(rms)}$ 為何？　(A)11.55V　(B)13.86V　(C)14.52V　(D)16.82V

老師講解

5. 有一個半波濾波器，負載電阻 $R_L = 2\ k\Omega$，濾波電容 $C = 10\ \mu F$，則漣波因數 r 為何？
(A)0.24　(B)0.12　(C)0.06　(D)0.03

解 (A)

$$r = \frac{4.8}{R_L \times C} = \frac{4.8}{2 \times 10} = 0.24$$

學生練習

5. 有一個全波濾波器，負載電阻 $R_L = 10\ k\Omega$，濾波電容 $C = 3\ \mu F$，則漣波因數百分比 $r\%$ 為何？　(A)4%　(B)8%　(C)12%　(D)16%

重點 5　電容輸入式與電感輸入式濾波器之比較

項目＼種類	電容輸入式 RC濾波器	電容輸入式 π型濾波器	電感輸入式
電路圖	（電容濾波器 RC濾波）	（π型濾波器）	（電感濾波器）
負載電阻 R_L	宜愈大愈好（輕負載）	宜愈大愈好（輕負載）	宜愈小愈好（重負載）
電容量與電感量	C_1 與 C_2 宜愈大愈好	C_1、C_2 與 L 宜愈大愈好	L 宜愈大愈好

ABCD 立即練習

基 礎 題

(　)1. 二極體的整流電容濾波電路中，當電容量C愈大，則二極體的導通時間
(A)愈短　(B)愈長　(C)不變　(D)以上皆非

(　)2. 漣波因數百分率的定義為何？
(A)$\dfrac{V_{r(rms)}}{V_{dc}} \times 100\%$　(B)$\dfrac{V_{dc}}{V_{r(rms)}} \times 100\%$　(C)$\dfrac{V_{rms}}{V_{dc}} \times 100\%$　(D)$\dfrac{V_{dc}}{V_{rms}} \times 100\%$

(　)3. 理想的漣波因數百分比為　(A)-1%　(B)0%　(C)1%　(D)∞

(　)4. 電容輸入式濾波器與電感輸入式濾波器，分別較適合何種負載的電路？
(A)重負載、輕負載　　　　　　　　(B)輕負載、重負載
(C)輕負載、輕負載　　　　　　　　(D)重負載、重負載

(　)5. 圖(1)為RC濾波器，欲減少輸出電壓的漣波成份，下列哪個方法無效？
(A)增加負載電阻R_L　　　　　　　(B)增加電容量C_2
(C)將整流電路改為全波整流電路　　(D)增加電容抗X_{C2}

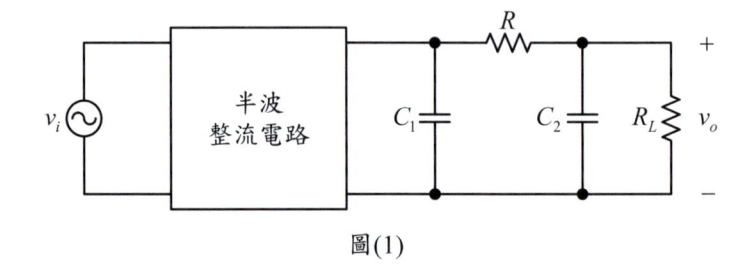

圖(1)

進 階 題

(　)1. 全波整流濾波後之輸出電壓波形如圖(1)所示，其漣波因數百分比r%約為多少？
(A)5.24%　(B)5.77%　(C)6.42%　(D)6.82%

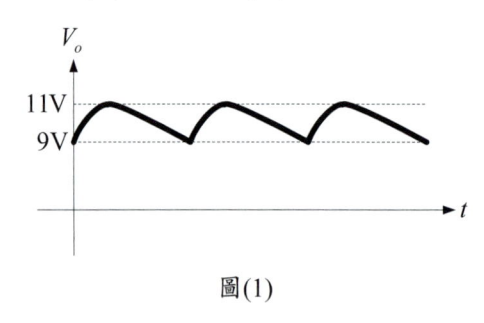

圖(1)

第 2 章 二極體及應用電路

歷屆試題

電子學試題

( )1. 如圖(1)所示，已知 $V_i = 100\sin 120t$ V，$R = 100$ kΩ，$C = 10$ μF，且 D 為理想二極體，則漣波電壓大小為何？
(A) $\dfrac{5}{3}$ V (B) $\dfrac{5}{6}$ V (C) $\dfrac{5\pi}{6}$ V (D) $\dfrac{5\pi}{3}$ V [2-6][統測]

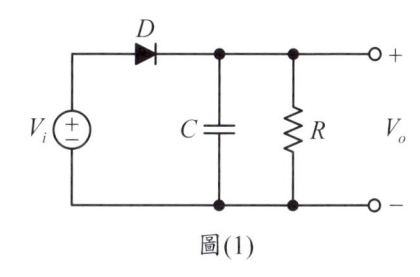

圖(1)

( )2. 在本質半導體中，摻雜加入下列何種雜質元素，即可成為P型半導體？
(A)磷 (B)硼 (C)砷 (D)銻 [2-2][統測]

( )3. 下列有關二極體的敘述，何者正確？
(A)在順偏時，擴散電容與流過之電流量無關
(B)空乏區電容隨外加逆向偏壓之增加而減少
(C)當外加逆向電壓增加時，空乏區寬度將減少
(D)在固定之二極體電流下，溫度愈高，則二極體之順向壓降愈高 [2-2][統測]

( )4. 下列有關二極體特性的敘述，何者不正確？
(A)溫度上升時，切入電壓隨之降低
(B)溫度上升時，逆向飽和電流隨之增加
(C)擴散電容（diffusion capacitance）效應主要是在逆向偏壓時發生
(D)逆向偏壓越大時，則空乏區電容（depletion capacitance）越小 [2-2][統測]

( )5. 下列有關雜質半導體特性之敘述，何者正確？
(A)在本質矽內加入硼原子後可產生N型導電特性
(B)在N型半導體中，電子的移動率隨著溫度的增加而變大
(C)在熱平衡時，自由電子與電洞濃度的乘積值不受摻雜濃度影響
(D)在無外加電壓時，雜質半導體內之擴散電流必為零 [2-2][統測]

( )6. 下列有關PN接面二極體（PN junction diode）特性之敘述，何者正確？
(A)在P型矽（P-type silicon）區域沒有電子存在
(B)二極體的空乏區，會隨著逆偏電壓的增加而減少
(C)當矽的摻雜濃度越高時，其接面內建電壓的值越小
(D)以接面處為起點，空乏區的寬度會比較深入摻雜濃度較低的一邊 [2-2][統測]

( )7. 如圖(2)所示，已知輸入信號 $v_i = 200\sin 120\pi t$ V 之正弦波，且二極體具有理想特性，若欲使電路輸出 v_o 之漣波電壓峰對峰值為2V，則電容C值應為
(A) 66.6 μF (B) 166.6 μF
(C) 266.6 μF (D) 366.6 μF [2-6][統測]

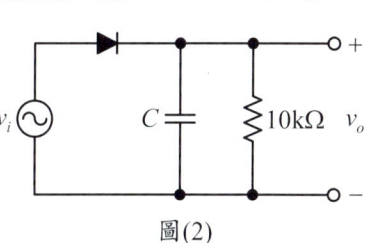

圖(2)

(　　)8. 如圖(3)所示，下列何種方法，可達到降低輸出電壓漣波因數的效果？
(A)輸入端由半波整流器改為全波整流器
(B)降低L之電感值
(C)降低C_1之電容值
(D)降低C_2之電容值
[2-6][統測]

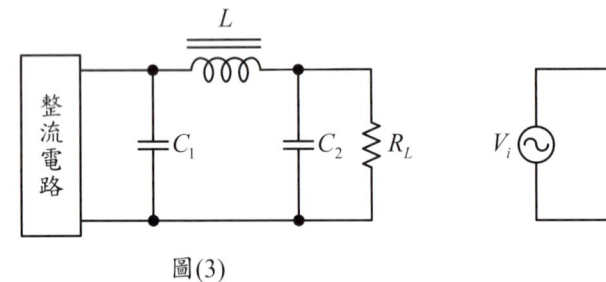

圖(3) 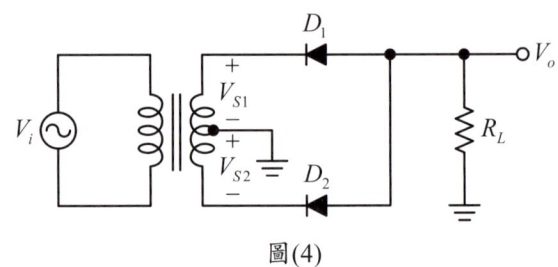　　　　圖(4)

(　　)9. 如圖(4)所示，已知$|V_{S1}|=|V_{S2}|$，$V_{S1}=10\sin\omega t$ V，且D_1、D_2皆為理想二極體，則V_o之平均直流電壓為
(A)-6.37V　(B)-3.18V　(C)3.18V　(D)6.37V
[2-5][統測]

(　　)10. 下列對於半導體之敘述，何者錯誤？
(A)當加逆向偏壓於PN接面時，空乏區會變窄
(B)當加順向偏壓於PN接面時，空乏區外存在擴散電容
(C)在本質半導體中摻雜五價元素，可形成N型半導體
(D)當加小於崩潰電壓之逆向偏壓於PN接面時，仍有少數載子流動，此為逆向飽和電流
[2-5][統測]

(　　)11. 如圖(5)所示，已知D為理想二極體，則下列何種做法對改善其漣波因數的效果最差？
(A)將輸入電壓變小　　　　　(B)將電容值加大
(C)改用全波整流　　　　　　(D)將電阻值加大
[2-6][統測]

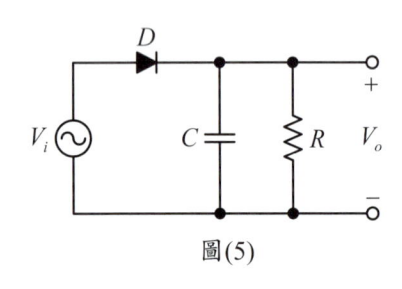

圖(5) 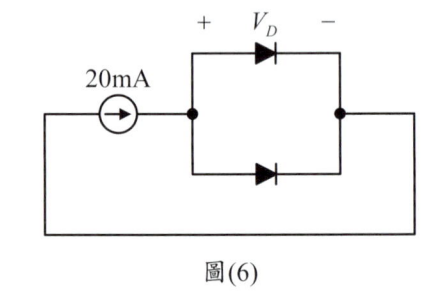　　　　圖(6)

(　　)12. 圖(6)之二極體在流通1mA電流時，兩端的電壓差為0.7V，若$\eta=1$且$V_T=25$ mV，則V_D為（計算時可參考底下的自然對數表）：
(A)0.7V　(B)0.73V　(C)0.76V　(D)0.79V
[2-2][統測]

ln2	ln3	ln4	ln5	ln6	ln7	ln8	ln9	ln10	ln11
0.693	1.099	1.386	1.609	1.792	1.946	2.079	2.197	2.303	2.398

ln12	ln13	ln14	ln15	ln16	ln17	ln18	ln19	ln20	
2.485	2.565	2.639	2.708	2.773	2.833	2.890	2.944	2.996	

第 2 章 二極體及應用電路

( )13. 某直流電源無載時電壓為30V，已知電源內電阻為20Ω，滿載電流為0.25A，則其電壓調整率VR%為多少？
(A)5% (B)10% (C)20% (D)25% [2-5][統測]

( )14. 下列有關半導體的敘述，何者錯誤？
(A)具有受體雜質的半導體稱為P型半導體
(B)具有施體雜質的半導體稱為N型半導體
(C)電子的漂移速度比電洞的漂移速度快
(D)在P型半導體中，電子被稱為多數載子 [2-2][統測]

( )15. 如圖(7)所示，假設D_1、D_2均為理想二極體，則在輸出輸入轉換曲線圖中，V_a、V_b、V_c的數值分別為
(A)$V_a = 2$，$V_b = 5$，$V_c = 7$ (B)$V_a = 2$，$V_b = 6$，$V_c = 7$
(C)$V_a = 2$，$V_b = 5$，$V_c = 6$ (D)$V_a = 2$，$V_b = 6$，$V_c = 8$ [2-5][統測]

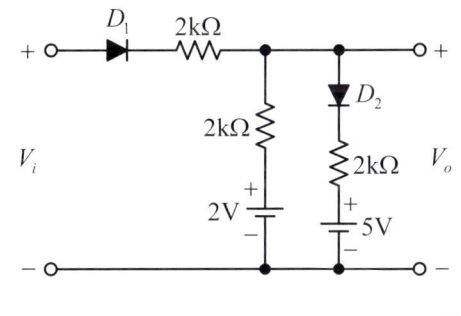

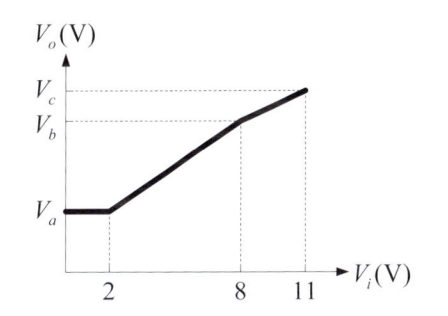

圖(7)

( )16. 在矽半導體材料中，摻入三價的雜質，請問此半導體形成何種型式？半導體內部的多數載子為何？此塊半導體之電性為何？
(A)N型半導體；電子；電中性 (B)N型半導體；電子；負電
(C)P型半導體；電洞；電中性 (D)P型半導體；電洞；正電 [2-2][統測]

( )17. 請使用二極體近似模型計算圖(8)之電路，假設二極體D_1與D_2之切入電壓$V_r = 0.7 \text{ V}$，順向電阻$R_f = 200 \text{ Ω}$、及逆向電阻$R_r = \infty$，電路中之$R_S = 1.8 \text{ kΩ}$及$R_L = 12 \text{ kΩ}$，當$V_1 = V_2 = 2 \text{ V}$，請問電壓$V_o = $？
(A)0.15V (B)1.8V (C)0.1V (D)1.2V [2-2][統測]

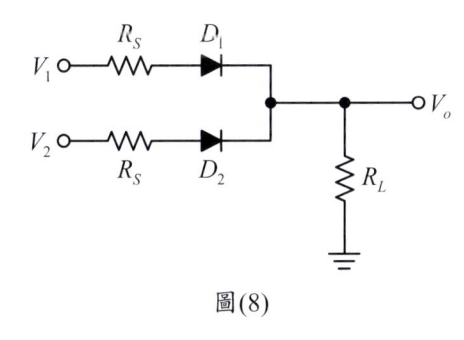

圖(8) 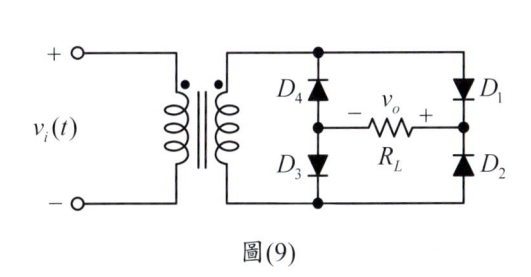   圖(9)

( )18. 如圖(9)所示，假設二極體均具理想特性，當輸入交流電壓$v_i(t) > 0 \text{ V}$時，則下列有關二極體此時的狀態描述，何者正確？
(A)D_1、D_3：ON，D_2、D_4：OFF
(B)D_2、D_4：ON，D_1、D_3：OFF
(C)D_1、D_4：ON，D_2、D_3：OFF
(D)D_2、D_3：ON，D_1、D_4：OFF [2-2][統測]

(　)19. 在P型半導體中，導電的多數載子為何者？
(A)電子　(B)原子核　(C)電洞　(D)離子　　　　　　　　　　　　　　　　　　　　[2-2][統測]

(　)20. 矽、鍺半導體材料的導電性，隨溫度上升而產生何種變化？
(A)成為絕緣體　(B)減少　(C)不變　(D)增加　　　　　　　　　　　　　　　　　[2-2][統測]

(　)21. 二極體的空乏區，隨著逆偏電壓的增加而產生何種變化？
(A)增加　(B)減少　(C)不變　(D)先減後增　　　　　　　　　　　　　　　　　　　[2-2][統測]

(　)22. 家用的交流電源110V、60Hz，經半波整流，但未濾波，則此整流後電壓的平均值約為多少？　(A)35V　(B)40V　(C)50V　(D)55V　　　　　　　　　　　　　　　[2-5][統測]

(　)23. 如圖(10)所示，V_i為家用交流電源110V、60Hz，則輸出電壓V_o約為多少？
(A)10V　(B)14V　(C)20V　(D)28V　　　　　　　　　　　　　　　　　　　　　[2-5][統測]

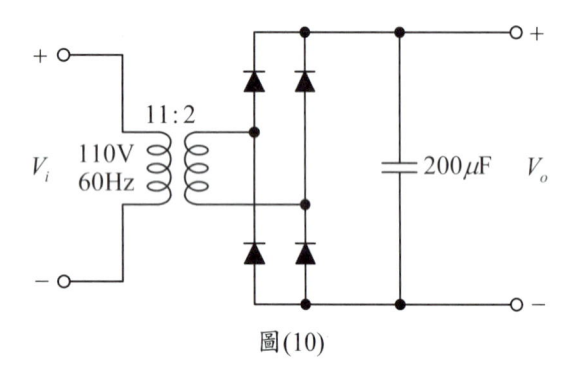

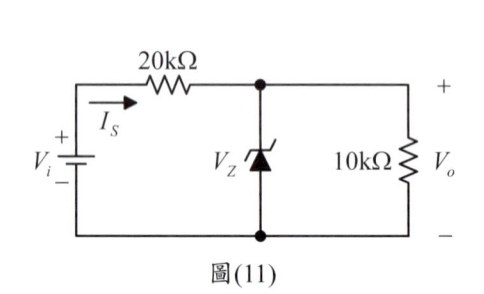

圖(10)　　　　　　　　　　　　　　　圖(11)

(　)24. 如圖(11)所示，$V_i = 30$ V，稽納二極體的$V_Z = 15$ V，則輸出電壓V_o為多少？
(A)5V　(B)10V　(C)15V　(D)30V　　　　　　　　　　　　　　　　　　　　　　[2-3][統測]

(　)25. 下列關於價電子與自由電子的敘述，何者錯誤？
(A)價電子位於原子核最外層軌道
(B)價電子成為自由電子會釋放熱能
(C)自由電子位於傳導帶
(D)價電子脫離原來的軌道所留下之空缺，稱為電洞　　　　　　　　　　　　　　　　[2-2][統測]

(　)26. 若一電源頻率為50Hz，經半波整流後，輸出電壓漣波頻率為何？
(A)25Hz　(B)30Hz　(C)50Hz　(D)60Hz　　　　　　　　　　　　　　　　　　　　[2-5][統測]

(　)27. 如圖(12)所示，已知稽納二極體的崩潰電壓為6V，則I_Z為
(A)0.05A　(B)0.1A　(C)0.25A　(D)0.5A　　　　　　　　　　　　　　　　　　　[2-3][統測]

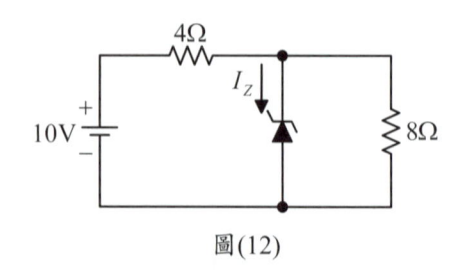

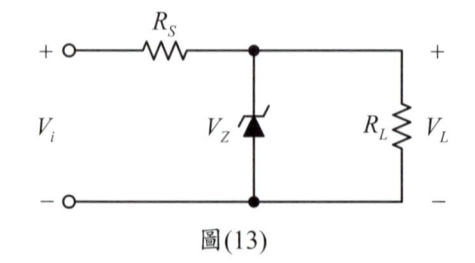

圖(12)　　　　　　　　　　　　　　　圖(13)

(　)28. 如圖(13)所示電路，$R_S = 1$ kΩ，$R_L = 5$ kΩ，$V_Z = 10$ V，則能使稽納二極體崩潰導通的最小輸入電壓V_i為多少？　(A)9V　(B)10V　(C)12V　(D)15V　　　　　　　[2-3][統測]

(　)29. 稽納二極體在電源調整電路中通常是作何用途？
(A)作為控制元件　(B)提供參考電壓　(C)作為取樣電路　(D)作為誤差檢測　　　　　[2-3][統測]

( )30. 如圖(14)所示之穩壓電路，在正常工作下，當V_S固定而R_L變大時，下列敘述何者正確？ (A)I_S變大 (B)I_L變大 (C)I_L不變 (D)I_Z變大

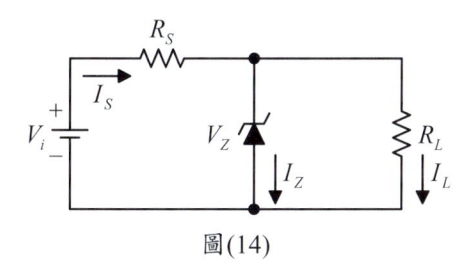

圖(14)

( )31. 下列關於半波整流加上電容器濾波電路之敘述，何者錯誤？
(A)二極體所需的峰值反向偏壓（PIV）與未加上電容器濾波時一樣
(B)漣波頻率與未加上電容器濾波時一樣
(C)加上電容器濾波後電壓漣波因數得到改善
(D)加上電容器濾波後輸出電壓增加

( )32. 如圖(15)所示之電路，D為理想二極體，$V_i = 12$ V，則電流I為何？
(A)3mA (B)4mA (C)5mA (D)6mA

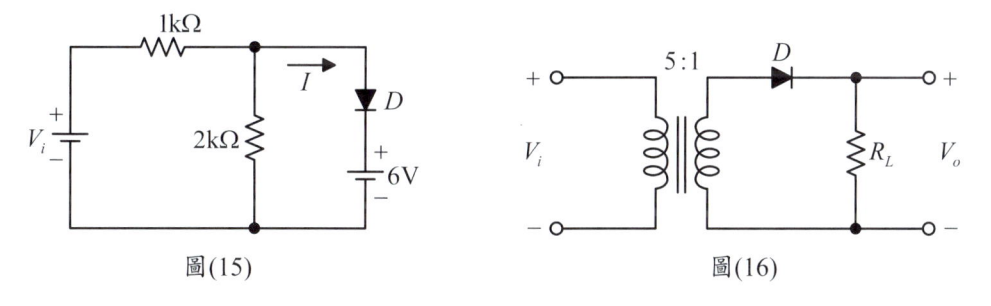

圖(15)　　圖(16)

( )33. 如圖(16)所示之理想變壓器電路，D為理想二極體，$V_i = 156\sin(337t)$ V，$R_L = 30\ \Omega$，則V_o平均值約為何？
(A)10V (B)20V (C)30V (D)40V

( )34. 當二極體於逆向偏壓時，下列敘述何者正確？
(A)空乏區變寬、障壁電位增加
(B)空乏區變窄、障壁電位增加
(C)空乏區變寬、障壁電位減少
(D)空乏區變窄、障壁電位減少

( )35. 下列何者為摻入施體（donor）雜質後之半導體名稱？
(A)P型半導體 (B)N型半導體 (C)本質半導體 (D)載子半導體

( )36. 如圖(17)所示之電路，下列有關V_o漣波電壓有效值之敘述，何者正確？
(A)與V_i頻率成正比　　(B)與V_i振幅成正比
(C)與電阻R_L成正比　　(D)與電容C成正比

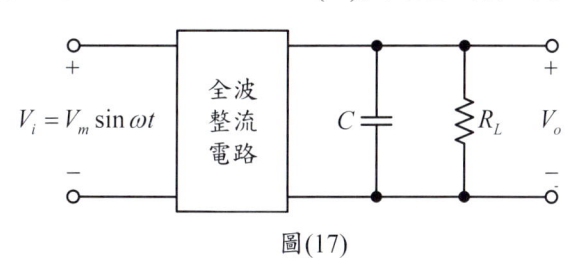

圖(17)

( )37. 下列敘述何者錯誤？
(A)稽納二極體之崩潰電壓與摻雜濃度成正比
(B)稽納二極體工作在逆向崩潰區才有穩壓功能
(C)發光二極體屬於冷性發光
(D)發光二極體由摻雜材料來決定發光顏色 [2-4][統測]

( )38. 下列有關各類二極體的敘述，何者錯誤？
(A)稽納二極體可作為產生參考電壓的元件
(B)稽納二極體一般使用時，是在逆向偏壓下工作
(C)一般發光二極體在使用時，是在順向偏壓下工作
(D)發光二極體發光的波長與其偏壓的電壓值成正比 [2-4][統測]

( )39. 如圖(18)所示之電路，若稽納二極體之稽納電壓$V_Z = 8\text{ V}$，逆向導通內阻$r_Z = 5\text{ Ω}$，則通過負載電阻R_L上的電流大小為何？
(A)83.2mA (B)64.0mA (C)46.6mA (D)40.0mA [2-3][統測]

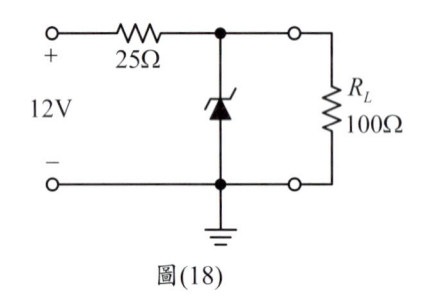

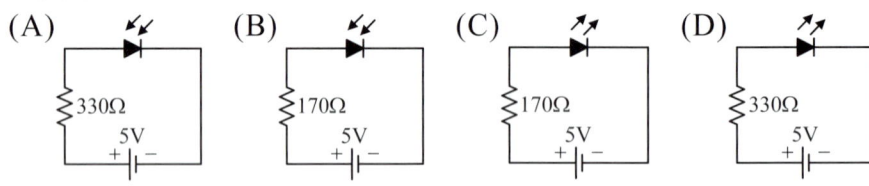

圖(18)

( )40. 有一發光二極體之順向導通電壓為1.7V，導通電流為10mA，欲使其正常的發光，則下列哪一個電路是正確的？ [2-4][統測]

(A) 330Ω 5V (B) 170Ω 5V (C) 170Ω 5V (D) 330Ω 5V

( )41. 如圖(19)所示之電路中，二極體的切入（障壁）電壓為0.7V，輸入電壓V_{in}為$15\sin(60t)\text{V}$，則下列敘述何者正確？
(A)輸出電壓V_{out}最高為2.3V
(B)輸出電壓V_{out}最低為－2.7V
(C)輸出電壓V_{out}最高為3.7V
(D)通過2kΩ電阻的最大電流為6.15mA [2-2][統測]

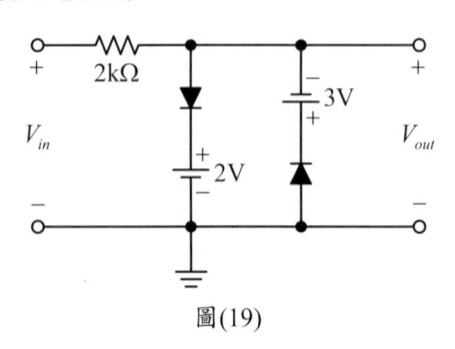

圖(19)

第 2 章 二極體及應用電路

( )42. 如圖(20)所示之電路中，V_{in}是接家中插座的交流電110V/60Hz，$D_1 \sim D_4$的切入電壓為0.7V，D_5的稽納電壓為12V，若所有二極體的內阻都忽略不計，則下列敘述何者錯誤？（$\sqrt{2} \approx 1.414$）
(A)D_1導通時，D_2也導通
(B)電容C兩端的最大電壓降為12V
(C)通過電阻R的最大電流約為6.5mA
(D)D_1與D_2所承受的峰值逆向電壓（PIV）大小相同 [2-3][統測]

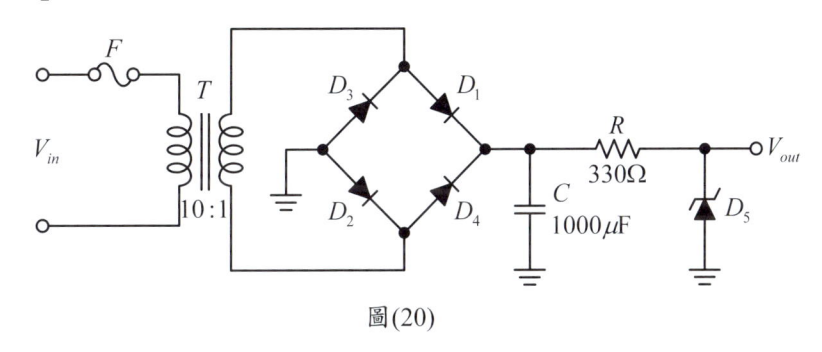

圖(20)

( )43. 如圖(21)所示電路，若$V_Z = 4$ V，則稽納二極體的消耗功率為多少？（不考慮稽納二極體的電阻） (A)120mW (B)240mW (C)360mW (D)480mW [2-3][統測]

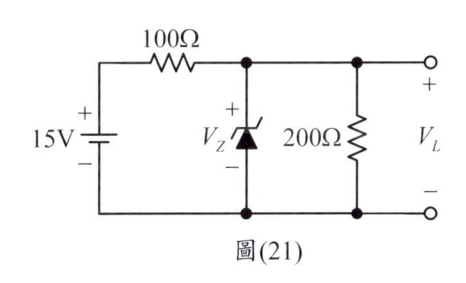

圖(21) 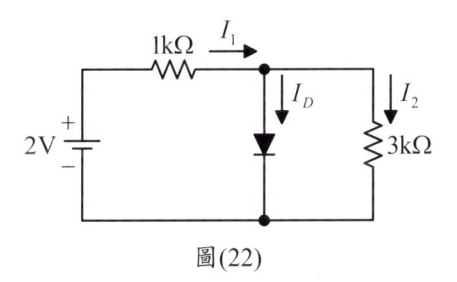　　　　圖(22)

( )44. 如圖(22)所示電路，若不考慮二極體的順向電阻，二極體的障壁電壓為0.75V，試求二極體的電流I_D大小為何？ (A)0mA (B)1mA (C)2mA (D)3mA [2-2][統測]

( )45. 在未外加偏壓下，下列有關PN接面二極體空乏區的敘述，請問何者錯誤？
(A)所形成的障壁電位，在空乏區N側的電位比P側的電位高
(B)達到平衡狀態時，在空乏區P側中有電洞、在N側中有自由電子
(C)在空乏區中，P側有負離子、N側有正離子
(D)P、N兩側空乏區的寬度，其所摻雜的雜質濃度愈高，則該側空乏區的寬度愈窄
[2-2][102統測]

( )46. 如圖(23)之電路，其中稽納電壓$V_Z = 6$ V，且15mA $\leq I_Z \leq$ 90mA時，稽納二極體才有穩壓作用。若不考慮稽納電阻，在R_S電阻的範圍，何者可使稽納二極體產生穩壓作用？
(A)60Ω $\leq R_S \leq$ 120Ω　　(B)60Ω $\leq R_S \leq$ 150Ω
(C)50Ω $\leq R_S \leq$ 120Ω　　(D)50Ω $\leq R_S \leq$ 150Ω [2-3][102統測]

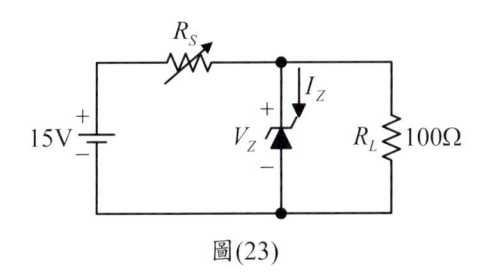

圖(23)

( )47. 下列有關單一個發光二極體（LED）元件之敘述，何者正確？
(A)在逆向偏壓下才能發光
(B)順向電流大小決定發光顏色
(C)順向偏壓下電子和電洞復合時釋出能量發光
(D)發光強度與順向電流成反比 [2-4][103統測]

( )48. 下列有關稽納二極體之敘述，何者正確？
(A)稽納崩潰時其稽納電壓為負溫度係數
(B)累增崩潰時其稽納電壓為負溫度係數
(C)累增崩潰是由於電場效應增強所引發
(D)稽納崩潰是由於熱效應增強所引發 [2-3][103統測]

( )49. 如圖(24)所示之電路，若 D_1 及 D_2 均為理想二極體，$v_i(t) = 200\sqrt{2}\sin 377t$ V，變壓器匝數比 $N_1:N_2:N_3 = 10:1:1$，則電流 i_o 之有效值為何？
(A)2A (B)$2\sqrt{2}$ A (C)4A (D)$4\sqrt{2}$ A [2-5][103統測]

( )50. 下列有關半導體之敘述，何者正確？
(A)當溫度升高時本質半導體的電阻會變大
(B)P型半導體內電洞載子濃度約等於受體濃度
(C)外質半導體中電洞與自由電子的濃度相同
(D)N型半導體內總電子數大於總質子數 [2-2][104統測]

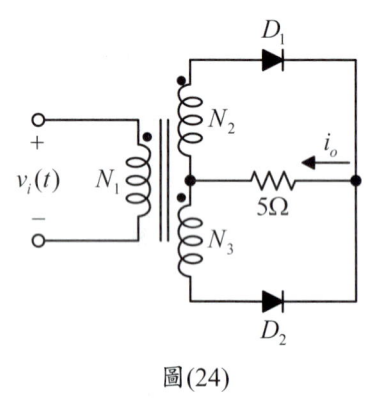

圖(24)

( )51. 下列敘述何者正確？
(A)紅外線LED可發紅色可見光
(B)LED發光原理與白熾鎢絲燈泡相同
(C)矽二極體之障壁電壓即為熱當電壓（thermal voltage）
(D)矽二極體於溫度每上升10°C，其逆向飽和電流約增加一倍 [2-4][104統測]

( )52. 如圖(25)所示之理想二極體整流電路，若 V_o 之平均值為39.5V，$R_L = 10$ kΩ，$V_i = 100\sin(100\pi t)$ V，V_o 之漣波電壓峰對峰值為1V，則C值為多少 μF？
(A)2 (B)40 (C)120 (D)360 [2-6][104統測]

圖(25)

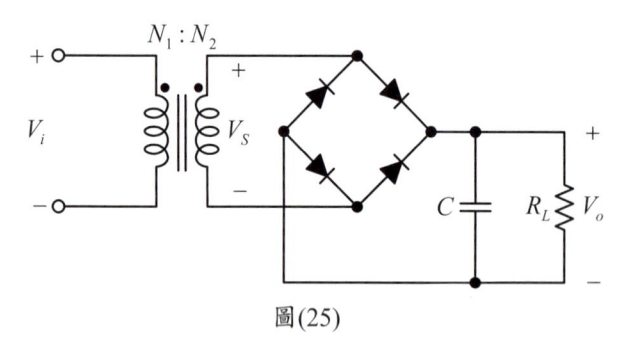

( )53. 承上題，若變壓器匝數比 $N_1/N_2 = x$，則x約為何？
(A)5.5 (B)4.5 (C)3.5 (D)2.5 [2-6][104統測]

( )54. 單相中間抽頭變壓器型二極體全波整流電路中，其輸出電壓平均值為50V，負載為純電阻，則每個二極體之逆向峰值電壓（PIV）約為多少伏特？
(A)173 (B)157 (C)79 (D)50 [2-5][104統測]

第 2 章 二極體及應用電路

( )55. 二極體在正常工作下逐漸增加順向電壓時，下列敘述何者正確？
(A)擴散電容變小　　　　　　　(B)多數載子流向接面
(C)空乏區寬度變大　　　　　　(D)障壁電壓提高　　　　　　　　　[2-2][105統測]

( )56. 如圖(26)所示電路，假設二極體的順向導通電壓為0.7V，若不考慮順向電阻，則 I_{D2} 為多少mA？　(A)1.0mA　(B)2.1mA　(C)2.7mA　(D)3.0mA　[2-2][105統測]

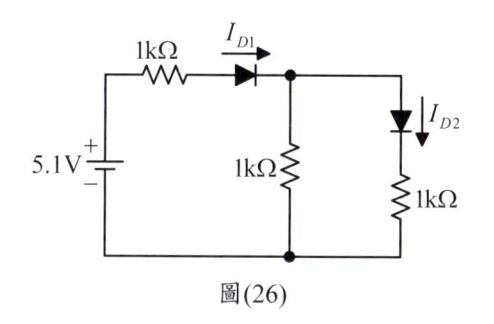

圖(26) 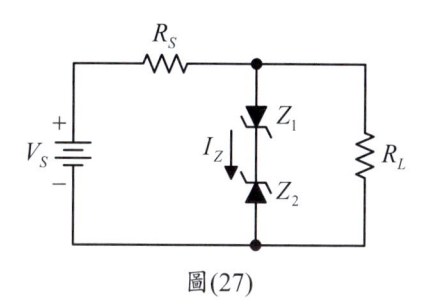　　　　　　　　　圖(27)

( )57. 如圖(27)所示之理想稽納二極體電路，若 Z_1、Z_2 之崩潰電壓分別為2V及3V，$V_S = 6$ V，$R_S = 200\,\Omega$，$R_L = 300\,\Omega$，則電流 I_Z 為何？
(A)5mA　(B)8mA　(C)10mA　(D)15mA　　　　　　　　　　　　[2-3][106統測]

( )58. 如圖(28)所示之理想二極體電路，AC電源接於110V交流市電，則二極體 D_4 所承受之最大逆向電壓約為多少？　(A)48V　(B)34V　(C)24V　(D)17V　[2-5][106統測]

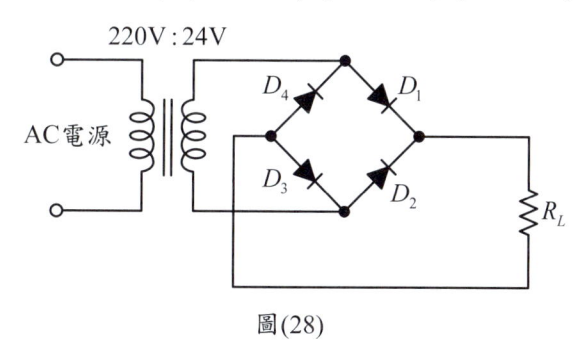

圖(28)

( )59. 有關輸入、輸出電壓與容量規格皆相同之理想二極體全波整流電路的比較，下列敘述何者正確？

(A)橋式整流電路之二極體逆向耐壓需求為中間抽頭式整流電路之 $\frac{1}{2}$

(B)中間抽頭式整流電路之變壓器線圈僅半波動作，故變壓器容量可縮小約 $\frac{1}{2}$

(C)橋式整流電路之輸出電壓漣波值較中間抽頭式整流電路高
(D)中間抽頭式整流電路之二極體電流規格可較橋式整流電路為小　　[2-5][107統測]

( )60. 下列全波整流電路之接線，何者正確？　　　　　　　　　　　　　[2-5][107統測]

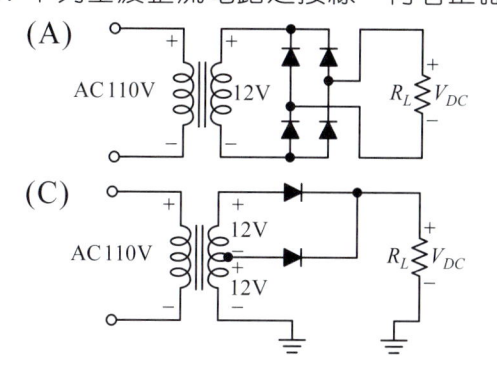

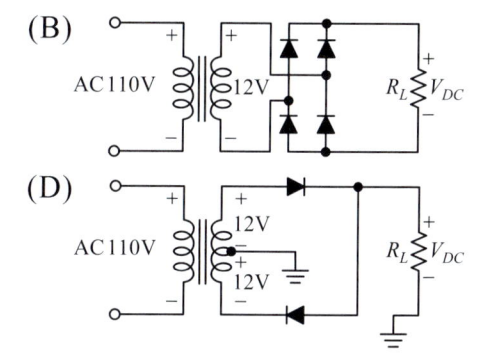

( )61. 假設矽二極體在25°C時,其順向電壓降為0.65V,則當溫度上升至65°C時,其順向電壓降約為何? (A)0.75V (B)0.65V (C)0.55V (D)0.25V

( )62. 單相橋式全波整流電路,若其整流二極體視為理想,則輸出電壓漣波百分率約為何? (A)121% (B)48% (C)21% (D)0%

( )63. 如圖(29)所示之理想二極體電路,若輸入正弦波電壓v_i之有效值為110V,若D_1、D_4燒毀時呈現斷路狀態,則輸出波形v_o為何?

(A) 波形峰值11V,全波整流
(B) 波形峰值$11\sqrt{2}$V,全波整流
(C) 波形峰值11V,半波整流
(D) 波形峰值$11\sqrt{2}$V,半波整流

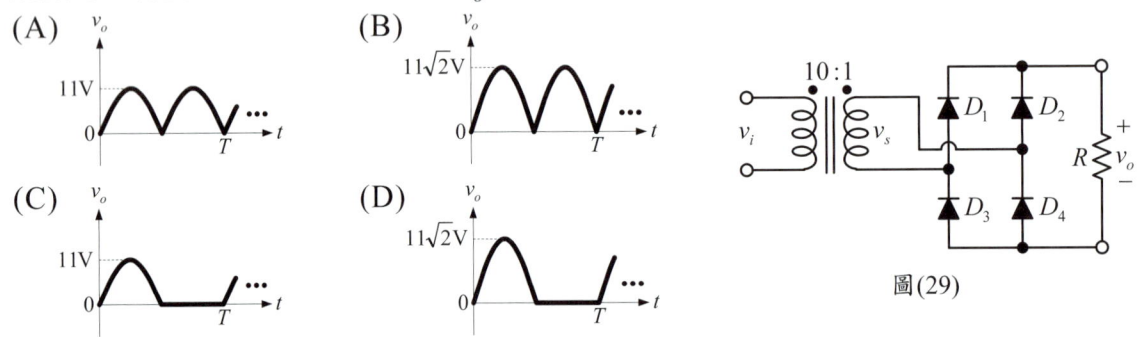

圖(29)

( )64. 如圖(30)所示之稽納(Zener)二極體電路,其逆向崩潰電壓為6V,P_Z為稽納二極體消耗功率,P_L為負載R_L功率,則下列何者錯誤? (A)$I_L = 0.3$ A (B)$I_R = 0.3$ A (C)$P_L = 0.9$ W (D)$P_Z = 2.7$ W

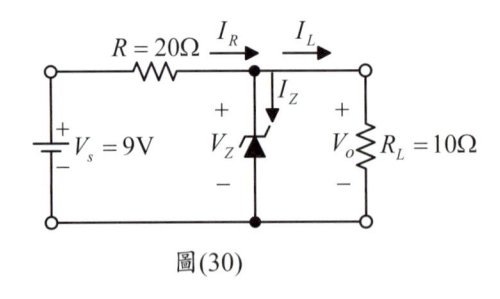

圖(30)

( )65. 矽二極體的溫度在25°C時其障壁電壓V_D為0.7V,且溫度每上升1°C,障壁電壓下降2.5mV,當V_D為0.55V時,矽二極體溫度為何? (A)85°C (B)60°C (C)−45°C (D)−60°C

( )66. 如圖(31)所示電路,已知稽納二極體之崩潰電壓$V_Z = 5$ V、最大崩潰電流$I_{ZM} = 9$ mA,若電路維持在正常穩壓狀態,則限流電阻R_1最小值為何? (A)200Ω (B)300Ω (C)400Ω (D)500Ω

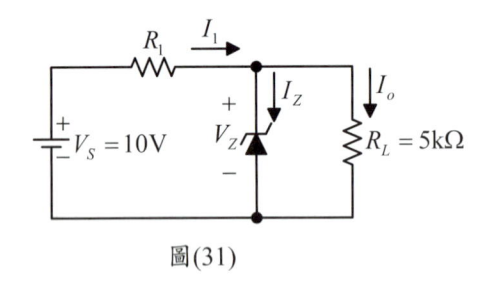

圖(31)

第 2 章 二極體及應用電路

電子學實習試題

( )1. 二極體之橋式整流器及電容濾波電路如圖(1)所示，若交流電源電壓V_S的有效值為24V，則輸出電壓V_o約為多少？ (A)32V (B)24V (C)12V (D)8V

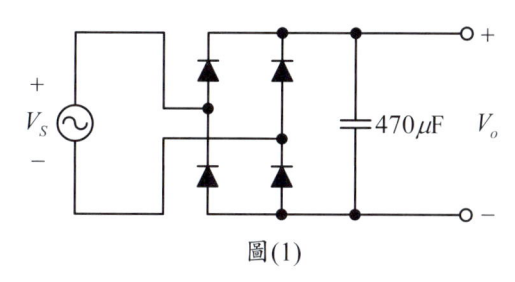

圖(1)

( )2. 使用三用電表之電阻檔測量二極體，假設二極體的順向電阻為R_1及逆向電阻為R_2，若二極體為良好，則下列敘述何者正確？
(A)R_1的值非常小，R_2的值非常大　(B)R_1的值非常小，R_2的值亦非常小
(C)R_1的值非常大，R_2的值非常小　(D)R_1的值非常大，R_2的值亦非常大

( )3. 下列何者為二極體的編號？
(A)1N 4001 (B)2N 2222 (C)7404 (D)7806

( )4. 圖(2)理想二極體電路中，輸出電壓V_{out}為多少？
(A)2V (B)4V (C)8V (D)16V

( )5. 下列有關PN接面二極體的敘述，何者有誤？
(A)矽二極體的障壁電壓（barrier potential）較鍺二極體高
(B)二極體加順向偏壓後，空乏區變窄
(C)溫度上升時，障壁電壓上升
(D)溫度上升時，漏電流上升

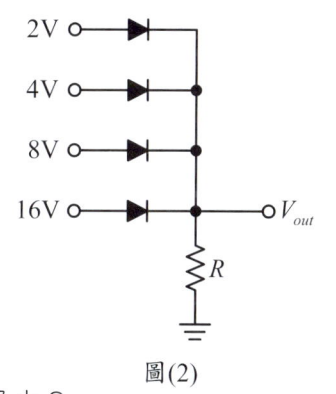

圖(2)

( )6. 圖(3)中的二極體假設具有理想特性，求輸出電壓V_o約為多少？
(A)–3V (B)0V (C)3V (D)5V

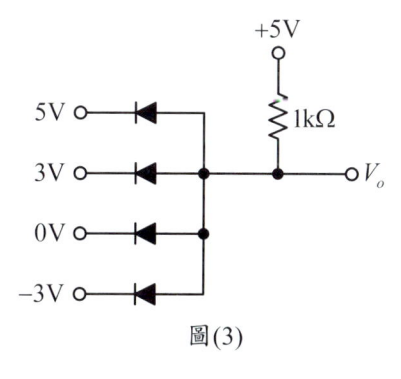

圖(3)

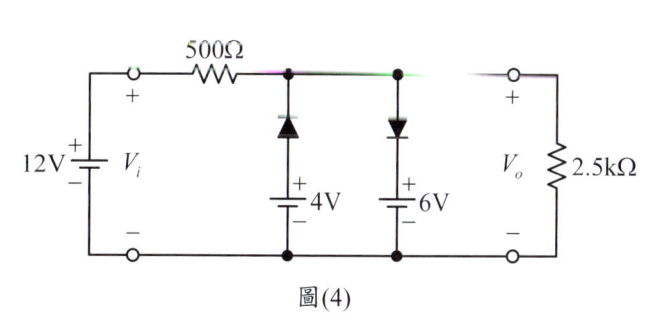

圖(4)

( )7. 圖(4)中的二極體假設具有理想特性，求輸出電壓V_o為多少？
(A)4V (B)6V (C)10V (D)12V

( )8. 圖(5)中的二極體為理想二極體，求電路中電流I為多少？
(A)40mA (B)20mA
(C)10mA (D)5mA

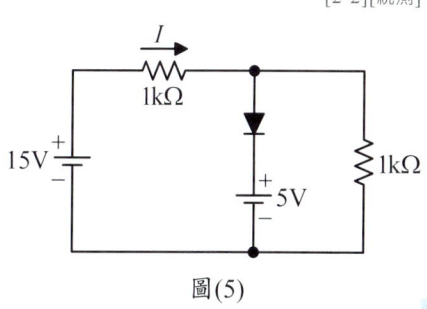

圖(5)

(　)9. 圖(6)所示之直流電源供應器，係用交流電源轉換成直流電源，其轉換過程為何？
(A)降壓→整流→穩壓→濾波　　(B)降壓→整流→濾波→穩壓
(C)整流→降壓→穩壓→濾波　　(D)整流→降壓→濾波→穩壓 [2-6][統測]

圖(6)

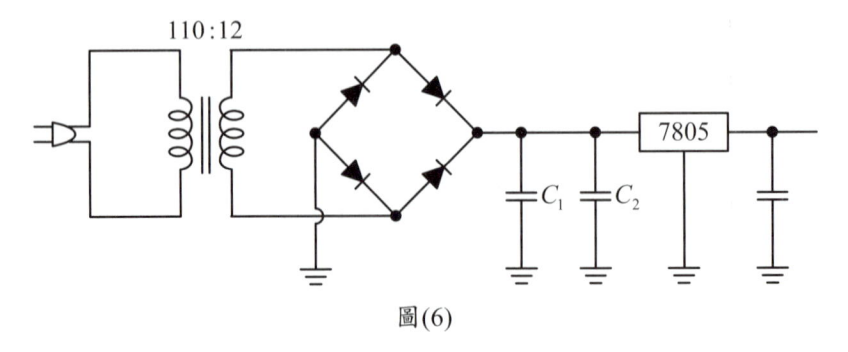

(　)10. 下列何者為二極體接逆向偏壓時的等效？
(A)短路　(B)斷路　(C)電阻　(D)電感 [2-2][統測]

(　)11. 圖(7)中所示電路中之二極體為理想二極體，則輸出電壓V_o為下列何者？
(A)10V　(B)8V　(C)6V　(D)4V [2-2][統測]

圖(7)

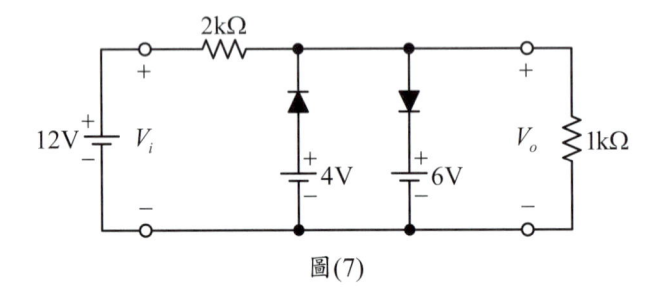

(　)12. 稽納二極體（Zener Diode）常應用於下列何種電路？
(A)穩壓電路　(B)微分電路　(C)濾波電路　(D)放大電路 [2-3][統測]

(　)13. 發光二極體（LED）的相對發光強度與
(A)逆向偏壓成正比　　(B)順向電流成正比
(C)逆向偏壓成反比　　(D)順向電流成反比 [2-4][統測]

(　)14. 圖(8)中的二極體為理想元件，求輸出電壓V_o為何？
(A)8V　(B)4V　(C)2V　(D)−2V [2-2][統測]

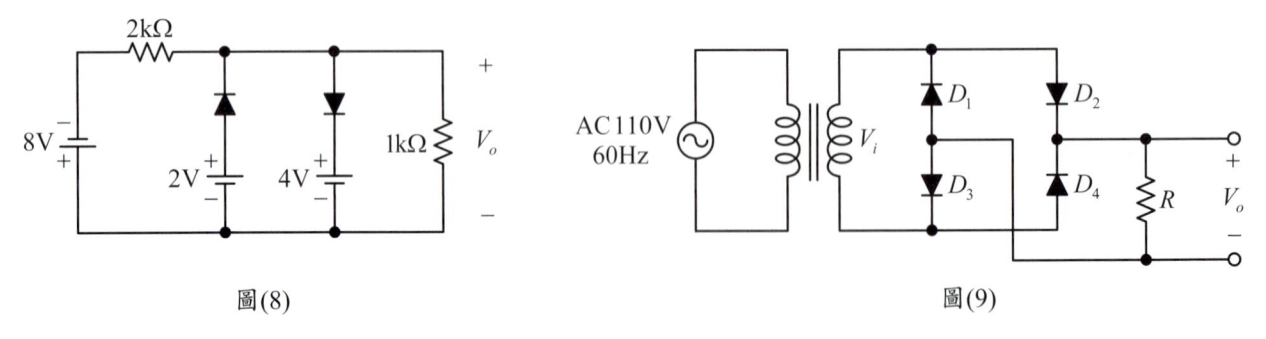

圖(8)　　圖(9)

(　)15. 如圖(9)所示的橋式全波整流電路，次級線圈電壓V_i為峰對峰值50V之交流電壓，若二極體為理想元件，則輸出電壓之平均值約為多少？
(A)15.9V　(B)17.7V　(C)31.8V　(D)35.4V [2-5][統測]

( )16. 如圖(10)所示之二極體電路，若二極體之導通電壓為0.7V，則輸出電壓值V_o為何？
(A)3.7V (B)4.7V (C)6.7V (D)10V [2-2][統測]

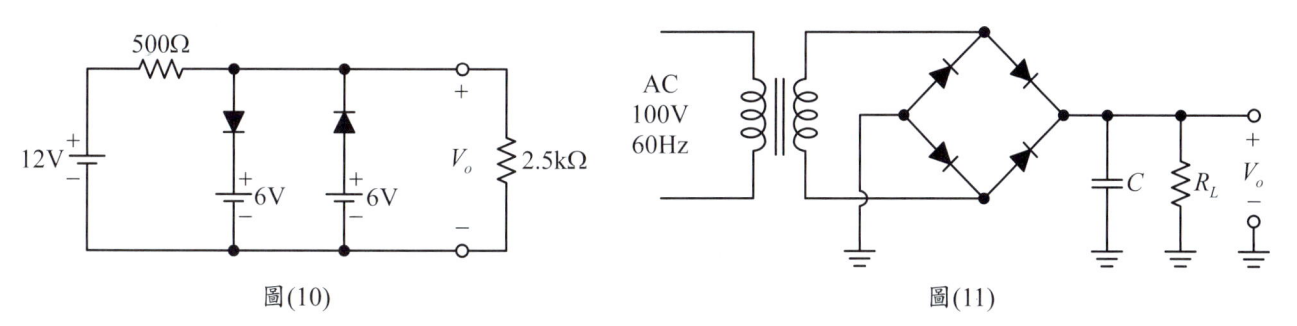

圖(10)

圖(11)

( )17. 如圖(11)所示之電路，下列R_L與C的組合中，何者會使V_o的漣波電壓最小？
(A)$R_L = 10\ k\Omega$、$C = 10\ \mu F$
(B)$R_L = 10\ k\Omega$、$C = 1\ \mu F$
(C)$R_L = 1\ k\Omega$、$C = 10\ \mu F$
(D)$R_L = 1\ k\Omega$、$C = 1\ \mu F$ [2-6][統測]

( )18. 圖(12)中之二極體D_3於實驗時燒毀成斷路狀態，則其電路之功能為何？
(A)全波整流
(B)半波整流且V_o之平均值> 0
(C)半波整流且V_o之平均值< 0
(D)無法輸出任何信號 [2-5][統測]

圖(12)

圖(13)

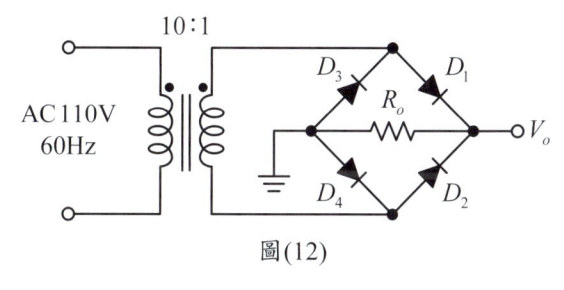

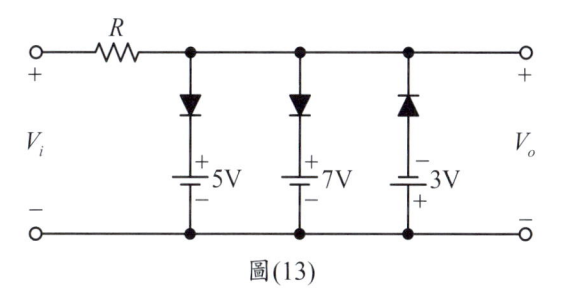

( )19. 圖(13)中之二極體為理想，且V_i為峰對峰值20V之弦波信號，請問V_o之峰對峰值電壓為何？ (A)8V (B)10V (C)13V (C)20V [2-2][統測]

( )20. 就二極體1N4001、1N4002、1N4003和1N4004而言，依據其規格特性，下列敘述何項不正確？
(A)其額定電流皆為1A
(B)1N4001之最大逆向電壓為50V
(C)1N4004之最大逆向電壓為最大
(D)1N4001之額定電流遠大於1N4004 [2-2][統測]

( )21. 就整流電路而言，半波整流、全波整流及橋式整流電路之比較，以下敘述何者錯誤？
(A)此三者其二極體使用數依序分別為1，2，4個
(B)此三者其二極體逆向電壓峰值PIV依序分別為V_m，V_m，$2V_m$（V_m為輸入電壓的峰值）
(C)此三者其輸出時二極體導通數分別為1，1，2個
(D)此三者其輸出電壓的平均值（直流值）依序分別為$\frac{V_m}{\pi}$、$\frac{2V_m}{\pi}$、$\frac{2V_m}{\pi}$ [2-5][102統測]

( )22. 若要判斷二極體的好壞，可以使用三用電表的何種檔位？
(A)DCV檔 (B)DCmA檔 (C)歐姆檔 (D)ACV檔 [2-2][102統測]

( )23. 一個全波橋式整流電路，輸入之交流正弦波電壓為$16V_{P-P}$，則輸出之平均電壓約為多少？ (A)5.1V (B)7.2V (C)8.2V (D)9.4V [2-5][102統測]

( )24. 如圖(14)所示之電路,當電源變壓器一次側接至AC110V(有效值),$R_L = 2\,k\Omega$,若二極體均視為理想二極體,當二極體D_1發生開路故障時,則V_{DC}之直流電壓平均值約為何?
(A)9V (B)8.5V
(C)7.4V (D)5.4V [2-5][103統測]

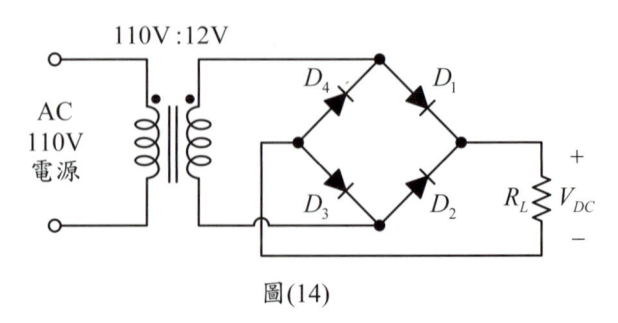

圖(14)

( )25. 中間抽頭整流電路如圖(15)所示,假設此電路中D_1與D_2均為理想二極體。輸出電壓V_o為電阻R_L的端電壓。請問下列何者為比較接近正確輸出的電壓波形? [2-5][103統測]

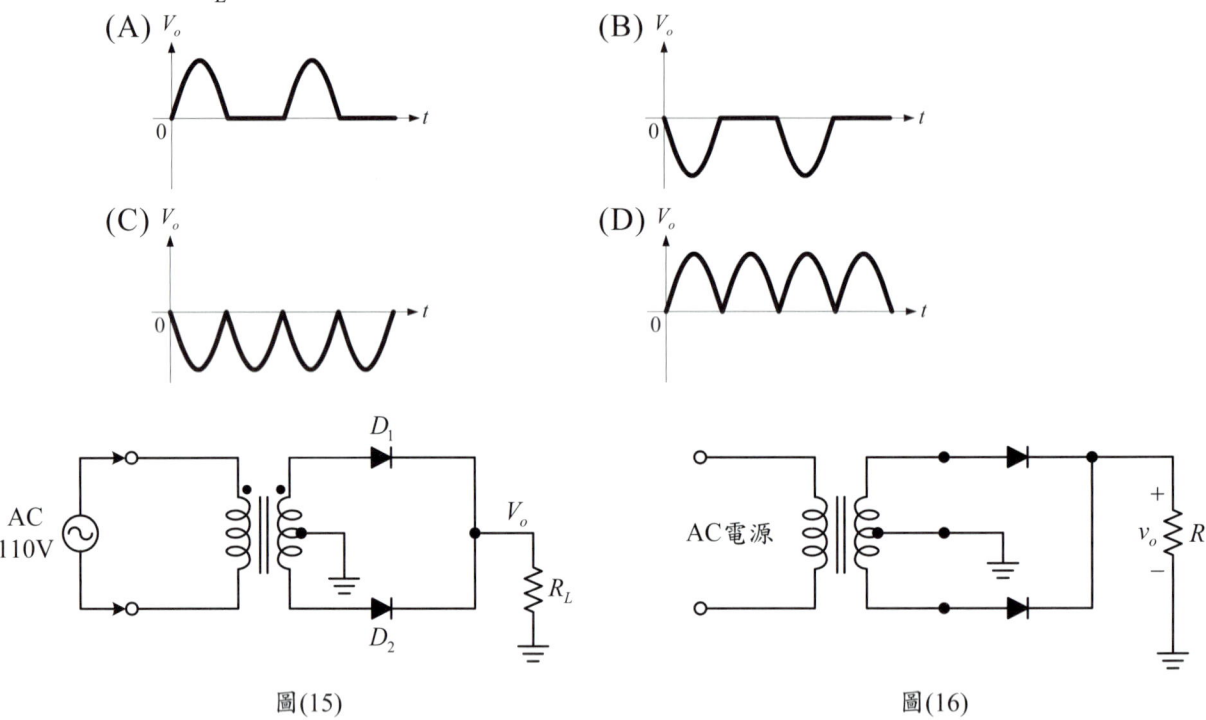

(A) (B) (C) (D)

圖(15) 圖(16)

( )26. 如圖(16)所示之理想中心抽頭式全波整流電路,AC電源接於110V之市電,若變壓器之電壓規格:一次側為120V,二次側為0-12-24V。電阻R為1kΩ,則輸出電壓v_o之峰值為何? (A)$24\sqrt{2}$V (B)$22\sqrt{2}$V (C)$12\sqrt{2}$V (D)$11\sqrt{2}$V [2-5][104統測]

( )27. 圖(17)為某生作實驗的電路圖,量V_o端波形時發現漣波因數太大,下列何者不是降低漣波因數的可行做法?
(A)將二極體反接 (B)增加電容C的值
(C)增加電阻R_L的值 (D)增加V_i的頻率 [2-6][104統測]

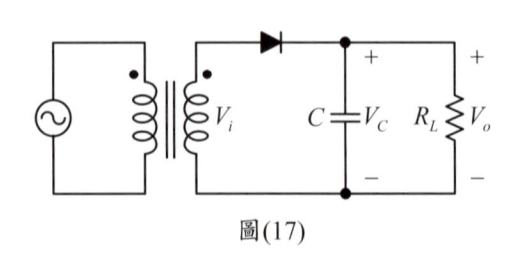

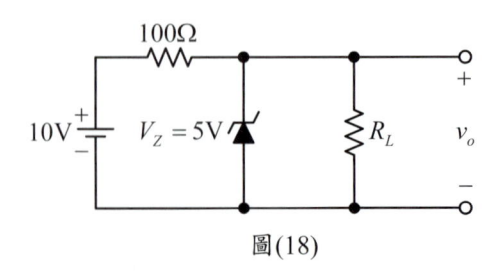

圖(17) 圖(18)

( )28. 如圖(18)所示之電路,稽納二極體之$V_Z = 5\,V$,最大額定功率為200mW,且其逆向最小工作電流(膝點電流)$I_{ZK} = 0\,A$。若v_o要維持在5V,則負載電阻R_L值之範圍為何?
(A)10Ω~50Ω (B)50Ω~100Ω (C)100Ω~500Ω (D)500Ω~900Ω [2-3][105統測]

第 2 章 二極體及應用電路

( )29. 如圖(19)所示之理想二極體電路，若v_i為±12V、頻率為100Hz之對稱方波，則v_o之平均值約為何？
(A)−3V
(B)−1.5V
(C)1.2V
(D)2.5V [2-2][105統測]

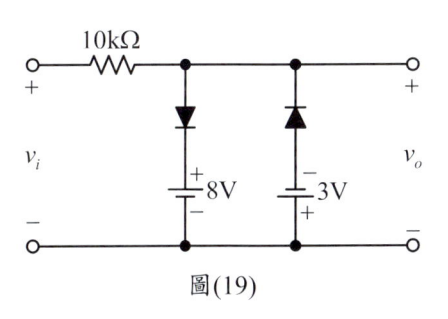

( )30. 小林上電子學實習課時，想要設計一個穩定電壓的全波整流輸出電路供給手機充電，其輸出的直流平均電壓$V_{DC} = 3.7\ V$，則其輸入的交流正弦波的峰對峰值電壓約為多少？ (A)4V (B)8V (C)10V (D)12V [2-5][105統測]

( )31. 小林上電子學實習課時，想要設計一個穩定電壓的橋式整流輸出電路供給手機充電，他先量測其輸出的直流脈動電壓，得到漣波電壓的峰對峰值$V_{r(P-P)}$為2V，其輸出電壓的峰值V_P或V_m為10V，則其漣波百分率$r(\%)$約為多少？
(A)4% (B)8% (C)10% (D)12% [2-6][105統測]

( )32. 以下是一段關於判斷一顆PN二極體1N4001是否為良品之操作步驟的敘述：「首先，將一臺指針型三用電表切到歐姆檔，然後以此三用電表之測試棒A和測試棒B分別接到另一臺直流電壓表的正極和負極。若此直流電壓表之電壓指針顯示為正電壓，則表示測試棒A端為三用電表內電動勢之 ① 極。接著，取一顆待測PN二極體，以三用電表之測試棒A接此PN二極體之 ② 極，測試棒B接此PN二極體之 ③ 極，此時三用電表指針發生大幅順向偏轉；最後，以此三用電表之測試棒A接此PN二極體之 ④ 極，測試棒B接此PN二極體之 ⑤ 極，此時三用電表指針不偏轉。由以上操作結果，基本上我們可以判定此PN二極體為良品的可能性極高。」
此段文字敘述中編號①到編號⑤依序應填入的文字為以下哪一組？
(A)負、陽、陰、陰、陽
(B)負、陰、陽、陽、陰
(C)正、陰、陽、陽、陰
(D)正、陽、陰、陰、陽 [2-2][106統測]

( )33. 如圖(20)所示之理想二極體電路，電阻R_L的色碼為（紅棕黃金），電容C外觀標示為105，輸出電壓v_o的波形為何？ [2-6][107統測]

(A) $T_t = 8.33\text{ms}$, $12\sqrt{2}\text{V}$
(B) $T_t = 8.33\text{ms}$, $12\sqrt{2}\text{V}$
(C) $T_r = 16.67\text{ms}$, $12\sqrt{2}\text{V}$
(D) $T_r = 16.67\text{ms}$, $12\sqrt{2}\text{V}$

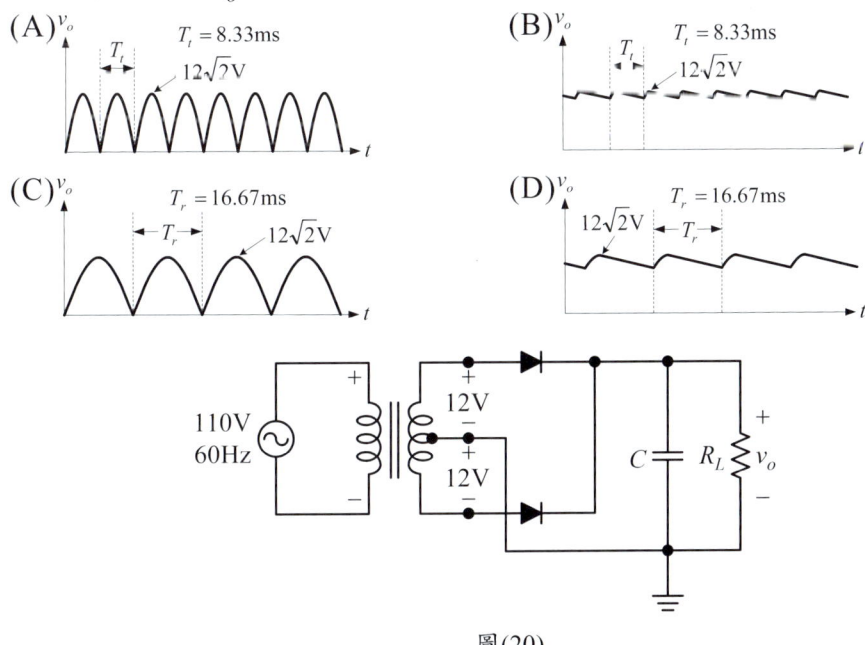

圖(20)

(　　)34. 如圖(21)所示之整流電路及輸入與輸出波形，經檢測後，下列敘述何者正確？
(A)D_1及D_2皆故障開路　　(B)D_2或D_4故障開路
(C)D_1或D_3故障開路　　(D)D_3及D_4皆故障開路

[2-5][108統測]

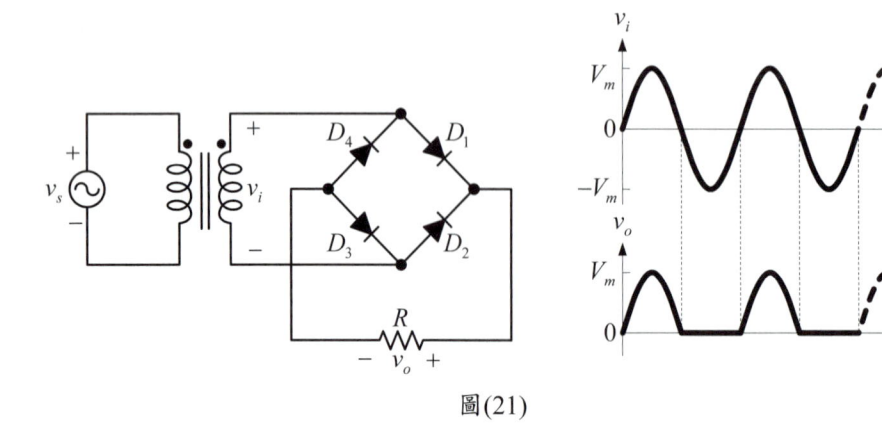

圖(21)

(　　)35. 小明做二極體特性實驗時，量測並繪得二條I-V曲線，如圖(22)所示之實線與虛線，則下列敘述何者錯誤？
(A)逆向偏壓時，曲線中斜率較大的部分其內阻較大
(B)若分別是矽與鍺二極體的量測，則曲線(1)是鍺二極體
(C)順向偏壓時，曲線中斜率較大的部分其內阻較小
(D)若是同一矽二極體在不同工作溫度下的量測，則曲線(1)比曲線(2)溫度高　[2-2][108統測]

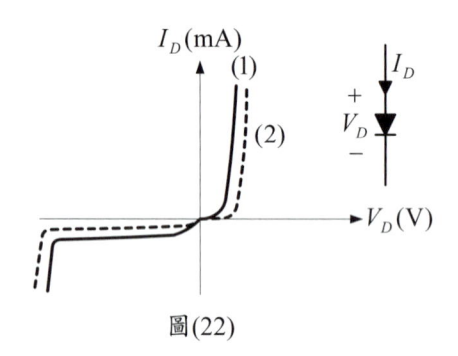

圖(22)

(　　)36. 實驗時，使用主級線圈與次級線圈比例為110：24之變壓器裝配如圖(23)所示之全波整流電路，若二極體順向導通時兩端的電壓為零。下列選用的二極體之額定峰值逆向電壓（Peak Inverse Voltage），何者較為適當？
(A)28V　(B)30V　(C)32V　(D)34V

[2-5][108統測]

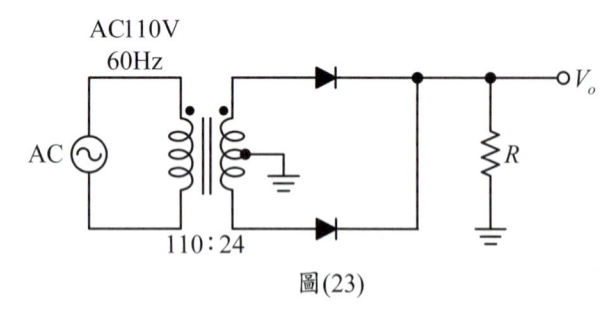

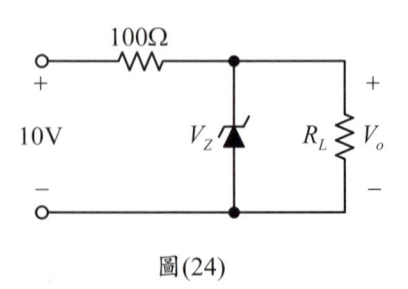

圖(23)　　圖(24)

(　　)37. 如圖(24)所示電路，稽納（Zener）二極體之額定功率為200mW，稽納電壓$V_Z = 5$ V，若正常工作下V_o能保持為5V，則負載電阻R_L的最大值為何？
(A)600Ω　(B)500Ω　(C)400Ω　(D)300Ω

[2-3][109統測]

第 2 章 二極體及應用電路

( )38. 某理想二極體橋式全波整流電路，其輸入交流電源 $v_i = 10\sin(100\pi t)$ V，其輸出電壓 v_o 供給固定電阻之負載，則下列何者錯誤？
(A) v_o 的週期為0.02秒
(B) v_o 的平均值約為6.37V
(C) v_o 的有效值約為7.07V
(D)每個二極體的逆向峰值電壓（PIV）為10V　　　[2-5][109統測]

( )39. 在使用示波器量測二極體的特性曲線實驗中，以示波器兩個通道分別量測二極體電壓與電流的關係，下列敘述何者錯誤？
(A)示波器兩個通道探棒的負端接在不同的節點上
(B)流過二極體的電流是透過電阻的壓降來量測
(C)待測二極體與電阻成串聯連接
(D)示波器可顯示順向偏壓與逆向偏壓時之特性曲線　　　[2-2][109統測]

( )40. 如圖(25)所示電路，$v_i(t) = 110\sqrt{2}\sin(377t)$ V、$R_L = 1k\Omega$，變壓器的匝數比為 $N_1:N_2:N_3 = 10:1:1$，假設電路元件皆為理想，若 D_1 在實驗中被燒毀成斷路，則 $v_o(t)$ 之平均值約為何？　(A)11V　(B)9.9V　(C)4.95V　(D)0V　　　[2-5][110統測]

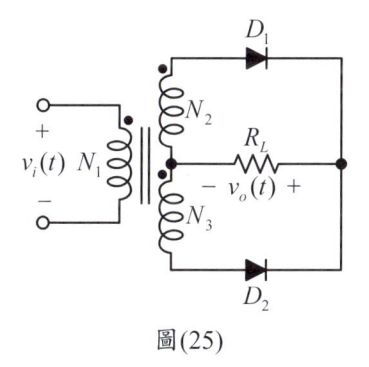

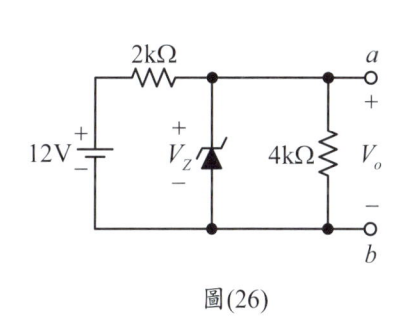

圖(25)

圖(26)

( )41. 如圖(26)所示電路，崩潰電壓 $V_Z = 6$ V，若使用三用電表DCV檔，測得輸出電壓 V_o 之值為8V，則電路故障情形為何？
(A)稽納二極體斷路　　(B)2kΩ電阻斷路
(C)4kΩ電阻斷路　　(D)稽納二極體短路　　　[2-3][110統測]

( )42. 如圖(27)所示，將有效電壓值為110V之交流電經過變壓器降壓後，再利用整流器電路進行整流，其中二極體皆為理想。若以三用電表DCV檔測量整流器之輸出電壓，則輸出電壓 V_o 應為多少？　(A)4.0V　(B)5.6V　(C)7.2V　(D)11.3V　　　[2-5][110統測]

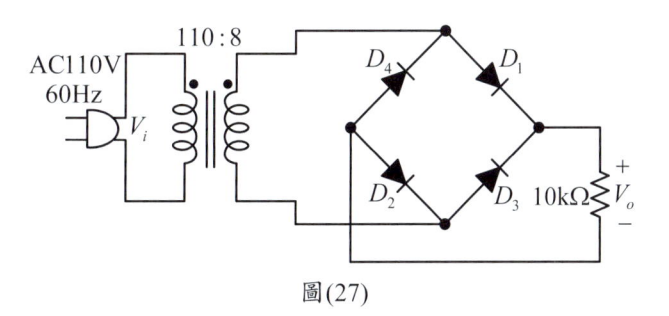

圖(27)

電子學含實習 滿分總複習（上）

最新統測試題

( )1. 如圖(1)所示電路，若稽納二極體（Zener Diode）之崩潰電壓 $V_Z = 6\,\text{V}$，崩潰膝點電流 $I_{ZK} = 1\,\text{mA}$，最大崩潰電流 $I_{ZM} = 16\,\text{mA}$，忽略稽納電阻，在正常穩壓狀態下維持 $V_o = V_Z = 6\,\text{V}$，則負載電阻 R_L 之最小值為何？
(A)4.7kΩ　(B)3.5kΩ　(C)2.4kΩ　(D)1.2kΩ　　　　　　　　[2-3][111統測]

圖(1)

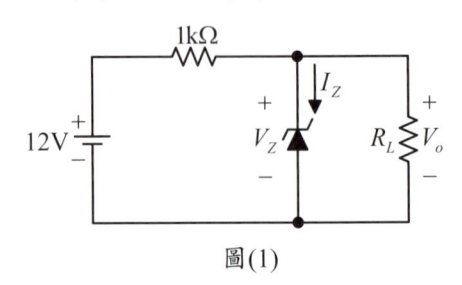

( )2. 某單相橋式整流電容濾波電路，若輸出直流電壓波形之最大值為16V，最小值為12V，且其漣波波形近似鋸齒波，則此直流電壓波形之漣波百分率約為何？
(A)12%　(B)8%　(C)5%　(D)2%　　　　　　　　　　　　　　[2-6][111統測]

( )3. 有關半導體材料，下列敘述何者正確？
(A)半導體因電位差產生載子移動而形成擴散電流
(B)外質半導體中電洞與自由電子的載子濃度相同
(C)P型矽半導體是由本質矽半導體摻雜（doping）三價元素而成
(D)N型半導體多數載子為自由電子，少數載子為電洞，帶負電位　　[2-1][112統測]

( )4. 如圖(2)所示電路，稽納二極體（Zener diode）之崩潰電壓 $V_Z = 20\,\text{V}$，最大額定功率320mW，且其逆向最小工作電流（崩潰膝點電流）$I_{ZK} = 2\,\text{mA}$。若忽略稽納電阻，在 $R_L = 2\,\text{k}\Omega$ 且正常工作時 V_o 要維持20V，則電壓源 V_S 之最小值及最大值分別為何？
(A)32V、46V　(B)34V、46V　(C)32V、50V　(D)34V、58V　[2-3][112統測]

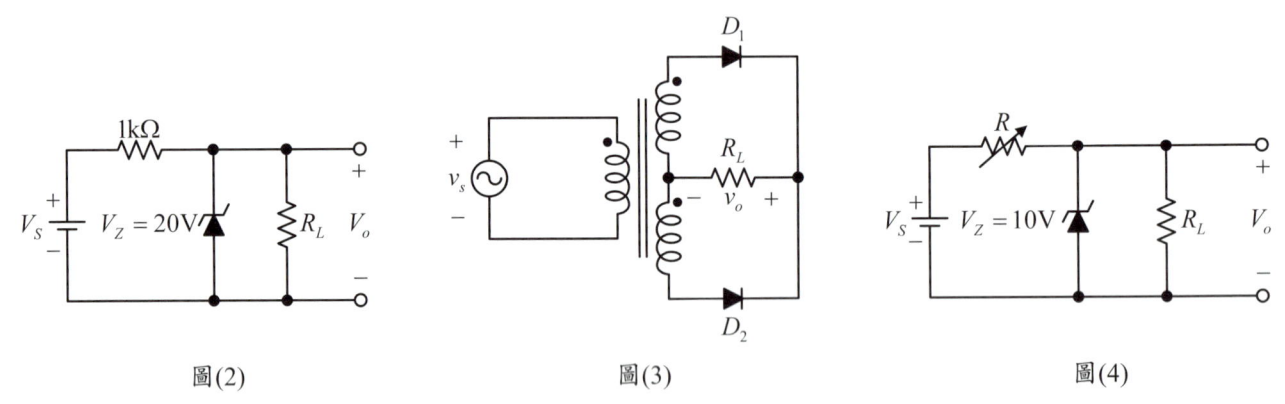

圖(2)　　圖(3)　　圖(4)

( )5. 如圖(3)所示之理想二極體整流電路，v_s 為有效值100V、50Hz之正弦波電源，若變壓器的電壓規格：一次側120V、二次側0-12-24V，輸出電壓 v_o 供給固定電阻負載 R_L，則下列敘述何者正確？
(A)v_o 的平均值為 $20/\pi\,\text{V}$
(B)v_o 的有效值為12V
(C)v_o 的漣波頻率為50Hz
(D)v_o 的漣波週期為0.01秒　　　　　[2-5][112統測]

( )6. 如圖(4)所示電路，稽納二極體（Zener diode）之崩潰電壓 $V_Z = 10\,\text{V}$，最大額定功率為150mW，且其逆向最小工作電流（膝點電流）$I_{ZK} = 2\,\text{mA}$。若忽略稽納電阻，$V_S = 16\,\text{V}$、$R_L = 1\,\text{k}\Omega$ 且調整電阻 R 以維持 V_o 為固定10V，則電阻 R 之最小值及最大值分別為何？
(A)300Ω、600Ω　(B)250Ω、600Ω　(C)250Ω、500Ω　(D)240Ω、500Ω　[2-3][113統測]

( )7. 如圖(5)所示理想二極體整流電路，v_o的平均值及每個二極體的逆向峰值電壓（PIV）分別為何？

(A) $\dfrac{24\sqrt{2}}{\pi}$ V、$12\sqrt{2}$ V　　(B) $\dfrac{24\sqrt{2}}{\pi}$ V、12V

(C) $\dfrac{24}{\pi}$ V、$12\sqrt{2}$ V　　(D) $24\sqrt{2}$ V、$\dfrac{12\sqrt{2}}{\pi}$ V　　[2-5][113統測]

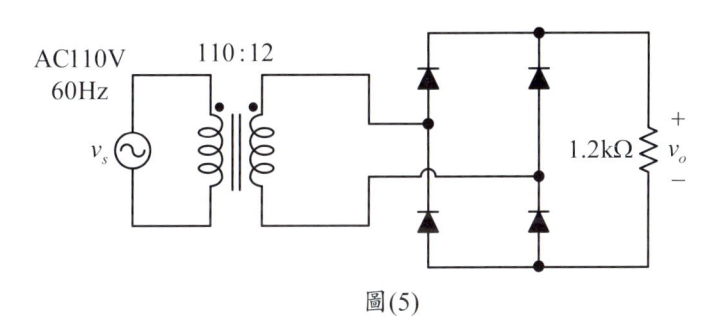

圖(5)

( )8. 理想二極體組成之單相全波整流電路，輸入端接弦波電壓v_s，若輸出端接負載電阻R_L及並聯濾波電容器C，則下列敘述何者正確？
(A)輸出漣波頻率與v_s頻率相同　　(B)v_s峰值愈大，輸出漣波電壓愈小
(C)R_L值愈大，輸出漣波電壓愈大　　(D)C值愈大，輸出漣波電壓愈小　　[2-6][113統測]

( )9. 下列有關半導體材料之敘述，何者正確？
(A)矽（Si）摻雜（doping）砷（As），形成P型半導體
(B)N型半導體為電中性，其多數載子為電子
(C)P型半導體為正電性，其多數載子為電洞
(D)本質半導體摻雜三價元素，形成 N 型半導體　　[2-1][114統測]

( )10. 單相理想二極體橋式全波整流電路，若輸入弦波電源且負載為純電阻，則輸出電壓的波形因數（form factor）為何？

(A) $\dfrac{1}{\sqrt{2}}$　(B) $\dfrac{2\sqrt{2}}{\pi}$　(C) $\dfrac{\pi}{2\sqrt{2}}$　(D) $\sqrt{2}$　　[2-5][114統測]

( )11. 下列有關二極體之敘述，何者正確？
(A)PN接面二極體，空乏區內的電位差，稱為順向偏壓
(B)PN接面二極體，溫度升高時，逆向飽和電流降低
(C)一般發光二極體（LED）元件，發光顏色主要由工作電壓值大小決定
(D)發光二極體元件，順向偏壓下，電子和電洞復合時釋出能量發光　　[2-4][114統測]

( )12. 如圖(6)所示理想二極體全波整流電路，$v_s = 110\sqrt{2}\sin(377t)$ V，變壓器匝數比 $N_1:N_2:N_3 = 11:1:1$，若負載$R_L = 10\,\Omega$，則二極體電流i_D的平均值為何？

(A) $\dfrac{\sqrt{2}}{\pi}$ A　　(B) $\dfrac{2\sqrt{2}}{\pi}$ A

(C) $\sqrt{2}$ A　　(D) $2\sqrt{2}$ A　　[2-5][114統測]

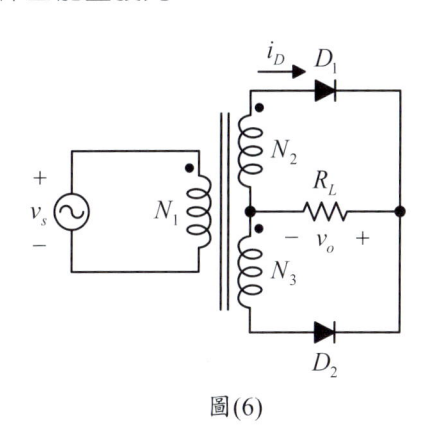

圖(6)

模擬演練

電子學試題

( ) 1. 下列各項敘述，哪些選項是正確的？
①稽納二極體應用於穩壓電路，需操作於逆向偏壓
②N型半導體少數載子為電子
③在N型半導體中，電洞濃度會隨溫度升高而增加
④在二極體的空乏區內，電場方向由P側指向N側
(A)①、③　(B)②、③　(C)①、④　(D)②、④ [2-3]

( ) 2. 有一PN接合面二極體，當P型半導體的摻雜濃度大於N型半導體的摻雜濃度，則P側空乏區（W_P）與N側空乏區（W_N）的關係：
(A)$W_P > W_N$　(B)$W_P < W_N$　(C)$W_P = W_N$　(D)以上皆非 [2-2]

( ) 3. 某純矽半導體在溫度$T = 300\text{ K}$下，假設本質半導體載子濃度為$1.5 \times 10^{10} \text{cm}^{-3}$，若將半導體摻雜「鎵原子」（濃度為$1.5 \times 10^{15} \text{cm}^{-3}$），又同時摻雜「砷原子」（濃度為$6 \times 10^{15} \text{cm}^{-3}$），則此時半導體內的電洞濃度約為：
(A)5×10^4電洞·cm^{-3}
(B)4.5×10^5電洞·cm^{-3}
(C)2.25×10^{10}電洞·cm^{-3}
(D)7.5×10^{15}電洞·cm^{-3} [2-2]

( ) 4. 有一個PN二極體的逆向飽和電流I_S與溫度成正比，溫度每上升8°C約增加一倍，當室溫26°C時，這個二極體的$I_S = 100\text{ nA}$，當溫度上升至66°C時，I_S應為：
(A)200nA　(B)400nA　(C)3.2μA　(D)4μA [2-2]

( ) 5. 圖(1)為二極體的特性曲線及電路，則二極體D_1通過的電流為何？
(A)0A　(B)0.95mA　(C)1.3mA　(D)2.25mA [2-2]

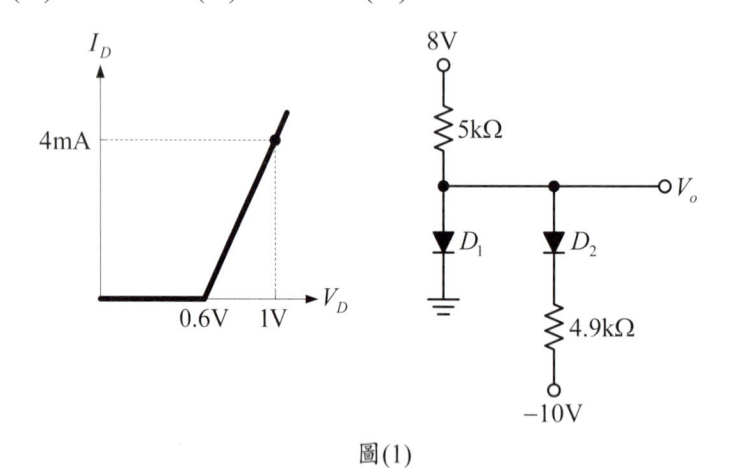

圖(1)

( ) 6. 如圖(2)所示，假設二極體為一理想二極體，試求I_D之值為何？
(A)0.5mA　(B)1.0mA　(C)1.5mA　(D)2mA [2-2]

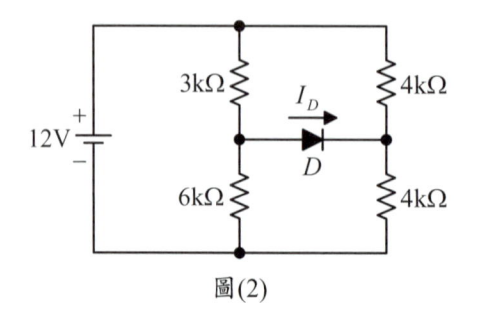

圖(2)

( )7. 如圖(3)所示電路，稽納二極體崩潰電壓$V_Z = 4$ V，導通電阻$r_Z = 5\Omega$，求稽納二極體消耗功率P_Z為何？　(A)0mW　(B)160mW　(C)168mW　(D)192mW　　[2-3]

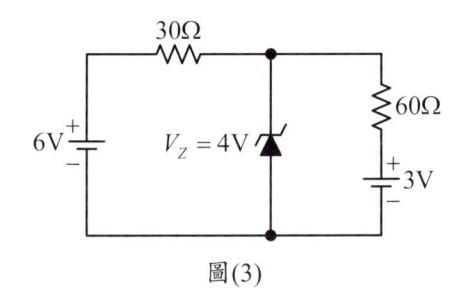

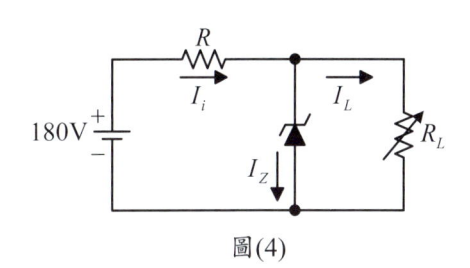

圖(3)　　　　　圖(4)

( )8. 圖(4)中之稽納穩壓電路，已知$V_Z = 60$ V，I_Z變化為$10\text{mA} \sim 60\text{mA}$，若負載$R_L$可允許的範圍$R_{L(\min)} \sim \infty$，則$(R, R_{L(\min)}) = $？
(A)$(4\text{k}\Omega, 4\text{k}\Omega)$　(B)$(3.2\text{k}\Omega, 1\text{k}\Omega)$　(C)$(3.2\text{k}\Omega, 0.8\text{k}\Omega)$　(D)$(2\text{k}\Omega, 1.2\text{k}\Omega)$　[2-3]

( )9. 如圖(5)為中心抽頭全波整流電路且輸入電壓之弦波方程式為$100\sin(314t)$V，若二極體為理想二極體，則關於下列敘述何者正確？（若$N_1 : N_2 : N_3 = 4 : 2 : 1$）
(A)二極體D_1的$PIV = 50$ V，二極體D_2的$PIV = 25$ V
(B)二極體D_1的$PIV = 75$ V，二極體D_2的$PIV = 50$ V
(C)輸出電壓的平均值為$\dfrac{75}{\pi}$ V
(D)輸出電壓的漣波頻率為100Hz　　[2-5]

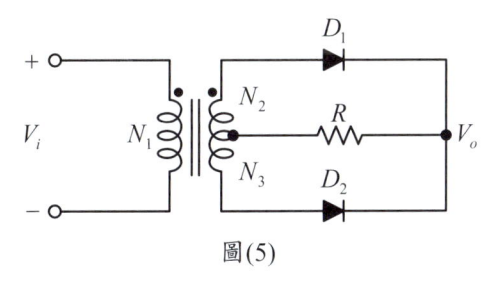

圖(5)

( )10. 下表為二極體整流電路，試將二極體PIV值一覽表，若將所有空格填入的數字相加，其值總共應為多少？　(A)11　(B)10　(C)9　(D)8　　[2-5]

	純電阻負載	純電容負載
半波整流電路	$PIV = \underline{\quad} V_m$	$PIV = \underline{\quad} V_m$
中心抽頭全波整流	$PIV = \underline{\quad} V_m$	$PIV = \underline{\quad} V_m$
橋式整流	$PIV = \underline{\quad} V_m$	$PIV = \underline{\quad} V_m$

電子學實習試題

( )1. 有關二極體的特性及測試之敘述，下列何者錯誤？
(A)編號1N40系列的二極體較適用於整流電路；而1N60系列的二極體較適用於檢波電路
(B)歐姆檔$R \times 10$檔位，將紅棒接1N4001二極體的標記處，黑棒接另一端，此時指針顯示低電阻
(C)將三用電表的黑棒接至發光二極體的長腳，紅棒接至另一腳位，則歐姆檔的檔位越大，發光二極體越亮
(D)經由三用電表上LV刻度的指示值可以判別矽或鍺二極體 [2-2]

( )2. 利用類比式三用電表量測二極體，下列何者敘述錯誤？
(A)順逆向偏壓連接，兩者指示電阻值均很小或是很大，表示二極體已損壞
(B)若二極體未損壞，順偏時黑棒所接為二極體的N型端
(C)順向偏壓連接時，若電表LV刻度值為0.32V，表示二極體為鍺二極體
(D)編號1N4001之整流二極體規格為1A50V [2-2]

( )3. 如圖(1)所示之電路，若二極體稽納電壓$V_Z = 10$ V，且$10V \leq V_i \leq 20V$，$300\Omega \leq R_L \leq 500\Omega$，則稽納二極體可能消耗之最大功率為何？
(A)0W
(B)300mW
(C)400mW
(D)528mW [2-3]

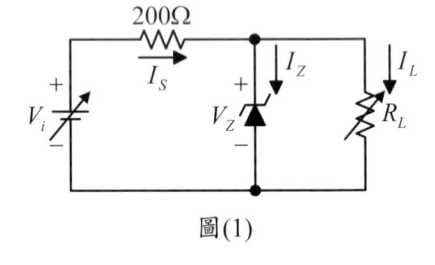

圖(1)

( )4. 如圖(2)所示之電路，$v_i(t) = 6\sin \omega t$伏特，若稽納二極體障壁電壓0.6V，稽納電壓$V_{Z1} = 7$ V，$V_{Z2} = 3$ V，則v_o範圍為何？
(A)$-7.6V \leq v_o \leq 3.6V$ (B)$0V \leq v_o \leq 3.6V$
(C)$-6.4V \leq v_o \leq 2.4V$ (D)$0V \leq v_o \leq 2.4V$ [2-3]

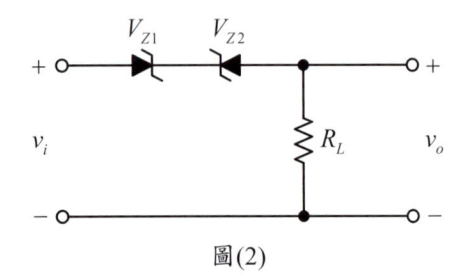

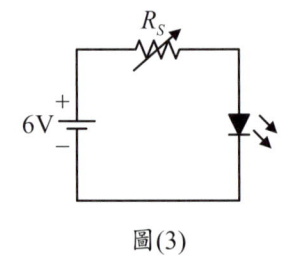

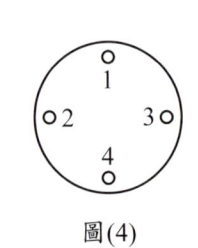

圖(2)　　　圖(3)　　　圖(4)

( )5. 如圖(3)所示，LED工作電壓時順向偏壓降為1.5V，電流範圍5mA～50mA，為避免LED燒燬，試求限流電阻R_S之最小值不得低於多少歐姆？
(A)90Ω (B)100Ω (C)120Ω (D)240Ω [2-4]

( )6. 如圖(4)為一個良好的橋式整流器之底視圖，以三用電表之歐姆檔測試時，當第2支腳接黑棒時與另外三支腳都會導通，則下列接線何者可以正確的將交流電轉為脈動直流電？
(A)第1腳及第4腳接交流電，第2腳及第3腳接負載，其中第2腳輸出正電壓
(B)第1腳及第4腳接交流電，第2腳及第3腳接負載，其中第3腳輸出正電壓
(C)第2腳及第3腳接交流電，第1腳及第4腳接負載，其中第1腳輸出正電壓
(D)第2腳及第3腳接交流電，第1腳及第4腳接負載，其中第4腳輸出正電壓 [2-5]

( )7. 以示波器測試電路,與輸出電壓V_o,如圖(5)所示,且中心抽頭變壓器$N_1:N_2=2:1$,若此時示波器使用×10探棒,水平時基旋鈕切換至1ms/DIV,垂直時基旋鈕切換至1V/DIV,若二極體及變壓器為理想,則輸入弦波方程式可能為何?
(A)$60\sin(500\pi t)$V (B)$60\sin(250\pi t)$V (C)$120\sin(500\pi t)$V (D)$120\sin(250\pi t)$V [2-5]

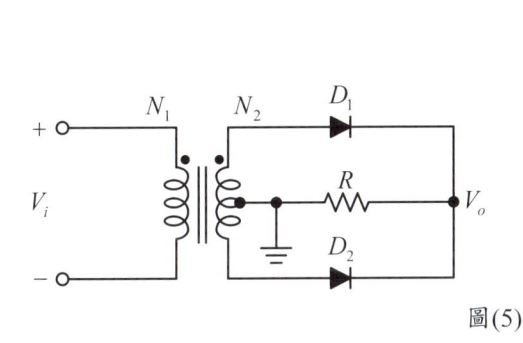

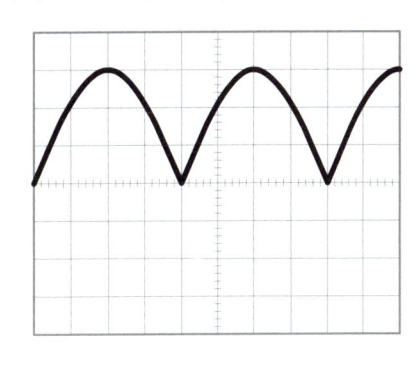

圖(5)

( )8. 如圖(6)所示若各元件皆具理想特性,二極體導通角為60°,試求電容器的放電時間為何? (A)$\dfrac{1}{50}$秒 (B)$\dfrac{1}{60}$秒 (C)$\dfrac{1}{150}$秒 (D)$\dfrac{1}{200}$秒 [2-6]

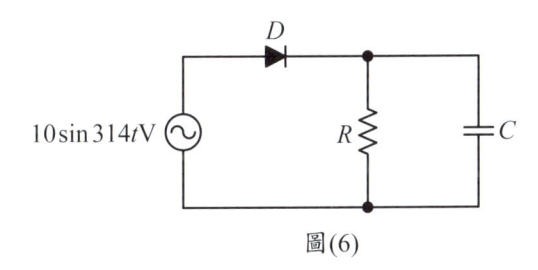

圖(6)

( )9. 如圖(7)所示為全波整流的電路圖與波形圖,請問故障原因為何?
(A)二極體D_1與D_4開路
(B)二極體D_2與電容器C開路
(C)二極體D_2與D_3開路
(D)二極體D_1與D_3開路 [2-6]

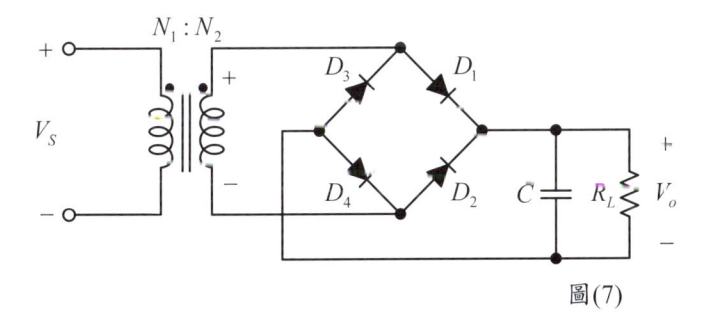

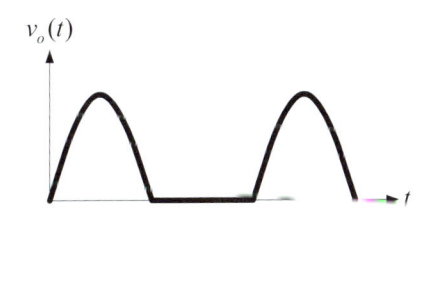

圖(7)

( )10. 圖(8)所示之電路,下列敘述何者錯誤?(假設二極體之特性均相同,且為理想二極體)
(A)電阻兩端測得頻率約為電源電壓之兩倍
(B)若R_L兩端直流電壓為31.8伏特,則採用的二極體之PIV額定值約為100V
(C)將適當之電容器與電阻並聯後可組成濾波電路
(D)與電阻並聯之電容器越大,濾波效果越佳 [2-6]

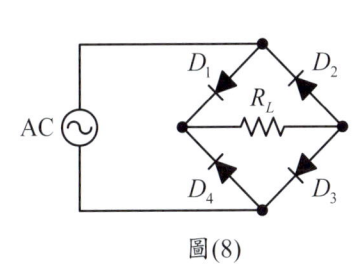

圖(8)

素養導向題

( )1. 電子學實驗場發生爆炸事件，毛利小五郎推論最有可能造成這場事故的嫌疑犯，是觀念錯誤的同學。請問下列何者嫌疑最大？
佐助：『矽半導體的切入電壓約0.6V～0.7V』
魯夫：『PN二極體在順向偏壓下，其切入電壓的大小與溫度成反比』
希洛唯：『PN接面附近產生一空乏層，而靠近N側的空乏區內含有施體正離子』
風見隼人：『PN二極體在逆向偏壓下，其逆向飽和電流的大小與逆向偏壓的大小無關』
(A)佐助　(B)魯夫　(C)希洛唯　(D)風見隼人

▲ 閱讀下文，回答第2～8題

魯夫為了製作一個性能良好的電源電路，在電子學實驗場中做了許多測試，利用一個二極體、一個電阻與三個不同電容量的電容器，組成半波整流濾波電路，並且運用示波器觀察濾波電路的輸出波形，倘若每次只有使用一個電容器，試問：

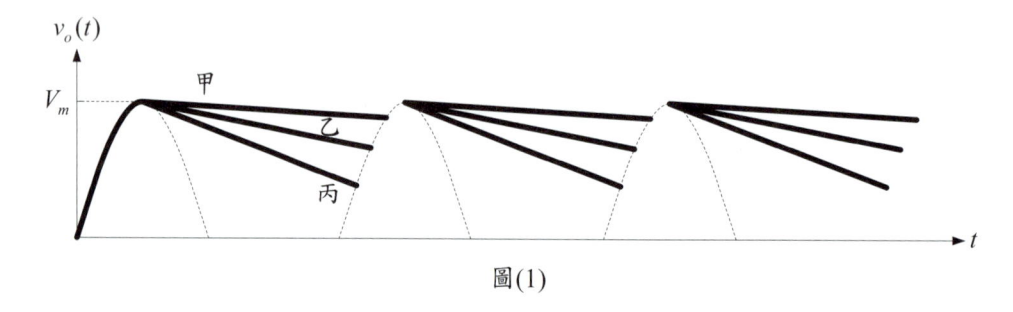

圖(1)

( )2. 哪個濾波電路，電容量較大？
(A)甲　(B)乙　(C)丙　(D)相同

( )3. 哪個濾波電路，漣波峰對峰值$V_{r(P-P)}$較大？
(A)甲　(B)乙　(C)丙　(D)相同

( )4. 哪個濾波電路，漣波有效值$V_{r(rms)}$較大？
(A)甲　(B)乙　(C)丙　(D)相同

( )5. 哪個濾波電路，平均值$V_{o(dc)}$較大？
(A)甲　(B)乙　(C)丙　(D)相同

( )6. 哪個濾波電路，漣波因數r%較大？
(A)甲　(B)乙　(C)丙　(D)相同

( )7. 哪個濾波電路，漣波頻率f_r較大？
(A)甲　(B)乙　(C)丙　(D)相同

( )8. 哪個濾波電路，二極體導通時間較長？
(A)甲　(B)乙　(C)丙　(D)相同

第 2 章 二極體及應用電路

|解　答|

（＊表示附有詳解）

2-1立即練習

基礎題

1.B　　2.D　　3.C　　4.B　　5.A　　6.D　　7.C

2-2立即練習

基礎題

1.B　　*2.D　　3.A　　4.D　　5.A　　6.B　　7.A　　8.B　　9.C　　10.B
*11.C　*12.A　*13.B　*14.C　*15.A　16.D　17.D　18.A　19.D　20.A
21.B　22.A

進階題

*1.A　　*2.B

2-3立即練習

基礎題

1.D　　2.C　　3.B　　4.D　　5.D　　*6.D　　7.B　　*8.D

進階題

*1.C　　*2.D　　*3.D　　*4.C　　*5.C　　*6.C　　*7.B

2-4立即練習

基礎題

1.A　　2.C　　3.A　　4.A　　5.C　　6.C

進階題

1.D　　*2.C

2-5立即練習

基礎題

1.A　　2.A　　3.B　　*4.D　　*5.B　　*6.C　　7.D

進階題

1.B　　*2.D　　*3.D　　*4.D　　5.C　　6.C

2-6立即練習

基礎題

1.A　　2.A　　3.B　　4.B　　*5.D

進階題

*1.B

歷屆試題

電子學試題

*1.D　　2.B　　3.B　　4.C　　5.C　　6.D　　*7.B　　8.A　　*9.A　　10.A
*11.A　*12.C　*13.C　*14.D　*15.C　16.C　*17.D　*18.A　19.C　20.D
21.A　*22.C　*23.D　*24.B　25.B　26.C　*27.C　*28.C　29.B　30.D
31.A　*32.A　*33.A　34.A　35.B　*36.B　37.A　38.D　*39.A　*40.D
*41.D　*42.B　43.C　*44.B　*45.B　*46.A　47.C　48.A　*49.C　50.B
51.D　*52.B　*53.D　*54.B　55.B　*56.A　*57.A　*58.B　59.A　60.B
*61.C　62.B　*63.D　*64.D　*65.A　*66.D

解 答

（＊表示附有詳解）

電子學實習試題

*1.A	2.A	3.A	4.D	5.C	*6.A	*7.B	*8.C	9.B	10.B
*11.D	12.A	13.B	*14.C	*15.A	*16.C	*17.A	18.B	*19.A	*20.D
*21.B	22.C	*23.A	*24.D	25.D	*26.D	27.A	*28.C	*29.D	*30.D
*31.B	32.D	33.B	34.B	*35.A	*36.D	*37.B	*38.A	*39.A	*40.C
*41.A	*42.C								

最新統測試題

| *1.D | *2.B | *3.C | *4.A | *5.D | *6.D | *7.A | *8.D | *9.B | *10.C |
| *11.D | *12.A | | | | | | | | |

模擬演練

電子學試題

| 1.A | *2.B | *3.A | *4.C | *5.A | *6.A | *7.C | *8.D | *9.C | 10.C |

電子學實習試題

| 1.C | 2.B | *3.B | *4.D | *5.A | *6.B | *7.D | *8.B | 9.B | *10.B |

素養導向題

| *1.A | 2.A | *3.C | 4.C | *5.A | 6.C | 7.D | 8.C |

NOTE

NOTE

CHAPTER 3 雙極性接面電晶體

本章學習重點

章節架構	必考重點	
3-1 雙極性接面電晶體之構造及特性	• 雙極性接面電晶體之構造 • 雙極性接面電晶體之特性	★★★★★
3-2 雙極性接面電晶體之特性曲線	• 雙極性接面電晶體之特性曲線	★★★☆☆
3-3 雙極性接面電晶體之直流偏壓	• 共射極偏壓電路 • 共集極偏壓電路 • 共基極偏壓電路	★★★★★
3-4 音訊放大電路	• A類、B類、AB類與C類放大器	★★☆☆☆

統測命題分析

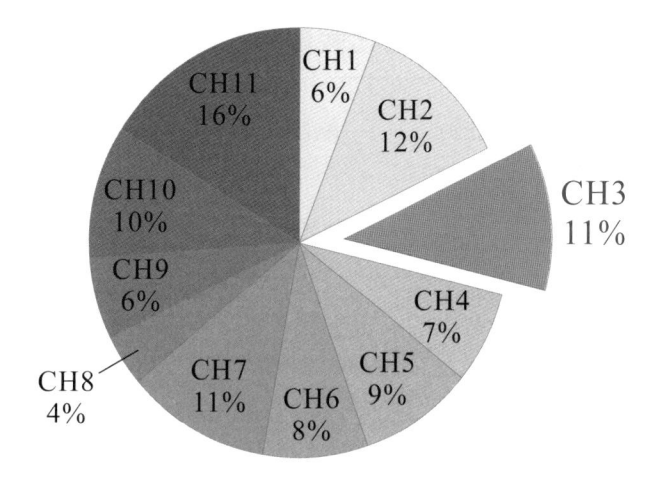

- CH1 6%
- CH2 12%
- CH3 11%
- CH4 7%
- CH5 9%
- CH6 8%
- CH7 11%
- CH8 4%
- CH9 6%
- CH10 10%
- CH11 16%

考前 3 分鐘

1. 電晶體（transistor）的特性

各極寬度	$W_C > W_E > W_B$	各極導電率	$E > B > C$
各極摻雜濃度	$n_E > n_B > n_C$	接合面空乏區寬度（未加偏壓）	$W_{B\text{-}E} < W_{B\text{-}C}$
各極耐壓	$C > B > E$	接合面崩潰電壓	$V_{B\text{-}C} > V_{B\text{-}E}$
各極電阻係數	$C > B > E$	接合面電容（未加偏壓）	$C_{B\text{-}E} > C_{B\text{-}C}$

2. 雙極性接面電晶體（BJT）之工作模式

工作區域	B-E接面	B-C接面	應用
主動區	順向偏壓	逆向偏壓	線性放大器
飽和區	順向偏壓	順向偏壓	數位開關（ON）
截止區	逆向偏壓	逆向偏壓	數位開關（OFF）
反主動區	逆向偏壓	順向偏壓	數位電路

3. 電晶體在不同工作區域的接腳電壓關係

電晶體型式	主動區	截止區	飽和區
NPN型	$V_{BE} > 0$（順向偏壓） $V_{BC} < 0$（逆向偏壓） $V_{CE} > 0$	$V_{BE} < 0$（逆向偏壓） $V_{BC} < 0$（逆向偏壓） $V_{CE} > 0$	$V_{BE} > 0$（順向偏壓） $V_{BC} > 0$（順向偏壓） $V_{CE} > 0$
	$V_C > V_B > V_E$	$V_C > V_E > V_B$	$V_B > V_C > V_E$
PNP型	$V_{BE} < 0$（順向偏壓） $V_{BC} > 0$（逆向偏壓） $V_{CE} < 0$	$V_{BE} > 0$（逆向偏壓） $V_{BC} > 0$（逆向偏壓） $V_{CE} < 0$	$V_{BE} < 0$（順向偏壓） $V_{BC} < 0$（順向偏壓） $V_{CE} < 0$
	$V_E > V_B > V_C$	$V_B > V_E > V_C$	$V_E > V_C > V_B$

4. 電晶體（BJT）的三種放大組態比較關係

工作組態	輸入接腳	輸出接腳	共用接腳	電流增益 $\dfrac{I_o}{I_i}$
共基極（CB）	射極（E）	集極（C）	基極（B）	$\alpha = \dfrac{I_C}{I_E}$
共射極（CE）	基極（B）	集極（C）	射極（E）	$\beta = \dfrac{I_C}{I_B}$
共集極（CC）	基極（B）	射極（E）	集極（C）	$\gamma = \dfrac{I_E}{I_B}$

5. 共射極偏壓組態（CE）

電路名稱	電路圖	直流工作點
固定偏壓電路		$I_C = \beta \times (\dfrac{V_{CC} - V_{BE}}{R_B})$ $V_{CE} = V_{CC} - I_C \times R_C$
射極回授偏壓電路		$I_C = \beta \times [\dfrac{V_{CC} - V_{BE}}{R_B + (1+\beta) \times R_E}]$ $V_{CE} = V_{CC} - I_C \times R_C - I_E \times R_E$
集極回授偏壓電路		$I_C = \beta \times [\dfrac{V_{CC} - V_{BE}}{R_B + (1+\beta) \times R_C}]$ $V_{CE} = V_{CC} - (I_B + I_C) \times R_C$
射極回授與 集極回授偏壓電路		$I_C = \beta \times [\dfrac{V_{CC} - V_{BE}}{R_B + (1+\beta) \times (R_C + R_E)}]$ $V_{CE} = V_{CC} - (I_B + I_C) \times (R_C + R_E)$
分壓式偏壓電路 （自給偏壓電路） （與 β 無關的電路）		$I_C = \beta \times [\dfrac{E_{th} - V_{BE}}{R_{th} + (1+\beta) \times R_E}]$ $V_{CE} = V_{CC} - I_C \times R_C - I_E \times R_E$

3-1 雙極性接面電晶體之構造及特性

105 106 107 108 109
112 113 114

理論重點

重點 1　雙極性接面電晶體（BJT）之構造

1. PNP電晶體之構造及符號

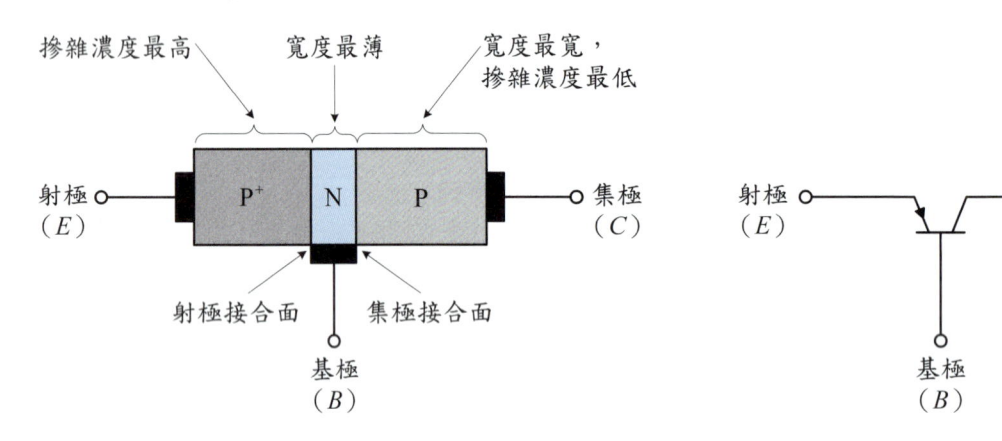

2. NPN電晶體之構造及符號

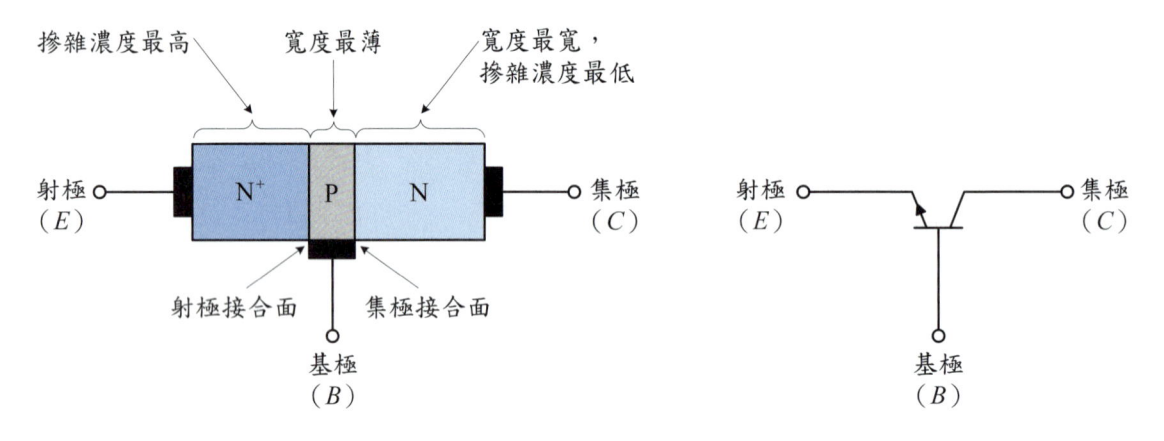

3. 射極採用高摻雜濃度，目的是產生高的 ＿＿＿＿＿＿ 注入量；集極濃度最低，目的是得到高的 ＿＿＿＿＿＿ 。

4. NPN與PNP電晶體皆為 ＿＿＿＿＿＿ ，
   NPN電晶體的射極注入多數載子為 ＿＿＿＿＿＿ 、少數載子為 ＿＿＿＿＿＿ ；
   PNP電晶體的射極注入多數載子為 ＿＿＿＿＿＿ 、少數載子為 ＿＿＿＿＿＿ 。

5. 多數載子與 ＿＿＿＿＿＿ 成正比，主要是由 ＿＿＿＿＿＿ 產生；少數載子由 ＿＿＿＿＿＿ 產生，與 ＿＿＿＿＿＿ 成正比。

6. 電子的移動速度快於電洞，所以NPN電晶體的 ＿＿＿＿＿＿＿＿＿＿＿＿ 快於PNP電晶體。

7. BJT為 ＿＿＿＿＿＿＿＿＿＿ ，對於共射極與共集極組態是以基極電流控制集極電流；而共基極組態是以射極電流控制集極電流。

8. 基極的寬度最薄，約佔總寬度的 _____ 。

答案：3. 多數載子、耐壓
5. 摻雜濃度、電場、熱擾動、溫度
7. 電流控制型元件
4. 雙載子元件、電子、電洞、電洞、電子
6. 交換速度（反應速度）
8. $\dfrac{1}{150}$

老師講解

1. 右圖所示之符號為何種型式之電晶體？且接腳 b 為何？
(A)NPN電晶體、基極（Base，B）
(B)NPN電晶體、射極（Emitter，E）
(C)PNP電晶體、基極（Base，B）
(D)PNP電晶體、射極（Emitter，E）

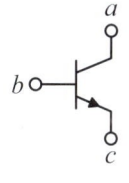

解 (A)

學生練習

1. 下圖中之符號為何種型式之電晶體？且接腳 c 為何？
(A)NPN電晶體、基極（Base，B）
(B)NPN電晶體、射極（Emitter，E）
(C)PNP電晶體、基極（Base，B）
(D)PNP電晶體、射極（Emitter，E）

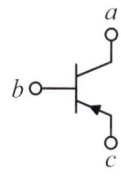

老師講解

2. 下列有關雙極性電晶體BJT特性敘述，何者正確？
(A)NPN電晶體頻率特性高於PNP電晶體
(B)PNP頻率特性高於NPN電晶體
(C)頻率特性完全相等
(D)無法比較

解 (A)

學生練習

2. 射極採用高摻雜濃度，目的是
(A)提高多數載子的注入量 (B)提高耐壓 (C)增加電阻率 (D)有助於散熱

重點 2 雙極性接面電晶體（BJT）之特性

各極寬度	
各極摻雜濃度	
各極耐壓	
各極電阻係數	
各極導電率	
接合面空乏區寬度（未加偏壓）	
接合面崩潰電壓	
接合面電容（未加偏壓）	

答案：$W_C > W_E > W_B$、$n_E > n_B > n_C$、$C > B > E$、$C > B > E$、$E > B > C$、$W_{B-E} < W_{B-C}$、$V_{B-C} > V_{B-E}$、$C_{B-E} > C_{B-C}$

老師講解

3. 雙極性接面電晶體三極摻雜之濃度不同，試比較三極摻雜濃度之大小？
   (A)$E > B > C$ (B)$B > C > E$ (C)$C > E > B$ (D)$B > C > E$

   解 (A)

學生練習

3. 雙極性接面電晶體三極之寬度不同，試比較三極寬度之大小為何？
   (A)$E > B > C$ (B)$B > C > E$ (C)$C > E > B$ (D)$B > C > E$

老師講解

4. 下列關於一般雙極性接面電晶體之敘述，何者正確？
   (A)射極摻雜濃度最低且寬度最窄
   (B)射極摻雜濃度最低且寬度最寬
   (C)集極摻雜濃度最高且寬度最窄
   (D)集極摻雜濃度最低且寬度最寬

   解 (D)

> 學生練習

4. 下列有關雙極性接面電晶體結構與特性之敘述,何者錯誤?
　(A)集極接合面電容小於射極接合面電容
　(B)雜質的摻雜濃度是射極多於集極
　(C)崩潰電壓,集極接合面高於射極接合面
　(D)NPN電晶體的射極內,電洞為多數載子

重點 3　雙極性接面電晶體(BJT)之偏壓模式

1. **主動區**(active region,又稱為作用區):射極接合面為 _____,
   集極接合面為 _____,此時具有線性放大的作用。以NPN電晶體為
   例,基極電流的四種成分為:
   (1) 射極(E)向基極(B)擴散過來的復合電子流。
   (2) 基極(B)向射極(E)擴散過去的復合電洞流。
   (3) 集極(C)向基極(B)的漂移過來的電洞流。
   (4) 基極(B)向集極(C)的漂移而去的電子流。

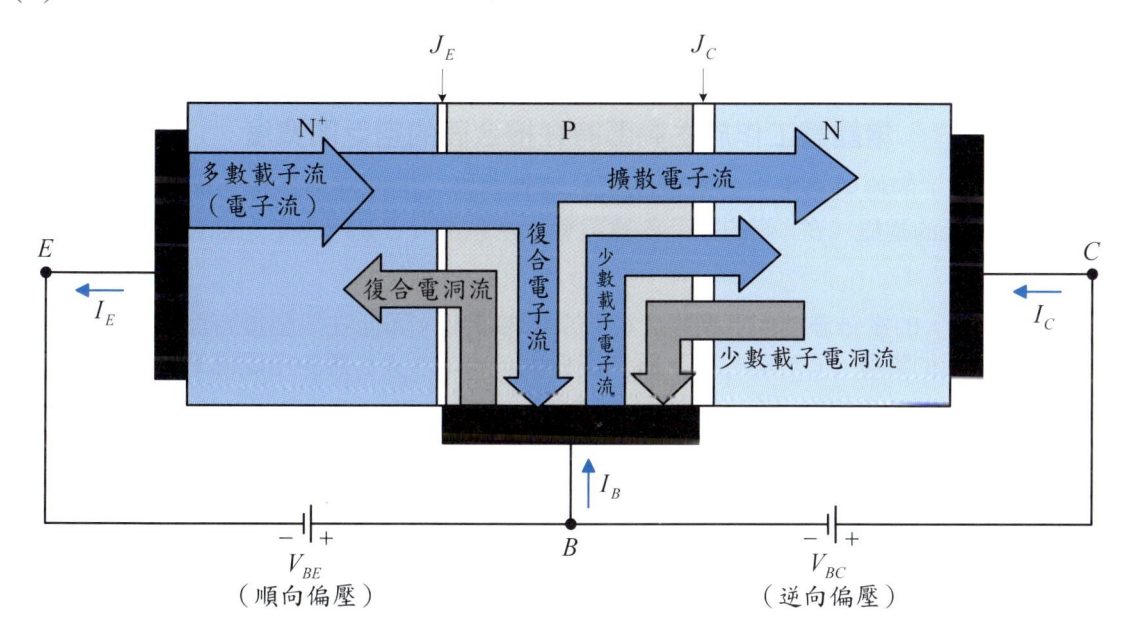

2. **截止區**(cutoff region):射極接合面為 _____,集極接合面為
   _____,用於數位開關電路(OFF)。

3. **飽和區**(saturation region):射極接合面為 _____,集極接合面為
   _____,用於數位開關電路(ON)。

4. **反主動區**(reverse- active region):射極接合面為 _____,集極
   接合面為 _____,造成電晶體的放大倍數與逆向崩潰電壓兩者皆變
   差,因此反主動區在實際的電路很少運用,一般用於 _____。

5. 電晶體在不同工作區域的接腳電壓關係

電晶體型式	主動區 （作用區、線性區）	截止區	飽和區
NPN型	$V_{BE} > 0$（順向偏壓） $V_{BC} < 0$（逆向偏壓） $V_{CE} > 0$ _____	$V_{BE} < 0$（逆向偏壓） $V_{BC} < 0$（逆向偏壓） $V_{CE} > 0$ _____	$V_{BE} > 0$（順向偏壓） $V_{BC} > 0$（順向偏壓） $V_{CE} > 0$ _____
PNP型	$V_{BE} < 0$（順向偏壓） $V_{BC} > 0$（逆向偏壓） $V_{CE} < 0$ _____	$V_{BE} > 0$（逆向偏壓） $V_{BC} > 0$（逆向偏壓） $V_{CE} < 0$ _____	$V_{BE} < 0$（順向偏壓） $V_{BC} < 0$（順向偏壓） $V_{CE} < 0$ _____
用途			

答案：1. 順向偏壓、逆向偏壓　　　　　　　2. 逆向偏壓、逆向偏壓
　　　　3. 順向偏壓、順向偏壓　　　　　　　4. 逆向偏壓、順向偏壓、數位控制電路
　　　　5. $V_C > V_B > V_E$、$V_C > V_E > V_B$、$V_B > V_C > V_E$、$V_E > V_B > V_C$、$V_B > V_E > V_C$、$V_E > V_C > V_B$、
　　　　　線性放大電路、數位開關電路、數位開關電路

補充知識

電晶體工作於主動區時在接合面的空乏區寬度

1. 由於射極（E）的摻雜濃度大於基極（B）的摻雜濃度，因此在射極接合面（J_E）的空乏區內，濃度較低的基極（B）側的空乏區寬度會大於射極（E）側的空乏區寬度。即空乏區較深入基極（B）。

2. 由於基極（B）的摻雜濃度大於集極（C）的摻雜濃度，因此在集極接合面（J_C）的空乏區內，濃度較低的集極（C）側的空乏區寬度會大於基極（B）側的空乏區寬度。即空乏區較深入集極（C）。

老師講解

5. NPN電晶體操作於主動區（active region）的偏壓關係為何？
 (A) $V_{BE} > 0$、$V_{BC} > 0$　　　　　　　(B) $V_{BE} < 0$、$V_{BC} < 0$
 (C) $V_{BE} > 0$、$V_{BC} < 0$　　　　　　　(D) $V_{BE} < 0$、$V_{BC} > 0$

解 (C)

射極接合面（B-E接面）：順向偏壓；集極接合面（B-C）：逆向偏壓
故 $V_{BE} > 0$、$V_{BC} < 0$

學生練習

5. NPN電晶體操作於飽和區（saturation region），三支接腳的電壓關係為何？
(A)$V_B > V_C > V_E$ (B)$V_C > V_B > V_E$ (C)$V_E > V_C > V_B$ (D)$V_B > V_E > V_C$

老師講解

6. 下列有關電晶體工作在飽和區時之特性敘述，何者正確？
(A)基極與射極接面逆偏，基極與集極接面逆偏
(B)基極與射極接面順偏，基極與集極接面逆偏
(C)基極與射極接面逆偏，基極與集極接面順偏
(D)基極與射極接面順偏，基極與集極接面順偏

解 (D)

學生練習

6. 有一雙極性接面電晶體，已知B-E接面為順向偏壓，B-C接面為逆向偏壓，則此電晶體處於
(A)截止區 (B)飽和區 (C)作用區 (D)空乏區

老師講解

7. 雙極性電晶體BJT偏壓時，若將集極與射極對調，使得基極對射極接面為逆向偏壓，而基極對集極接面為順向偏壓，則下列何者正確？
(A)耐壓增加，增益降低   (B)耐壓降低，增益提高
(C)耐壓及增益皆增加   (D)耐壓及增益皆降低

解 (D)

學生練習

7. 電晶體操作於主動區，則關於接合面空乏區的敘述，下列何者正確？
(A)射極接合面的空乏區較深入基極（B）；集極接合面的空乏區較深入集極（C）
(B)射極接合面的空乏區較深入射極（E）；集極接合面的空乏區較深入集極（C）
(C)射極接合面的空乏區較深入基極（B）；集極接合面的空乏區較深入基極（B）
(D)射極接合面的空乏區較深入射極（E）；集極接合面的空乏區較深入基極（B）

重點 4　雙極性接面電晶體（BJT）之電流成分

1. PNP電晶體操作在主動區的電流方向

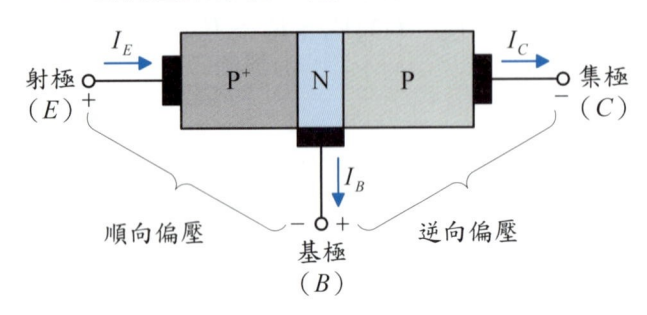

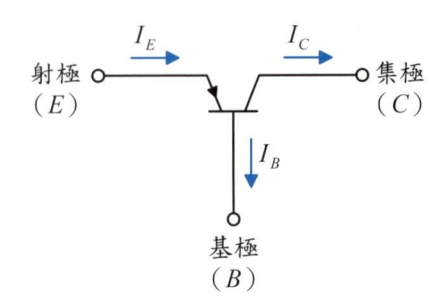

2. NPN電晶體操作在主動區的電流方向

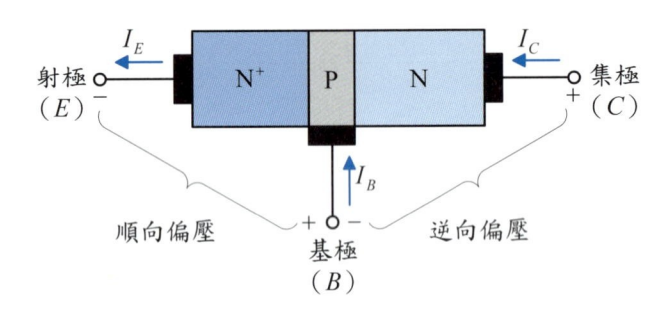

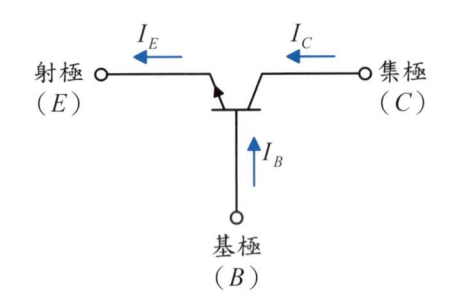

3. 電流關係

   (1) 把電晶體當作一個節點，根據KCL：_____（主動區、截止區、飽和區或反轉區皆符合此條件）

   (2) _____

   (3) _____（常用於電晶體的直流分析中的近似解，以方便計算與分析）

4. 雙極性接面電晶體（BJT）之電流放大率

   (1) $\alpha = \dfrac{I_C}{I_E} = \dfrac{I_C}{I_C + I_B} = \dfrac{\beta \times I_B}{\beta \times I_B + I_B} = \dfrac{\beta}{1+\beta}$

   (2) $\beta = \dfrac{I_C}{I_B} = \dfrac{I_C}{I_E - I_C} = \dfrac{\alpha \times I_E}{I_E - \alpha \times I_E} = \dfrac{\alpha}{1-\alpha}$

   (3) $\gamma = 1 + \beta = \dfrac{1}{1-\alpha}$

答案：3. (1) $I_E = I_C + I_B$　　(2) $I_E > I_C \gg I_B$　　(3) $I_E \approx I_C$

第 3 章 雙極性接面電晶體

補充知識

提升電流放大率 α、β 以及 γ

1. **減少基極寬度及摻雜濃度**：可以讓射極（E）發射後的多數載子，在基極（B）產生復合電子流與電洞流的機率降低，使得有效抵達集極（C）的多數載子增加，造成 α 略為增加，而 β 以及 γ 亦增加，但相對的造成耐壓及高頻工作能力降低。

2. **提高射極的摻雜濃度**：可以提高射極（E）發射後的多數載子流濃度，因此 α 略為增加，而 β 以及 γ 亦增加，但相對會造成射極的耐壓降低。

老師講解

8. 電晶體而言，下列公式何者正確？
   (A)$I_C = I_E + I_B$ (B)$I_B = I_C + I_E$ (C)$I_C = I_E$ (D)$I_E = I_C + I_B$

   解 (D)

學生練習

8. 電晶體操作於飽和區，則電流關係為何？
   (A)$I_E > I_B + I_C$ (B)$I_E < I_B + I_C$ (C)$I_E = I_B + I_C$ (D)$I_E = I_B$

老師講解

9. 雙極性接面電晶體中，若流入各極的電流取正值，流出的電流取負值，已知NPN電晶體的基極電流 $|I_B| = 0.1\,\text{mA}$，集極電流 $|I_C| = 1.9\,\text{mA}$，則射極電流 I_E 為何？
   (A)1.8mA (B)2mA (C)−1.8mA (D)−2mA

   解 (D)

   $I_E = I_B + I_C$，且NPN電晶體的基極電流與集極電流入電晶體，所以 $I_E = -2\,\text{mA}$

學生練習

9. 雙極性接面電晶體中，若流入各極的電流取正值，流出的電流取負值，已知PNP電晶體的基極電流 $|I_B| = 10\,\mu\text{A}$，射極電流 $|I_E| = 0.19\,\text{mA}$，則集極電流 I_C 為何？
   (A)0.18mA (B)0.2mA (C)−0.18mA (D)−0.2mA

老師講解

10. 若電晶體工作於主動區且 $I_E = 5\,\text{mA}$、$I_C = 4.95\,\text{mA}$，試求 β 為何？
(A)99　(B)100　(C)101　(D)102

解 (A)

$$\beta = \frac{I_C}{I_B} = \frac{I_C}{I_E - I_C} = \frac{4.95\text{mA}}{5\text{mA} - 4.95\text{mA}} = \frac{4.95\text{mA}}{0.05\text{mA}} = 99$$

學生練習

10. 電晶體工作於主動區且 $I_C = 10\,\text{mA}$、$I_B = 50\,\mu\text{A}$，試求 γ 為何？
(A)199　(B)200　(C)201　(D)202

老師講解

11. 要提高電流放大率，下列哪個方法無效？
(A)增加射極摻雜濃度
(B)減少基極寬度
(C)減少基極的摻雜濃度
(D)提高集極摻雜濃度

解 (D)

學生練習

11. 對一般雙極性接面電晶體而言，要明顯提高共射極電流增益 β，下述何種措施是正確的？　(A)基極寬度變薄　(B)基極重摻雜　(C)射極輕摻雜　(D)集極重摻雜

第 3 章 雙極性接面電晶體

實習重點

重點 1 電晶體的識別

1. 電晶體依用途分為：＿＿＿＿＿＿＿＿，＿＿＿＿＿＿＿＿，＿＿＿＿＿＿＿＿。

2. 低功率電晶體是採用 ＿＿＿＿＿＿ 包裝，中高功率電晶體是採用 ＿＿＿＿＿＿ 包裝並加裝散熱裝置，並且將 ＿＿＿＿＿＿ 連接至外殼，其目的是幫助散熱。

3. 電晶體的型式：

   (1) TO-92型為塑膠包裝的小功率用電晶體。

   (2) TO-39型為金屬外殼包裝的中大功率用電晶體。

   (3) TO-220型為功率電晶體。

4. 電晶體的日製編號

項次	代號	說明
第一項	0	光電晶體或光二極體
	1	二極體
	2	三極體
	3	四極體
第二項	S	半導體（semiconductor）
第三項	A	PNP高頻用電晶體
	B	PNP低頻用電晶體
	C	NPN高頻用電晶體
	D	NPN低頻用電晶體
	F	P閘型SCR
	G	N閘型SCR（PUT）
	H	UJT
	J	P通道FET
	K	N通道FET
	M	TRIAC
第四項	數字	編號
第五項	英文字母	改良順序，以A、B、C…表示

5. 電晶體的美製編號

   1N：二極體（1個PN接面），2N：三極體（2個PN接面），

   3N：四極體（3個PN接面）

答案： 1. 通用／小訊號元件、高功率用途、射頻／微波用途

2. 塑膠、金屬、集極

3-13

老師講解

12. 功率電晶體的外殼通常與哪一極相連接,以方便散熱?
(A)集極 (B)基極 (C)射極 (D)閘極

解 (A)

學生練習

12. 在日規半導體中,編號2SA開頭之元件為?
(A)PNP電晶體 (B)NPN電晶體 (C)二極體 (D)PUT

老師講解

13. 編號2SC1384為下列哪一種用途及型態之電晶體?
(A)高頻用NPN電晶體 (B)低頻用NPN電晶體
(C)高頻用PNP電晶體 (D)低頻用PNP電晶體

解 (A)

學生練習

13. 常見的小功率電晶體C9013,包裝形式為何?
(A)TO-3 (B)TO-39 (C)TO-92 (D)TO-220

重點 2 E、B、C接腳之判別

1. *B*腳判別：（以日製指針式電表測量）

   (1) *B-E*順向偏壓測得低電阻、逆向偏壓測得高電阻（*B*腳判別）。

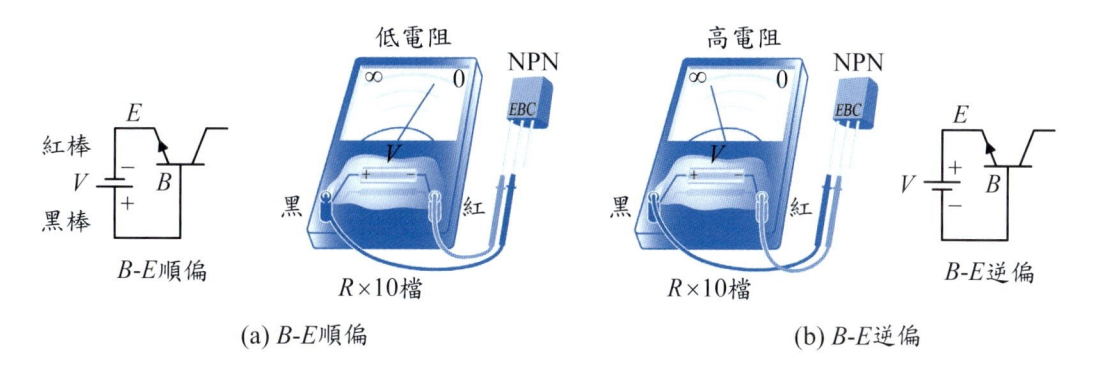

   (a) *B-E*順偏　　(b) *B-E*逆偏

   (2) *B-C*順向偏壓測得低電阻、逆向偏壓測得高電阻（*B*腳判別）

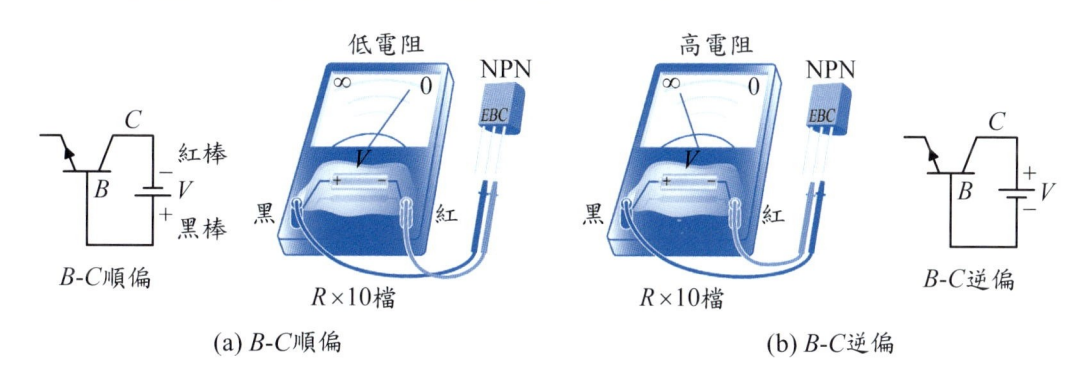

   (a) *B-C*順偏　　(b) *B-C*逆偏

2. *C-E*腳的判別（以手指的體電阻代替電阻*R*）。

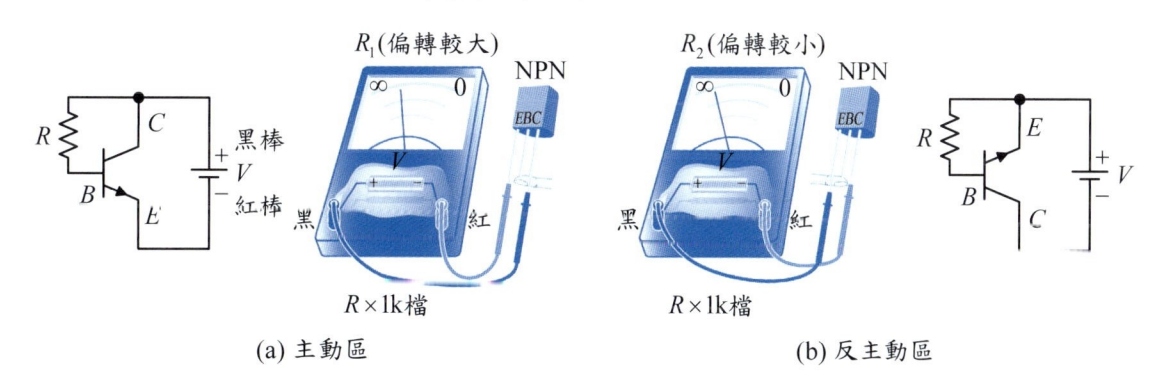

   (a) 主動區　　(b) 反主動區

3. PNP電晶體的型號判別與NPN電晶體相同，但極性相反。

立即練習

基礎題

( ) 1. 下列關於一般雙極性接面電晶體之敘述，何者正確？
(A)射極的摻雜濃度最低　　(B)集極最薄
(C)集極的摻雜濃度最低　　(D)基極寬度最厚

( ) 2. 有一雙極性接面電晶體，已知B-E接面為逆向偏壓，B-C接面為逆向偏壓，則此電晶體處於　(A)截止區　(B)飽和區　(C)作用區　(D)空乏區

( ) 3. 射極電流$I_E = 3\,\text{mA}$、集極電流$I_C = 2.98\,\text{mA}$，則基極電流I_B為何？
(A)$10\mu A$　(B)$15\mu A$　(C)$20\mu A$　(D)$30\mu A$

( ) 4. 射極電流$I_E = 3\,\text{mA}$，電流放大率$\alpha = 0.98$，則集極電流I_C為何？
(A)1.98mA　(B)2.94mA　(C)3mA　(D)3.2mA

( ) 5. 若電晶體工作於主動區且$I_B = 50\,\mu A$、$I_E = 2.5\,\text{mA}$，試求α為何？
(A)0.99　(B)0.98　(C)0.97　(D)0.96

( ) 6. 若量測電路中的PNP型雙極性接面電晶體，得知其射極接地，基極電壓為0.7V，集極電壓為$-3V$，請問電晶體操作在哪個區域？
(A)截止區　(B)順向主動區　(C)飽和區　(D)逆向主動區

( ) 7. NPN電晶體工作於作用區，其射極流出的電子有0.25%在基極與電洞結合，其餘99.75%被集極收集，則此電晶體之β值為何？
(A)99　(B)199　(C)299　(D)399

( ) 8. 下列有關雙極性接面電晶體BJT的敘述，何者錯誤？
(A)對NPN型BJT而言，$I_E = I_B + I_C$　　(B)對PNP型BJT而言，$I_E = I_B + I_C$
(C)$\alpha = \dfrac{\beta}{1+\beta}$　　(D)$\beta = \dfrac{\alpha}{1+\alpha}$

( ) 9. 下列編號何者不是電晶體？
(A)CS9014　(B)2N2222　(C)CS9013　(D)1N4001

( ) 10. 下列何者為高頻用NPN電晶體？
(A)2SB77　(B)1N4007　(C)2SC372　(D)2SK30

( ) 11. 下列何種為電晶體的零件編號？
(A)1N4001　(B)CS9012　(C)7404　(D)7912

進階題

( ) 1. 下列關於未加偏壓之雙極性接面電晶體之敘述，何者錯誤？
(A)基極最薄約佔電晶體整體寬度之$\dfrac{1}{150}$
(B)射極接合面的空乏區寬度（$W_{B\text{-}E}$）大於集極接合面的空乏區寬度（$W_{B\text{-}C}$）
(C)射極接合面電容量（$C_{B\text{-}E}$）大於集極接合面的電容量（$C_{B\text{-}C}$）
(D)集極（C）為電晶體三支接腳中耐壓最高

(　　)2. 關於雙極性接面電晶體BJT之敘述，下列何者正確？
(A)BJT有兩個PN接面，分別是集極-射極接面與基極-射極接面
(B)BJT的基極很薄而且摻雜濃度要比射極或集極高很多
(C)BJT的基極愈厚，則直流電流增益 β 愈大
(D)BJT的基極摻雜濃度愈低且射極摻雜濃度愈高，則 β 愈大

3-2　雙極性接面電晶體之特性曲線　105 106 107 108 109 113

理論重點

重點 1　電晶體的放大組態

1. 電晶體做放大器使用時，需工作於 ＿＿＿＿＿＿ 。

2. 電晶體的放大組態：電晶體的放大電路組態共區分為**共基極組態**（Common-Base configuratuin，簡稱CB）、**共射極組態**（Common-Emitter configuratuin，簡稱CE）與**共集極組態**（Common-Colleccter configuratuin，簡稱CC）等三種。

3. 電晶體的 ＿＿＿＿＿＿ 不得當輸入接腳，而 ＿＿＿＿＿＿ 不得當輸出接腳。

4. 電晶體的三種放大組態

工作組態	輸入接腳	輸出接腳	共用接腳	電流增益 $\frac{I_o}{I_i}$
共基極（CB）	＿＿＿	＿＿＿	＿＿＿	＿＿＿
共射極（CE）	＿＿＿	＿＿＿	＿＿＿	＿＿＿
共集極（CC）	＿＿＿	＿＿＿	＿＿＿	＿＿＿

答案：1. 主動區　　　　　　　　　　　3. 集極（C）、基極（B）
　　　4. 射極（E）、集極（C）、基極（B）、$\alpha = \dfrac{I_C}{I_E}$、
　　　　 基極（B）、集極（C）、射極（E）、$\beta = \dfrac{I_C}{I_B}$、
　　　　 基極（B）、射極（E）、集極（C）、$\gamma = \dfrac{I_E}{I_B}$

老師講解

1. 輸入端接於射極,輸出端接於集極,則此電路組態為下列哪一種?
   (A)共基極　(B)共射極　(C)共集極　(D)共源極

   解 (A)

學生練習

1. 輸入端接於基極,輸出端接於集極,則此電路組態為下列哪一種?
   (A)共基極　(B)共射極　(C)共集極　(D)共源極

老師講解

2. 如下圖所示為下列何種組態之電晶體放大器?
   (A)共集極CC　(B)共基極CB　(C)共射極CE　(D)共源極CS

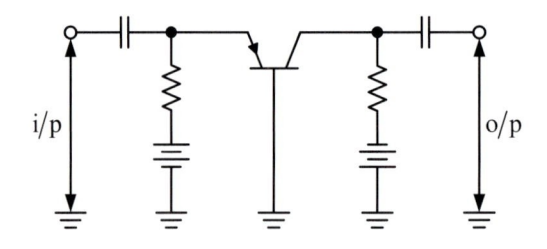

   解 (B)

   輸入端接於射極,輸出端接於集極,而基極接地為共基極放大組態

學生練習

2. 如右圖所示,則此雙極性接面電晶體之電路組態為下列哪一選項?
   (A)共集極組態
   (B)共基極組態
   (C)共射極組態
   (D)共汲極組態

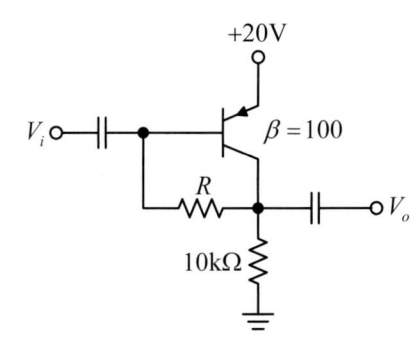

第 3 章 雙極性接面電晶體

重點 2 共基極放大組態（CB）

1. 共基極組態，_____ 為共同接腳，_____ 為輸入接腳，_____ 為輸出接腳。

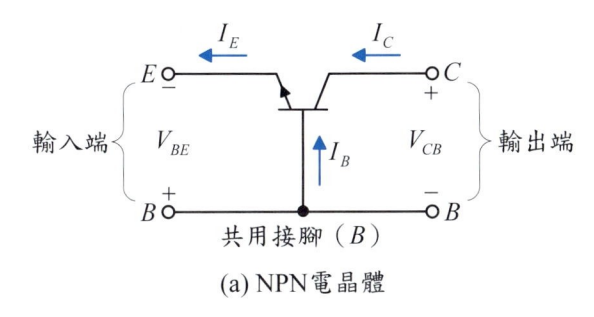

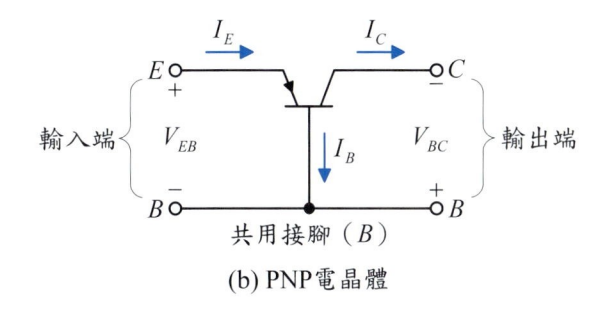

   (a) NPN電晶體　　(b) PNP電晶體

2. 特性曲線

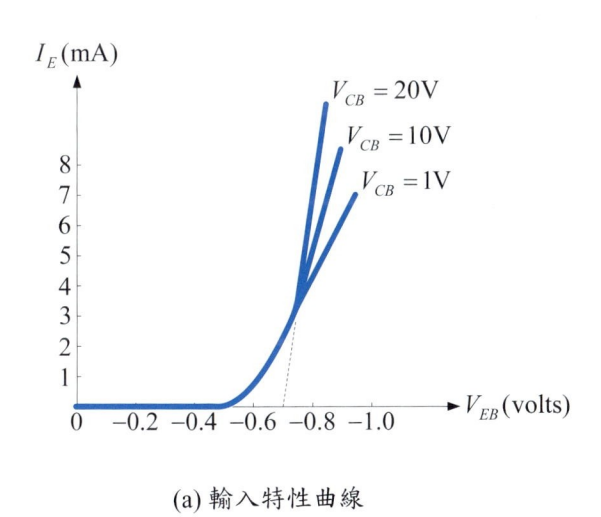

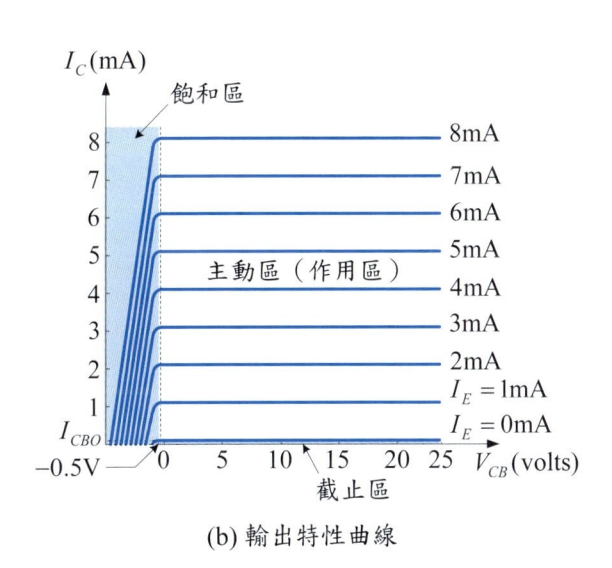

   (a) 輸入特性曲線　　(b) 輸出特性曲線

3. 輸出特性曲線
   主動區的集極接面為逆向偏壓，V_{CB}對I_C的影響幾乎可以忽略不計，I_C為定值，則 _____（$\alpha \times I_E$為多數載子流，主要由 _____ 所產生；I_{CBO}為少數載子流，主要由 _____ 所產生）。

4. I_{CBO}的定義
   射極開路（$I_E = 0$）時，由集極（C）流至基極（B）間的逆向飽和電流，為$I_C = I_{CBO}$。I_{CBO}的電流值甚小，矽質電晶體約數nA，鍺值電晶體約數μA，在一般的電晶體的直流分析計算中通常忽略不計。

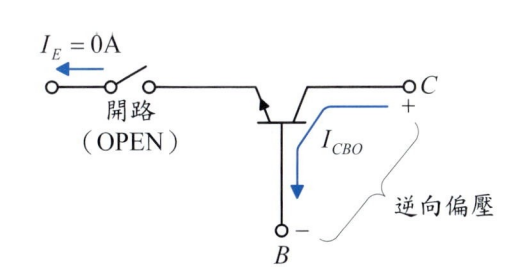

5. 共基極放大器的電流增益α

   $$\alpha = \alpha_{dc} = \frac{I_C}{I_E} \text{ 或 } \alpha = \alpha_{ac} = \left.\frac{\Delta I_C}{\Delta I_E}\right|_{V_{CB} = \text{定值}}$$

答案：1. 基極（B）、射極（E）、集極（C）　　3. $I_C = \alpha \times I_E + I_{CBO}$、電場、熱效應

重點 3　共射極放大組態（CE）

1. 共射極組態，＿＿＿＿＿＿為共同接腳，＿＿＿＿＿＿為輸入接腳，＿＿＿＿＿＿為輸出接腳。

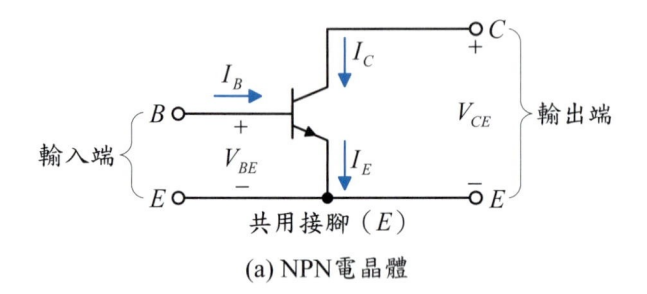

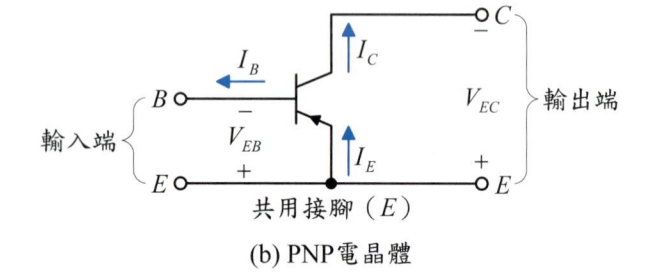

(a) NPN電晶體　　　(b) PNP電晶體

2. 特性曲線

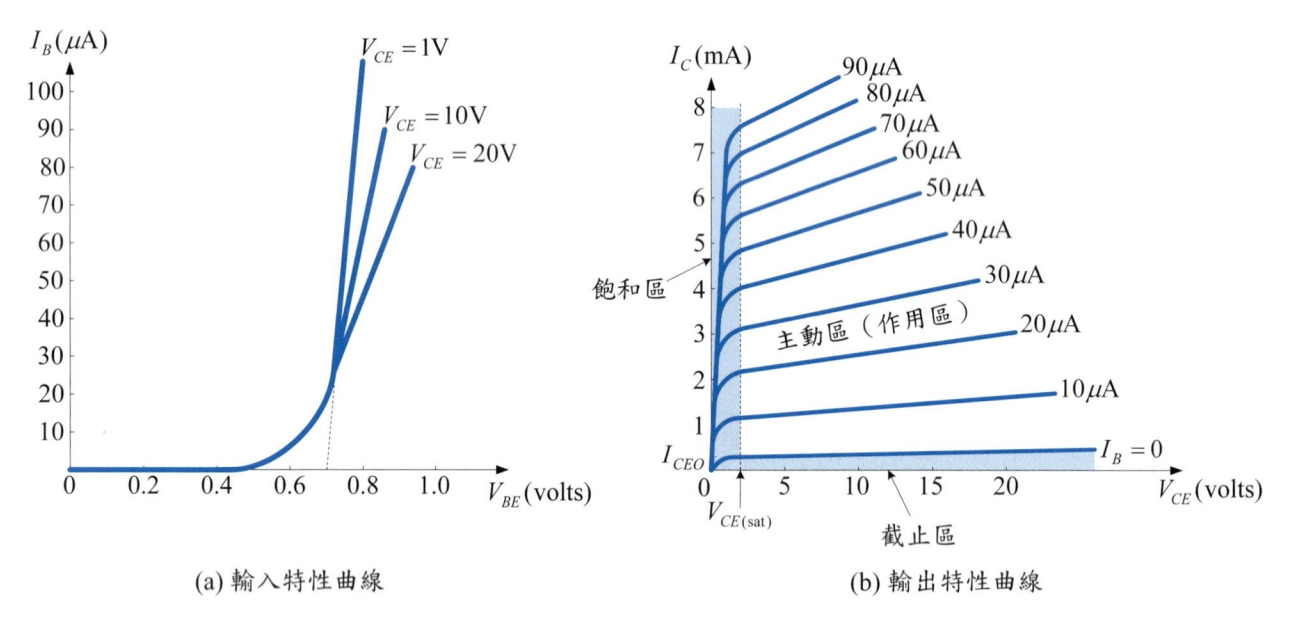

(a) 輸入特性曲線　　　(b) 輸出特性曲線

3. 輸入特性曲線

主動區的集極接面為逆向偏壓，V_{CE}逐漸增加時，V_{CB}（$V_{CB} = V_{CE} - V_{BE}$且V_{BE}為 0.6V～0.7V）的逆向偏壓漸增造成集極接合面（J_C）空乏區的寬度增加，使得基極的有效寬度相對減少，因此從射極（E）發射的多數載子流在基極（B）的復合機會降低，而造成基極電流（I_B）變小，因此當V_{CE}愈大則輸入電流I_B愈小，此**基極寬度調變**（Base-Width Modulation Effect, BWM）的現象稱為**歐力效應**（Early Effect），則：＿＿＿＿＿＿＿＿＿＿（$\beta \times I_B$為多數載子流，主要由電場所產生；I_{CEO}為少數載子流，主要由熱效應所產生）。

4. I_{CEO}的定義

基極開路（$I_B = 0$）時，由集極（C）流至射極（E）間的逆向飽和電流，為$I_C = I_{CEO}$。I_{CEO}的電流值甚小，矽質電晶體約數μA，鍺值電晶體約數百μA，在一般的電晶體的直流分析計算中通常忽略不計。

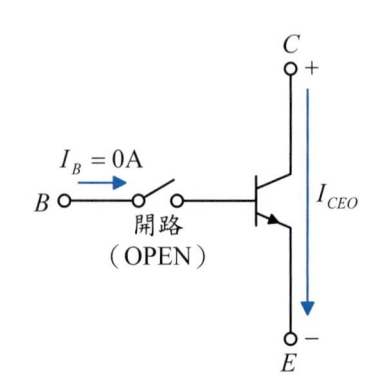

5. 共射極放大器的電流增益 β

$$\beta = \beta_{dc} = \frac{I_C}{I_B} \text{ 或 } \beta = \beta_{ac} = \frac{\Delta I_C}{\Delta I_B}\bigg|_{V_{CE} = 定值}$$

答案：1. 射極（E）、基極（B）、集極（C）　　3. $I_C = \beta \times I_B + I_{CEO}$

重點 4 共集極放大組態（CC）

1. 共集極組態，又稱射極隨耦器，＿＿＿＿為共同接腳，＿＿＿＿為輸入接腳，＿＿＿＿為輸出接腳。

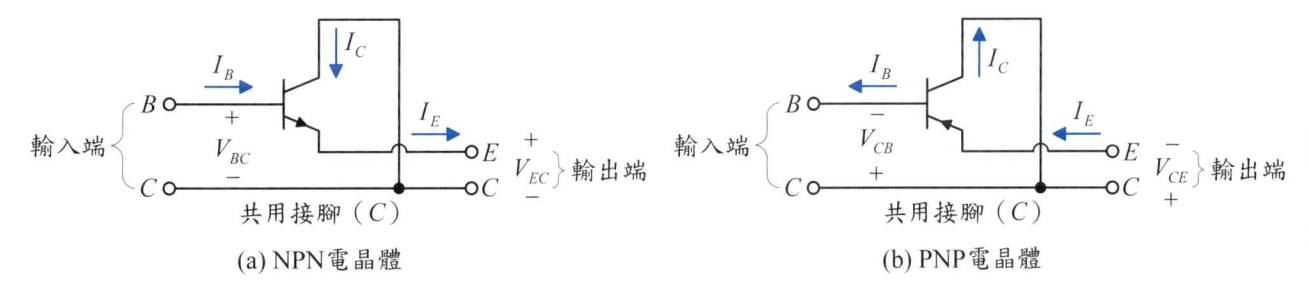

(a) NPN電晶體　　(b) PNP電晶體

2. 共集極放大器的電流增益 γ

$$\gamma = \gamma_{dc} = \frac{I_E}{I_B} \text{ 或 } \gamma = \gamma_{ac} = \frac{\Delta I_E}{\Delta I_B}\bigg|_{V_{EC} = 定值}$$

答案：1. 集極（C）、基極（B）、射極（E）

老師講解

3. 如右圖所示，則下列有關特性曲線圖之型態敘述，何者正確？
(A) PNP型電晶體CE組態集極特性曲線
(B) NPN型電晶體CB組態集極特性曲線
(C) PNP型電晶體CB組態集極特性曲線
(D) NPN型電晶體CE組態集極特性曲線

解 (D)

NPN電晶體的 $V_{CE} > 0$

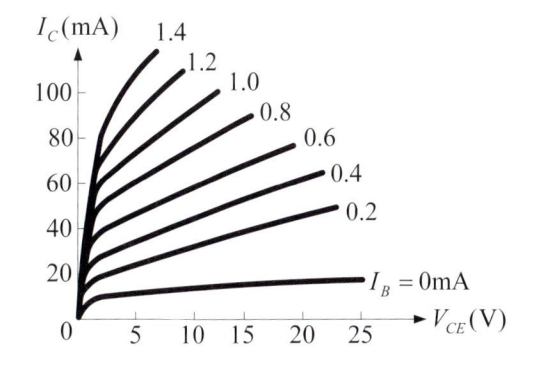

學生練習

3. 如右圖所示，代表何種組態之特性曲線？
(A)CB組態之輸入特性曲線
(B)CE組態之輸入特性曲線
(C)CE組態之輸出特性曲線
(D)CC組態之輸出特性曲線

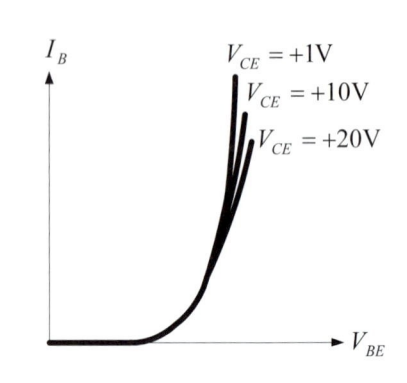

重點 5　各種放大組態之比較

1. 漏電流的關係：$I_{CEO} = (1+\beta) \times I_{CBO}$

2. 電晶體耐壓（V_{CBO}、V_{CEO} 與 V_{BEO}）之關係：

   (1) V_{CBO}：定義為射極開路時，集－基極間的最大逆向耐壓。

   (2) V_{CEO}：定義為基極開路時，集－射極間的最大逆向耐壓。

   (3) V_{BEO}：定義為集極開路時，基－射極間的最大逆向耐壓。

   (4) 摻雜濃度愈高，則耐壓愈低，因此：＿＿＿＿＿＿＿＿＿＿＿＿＿＿。

3. 三種組態在不同模式下的集極電流 I_C：

工作模式 組態	截止區 （考慮漏電流）	主動區 （考慮漏電流）	飽和區 （不考慮漏電流）
共基極（CB）	$I_C = I_{CBO}$	＿＿＿＿＿＿	$\alpha \times I_E \geq I_{C(sat)} = I_C$
共集極（CC）	$I_C = I_{CEO}$	＿＿＿＿＿＿	$\beta \times I_B \geq I_{C(sat)} = I_C$
共射極（CE）	$I_C = I_{CEO}$	＿＿＿＿＿＿	$\beta \times I_B \geq I_{C(sat)} = I_C$

答案：2. $V_{CBO} > V_{CEO} > V_{BEO}$
3. $I_C = \alpha \times I_E + I_{CBO}$、$I_C = \beta \times I_B + I_{CEO}$、$I_C = \beta \times I_B + I_{CEO}$

老師講解

4. 有一CB組態電晶體工作於主動區，若 $\alpha = 0.95$ 且射極電流 $I_E = 10 \text{ mA}$，且當射極開路時集基極間之逆向飽和電流為200nA，試求此時的集極電流 I_C 為何？

解 $I_C = \alpha \times I_E + I_{CBO} = 0.95 \times 10\text{mA} + 200\text{nA} = 9.5002 \text{ mA}$

第 3 章 雙極性接面電晶體

學生練習

4. 有一CB組態電晶體工作於主動區,若 $\alpha = 0.98$ 且射極電流 $I_E = 20$ mA,且當射極開路時集基極間之逆向飽和電流為100nA,試求此時的集極電流 I_C 為何?
   (A)18.0051mA　(B)19.6001mA　(C)20.4001mA　(D)21.6001mA

老師講解

5. 有一CE組態電晶體工作於主動區,若 $\beta = 100$、基極電流 $I_B = 50\ \mu A$ 且 $I_{CEO} = 800$ nA,則集極電流 I_C 約為何? 　(A)3mA　(B)4mA　(C)5mA　(D)6mA

   解 (C)

   $I_C = \beta \times I_B + I_{CEO} = 100 \times 50\mu A + 800 nA = 5.0008$ mA

學生練習

5. 有一CE組態電晶體工作於主動區,若 $\beta = 200$ 且基極電流 $I_B = 100\ \mu A$,在溫度為25°C時的 $I_{CBO} = 400$ nA,試求在溫度為45°C的集極電流 I_C 為何?
   (A)22.4255mA　(B)20.3216mA　(C)18.6452mA　(D)16.4425mA

重點 6　電晶體的開關電路

1. 電晶體工作於截止區相當於開關的截止狀態(OFF),而工作於飽和區時相當於開關的導通(ON)。

2. 飽和區:電晶體進入飽和區,如同開關電路的ON。

   (1) 集射極間的飽和電壓 _____。

   (2) 集射極間的飽和電流 _____。

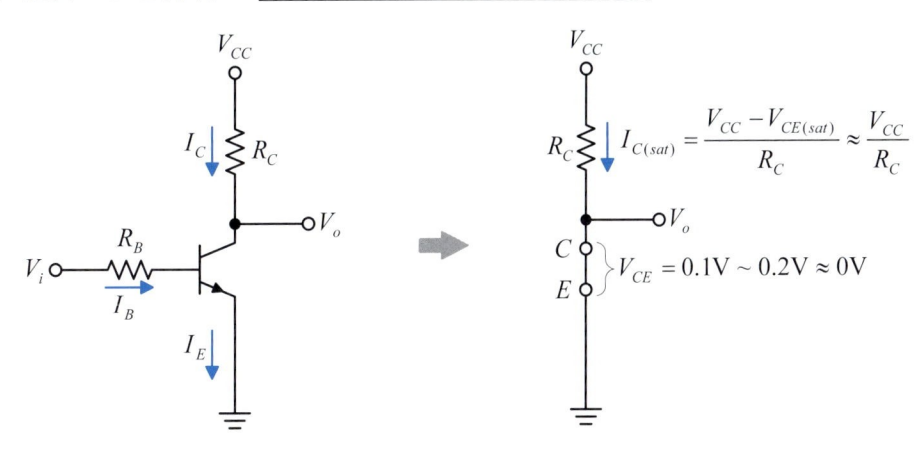

   (3) 電晶體進入飽和區之條件:_____。

3. 截止區：電晶體進入截止區，如同開關電路的OFF。

 (1) 集射極間的電壓：$V_{CE} = V_{CC}$。

 (2) 集射極間的電流：$I_C = 0$。

 (3) 電晶體進入截止區之條件：BE接合面的輸入電壓小於切入電壓$V_{BE(t)}$，即 $V_{BE} < V_{BE(t)}$、$I_B = 0$。

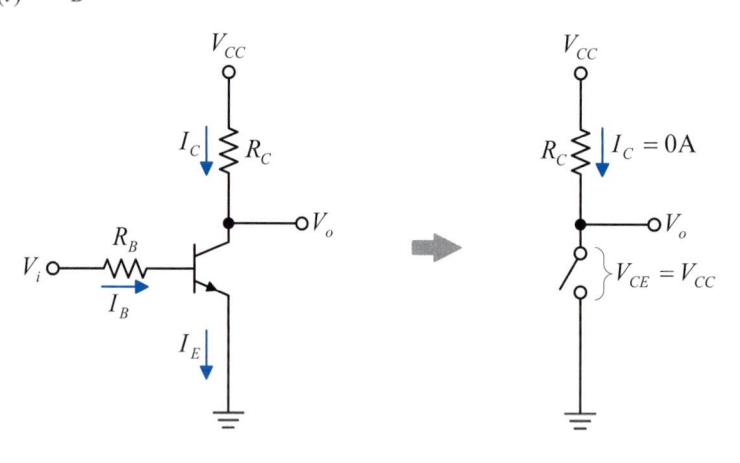

答案：2. (1) $V_{CE(sat)} \approx 0.2 \text{ V}$ (2) $I_{C(sat)} = \dfrac{V_{CC} - V_{CE(sat)}}{R_C} = \dfrac{V_{CC} - 0.2\text{V}}{R_C}$ (3) $\beta \times I_B \geq I_{C(sat)}$

老師講解

6. 如右圖所示，若$\beta = 50$、$V_{BE} = 0.7 \text{ V}$且$V_{CE(sat)} = 0.2 \text{ V}$，試求：

 (1) 當輸入電壓$V_i = 0 \text{ V}$時的輸出電壓V_o為何？

 (2) 電晶體的集極飽和電流$I_{C(sat)}$為何？

 (3) 使電晶體進入飽和區的最小基極電流為何？

 解 (1) $V_i < V_{BE}$：電晶體為截止狀態，
 因此$V_{CE} = V_o = V_{CC} = 15 \text{ V}$

 (2) $I_{C(sat)} = \dfrac{V_{CC} - V_{CE(sat)}}{R_C} = \dfrac{15\text{V} - 0.2\text{V}}{5\text{k}\Omega} = 2.96 \text{ mA}$

 (3) $I_B \times \beta \geq I_{C(sat)} \Rightarrow I_B \times 50 \geq 2.96\text{mA} \Rightarrow I_B \geq 59.2\mu A$
 因此使電晶體進入飽和區的最小基極電流為$59.2\mu A$

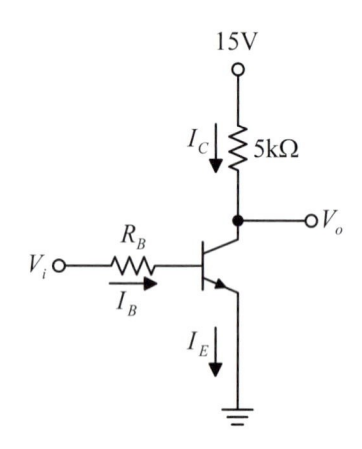

學生練習

6. 如右圖所示,若 $\beta = 100$、$V_{BE} = 0.7\text{ V}$ 且 $V_{CE(sat)} \approx 0\text{ V}$,試求使電晶體進入飽和區的最大基極電阻 R_B 為何?
(A)45kΩ　(B)65kΩ　(C)75kΩ　(D)80kΩ

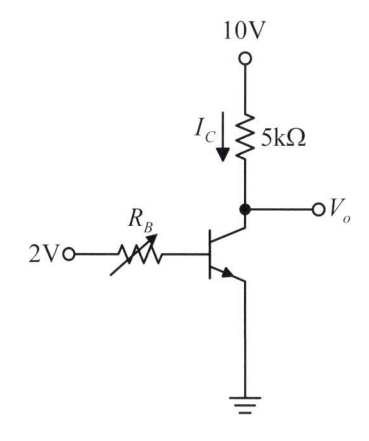

重點 7　電晶體的額定值

1. 最大額定功率 $P_{D(\max)}$

   (1) 最大額定功率是指電晶體在正常工作下,所能承受之最大功率消耗,超過此一功率時,電晶體將會燒燬,因此:_____。

   (2) 下圖為共射極偏壓組態,線段 ab 為 _____ ,線段 cd 為 _____ ,線段 bc 為 _____ ,該曲線為 _____ 。

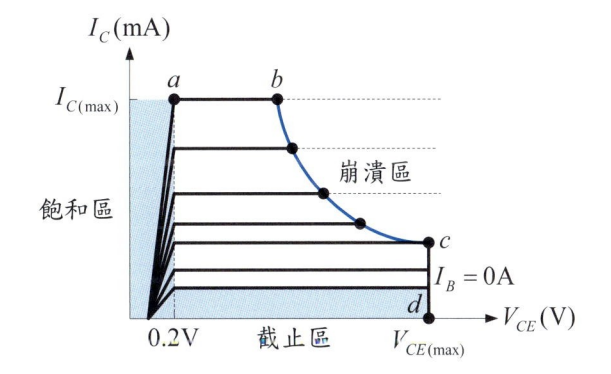

2. 最大額定電壓 $V_{CE(\max)}$

   (1) 電晶體工作在正常偏壓,集-射極所能承受之最大電壓。

   (2) 若 V_{CE} 為最大值,則集極電流 $I_C = \dfrac{P_{D(\max)}}{V_{CE(\max)}}$。

3. 最大額定電流 $I_{C(\max)}$

   (1) 電晶體工作在正常偏壓,集極所能承受之最大電流。

   (2) 若 I_C 為最大值,則集-射極電壓 $V_{CE} = \dfrac{P_{D(\max)}}{I_{C(\max)}}$。

答案:1. (1) $V_{CE} \times I_C < P_{D(\max)}$　　(2) 最大額定電流、最大額定電壓、最大功率曲線、雙曲線

老師講解

7. 下圖所示為共射極放大器及輸出特性曲線，若 $\beta = 100$、$V_{BE} = 0.7\text{ V}$，當電阻 R_B 調整為 200kΩ時的最大集極電流 $I_{C(\max)}$ 為多少安培？

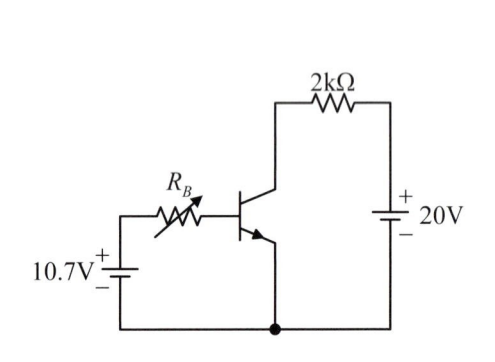

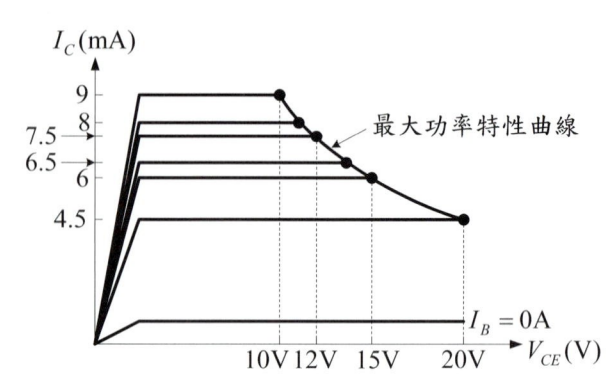

解 (1) 輸入迴路：基極電流 $I_B = \dfrac{10.7\text{V} - 0.7\text{V}}{200\text{k}\Omega} = 50\ \mu\text{A}$

(2) 判斷電晶體工作區域

集極飽和電流 $I_{C(sat)} = \dfrac{20\text{V} - 0.2\text{V}}{2\text{k}\Omega} = 9.9\text{ mA}$

$\beta \times I_B = 100 \times 50\mu\text{A} = 5\text{ mA} < I_{C(sat)}$

(3) 輸出迴路：$V_{CE} = 20 - 5\text{mA} \times 2\text{k}\Omega = 10\text{ V}$

(4) 查看最大功率曲線，可得最大額定功率 $P_{D(\max)} = 90\text{ mW}$

因此 $I_{C(\max)} = \dfrac{90\text{mW}}{10\text{V}} = 9\text{ mA}$

學生練習

7. 承上題所示，當電阻 R_B 調整為250kΩ時的最大集極電流 $I_{C(\max)}$ 為多少安培？
(A)9mA　(B)8mA　(C)7.5mA　(D)6.5mA

第 3 章 雙極性接面電晶體

ABCD 立即練習

基礎題

( )1. 雙極性接面電晶體（BJT）是屬於下列何者控制的元件？
(A)電流 (B)電漿 (C)電磁 (D)光電

( )2. 將BJT電晶體設計為開關用途時，電晶體在哪些區操作？
(A)截止區與作用區
(B)作用區與飽和區
(C)飽和區
(D)截止區與飽和區

( )3. 下列有關電晶體特性之敘述，何者是正確的？
(A)逆向飽和電流隨著溫度的增加而減小
(B)NPN電晶體的多數載子是電洞
(C)基極的寬度最薄
(D)BJT電晶體是屬於單極性元件

( )4. 電晶體BJT操作在主動區時之偏壓，下列何者正確？
(A)BE接面是逆向偏壓，而CB接面是順向偏壓
(B)BE與CB接面都是順向偏壓
(C)BE與CB接面都是逆向偏壓
(D)BE接面是順向偏壓，而CB接面是逆向偏壓

( )5. BJT電晶體寬度最寬與濃度摻雜最低，分別為
(A)射極、基極 (B)集極、基極 (C)集極、集極 (D)射極、集極

( )6. NPN操作在截止區時的接腳電壓大小關係為：
(A)$V_C > V_E > V_B$ (B)$V_E > V_B > V_C$ (C)$V_C > V_B > V_E$ (D)$V_B > V_C > V_E$

( )7. NPN操作在主動區時的接腳電壓大小關係為：
(A)$V_B > V_E > V_C$ (B)$V_E > V_B > V_C$ (C)$V_C > V_B > V_E$ (D)$V_B > V_C > V_E$

( )8. NPN電晶體操作在飽和區時的接腳電壓關係為：
(A)$V_{BE} > 0$、$V_{BC} < 0$、$V_{CE} > 0$
(B)$V_{BE} > 0$、$V_{BC} > 0$、$V_{CE} > 0$
(C)$V_{BE} < 0$、$V_{BC} > 0$、$V_{CE} < 0$
(D)$V_{BE} < 0$、$V_{BC} < 0$、$V_{CE} < 0$

( )9. PNP電晶體操作在主動區時的接腳電壓關係為：
(A)$V_{BE} > 0$、$V_{BC} < 0$、$V_{CE} > 0$
(B)$V_{BE} > 0$、$V_{BC} > 0$、$V_{CE} > 0$
(C)$V_{BE} < 0$、$V_{BC} > 0$、$V_{CE} < 0$
(D)$V_{BE} < 0$、$V_{BC} < 0$、$V_{CE} < 0$

( )10. 假設流入電晶體的電流為正，則NPN雙極性電晶體的直流成分中，何者為負值？
(A)I_B (B)I_C (C)I_E (D)以上皆是

( )11. 假設流出電晶體的電流為正，則PNP雙極性電晶體的直流成分中，何者為正值？
(A)I_B、I_C (B)I_B、I_E (C)I_C、I_E (D)I_E

( )12. I_{CEO}是指
(A)共射極組態電路，$I_B = 0$時之集極電流
(B)共基極組態電路，$I_B = 0$時之集極電流
(C)共射極組態電路，$I_E = 0$時之集極電流
(D)共基極組態電路，$I_E = 0$時之集極電流

( )13. I_{CBO}是指
(A)共射極組態電路，$I_B = 0$時之集極電流
(B)共基極組態電路，$I_B = 0$時之集極電流
(C)共射極組態電路，$I_E = 0$時之集極電流
(D)共基極組態電路，$I_E = 0$時之集極電流

( )14. 電流I_{CBO}是指雙極性接面電晶體在什麼條件時之電流？
(A)基極開路，射、集極順偏　　　(B)射極開路，集、基極順偏
(C)射極開路，集、基極逆偏　　　(D)集極開路，射、基極逆偏

( )15. BJT電晶體之集極電流（I_C），基極電流（I_B），射極電流（I_E），則電流增益（β）＝
(A)$\dfrac{I_E}{I_C}$　(B)$\dfrac{I_C}{I_B}$　(C)$\dfrac{I_E}{I_B}$　(D)$\dfrac{I_B}{I_E}$

( )16. 電晶體的共射極電流增益為β，共基極之電流增益為α，則α值與β值之關係應為
(A)$\dfrac{\alpha}{1-\alpha}$　(B)$\dfrac{1-\alpha}{\alpha}$　(C)$\dfrac{\alpha}{1+\alpha}$　(D)$\dfrac{1+\alpha}{\alpha}$

( )17. 電晶體之基極電流I_B由$40\mu A$增加至$140\mu A$，集極電流I_C由$10mA$增加至$15mA$，則$\beta_{ac}=$　(A)15　(B)20　(C)25　(D)50

( )18. 電晶體之射極電流由$2mA$改變為$2.1mA$時，集極電流$1.91mA$改變為$2mA$，則此電晶體之α值為　(A)1.25　(B)1.00　(C)0.9　(D)0.8

( )19. 電晶體BJT由實驗得知$I_B = 25\mu A$，$I_C = 3mA$，且$V_{CE} = 5V$，則此電晶體的α值應為多少？　(A)0.92　(B)0.964　(C)0.985　(D)0.992

( )20. 電晶體BJT的偏壓為共射極組態，在主動區的電流放大率為β_1、飽和區的電流放大率為β_2、反動區的電流放大率為β_3，則下列敘述何者正確？
(A)$\beta_1 > \beta_3 > \beta_2$　(B)$\beta_1 > \beta_2 > \beta_3$　(C)$\beta_3 > \beta_2 > \beta_1$　(D)$\beta_2 > \beta_1 > \beta_3$

( )21. 偏壓組態為共射極的NPN電晶體，若操作於截止區，下列敘述何者正確？
(A)$I_B = 0$、$V_{CE} \approx 0.2V$　　　(B)$I_B >> 0$、$V_{CE} \approx 0.2V$
(C)$I_B = 0$、$V_{CE} \approx V_{CC}$　　　(D)$I_B >> 0$、$V_{CE} \approx V_{CC}$

( )22. BJT操作於飽和區，下列敘述何者正確？
(A)$I_B = 0$、$V_{CE} \approx 0.2V$　　　(B)$I_C > I_{C(sat)}$、$V_{CE} \approx 0.2V$
(C)$I_B = 0$、$V_{CE} \approx V_{CC}$　　　(D)$I_C < I_{C(sat)}$、$V_{CE} \approx V_{CC}$

( )23. 電晶體BJT放大電路，哪支接腳不得當輸入接腳？
(A)基極（B）　(B)集極（C）　(C)射極（E）　(D)閘極（G）

( )24. 電晶體BJT放大電路，哪支接腳不得當輸出接腳？
(A)基極（B）　(B)集極（C）　(C)射極（E）　(D)閘極（G）

( )25. 欲使電晶體具線性放大作用，必須操作於
(A)截止區　(B)飽和區　(C)主動區　(D)反主動區

( )26. 下列有關電晶體共基極電流放大率α與共射極電流放大率β兩者間的關係式，何者正確？
(A)$\beta = \dfrac{\alpha}{\alpha+1}$　(B)$\beta = \dfrac{\alpha+1}{\alpha}$　(C)$\beta = \dfrac{\alpha}{\alpha-1}$　(D)$\beta = \dfrac{\alpha}{1-\alpha}$

第 3 章 雙極性接面電晶體

( )27. NPN射極電子注入基極，若其中2.5%和基極電洞復合，則此電晶體之α值為
(A)0.035 (B)0.9 (C)0.975 (D)1.035

( )28. 雙極性接面電晶體BJT內部有漏電流I_{CBO}和I_{CEO}，則$\dfrac{I_{CEO}}{I_{CBO}}$應為多少？

(A)1 (B)$\dfrac{\alpha}{1-\alpha}$ (C)$\dfrac{\beta}{1+\beta}$ (D)$1+\beta$

( )29. 電晶體之$I_{CBO}=10\,\mu A$及$\beta=50$，則其I_{CEO}為
(A)$50\mu A$ (B)$80\mu A$ (C)$0.51mA$ (D)$5mA$

( )30. 電晶體之γ參數為
(A)共射極放大之電流增益 (B)共基極放大之電流增益
(C)共集極放大之電流增益 (D)共集極放大之電壓增益

( )31. 雙極性電晶體BJT的I_{CBO}值為300nA，且其I_{CEO}值為30μA，則此電晶體的β增益為多少？ (A)10 (B)99 (C)100 (D)101

( )32. NPN電晶體，其$\beta=100$，且流入集極電流為1.2A，流入基極電流為14mA，則此電晶體處在 (A)截止區 (B)作用區 (C)飽和區 (D)無法判定

( )33. 下列有關雙極性接面電晶體BJT內部電流I_{CEO}與I_{CBO}的關係式，何者正確？
(A)$I_{CBO}=(1+\beta)\times I_{CEO}$ (B)$I_{CEO}=(1+\beta)\times I_{CBO}$
(C)$I_{CBO}=(1+\alpha)\times I_{CEO}$ (D)$I_{CEO}=\dfrac{I_{CBO}}{1+\beta}$

( )34. 電晶體全部寬度和基極寬度的比值是
(A)150：1 (B)100：1 (C)50：1 (D)25：1

( )35. 當溫度升高基-射極間的切入電壓V_{BE}
(A)上升（就NPN電晶體而言） (B)上升（就PNP晶體而言）
(C)降低 (D)保持不變

( )36. 關於共基極放大電路之敘述，下列何者為是？
(A)輸入訊號從基極輸入 (B)輸出訊號從射極輸出
(C)輸出訊號從集極輸出 (D)輸入訊號從集極輸入

( )37. 共射極放大電路的輸入端、輸出端分別為
(A)基極、集極 (B)集極、基極 (C)射極、集極 (D)集極、射極

( )38. 如圖(1)所示，若$V_{BE}=0.6\,V$、$V_{CE(sat)}=0.2\,V$且$V_{LED(ON)}=1.6\,V$，試求點亮LED時集極電阻R_C的最小值為何？
(A)1.125kΩ
(B)2.125kΩ
(C)2.5kΩ
(D)5.625kΩ

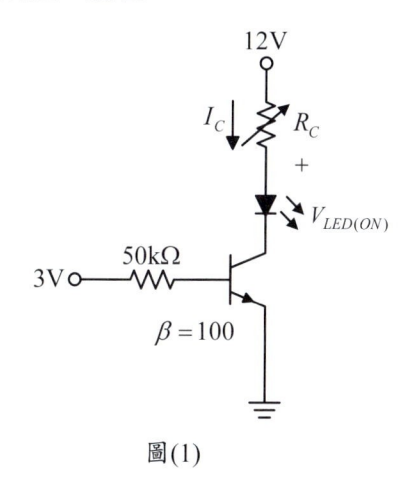

圖(1)

進階題

( )1. 下列有關雙極性接面電晶體的敘述,何者錯誤?
(A)PNP電晶體偏壓於作用區時,$V_{BE}<0$,$V_{CE}<0$,$V_{BC}>0$
(B)電晶體之B極有效寬度愈窄,則β值愈低
(C)將電晶體E、C兩端對調使用,會使得電流注射率β降低
(D)電晶體開關控制電感性負載時,一般是以二極體加在兩端來保護電晶體

( )2. 電晶體的$\alpha = 0.99$,則β為何? (A)98 (B)99 (C)100 (D)101

( )3. 如圖(1)所示,使用電晶體控制繼電器時,二極體之作用為何?
(A)箝位波形 (B)整流波形 (C)加速電晶體之工作速度 (D)保護電晶體

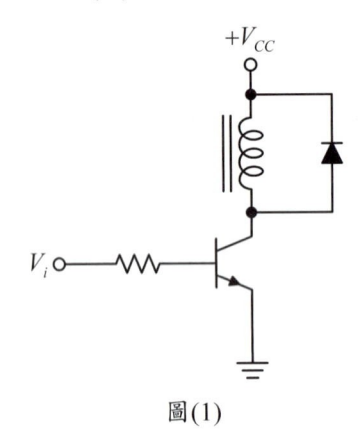

圖(1)

( )4. 某共射極CE電晶體放大器,已知偏壓工作於作用區,且$I_B = 0.05$ mA,$I_E = 5.05$ mA,若$\alpha = \dfrac{a}{b}$,則$4a - b$應為多少? (A)302 (B)299 (C)298 (D)301

( )5. 某雙極性接面電晶體電路之α值的變動範圍為0.95～0.99,則β的變動範圍為何?
(A)19～99 (B)29～89 (C)19～109 (D)29～109

( )6. 下列有關雙極性接面電晶體的結構與特性,何者錯誤?
(A)摻雜濃度最高的是射極 (B)PNP之主要載子為電洞
(C)NPN之主要載子為電子 (D)崩潰電壓集極接合面小於射極接合面

( )7. 下列有關雙極性接面電晶體BJT特性敘述,何者正確?
(A)電晶體BJT為電壓控制元件
(B)$\beta = \dfrac{\alpha}{1+\alpha}$
(C)半導體摻雜濃度愈低,逆向偏壓時所能承受的耐壓愈高
(D)溫度上升時,少數載子濃度會下降

( )8. 下列關於BJT電晶體的敘述,何者正確?
(A)集極摻雜濃度最低,是為了有高的耐壓
(B)射極濃度摻雜最高,是為了有高的散熱
(C)集極摻雜濃度最高,是為了有高的發射效率
(D)集極摻雜濃度最低,是為了有高的放大倍數

( )9. 電晶體於基極斷路時,測得$I_C = 2$ μA,而於射極斷路時,測得$I_C = 50$ nA,若電晶體操作於主動區,且已知$I_B = 50$ μA,則I_C約為多少?
(A)5mA (B)2.5mA (C)3mA (D)2mA

(　　)10. 電晶體依結構可分為 E（射極）、B（基極）、C（集極）三部分，則摻雜濃度與製作寬度，下列何者正確？
(A)摻雜濃度 $E > B > C$；製作寬度 $C > E > B$
(B)摻雜濃度 $C > E > B$；製作寬度 $E > B > C$
(C)摻雜濃度 $C > B > E$；製作寬度 $C > E > B$
(D)摻雜濃度 $E > B > C$；製作寬度 $C > B > E$

(　　)11. 對於電晶體偏壓時，若將射極與集極對調，下列何者正確？
(A)V_{CEO}下降；β下降　　(B)V_{CEO}下降；β增加
(C)V_{CEO}上升；β下降　　(D)V_{CEO}上升；β增加

(　　)12. 有關雙極性接面電晶體（BJT）特性的敘述，下列何者錯誤？
(A)依其摻雜接合方式，可分為NPN型及PNP型兩種
(B)集極摻雜濃度最低，逆向偏壓最高
(C)射極與集極對調使用，增益與耐壓均會降低
(D)PNP型BJT中，多數載子為電洞，主要是由熱擾動所產生

(　　)13. 有一CB組態電晶體工作於主動區，若 $\alpha = 0.95$ 且射極電流 $I_E = 10\text{ mA}$，在溫度為25°C時的 $I_{CBO} = 100\text{ nA}$，試求在溫度為55°C的集極電流 I_C 約為何？
(A)9.5mA　(B)8.5mA　(C)6.6mA　(D)6.1mA

(　　)14. 如圖(2)所示，若 $V_{BE} = 0.6\text{ V}$、$V_{CE(sat)} = 0.2\text{ V}$ 且 $V_{LED(ON)} = 1.8\text{ V}$，試求點亮LED時最小輸入電壓 V_i 為何？
(A)8V　(B)11V　(C)12V　(D)15V

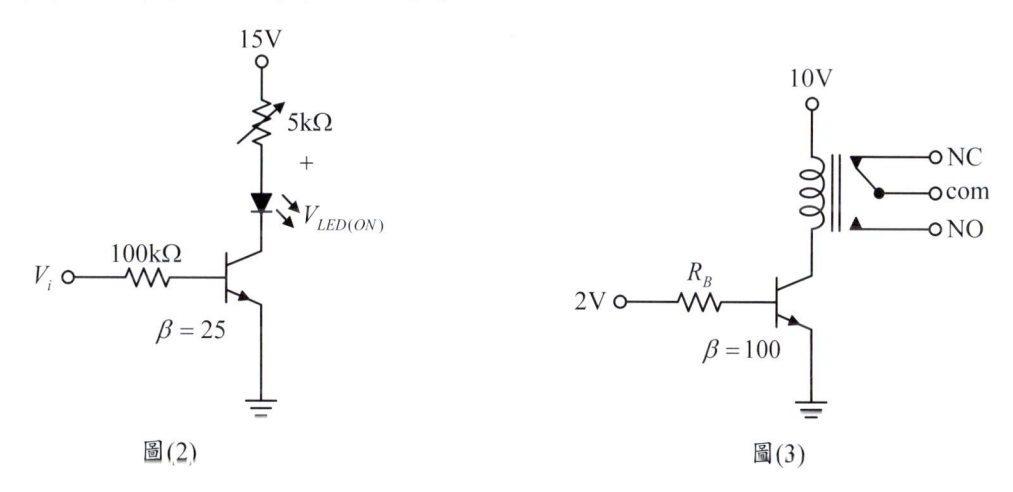

圖(2)

圖(3)

(　　)15. 如圖(3)所示，若繼電器的線圈電阻 $R_{coil} = 20\text{ Ω}$、$V_{BE} = 0.6\text{ V}$ 且 $V_{CE(sat)}$ 可忽略不計，試求繼電器動作時的最大基極電阻 R_B 為何？
(A)560Ω　(B)280Ω　(C)150Ω　(D)100Ω

3-3 雙極性接面電晶體之直流偏壓

105 106 107 108 109 111 112 113

3-3.1 直流工作點與直流負載線

理論重點

重點 1　直流負載線與直流工作點

1. BJT作為放大器，必需操作於主動區，使其特性能線性化，以得到最大不失真。
2. 工作點，又稱 ＿＿＿＿＿＿（quiescent operating point，簡稱為Q點），故直流工作點一般簡稱 ＿＿＿＿＿＿。
3. 工作點的位置位於飽和區、崩潰區與截止區中間。
4. 直流負載線為 ＿＿＿＿＿＿ 與 ＿＿＿＿＿＿ 兩點之連線。

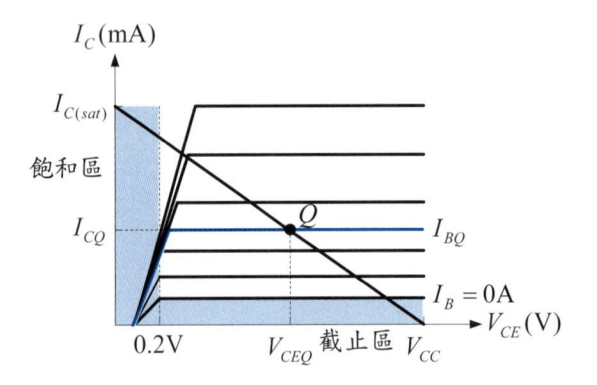

答案：2. 靜態工作點、Q點　　　　4. 飽和點、截止點

重點 2　直流工作點求解流程

Step 1 求解輸入電流：從輸入迴路求解
$\begin{cases} (1) \text{ 共射極（CE）或共集極（CC）} \Rightarrow \text{求解基極電流}I_B \\ (2) \text{ 共基極（CB）} \Rightarrow \text{求解射極電流}I_E \end{cases}$

Step 2 求解集極飽和電流$I_{C(sat)}$：從輸出迴路求解集極飽和電流$I_{C(sat)}$

Step 3 進行飽和判別：
$\begin{cases} (1) \text{ 共射極（CE）或共集極（CC）} \Rightarrow \text{若}I_B \times \beta \geq I_{C(sat)} \\ (2) \text{ 共基極（CB）} \Rightarrow \text{若}I_E \times \alpha \geq I_{C(sat)} \end{cases}$
表示進入飽和區，此時電晶體不具放大作用。

Step 4 求解工作點：

若電晶體未進入飽和區，表示電晶體具線性放大作用，則直流工作點 Q 為：

$$\begin{cases} (1) \ 共射極（CE）或共集極（CC）\Rightarrow Q(V_{CEQ}, I_{CQ}) \\ (2) \ 共基極（CB）\Rightarrow Q(V_{CBQ}, I_{CQ}) \end{cases}$$

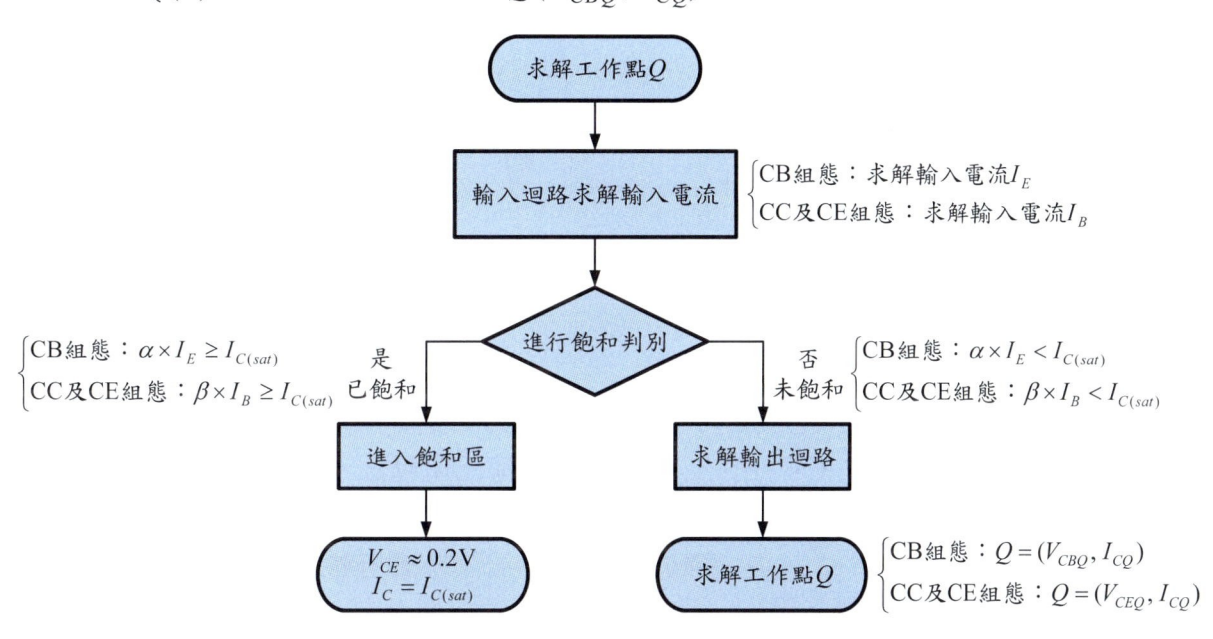

```
                    求解工作點 Q
                         ↓
         ┌────────────────────────────┐     ┌ CB 組態：求解輸入電流 $I_E$
         │  輸入迴路求解輸入電流       │─────┤
         └────────────────────────────┘     └ CC 及 CE 組態：求解輸入電流 $I_B$
                         ↓
                    ◇ 進行飽和判別 ◇
```

$\begin{cases} CB\ 組態：\alpha \times I_E \geq I_{C(sat)} \\ CC\ 及\ CE\ 組態：\beta \times I_B \geq I_{C(sat)} \end{cases}$ 是 / 否 $\begin{cases} CB\ 組態：\alpha \times I_E < I_{C(sat)} \\ CC\ 及\ CE\ 組態：\beta \times I_B < I_{C(sat)} \end{cases}$

已飽和 → 進入飽和區 → $V_{CE} \approx 0.2\text{V}$，$I_C = I_{C(sat)}$

未飽和 → 求解輸出迴路 → 求解工作點 Q $\begin{cases} CB\ 組態：Q = (V_{CBQ}, I_{CQ}) \\ CC\ 及\ CE\ 組態：Q = (V_{CEQ}, I_{CQ}) \end{cases}$

3-3.2 直流工作點與輸出交流信號的關係

理論重點

重點 1 工作點位置對於輸出信號的影響

1. 共射極組態的工作點

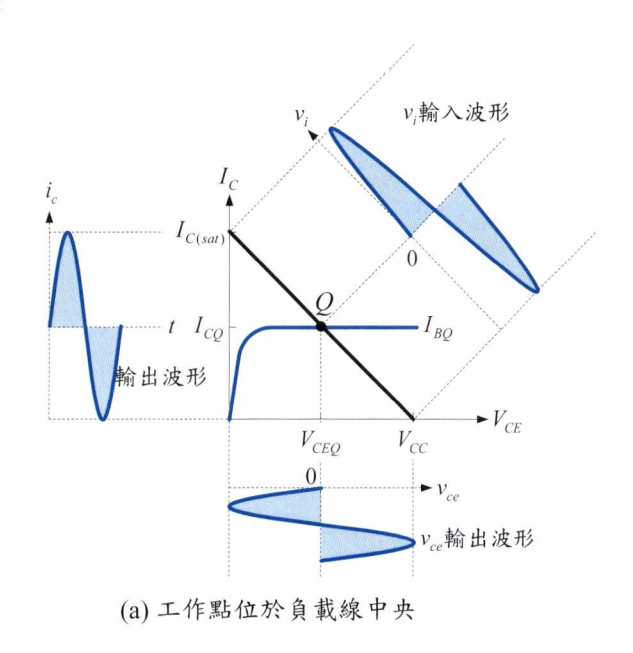

(a) 工作點位於負載線中央

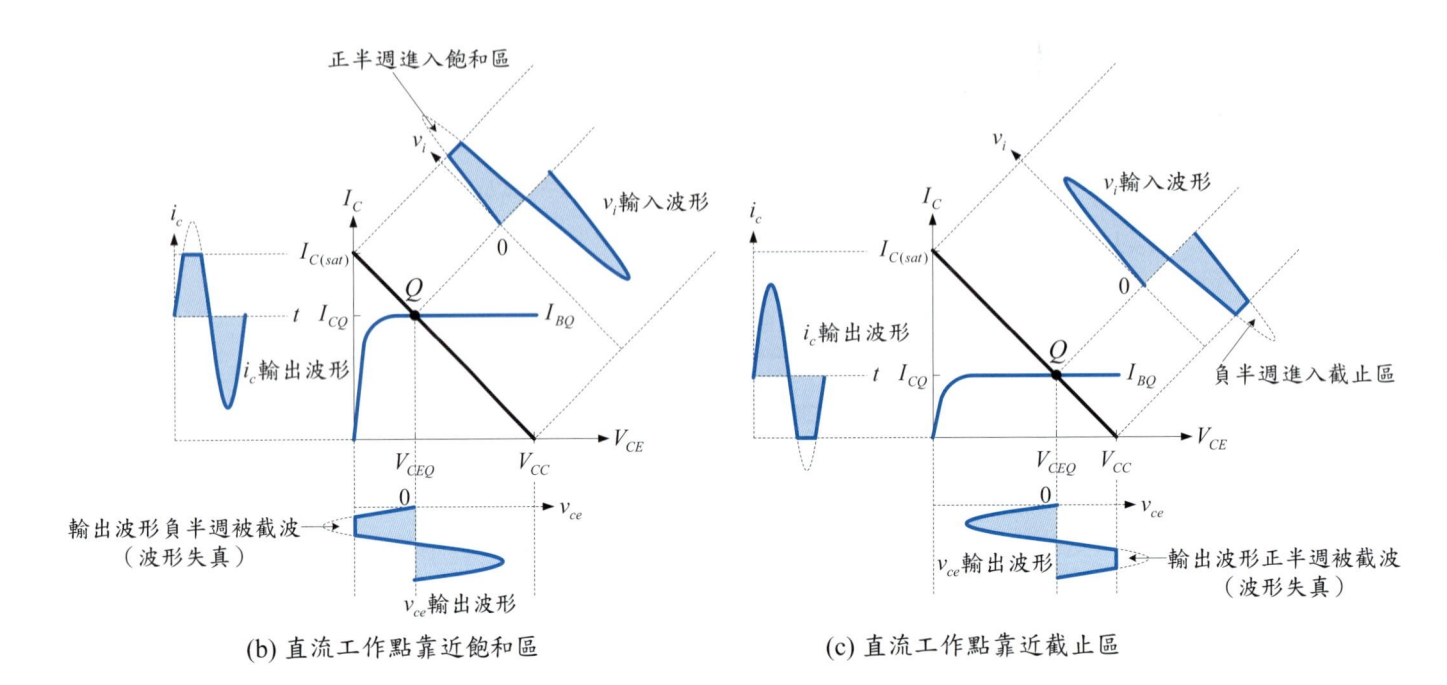

(b) 直流工作點靠近飽和區　　　　　　　(c) 直流工作點靠近截止區

2. 不同組態（CB、CC、CE）的工作點位置與輸出電壓波形的關係

組態＼直流工作點位置	靠近飽和區	靠近截止區
共基極（CB）	正半週可能失真	負半週可能失真
共集極（CC）	正半週可能失真	負半週可能失真
共射極（CE）	負半週可能失真	正半週可能失真

重點 2　直流工作點位置的漂移

直流工作點除了受到外加偏壓V_{CC}以及偏壓電阻R_B、R_C的影響之外，也與下列各種因素有關。

1. 電晶體β的影響：
   相同的偏壓電路，選擇β值較大的電晶體，則產生的集極電流I_C也較大，直流工作點會向飽和區移動；相對的，若選擇β值較小的電晶體，則產生的集極電流I_C也較小，直流工作點向截止區移動。

2. 切入電壓V_{BE}與溫度變化的關係：
   溫度每增加1°C矽電晶體的切入電壓V_{BE}下降2.5mV，而鍺晶體的切入電壓V_{BE}下降1mV，因此，溫度上升，直流工作點向飽和區移動；溫度下降，直流工作點向截止區移動。

3. 漏電流I_{CO}與溫度變化的關係：
   溫度約每上升10°C，漏電流增加一倍，因此，溫度上升，直流工作點向飽和區移動；溫度下降，直流工作點向截止區移動。

3-3.3 共射極組態偏壓電路

理論重點

共射極偏壓組態（CE）最常見，區分為 ＿＿＿＿＿＿＿＿、＿＿＿＿＿＿＿＿、
＿＿＿＿＿＿＿＿、＿＿＿＿＿＿＿＿＿＿＿＿ 以及 ＿＿＿＿＿＿＿＿ 等五種。

重點 1 固定偏壓電路

固定偏壓電路，又稱為 ＿＿＿＿＿＿＿＿，
為所有電晶體電路中最基本之偏壓電路，
由於該電路容易受 β 的影響，直流工作點
容易漂移，因此 ＿＿＿＿＿＿＿＿＿，故
不常使用於線性放大的電路，較常用於
＿＿＿＿＿＿＿＿（工作於飽和區或是截止
區）的用途。

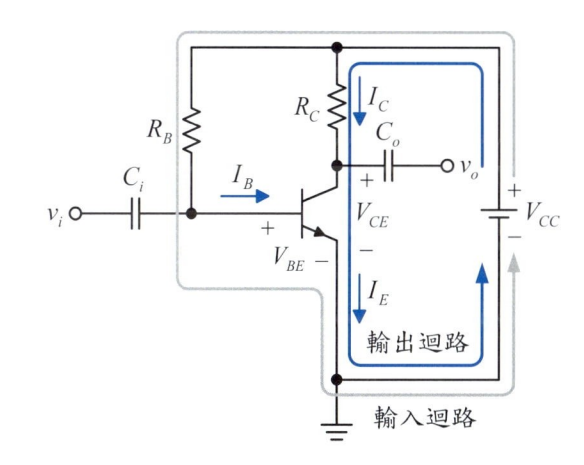

1. 求解工作點 $Q(V_{CEQ}, I_{CQ})$ 的步驟如下：

    Step 1 輸入迴路求解基極電流 I_{BQ}

    $$I_B = I_{BQ} = \frac{V_{CC} - V_{BE}}{R_B}$$

    Step 2 輸出迴路求解集極飽和電流 $I_{C(sat)}$

    $$I_{C(sat)} = \frac{V_{CC} - V_{CE(sat)}}{R_C} = \frac{V_{CC} - 0.2\text{V}}{R_C}$$

    Step 3 進行飽和判別

    (1) 若 $I_B \times \beta \geq I_{C(sat)}$，則該電晶體進入飽和區，則工作點
    $Q(V_{CEQ}, I_{CQ}) = (V_{CE(sat)}, I_{C(sat)})$

    (2) 若 $I_B \times \beta < I_{C(sat)}$，則該電晶體工作於主動區，則工作點
    $Q(V_{CEQ}, I_{CQ})$

    Step 4 若電晶體操作於主動區，則運用輸出迴路求解工作點 $Q(V_{CEQ}, I_{CQ})$

    (1) 集極電流 $I_C = I_{CQ} = \beta \times I_B = \beta \times \dfrac{V_{CC} - V_{BE}}{R_B} \approx \beta \times \dfrac{V_{CC}}{R_B}$

    (2) 集-射極電壓 $V_{CE} = V_{CEQ} = V_{CC} - I_{CQ} \times R_C$

2. 繪製直流負載線

輸出迴路方程式為 $V_{CC} = I_C \times R_C + V_{CE}$，輸出迴路方程式即為直流負載線方程式，輸出特性曲線的X軸為 V_{CE}，而Y軸為 I_C。因此只需要令 $V_{CE} = 0$，即可求出該直線與Y軸的交點；令 $I_C = 0$，即可求出該直線與X軸的交點。

(1) 令 $V_{CE} = 0 \Rightarrow I_C = \dfrac{V_{CC}}{R_C}$（飽和點）

(2) 令 $I_C = 0 \Rightarrow V_{CE} = V_{CC}$（截止點）

(3) 直流負載線：

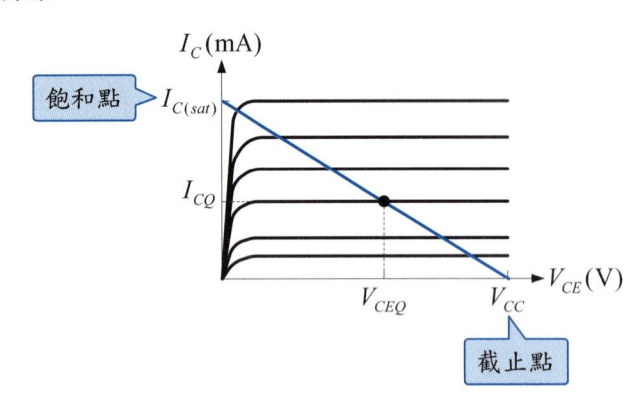

3. 偏壓電阻 R_B、R_C 以及外加電源電壓 V_{CC} 對工作點Q的影響

(1) 僅調整基極電阻 R_B：

◎ 當基極電阻 R_B 增加：$I_B \downarrow I_C \downarrow$
  工作點Q沿著直流負載線由 $Q \Rightarrow D \Rightarrow E \Rightarrow F$（往截止區移動）。

◎ 當基極電阻 R_B 減少：$I_B \uparrow I_C \uparrow$
  工作點Q沿著直流負載線由 $Q \Rightarrow C \Rightarrow B \Rightarrow A$（往飽和區移動）。

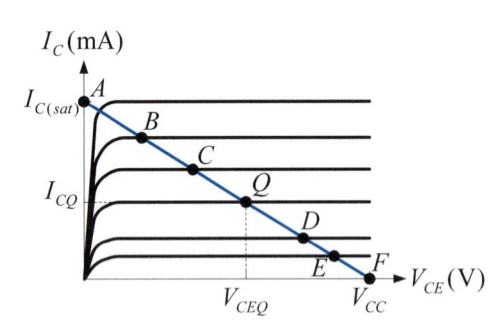

(2) 僅調整集極電阻 R_C：

◎ 當集極電阻 R_C 增加：$V_{CE} \downarrow$
  工作點由Q點移至A點，且直流負載線的|斜率 m|減少。

◎ 當集極電阻 R_C 減少：$V_{CE} \uparrow$
  工作點由Q點移至B點，且直流負載線的|斜率 m|增加。

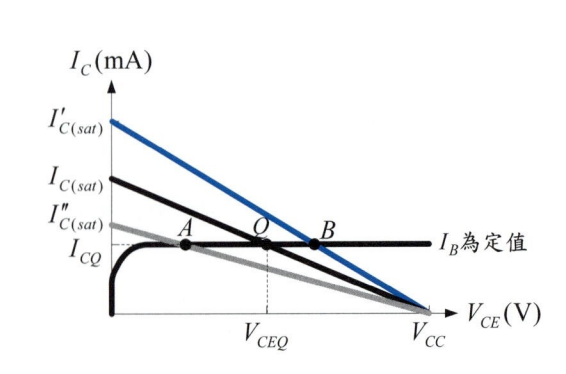

(3) 僅調整電源電壓V_{CC}：

◎ 增加電源電壓V_{CC}：
線段BB'向上移動至線段AA'，且直流負載線的斜率m不變。

◎ 減少電源電壓V_{CC}：
線段BB'向下移動至線段CC'，且直流負載線的斜率m不變。

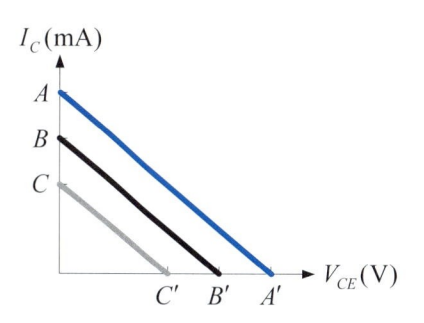

答案：固定偏壓電路、射極回授偏壓電路、集極回授偏壓電路、射極與集極回授偏壓電路、分壓式偏壓電路基極偏壓（base bias）電路、穩定性差、數位開關

老師講解

1. 如下圖所示，若電晶體$V_{BE} = 0.7\text{ V}$、$\beta = 50$、$V_{CC} = 10\text{ V}$、$V_{BB} = 3.7\text{ V}$、$R_B = 50\text{ k}\Omega$、且$R_C = 2\text{ k}\Omega$，試求該放大器的直流負載線與工作點Q為何？

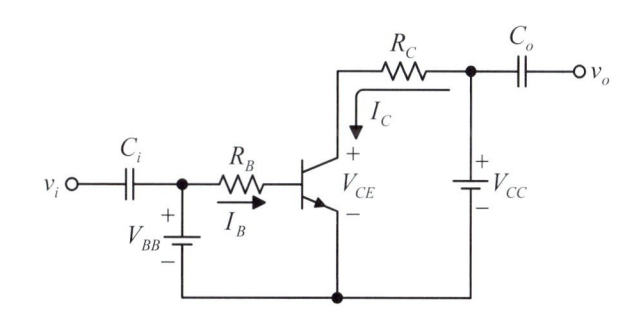

解 (1) 輸入迴路

$$V_{BB} = I_B \times R_B + V_{BE} \Rightarrow I_B = I_{BQ} = \frac{V_{BB} - V_{BE}}{R_B} = \frac{3.7\text{V} - 0.7\text{V}}{50\text{k}\Omega} = 60\ \mu\text{A}$$

(2) 判斷電晶體工作區域

集極飽和電流$I_{C(sat)} = \frac{10\text{V} - 0.2\text{V}}{2\text{k}\Omega} = 4.9\text{ mA}$

$\beta \times I_B = 50 \times 60\mu\text{A} = 3\text{ mA} < I_{C(sat)}$，故工作於主動區

(3) 輸出迴路

$$V_{CC} = I_C \times R_C + V_{CE} \Rightarrow V_{CE} = V_{CC} - I_C \times R_C = 10 - 3\text{mA} \times 2\text{k}\Omega = 4\text{ V}$$

故工作點$Q(V_{CEQ}, I_{CQ}) = Q(4\text{V}, 3\text{mA})$

(4) 繪製直流負載線：$V_{CC} = I_C \times R_C + V_{CE}$

飽和點：

令$V_{CE} = 0 \Rightarrow I_C = \frac{V_{CC}}{R_C} = \frac{10\text{V}}{2\text{k}\Omega} = 5\text{ mA}$

截止點：

令$I_C = 0 \Rightarrow V_{CE} = V_{CC} = 10\text{ V}$

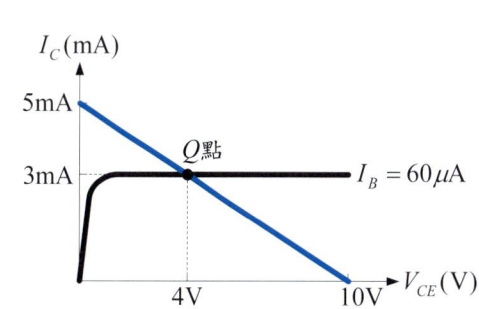

學生練習

1. 如右圖所示為共射極固定偏壓法，若 $V_{BE} = 0.7$ V、$V_{CE(sat)} = 0.2$ V、$R_B = 500$ kΩ、$\beta = 100$ 且 $R_C = 1$ kΩ，試求工作點 $Q(V_{CEQ}, I_{CQ})$ 為何？

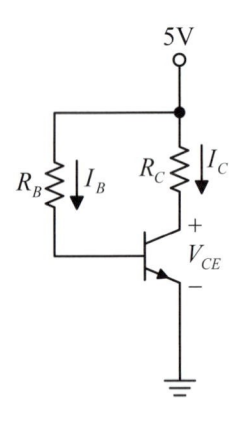

老師講解

2. 如下圖所示為共射極固定偏壓電路，工作點位置為 Q 點，若將電阻 R_B 增加，則新的工作點位置可能為何點？
(A)A點　(B)B點　(C)C點　(D)D點

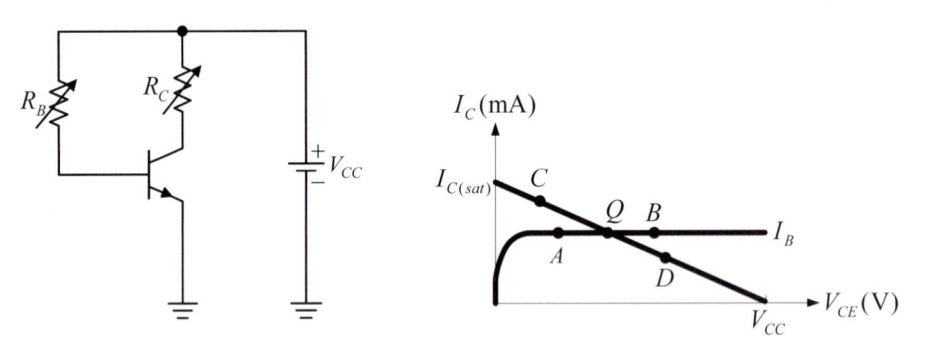

解 (D)

$R_B \uparrow I_B \downarrow I_C \downarrow V_{CE} \uparrow$（$V_{CE} = V_{CC} - I_C \times R_C$），因此新的工作點位置可能為 D 點。

學生練習

2. 承上題所示，若將電阻 R_C 增加，則新的工作點位置可能為何點？
(A)A點　(B)B點　(C)C點　(D)D點

重點 2　射極回授偏壓電路

射極回授偏壓（emitter feedback bias）電路，與固定偏壓電路最大的差別在於多一個射極電阻 R_E，此電阻提供了負回授的路徑，主要目的為改善固定偏壓電路的工作點 Q 受到 β 值的影響而造成的漂移現象。

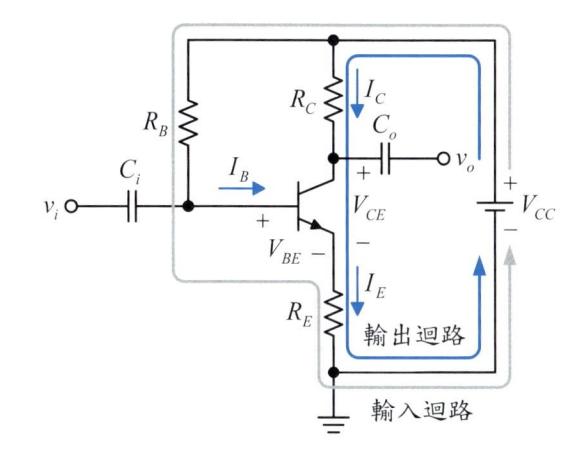

1. 溫度與工作點的關係：

   當溫度 T 上升，造成的連鎖反應：

   $$T\uparrow \beta\uparrow \underline{I_C\uparrow} I_E\uparrow V_E\,(V_E=I_E R_E)\uparrow V_B\,(V_B=V_{BE}+V_E)\uparrow I_B\,(I_B=\frac{V_{CC}-V_B}{R_B})\downarrow \underline{I_C\downarrow}$$

   自動調節作用（負回授）

2. 求解工作點 $Q(V_{CEQ}, I_{CQ})$ 的步驟如下：

   Step 1　輸入迴路求解基極電流 I_{BQ}

   $$V_{CC}=I_B\times R_B+V_{BE}+(1+\beta)\times I_B\times R_E,\ I_B=I_{BQ}=\frac{V_{CC}-V_{BE}}{R_B+(1+\beta)\times R_E}$$

   Step 2　輸出迴路求解集極飽和電流 $I_{C(sat)}$

   $$I_{C(sat)}=\frac{V_{CC}-V_{CE(sat)}}{R_C+R_E}$$

   Step 3　進行飽和判別

   (1) 若 $I_B\times\beta > I_{C(sat)}$，則該電晶體進入飽和區，則工作點 $Q(V_{CEQ}, I_{CQ})=(V_{CE(sat)}, I_{C(sat)})$

   (2) 若 $I_B\times\beta < I_{C(sat)}$，則該電晶體工作於主動區，則工作點 $Q(V_{CEQ}, I_{CQ})$

   Step 4　若電晶體操作於主動區，則運用輸出迴路求解工作點 $Q(V_{CEQ}, I_{CQ})$

   (1) 集極電流 $I_C=I_{CQ}=\beta\times I_B=\beta\times\dfrac{V_{CC}-V_{BE}}{R_B+(1+\beta)\times R_E}$

   (2) 集-射極電壓 $V_{CE}=V_{CEQ}=V_{CC}-I_C\times R_C-I_E\times R_E$
   $$\approx V_{CC}-I_C\times(R_C+R_E)$$

3. 繪製直流負載線

輸出迴路方程式為 $V_{CC} = I_C \times (R_C + R_E) + V_{CE}$，輸出迴路方程式即為直流負載線方程式，輸出特性曲線的X軸為V_{CE}，而Y軸為I_C。因此只需要令$V_{CE} = 0$，即可求出該直線與Y軸的交點；令$I_C = 0$，即可求出該直線與X軸的交點。

(1) 令 $V_{CE} = 0 \Rightarrow I_C = \dfrac{V_{CC}}{R_C + R_E} \approx I_{C(sat)}$（飽和點）

(2) 令 $I_C = 0 \Rightarrow V_{CE} = V_{CC}$（截止點）

(3) 直流負載線：

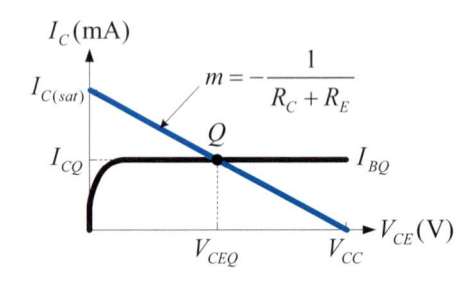

老師講解

3. 如右圖所示電路，若 $V_{CC} = 16\text{ V}$、$V_{BE} = 0.7\text{ V}$、$\beta = 99$、$R_B = 400\text{ k}\Omega$、$R_C = 2\text{ k}\Omega$、$R_E = 2\text{ k}\Omega$，試求

(1) 基極電流I_B

(2) 集極電流I_C

(3) 電晶體工作區域

(4) 集極-射極電壓V_{CE}，分別為何？

解 (1) 由基極-射極間的輸入迴路，運用克希荷夫電壓定律（KVL），可得基極電流I_B

$$I_B = \dfrac{V_{CC} - V_{BE}}{R_B + (1+\beta) \times R_E} = \dfrac{16\text{V} - 0.7\text{V}}{400\text{k}\Omega + (1+99) \times 2\text{k}\Omega} = 25.5\ \mu\text{A}$$

(2) 集極飽和電流$I_{C(sat)}$

$$I_{C(sat)} = \dfrac{V_{CC} - V_{CE(sat)}}{R_C + R_E} \approx \dfrac{V_{CC}}{R_C + R_E} = \dfrac{16\text{V}}{2\text{k}\Omega + 2\text{k}\Omega} = 4\text{ mA}$$

(3) $I_B \times \beta = 25.5\mu\text{A} \times 99 = 2.5245\text{ mA} < I_{C(sat)}$，故工作於主動區，且集極電流$I_C = 2.5245\text{ mA}$

(4) 由集極-射極間的輸出迴路，運用克希荷夫電壓定律（KVL），可得電壓V_{CE}

令 $V_{CE} \approx V_{CC} - I_C \times (R_C + R_E) = 16\text{V} - 2.5245\text{mA} \times (2\text{k}\Omega + 2\text{k}\Omega) = 5.902\text{ V}$

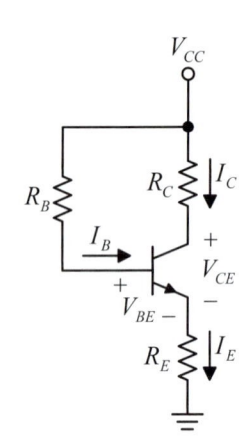

學生練習

3. 承上題所示，若 $V_{CC}=16.7\text{ V}$、$V_{BE}=0.7\text{ V}$、$V_{CE(sat)}=0.2\text{ V}$、$\beta=100$、$R_B=99\text{ k}\Omega$、$R_C=1\text{ k}\Omega$、$R_E=1\text{ k}\Omega$，試求集極-射極電壓 V_{CE} 為何？
(A)10V　(B)8V　(C)6V　(D)0.86V

重點 3　集極回授偏壓電路

集極回授偏壓電路中的基極電阻 R_B 提供了負回授的路徑，因此具有穩定直流工作點之功能。由於集-射極（CE）間的電壓方程式為 $V_{CE}=I_B R_B + V_{BE} > 0.7\text{ V}$（電晶體飽和時 $V_{CE(sat)}=0.2\text{ V}$），因此電晶體絕對不會進入飽和區。

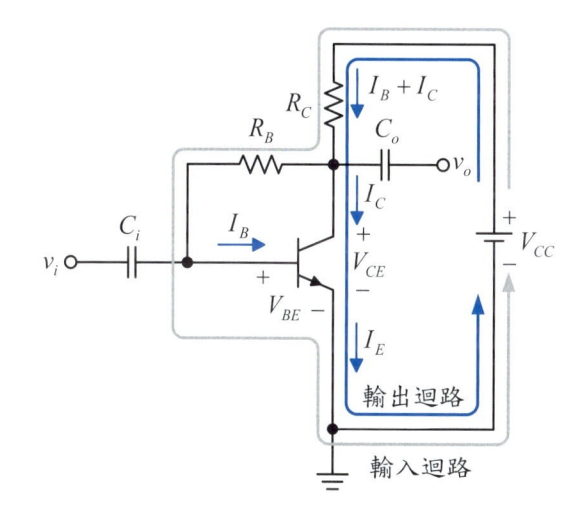

1. 溫度與工作點的關係：

   當溫度 T 上升，造成的連鎖反應：

   $$T\uparrow\ \beta\uparrow\ \underline{I_C\uparrow}\ I_E\uparrow\ V_C\ (V_C=V_{CC}-I_E R_C)\downarrow\ I_B\ (I_B=\frac{V_C-V_{BE}}{R_B})\downarrow\ \underline{I_C\downarrow}$$

   自動調節作用（負回授）

2. 求解工作點 $Q(V_{CEQ}, I_{CQ})$ 的步驟如下：

   Step 1 輸入迴路求解基極電流 I_{BQ}

   $V_{CC}=(I_B+I_C)\times R_C + I_B\times R_B + V_{BE}$，

   又 $V_{CC}=(I_B+\beta\times I_B)\times R_C + I_B\times R_B + V_{BE}$，

   將基極電流 I_B 化簡為：$I_B = I_{BQ} = \dfrac{V_{CC}-V_{BE}}{R_B+(1+\beta)\times R_C}$

   Step 2 電晶體必操作於主動區，所以輸出迴路求解工作點 $Q(V_{CEQ}, I_{CQ})$

   (1) 集極電流 $I_C = I_{CQ} = \beta\times I_B = \beta\times\dfrac{V_{CC}-V_{BE}}{R_B+(1+\beta)\times R_C}$

   (2) 集-射極電壓 $V_{CE} = V_{CEQ} = V_{CC} - I_E\times R_C \approx V_{CC} - I_C\times R_C$

3. 繪製直流負載線

輸出迴路方程式為 $V_{CC} = I_E \times R_C + V_{CE}$（$I_E \approx I_C$），令 $V_{CE} = 0$，即可求出該直線與 Y軸的交點，令 $I_C = 0$，即可求出該直線與X軸的交點。

(1) 令 $V_{CE} = 0 \Rightarrow I_C = \dfrac{V_{CC}}{R_C} \approx I_{C(sat)}$（飽和點）

(2) 令 $I_C = 0 \Rightarrow V_{CE} = V_{CC}$（截止點）

(3) 直流負載線：

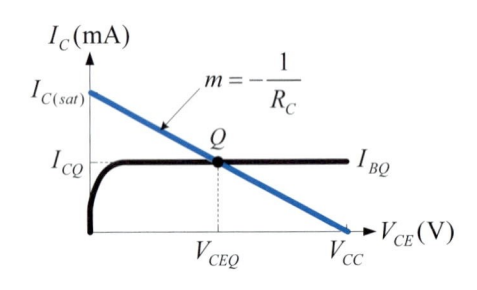

老師講解

4. 如右圖所示電路，若 $V_{CC} = 12.7\,\text{V}$、$V_{BE} = 0.7\,\text{V}$、$\beta = 99$、$R_B = 200\,\text{k}\Omega$、$R_C = 2\,\text{k}\Omega$，試求

(1) 基極電流 I_B

(2) 集極電流 I_C

(3) 集極-射極電壓 V_{CE}，分別為何？

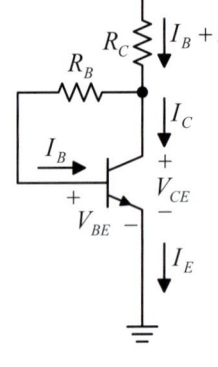

解 (1) 由基極-射極間的輸入迴路，運用克希荷夫電壓定律（KVL），可得基極電流 I_B

$$I_B = \frac{V_{CC} - V_{BE}}{R_B + (1+\beta) \times R_C} = \frac{12.7\text{V} - 0.7\text{V}}{200\text{k}\Omega + (1+99) \times 2\text{k}\Omega} = 30\,\mu\text{A}$$

(2) 電晶體必工作於主動區，故 $I_C = I_B \times \beta = 30\mu\text{A} \times 99 = 2.97\,\text{mA}$

(3) 由集極-射極間的輸出迴路，運用克希荷夫電壓定律（KVL），可得電壓 V_{CE}

$$V_{CE} \approx V_{CC} - I_C \times R_C = 12.7\text{V} - 2.97\text{mA} \times 2\text{k}\Omega = 6.76\,\text{V}$$

學生練習

4. 承上題所示，若 $V_{CC} = 14.7\,\text{V}$、$V_{BE} = 0.7\,\text{V}$、$\beta = 49$、$R_B = 100\,\text{k}\Omega$、$R_C = 5\,\text{k}\Omega$，試求集極-射極電壓 V_{CE} 為何？
(A)4.9V　(B)5.9V　(C)6.8V　(D)7.8V

重點 4　射極回授與集極回授偏壓電路

此電路結合了前述的射極回授偏壓與集極回授偏壓而成，其中電路中的射極電阻 R_E 與基極電阻 R_B 分別提供兩個負回授的路徑，可以使電路獲得更高的穩定度，因此具有穩定直流工作點之功能。由於集射極（CE）間的電壓方程式為 $V_{CE} = I_B R_B + V_{BE} > 0.7 \text{ V}$（電晶體飽和時 $V_{CE(sat)} = 0.2 \text{ V}$），因此電晶體絕對不會進入飽和區。

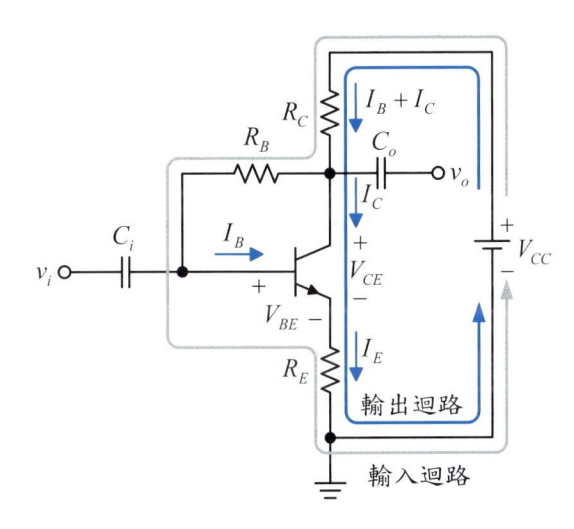

1. 溫度與工作點的關係：

   當溫度 T 上升，造成的連鎖反應：

   $$T \uparrow \beta \uparrow \underline{I_C \uparrow} I_E \uparrow V_{CE} \ (V_{CE} = V_{CC} - I_E(R_C + R_E)) \downarrow I_B \ (I_B = \frac{V_{CE} - V_{BE}}{R_B}) \downarrow \underline{I_C \downarrow}$$

   自動調節作用（負回授）

2. 求解工作點 $Q(V_{CEQ}, I_{CQ})$ 的步驟如下：

   Step 1 輸入迴路求解基極電流 I_{BQ}

   $V_{CC} = (I_B + I_C) \times R_C + I_B \times R_B + V_{BE} + I_E \times R_E$，

   將基極電流 I_B 化簡為：$I_B = I_{BQ} = \dfrac{V_{CC} - V_{BE}}{R_B + (1+\beta) \times (R_C + R_E)}$

   Step 2 電晶體必操作於主動區，所以輸出迴路求解工作點 $Q(V_{CEQ}, I_{CQ})$

   (1) 集極電流 $I_C = I_{CQ} = \beta \times I_B = \beta \times \dfrac{V_{CC} - V_{BE}}{R_B + (1+\beta) \times (R_C + R_E)}$

   (2) 集-射極電壓

   $V_{CE} = V_{CEQ} = V_{CC} - I_E \times R_C - I_E \times R_E \approx V_{CC} - I_C \times (R_C + R_E)$

3. 繪製直流負載線

   輸出迴路方程式為 $V_{CE} = V_{CC} - I_E \times R_C - I_E \times R_E$，由於 $I_C \approx I_E$，因此 $V_{CE} = V_{CC} - I_C \times (R_C + R_E)$。

   (1) 令 $V_{CE} = 0 \Rightarrow I_C = \dfrac{V_{CC}}{R_C + R_E} \approx I_{C(sat)}$（飽和點）

   (2) 令 $I_C = 0 \Rightarrow V_{CE} = V_{CC}$（截止點）

   (3) 直流負載線：

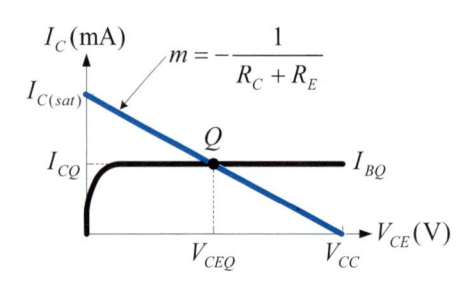

老師講解

5. 如右圖所示電路，若 $V_{CC} = 15.7\ \text{V}$、$V_{BE} = 0.7\ \text{V}$、$\beta = 49$、$R_B = 150\ \text{k}\Omega$、$R_C = 2\ \text{k}\Omega$、$R_E = 1\ \text{k}\Omega$，試求

   (1) 基極電流 I_B

   (2) 射極電流 I_E

   (3) 集極-射極電壓 V_{CE}，分別為何？

   解 (1) 由基極-射極間的輸入迴路，運用克希荷夫電壓定律（KVL），可得基極電流 I_B

   $$I_B = \frac{V_{CC} - V_{BE}}{R_B + (1+\beta) \times (R_C + R_E)} = \frac{15.7\text{V} - 0.7\text{V}}{150\text{k}\Omega + (1+49) \times (2\text{k}\Omega + 1\text{k}\Omega)} = 50\ \mu\text{A}$$

   (2) 電晶體必工作於主動區，故 $I_E = I_B \times (1+\beta) = 50\mu\text{A} \times 50 = 2.5\ \text{mA}$

   (3) 由集極-射極間的輸出迴路，運用克希荷夫電壓定律（KVL），可得電壓 V_{CE}

   $V_{CE} = V_{CC} - I_E \times (R_C + R_E) = 15.7\text{V} - 2.5\text{mA} \times 3\text{k}\Omega = 8.2\ \text{V}$

學生練習

5. 承上題所示，若 $V_{CC} = 15.7\ \text{V}$、$V_{BE} = 0.7\ \text{V}$、$\beta = 29$、$R_B = 250\ \text{k}\Omega$、$R_C = 3\ \text{k}\Omega$、$R_E = 2\ \text{k}\Omega$，試求集極-射極電壓 V_{CE} 為何？
   (A) 6V　(B) 8V　(C) 10V　(D) 12V

重點 5　分壓式偏壓電路

分壓式偏壓（voltage-divider bias）電路又稱為**自給偏壓**（self-bias）電路。由於當電晶體的 β 值夠大時，當 $(1+\beta) \times R_E \gg R_{th}$ 時，則 I_C 不受 β 值的影響，而當 $E_{th} > V_{BE}$ 時，則 I_C 不受 V_{BE} 的影響，且回授電阻 R_E 抵消了 I_C 的變動，故該電路的直流工作點 Q 的位置幾乎與 β 值無關，故此電路又稱為與 β 無關的電路。

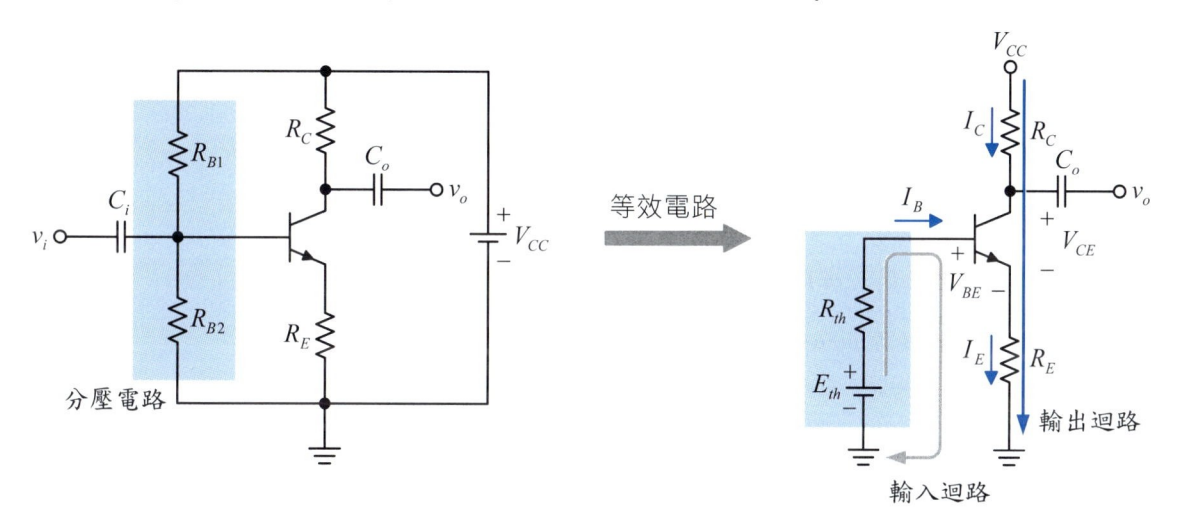

精確解

1. 先將電路化簡戴維寧等效電路

    $R_{th} = R_{B1} // R_{B2}$；$E_{th} = V_{CC} \times \dfrac{R_{B2}}{R_{B1} + R_{B2}}$

2. 求解工作點 $Q(V_{CEQ}, I_{CQ})$ 的步驟如下：

    Step 1　輸入迴路求解基極電流 I_{BQ}

    $E_{th} = I_B \times R_{th} + V_{BE} + I_E \times R_E$，

    輸入迴路又可改寫為 $E_{th} = I_B \times R_{th} + V_{BE} + (1+\beta) \times I_B \times R_E$，

    將基極電流 I_B 化簡為：$I_B = I_{BQ} = \dfrac{E_{th} - V_{BE}}{R_{th} + (1+\beta) \times R_E}$

    Step 2　輸出迴路求解集極飽和電流 $I_{C(sat)}$

    $I_{C(sat)} \approx \dfrac{V_{CC} - V_{CE(sat)}}{R_C + R_E}$

    Step 3　進行飽和判別

    (1) 若 $I_B \times \beta \geq I_{C(sat)}$，則該電晶體進入飽和區，則工作點
    $Q(V_{CEQ}, I_{CQ}) = (V_{CE(sat)}, I_{C(sat)})$

    (2) 若 $I_B \times \beta < I_{C(sat)}$，則該電晶體工作於主動區，則工作點
    $Q(V_{CEQ}, I_{CQ})$

Step 4 若電晶體操作於主動區，則運用輸出迴路求解工作點 $Q(V_{CEQ}, I_{CQ})$

(1) 集極電流 $I_C = I_{CQ} = \beta \times I_B = \beta \times \dfrac{E_{th} - V_{BE}}{R_{th} + (1+\beta) \times R_E}$

(2) 集-射極電壓 $V_{CE} = V_{CEQ} = V_{CC} - I_C \times R_C - I_E \times R_E$

3. 繪製直流負載線

輸出迴路方程式為 $V_{CE} = V_{CC} - I_C \times R_C - I_E \times R_E$，由於 $I_C \approx I_E$，因此 $V_{CE} = V_{CC} - I_C \times (R_C + R_E)$。

(1) 令 $V_{CE} = 0 \Rightarrow I_C = \dfrac{V_{CC}}{R_C + R_E} \approx I_{C(sat)}$（飽和點）

(2) 令 $I_C = 0 \Rightarrow V_{CE} = V_{CC}$（截止點）

(3) 直流負載線：

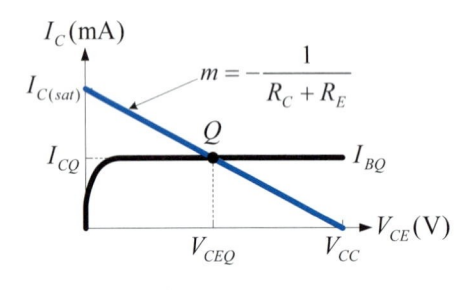

近似解

條件：當符合 $(1+\beta) \times R_E \gg R_{th}$，就可令基極電流 $I_B = 0\ \text{A}$

Step 1 求解基極電壓 V_B

$V_B = E_{th} = V_{CC} \times \dfrac{R_{B2}}{R_{B1} + R_{B2}}$

Step 2 求解射極電壓 V_E

$V_E = V_B - V_{BE}$

（其中 V_{BE} 為電晶體的切入電壓）

Step 3 求解射極電流

$I_E \approx I_C = \dfrac{V_E}{R_E}$

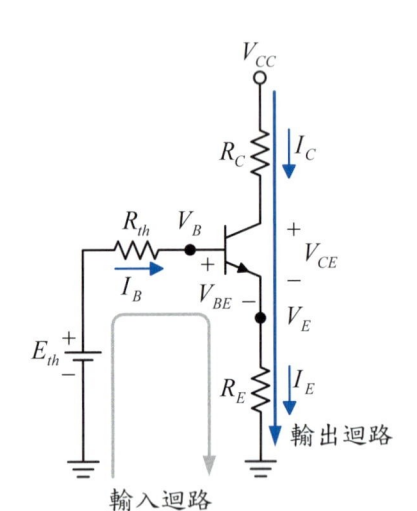

Step 4 若電晶體操作於主動區，則運用輸出迴路求解工作點 $Q(V_{CEQ}, I_{CQ})$

$V_{CE} = V_{CEQ} = V_{CC} - I_C \times R_C - I_E \times R_E \approx V_{CC} - I_C \times (R_C + R_E)$

老師講解

6. 如下圖所示電路，若 $V_{CC} = 12\ V$、$V_{BE} = 0.7\ V$、$\beta = 99$、$R_{B1} = 90\ k\Omega$、$R_{B2} = 10\ k\Omega$、$R_C = 4\ k\Omega$、$R_E = 1\ k\Omega$，試求

(1) 基極電流 I_B　　(2) 集極電流 I_C　　(3) 集極-射極電壓 V_{CE}，分別為何？

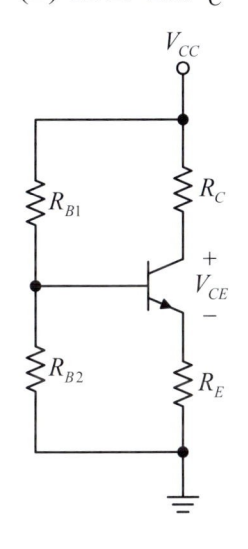

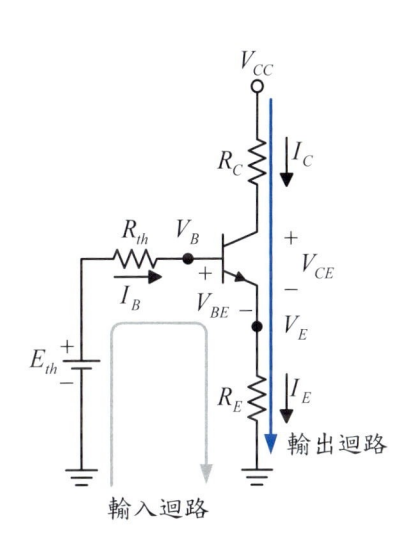

解 將電路化簡為戴維寧等效電路

(1) 戴維寧等效電壓 $E_{th} = V_{CC} \times \dfrac{R_{B2}}{R_{B1} + R_{B2}} = 12V \times \dfrac{10k\Omega}{10k\Omega + 90k\Omega} = 1.2\ V$

(2) 戴維寧等效電阻 $R_{th} = R_{B1} // R_{B2} = 10k\Omega // 90k\Omega = 9\ k\Omega$

(3) 由基極-射極間的輸入迴路，運用克希荷夫電壓定律（KVL），可得基極電流 I_B

$$I_B = \frac{E_{th} - V_{BE}}{R_{th} + (1+\beta) \times R_E} = \frac{1.2V - 0.7V}{9k\Omega + (1+99) \times 1k\Omega} \approx 4.6\ \mu A$$

(4) 集極飽和電流 $I_{C(sat)} \approx \dfrac{V_{CC} - V_{CE(sat)}}{R_C + R_E} = \dfrac{12V - 0.2V}{4k\Omega + 1k\Omega} \approx 2.36\ mA$

(5) $I_B \times \beta = 4.6\mu A \times 99 = 0.45\ mA < I_{C(sat)}$，故電晶體工作於主動區，且 $I_C = 0.45\ mA$

(6) 由集極-射極間的輸出迴路，運用克希荷夫電壓定律（KVL），可得電壓 V_{CE}

$$V_{CE} \approx V_{CC} - I_C \times (R_C + R_E) = 12V - 0.45mA \times (4k\Omega + 1k\Omega) = 9.75\ V$$

學生練習

6. 如上題所示，以近似解分析集極-射極電壓 V_{CE} 為何？
(A) 9.25V　(B) 9.5V　(C) 9.75V　(D) 10V

3-3.4 共基極組態偏壓電路

理論重點

共基極組態放大電路,其輸入信號由射極(E)輸入而輸出信號由集極(C)取出,該電路需要兩組直流電源,且輸入阻抗小、輸出阻抗大、電流增益小而電壓增益大,一般常用於高頻電路。

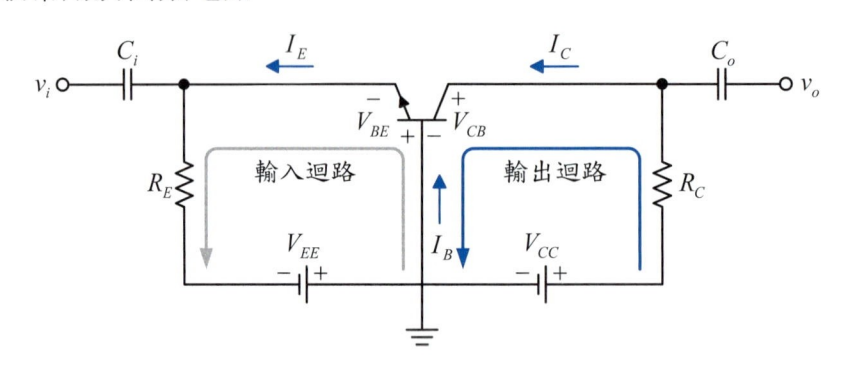

1. 溫度與工作點的關係:

   當溫度 T 上升,造成的連鎖反應:

   $$T\uparrow \beta\uparrow I_B\uparrow \underline{I_C\uparrow} I_E\uparrow V_{BE}\ (V_{BE}=V_{EE}-I_E\times R_E)\downarrow \underline{I_C=I_S(e^{\frac{V_{BE}}{\eta\times V_T}}-1)\downarrow}$$

   自動調節作用(負回授)

2. 求解工作點 $Q(V_{CBQ}, I_{CQ})$ 的步驟如下:

   Step 1 輸入迴路求解射極電流 I_{EQ}

   輸入迴路的電壓方程式為 $V_{EE}=V_{BE}+I_E\times R_E$,

   將射極電流 I_E 化簡為:$I_E=\dfrac{V_{EE}-V_{BE}}{R_E}$,且 $I_C=\alpha\times I_E$

   Step 2 輸出迴路求解集極飽和電流 $I_{C(sat)}$

   $$I_{C(sat)}=\dfrac{V_{CC}-V_{CE(sat)}+V_{BE}}{R_C}\approx \dfrac{V_{CC}}{R_C}$$

   Step 3 進行飽和判別

   (1) 若 $I_E\times \alpha\geq I_{C(sat)}$,則該電晶體進入飽和區,則工作點 $Q(V_{CBQ}, I_{CQ})=(V_{CB(sat)}, I_{C(sat)})$

   (2) 若 $I_E\times \alpha< I_{C(sat)}$,則該電晶體工作於主動區,則工作點 $Q(V_{CBQ}, I_{CQ})$

Step 4 若電晶體操作於主動區，則運用輸出迴路求解工作點 $Q(V_{CBQ}, I_{CQ})$

(1) 集極電流 $I_C = I_{CQ} = \alpha \times I_E = \alpha \times \dfrac{V_{EE} - V_{BE}}{R_E}$

(2) 集-基極電壓 $V_{CB} = V_{CBQ} = V_{CC} - I_C \times R_C$

3. 繪製直流負載線

輸出迴路方程式為 $V_{CC} = V_{CB} + I_C \times R_C$，輸出特性曲線的X軸為 V_{CB}，而Y軸為 I_C，因此只需要令 $V_{CB} = 0$，即可求出該直線與Y軸的交點，令 $I_C = 0$，即可求出該直線與X軸的交點，分析如下：

(1) 令 $V_{CB} = 0 \Rightarrow I_C = \dfrac{V_{CC}}{R_C} \approx I_{C(sat)}$（飽和點）

(2) 令 $I_C = 0 \Rightarrow V_{CB} = V_{CC}$（截止點）

(3) 直流負載線：

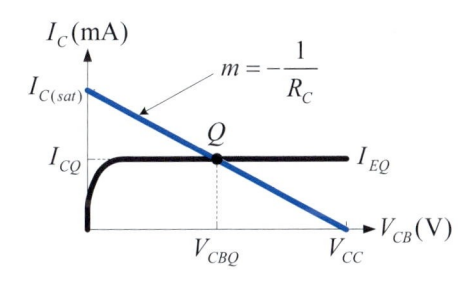

老師講解

7. 如右圖所示電路，若電晶體 $\alpha = 0.95$、$V_{EE} = 10.7\,\text{V}$、$V_{CC} = 18\,\text{V}$、$V_{BE} = 0.7\,\text{V}$、$R_C = 2\,\text{k}\Omega$、$R_E = 2.5\,\text{k}\Omega$，試求

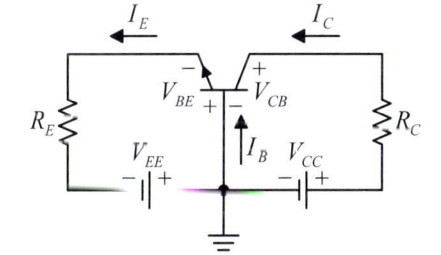

(1) 射極電流 I_E

(2) 集極電流 I_C

(3) 集極-基極電壓 V_{CB}，分別為何？

解 (1) 輸入迴路：利用克希荷夫電壓定律（KVL），可得輸入迴路 $V_{EE} = V_{BE} + I_E \times R_E$

$$I_E = \dfrac{V_{EE} - V_{BE}}{R_E} = \dfrac{10.7 - 0.7}{2.5\text{k}\Omega} = 4\,\text{mA}$$

(2) 集極飽和電流 $I_{C(sat)} = \dfrac{V_{CC} - V_{CE(sat)} + V_{BE}}{R_C} \approx \dfrac{V_{CC}}{R_C} = \dfrac{18\text{V}}{2\text{k}\Omega} = 9\,\text{mA}$

(3) 集極電流 $I_C = \alpha \times I_E = 0.95 \times 4\text{mA} = 3.8\,\text{mA}$

(4) $I_C < I_{C(sat)}$，故電晶體工作於主動區

(5) $V_{CB} = V_{CC} - I_C \times R_C = 18\text{V} - 3.8\text{mA} \times 2\text{k}\Omega = 10.4\,\text{V}$

學生練習

7. 如右圖所示，若電晶體 $\alpha = 0.98$、$V_{EE} = 10.7\text{ V}$、$V_{CC} = 12\text{ V}$、$V_{EB} = 0.7\text{ V}$、$R_C = 3\text{ k}\Omega$、$R_E = 5\text{ k}\Omega$，試求基極-集極電壓 V_{BC} 約為何？
   (A)6V　(B)7V　(C)8V　(D)9V

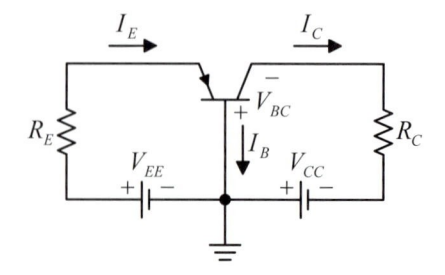

ABCD 立即練習

基礎題

( )1. 共射極偏壓電路中，下列何種偏壓方法的直流工作點，最容易受到溫度之影響？
　　(A)固定偏壓電路　　　　　　　　(B)集極回授偏壓電路
　　(C)射極回授偏壓電路　　　　　　(D)分壓式偏壓電路

( )2. 共射極偏壓電路中，下列何種偏壓方法的直流工作點，不會進入飽和區？
　　(A)固定偏壓電路　　　　　　　　(B)集極回授偏壓電路
　　(C)射極回授偏壓電路　　　　　　(D)分壓式偏壓電路

( )3. 共射極偏壓電路中，下列何種偏壓方法的直流工作點最穩定？
　　(A)固定偏壓電路　　　　　　　　(B)集極回授偏壓電路
　　(C)射極回授偏壓電路　　　　　　(D)分壓式偏壓電路

( )4. 在矽質電晶體中，I_{CO} 及 V_{BE} 的變化，哪一種原因受溫度影響 I_C 最大？
　　(A)I_{CO}　(B)V_{BE}　(C)兩者差不多　(D)不一定

( )5. 有關電晶體之偏壓電路的工作點，下列何者受 β 改變之影響最大？
　　(A)固定偏壓　(B)集極回授偏壓　(C)分壓偏壓　(D)射極回授偏壓

( )6. 在鍺質電晶體中，何者是溫度影響 I_C 的主要原因？
　　(A)I_{CO}　(B)I_B　(C)V_{BE}　(D)β

( )7. 在常溫下，溫度增加，則雙極性電晶體的基射極電壓 V_{BE} 會產生什麼變化？
　　(A)減少　(B)不變　(C)增加　(D)減少後增加

( )8. 如圖(1)所示，若雙極性接面電晶體為矽質材料，$\beta = 100$，則電路之集極電流 I_C 為何？　(A)1.96mA　(B)2.45mA　(C)5mA　(D)8.6mA

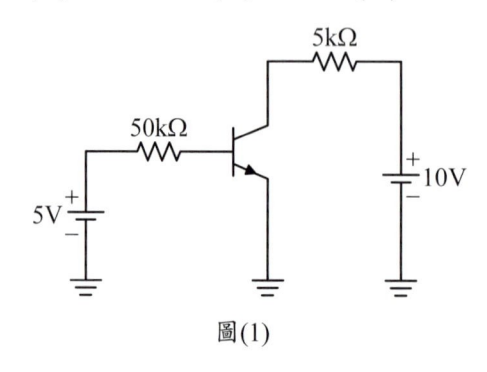

圖(1)

第 3 章 雙極性接面電晶體

(　)9. 如圖(2)所示，若雙極性接面電晶體為矽質材料，$\beta = 50$，則電路之集極電壓V_C為何？
(A)0.2V　(B)6.56V　(C)7.85V　(D)8.6V

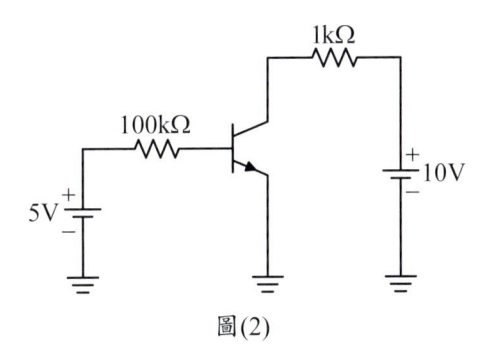

圖(2)

(　)10. 如圖(3)所示，若集極電流為5mA，則V_{CE}為何？
(A)2.5V　(B)4V　(C)5V　(D)5.6V

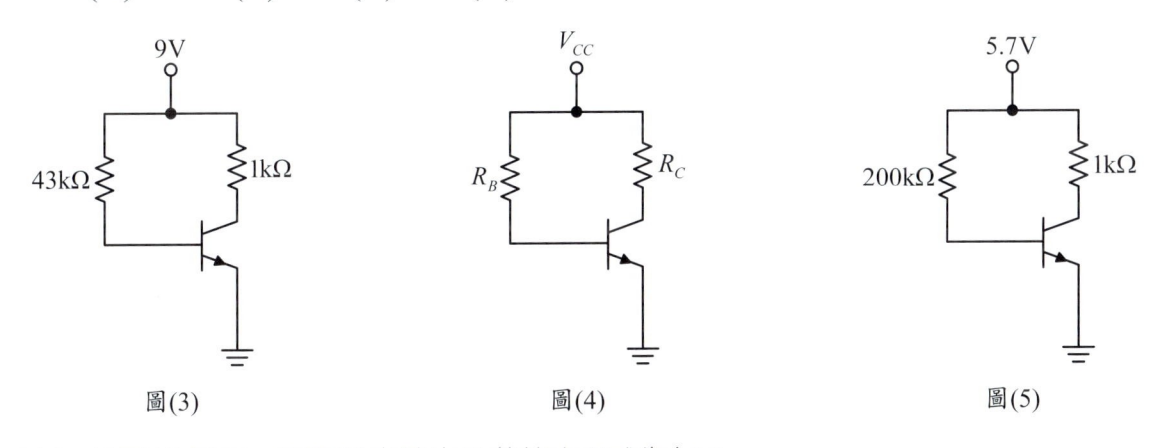

圖(3)　　　　圖(4)　　　　圖(5)

(　)11. 如圖(4)所示，則電路之輸出負載線方程式為何？
(A)$V_{CC} = I_B \times R_B + V_{CE}$
(B)$V_{CC} = I_C \times R_B + V_{CE}$
(C)$V_{CC} = I_C \times R_C + V_{CE}$
(D)$V_{CC} = I_C \times R_C + V_{CB}$

(　)12. 如圖(5)所示，若$\beta = 100$、$V_{BE} = 0.7\text{ V}$，則集基極電壓$V_{CB} = $？
(A)1.2V　(B)2.5V　(C)3.2V　(D)4.4V

(　)13. 如圖(6)所示，當溫度增高時，雙極性接面電晶體之工作點會有何變動？
(A)飽和區移動　(B)作用區移動　(C)截止區移動　(D)不受影響

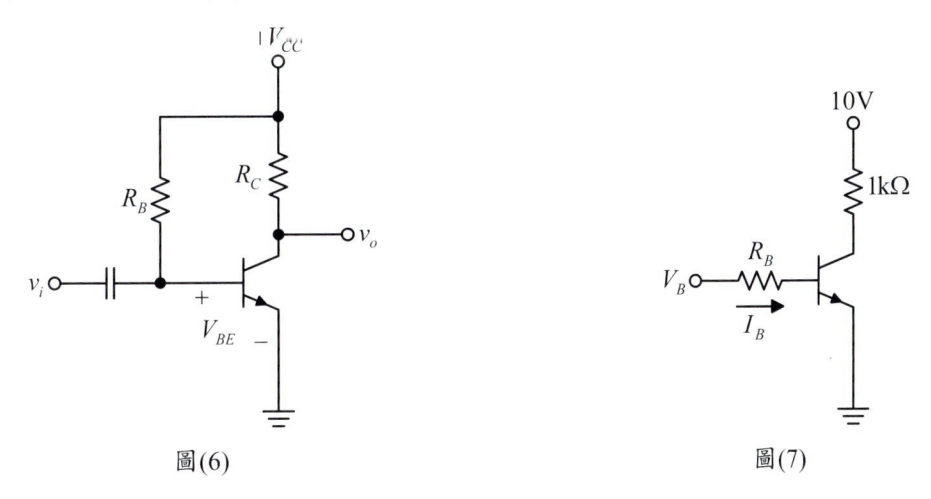

圖(6)　　　　圖(7)

(　)14. 如圖(7)所示，若電晶體的β值為98，$V_{CE(sat)} = 0.2\text{ V}$，則使電晶體處於飽和狀態的最小$I_B$約為　(A)0.1mA　(B)0.2mA　(C)1mA　(D)2mA

(　)15. 如圖(8)所示之電晶體電路，此電路中R_E最主要的作用為
(A)增加直流偏壓工作點的穩定度　(B)提高小信號放大之電壓增益
(C)提高小信號放大之電流增益　(D)降低輸出電阻

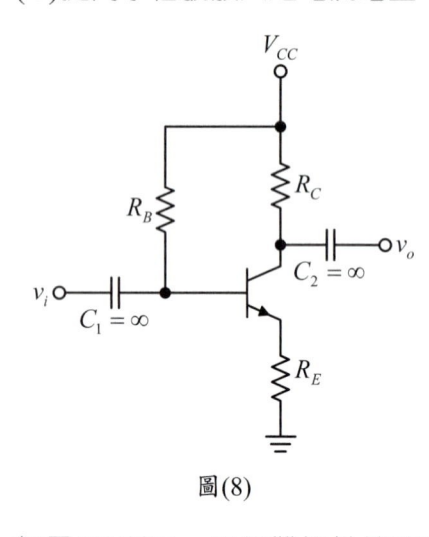

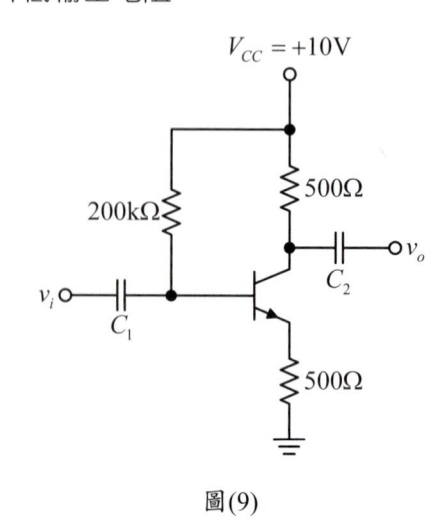

圖(8)

圖(9)

(　)16. 如圖(9)所示，已知雙極性接面電晶體的$\beta = 200$，順偏時$V_{BE} = 0.7\text{ V}$，則電路中集極對地的電壓V_C約為　(A)9.3V　(B)8V　(C)7V　(D)6V

(　)17. 下列何者為主動元件？　(A)電阻　(B)電容器　(C)電晶體　(D)二極體

(　)18. 電晶體經由集極電壓而造成有效基極寬度的調變稱為
(A)歐姆接觸　(B)歐里效應　(C)米勒定理　(D)霍爾效應

(　)19. 如圖(10)欲使該電晶體工作於A類放大器，若$\beta = 100$、$V_{BE} = 0.7\text{ V}$，則R_B值約為多少歐姆？
(A)200kΩ
(B)188kΩ
(C)120kΩ
(D)89kΩ

圖(10)

(　)20. 共集極放大電路之結構是
(A)　(B)
(C)　(D)

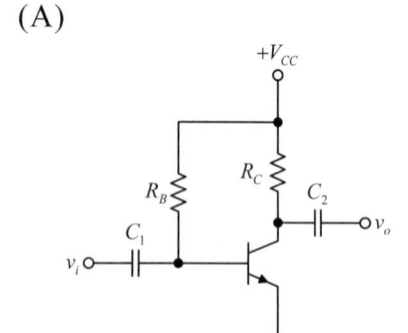

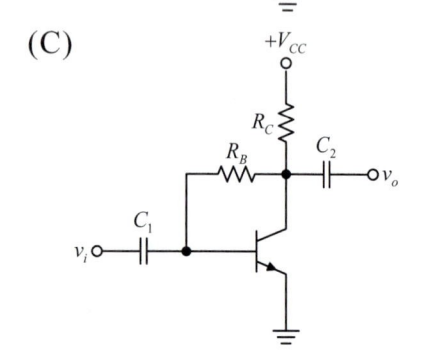

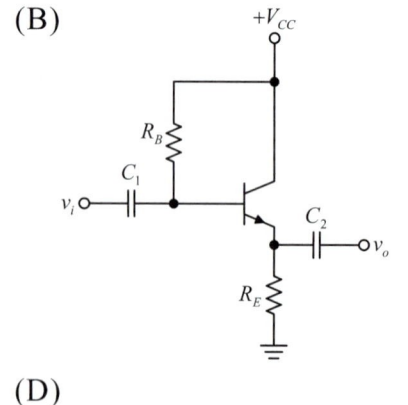

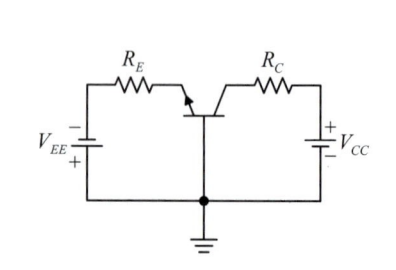

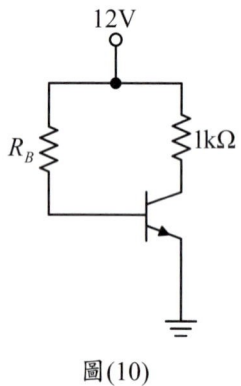

( )21. 如圖(11)之電路，其矽質電晶體之 $\beta = 100$，$V_{BE} = 0.7$ V，則由基極看進去之戴維寧等效電壓 V_{BB} 值與戴維寧等效電阻 R_{BB} 值分別為
(A) $V_{BB} = 10$ V，$R_{BB} = 15$ kΩ (B) $V_{BB} = 10$ V，$R_{BB} = 30$ kΩ
(C) $V_{BB} = 15$ V，$R_{BB} = 15$ kΩ (D) $V_{BB} = 10$ V，$R_{BB} = 10$ kΩ

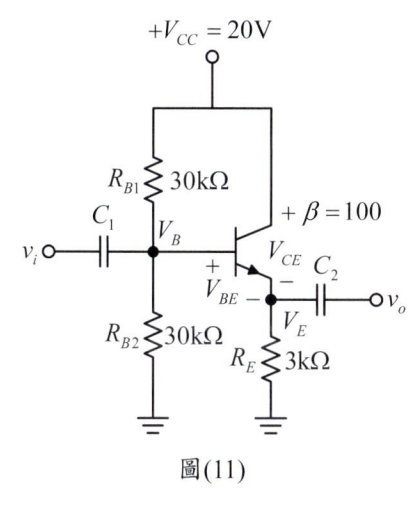

圖(11) 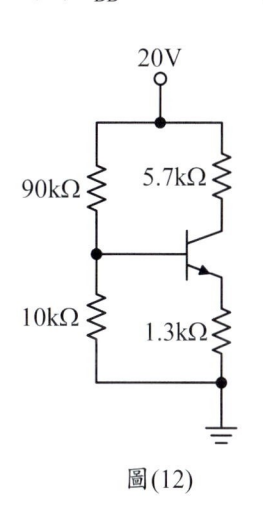　　圖(12) 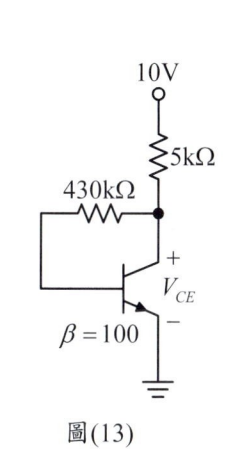　　圖(13)

( )22. 如圖(12)所示電路，設 $I_B \approx 0$ A，$\beta = 100$，$V_{BE} = 0.7$ V，其電晶體為矽質，其集極與基極之電位差 V_{CB} 為
(A)10.3V (B)11.3V (C)12.3V (D)13.3V

( )23. 如圖(13)，試求電壓 V_{CE}？ (A)3V (B)4V (C)5V (D)6V

( )24. 如圖(14)所示，若電晶體 $\alpha = 0.99$、$V_{EE} = 12.7$ V、$V_{CC} = 6$ V、$V_{EB} = 0.7$ V、$R_C = 1.5$ kΩ、$R_E = 6$ kΩ，試求基極-集極電壓 V_{BC} 約為何？
(A)2V (B)3V (C)4V (D)5V

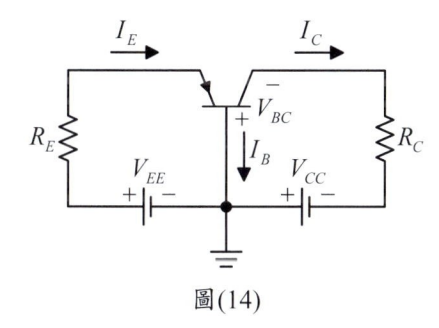

圖(14)

( )25. 下圖偏壓電路中，工作點位置的決定與電晶體 β 值幾乎無關的是
(A)　(B)　(C)　(D)

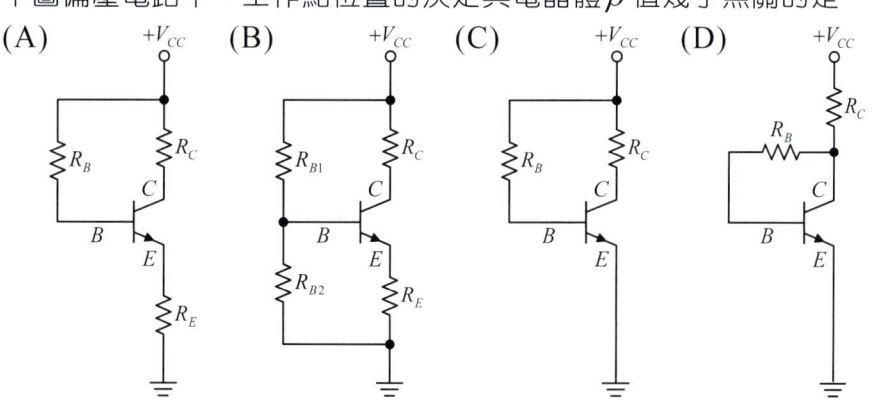

進階題

( )1. 如圖(1)所示,則下列敘述何者錯誤?
(A)電路組態為共射極固定偏壓
(B)將 R_B 調大,則 I_C 會變小
(C)將 V_{CC} 提高,則負載線斜率會降低
(D)將 R_C 調大,則工作點往飽和區偏移

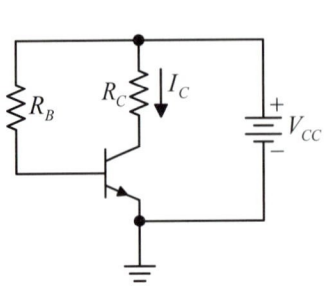

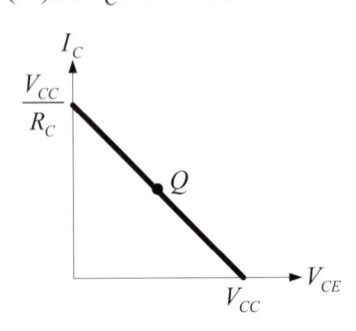

圖(1)

( )2. 如圖(2)所示,若 $V_C = 5\,\text{V}$,則 $\beta = ?$ (A)49 (B)50 (C)100 (D)150

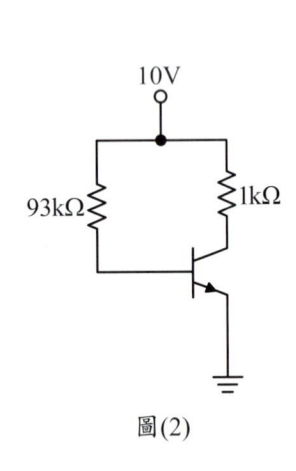

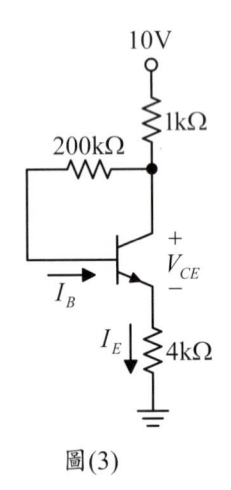

圖(2)　　圖(3)

( )3. 如圖(3),若 $\beta = 40$,則下列敘述何者正確?(V_{BE} 的電壓可忽略不計)
(A)$I_B \approx 40\,\mu\text{A}$ (B)$I_C \approx 2\,\text{mA}$ (C)$V_C \approx 9\,\text{V}$ (D)$V_E \approx 5\,\text{V}$

( )4. 如圖(4)電路與直流負載線,$V_{BE} = 0.6\,\text{V}$、$\beta = 50$、$V_{CC} = 12\,\text{V}$,則電阻 R_B 之值?
(A)330kΩ (B)220kΩ (C)110kΩ (D)50kΩ

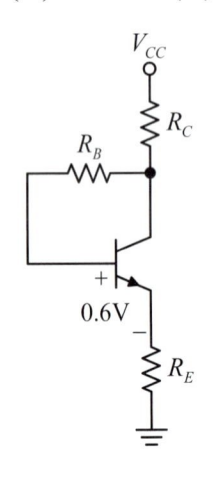

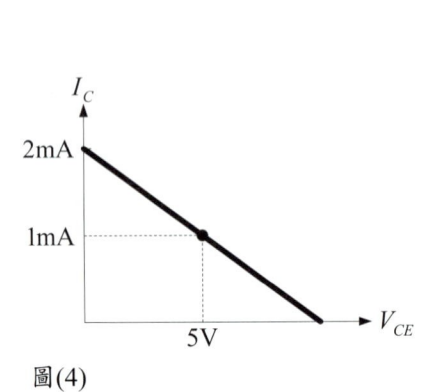

圖(4)

3-4 音訊放大電路

實習重點

重點 1　各種音訊放大器

1. 音訊放大器主要有 ＿＿＿＿＿＿＿＿、＿＿＿＿＿＿＿＿、＿＿＿＿＿＿＿＿ 與 ＿＿＿＿＿＿＿＿。

2. A類（甲類）放大器的工作點在 ＿＿＿＿＿＿＿＿。對於共射極放大器的工作點 $V_{CE} = \frac{1}{2}V_{CC}$，因此可以獲得最大不失真的輸出波形。

3. B類（乙類）放大器的工作點在 ＿＿＿＿＿＿＿＿。

4. AB類（甲乙類）放大器的工作點介於A類與B類中間。

5. C類（丙類）放大器的工作點在截止點以下的截止區。

6. 音訊放大器的效率由大至小排序為：$\eta_C > \eta_B > \eta_{AB} > \eta_A$。

答案：1. A類（甲類）放大器、B類（乙類）放大器、AB類（甲乙類）放大器、C類（丙類）放大器
　　　2. 負載線的中點　　　　　　　　　　　3. 截止點

老師講解

1. 音訊放大器中，可獲得最大不失真的輸出波形為？
   (A)A類放大器　(B)B類放大器　(C)AB類放大器　(D)C類放大器

   解 (A)

學生練習

1. A類放大器採用共射極組態，則工作點 V_{CEQ} 為　(A)$\frac{1}{4}V_{CC}$　(B)$\frac{1}{3}V_{CC}$　(C)$\frac{1}{2}V_{CC}$　(D)V_{CC}

ABCD 立即練習

基礎題

( )1. 工作點在負載線中間為
　　　(A)A類放大器　(B)B類放大器　(C)AB類放大器　(D)C類放大器

( )2. 工作點在截止點為　(A)A類放大器　(B)B類放大器　(C)AB類放大器　(D)C類放大器

( )3. 效率最高的為　(A)A類放大器　(B)B類放大器　(C)AB類放大器　(D)C類放大器

歷屆試題

電子學試題

( )1. 一般雙極性接面電晶體BJT在製作過程中，其內部摻雜濃度大小依序為何？
(A)$B > C > E$　(B)$B > E > C$　(C)$E > C > B$　(D)$E > B > C$ [3-1][統測]

( )2. 如圖(1)所示，已知雙極性接面電晶體$\beta = 100$，且電晶體導通時的$V_{BE} = 0.7$ V，則電路之射極電流為何？　(A)2.25mA　(B)4.15mA　(C)5.3mA　(D)6.3mA [3-3][統測]

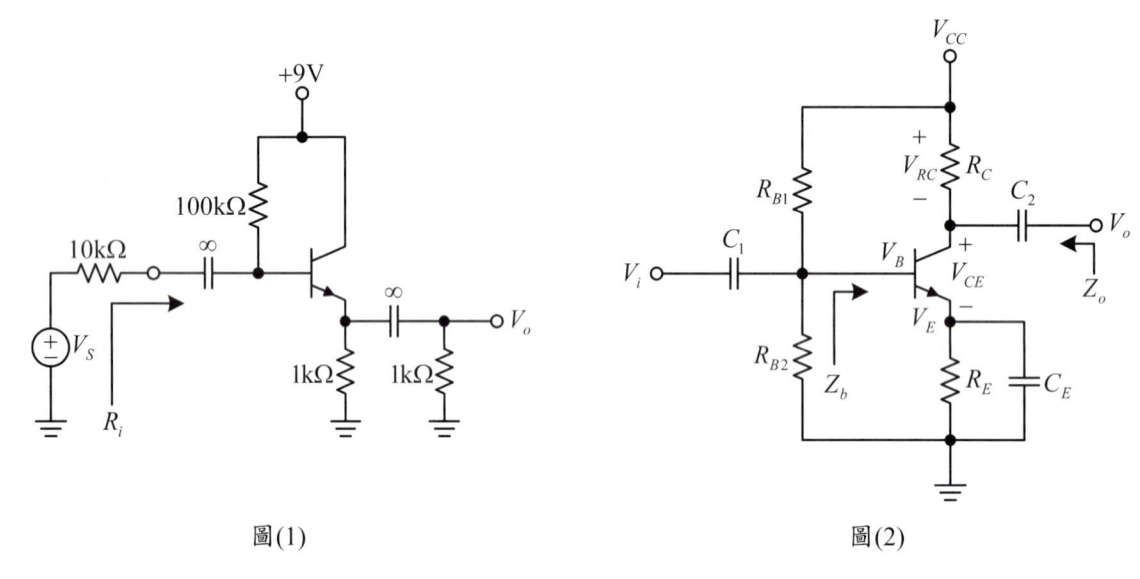

圖(1)

圖(2)

( )3. 如圖(2)所示，假設雙極性接面電晶體之工作點位於作用區，下列有關此電路之敘述何者錯誤？
(A)此電路為共射極放大電路
(B)C_E為旁路電容，可提高交流增益
(C)C_1為阻隔電容，可用來阻隔V_i之直流偏壓
(D)此放大器的偏壓電路為固定偏壓法，其缺點為溫度穩定性不佳 [3-3][統測]

( )4. 承上題所示，如圖(2)所示，若電路中$V_{CC} = 22$ V、$R_{B1} = 45$ kΩ、$R_{B2} = 5$ kΩ、$R_C = 10$ kΩ及$R_E = 1.5$ kΩ，且假設電晶體之電流增益β很大，BE接面的切入電壓為0.7V，下列有關電路中的直流偏壓選項，何者錯誤？
(A)$V_E = 1.5$ V　(B)$V_{CE} = 20.5$ V　(C)$V_B = 2.2$ V　(D)$V_{RC} = 10$ V [3-3][統測]

( )5. 如圖(3)所示，已知$R_C = 1$ kΩ，$R_B = 10$ kΩ，並假設電晶體的特性：V_{CE}飽和電壓為0.2V，V_{BE}飽和電壓為0.8V，V_{BE}順向作用之切入電壓為0.7V，共射極順向電流增益$\beta = 100$，請問下列敘述何者錯誤？
(A)若$V_{CC} = 5$ V，$V_{BB} = 1.15$ V，則$V_{CE} = 0.5$ V
(B)若$V_{CC} = 5$ V，$V_{BB} = 1.0$ V，則$I_C = 3$ mA
(C)若$V_{CC} = 5$ V，$V_{BB} = 5$ V，則$I_C = 43$ mA
(D)若$V_{CC} = 5$ V，$V_{BB} = 0$ V，則$V_{CE} = 5$ V [3-3][統測]

圖(3)

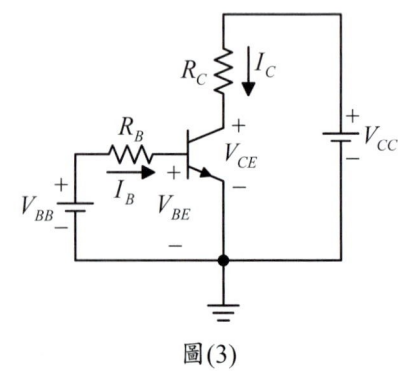

( )6. 若某雙極性接面電晶體的基極電流$I_B = 10$ μA，集極電流$I_C = 1$ mA，且電晶體的$\beta = 150$，則此電晶體工作在哪一區？
(A)作用區　(B)截止區　(C)定電流區　(D)飽和區 [3-2][統測]

(　)7. 電晶體做為開關用途時,是操作於那些區?
(A)截止區與作用區　　　　　　(B)截止區與飽和區
(C)僅於作用區　　　　　　　　(D)作用區與飽和區 [3-2][統測]

(　)8. 有一電晶體,適當偏壓於作用區,測得$I_B = 0.05\,\text{mA}$,$I_E = 5\,\text{mA}$,則此電晶體的α參數值為多少?　(A)0.01　(B)0.99　(C)9.9　(D)100 [3-2][統測]

(　)9. 雙極性電晶體BJT做為開關用途時,若動作在ON時,電路應工作在何區?
(A)截止區　(B)飽和區　(C)作用區　(D)定電流區 [3-2][統測]

(　)10. 如圖(4)所示,已知雙極性電晶體BJT的$\beta = 100$,則使電晶體處於飽和狀態的最小電流I_B約為多少?
(A)0.05mA　　　　(B)0.5mA
(C)5mA　　　　　(D)500mA [3-2][統測]

(　)11. 下列關於 BJT 的敘述,何者錯誤?
(A)對NPN BJT而言,$I_E = I_B + I_C$
(B)對PNP BJT而言,$I_E = I_B + I_C$
(C)β為共射極放大器的電流增益
(D)α為共集極放大器的電流增益 [3-2][統測]

圖(4)

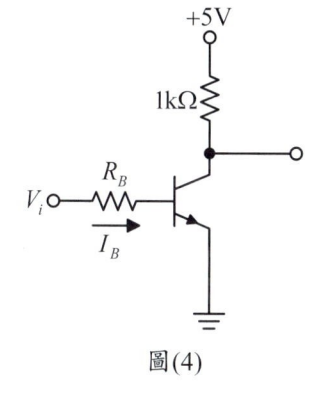

(　)12. 某放大電路中,電晶體工作於作用區,且其$\alpha = 0.98$,基極電流$I_B = 0.04\,\text{mA}$,則射極電流為多少?　(A)0.1mA　(B)2mA　(C)3.8mA　(D)5mA [3-2][統測]

(　)13. 如圖(5)所示電路,V_i為輸入信號,R_L為負載,下列何者為此放大器電路組態?
(A)共基極放大器　(B)共射極放大器　(C)共集極放大器　(D)射極隨耦器 [3-2][統測]

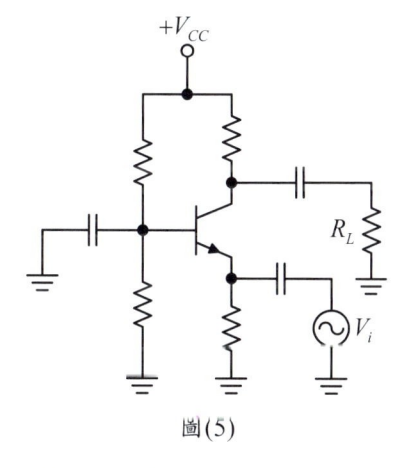

圖(5)

(　)14. 如圖(6)所示,如果減小電阻R_B之值,則電路之工作點(Q點)在直流負載線上會如何移動?　(A)移向A點　(B)移向B點　(C)移向C點　(D)移向D點 [3-2][統測]

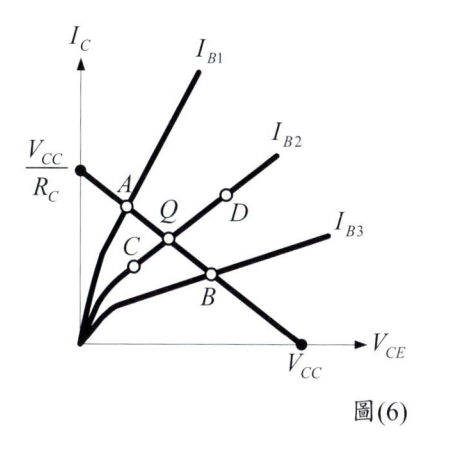

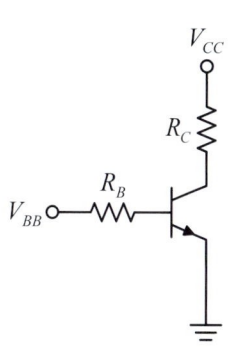

圖(6)

(　　)15. PNP電晶體工作在作用區時，下列敘述何者正確？
(A)基極電壓大於射極電壓
(B)集極電壓大於基極電壓
(C)射極電壓大於集極電壓
(D)集極電壓等於射極電壓 [3-2][統測]

(　　)16. 共射極組態雙極性電晶體作為開關使用，當導通時，此電晶體之工作區域為何？
(A)歐姆區　(B)作用區　(C)截止區　(D)飽和區 [3-2][統測]

(　　)17. 如圖(7)所示之電路，若電晶體$\beta = 50$，切入電壓$V_{BE} = 0.7$ V，則此電路消耗直流功率為何？　(A)130.4mW　(B)102.1mW　(C)85.2mW　(D)65.2mW [3-3][統測]

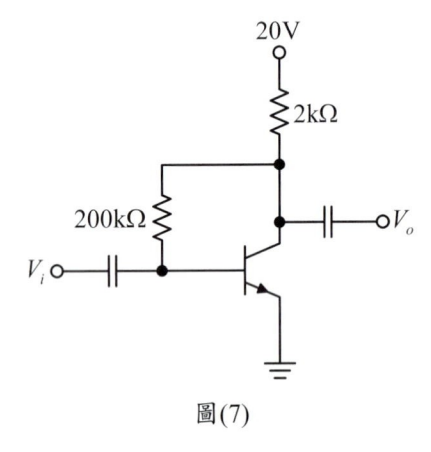

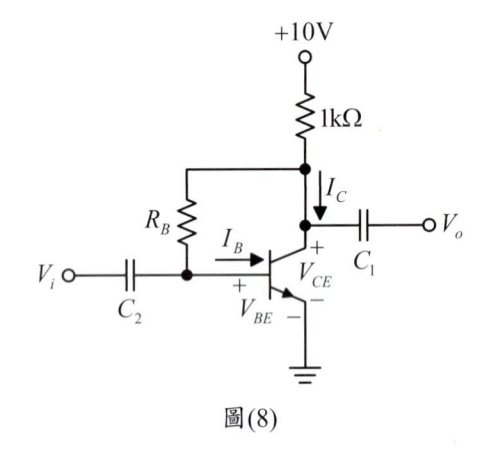

圖(7)　　　圖(8)

(　　)18. 如圖(8)所示之電路，電晶體的$\beta = 100$，$V_{CE} = 5$ V，$V_{BE} = 0.7$ V，則R_B值約為何？
(A)43kΩ　(B)65kΩ　(C)87kΩ　(D)101kΩ [3-3][統測]

(　　)19. 如圖(9)所示之電路，電晶體$\beta = 50$，切入電壓$V_{BE} = 0.7$ V，則集射極電壓V_{CE}為何？
(A)5.3V　(B)6.8V　(C)7.8V　(D)9.1V [3-3][統測]

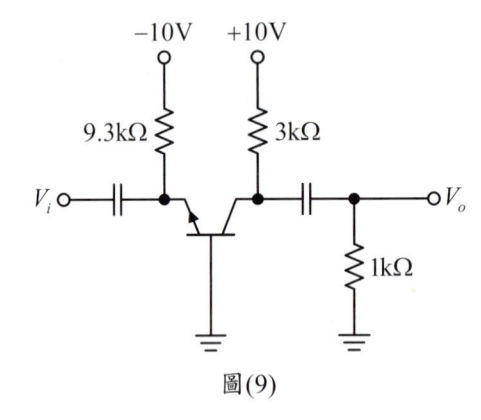

圖(9)

(　　)20. PNP電晶體工作於飽和區時，其基射極電壓V_{BE}和基集極電壓V_{BC}為何？
(A)$V_{BE} > 0$及$V_{BC} > 0$
(B)$V_{BE} > 0$及$V_{BC} < 0$
(C)$V_{BE} < 0$及$V_{BC} > 0$
(D)$V_{BE} < 0$及$V_{BC} < 0$ [3-2][統測]

(　　)21. 下列關於一般雙極性接面電晶體之敘述，何者正確？
(A)射極摻雜濃度最低且寬度最窄
(B)射極摻雜濃度最低且寬度最寬
(C)集極摻雜濃度最高且寬度最窄
(D)集極摻雜濃度最低且寬度最寬 [3-1][統測]

第 3 章 雙極性接面電晶體

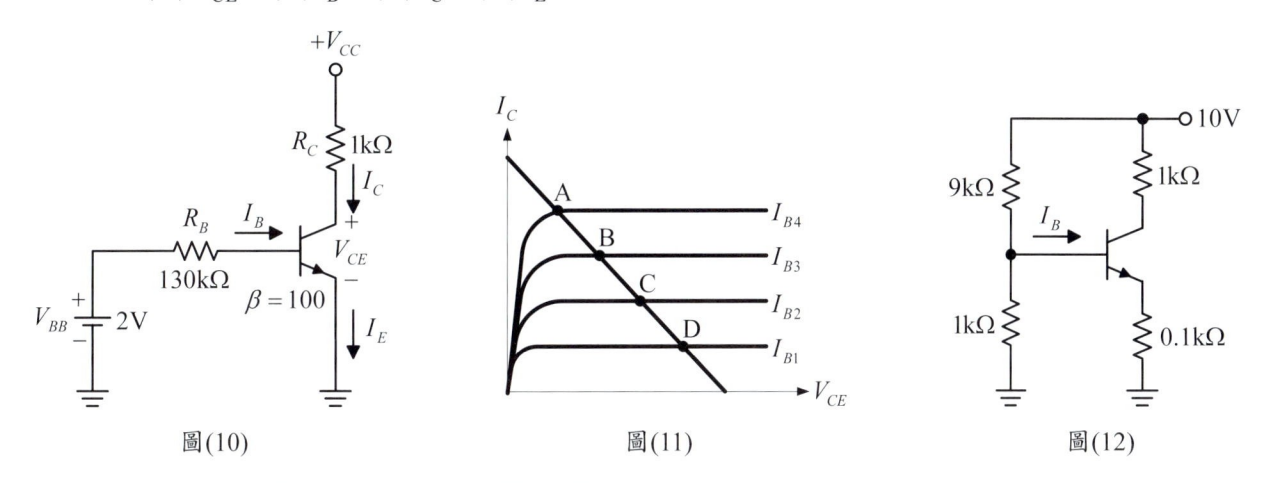

( )22. 如圖(10)所示之電路,若將V_{CC}由3V提升至12V,則下列何者會大量增加?
(A)V_{CE} (B)I_B (C)I_C (D)I_E [3-3][統測]

圖(10)　　圖(11)　　圖(12)

( )23. 如圖(11)所示為雙極性接面電晶體的輸出特性曲線,其中直線為負載線,A、B、C、D四個點為不同I_B時的工作點。已知$I_{B1}\sim I_{B4}$分別為10μA、20μA、30μA、40μA,在避免失真產生的條件下,請問哪一點的輸入訊號振幅可以最大?
(A)A (B)B (C)C (D)D [3-2][統測]

( )24. 如圖(12)所示之電路中,雙極性接面電晶體的$V_{BE}=0.7$ V,$\beta=50$,則I_B大小為何?
(A)0.5mA (B)0.25mA (C)0.1mA (D)0.05mA [3-3][統測]

( )25. 下列何種摻雜的改變行為,可增加BJT電晶體的電流增益β?
(A)基極與射極摻雜濃度均降低
(B)基極與射極摻雜濃度均增加
(C)基極摻雜濃度增加與射極摻雜濃度降低
(D)基極摻雜濃度降低與射極摻雜濃度增加 [3-1][統測]

( )26. 下列敘述何者有誤?
(A)BJT當開關使用時是工作於飽和區或截止區
(B)BJT當放大器使用時是工作於主動區
(C)BJT在主動區的偏壓方式是BE接面順向偏壓,BC接面逆向偏壓
(D)BJT在飽和區的偏壓方式是BE接面逆向偏壓,BC接面逆向偏壓 [3-2][統測]

( )27. 如圖(13)所示之電路,$\beta=120$。假設L_1為原先之直流負載線(load line),Q_1為原先之直流工作點。若只改變R_C值,欲使得直流負載線由L_1變成L_2,試問R_C值需變為下列何值? (A)0.50kΩ (B)0.75kΩ (C)1.00kΩ (D)1.25kΩ [3-2][統測]

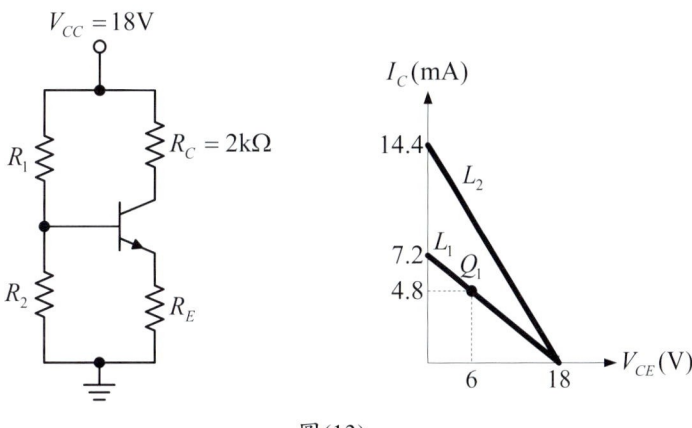

圖(13)

( )28. 如圖(14)所示之電路，$V_{EB(on)} = 0.7$ V，$\beta = 120$，求V_{EC}之值為多少？
(A)6.9V　(B)7.9V　(C)8.9V　(D)9.9V
[3-3][統測]

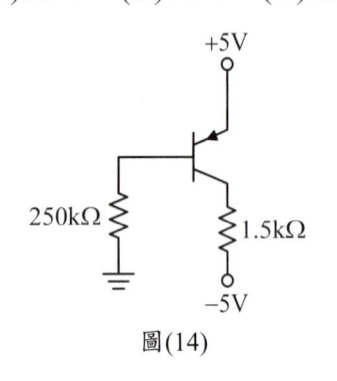

圖(14)

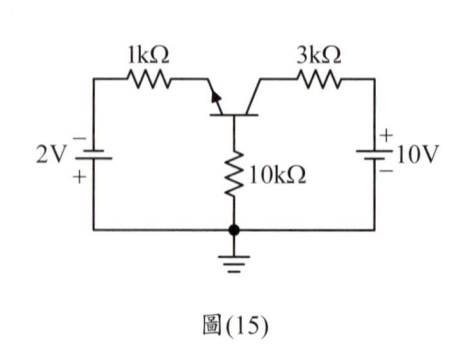

圖(15)

( )29. 如圖(15)所示之電路，假設$V_{BE(on)} = 0.7$ V，$\beta = 80$，試問V_{CE}約為下列何值？
(A)1.4V　(B)3.4V　(C)5.4V　(D)7.4V
[3-3][101統測]

( )30. 有關NPN與PNP電晶體的特性比較，請問以下敘述何者錯誤？
(A)PNP電晶體主要是由電洞來傳導、NPN電晶體主要是由電子來傳導
(B)工作在主動區（工作區）時，不論是NPN或PNP電晶體，其基極-射極接面都是順向偏壓
(C)現今使用的電晶體大多數為NPN電晶體
(D)PNP電晶體的頻率響應較NPN電晶體佳，適合在高頻電路使用
[3-1][102統測]

( )31. 雙極性接面電晶體（BJT）共射極放大器的輸出與輸入信號欲呈現比例放大關係，則應輸入何種信號？
(A)小信號　(B)大信號　(C)直流信號　(D)任意大小信號
[3-2][102統測]

( )32. 在偏壓電路的直流工作點，工作溫度改變會造成電晶體β值的變化，下列何者最為穩定不受影響？
(A)固定偏壓電路　　　　　(B)集極回授偏壓電路
(C)射極回授偏壓電路　　　(D)基極分壓偏壓電路
[3-3][102統測]

( )33. 下列有關BJT基極之敘述，何者正確？
(A)發射載子以提供傳導之電流　(B)收集射極發出的大部分載子
(C)控制射極載子流向集極的數量　(D)基極摻雜濃度最高
[3-1][103統測]

( )34. 如圖(16)所示之電路，若BJT之$\beta = 100$，$V_{BE} = 0.7$ V，則V_{CE}約為何？
(A)4.4V　(B)5.5V　(C)6.9V　(D)8.7V
[3-3][103統測]

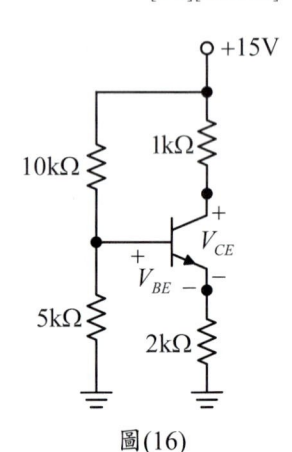

( )35. NPN型BJT工作於飽和區時，下列敘述何者正確？
(A)適合作為訊號放大
(B)集極電流與基極電流成正比
(C)相同集極電流下，BJT消耗功率比工作於主動區小
(D)基-射極與基-集極間均為逆向偏壓
[3-2][104統測]

( )36. PNP型BJT工作於主動區時，其射極電壓（V_E）、基極電壓（V_B）及集極電壓（V_C）之大小關係為何？
(A)$V_E > V_B > V_C$　　(B)$V_B > V_E > V_C$
(C)$V_B > V_C > V_E$　　(D)$V_C > V_B > V_E$
[3-2][104統測]

圖(16)

( )37. 如圖(17)所示之電路，若BJT之 $\beta = 100$，基-射極電壓 $V_{BE} = 0.7\text{ V}$，則 V_o 約為多少伏特？ (A)3.6V (B)4.5V (C)5.5V (D)6.4V [3-3][104統測]

( )38. 承接上題，V_{CE} 約為多少伏特？
(A)2.31 (B)3.37 (C)4.85 (D)5.21 [3-3][104統測]

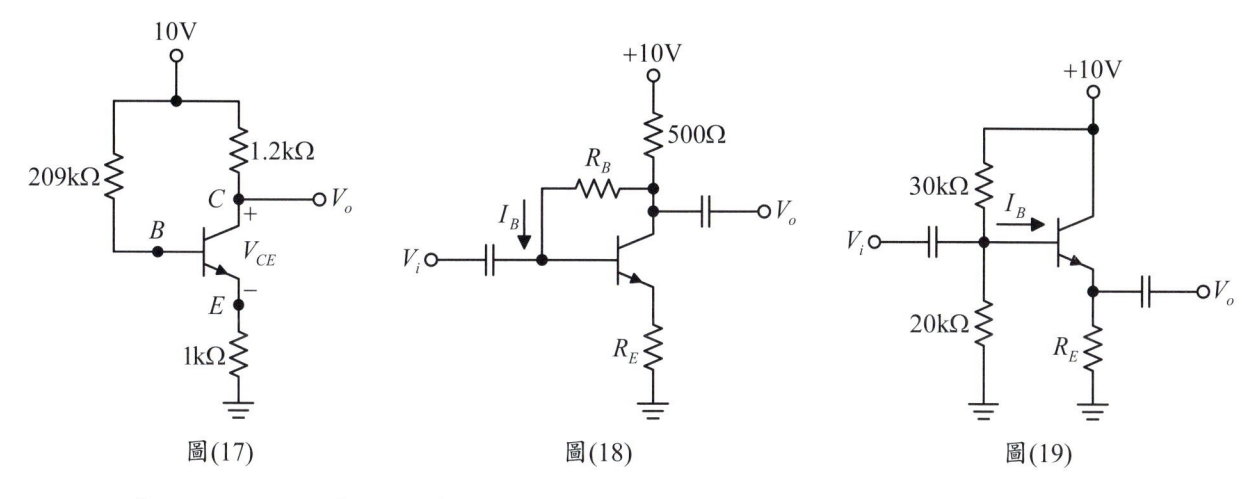

圖(17)

圖(18)

圖(19)

( )39. 如圖(18)所示放大器直流偏壓電路，電晶體 $\beta = 99$，$V_{BE} = 0.7\text{ V}$。若 $I_B = 50\ \mu\text{A}$，$V_{CE} = 5\text{ V}$，則 R_E 為多少Ω？ (A)500 (B)600 (C)800 (D)920 [3-3][105統測]

( )40. 如圖(19)所示放大器直流偏壓電路，電晶體 $\beta = 99$，$V_{BE} = 0.7\text{ V}$。若 $I_B = 40\ \mu\text{A}$，R_E 為多少Ω？ (A)412Ω (B)503Ω (C)612Ω (D)705Ω [3-3][105統測]

( )41. 關於電晶體之B、C、E三極摻雜濃度之敘述，下列何者正確？
(A)B極濃度最高
(B)C極、E極濃度相同且較B極高
(C)C極濃度最高
(D)E極濃度最高 [3-1][106統測]

( )42. 關於BJT電晶體放大電路在正常工作之特性，下列敘述何者正確？
(A)集極回授式電路不會發生飽和
(B)射極回授式偏壓電路之工作點較不穩定
(C)固定式偏壓電路可得穩定之工作點
(D)射極隨耦器之電流增益低於1 [3-3][106統測]

( )43. 如圖(20)所示之電路，電晶體的 $\beta = 100$、$V_{BB} = 6\text{ V}$、$V_{CC} = 12\text{ V}$、$R_B = 100\text{ k}\Omega$、$R_C = 1\text{ k}\Omega$、$V_{BE} = 0.7\text{ V}$，則 V_{CE} 約為？
(A)5.3V (B)6.0V (C)6.7V (D)7.4V [3-3][106統測]

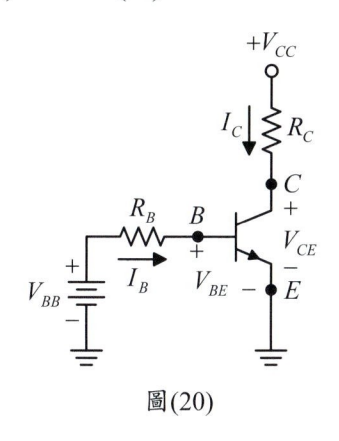

圖(20)

( )44. 下列有關雙極性接面電晶體（BJT）操作於順向主動（active）區之條件描述，何者正確？
(A)NPN電晶體操作條件為B-E接面順偏，B-C接面逆偏
(B)NPN電晶體操作條件為B-E接面順偏，B-C接面順偏
(C)PNP電晶體操作條件為B-E接面逆偏，B-C接面順偏
(D)PNP電晶體操作條件為B-E接面逆偏，B-C接面逆偏 [3-2][107統測]

( )45. 下列有關BJT電晶體偏壓電路之敘述，何者正確？
(A)當電晶體未飽和時，β值會隨工作溫度上升而變小
(B)具射極電阻之分壓式偏壓電路，工作點I_C易隨β變動
(C)集極回授式偏壓電路之基極電阻具正回授特性
(D)射極回授式偏壓電路之射極電阻具負回授特性 [3-3][107統測]

( )46. 如圖(21)所示之集極回授偏壓電路，$V_{CC} = 12$ V，$V_{BE} = 0.7$ V，電晶體$\beta = 150$，$R_C = 1$ kΩ，若$V_{CE} = 6$ V，則R_B約為何？
(A)45.5kΩ (B)78.5kΩ (C)133.4kΩ (D)160.4kΩ [3-3][107統測]

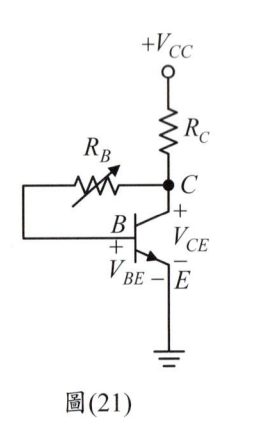

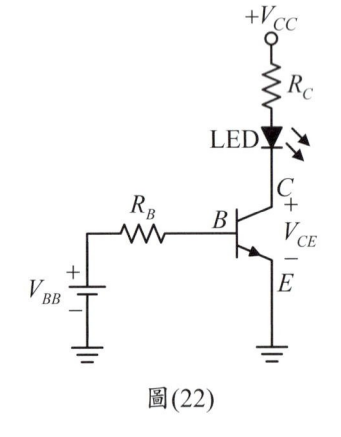

圖(21)

圖(22)

( )47. 如圖(22)所示之LED驅動電路，若$V_{BB} = 5$ V，$V_{CC} = 5$ V，電晶體之$\beta = 50$，LED二極體流過之電流為10mA且順向電壓為2V，電晶體工作於飽和區且V_{CE}之飽和電壓視為零，則下列何者正確？
(A)$R_B = 30$ kΩ，$R_C = 300$ Ω
(B)$R_B = 20$ kΩ，$R_C = 300$ Ω
(C)$R_B = 30$ kΩ，$R_C = 200$ Ω
(D)$R_B = 20$ kΩ，$R_C = 200$ Ω [3-3][107統測]

( )48. 有關雙極性接面電晶體（BJT）射極（E）、基極（B）、集極（C）特性之敘述，下列何者正確？
(A)寬度：$B > E > C$
(B)寬度：$E > B > C$
(C)摻雜濃度比：$B > E > C$
(D)摻雜濃度比：$E > B > C$ [3-1][108統測]

( )49. 如圖(23)所示之電路，若電晶體之$\beta = 100$，$V_{BE} = 0.7$ V，$V_{CE(sat)} = 0.2$ V，則集極電流大小為何？
(A)0.43mA
(B)0.92mA
(C)9.8mA
(D)43mA [3-3][108統測]

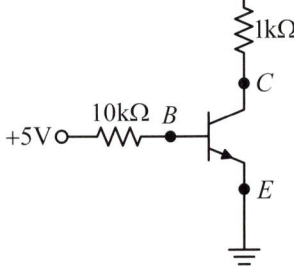

圖(23)

( )50. 有關NPN電晶體共射極組態電路,直流工作點之設計,當輸入適當之弦波電壓信號測試時,則下列敘述何者錯誤?
(A)理想之工作點位置通常設計於負載線之中間
(B)工作點位置若接近截止區時,當輸入電壓信號波形為負半週時之輸出信號波形會失真
(C)工作點位置在負載線之中間時,輸出電壓信號波形與輸入電壓信號波形反相
(D)工作點位置若接近飽和區時,會使得輸出電壓信號波形之正半週發生截波失真
[3-2][108統測]

( )51. 如圖(24)所示之電路,若$V_{CC} = 12$ V,$R_C = 1$ kΩ,$\beta = 100$,$V_{BE} = 0.7$ V,電晶體飽和電壓$V_{CE(sat)} = 0.2$ V,v_i為5V電壓,則此電路操作於飽和區時之最大電阻R_B約為何?
(A)18.2kΩ (B)26.5kΩ (C)36.4kΩ (D)42.2kΩ
[3-3][108統測]

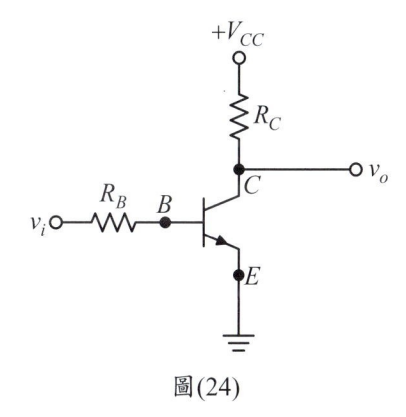

圖(24)

( )52. 於主動區工作之電晶體電流增益$\alpha = 0.99$,若射極電流$I_E = 10$ mA,漏電流$I_{CBO} = 5$ μA,則其集極電流I_C值為何?
(A)0.005mA (B)9.905mA (C)10mA (D)10.005mA
[3-2][109統測]

( )53. 如圖(25)所示之電晶體直流偏壓電路,若$V_{BE} = 0.7$ V,$\beta = 200$,$V_{CC} = 10$ V,$R_B = 300$ kΩ,$R_C = 1$ kΩ,則其直流工作點I_C與V_{CE}之值各約為何?
(A)$I_C = 0.5$ mA、$V_{CE} = 9.5$ V (B)$I_C = 1.7$ mA、$V_{CE} = 8.3$ V
(C)$I_C = 2.5$ mA、$V_{CE} = 7.5$ V (D)$I_C = 3.7$ mA、$V_{CE} = 6.3$ V
[3-3][109統測]

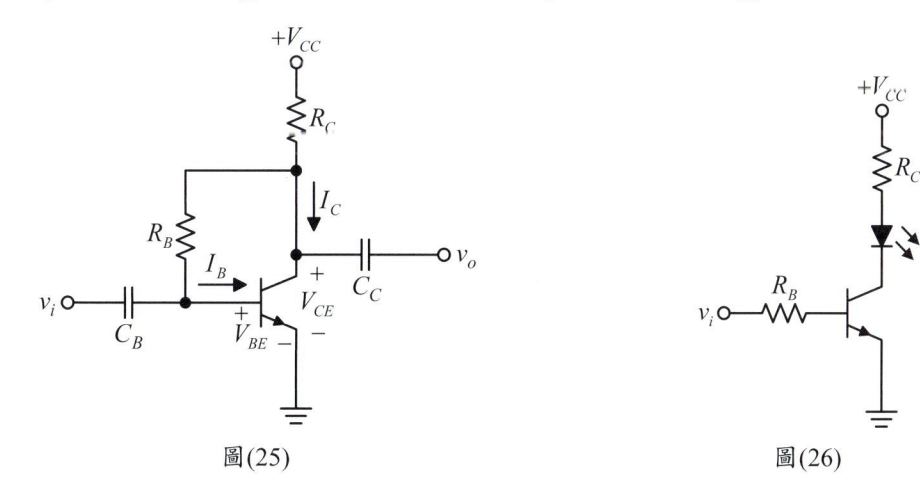

圖(25)　　圖(26)

( )54. 如圖(26)所示電路,若BJT做開關動作使LED呈週期性閃爍,則此電路中的BJT操作模式為何?
(A)飽和模式及主動模式　　(B)飽和模式及截止模式
(C)主動模式及崩潰模式　　(D)主動模式及截止模式
[3-1][110統測]

(　　)55. 如圖(27)所示電路，BJT之切入電壓 $V_{BE} = 0.7$ V、$V_{CE} = 0.2$ V 且 $V_{CC} = 10.2$ V、$V_i = 5.7$ V、$R_B = 10$ kΩ、$R_C = 1$ kΩ，則電流 I_C 為何？
(A)0mA　(B)0.5mA　(C)5mA　(D)10mA　　[3-3][110統測]

(　　)56. 有關BJT射極隨耦器之特性，下列敘述何者正確？
(A)高輸入阻抗、高輸出阻抗
(B)高輸入阻抗、低輸出阻抗
(C)低輸入阻抗、高輸出阻抗
(D)低輸入阻抗、低輸出阻抗　　[3-3][110統測]

圖(27)

(　　)57. 如圖(28)所示電路，BJT之 $\beta = 50$，切入電壓 $V_{BE} = 0.7$ V，且 $V_{CC} = 10.7$ V、$R_C = 1$ kΩ，若 $V_{CE} = 5.7$ V，則 R_B 應為何？
(A)51kΩ　(B)102kΩ　(C)153kΩ　(D)204kΩ　　[3-3][110統測]

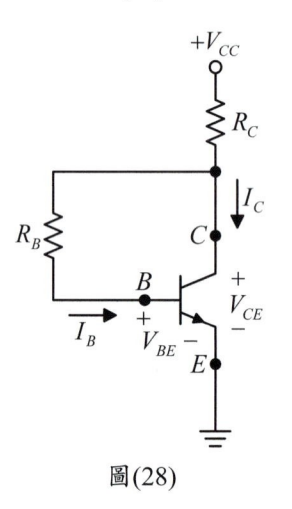

圖(28)

電子學實習試題

(　　)1. 如圖(1)所示電路，$\beta=100$，若$V_i=5\,V$欲使電晶體開關閉合，則R_B最大約為
　　　　(A)100Ω　(B)2kΩ　(C)4kΩ　(D)10kΩ　　　　　　　　　　　　　　　　　　　　　[3-2][統測]

圖(1)　　　　　　　圖(2)　　　　　　　圖(3)

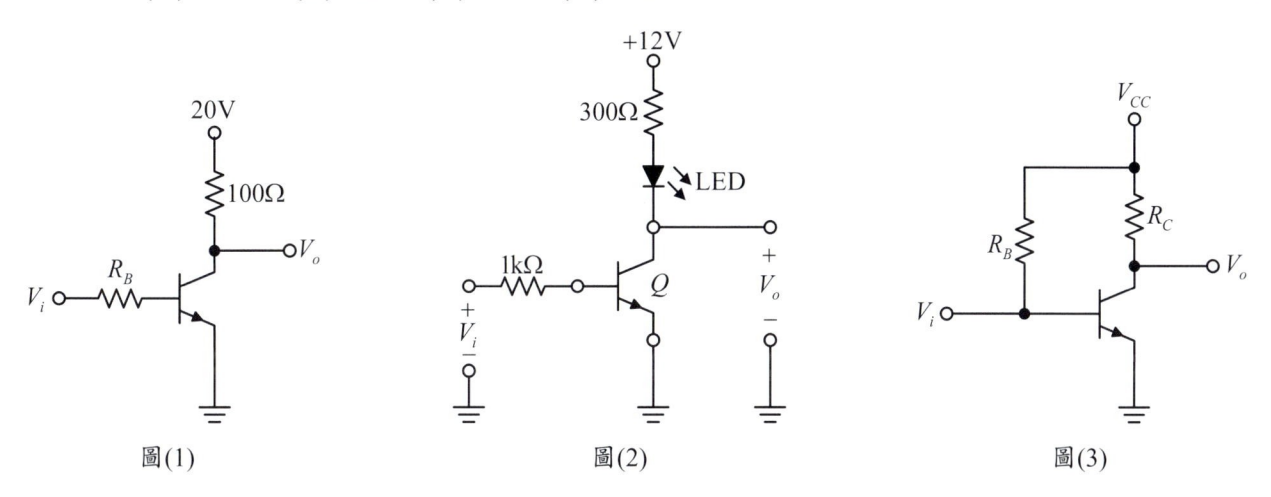

(　　)2. 圖(2)中電路為電晶體驅動發光二極體LED之電路，其中電晶體Q作為開關用，當輸入電壓V_i是0V時，在此電路上，所量測之輸出電壓V_o的值約為下列何者？
　　　　(A)12V　(B)8V　(C)4V　(D)0V　　　　　　　　　　　　　　　　　　　　　　　[3-2][統測]

(　　)3. 如圖(3)所示的電晶體電路，若$R_C=1\,k\Omega$、$V_{CC}=15\,V$、$\beta=100$，電晶體基射極順向導通電壓為0.7V，集射極飽和電壓為0.4V，則可使電路得到最大不失真輸出訊號之電阻R_B值約為多少？　(A)95kΩ　(B)123kΩ　(C)196kΩ　(D)343kΩ　　[3-4][統測]

(　　)4. 如圖(4a)所示之分壓式偏壓電路，其等效電路如圖(4b)所示。在等效電路中之V_{BB}與R_{BB}分別為多少？
　　　　(A)12V、60kΩ　(B)8V、40kΩ　(C)6V、30kΩ　(D)4V、20kΩ　　　　　　　　　　　[3-3][統測]

(a)　　　　　　　　　(b)
圖(4)

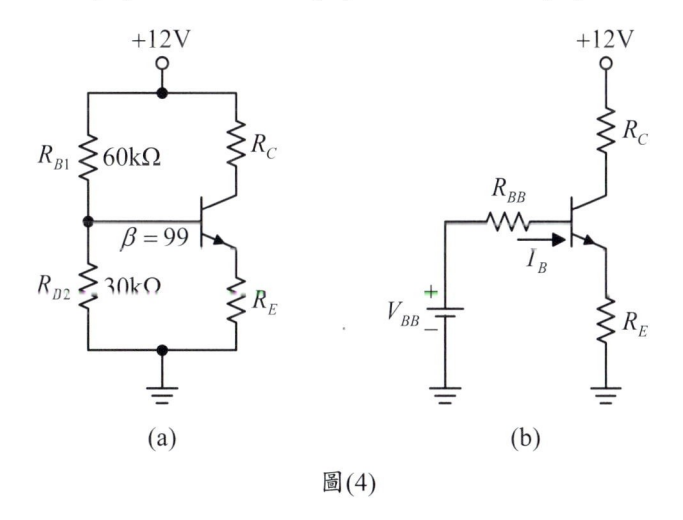

(　　)5. 電晶體放大器施加直流偏壓的主要目的是決定電晶體之
　　　　(A)熱電壓（thermal voltage, V_T）　(B)α值　(C)h_{fe}值　(D)靜態工作點　[3-2][統測]

(　　)6. 射極隨耦器屬於下列何種放大電路組態？
　　　　(A)共射極放大器　(B)共基極放大器　(C)共集極放大器　(D)共源極放大器　　[3-2][統測]

(　　)7. 已知NPN電晶體的$V_{BE}=0.7\,V$，$V_{CE}=2.5\,V$，此電晶體工作在哪一個區域？
　　　　(A)截止區　(B)工作區　(C)飽和區　(D)崩潰區　　　　　　　　　　　　　　　[3-2][統測]

( )8. 如圖(5)所示,若電晶體工作在線性區且Q_1之$\beta = 100$,I_B之表示式為何?

(A)$I_B = \dfrac{V_{CC} - V_{BE}}{R_B}$ (B)$I_B = \dfrac{V_{CC} - V_{BE}}{R_C + R_B}$

(C)$I_B = \dfrac{V_{CC} - V_{BE}}{101R_C + R_B}$ (D)$I_B = \dfrac{V_{CC} - V_{BE}}{101R_B + R_C}$ [3-3][統測]

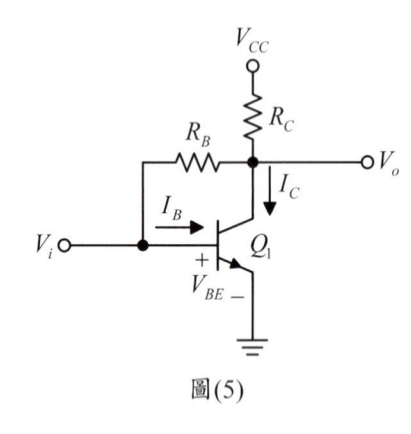

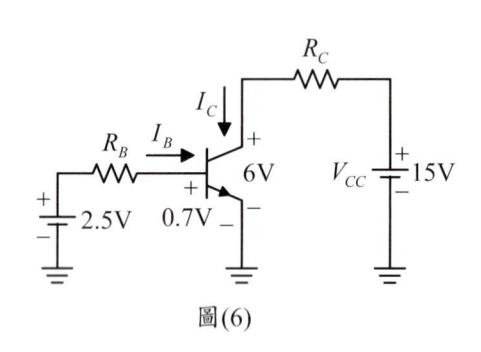

圖(5)　　　　圖(6)

( )9. 一個量測電晶體特性的電路如圖(6)所示,若電晶體$\beta = 50$,$R_B = 100\ \text{k}\Omega$,求$R_C$值為何?　(A)5kΩ　(B)10kΩ　(C)15kΩ　(D)20kΩ [3-3][統測]

( )10. 三個學生使用相同的共基極放大電路圖,分別進行電路實驗,每位學生量測到的靜態工作電壓都有誤差,下列何者對該誤差的影響最小?
(A)電晶體β值之差異　　　　(B)電阻的誤差
(C)電源電壓之誤差　　　　　(D)導線的電阻差異 [3-3][統測]

( )11. 共射極電路如圖(7)所示,若$V_{CE} = 6\ \text{V}$,$V_{BE} = 0.7\ \text{V}$,則電晶體之β值約為多少?
(A)104　(B)123　(C)133　(D)145 [3-3][統測]

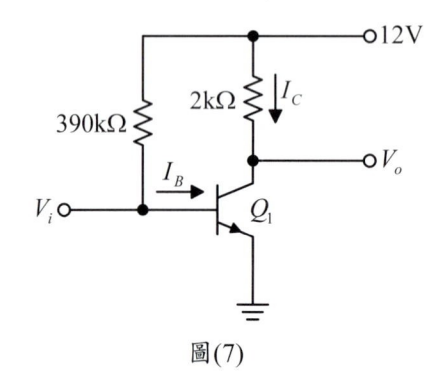

圖(7)

( )12. NPN型電晶體位於順向主動區(工作區)時,下列敘述何者錯誤?
(A)基-射極接面為順向偏壓,基-集極接面為逆向偏壓
(B)射極電壓小於基極電壓
(C)集極電壓小於基極電壓
(D)對於射極電壓、基極電壓和集極電壓,射極電壓最小 [3-2][統測]

( )13. 處於工作區(主動區)的電晶體,已知集極電流為14.7mA,基極電流為0.3mA。請問共基極組態電流放大因數(α)為何?
(A)0.1　(B)0.98　(C)49　(D)50 [3-2][統測]

( )14. 如圖(8)所示之偏壓電路。若電晶體Q的共射極組態電流放大因數（β）值為50，請問I_B約為多少μA？ (A)10 (B)30 (C)50 (D)70 [3-3][統測]

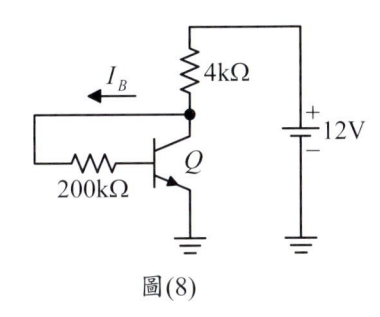

圖(8)

( )15. 使用指針式三用電表歐姆檔置於$R \times 10$位置，用來辨識電晶體之接腳，以此三用電表的兩支測試棒，順序地連接到待測電晶體三接腳中之任何兩接腳，直到三用電表的指針產生偏轉，此時表示電表與待測電晶體的兩接腳間之PN接面為順向偏壓連接狀態，請問下列敘述何者正確？
(A)紅色測試棒連接之接腳為P端，黑色測試棒連接之接腳為N端
(B)此待測電晶體必為NPN型電晶體及同時可知其β值
(C)紅色測試棒連接之接腳為N端，黑色測試棒連接之接腳為P端
(D)此待測電晶體必為PNP型電晶體及同時可知其β值 [3-1][統測]

( )16. 在電晶體之編號規則中，下列敘述何項不正確？
(A)2SC1384為高頻用NPN型電晶體
(B)2SC848為矽（Si）半導體製造材料
(C)2SA684為低頻用PNP型電晶體
(D)2N3055為美規電晶體編號 [3-1][統測]

( )17. 以三用電表判斷電晶體是NPN或PNP時，首先的步驟是將三用電表旋轉至$R \times 1k$，然後將測試棒接觸在三個接腳中的二個接腳，使三用電表的指針產生大偏轉，則這二個接腳中必有一腳為以下何者？
(A)基極B (B)集極C (C)射極E (D)以上三者皆有可能 [3-1][102統測]

( )18. 圖(9)的射極回授偏壓電路，就其回授過程而言，以下敘述何者錯誤？
(A)當溫度增加時，集極電流增加，射極電壓V_E也隨之增加
(B)當射極電壓V_E增加，且基極電壓V_B固定不變，則基-射極電壓V_{BE}將減少
(C)當基-射極電壓V_{BE}減少，集極電流也會減少
(D)就穩定性而言，射極回授偏壓電路與固定偏壓電路大致相等 [3-3][102統測]

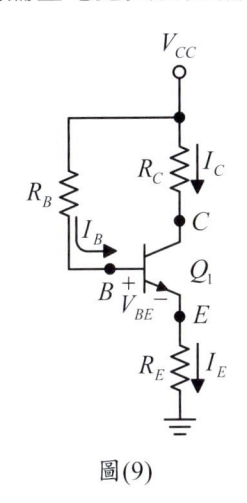

圖(9)

( )19. 如圖(10)所示為電晶體直流負載線實驗電路，若電晶體之 $\beta = 100$，調整 V_{BB} 使得 $I_B = 20\ \mu A$，若不考慮電表的負載效應，則此時直流伏特表與直流安培表分別顯示的值為何？
(A)0.2V、11.8mA　(B)4V、2mA　(C)10V、2mA　(D)11V、1mA　[3-3][102統測]

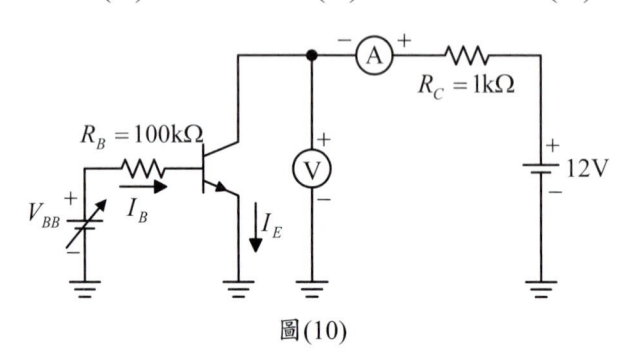

圖(10)

( )20. 將BJT電晶體設計為開關用途時，電晶體在哪些區操作？
(A)截止區與作用區　　　　　　(B)作用區與飽和區
(C)飽和區　　　　　　　　　　(D)截止區與飽和區　[3-2][102統測]

( )21. 如圖(11)所示之電晶體電路，$V_{CC} = 8\ V$，$R_C = 1\ k\Omega$，$\beta = 100$，假設 $V_{BE} = 0\ V$，若欲將Q點（工作點）置於負載線之中點，則 R_B 之值應為何？
(A)100kΩ　(B)200kΩ　(C)300kΩ　(D)400kΩ　[3-3][103統測]

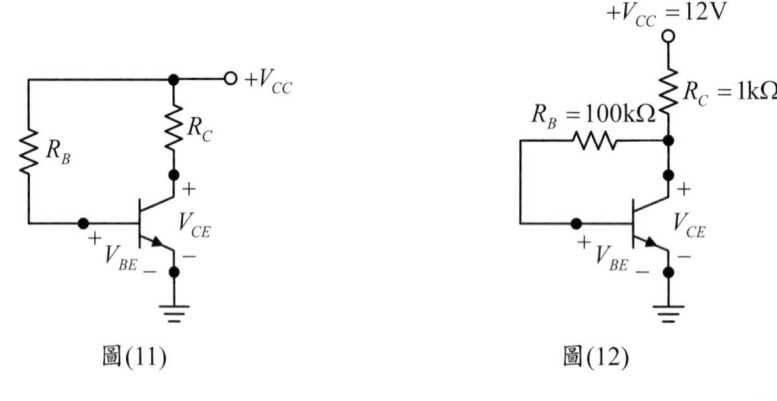

圖(11)　　　　　　　　　　　圖(12)

( )22. 如圖(12)所示之電路，若電晶體之 $\beta = 50$，V_{CE} 測得約為0.7V，則其故障原因最可能為何？
(A)R_B 電阻器發生短路　　　　　(B)R_B 電阻器發生斷路
(C)R_C 電阻器發生斷路　　　　　(D)R_C 電阻器發生短路　[3-3][103統測]

( )23. 某一電晶體由其規格表中得知其 α 值（即共基極組態直流電流轉換率）為0.96，則共集極組態之直流電流增益 I_E/I_B（即射極電流／基極電流）為何？
(A)24　(B)25　(C)28　(D)31　[3-2][103統測]

( )24. 關於雙極性接面電晶體（Bipolar unction Transistor，BJT）的特性，下列敘述何者錯誤？
(A)NPN型電晶體與PNP型電晶體流入基極的電流 I_B 方向相反
(B)NPN電晶體工作在飽和區（Sturation Region）時，其基射極間的電壓（V_{BE}）為順向偏壓，且基集極間的電壓（V_{BC}）為順向偏壓
(C)若用此電晶體來設計共基極放大器（CB）時，其輸入端是射極（E極），輸出端是基極（B極）
(D)當此電晶體作為開關使用時，其必須工作在截止區（Cut-off Region）或飽和區
[3-2][103統測]

第 3 章 雙極性接面電晶體

( )25. 如圖(13)所示之電晶體電路，$V_{CC}=15\text{ V}$，$R_B=429\text{ k}\Omega$，$R_C=1.2\text{ k}\Omega$，若 $V_{BE}=0.7\text{ V}$，$V_{CE}=7\text{ V}$，則電晶體之 β 值約為何？
(A)152　(B)188　(C)200　(D)220 [3-3][104統測]

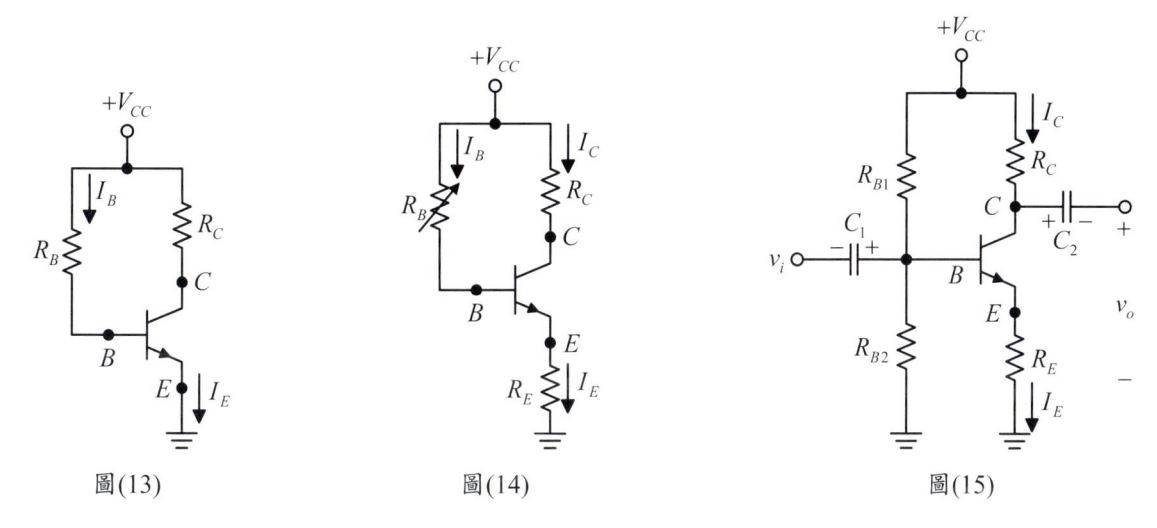

圖(13)　　圖(14)　　圖(15)

( )26. 如圖(14)所示之電路，$V_{BE}=0.7\text{ V}$，$\beta=150$，$V_{CC}=15\text{ V}$，$R_C=1.2\text{ k}\Omega$，$R_E=1\text{ k}\Omega$，調整 R_B 使 $I_C=4.2\text{ mA}$，則此時 R_B 之值約為何？
(A)395kΩ　(B)360kΩ　(C)330kΩ　(D)312kΩ [3-3][104統測]

( )27. 如圖(15)所示之電路，電晶體 $\beta=100$，$V_{BE}=0.7\text{ V}$，$V_{CC}=15\text{ V}$，$R_C=1\text{ k}\Omega$，$R_E=1\text{ k}\Omega$，$R_{B1}=120\text{ k}\Omega$，$R_{B2}=80\text{ k}\Omega$，則 I_C 之值約為何？
(A)4.80mA　(B)4.25mA　(C)3.56mA　(D)3.25mA [3-3][104統測]

( )28. 如圖(16)電路所示，已知電晶體 Q_1 工作在主動區，如果電晶體 Q_1 溫度上升了，以下的回授過程分析，何者正確？
(A)I_C減少 → V_X減少 → V_Y減少 → I_C增加
(B)V_X減少 → I_C減少 → V_Y減少 → I_C增加
(C)I_C增加 → V_Y減少 → V_X減少 → I_C減少
(D)V_Y減少 → I_C增加 → V_X減少 → I_C減少 [3-3][104統測]

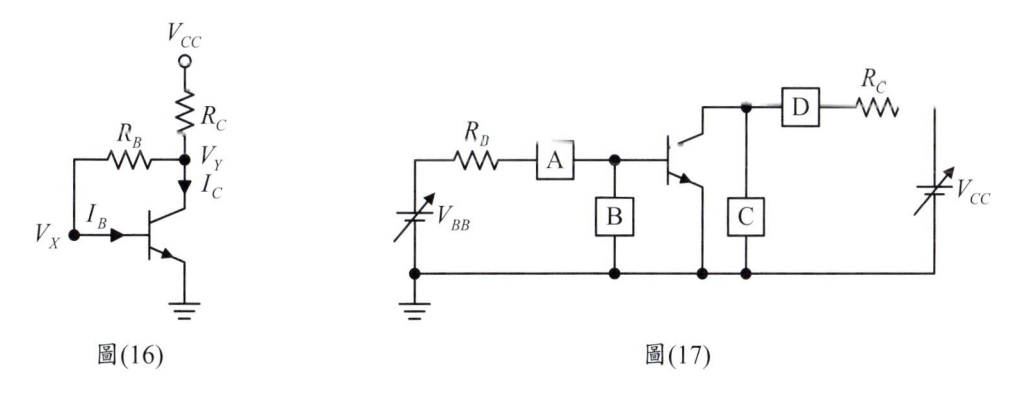

圖(16)　　圖(17)

( )29. 如圖(17)電路所示，若要量測電晶體特性曲線，下列哪一個方塊的儀表安排是錯誤的？
(A)A為電流表　(B)B為電壓表　(C)C為示波器　(D)D為電壓表 [3-3][104統測]

( )30. 以指針型三用電表歐姆檔判別BJT接腳，若①號接腳分別對②號與③號接腳測試時皆呈現導通狀態，則①號接腳為下列何者？
(A)基極　(B)源極　(C)集極　(D)射極 [3-1][105統測]

( )31. 如圖(18)所示之電路，BJT之 $\beta = 100$，$V_{BE} = 0.7$ V，則 V_{CE} 約為何？
(A)9.2V (B)8.2V (C)7.6V (D)6.6V [3-3][105統測]

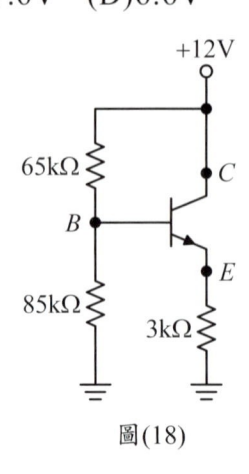

( )32. 實作如圖(19)電路以繪製特性A、B、C、D為量測儀表，繪製成3條曲線，請選出錯誤的敘述？
(A)若曲線1、2、3各自對應的是在工作溫度 T_1、T_2、T_3 所量得的結果，則 $T_1 < T_2 < T_3$
(B)儀表A與D可以是電流表
(C)儀表B與C可以是示波器或電壓表
(D)此電路架構為共射極組態 [3-2][105統測]

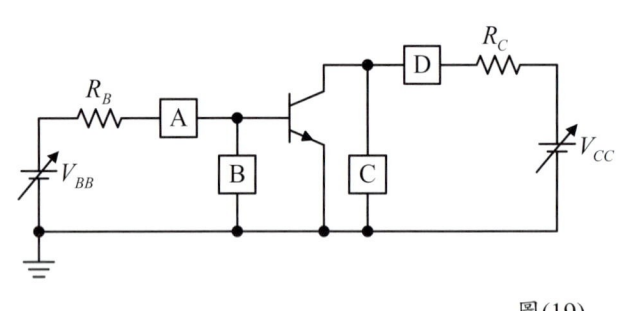

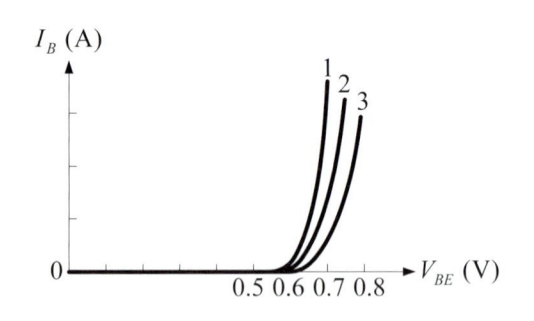

圖(19)

( )33. 某BJT電晶體之最大集極功率消耗 $P_{C(max)} = 400$ mW，最大集極電壓 $BV_{CEO} = 80$ V，最大集極電流 $I_{C(max)} = 100$ mA，則下列選項何者不在電晶體之安全工作區？
(A) $V_{CE} = 15$ V，$I_C = 10$ mA (B) $V_{CE} = 25$ V，$I_C = 20$ mA
(C) $V_{CE} = 40$ V，$I_C = 8$ mA (D) $V_{CE} = 8$ V，$I_C = 35$ mA [3-2][106統測]

( )34. 已知一NPN型電晶體之三支接腳分別為接腳1、接腳2和接腳3，其中已知接腳1為基極（Base），先以單手之手指捏住其中兩支接腳，且不讓三支接腳直接短路，最後將指針型三用電表切至歐姆檔之 $R \times 1k$ 或 $R \times 100$（黑棒：輸出正電壓）。下列判斷電晶體接腳的敘述何者正確？
(A)若同時捏住接腳1和接腳2，用黑棒接在接腳2，紅棒接在接腳3，指針發生順時針偏轉，可判斷接腳2為集極（Collector），接腳3為射極（Emitter）
(B)若同時捏住接腳2和接腳3，用黑棒接在接腳3，紅棒接在接腳1，指針發生順時針偏轉，可判斷接腳2為集極（Collector），接腳3為射極（Emitter）
(C)若同時捏住接腳1和接腳3，用黑棒接在接腳3，紅棒接在接腳2，指針發生逆時針偏轉，可判斷接腳2為集極（Collector），接腳3為射極（Emitter）
(D)若同時捏住接腳1和接腳3，用黑棒接在接腳1，紅棒接在接腳3，指針發生逆時針偏轉，可判斷接腳2為集極（Collector），接腳3為射極（Emitter） [3-1][106統測]

第 3 章 雙極性接面電晶體

( )35. 如圖(20)所示,若電晶體保持在主動區工作,當提高R_C值而V_{CC}與R_B保持不變,則下列敘述何者正確?
(A)工作點不變
(B)工作點朝飽和區反方向移動
(C)基極電流增加
(D)工作點朝飽和區方向移動 [3-2][106統測]

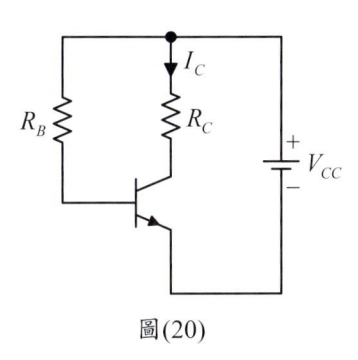

圖(20)

( )36. 如圖(21)所示之電晶體共射極(Common Emitter)組態的放大器電路中,於輸入端輸入一弦波電壓信號v_i,以示波器觀察輸出信號v_o,發現輸出信號之正半週波形嚴重失真,但輸出信號之負半週波形堪稱正常且不易目視出有失真的現象。關於導致此失真現象的因素,下列哪一項推測較為合理?
(A)R_B之電阻值太小
(B)流進基極(Base)之偏壓電流I_B太大
(C)電晶體之直流電流增益β值太小
(D)直流偏壓點之集極(Collector)對射極(Emitter)的電壓V_{CE}太低 [3-3][106統測]

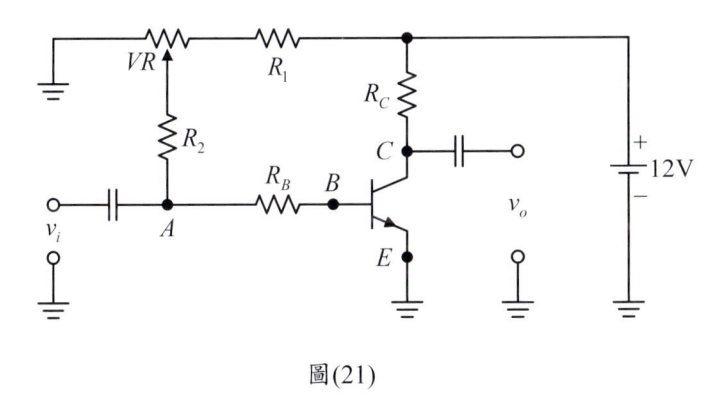

圖(21)

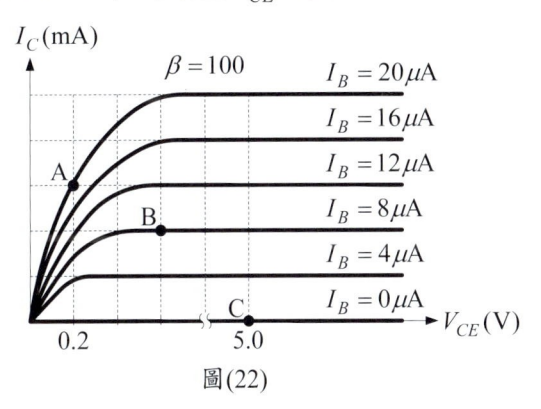

圖(22)

( )37. 如圖(22)所示,A、B、C為某電晶體的三個不同工作點,其靜態功率消耗分別為P_A、P_B、P_C,則下列敘述何者正確?
(A)$P_B > P_A > P_C$ (B)$P_A > P_C > P_B$ (C)$P_A > P_B > P_C$ (D)$P_C > P_B > P_A$ [3-2][107統測]

( )38. 如圖(23)所示之電路與示波器顯示v_o之波形,示波器垂直軸刻度旋鈕設定為1VOLTS/DIV,電晶體的$\beta = 100$,$V_{BE} = 0.7$ V,$R_B = 465$ kΩ,則下列敘述何者正確?
(A)電晶體的工作點在負載線中間 (B)電晶體的工作點靠近飽和區
(C)電晶體的工作點靠近截止區 (D)v_o與v_i同相位 [3-2][107統測]

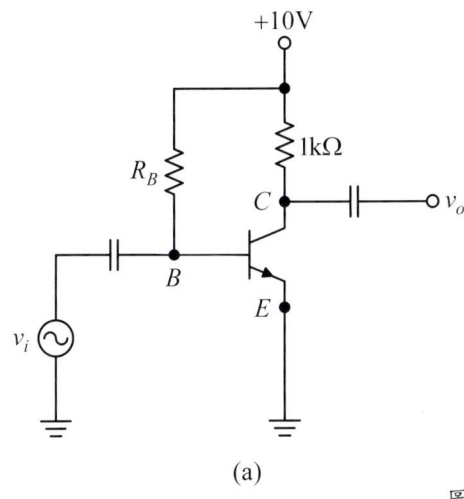

圖(23)

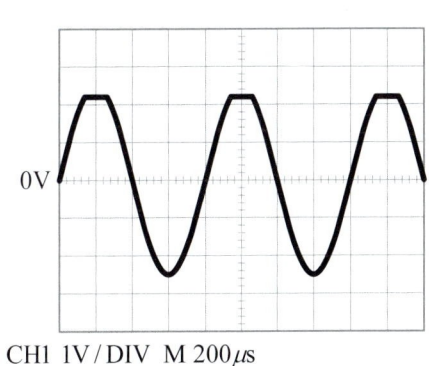

( )39. 一個NPN電晶體的偏壓電路如圖(24)所示，已知 $V_{CC}=10\,\text{V}$，$R_E=0.5\,\text{k}\Omega$，且流經R_1之電流大於10 mA。當電晶體工作於順向主動區，且其電流增益 $\beta=200$ 時，$I_C=2.0\,\text{mA}$。若該電晶體用另一顆 $\beta=150$的NPN電晶體取代時，I_C約為何？
(A)1.0mA
(B)1.5mA
(C)2.0mA
(D)2.5mA   [3-3][107統測]

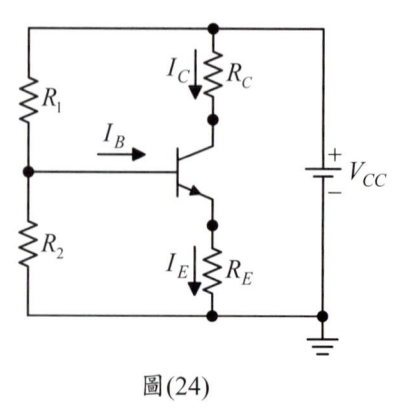

圖(24)

( )40. 共射極（Common Emitter）放大器特性測試實驗所得到的輸入特性曲線與下列何者最為接近？   [3-2][107統測]
(A)~(D) 圖形

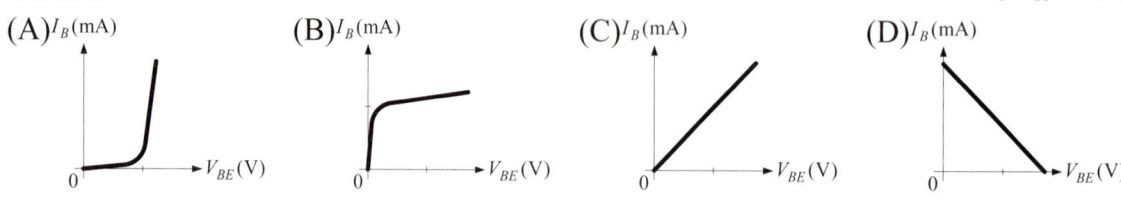

( )41. 雙極性接面電晶體（BJT）的接腳分別為集極（C）、基極（B）、射極（E），則下列敘述何者正確？
(A)放大器電路實驗中若要將NPN型電晶體改換為PNP型電晶體，只需將NPN型電晶體的C、E接腳對調即可
(B)電晶體的電流放大率以β或h_{FE}表示，且$h_{FE}=I_C/I_E$
(C)判定電晶體為PNP型或NPN型，可用三用電表之歐姆檔進行量測
(D)以摻雜濃度而言，$C>B>E$ [3-1][107統測]

( )42. 圖(25)所示之電路，若電晶體之切入電壓 $V_{BE}=0.7\,\text{V}$，$V_{CE(sat)}=0.2\,\text{V}$，$\beta=100$，則$I_C$為何？
(A)0mA　(B)2.5mA　(C)4.9mA　(D)9.3mA   [3-3][108統測]

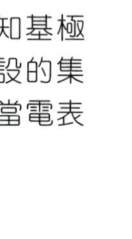

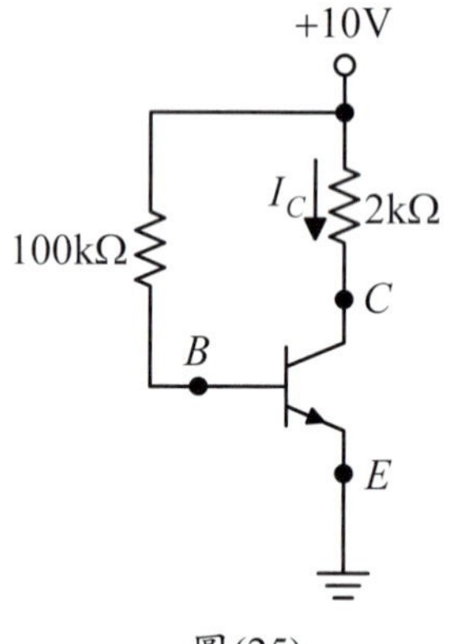

( )43. 使用指針型三用電表判別NPN電晶體接腳時，若已知基極接腳，將電表撥至歐姆檔×1k，以手指接觸基極與假設的集極，再以電表黑棒及紅棒交替接觸量測集極和射極。當電表指針大幅度偏轉（低電阻）時，下列敘述何者正確？
(A)黑棒接觸的接腳為集極
(B)黑棒接觸的接腳為射極
(C)紅棒接觸的接腳為集極
(D)無法判別接腳   [3-1][108統測]

圖(25)

( )44. 一雙極性接面電晶體操作在工作區（Active Region）時，若其集極（Collector）電流 $=5.95\,\text{mA}$，射極（Emitter）電流 $=6.0\,\text{mA}$，請問電流增益（β）為多少？
(A)99　(B)109　(C)119　(D)129   [3-2][108統測]

( )45. 將指針型三用電表撥至$R\times10$歐姆檔，且將電表黑測棒固定接觸雙極性接面電晶體之其中一接腳，再將電表紅測棒分別接觸另外兩隻接腳，若電表皆指示低電阻狀態，則下列敘述何者正確？
(A)此電晶體為NPN型
(B)此電晶體為PNP型
(C)黑測棒接觸的接腳為集極
(D)黑測棒接觸的接腳為射極   [3-1][109統測]

( )46. 如圖(26)所示電路，若電晶體之切入電壓 $V_{BE} = 0.7$ V，$V_{CE(sat)} = 0.2$ V，$\beta = 99$，則集極電壓 V_C 約為何？　(A)8V　(B)7V　(C)6V　(D)5V
[3-3][109統測]

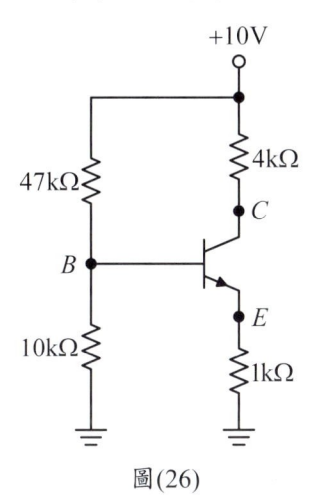

圖(26)

( )47. 在雙極性電晶體的 E、B、C 接腳的判別實驗中，使用指針式三用電表並轉到 $R \times 1k\Omega$ 的檔位（此時黑棒為正電壓），已知電晶體可正常運作，則下列敘述何者錯誤？
(A)將三用電表的黑棒接在一電晶體任一接腳，紅棒接另兩接腳的任一接腳時，若三用電表都量到低電阻，可判斷此電晶體為NPN型
(B)將三用電表的紅棒與黑棒接到一電晶體任兩接腳，若發現在兩次量測中三用電表都有大偏轉，則此兩次量測中同時都選到的接腳是E極
(C)一電晶體任選兩接腳與三用電表的紅棒與黑棒相接，發現三用電表不（或小）偏轉，之後再將紅棒與黑棒對調，發現三用電表還是不（或小）偏轉，可確定沒選到的一腳為B極
(D)若已知一電晶體為NPN型與其B極腳位，另兩接腳任選一接腳與三用電表的黑棒相接並使用手指電阻將此接腳與B極連接，且另一接腳與三用電表的紅棒連接時，若三用電表指針有大偏轉，則可判斷與紅棒端相接的電晶體腳位為E極
[3-1][109統測]

( )48. 在雙載子接面電晶體偏壓電路實驗中，下列敘述何者錯誤？
(A)固定偏壓電路組態具有工作點較不受溫度變動影響的特性
(B)射極回授偏壓電路工作點穩定是因為負回授的作用
(C)射極回授偏壓電路工作點較不受溫度變動影響
(D)集極回授偏壓電路是在電晶體的集極與基極間加入回授電阻
[3-3][109統測]

( )49. 在雙極性電晶體特性實驗時，實作圖(27)之電路以繪製特性曲線，A、B、C、D為電壓或電流量測儀表，下列敘述何者正確？
(A)利用儀表C、D可繪製出電晶體輸入特性曲線
(B)實驗時必須確定電晶體操作於順向主動（Active）區
(C)此電路架構為共射極組態
(D)電晶體輸出特性曲線是指利用儀表B、C所量測的數值作圖
[3-2][109統測]

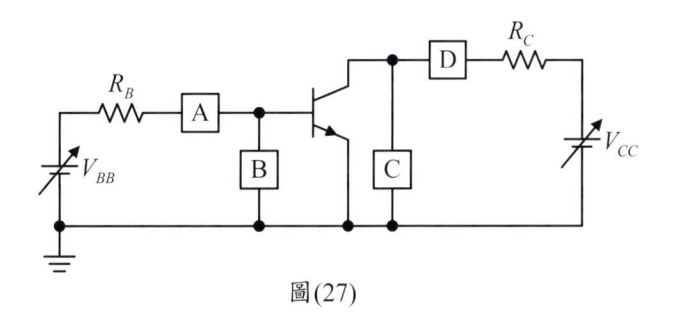

圖(27)

( )50. 指針型三用電表撥至 $R \times 1k\Omega$ 檔,並完成歸零調整後,測量BJT電晶體B-E接腳或B-C接腳,接順向偏壓時,指針皆偏轉(導通);接逆向偏壓時,指針皆不偏轉(不通);C-E 接腳,不管如何接,指針皆不偏轉(不通),下列敘述何者正確?
(A)電晶體良好　　　　　　　　(B)電晶體損壞
(C)電晶體時好時壞　　　　　　(D)視電晶體編號而定 [3-1][110統測]

( )51. 如圖(28)所示電路,示波器設定在2V／DIV,量測10kΩ兩端電壓大小為5DIV、量測100Ω兩端電壓大小為4DIV,則電晶體β值為何?
(A)16　(B)80　(C)100　(D)200 [3-3][110統測]

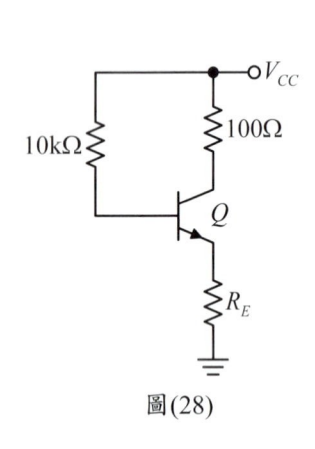

圖(28)

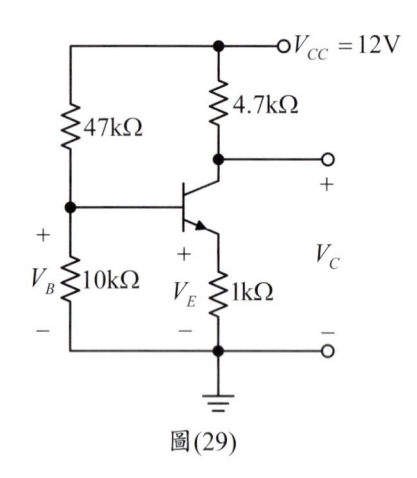

圖(29)

( )52. 如圖(29)所示電路,若 $V_B = 0\ V$,$V_C = 12\ V$,$V_E = 0\ V$,則可能故障原因為何?
(A)47kΩ電阻開路　　　　　　　(B)10kΩ電阻開路
(C)4.7kΩ電阻開路　　　　　　　(D)1kΩ電阻開路 [3-3][110統測]

( )53. 某甲使用指針式三用電表對NPN電晶體進行接腳判別,電晶體腳位編號包括1～3號接腳。某甲將三用電表置於歐姆檔×10Ω進行測試。利用測棒交替接觸電晶體1、2號接腳兩端,指針只有一次偏轉。利用測棒交替接觸電晶體1、3號接腳兩端,指針只有一次偏轉。利用測棒交替接觸電晶體2、3號接腳兩端,指針兩次都不偏轉。則該電晶體的基極(Base)為幾號接腳?
(A)1號　(B)2號　(C)3號　(D)測試方法錯誤無法判定 [3-1][110統測]

( )54. 圖(30)所示集極回授偏壓共射極放大電路,其中 $V_{CC} = 8.7\ V$、$R_B = 470\ k\Omega$、$R_C = 3.3\ k\Omega$,已知電晶體的 $V_{BE} = 0.7\ V$,$\beta = 100$,則電路的直流工作點 I_{CQ} 與 V_{CEQ} 最接近下列何者?
(A)$I_{CQ} = 800\ \mu A$、$V_{CEQ} = 6.1\ V$　　(B)$I_{CQ} = 900\ \mu A$、$V_{CEQ} = 5.7\ V$
(C)$I_{CQ} = 1000\ \mu A$、$V_{CEQ} = 5.4\ V$　(D)$I_{CQ} = 1224\ \mu A$、$V_{CEQ} = 4.7\ V$ [3-3][110統測]

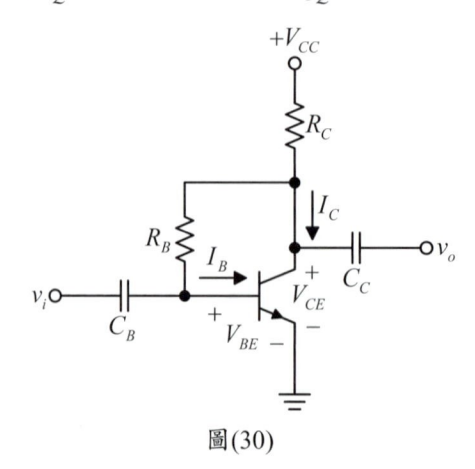

圖(30)

第 3 章 雙極性接面電晶體

最新統測試題

( )1. 如圖(1)所示電路,若BJT工作於主動區,且$\beta = 100$,切入電壓$V_{BE} = 0.7$ V,集極電流為2mA,則電阻R_E約為何?
(A)4.13kΩ (B)3.24kΩ (C)2.47kΩ (D)1.55kΩ [3-3][111統測]

圖(1)

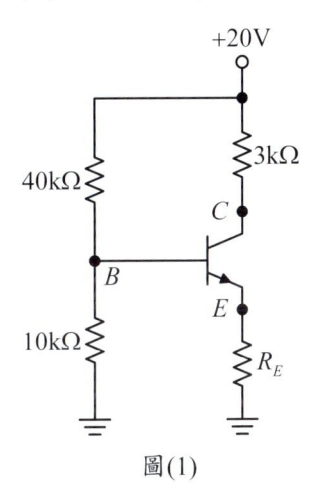

▲ 閱讀下文,回答第2-3題

如圖(2)所示電路,若BJT之$\beta = 100$,切入電壓$V_{BE} = 0.7$ V,飽和電壓$V_{BE(sat)} = 0.8$ V,$V_{CE(sat)} = 0.2$ V;BJT須先建立一個適當的直流工作點,才能作線性放大器使用,以下設計及判斷合理的直流工作點。

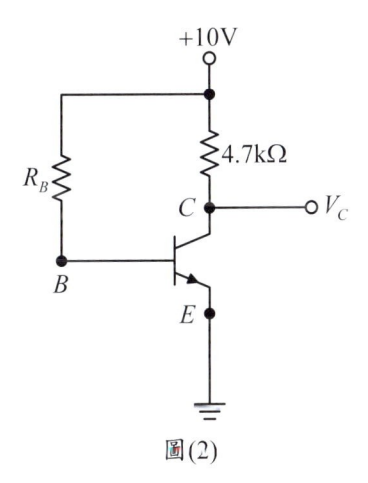

圖(2)

( )2. 圖中若電阻$R_B = 372$ kΩ,則基-集極間電壓V_{BC}約為何?
(A)−2V (B)−0.6V (C)0.6V (D)2V [3-3][111統測]

( )3. 圖中若電阻$R_B = 1$ MΩ且電路其他參數不變,則集極電壓V_C約為何?
(A)6.7V (B)5.6V (C)4.5V (D)0.2V [3-3][111統測]

( )4. 有關雙極性接面電晶體(BJT)工作於飽和區之敘述,下列何者正確?
(A)BJT之集極電流與基極電流成正比
(B)BJT之集-射極間,猶如開關的導通(ON)狀態
(C)BJT之基-射極接面為順向偏壓且基-集極接面是逆向偏壓
(D)BJT之基-射極接面為逆向偏壓且基-集極接面是順向偏壓 [3-1][112統測]

3-75

( )5. 如圖(3)所示電路，$V_{EE} = -12\text{ V}$，$R_B = 200\text{ k}\Omega$，$R_C = 1\text{ k}\Omega$，若BJT之$\beta = 100$，$V_{BE} = 0.7\text{ V}$，則V_C為何？
(A)6.35V (B)−6.35V (C)5.65V (D)−5.65V [3-3][112統測]

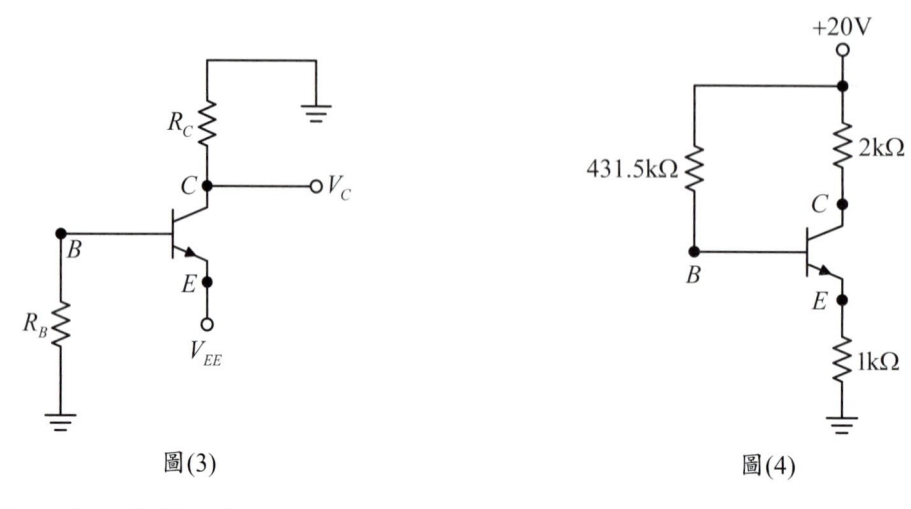

圖(3)

圖(4)

( )6. 如圖(4)所示電路，若$V_{BE} = 0.7\text{ V}$，量測得BJT的C極與E極之電壓分別為$V_C = 16\text{ V}$，$V_E = 2.04\text{ V}$，則此BJT之β值為何？ (A)120 (B)100 (C)80 (D)50 [3-3][112統測]

( )7. 當PNP型BJT偏壓於主動區（作用區），其基極電壓V_B、集極電壓V_C及射極電壓V_E之大小關係，下列敘述何者正確？
(A)$V_B > V_C > V_E$ (B)$V_E > V_B > V_C$ (C)$V_C > V_E > V_B$ (D)$V_B > V_E > V_C$ [3-1][113統測]

( )8. ＢＪＴ電路直流分析時，電晶體之$\beta = 150$，若基極電流$I_B = 1\text{ mA}$，集極電流$I_C = 120\text{ mA}$，則此電晶體之工作區為何？
(A)稽納崩潰區 (B)截止區 (C)主動區 (D)飽和區 [3-2][113統測]

( )9. 如圖(5)所示電路，$V_{CC} = 12\text{ V}$、$V_{EE} = -12\text{ V}$，若BJT之$\beta = 54$、$V_{BE} = 0.7\text{ V}$，則V_C約為何？ (A)7.4V (B)6.2V (C)5.1V (D)4.2V [3-3][113統測]

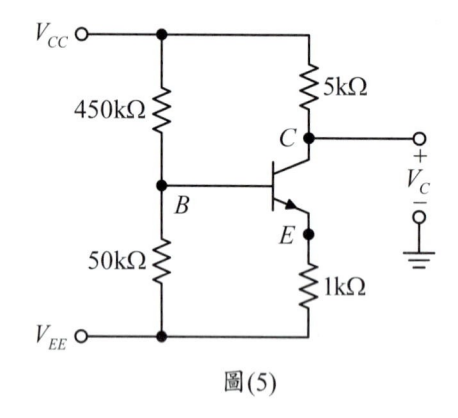

圖(5)

( )10. 指針型三用電表，將功能旋鈕轉至$R \times 1\text{k}$歐姆檔，並依常規將紅色及黑色測試線正確接至電表。電表歸零後，將電表黑測棒固定接觸BJT之其中一接腳，再將電表紅測棒分別接觸BJT另外兩隻接腳，若電表皆指示低電阻值狀態，則下列敘述何者正確？
(A)為NPN電晶體，黑測棒接觸接腳為射極
(B)為PNP電晶體，黑測棒接觸接腳為基極
(C)為PNP電晶體，黑測棒接觸接腳為射極
(D)為NPN電晶體，黑測棒接觸接腳為基極 [3-1][114統測]

( )11. 如圖(6)所示音訊放大器直流偏壓電路，$V_{CC} = 12$ V、$R_B = 452$ kΩ及$R_C = 3$ kΩ，當BJT之$V_{BE} = 0.7$ V、$\beta = 80$時，則$V_C = \dfrac{V_{CC}}{2} = 6$ V。若BJT之β變為100，則V_C為何？ (A)7.5V (B)6.5V (C)5.5V (D)4.5V

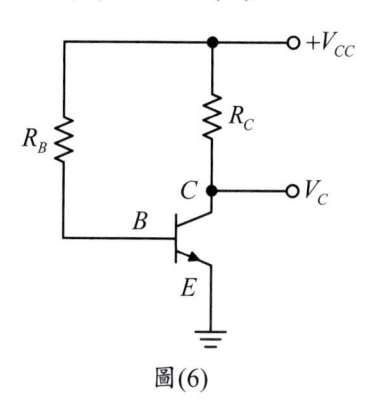

[3-4][114統測]

圖(6)

模擬演練

電子學試題

( )1. 如圖(1)所示為電晶體（BJT）的輸出特性曲線，則關於下列敘述何者正確？
(A)此為共基極放大器的輸出特性曲線
(B)開關電路操作於(甲)區以及(乙)區
(C)此電路運用於放大器則需操作於(甲)區以及(丙)區
(D)溫度上升則電路的工作點會逐漸向(乙)區靠近 [3-2]

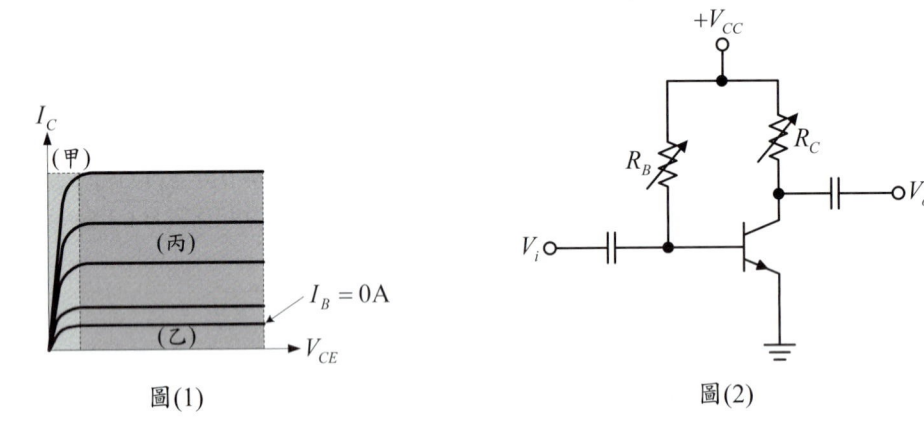

圖(1)　　圖(2)

( )2. 如圖(2)所示為電晶體偏壓電路，假設電晶體Q_1原來工作點設計在負載線中央，因電晶體燒毀而更換新的電晶體Q_2之後，工作點移向截止區附近，試求在不改變集極飽和電流的情況下，下列何者可以將工作點重新調整至負載線中央？
(A)減少R_B　(B)增加R_B　(C)減少R_C　(D)增加R_C [3-2]

( )3. 如圖(3)所示之電路，若電晶體的$V_{BE}=0.7$ V，$V_{CE(sat)}=0.2$ V，試求電流I_B及I_C？
(A)38.6μA、1.98mA　　(B)19.8μA、3.86mA
(C)38.6mA、1.98mA　　(D)18.2μA、3.86mA [3-3]

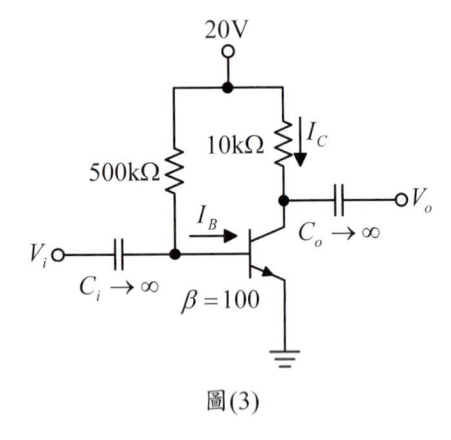

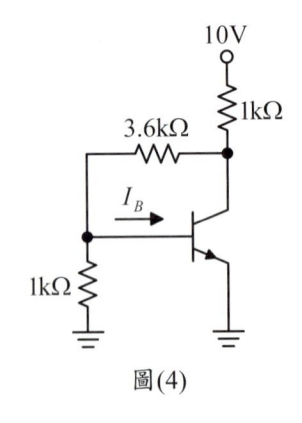

圖(3)　　圖(4)

( )4. 如圖(4)所示之電路，假設電晶體BJT之$\beta=5$、$V_{BE}=0.5$ V，試測量基極電流I_B？
(A)750μA　(B)500μA　(C)300μA　(D)150μA [3-3]

( )5. 一般雙極性接面電晶體BJT，若欲提高其內部電流放大率，則可由下列哪兩個方面著手來改善？
①集極摻雜濃度　②集極寬度　③射極摻雜濃度　④基極寬度　⑤射極寬度
(A)①④　(B)②⑤　(C)②③　(D)③④ [3-1]

( )6. 如圖(5)所示電路，假設電晶體工作於主動區，$\beta = 99$且$V_{EB} = 0.7$ V，試求集極電流I_C約為何？ (A)1mA (B)1.3mA (C)2mA (D)3mA [3-3]

圖(5)

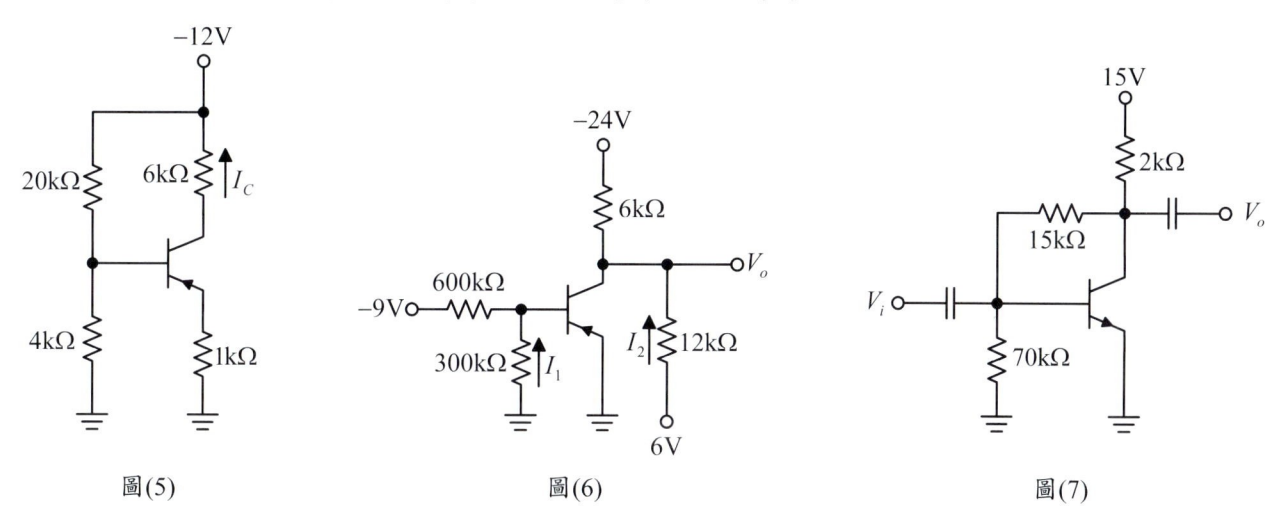

圖(6)

圖(7)

( )7. 如圖(6)所示電路，電晶體$V_{BE} = -0.7$ V且$\beta = 40$，試求電流I_2約為何？
(A)1.1mA (B)1.5mA (C)1.9mA (D)2.2mA [3-3]

( )8. 如圖(7)所示電路，若電晶體的切入電壓V_{BE}為0.7V且電阻15kΩ消耗150μW，試求該電晶體的β值為何？ (A)70 (B)80 (C)90 (D)100 [3-3]

( )9. 如圖(8)使用電晶體驅動繼電器的線圈，已知電晶體值為50，而繼電器線圈的電阻值為100Ω，控制電壓V_i如圖所示。若電晶體當電子開關使用時，電阻R_B之最大值最接近以下何值？（假設飽和時$V_{BE(sat)} = 0.7$ V、$V_{CE(sat)} = 0.2$ V）
(A)2.4kΩ (B)3.5kΩ (C)3.9kΩ (D)4.3kΩ [3-2]

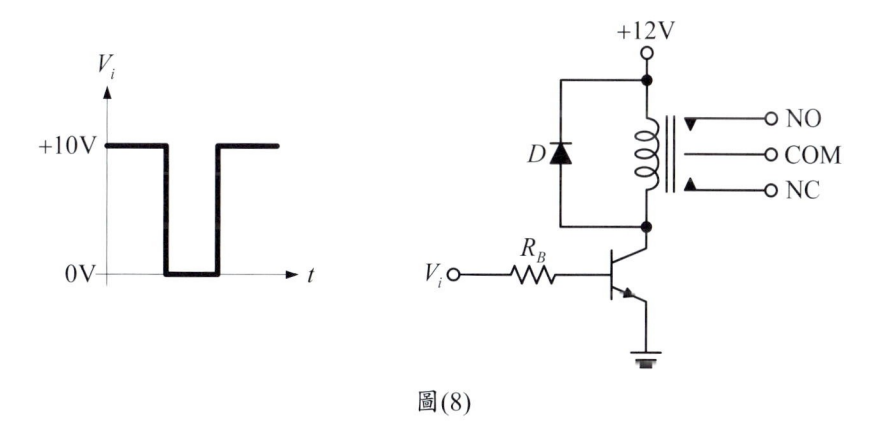

圖(8)

( )10. 如圖(9)，當開關S閉合時，電晶體工作於主動區，且$V_{BE} = 0.7$ V，$I_C = 10$ mA。若開關S打開時，$I_C = 0.1$ mA，試求此電晶體的β值？
(A)990 (B)450 (C)330 (D)110 [3-3]

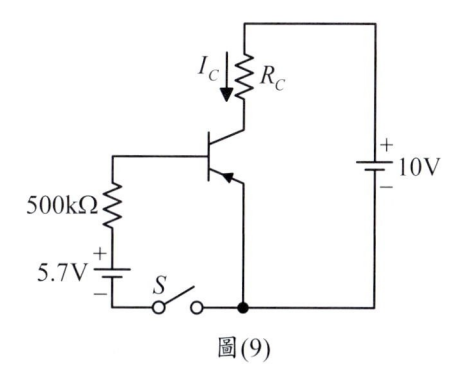

圖(9)

電子學實習試題

( )1. 在做電子學實驗時，假設將日式指針式，量測電晶體的3支接腳，得到表(1)的結果，試問下列實驗敘述何者正確？
(A)1號腳為基極（B），電晶體為PNP型
(B)1號腳為基極（B），電晶體為NPN型
(C)2號腳為基極（B），電晶體為NPN型
(D)3號腳為基極（B），電晶體為PNP型 [3-1]

表(1)

黑棒所接的腳	1	1	2	2	3	3
紅棒所接的腳	2	3	1	3	1	2
是否導通	否	否	是	是	否	否

( )2. 使用日式指針式三用電表，當檔位切換至歐姆檔 $R\times 10$ 的檔位，測量圖(1)電晶體TO-92的1、2、3接腳，測量結果如表(2)所示，則下列敘述何者正確？
(A)該電晶體編號可能為C9014，第2腳為基極
(B)該電晶體編號可能為C9014，第3腳為基極
(C)該電晶體編號可能為C9015，第2腳為基極
(D)該電晶體編號可能為C9015，第3腳為基極 [3-1]

表(2)

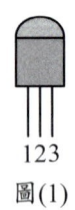

紅棒	黑棒	結果
1	2	低電阻
1	3	高電阻
2	1	高電阻
2	3	高電阻
3	1	高電阻
3	2	低電阻

圖(1)

( )3. 一般大型BJT功率電晶體包裝外殼為電晶體的哪一極？
(A)射極 (B)基極 (C)集極 (D)沒有通用的規範 [3-1]

( )4. 電晶體偏壓時，若將集極與射極對調，使得基極對射極接面為逆向偏壓，而基極對集極接面為順向偏壓，則下列有關電晶體的敘述，何者正確？
(A)耐壓降低，增益提高
(B)耐壓提高，增益降低
(C)耐壓及增益皆降低
(D)耐壓及增益皆提高 [3-1]

第 3 章 雙極性接面電晶體

( )5. 如圖(2)所示,已知電晶體參數 $\beta = 100$, $V_{BE(sat)} = 0.8\text{ V}$,
$V_{CE(sat)} = 0.2\text{ V}$,且電晶體進入飽和區,則下列選項何者正確?
(A) $R_{C(\max)} = 161\,\Omega$
(B) $R_{C(\min)} = 161\,\Omega$
(C) $R_{C(\max)} = 1609.8\,\Omega$
(D) $R_{C(\min)} = 1609.8\,\Omega$ [3-2]

( )6. 已知某電晶體操作於飽和區與截止區,則下列何者為不適合驅動的元件?
(A)擴音器的放大級
(B)小燈泡
(C)發光二極體(LED)
(D)繼電器(Relay) [3-2]

( )7. 如圖(3)電路中的電晶體當開關使用,求輸出電壓 V_o 為多少?
(A)20V (B)10V (C)5V (D)0V [3-2]

圖(2)

圖(3)

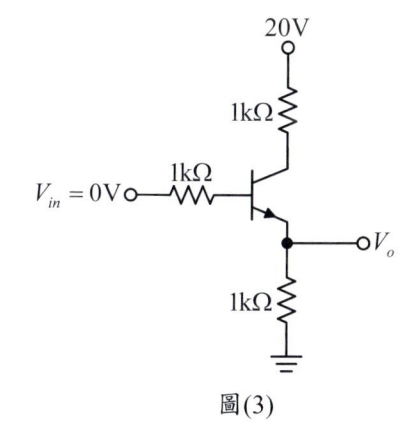

( )8. 鳴人在進行電晶體(BJT)放大電路試驗時,以日式指針式三用電表切換至歐姆檔對電晶體之 x、y、z 三支接腳進行測量,測量結果如表(3)所示,若電晶體的 $\beta = 49$,試求圖(4)中電晶體偏壓電路的 y 點電壓為多少伏特?
(A)3.24V (B)4.32V (C)0.7V (D)−0.7V [3-3]

表(3)

黑棒位置	紅棒位置	指針偏轉狀態
x	y	偏轉
x	z	偏轉
y(食指碰觸y及x)	z	偏轉
z(食指碰觸z及x)	y	不偏轉

圖(4)

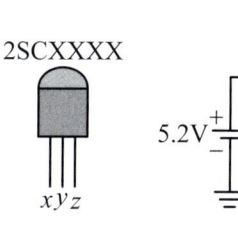

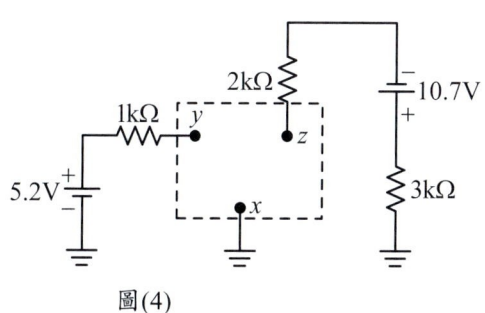

(　　)9. 如圖(5)所示工作點位於負載線中點之電晶體電路，若V_{BE}與$V_{CE(sat)}$可忽略不計，其相關試驗數據如表(4)所示，則下列敘述何者正確？
(A)$\alpha = 0.96$　(B)$R_B = 500\ k\Omega$　(C)$R_C \approx 8\ k\Omega$　(D)$I_{C(sat)} \approx 4\ mA$ [3-3]

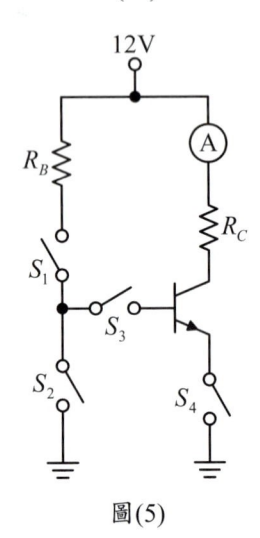

表(4)

開關S_1	開關S_2	開關S_3	開關S_4	電流表Ⓐ讀值
OFF	ON	ON	OFF	$2\mu A$
OFF	OFF	OFF	ON	0.1 mA
ON	OFF	ON	ON	1.276 mA

圖(5)

(　　)10. 電晶體小訊號放大電路中，同學可依電晶體的偏壓找到集極輸出迴路負載線（直流負載線），而有關集極輸出迴路負載線特性的敘述，下列何者錯誤？
(A)可預知為負斜率
(B)可預知頻率響應
(C)可預知該電路輸出訊號（電壓值）
(D)可預知工作點Q的位置 [3-3]

素養導向題

▲ 閱讀下文，回答第1～4題

佐助在進行電子學實習的課程時，將三個不同偏壓組態的電晶體放大電路，輸入相同的訊號，電路如下，試問：

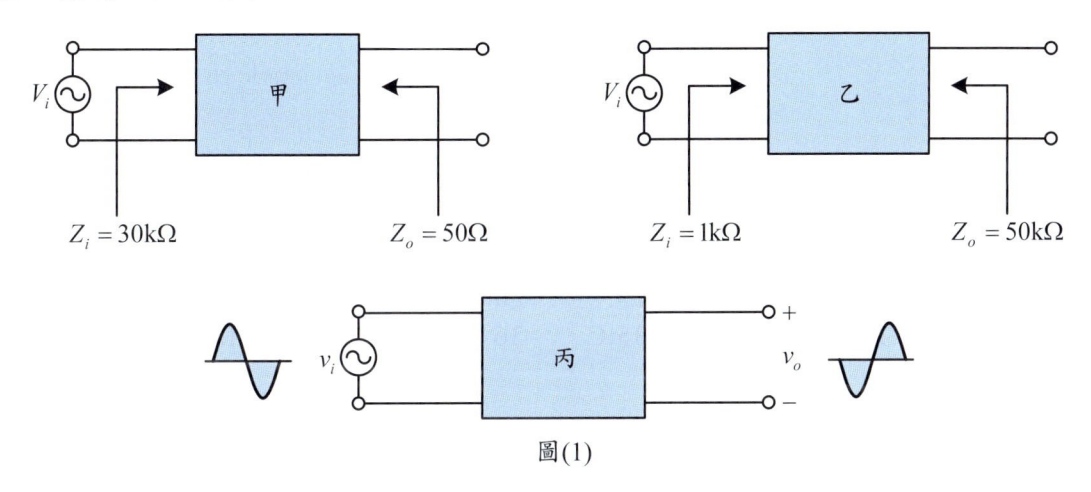

$Z_i = 30\text{k}\Omega$　　甲　　$Z_o = 50\Omega$

$Z_i = 1\text{k}\Omega$　　乙　　$Z_o = 50\text{k}\Omega$

丙　v_i　v_o

圖(1)

( )1. 丙電路的偏壓組態，為　(A)共基極　(B)共集極　(C)共射極　(D)以上皆是

( )2. 哪個偏壓電路，適合作為電壓放大器？　(A)甲　(B)乙　(C)丙　(D)以上皆是

( )3. 哪個偏壓電路，適合作為電流放大器？　(A)甲　(B)乙　(C)丙　(D)以上皆是

( )4. 哪個偏壓電路，用於阻抗匹配之用途？　(A)甲　(B)乙　(C)丙　(D)以上皆是

▲ 閱讀下文，回答第5～9題

魯夫在進行共射極偏壓組態的相關電路實驗時，共有甲、乙、丙三個電路，過程中發現「甲電路」不會進入飽和區，「乙電路」的工作點最容易受到溫度的影響，而「丙電路」的工作點不受 β 之影響，試問：

( )5. 甲電路為
(A)固定偏壓電路　(B)集極回授偏壓電路　(C)分壓式偏壓電路　(D)以上皆是

( )6. 乙電路為
(A)固定偏壓電路　(B)集極回授偏壓電路　(C)分壓式偏壓電路　(D)以上皆是

( )7. 丙電路為
(A)固定偏壓電路　(B)集極回授偏壓電路　(C)分壓式偏壓電路　(D)以上皆是

( )8. 數位開關電路一般使用　(A)甲電路　(B)乙電路　(C)丙電路　(D)以上皆是

( )9. 哪個電路的穩定因數最好？　(A)甲電路　(B)乙電路　(C)丙電路　(D)以上皆是

解 答

（*表示附有詳解）

3-1 立即練習

基礎題

1.C 2.A *3.C *4.B *5.B *6.A *7.D 8.D 9.D 10.C
11.B

進階題

1.B 2.D

3-2 立即練習

基礎題

1.A 2.D 3.C 4.D 5.C 6.A 7.C 8.B 9.C 10.C
11.A 12.A 13.D 14.C 15.B 16.A *17.D *18.C *19.D 20.A
21.C 22.B 23.B 24.A 25.C 26.D 27.C *28.D *29.C 30.C
*31.B *32.C 33.B 34.A 35.C 36.C 37.A *38.B

進階題

*1.B *2.B 3.D *4.B *5.A *6.D 7.C 8.A *9.D 10.A
11.A 12.D *13.A *14.B *15.B

3-3 立即練習

基礎題

1.A 2.B 3.D 4.B 5.A 6.A 7.A *8.A *9.C *10.B
11.C *12.B 13.A *14.A 15.A *16.C 17.C 18.B *19.B 20.B
*21.A *22.C *23.C *24.B *25.B

進階題

*1.C *2.B *3.C *4.B

3-4 立即練習

基礎題

1.A 2.B 3.D

歷屆試題

電子學試題

1.D *2.B *3.D *4.B *5.C *6.D 7.B *8.B 9.B *10.A
11.D *12.B 13.A 14.A 15.C 16.B *17.D *18.C *19.C 20.D
21.D *22.A 23.C *24.D 25.D 26.D *27.B *28.A *29.D 30.D
31.A 32.D 33.C *34.D 35.C 36.A *37.D *38.B *39.A *40.D
41.D 42.A *43.C 44.A 45.D *46.C 47.B 48.D *49.C 50.D
*51.C 52.B *53.D 54.B *55.D 56.B *57.A

電子學實習試題

*1.B *2.A *3.C *4.D 5.D 6.C *7.B 8.C *9.B 10.D
*11.A *12.C *13.B *14.B 15.C 16.C 17.A 18.B *19.C 20.D
*21.B 22.A *23.B 24.C *25.C *26.B *27.C 28.C 29.D 30.A
*31.D 32.A 33.B 34.A 35.D 36.C 37.A 38.B *39.C 40.A
41.C *42.C 43.A *44.C 45.A *46.C 47.B 48.A 49.C 50.A
*51.B 52.A *53.A *54.C

第 3 章 雙極性接面電晶體

── 解　答 ──　　　　　　　　　　　　　　　（＊表示附有詳解）

最新統測試題
*1.D　　*2.C　　*3.B　　*4.B　　*5.D　　*6.D　　7.B　　*8.D　　*9.A　　*10.D
*11.D

模擬演練

電子學試題
1.B　　*2.A　　*3.A　　*4.A　　5.D　　*6.B　　*7.B　　*8.A　　*9.C　　*10.A

電子學實習試題
1.C　　*2.A　　3.C　　4.C　　*5.D　　6.A　　*7.D　　*8.A　　*9.B　　10.B

素養導向題
*1.C　　*2.B　　*3.A　　4.A　　5.B　　6.A　　7.C　　8.B　　9.C

NOTE

CHAPTER 4 雙極性接面電晶體放大電路

本章學習重點

章節架構	必考重點	
4-1 雙極性接面電晶體放大器工作原理	• 各種放大組態 • π 模型與T模型	★★★☆☆
4-2 共射極放大電路	• 共射極放大電路的各種偏壓電路	★★★★★
4-3 共集極放大電路	• 共集極放大電路的各種偏壓電路	★★★★★
4-4 共基極放大電路	• 共基極放大電路的各種偏壓電路	★★★★★
4-5 各種放大組態之比較	• 各種放大組態之比較	★★★★☆

統測命題分析

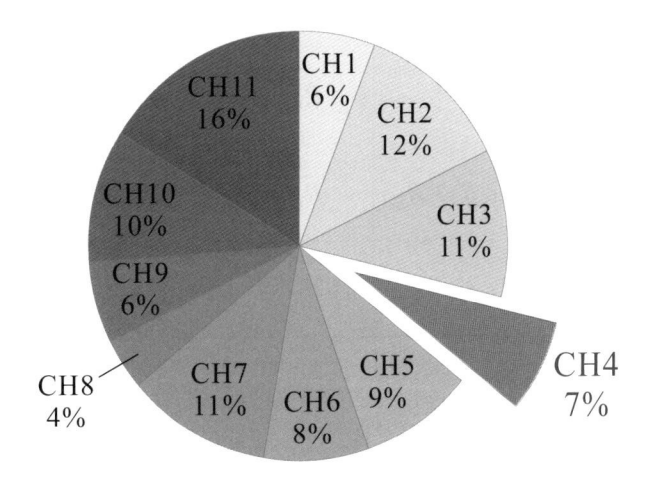

- CH1 6%
- CH2 12%
- CH3 11%
- CH4 7%
- CH5 9%
- CH6 8%
- CH7 11%
- CH8 4%
- CH9 6%
- CH10 10%
- CH11 16%

考前 3 分鐘

1. 射極交流電阻 $r_e = \dfrac{V_T}{I_E}$

2. 基極交流電阻 $r_\pi = r_b = \dfrac{V_T}{I_B}$

3. 射極交流電阻 r_e 與基極交流電阻 r_π 兩者的關係：$r_\pi = (1+\beta) \times r_e$

4. 交流互導參數 $g_m = \dfrac{\Delta i_C}{\Delta v_{be}}$ 或 $g_m = \dfrac{I_{CQ}}{V_T}$

5. 共射極組態（CE）與共集極（CC）組態的輸入交流基極電阻 r_π（r_b）與交流轉移電（互）導 g_m 之關係

$$g_m = \dfrac{I_{CQ}}{V_T} = \dfrac{\beta \times I_{BQ}}{V_T} = \dfrac{\beta}{r_\pi} \Rightarrow \beta = g_m \times r_\pi$$

6. 共基極組態（CB）的輸入交流射極電阻 r_e 與交流轉移電（互）導 g_m 之關係

$$g_m = \dfrac{I_{CQ}}{V_T} = \dfrac{\alpha \times I_{EQ}}{V_T} = \dfrac{\alpha}{r_e} \Rightarrow \alpha = g_m \times r_e$$

7. 考慮歐力效應下的交流等效輸出電阻 $r_o = \dfrac{V_A}{I_{CQ}}$

8. 共射極偏壓組態（不含輸入交流信號 R_S 以及負載電阻 R_L）

特性 偏壓法	輸入阻抗 Z'_i	輸出阻抗 Z'_o	電壓增益 A_v	電流增益 A_i
固定偏壓	$R_B // r_\pi$	R_C	$-\beta \times \dfrac{R_C}{r_\pi}$	$-\beta \times \dfrac{R_B}{R_B + r_\pi}$
射極回授式 （無射極電容）	$R_B // [r_\pi + (1+\beta) \times R_E]$	R_C	$-\dfrac{R_C}{R_E}$（近似值）	$\dfrac{-\beta \times R_B}{R_B + [r_\pi + (1+\beta) \times R_E]}$
射極回授式 （有射極電容）	$R_B // r_\pi$	R_C	$-\beta \times \dfrac{R_C}{r_\pi}$	$-\beta \times \dfrac{R_B}{R_B + r_\pi}$
分壓式 （無射極電容）	$R_1 // R_2 // [r_\pi + (1+\beta) \times R_E]$	R_C	$-\dfrac{R_C}{R_E}$（近似值）	$-\beta \times \dfrac{(R_1 // R_2)}{(R_1 // R_2) + [r_\pi + (1+\beta) \times R_E]}$
分壓式 （有射極電容）	$R_1 // R_2 // r_\pi$	R_C	$-\beta \times \dfrac{R_C}{r_\pi}$	$-\beta \times \dfrac{(R_1 // R_2)}{(R_1 // R_2) + r_\pi}$

9. 共集極偏壓組態主電路的特性（不含電源內阻R_S及負載電阻R_L）

特性 偏壓法	輸入阻抗 Z_i'	輸出阻抗 Z_o'	電壓增益 A_v	電流增益 A_i
射極回授式	$R_B // [r_\pi + (1+\beta) \times R_E]$	$\dfrac{r_\pi}{(1+\beta)} // R_E$	$\dfrac{(1+\beta) \times R_E}{r_\pi + (1+\beta) \times R_E}$	$\dfrac{(1+\beta) \times R_B}{R_B + [r_\pi + (1+\beta) \times R_E]}$
分壓式	$R_1 // R_2 // [r_\pi + (1+\beta) \times R_E]$	$\dfrac{r_\pi}{(1+\beta)} // R_E$	$\dfrac{(1+\beta) \times R_E}{r_\pi + (1+\beta) \times R_E}$	$\dfrac{(1+\beta) \times (R_1 // R_2)}{(R_1 // R_2) + [r_\pi + (1+\beta) \times R_E]}$

10. 共基極偏壓組態主電路的特性（不含電源內阻R_S及負載電阻R_L）

特性 偏壓法	輸入阻抗 Z_i'	輸出阻抗 Z_o'	電壓增益 A_v	電流增益 A_i
基極偏壓	$Z_i' = R_E // r_e$	$Z_o' = R_C$	$A_v = \alpha \times \dfrac{R_C}{r_e}$	$A_i = \alpha \times \dfrac{R_E}{R_E + r_e}$

4-1 雙極性接面電晶體放大器工作原理

理論重點

重點 1　電晶體的小信號放大作用

1. 電晶體小信號放大電路是工作於 ＿＿＿＿＿＿。
2. 小信號放大器是指輸入交流電壓必須小於 ＿＿＿＿＿＿。

答案：1. 主動區　　　　　　　　　　2. 熱電壓25mV

重點 2　電晶體的交流等效電路（h參數模型）

1. h參數：每個程式中都混合（hybrid）了v和i兩個變數，所以h參數是一種混合參數。

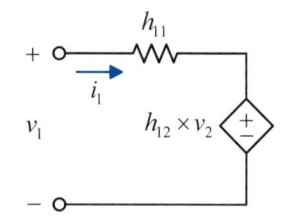

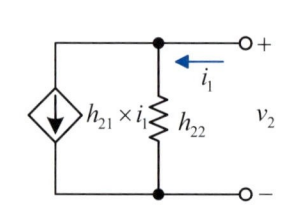

   (1) 輸入阻抗

   $$h_{11} = h_i = \left.\frac{v_1}{i_1}\right|_{v_2=0(輸出短路)}$$

   (2) 逆向電壓轉換比

   $$h_{12} = h_r = \left.\frac{v_1}{v_2}\right|_{i_1=0(輸入開路)}$$

   (3) 順向電流轉換比

   $$h_{21} = h_f = \left.\frac{i_2}{i_1}\right|_{v_2=0(輸出短路)}$$

   (4) 輸出導納

   $$h_{22} = h_o = \left.\frac{i_2}{v_2}\right|_{i_1=0(輸入開路)}$$

   註：h參數模型皆假設電流流入電晶體。

2. 電晶體組態放大器的h參數關係：

參數＼放大器	共射極（CE）	共集極（CC）	共基極（CB）
$h_{11} = h_i$	＿＿＿＿	h_{ic}	h_{ib}
$h_{12} = h_r$	h_{re}	h_{rc}	h_{rb}
$h_{21} = h_f$	＿＿＿＿	h_{fc}	h_{fb}
$h_{22} = h_o$	h_{oe}	h_{oc}	h_{ob}

答案：2. h_{ie}、h_{fe}

第 4 章 雙極性接面電晶體放大電路

重點 3 電晶體的交流等效電路（r參數模型）

1. r參數模型是以直流工作點來決定，分為兩種，一為r_π模型，簡稱π模型，另一個為r_e模型，簡稱T模型。

	CE組態	CC組態	CB組態
組態	(圖)	(圖)	(圖)
參數模型	（π模型）	（π模型）	（T模型）

註：r參數模型以實際的電流方向為主。

2. h參數與r參數的關係：

	輸入阻抗關係式	電流增益關係式
CE組態	$h_{ie} = r_\pi$	$h_{fe} = \beta$
CC組態	$h_{ic} = r_\pi$	$h_{fc} = -\gamma$
CB組態	$h_{ib} = r_e$	$h_{fb} = -\alpha$

3. 射極交流電阻r_e：

_____。（在室溫25°C的條件）

4. 基極交流電阻r_π：

_____。（在室溫25°C的條件）

5. r_π與r_e的關係式：

_____。

答案：3. $r_e = \dfrac{V_T}{I_E} \approx \dfrac{26\text{mV}}{I_E}$ 4. $r_\pi = \dfrac{V_T}{I_B} \approx \dfrac{26\text{mV}}{I_B}$ 5. $r_e = \dfrac{r_\pi}{(1+\beta)}$

重點 4 交流互導參數

1. 共射極組態（CE）與共集極（CC）組態的輸入交流基極電阻r_π（r_b）與交流轉移電（互）導g_m之關係：

　　_____ 。

2. 共基極組態（CB）的輸入交流射極電阻r_e與交流轉移電（互）導g_m之關係：

　　_____ 。

答案：1. $g_m = \dfrac{I_{CQ}}{V_T} = \dfrac{\beta \times I_{BQ}}{V_T} = \dfrac{\beta}{r_\pi} \Rightarrow \beta = g_m \times r_\pi$

2. $g_m = \dfrac{I_{CQ}}{V_T} = \dfrac{\alpha \times I_{EQ}}{V_T} = \dfrac{\alpha}{r_e} \Rightarrow \alpha = g_m \times r_e$

老師講解

1. 已知電晶體的輸入直流偏壓電流$I_{BQ} = 20\ \mu A$，且熱電壓$V_T = 26\ mV$，試求電晶體的交流等效輸入電阻r_π為何？

解 $r_\pi = \dfrac{V_T}{I_{BQ}} = \dfrac{26\text{mV}}{20\mu A} = 1300\ \Omega$

學生練習

1. 已知電晶體的輸入直流偏壓電流$I_{BQ} = 25\ \mu A$，且熱電壓$V_T = 25\ mV$，試求電晶體的交流等效輸入電阻r_π為何？
(A)600Ω　(B)800Ω　(C)1000Ω　(D)1200Ω

老師講解

2. 已知電晶體的交流等效輸入電阻$r_\pi = 2\ k\Omega$，且熱電壓$V_T = 26\ mV$，試求電晶體的輸入直流偏壓電流I_{BQ}為何？

解 $r_\pi = \dfrac{V_T}{I_{BQ}} \Rightarrow 2000\Omega = \dfrac{26\text{mV}}{I_{BQ}} \Rightarrow I_{BQ} = 13\ \mu A$

第 4 章 雙極性接面電晶體放大電路

學生練習

2. 已知電晶體的交流等效輸入電阻 $r_\pi = 2.5 \text{ k}\Omega$，且熱電壓 $V_T = 25 \text{ mV}$，試求電晶體的輸入直流偏壓電流 I_{BQ} 為何？
(A)$10\mu\text{A}$ (B)$15\mu\text{A}$ (C)$20\mu\text{A}$ (D)$25\mu\text{A}$

老師講解

3. 已知電晶體的輸入直流偏壓電流 $I_{EQ} = 1 \text{ mA}$，且熱電壓 $V_T = 26 \text{ mV}$，試求電晶體的交流等效輸入電阻 r_e 為何？

解 $r_e = \dfrac{V_T}{I_{EQ}} = \dfrac{26\text{mV}}{1\text{mA}} = 26 \, \Omega$

學生練習

3. 已知電晶體的輸入直流偏壓電流 $I_{EQ} = 2.5 \text{ mA}$，且熱電壓 $V_T = 25 \text{ mV}$，試求電晶體的交流等效輸入電阻 r_e 為何？
(A)5Ω (B)10Ω (C)15Ω (D)20Ω

老師講解

4. 已知電晶體的輸出直流偏壓電流 $I_{CQ} = 1.3 \text{ mA}$，熱電壓 $V_T = 26 \text{ mV}$，$\beta = 100$，試求電晶體的交流等效輸入電阻 r_π 以及 r_e 分別為何？

解 (1) $I_{BQ} = \dfrac{I_{CQ}}{\beta} = \dfrac{1.3\text{mA}}{100} = 13 \, \mu\text{A}$

(2) 基極交流等效電阻 $r_\pi = \dfrac{V_T}{I_{BQ}} = \dfrac{26\text{mV}}{13\mu\text{A}} = 2000 \, \Omega$

(3) 射極交流等效電阻 $r_e = \dfrac{r_\pi}{(1+\beta)} = \dfrac{2000}{1+100} \approx 20 \, \Omega$

學生練習

4. 已知電晶體的輸出直流偏壓電流 $I_{CQ} = 1.25$ mA，熱電壓 $V_T = 25$ mV，$\beta = 100$，試求電晶體的交流等效射極電阻 r_e 為何？
(A) 5Ω (B) 10Ω (C) 15Ω (D) 20Ω

老師講解

5. 已知直流偏壓電流 $I_{CQ} = 2.5$ mA、$V_T = 25$ mV，試求轉移互導參數 g_m 為何？

解 $g_m = \dfrac{I_{CQ}}{V_T} = \dfrac{2.5\text{mA}}{25\text{mV}} = 0.1\text{S} = 100\text{mS} = 100\text{ mA/V}$

學生練習

5. 已知電晶體的轉移互導參數 $g_m = 40$ mA/V、$V_T = 25$ mV，試求直流偏壓電流 I_{CQ} 為何？
(A) 1mA (B) 1.5mA (C) 2mA (D) 2.5mA

老師講解

6. 已知電晶體的轉移互導參數 $g_m = 19$ mA/V、射極交流電阻 $r_e = 50$ Ω，試求 α 為何？

解 $\alpha = g_m \times r_e \Rightarrow \alpha = 19\text{mA/V} \times 50\Omega = 0.95$

學生練習

6. 已知電晶體的轉移互導參數 $g_m = 20$ mA/V、基極交流電阻 $r_\pi = 1.5$ kΩ，試求 β 為何？
(A) 25 (B) 30 (C) 40 (D) 50

ABCD 立即練習

基礎題

( )1. 圖(1)為電晶體 r_π 參數等效模型,下列敘述何者錯誤?

(A)$r_\pi = \dfrac{V_T}{I_E}$ (B)$i_c = \beta \times i_b$ (C)$r_\pi = (1+\beta) \times r_e$ (D)$v_{be} = i_b \times r_\pi$

圖(1)

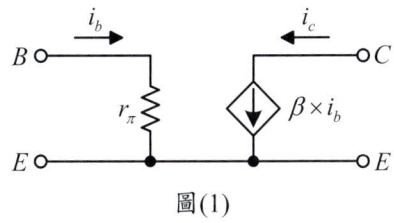

( )2. 下列關於 h 參數與 r 參數的關係式,何者錯誤?
(A)$h_{ib} = r_e$ (B)$h_{fb} = \alpha$ (C)$h_{ie} = r_\pi$ (D)$h_{fe} = \beta$

進階題

( )1. 如圖(1)所示,試求 Z_i 為何?
(A)$(r_\pi + R_E) \times (1+\beta)$ (B)$(r_\pi + R_E) \times \beta$
(C)$r_\pi + R_E \times (1+\beta)$ (D)$r_\pi + R_E \times \beta$

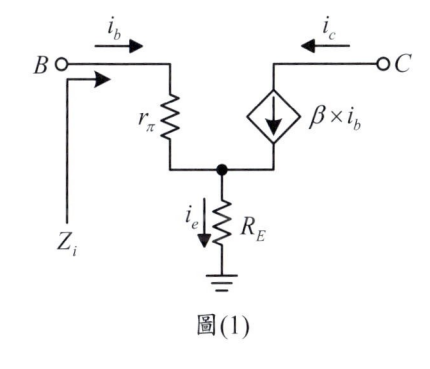

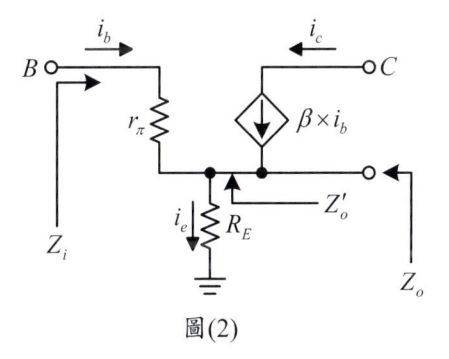

圖(1) 圖(2)

( )2. 如圖(2)所示,試求輸出阻抗 Z_o'?

(A)$\dfrac{r_\pi}{(1+\beta)}$ (B)$r_e // R_E$ (C)r_π (D)$r_e + R_E$

( )3. 承上題所示,試求輸出阻抗 Z_o?

(A)$\dfrac{r_\pi}{(1+\beta)}$ (B)$r_e // R_E$ (C)r_π (D)$r_e + R_E$

4-2 共射極放大電路 105 106 107 108 109 110 111 112 113

理論重點

重點 1　小信號等效電路的分析步驟

電晶體的組態有分為共射極（CE）、共集極（CC）與共基極（CB），而根據不同的偏壓方式又有數種偏壓形式，但不論電晶體的組態與偏壓方式為何，其小信號電路的分析流程如下圖所示：

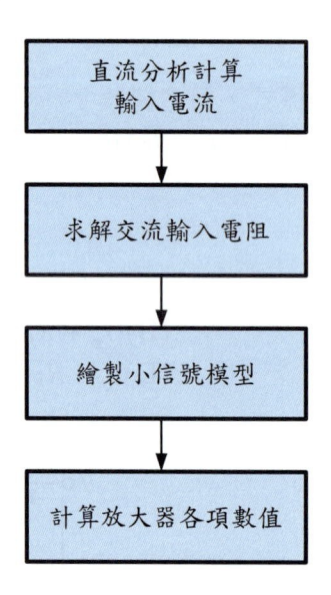

```
直流分析計算
輸入電流
    ↓
求解交流輸入電阻
    ↓
繪製小信號模型
    ↓
計算放大器各項數值
```

Step 1 進行直流分析，直流分析時所有的電容器視為開路狀態。

(1) 若電路為共射極組態（CE）或是共集極組態（CC）時，計算輸入電流I_B。

(2) 若電路為共基極組態（CB）時，計算輸入電流I_E。

(3) 判斷電晶體是否工作於飽和區？若電晶體工作於飽和區則不具電壓與電流放大作用

(4) 若工作於主動區，則分別求出各組態的直流工作點位置，對共射極組態或是共集極組態而言，工作點 ＿＿＿＿＿＿，對共基極組態而言，工作點 ＿＿＿＿＿＿。

Step 2 求出各偏壓組態的交流輸入電阻。

(1) 共射極組態（CE）或是共集極組態（CC），計算出該電路的輸入交流電阻 ＿＿＿＿＿＿（其中$I_B = I_{BQ}$）。

(2) 電晶體為共基極組態（CB）時，計算該電路的輸入交流電阻 ＿＿＿＿＿＿（其中$I_E = I_{EQ}$）。

第 **4** 章 雙極性接面電晶體放大電路

Step 3 繪製小信號模型,在大部分的情況下,交流等效輸出電阻 r_o 忽略不計,即 $r_o \approx \infty\,\Omega$,把交流等效輸出電阻 r_o 忽略不計,以方便分析所有偏壓組態的電路特性。(電壓源短路、電流源開路、電容器短路)

(1) 共射極組態(CE)或是共集極組態(CC),直接將電晶體的電路符號以 π 模型取代。

(2) 電晶體為共基極組態(CB)時,直接將電晶體的電路符號以T模型取代。

註:交流等效輸出電阻 r_o 係指歐力電阻。歐力電阻 $r_o = \dfrac{V_A}{I_{CQ}}$,其中歐力電壓 V_A 的典型值約50V~100V,I_{CQ} 為集極電流,大部分題型的歐力電阻可忽略不計。

Step 4 計算各偏壓組態的交流特性。

運用在基本電學中學習過的方法,計算放大器各種交流特性:輸入阻抗 Z_i、輸出阻抗 Z_o、電壓增益 A_v、電流增益 A_i 以及功率增益 A_p ……等。

答案:Step1
(4) $Q(V_{CEQ}, I_{CQ})$、$Q(V_{CBQ}, I_{CQ})$
Step2
(1) $r_\pi = \dfrac{V_T}{I_B}$ (2) $r_e = \dfrac{V_T}{I_E}$

重點 **2** 射極回授偏壓電路(不含旁路電容器 C_E)

1. 射極電阻 R_E 的回授方式為 ＿＿＿＿＿＿＿＿＿＿,其目的是提供直流電流的路徑,＿＿＿＿＿＿＿＿＿＿＿＿＿＿＿。電路的分析流程如下圖所示:

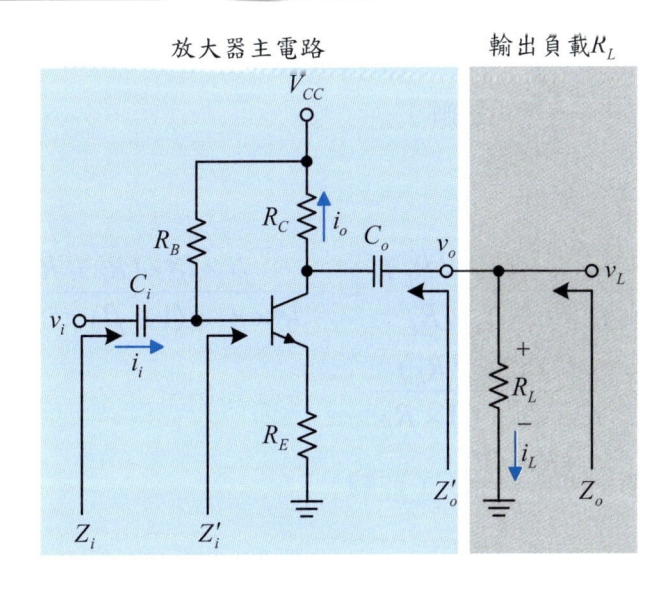

4-11

2. 交流等效電路

將直流偏壓電路V_{CC}、電容器C_i與C_o _____，並將電晶體符號繪製為 _____，即可得到交流小信號等效電路。

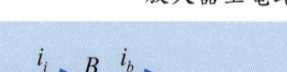

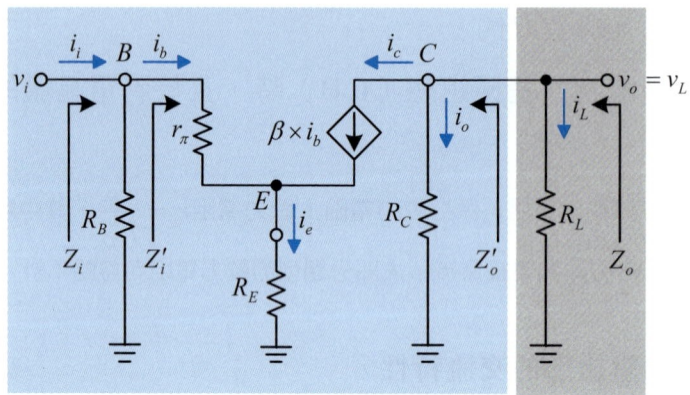

3. 輸入阻抗

   (1) 輸入阻抗$Z_i' = r_\pi + (1+\beta) \times R_E$

   (2) 輸入阻抗$Z_i = R_B \mathbin{/\mkern-5mu/} [r_\pi + (1+\beta) \times R_E]$

4. 輸出阻抗

   (1) 輸出阻抗$Z_o' = \infty \mathbin{/\mkern-5mu/} R_C = R_C$

   (2) 輸出阻抗$Z_o = R_L \mathbin{/\mkern-5mu/} Z_o' = R_L \mathbin{/\mkern-5mu/} R_C$

5. 電壓增益

   (1) 忽略負載電阻R_L：

   $$A_v = \frac{v_o}{v_i} = -\frac{\beta \times i_b \times R_C}{i_b \times r_\pi + i_e \times R_E} = -\frac{\beta \times i_b \times R_C}{i_b \times r_\pi + (1+\beta) \times i_b \times R_E}$$

   $$= \begin{cases} 詳解：-\dfrac{\beta \times R_C}{r_\pi + (1+\beta) \times R_E} \\ 近似解：-\dfrac{R_C}{R_E} \text{（速解）} \end{cases}$$

   (2) 考慮負載電阻R_L：

   $$A_v = \frac{v_L}{v_i} = -\frac{\beta \times i_b \times (R_C \mathbin{/\mkern-5mu/} R_L)}{i_b \times r_\pi + i_e \times R_E} = -\frac{\beta \times i_b \times (R_C \mathbin{/\mkern-5mu/} R_L)}{i_b \times r_\pi + (1+\beta) \times i_b \times R_E}$$

   $$= \begin{cases} 詳解：-\dfrac{\beta \times (R_C \mathbin{/\mkern-5mu/} R_L)}{r_\pi + (1+\beta) \times R_E} \\ 近似解：-\dfrac{(R_C \mathbin{/\mkern-5mu/} R_L)}{R_E} \text{（速解）} \end{cases}$$

6. 電流增益 $A_i = \dfrac{i_o}{i_i} = \dfrac{\dfrac{v_o}{R_{io}}}{\dfrac{v_i}{Z_i}} = \dfrac{v_o}{v_i} \times \dfrac{Z_i}{R_{io}} = A_v \times \dfrac{Z_i}{R_{io}}$（$R_{io}$為輸出電流$i_o$所通過的電阻）

(1) 忽略負載電阻R_L：（將上述相對應的A_v以及Z_i代入下式）

$$A_i = \dfrac{i_o}{i_i} \begin{cases} 詳解：A_v \times \dfrac{Z_i}{R_C} \\ 近似解：A_v \times \dfrac{Z_i}{R_C} = -\dfrac{R_C}{R_E} \times \dfrac{Z_i}{R_C} = -\dfrac{Z_i}{R_E} \end{cases}$$

(2) 考慮負載電阻R_L：（將上述相對應的A_v以及Z_i代入下式）

$$A_i = \dfrac{i_L}{i_i} \begin{cases} 詳解：A_v \times \dfrac{Z_i}{R_{io}} = A_v \times \dfrac{Z_i}{R_L} \\ 近似解：A_v \times \dfrac{Z_i}{R_{io}} = -\dfrac{(R_C /\!/ R_L)}{R_E} \times \dfrac{Z_i}{R_L} \end{cases}$$

答案：1. 電流串聯負回授、提高直流工作點之穩定度
2. 短路、π模型

老師講解

1. 共射極組態射極回授偏壓電路，若放大器主電路的$V_{CC} = 15.7\text{ V}$、$R_B = 1\text{ M}\Omega$、$R_C = 5\text{ k}\Omega$、$R_E = 20\text{ k}\Omega$、$\beta = 99$及$V_T = 25\text{ mV}$，試求

(1) 直流工作點Q

(2) r_π、Z_i、Z_o、A_v、A_i以及A_p

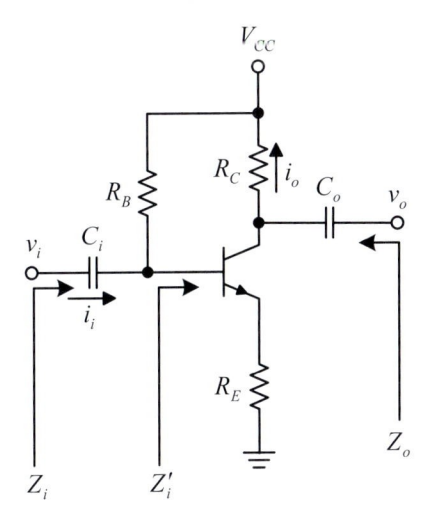

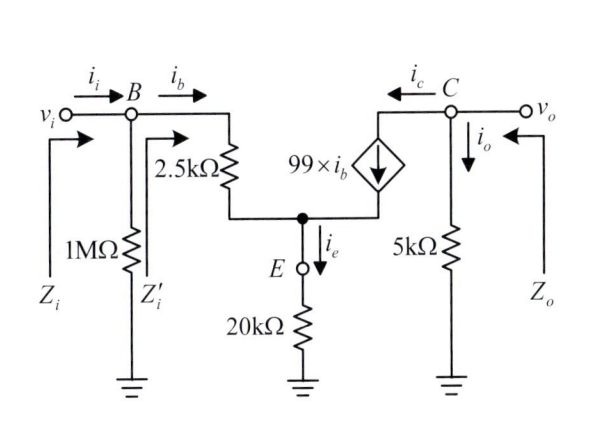

解 (1) 直流分析：電容器視為開路

① $I_B = \dfrac{V_{CC} - V_{BE}}{R_B + (1+\beta) \times R_E} = \dfrac{15.7\text{V} - 0.7\text{V}}{1\text{M}\Omega + (1+99) \times 20\text{k}\Omega} = 5\,\mu\text{A}$

② $I_C = \beta \times I_B = 99 \times 5\mu\text{A} = 0.495\text{ mA}$

③ $I_{C(sat)} \approx \dfrac{V_{CC} - V_{CE(sat)}}{R_C + R_E} = \dfrac{15.7\text{V} - 0.2\text{V}}{5\text{k}\Omega + 20\text{k}\Omega} = 0.62\text{ mA}$

因 $I_C < I_{C(sat)}$，故工作於主動區

④ $V_{CE} \approx V_{CC} - I_C \times (R_C + R_E) = 15.7\text{V} - 0.495\text{mA} \times (5\text{k}\Omega + 20\text{k}\Omega) = 3.325\text{ V}$

⑤ 直流工作點 $Q(V_{CEQ}, I_{CQ}) = (3.325\text{V}, 0.495\text{mA})$

(2) 交流分析：電壓源短路，電容器視為短路（繪製小信號模型如上）

① 交流基極輸入電阻 $r_\pi = \dfrac{V_T}{I_{BQ}} = \dfrac{25\text{mV}}{5\mu\text{A}} = 5\text{ k}\Omega$

② $Z_i = R_B \,//\, [r_\pi + (1+\beta) \times R_E] = 1\text{M}\Omega \,//\, [5\text{k}\Omega + (1+99) \times 20\text{k}\Omega] \approx \dfrac{2}{3}\text{M}\Omega$

③ $Z_o = \infty \,//\, R_C = \infty \,//\, 5\text{k}\Omega = 5\text{ k}\Omega$

④ $A_v = \dfrac{v_o}{v_i} = \dfrac{-\beta \times i_b \times R_C}{i_b \times Z_i'} = -\beta \times \dfrac{R_C}{r_\pi + (1+\beta) \times R_E}$

$= -99 \times \dfrac{5000\Omega}{5\text{k}\Omega + (1+99) \times 20\text{k}\Omega} \approx -0.25$

或採用速解法取近似值，則電壓增益 $A_v \approx -\dfrac{R_C}{R_E} = -\dfrac{5\text{k}\Omega}{20\text{k}\Omega} = -0.25$（速解法）

⑤ $A_i = \dfrac{i_o}{i_i} = -A_v \times \dfrac{Z_i}{R_C} = -0.25 \times \dfrac{\dfrac{2}{3}\text{M}\Omega}{5\text{k}\Omega} = -33.33$

⑥ $A_p = |A_v \times A_i| = |(-0.25) \times (-33.33)| = 8.3325$

學生練習

1. 承上題，若放大器主電路的 $R_B = 4.5\text{ M}\Omega$、$R_C = 20\text{ k}\Omega$、$r_\pi = 12.5\text{ k}\Omega$、$R_E = 5\text{ k}\Omega$、$\beta = 99$ 及 $V_T = 25\text{ mV}$，試求電壓增益 A_v 約為何？
(A)−2　(B)−3　(C)−4　(D)−5

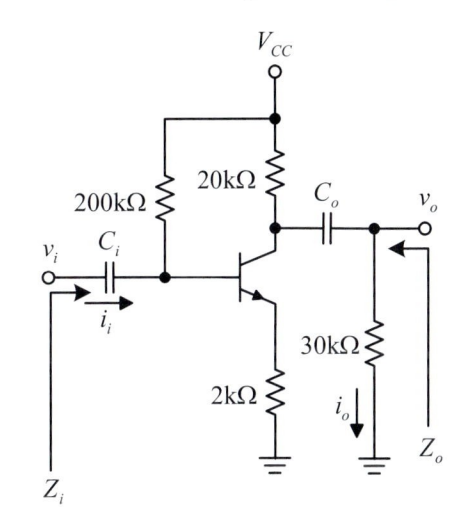

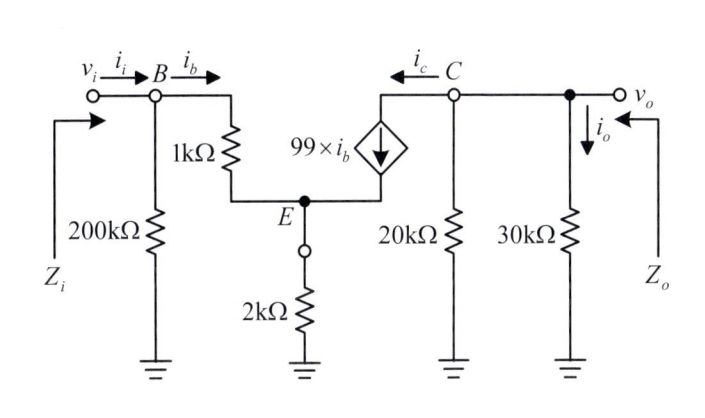

(C) −6、−20

重點 3 射極回授偏壓電路（含旁路電容器C_E）

1. 射極電阻R_E的回授方式為＿＿＿＿＿＿，其目的是提供＿＿＿＿＿＿的路徑，＿＿＿＿＿＿＿＿＿＿＿＿＿＿＿＿＿＿＿＿＿＿；而旁路電容器C_E，其目的是提供＿＿＿＿＿＿的路徑，＿＿＿＿＿＿＿＿＿＿＿＿＿＿。

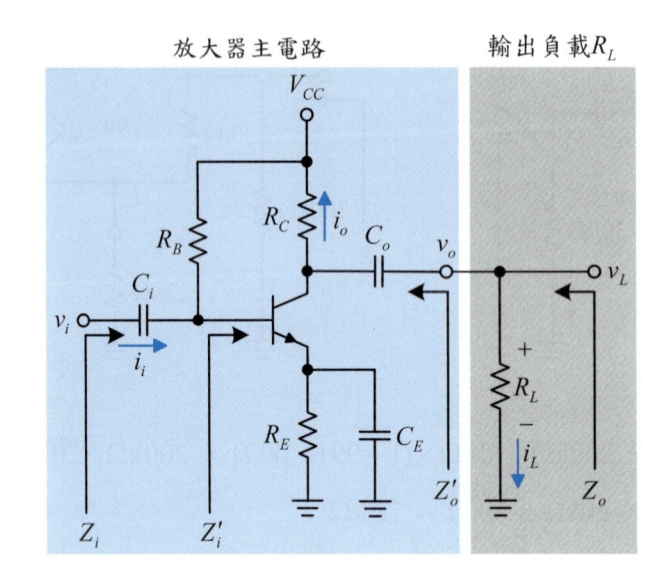

2. 交流等效電路

   將直流偏壓電路V_{CC}、電容器C_i、C_o與C_E＿＿＿＿＿＿，並將電晶體符號繪製為＿＿＿＿＿＿，即可得到交流小信號等效電路。

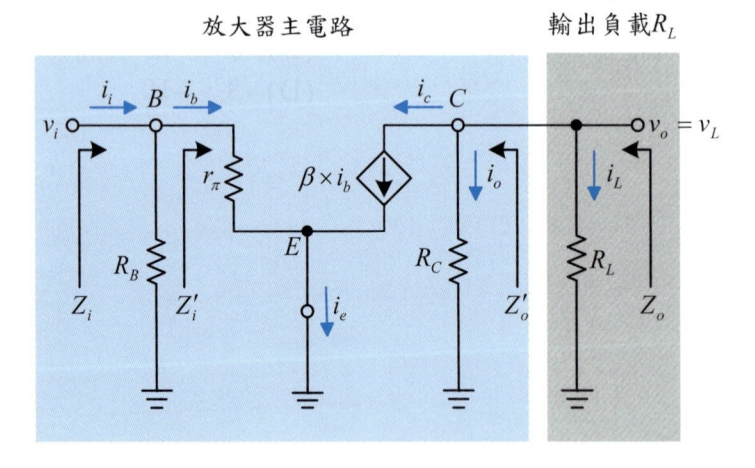

3. 輸入阻抗

   (1) 輸入阻抗$Z_i' = r_\pi$

   (2) 輸入阻抗$Z_i = R_B // r_\pi$

4. 輸出阻抗

    (1) 輸出阻抗 $Z_o' = \infty // R_C = R_C$

    (2) 輸出阻抗 $Z_o = R_L // Z_o' = R_L // R_C$

5. 電壓增益

    (1) 忽略負載電阻 R_L：

    $$A_v = \frac{v_o}{v_i} = -\frac{\beta \times i_b \times R_C}{i_b \times r_\pi} = -\beta \times \frac{R_C}{r_\pi}$$

    (2) 考慮負載電阻 R_L：

    $$A_v = \frac{v_L}{v_i} = -\frac{\beta \times i_b \times (R_C // R_L)}{i_b \times r_\pi} = -\beta \times \frac{(R_C // R_L)}{r_\pi}$$

6. 電流增益 $A_i = \dfrac{i_o}{i_i} = \dfrac{\frac{v_o}{R_{io}}}{\frac{v_i}{Z_i}} = \dfrac{v_o}{v_i} \times \dfrac{Z_i}{R_{io}} = A_v \times \dfrac{Z_i}{R_{io}}$（$R_{io}$ 為輸出電流 i_o 所通過的電阻）

    (1) 忽略負載電阻 R_L：（將上述相對應的 A_v 以及 Z_i 代入下式）

    $$A_i = \frac{i_o}{i_i} = A_v \times \frac{Z_i}{R_C}（輸出電流 i_o 通過電阻 R_C）$$

    (2) 考慮負載電阻 R_L：（將上述相對應的 A_v 以及 Z_i 代入下式）

    $$A_i = \frac{i_L}{i_i} = A_v \times \frac{Z_i}{R_L}（負載電流 i_L 通過電阻 R_L）$$

答案：1. 電流串聯負回授、直流電流、提高直流工作點之穩定度、交流電流、提高交流電壓增益

2. 短路、π 模型

> **老師講解**

3. 如下圖，若 $V_{CC} = 10.7 \text{ V}$、$R_B = 1 \text{ M}\Omega$、$R_C = 5 \text{ k}\Omega$、$R_E = 10 \text{ k}\Omega$、$\beta = 100$ 及 $V_T = 25 \text{ mV}$，試求

(1) 直流工作點 Q

(2) r_π、Z_i、Z_o、A_v、A_i

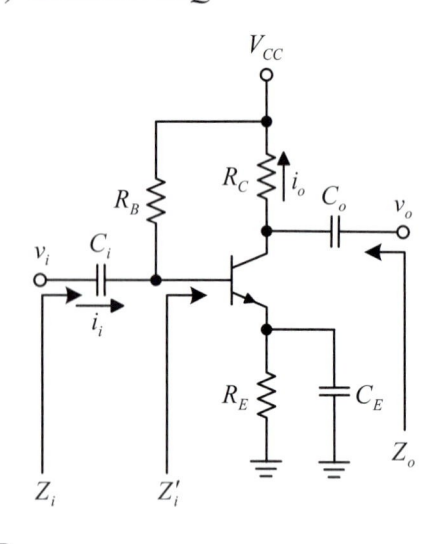

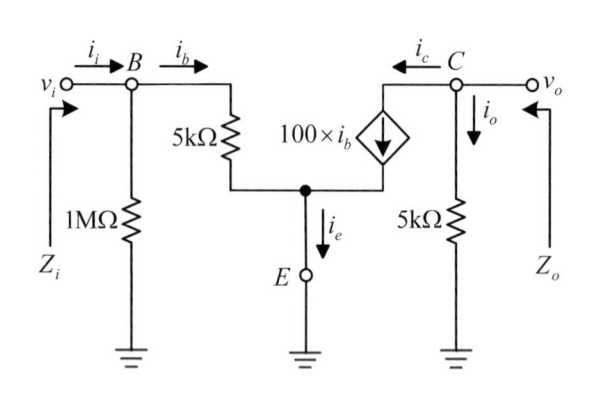

解 (1) 直流分析：電容器視為開路

① $I_B = \dfrac{V_{CC} - V_{BE}}{R_B + (1+\beta) \times R_E} = \dfrac{10.7\text{V} - 0.7\text{V}}{1\text{M}\Omega + (1+100) \times 10\text{k}\Omega} = 5\,\mu\text{A}$

② $I_C = \beta \times I_B = 100 \times 5\mu\text{A} = 0.5\text{ mA}$

③ $I_{C(sat)} \approx \dfrac{V_{CC} - V_{CE(sat)}}{R_C + R_E} = \dfrac{10.7\text{V} - 0.2\text{V}}{5\text{k}\Omega + 10\text{k}\Omega} = 0.7\text{ mA}$

因 $I_C < I_{C(sat)}$，故工作於主動區

④ $V_{CE} = V_{CC} - I_C \times (R_C + R_E) = 10.7\text{V} - 0.5\text{mA} \times (5\text{k}\Omega + 10\text{k}\Omega) = 3.2\text{ V}$

⑤ 直流工作點 $Q(V_{CEQ}, I_{CQ}) = (3.2\text{V}, 0.5\text{mA})$

(2) 交流分析：電壓源短路，電容器視為短路

① 交流基極輸入電阻 $r_\pi = \dfrac{V_T}{I_{BQ}} = \dfrac{25\text{mV}}{5\mu\text{A}} = 5\text{ k}\Omega$

② $Z_i = R_B \,//\, r_\pi = 1\text{M}\Omega \,//\, 5\text{k}\Omega \approx 5\text{ k}\Omega$

③ $Z_o = \infty \,//\, R_C = \infty \,//\, 5\text{k}\Omega = 5\text{ k}\Omega$

④ $A_v = \dfrac{v_o}{v_i} = \dfrac{-\beta \times i_b \times R_C}{i_b \times r_\pi} = -\beta \times \dfrac{R_C}{r_\pi} = -100 \times \dfrac{5\text{k}\Omega}{5\text{k}\Omega} = -100$

⑤ $A_i = \dfrac{i_o}{i_i} = -A_v \times \dfrac{Z_i}{R_C} = -100 \times \dfrac{5\text{k}\Omega}{5\text{k}\Omega} = -100$

學生練習

3. 承上題，若 $R_B = 215\ \text{k}\Omega$、$R_C = 2\ \text{k}\Omega$、$r_\pi = 2.5\ \text{k}\Omega$、$\beta = 100$，試求電壓增益 A_v 為何？
(A) -80 (B) -160 (C) 80 (D) 160

老師講解

4. 如下圖所示，若 $R_B = 2\ \text{M}\Omega$、$R_C = 10\ \text{k}\Omega$、$R_E = 1\ \text{k}\Omega$、$r_\pi = 1\ \text{k}\Omega$、$\beta = 100$，試求

(1) 開關 S 打開後的電壓增益 A_v

(2) 開關 S 閉合後的電壓增益 A_v，分別為何？

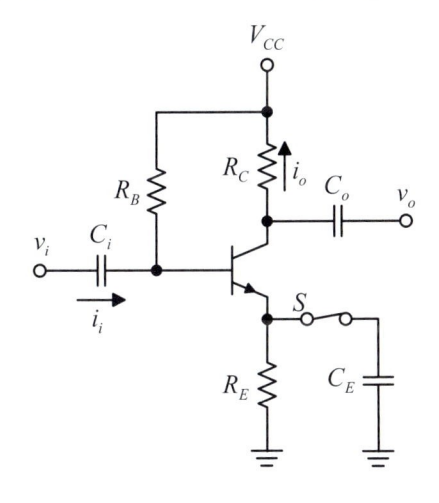

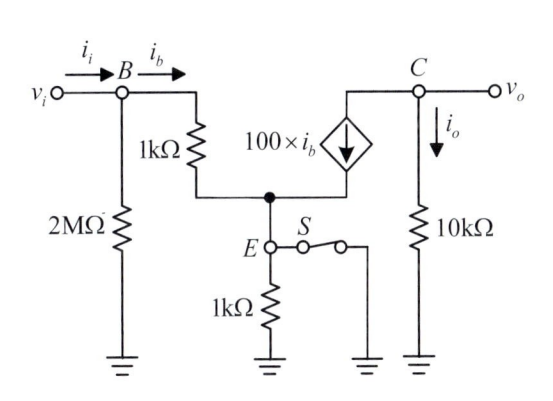

解 (1) 開關 S 打開後的電壓增益 A_v

詳解：$A_v = \dfrac{v_o}{v_i} = -\beta \times \dfrac{R_C}{r_\pi + (1+\beta) \times R_E} = -100 \times \dfrac{10\text{k}\Omega}{1\text{k}\Omega + (1+100) \times 1\text{k}\Omega} \approx -9.8$

近似解：$A_v = -\dfrac{R_C}{R_E} = -\dfrac{10\text{k}\Omega}{1\text{k}\Omega} \approx -10$

(2) 開關 S 閉合後的電壓增益 A_v

$A_v = \dfrac{v_o}{v_i} = \dfrac{-\beta \times i_b \times R_C}{i_b \times r_\pi} = -\beta \times \dfrac{R_C}{r_\pi} = -100 \times \dfrac{10\text{k}\Omega}{1\text{k}\Omega} = -1000$

由此可以得知旁路電容 C_E 可提高電壓增益（在本題中電壓增益增加了約100倍）

學生練習

4. 承上題所示，試求
(1) 開關 S 打開後的電流增益 A_i
(2) 開關 S 閉合後的電流增益 A_i，分別為何？
(A) -95、-100 (B) -100、-95 (C) -100、-100 (D) -95、-95

重點 4　分壓式偏壓電路（含旁路電容器C_E與不含旁路電容器C_E）

1. 射極電阻R_E的回授方式為＿＿＿＿＿＿＿＿，其目的是提供＿＿＿＿＿＿＿＿的路徑，＿＿＿＿＿＿＿＿＿＿＿＿＿＿；而旁路電容器C_E，其目的是提供＿＿＿＿＿＿＿＿的路徑，＿＿＿＿＿＿＿＿＿＿＿＿＿＿。

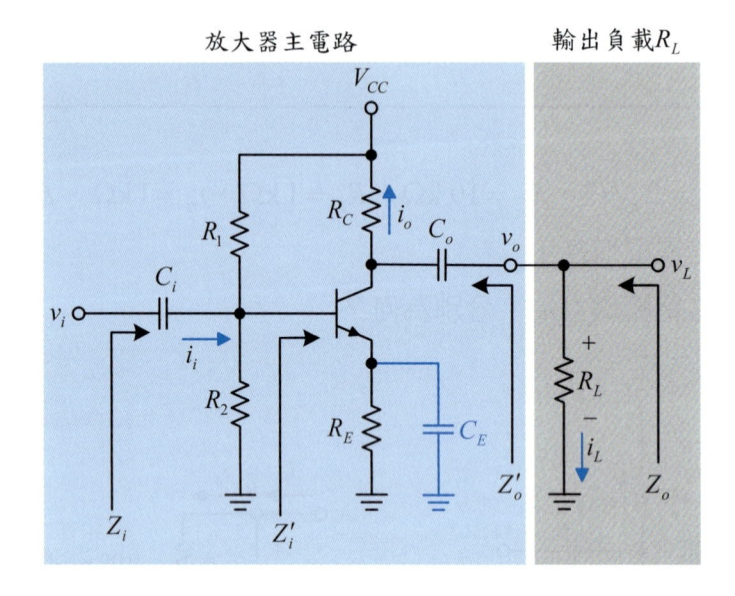

2. 交流等效電路

    將直流偏壓電路V_{CC}、電容器C_i、C_o與C_E＿＿＿＿＿＿，並將電晶體符號繪製為＿＿＿＿＿＿，即可得到交流小信號等效電路。

有旁路電容器C_E的小信號分析

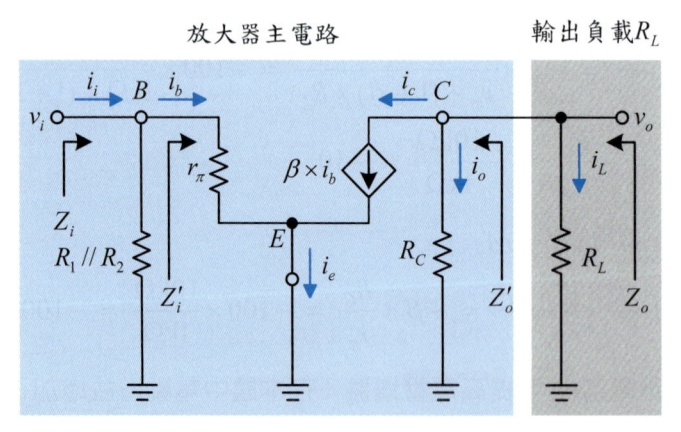

有旁路電容器C_E的小信號模型

3. 輸入阻抗

    (1) 輸入阻抗$Z_i' = r_\pi$

    (2) 輸入阻抗$Z_i = (R_1 // R_2) // r_\pi$

4. 輸出阻抗

    (1) 輸出阻抗$Z_o' = \infty // R_C = R_C$

    (2) 輸出阻抗$Z_o = R_L // Z_o' = R_L // R_C$

第 4 章 雙極性接面電晶體放大電路

5. 電壓增益

    (1) 忽略負載電阻R_L：
    $$A_v = \frac{v_o}{v_i} = -\frac{\beta \times i_b \times R_C}{i_b \times r_\pi} = -\beta \times \frac{R_C}{r_\pi}$$

    (2) 考慮負載電阻R_L：
    $$A_v = \frac{v_L}{v_i} = -\frac{\beta \times i_b \times (R_C // R_L)}{i_b \times r_\pi} = -\beta \times \frac{(R_C // R_L)}{r_\pi}$$

6. 電流增益 $A_i = \dfrac{i_o}{i_i} = \dfrac{\frac{v_o}{R_{io}}}{\frac{v_i}{Z_i}} = \dfrac{v_o}{v_i} \times \dfrac{Z_i}{R_{io}} = A_v \times \dfrac{Z_i}{R_{io}}$（$R_{io}$為輸出電流$i_o$所通過的電阻）

    (1) 忽略負載電阻R_L：（將上述相對應的A_v以及Z_i代入下式）
    $$A_i = \frac{i_o}{i_i} = A_v \times \frac{Z_i}{R_C}$$

    (2) 考慮負載電阻R_L：（將上述相對應的A_v以及Z_i代入下式）
    $$A_i = \frac{i_L}{i_i} = A_v \times \frac{Z_i}{R_L}$$

無旁路電容器C_E的小信號分析

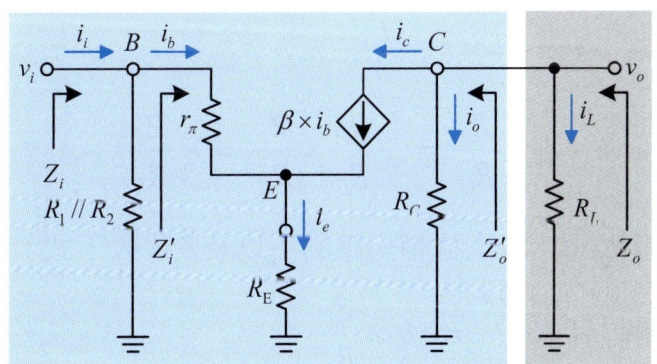

無旁路電容器C_E的小信號模型

3′. 輸入阻抗

    (1) 輸入阻抗$Z_i' = r_\pi + (1+\beta) \times R_E$

    (2) 輸入阻抗$Z_i = R_1 // R_2 // [r_\pi + (1+\beta) \times R_E]$

4′. 輸出阻抗

    (1) 輸出阻抗$Z_o' = \infty // R_C = R_C$

    (2) 輸出阻抗$Z_o = R_L // Z_o' = R_L // R_C$

5′. 電壓增益

(1) 忽略負載電阻R_L：

$$A_v = \frac{v_o}{v_i} = -\frac{\beta \times i_b \times R_C}{i_b \times r_\pi + i_e \times R_E} = -\frac{\beta \times i_b \times R_C}{i_b \times r_\pi + (1+\beta) \times i_b \times R_E}$$

$$= \begin{cases} 詳解：-\dfrac{\beta \times R_C}{r_\pi + (1+\beta) \times R_E} \\ 近似解：-\dfrac{R_C}{R_E}（速解） \end{cases}$$

(2) 考慮負載電阻R_L：

$$A_v = \frac{v_L}{v_i} = -\frac{\beta \times i_b \times (R_C // R_L)}{i_b \times r_\pi + i_e \times R_E} = -\frac{\beta \times i_b \times (R_C // R_L)}{i_b \times r_\pi + (1+\beta) \times i_b \times R_E}$$

$$= \begin{cases} 詳解：-\dfrac{\beta \times (R_C // R_L)}{r_\pi + (1+\beta) \times R_E} \\ 近似解：-\dfrac{(R_C // R_L)}{R_E}（速解） \end{cases}$$

6′. 電流增益 $A_i = \dfrac{i_o}{i_i} = \dfrac{\dfrac{v_o}{R_{io}}}{\dfrac{v_i}{Z_i}} = \dfrac{v_o}{v_i} \times \dfrac{Z_i}{R_{io}} = A_v \times \dfrac{Z_i}{R_{io}}$（$R_{io}$為輸出電流$i_o$所通過的電阻）

(1) 忽略負載電阻R_L：（將上述相對應的A_v以及Z_i代入下式）

$$A_i = \frac{i_o}{i_i} \begin{cases} 詳解：A_v \times \dfrac{Z_i}{R_C} \\ 近似解：A_v \times \dfrac{Z_i}{R_C} = -\dfrac{R_C}{R_E} \times \dfrac{Z_i}{R_C} = -\dfrac{Z_i}{R_E} \end{cases}$$

(2) 考慮負載電阻R_L：（將上述相對應的A_v以及Z_i代入下式）

$$A_i = \frac{i_L}{i_i} \begin{cases} 詳解：A_v \times \dfrac{Z_i}{R_{io}} = A_v \times \dfrac{Z_i}{R_L} \\ 近似解：A_v \times \dfrac{Z_i}{R_{io}} = -\dfrac{(R_C // R_L)}{R_E} \times \dfrac{Z_i}{R_L} \end{cases}$$

答案：1. 電流串聯負回授、直流電流、提高直流工作點之穩定度、交流電流、提高交流電壓增益

2. 短路、π模型

老師講解

5. 放大器主電路的 $R_1 = 40\,\text{k}\Omega$、$R_2 = 10\,\text{k}\Omega$、$R_C = 2\,\text{k}\Omega$、$R_E = 2\,\text{k}\Omega$、$\beta = 80$ 及 $r_\pi = 1\,\text{k}\Omega$，試求 Z_i、Z_o、A_v、A_i 以及 A_p。

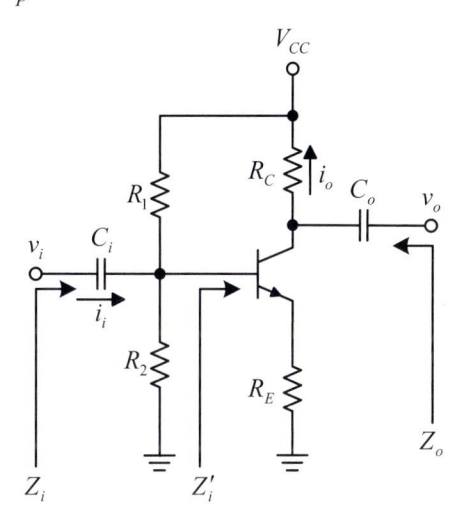

解 (1) $Z_i = R_1 // R_2 // [r_\pi + (1+\beta) \times R_E]$
$= 40\text{k}\Omega // 10\text{k}\Omega // [1\text{k}\Omega + (1+80) \times 2\text{k}\Omega] \approx 7.6\,\text{k}\Omega$

(2) $Z_o = \infty // R_C = R_C = 2\,\text{k}\Omega$

(3) $A_v \approx -\dfrac{R_C}{R_E} = -\dfrac{2\text{k}\Omega}{2\text{k}\Omega} = -1$

(4) **解一** $A_i = -\beta \times \dfrac{(R_1 // R_2)}{(R_1 // R_2) + (r_\pi + (1+\beta) \times R_E)}$ （分流定則）

$= -80 \times \dfrac{(40\text{k}\Omega // 10\text{k}\Omega)}{(40\text{k}\Omega // 10\text{k}\Omega) + (1\text{k}\Omega + 81 \times 2\text{k}\Omega)} \approx -3.75$

解二 $A_i = -A_v \times \dfrac{Z_i}{R_C} = -1 \times \dfrac{7.6\text{k}\Omega}{2\text{k}\Omega} \approx -3.8$

(5) $A_p = |A_v \times A_i| = |(-1) \times (-3.75)| = 3.75$

學生練習

5. 承上題，若在射極電阻 R_E 兩端並聯一個旁路電容器 C_E，試求電壓增益 A_v 為何？
(A) -80 (B) -160 (C) 80 (D) 160

> **老師講解**

6. 承上題，若電源內阻 $R_S = 1\text{k}\Omega$、負載電阻 $R_L = 3\text{k}\Omega$，且射極旁路電容器 C_E 開路，試求 Z_i、Z_o、A_{vs}、A_{is} 以及 A_{ps} 分別為何？

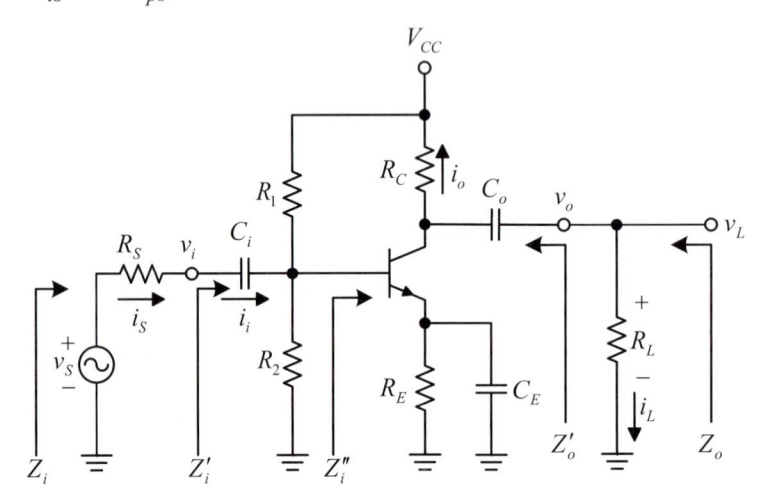

解 (1) 繪製小信號模型如下圖所示：

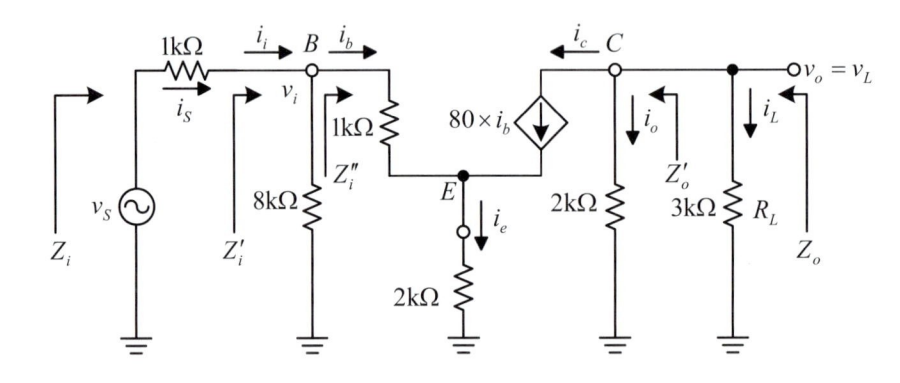

(2) $Z_i = R_S + Z_i' = 1\text{k}\Omega + 7.6\text{k}\Omega = 8.6\text{ k}\Omega$

(3) $Z_o = Z_o' \mathbin{/\mkern-5mu/} R_L = 2\text{k}\Omega \mathbin{/\mkern-5mu/} 3\text{k}\Omega = 1.2\text{ k}\Omega$

(4) $A_{vs} = \dfrac{v_o}{v_s} = \dfrac{v_o}{v_i} \times \dfrac{v_i}{v_s} = -\beta \times \dfrac{R_C \mathbin{/\mkern-5mu/} R_L}{r_\pi + (1+\beta) \times R_E} \times \dfrac{Z_i'}{(R_S + Z_i')}$

$= -80 \times \dfrac{2\text{k}\Omega \mathbin{/\mkern-5mu/} 3\text{k}\Omega}{163\text{k}\Omega} \times \dfrac{7.6\text{k}\Omega}{1\text{k}\Omega + 7.6\text{k}\Omega} \approx -0.52$（小於上題中的電壓增益 $A_v = \dfrac{v_o}{v_i}$）

(5) **解一** $A_{is} = \dfrac{i_L}{i_s} = -\beta \times \dfrac{(R_1 \mathbin{/\mkern-5mu/} R_2)}{(R_1 \mathbin{/\mkern-5mu/} R_2) + [r_\pi + (1+\beta) \times R_E]} \times \dfrac{R_C}{R_C + R_L}$ （分流定則）

$= -80 \times \dfrac{8\text{k}\Omega}{8\text{k}\Omega + 163\text{k}\Omega} \times \dfrac{2\text{k}\Omega}{2\text{k}\Omega + 3\text{k}\Omega} \approx -1.5$（小於電流增益 $A_i = \dfrac{i_o}{i_i}$）

解二 $A_{is} = \dfrac{i_L}{i_s} = A_{vs} \times \dfrac{Z_i}{R_L} = -0.52 \times \dfrac{8.6\text{k}\Omega}{3\text{k}\Omega} \approx -1.5$

(6) $A_{ps} = |A_{vs} \times A_{is}| = |(-0.52) \times (-1.5)| \approx 0.78$（小於功率增益 A_p）

當考慮電源內阻 R_S 以及負載電阻 R_L 時，負載效應造成電壓增益、電流增益以及功率增益皆明顯降低。

學生練習

6. 承上題所示，若在射極電阻R_E兩端並聯一個旁路電容器C_E，試求電壓增益A_{vs}以及電流增益A_{is}分別為何？
(A)−28、−28　(B)−45、−45　(C)−45、−28　(D)−28、−45

ABCD 立即練習

基礎題

(　)1. 有關共射極放大電路的輸出電壓相位的敘述，何者正確？
(A)與輸入的電壓信號同相位
(B)與輸入的電壓信號反相
(C)需視輸入信號的頻率而定
(D)需視輸入信號的波形而定

(　)2. 圖(1)中若$R_B = 1\,\text{M}\Omega$、$r_\pi = 2\,\text{k}\Omega$、$R_C = 10\,\text{k}\Omega$、$R_E = 1\,\text{k}\Omega$、$\beta = 50$，則輸入阻抗$Z_i$約為何？　(A)1kΩ　(B)2kΩ　(C)3kΩ　(D)4kΩ

(　)3. 承上題，電壓增益A_v為何？
(A)−50　(B)−100　(C)−150　(D)−250

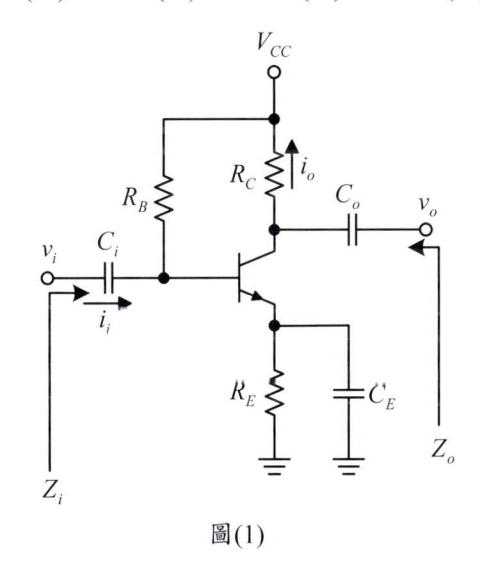

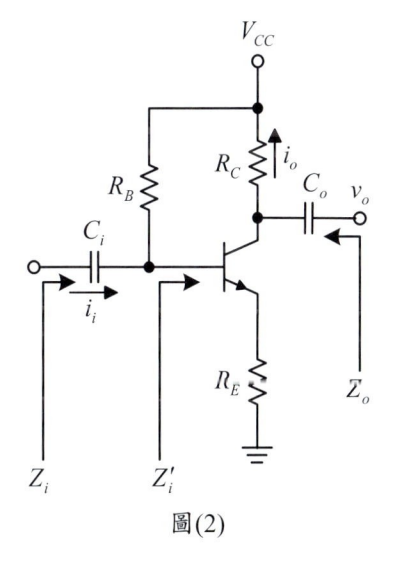

圖(1)　　　　　圖(2)

(　)4. 圖(2)中，若$R_B = 2\,\text{M}\Omega$、$r_\pi = 2\,\text{k}\Omega$、$R_C = 8\,\text{k}\Omega$、$R_E = 1\,\text{k}\Omega$、$\beta = 99$，則輸入阻抗$Z_i$約為何？　(A)93kΩ　(B)95kΩ　(C)97kΩ　(D)100kΩ

(　)5. 承上題，試求電壓增益A_v約為何？
(A)−4　(B)−6　(C)−8　(D)−10

(　)6. 承上題，試求電流增益A_i約為何？
(A)−82　(B)−88　(C)−90　(D)−94

( )7. 如圖(3)所示為共射極放大電路的交流等效電路中，電流增益 $\dfrac{i_o}{i_i}$ 為何？

(A)β　(B)$-\beta$　(C)$\dfrac{R_B}{R_B+r_b}\beta$　(D)$-\dfrac{R_B}{R_B+r_b}\beta$

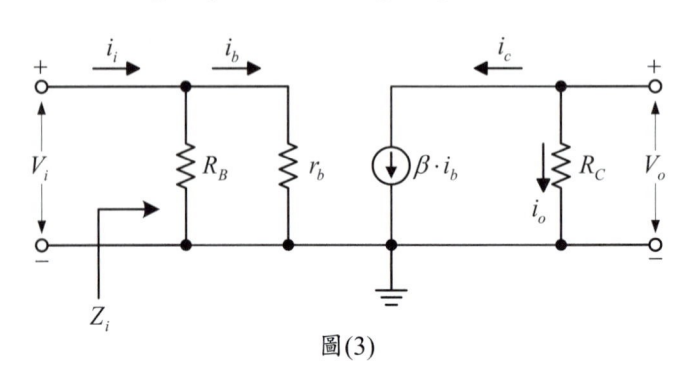

圖(3)

( )8. 如圖(4)所示，若 $r_\pi = 2\text{ k}\Omega$、$R_B = 100\text{ k}\Omega$、$R_C = 10\text{ k}\Omega$、$R_E = 2\text{ k}\Omega$、$R_L = 15\text{ k}\Omega$、$\beta = 100$，則輸入阻抗 Z_i 約為何？
(A)$50\text{k}\Omega$　(B)$60\text{k}\Omega$　(C)$67\text{k}\Omega$　(D)$75\text{k}\Omega$

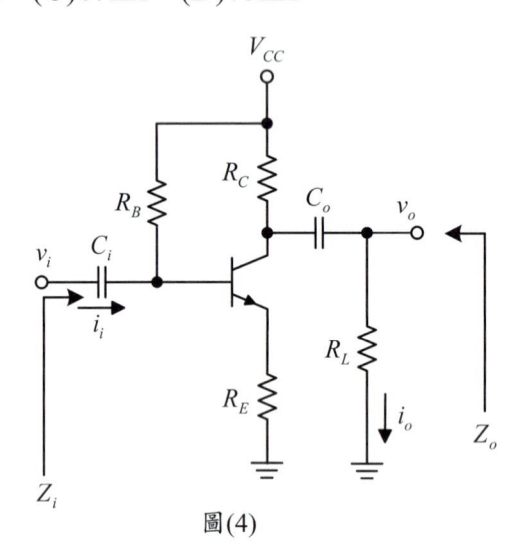

圖(4)

( )9. 承上題，電壓增益 $A_v = \dfrac{v_o}{v_i}$ 約為何？　(A)-2　(B)-3　(C)-4　(D)-5

( )10. 如圖(5)所示電路，已知電晶體的 $\beta = 60$，熱電壓 $V_T = 25\text{ mV}$，則其輸出阻抗 Z_o 約為多少？　(A)50Ω　(B)100Ω　(C)$11\text{k}\Omega$　(D)$11.1\text{k}\Omega$

圖(5)

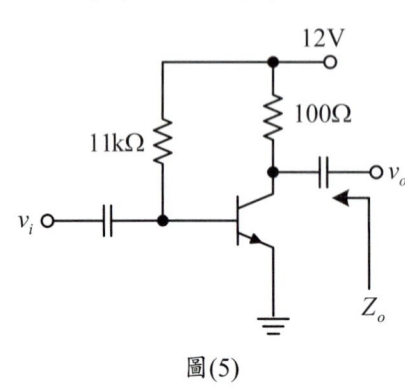

第 4 章 雙極性接面電晶體放大電路

進階題

( )1. 如圖(1)所示，若歐力電阻為r_o，則電壓增益$A_v = \dfrac{v_o}{v_i}$為何？

(A)$-\beta \times \dfrac{R_C}{r_\pi}$ (B)$-\beta \times \dfrac{r_o}{r_\pi}$ (C)$-\beta \times \dfrac{(r_o // R_C)}{r_\pi}$ (D)$-\beta \times \dfrac{(r_o + R_C)}{r_\pi}$

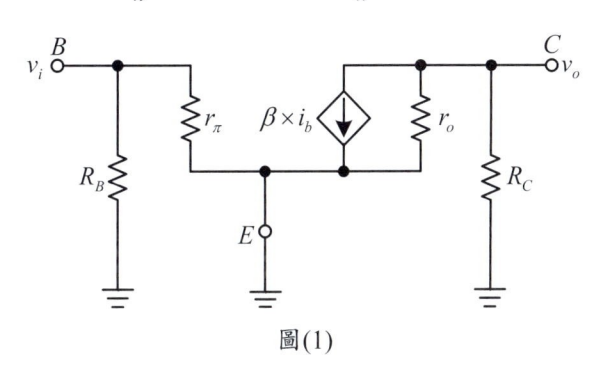

圖(1)

( )2. 如圖(2)所示，若$V_{CC} = 12.7$ V、$R_S = 1$ kΩ、$R_B = 450$ kΩ、$R_C = 1.8$ kΩ、$R_E = 300$ Ω、$R_L = 1.2$ kΩ、$\beta = 99$及$V_T = 25$ mV，試求Z_i與Z_o分別為何？

(A)30kΩ、0.72kΩ (B)20kΩ、0.72kΩ
(C)450kΩ、1.8kΩ (D)450kΩ、0.72kΩ

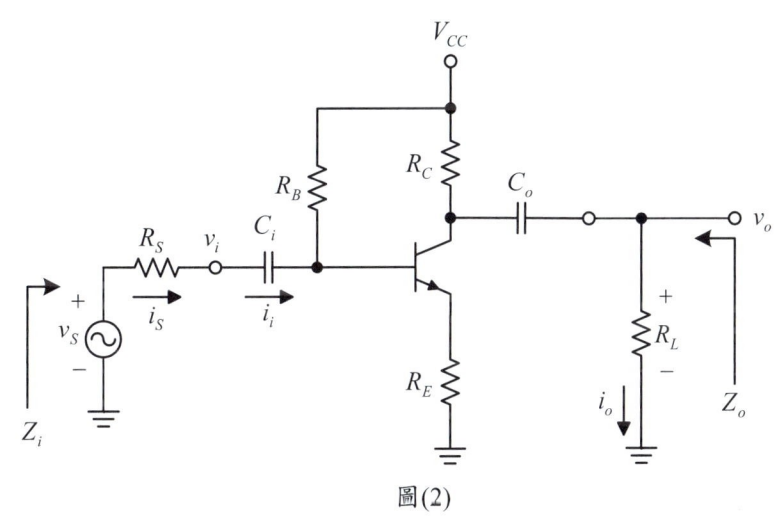

圖(2)

( )3. 承上題所示，試求電壓增益$A_{vs} = \dfrac{v_o}{v_s}$約為何？

(A)-2.2 (B)-3.6 (C)-4.8 (D)-5.2

( )4. 承上題所示，試求電流增益$A_{is} = \dfrac{i_o}{i_s}$約為何？

(A)-28.4 (B)-36.8 (C)-48.7 (D)-55.6

4-3 共集極放大電路 105 108 109 110 111 114

理論重點

重點 1 射極回授偏壓電路

1. 射極電阻 R_E 的回授方式為 ＿＿＿＿＿＿，其目的是提供 ＿＿＿＿＿＿ 的路徑，＿＿＿＿＿＿＿＿＿＿＿＿。

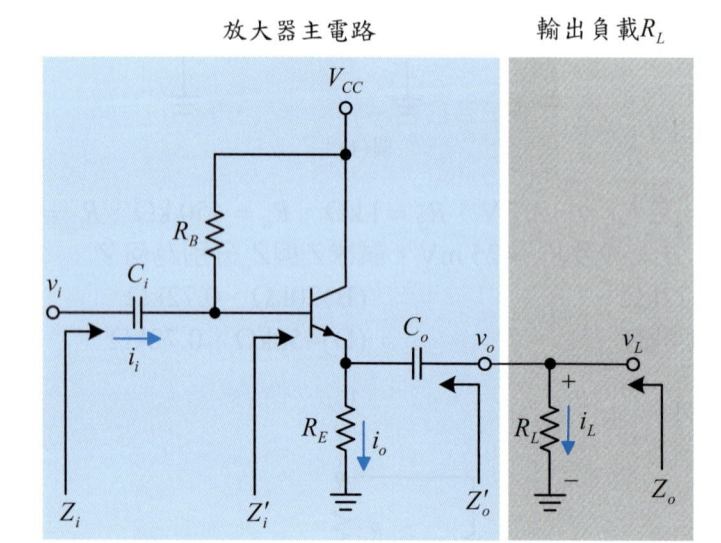

2. 交流等效電路

   將直流偏壓電路 V_{CC}、電容器 C_i、C_o ＿＿＿＿＿＿＿＿，並將電晶體符號繪製為 ＿＿＿＿＿＿＿＿，即可得到交流小信號等效電路。

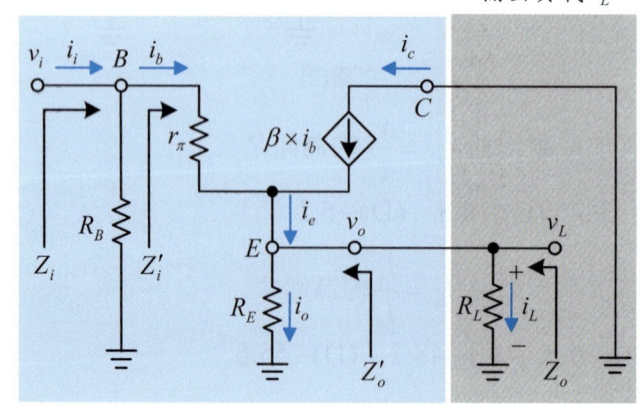

3. 輸入阻抗

   (1) 輸入阻抗 $Z'_i = r_\pi + (1+\beta) \times (R_E // R_L)$

   (2) 輸入阻抗 $Z_i = R_B // Z'_i = R_B // [r_\pi + (1+\beta) \times (R_E // R_L)]$

4. 輸出阻抗

   (1) 輸出阻抗 $Z'_o = \dfrac{r_\pi}{(1+\beta)} // R_E \approx \dfrac{r_\pi}{(1+\beta)} = r_e$

   (2) 輸出阻抗 $Z_o = R_L // Z'_o = R_L // \dfrac{r_\pi}{(1+\beta)} = R_L // r_e$

5. 電壓增益

   (1) 忽略負載電阻 R_L：

   $$A_v = \frac{v_o}{v_i} = \frac{i_e \times R_E}{i_b \times r_\pi + i_e \times R_E} = \frac{(1+\beta) \times i_b \times R_E}{i_b \times r_\pi + (1+\beta) \times i_b \times R_E}$$

   $$= \begin{cases} 詳解：\dfrac{(1+\beta) \times R_E}{r_\pi + (1+\beta) \times R_E} \\ 近似解：\dfrac{R_E}{r_e + R_E} \approx 1 \text{（運用T模型之速解）} \end{cases}$$

   (2) 考慮負載電阻 R_L：

   $$A_v = \frac{v_L}{v_i} = \frac{(1+\beta) \times i_b \times (R_E // R_L)}{i_b \times r_\pi + (1+\beta) \times i_b \times (R_E // R_L)} = \begin{cases} 詳解：\dfrac{(1+\beta) \times (R_E // R_L)}{r_\pi + (1+\beta) \times (R_E // R_L)} \\ 近似解：\dfrac{(R_E // R_L)}{r_e + (R_E // R_L)} \approx 1 \end{cases}$$

6. 電流增益 $A_i = \dfrac{i_o}{i_i} = A_v \times \dfrac{Z_i}{R_{io}}$（$R_{io}$ 為輸出電流 i_o 所通過的電阻）

   (1) 忽略負載電阻 R_L：（將上述相對應的 A_v 以及 Z_i 代入下式）

   $$A_i = \frac{i_o}{i_i} = A_v \times \frac{Z_i}{R_E}$$

   (2) 考慮負載電阻 R_L：（將上述相對應的 A_v 以及 Z_i 代入下式）

   $$A_i = \frac{i_L}{i_i} = A_v \times \frac{Z_i}{R_L}$$

答案：1. 電壓串聯負回授、直流電流、提高直流工作點之穩定度

2. 短路、π 模型

老師講解

1. 共集極射極回授偏壓電路，忽略交流輸入信號源的內阻R_S以及輸出負載R_L，若放大器主電路的$V_{CC}=15.7\text{ V}$、$R_B=0.5\text{ M}\Omega$、$R_E=1\text{ k}\Omega$、$\beta=99$及$V_T=25\text{ mV}$，試求r_π、Z_i、Z_o、A_v、A_i以及A_p？

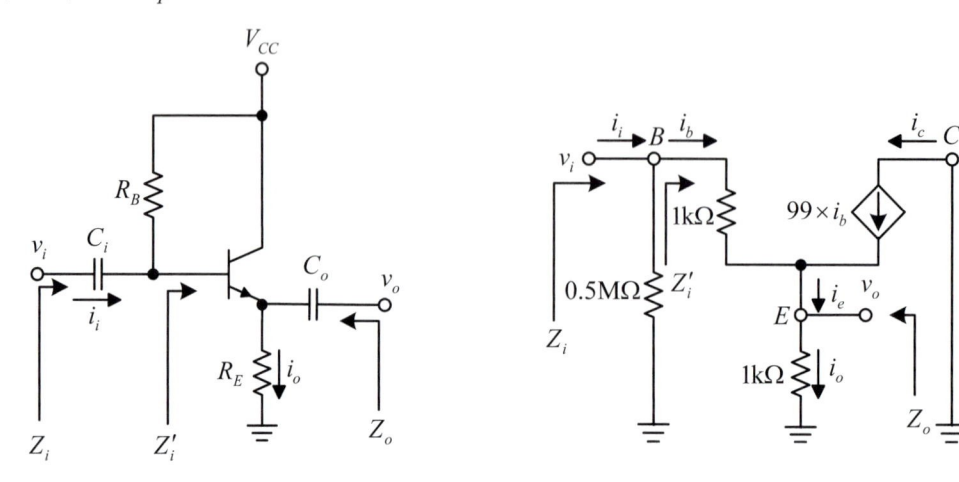

解 (1) 直流分析：

① 基極電流$I_B = \dfrac{V_{CC}-V_{BE}}{R_B+(1+\beta)\times R_E} = \dfrac{15.7\text{V}-0.7\text{V}}{0.5\text{M}\Omega+(1+99)\times 1\text{k}\Omega} = 25\,\mu\text{A}$

② 集極電流$I_C = \beta \times I_B = 99\times 25\mu\text{A} = 2.475\text{ mA}$

③ 集極飽和電流$I_{C(sat)} = \dfrac{V_{CC}-V_{CE(sat)}}{R_E} = \dfrac{15.7\text{V}-0.2\text{V}}{1\text{k}\Omega} = 15.5\text{ mA}$

$I_C < I_{C(sat)}$操作於主動區

(2) 交流分析：

① 基極輸入交流電阻$r_\pi = \dfrac{V_T}{I_B} = \dfrac{25\text{mV}}{25\mu\text{A}} = 1\text{ k}\Omega$

② 輸入阻抗$Z_i = R_B // Z_i' = 0.5\text{M}\Omega // [1\text{k}\Omega+(1+99)\times 1\text{k}\Omega] \approx 84\text{ k}\Omega$

③ 輸出阻抗$Z_o = Z_o' // R_E = \dfrac{r_\pi}{(1+\beta)} // R_E = \dfrac{1000}{(1+99)} // 1\text{k}\Omega \approx 10\,\Omega$

④ 電壓增益$A_v = \dfrac{v_o}{v_i} = \dfrac{(1+\beta)\times R_E}{r_\pi+(1+\beta)\times R_E} = \dfrac{(1+99)\times 1\text{k}\Omega}{1\text{k}\Omega+(1+99)\times 1\text{k}\Omega} \approx 0.99$（小於1）

⑤ 電流增益

解一 $A_i = (1+\beta)\times \dfrac{R_B}{R_B+[r_\pi+(1+\beta)\times R_E]}$

$= (1+99)\times \dfrac{0.5\text{M}\Omega}{0.5\text{M}\Omega+[1\text{k}\Omega+(1+99)\times 1\text{k}\Omega]} \approx 83$

解二 $A_i = A_v \times \dfrac{Z_i}{R_E} = 0.99 \times \dfrac{84\text{k}\Omega}{1\text{k}\Omega} \approx 83$

⑥ 功率增益$A_p = |A_v \times A_i| = |0.99\times 83| = 82.17$（近似於電流增益$A_i$）

學生練習

1. 承上題，若放大器主電路的 $R_B = 200\ \text{k}\Omega$、$R_E = 1.98\ \text{k}\Omega$、$\beta = 99$ 及 $r_\pi = 2\ \text{k}\Omega$，試求輸出阻抗 Z_o 以及電流增益 A_i，分別為何？
   (A) 19.8Ω、30　(B) 20Ω、30　(C) 19.8Ω、50　(D) 20Ω、50

重點 2　分壓式偏壓電路

1. 射極電阻 R_E 的回授方式為 ＿＿＿＿＿＿，其目的是提供 ＿＿＿＿＿＿ 的路徑，＿＿＿＿＿＿＿＿＿＿。

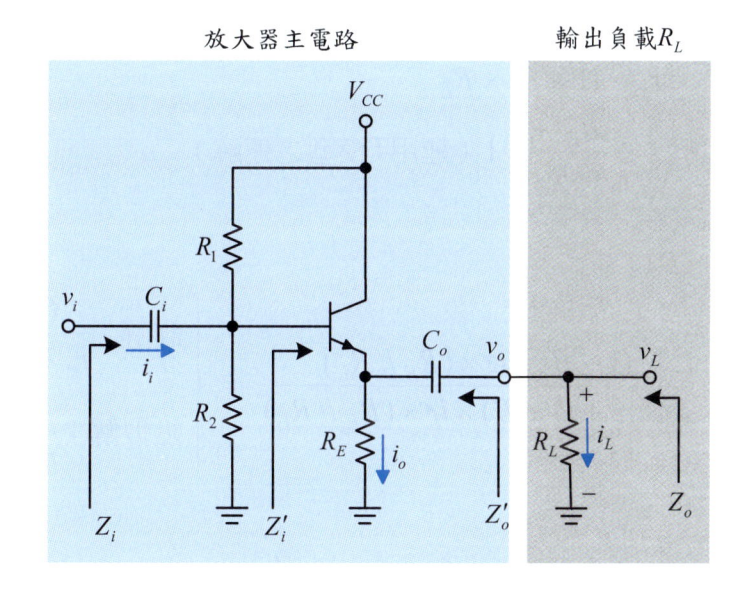

2. 交流等效電路

   將直流偏壓電路 V_{CC}、電容器 C_i、C_o ＿＿＿＿＿＿，並將電晶體符號繪製為 ＿＿＿＿＿＿，即可得到交流小信號等效電路。

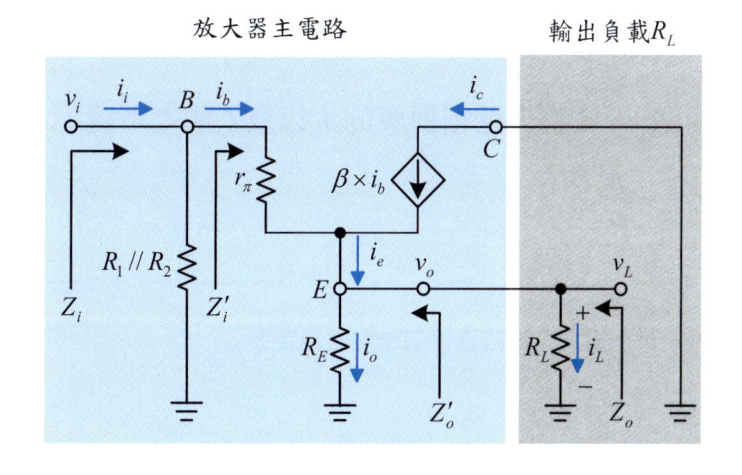

3. 輸入阻抗

    (1) 輸入阻抗 $Z_i' = r_\pi + (1+\beta) \times (R_E // R_L)$

    (2) 輸入阻抗 $Z_i = (R_1 // R_2) // Z_i' = (R_1 // R_2) // [r_\pi + (1+\beta) \times (R_E // R_L)]$

4. 輸出阻抗

    (1) 輸出阻抗 $Z_o' = \dfrac{r_\pi}{(1+\beta)} // R_E \approx \dfrac{r_\pi}{(1+\beta)} = r_e$

    (2) 輸出阻抗 $Z_o = R_L // Z_o' = R_L // \dfrac{r_\pi}{(1+\beta)} // R_E = (R_E // R_L) // r_e$

5. 電壓增益

    (1) 忽略負載電阻 R_L：

    $$A_v = \dfrac{v_o}{v_i} = \dfrac{i_e \times R_E}{i_b \times r_\pi + i_e \times R_E} = \dfrac{(1+\beta) \times i_b \times R_E}{i_b \times r_\pi + (1+\beta) \times i_b \times R_E} = \begin{cases} 詳解：\dfrac{(1+\beta) \times R_E}{r_\pi + (1+\beta) \times R_E} \\ 近似解：\dfrac{R_E}{r_e + R_E} \approx 1（運用T模型之速解）\end{cases}$$

    (2) 考慮負載電阻 R_L：

    $$A_v = \dfrac{v_L}{v_i} = \dfrac{(1+\beta) \times i_b \times (R_E // R_L)}{i_b \times r_\pi + (1+\beta) \times i_b \times (R_E // R_L)} = \begin{cases} 詳解：\dfrac{(1+\beta) \times (R_E // R_L)}{r_\pi + (1+\beta) \times (R_E // R_L)} \\ 近似解：\dfrac{(R_E // R_L)}{r_e + (R_E // R_L)} \approx 1 \end{cases}$$

6. 電流增益 $A_i = \dfrac{i_o}{i_i} = \dfrac{\frac{v_o}{R_{io}}}{\frac{v_i}{Z_i}} = \dfrac{v_o}{v_i} \times \dfrac{Z_i}{R_{io}} = A_v \times \dfrac{Z_i}{R_{io}}$（$R_{io}$為輸出電流$i_o$所通過的電阻）

    (1) 忽略負載電阻 R_L：（將上述相對應的A_v以及Z_i代入下式）

    $$A_i = \dfrac{i_o}{i_i} = A_v \times \dfrac{Z_i}{R_E}$$

    (2) 考慮負載電阻 R_L：（將上述相對應的A_v以及Z_i代入下式）

    $$A_i = \dfrac{i_L}{i_i} = A_v \times \dfrac{Z_i}{R_L}$$

答案：1. 電壓串聯負回授、直流電流、提高直流工作點之穩定度

2. 短路、π模型

老師講解

2. 如下圖所示，若 $r_\pi = 2\text{ k}\Omega$、$R_1 = 1\text{ M}\Omega$、$R_2 = 1\text{ M}\Omega$、$R_E = 10\text{ k}\Omega$、$\beta = 49$，試求 Z_i、Z_o、A_v、A_i 以及 A_p？

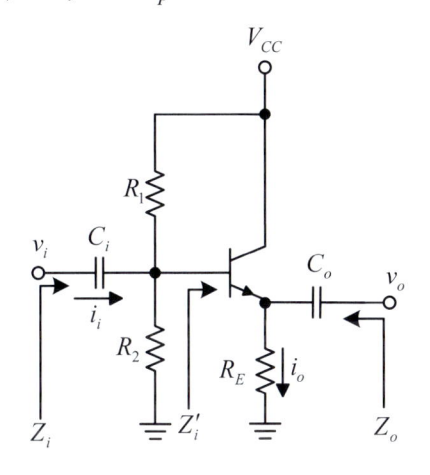

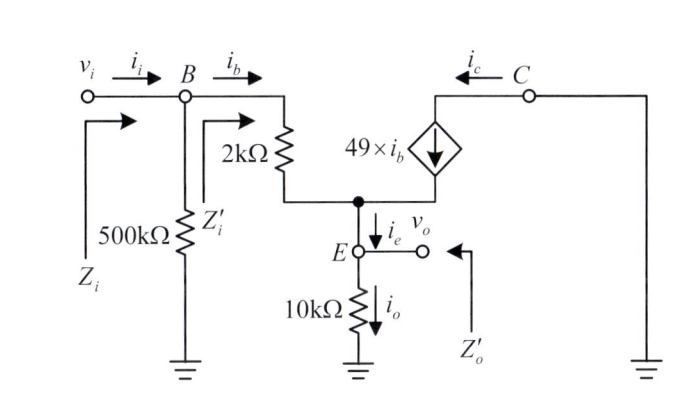

解 (1) 輸入阻抗 $Z_i = (R_1 // R_2) // Z_i' = 1\text{M}\Omega // 1\text{M}\Omega // [2\text{k}\Omega + (1+49) \times 10\text{k}\Omega] \approx 250\text{ k}\Omega$

(2) 輸出阻抗 $Z_o = \dfrac{r_\pi}{(1+\beta)} // R_E = \dfrac{2\text{k}\Omega}{(1+49)} // 10\text{k}\Omega = 40\Omega // 10\text{k}\Omega \approx 40\,\Omega$

(3) 電壓增益 $A_v = \dfrac{v_o}{v_i} = \dfrac{(1+\beta) \times R_E}{r_\pi + (1+\beta) \times R_E} = \dfrac{(1+49) \times 10\text{k}\Omega}{2\text{k}\Omega + (1+49) \times 10\text{k}\Omega} \approx 0.99$

(4) 電流增益 $A_i = (1+\beta) \times \dfrac{R_1 // R_2}{(R_1 // R_2) + [r_\pi + (1+\beta) \times R_E]}$ （分流定則）

$= (1+49) \times \dfrac{1\text{M}\Omega // 1\text{M}\Omega}{(1\text{M}\Omega // 1\text{M}\Omega) + [2\text{k}\Omega + (1+49) \times 10\text{k}\Omega]} \approx 25$

(5) 功率增益 $A_p = |A_v \times A_i| = 0.99 \times 25 = 24.75$

學生練習

2. 承上題，若 $r_\pi = 2\text{ k}\Omega$、$R_1 = 1.2\text{ M}\Omega$、$R_2 = 0.4\text{ M}\Omega$、$R_E = 10\text{ k}\Omega$、$\beta = 89$，試求電流增益 A_i 為何？　(A)15　(B)22.5　(C)25　(D)50

ABCD 立即練習

基礎題

( ) 1. 如圖(1)所示，下列敘述何者錯誤？
(A)輸入阻抗 $Z_i = 50\text{ k}\Omega$
(B)輸出阻抗 $Z_o = 20\text{ }\Omega$
(C)電壓增益 $A_v = 0.99$
(D)電流增益 $A_i = 50$

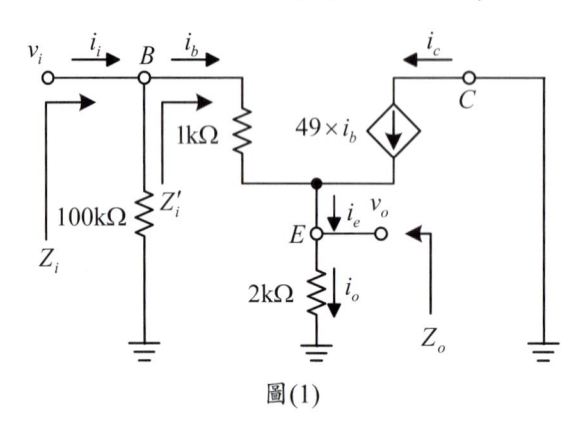

圖(1)

( ) 2. 如圖(2)所示，若 $r_\pi = 1\text{ k}\Omega$，$\beta = 99$，試求輸出阻抗 Z_o 約為何？
(A)6Ω (B)10Ω (C)12Ω (D)15Ω

圖(2)

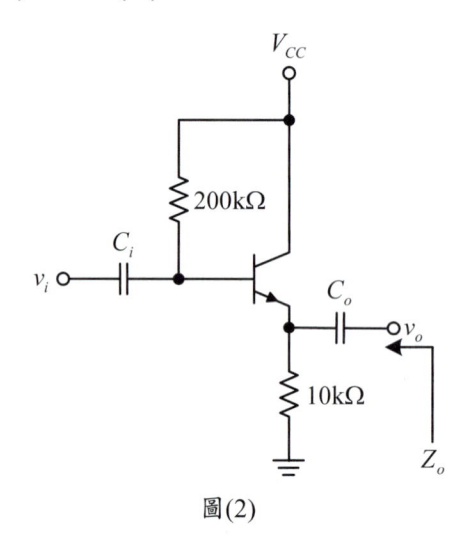

( ) 3. 如圖(3)所示，若 $r_\pi = 1\text{ k}\Omega$，$\beta = 99$，試求電流增益 A_i 約為何？
(A)33.33 (B)66.66 (C)99.99 (D)100

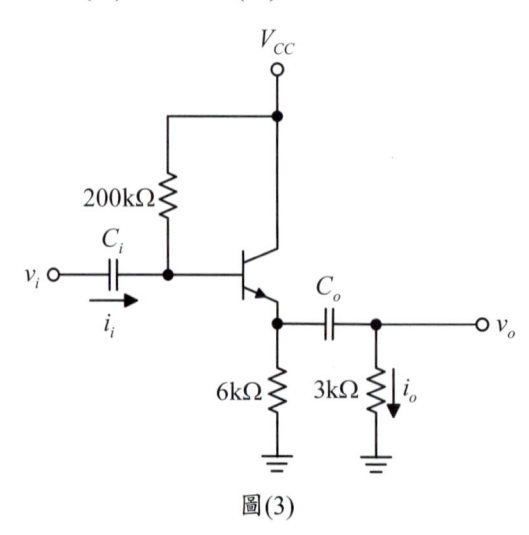

圖(3)

( )4. 如圖(4)所示，若 $r_\pi = 1\,k\Omega$，$\beta = 99$，且輸入阻抗 $Z_i = 60\,k\Omega$，則射極電阻 R_E 為何？
(A)2kΩ (B)3kΩ (C)4kΩ (D)5kΩ

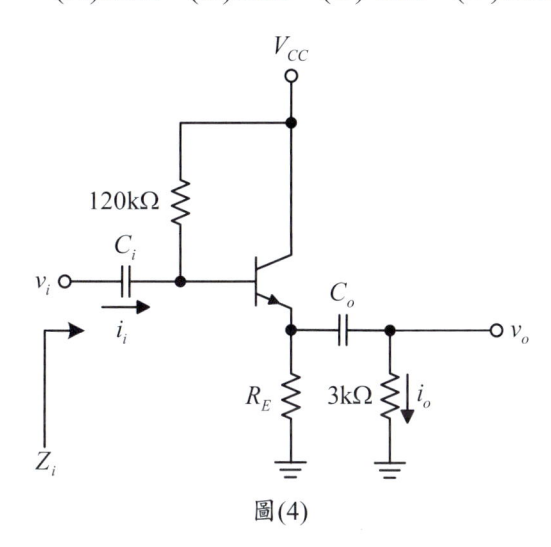

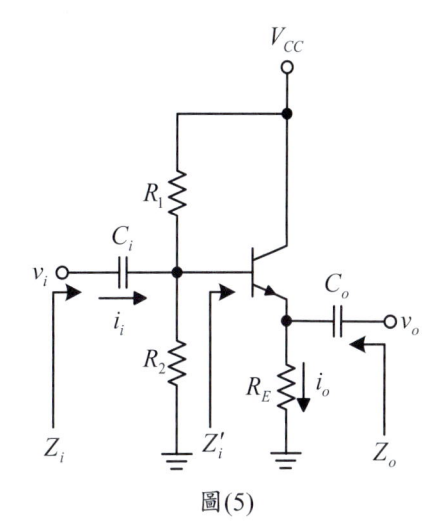

圖(4)

圖(5)

( )5. 如圖(5)所示，若 $V_{CC} = 14.25\,V$，$V_{BE} = 0.7\,V$、$V_T = 25\,mV$、$R_1 = 60\,k\Omega$、$R_2 = 40\,k\Omega$、$R_E = 1.76\,k\Omega$、$\beta = 99$，則輸入阻抗 Z_i 約為何？
(A)16kΩ (B)18kΩ (C)21kΩ (D)23kΩ

進階題

( )1. 如圖(1)所示，下列敘述何者錯誤？
(A)輸入阻抗 $Z_i = 101\,k\Omega$
(B)輸出阻抗 $Z_o = 30\,\Omega$
(C)電壓增益 $A_{vs} = \dfrac{v_L}{v_S} = 0.98$
(D)電流增益 $A_{is} = \dfrac{i_L}{i_s} = 17.5$

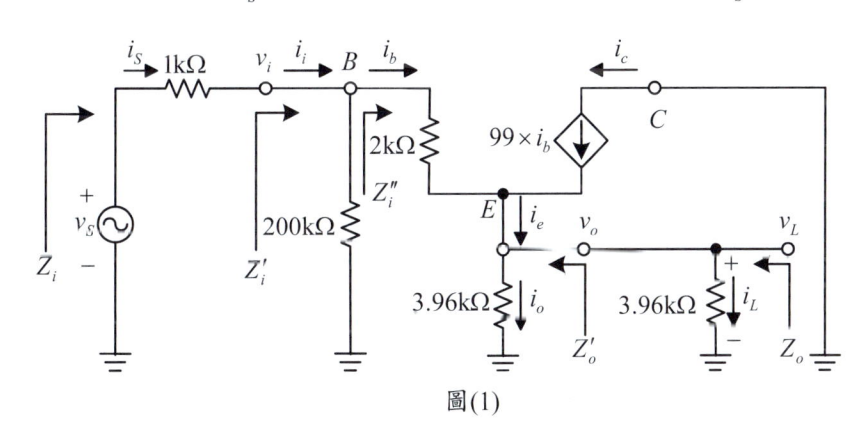

圖(1)

4-4 共基極放大電路 105 106 107 108 113

理論重點

重點 1 共基極偏壓電路

1. 共基極組態（CB）的電壓增益必大於1，故共基極組態的偏壓電路具 _____，電流增益小於1，故共基極組態的偏壓電路不具 _____。

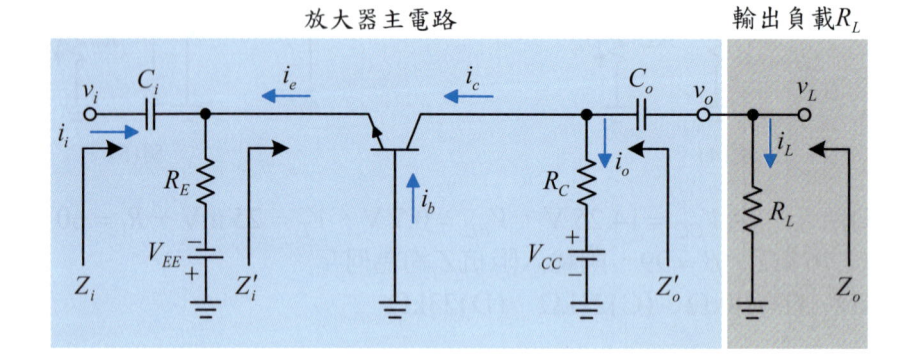

2. 交流等效電路

   將直流偏壓電路V_{CC}、電容器C_i、C_o短路，並將電晶體符號繪製為 _____，即可得到交流小信號等效電路。

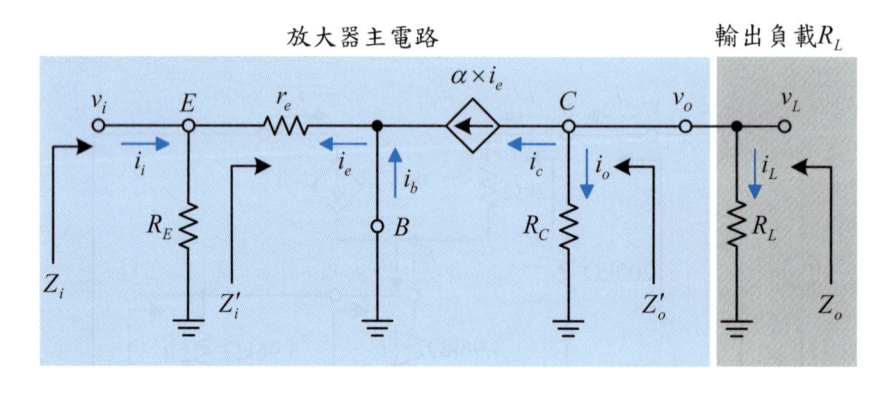

3. 輸入阻抗

   (1) 輸入阻抗 $Z_i' = r_e$

   (2) 輸入阻抗 $Z_i = R_E // r_e$

4. 輸出阻抗

   (1) 輸出阻抗 $Z_o' = R_C$

   (2) 輸出阻抗 $Z_o = R_L // Z_o' = R_L // R_C$

5. 電壓增益

   (1) 忽略負載電阻R_L：

   $$A_v = \frac{v_o}{v_i} = \frac{-i_c \times R_C}{-i_e \times r_e} = \frac{-\alpha \times i_e \times R_C}{-i_e \times r_e} = \begin{cases} 詳解：\alpha \times \dfrac{R_C}{r_e} \\ 近似解：\dfrac{R_C}{r_e} \end{cases}$$

   (2) 考慮負載電阻R_L：

   $$A_v = \frac{v_L}{v_i} = \frac{-i_c \times (R_C /\!/ R_L)}{-i_e \times r_e} = \frac{-\alpha \times i_e \times (R_C /\!/ R_L)}{-i_e \times r_e} = \begin{cases} 詳解：\alpha \times \dfrac{(R_C /\!/ R_L)}{r_e} \\ 近似解：\dfrac{(R_C /\!/ R_L)}{r_e} \end{cases}$$

6. 電流增益 $A_i = \dfrac{i_o}{i_i} = A_v \times \dfrac{Z_i}{R_{io}}$（$R_{io}$為輸出電流$i_o$所通過的電阻）

   (1) 忽略負載電阻R_L：（將上述相對應的A_v以及Z_i代入下式）

   $$A_i = \frac{i_o}{i_i} = A_v \times \frac{Z_i}{R_C}$$

   (2) 考慮負載電阻R_L：（將上述相對應的A_v以及Z_i代入下式）

   $$A_i = \frac{i_L}{i_i} = A_v \times \frac{Z_i}{R_L}$$

答案：1. 電壓放大作用、電流放大作用　　　　2. T模型

老師講解

1. 如下圖，若放大器的$r_e = 25\,\Omega$、$R_C = 2\,\text{k}\Omega$、$R_E = 10\,\text{k}\Omega$、$\alpha = 0.99$，試求Z_i、Z_o、A_v、A_i分別為何？

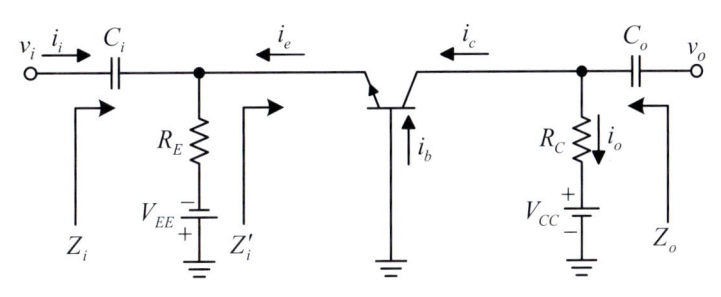

解

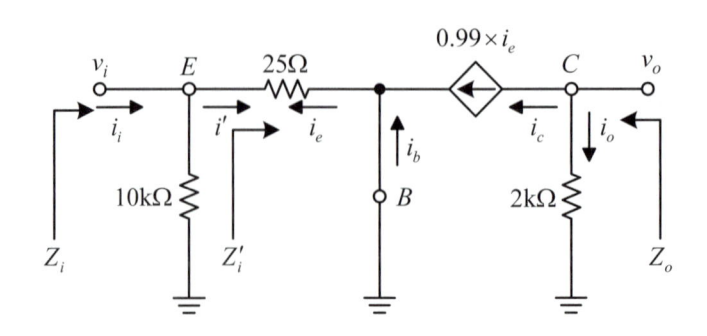

(1) 輸入阻抗 $Z_i = R_E // r_e = 10\text{k}\Omega // 25\Omega \approx 25\,\Omega$

(2) 輸出阻抗 $Z_o = \infty // R_C = R_C = 2\,\text{k}\Omega$

(3) 電壓增益 $A_v = \dfrac{v_o}{v_i} = \alpha \times \dfrac{R_C}{r_e} = 0.99 \times \dfrac{2\text{k}\Omega}{25\Omega} = 79.2$

(4) 電流增益 $A_i = A_v \times \dfrac{Z_i}{R_C} = \alpha \times \dfrac{R_E}{R_E + r_e} = 0.99 \times \dfrac{10\text{k}\Omega}{10\text{k}\Omega + 25} \approx 0.99$

學生練習

1. 如下圖所示，$V_{EE} = 10.7\,\text{V}$、$V_{CC} = 15\,\text{V}$、$V_T = 25\,\text{mV}$、$R_E = 5\,\text{k}\Omega$、$R_C = 2\,\text{k}\Omega$、$\alpha = 0.99$，試求電壓增益 A_v 約為何？　(A)150　(B)158　(C)165　(D)172

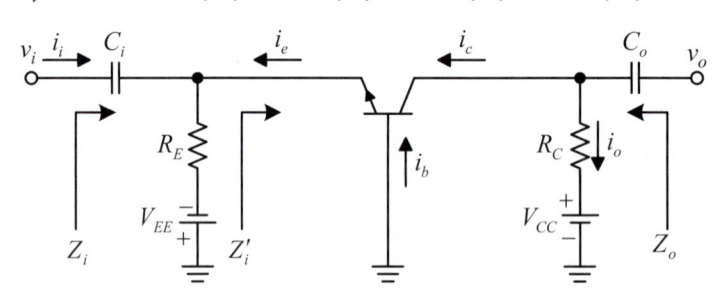

ABCD 立即練習

基礎題

(　)1. 如圖(1)所示，若電晶體為矽質（即 $V_{BE} = 0.7\,\text{V}$），$\alpha = 0.99$、$R_C = 8\,\text{k}\Omega$、$R_E = 10\,\text{k}\Omega$、$V_{EE} = 10.7\,\text{V}$、$V_{CC} = 10\,\text{V}$、$V_T = 25\,\text{mV}$，試求輸入阻抗 Z_i 為何？
(A)25Ω　(B)100Ω　(C)150Ω　(D)1kΩ

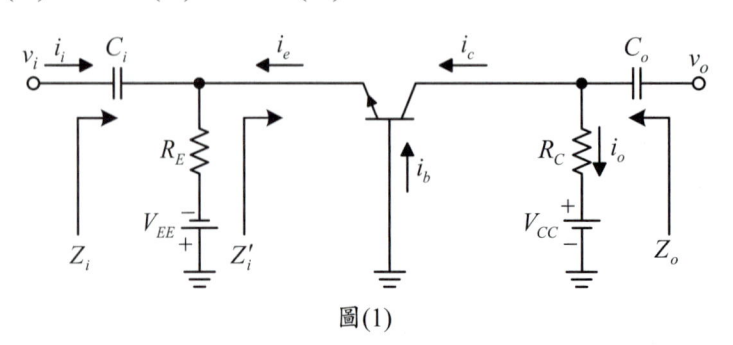

圖(1)

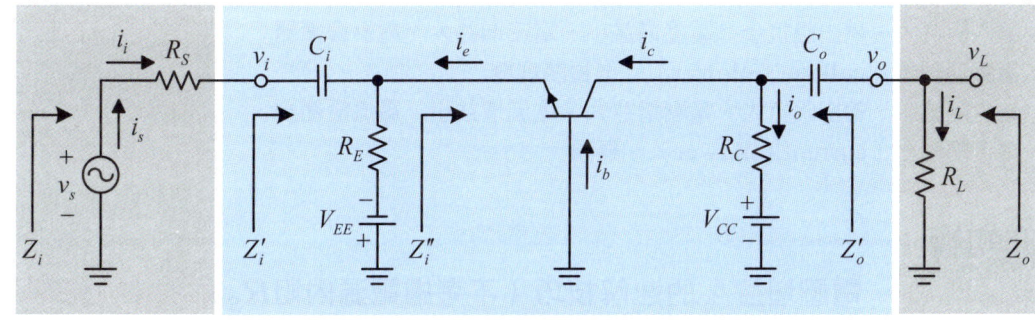

(　　)2. 承上題，電壓增益 $A_v = \dfrac{v_o}{v_i}$ 約為何？　(A)350.8　(B)345.5　(C)335.2　(D)316.8

(　　)3. 承上題所示，則電流增益 $A_i = \dfrac{i_o}{i_i}$ 約為何？　(A)1　(B)0.99　(C)0.97　(D)0.95

進階題

(　　)1. 如圖(1)共基極偏壓組態電路，若 $R_S = 10\,\Omega$、$R_E = 5\,k\Omega$、$r_e = 25\,\Omega$、$R_C = 2\,k\Omega$、$R_L = 3\,k\Omega$、$\alpha = 0.99$，試求 Z_i 以及 Z_o？
(A)35Ω、1200Ω　(B)35Ω、1025Ω　(C)25Ω、1200Ω　(D)25Ω、1025Ω

圖(1)

(　　)2. 承上題，試求電壓增益 A_{vs} 為何？　(A)50　(B)34　(C)26　(D)18

4-5　各種放大組態之比較　106 108 109

理論重點

重點 1　各種放大組態

1. 共射極組態（CE）的輸出電壓與輸入電壓反相180°。

2. 共集極組態（CC）的特性為 ＿＿＿＿＿、＿＿＿＿＿、＿＿＿＿＿、＿＿＿＿＿，主要作為 ＿＿＿＿＿，又稱 ＿＿＿＿＿＿＿＿＿，俗稱 ＿＿＿＿＿。

3. 共基極組態（CB）的特性為 ＿＿＿＿＿、＿＿＿＿＿、＿＿＿＿＿、＿＿＿＿＿，主要用途為 ＿＿＿＿＿，又稱＿＿＿＿＿＿＿＿＿，因沒有米勒電容效應，所以輸入的等效電容量最小，因此適用於 ＿＿＿＿＿ 放大電路。

特性＼組態	共基極（CB）	共射極（CE）	共集極（CC）射極隨耦器
電流增益A_i	α（最小）	β（中）	γ（最大）
電壓增益A_v	最大	中	最小
輸入阻抗Z_i	最小	中	最大
輸出阻抗Z_o	最大	中	最小
功率增益A_p	中	最大	最小
輸出電壓與輸入電壓	同相	反相180°	同相

答案：2. 輸入阻抗大、輸出阻抗小、電壓增益小、電流增益大、電壓緩衝器、電壓隨耦器（voltage follower）、射極隨耦器
3. 輸入阻抗小、輸出阻抗大、電壓增益大、電流增益小、電流緩衝器、電流隨耦器（current follower）、高頻

補充知識

電壓增益A_v的速解技巧（不考慮電源內阻R_S）

如右圖所示，在電晶體所有組態中，由集極（C）看入的阻抗為∞，由基極（B）看入的阻抗為r_π，由射極（E）看入的阻抗為r_e，且在共射極組態（CE）中的射極回授偏壓法（無射極旁路電容器C_E與無負載電阻R_L）的電壓增益近似值$A_v \approx -\dfrac{R_C}{R_E}$，可以將全部組態的電壓增益$A_v$皆以射極交流電阻$r_e$表示之，其運用T模型的速解技巧如下：

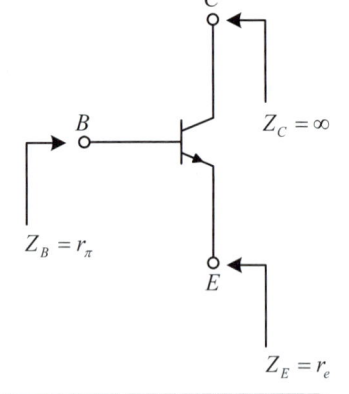

$Z_C = \infty$
$Z_B = r_\pi$
$Z_E = r_e$

共射極組態（開關S閉合）	共射極組態（開關S打開）	共集極組態	共基極組態
無負載電阻R_L時：$A_v = -\dfrac{R_C}{r_e}$	無負載電阻R_L時：$A_v = -\dfrac{R_C}{r_e + R_E} \approx -\dfrac{R_C}{R_E}$	無負載電阻R_L時：$A_v = \dfrac{R_E}{r_e + R_E}$	無負載電阻R_L時：$A_v = \alpha \times \dfrac{R_C}{r_e}$
有負載電阻R_L時：$A_v = -\dfrac{(R_C // R_L)}{r_e}$	有負載電阻R_L時：$A_v = -\dfrac{(R_C // R_L)}{r_e + R_E}$	有負載電阻R_L時：$A_v = \dfrac{(R_E // R_L)}{r_e + (R_E // R_L)}$	有負載電阻R_L時：$A_v = \alpha \times \dfrac{(R_C // R_L)}{r_e}$

第 4 章 雙極性接面電晶體放大電路

老師講解

1. 下列電晶體放大器中,具有最低輸出阻抗的為何者?
   (A)共集極放大器　(B)共射極放大器　(C)共基極放大器　(D)多級共射極放大器

   解 (A)

學生練習

1. 關於電晶體基本放大電路組態特性,下列敘述何者正確?
   (A)共射極組態放大電路又稱為射極隨耦器
   (B)共基極組態放大電路其電流增益遠大於1
   (C)共射極組態放大電路兼具有電壓與電流放大功能
   (D)共集極組態放大電路之輸入電壓與輸出電壓相位反相

立即練習

基礎題

( )1. 下列電晶體放大器中,具有最高輸入阻抗的為何者?
   (A)共集極放大器　　　　　　(B)共射極放大器
   (C)共基極放大器　　　　　　(D)多級共射極放大器

( )2. 下列電晶體放大器中,具有最高電壓增益的為何者?
   (A)共集極放大器　　　　　　(B)共射極放大器
   (C)共基極放大器　　　　　　(D)多級共射極放大器

( )3. 下列電晶體放大器中,具有最高電流增益的為何者?
   (A)共集極放大器　　　　　　(B)共射極放大器
   (C)共基極放大器　　　　　　(D)多級共射極放大器

( )4. 下列電晶體放大器中,輸出電壓與輸入電壓反相180°者,為下列何者?
   (A)共集極放大器　　　　　　(B)共射極放大器
   (C)共基極放大器　　　　　　(D)多級共射極放大器

歷屆試題

電子學試題

( )1. 雙極性電晶體（BJT）放大器有三種基本組態：共基極（CB）組態、共射極（CE）組態與共集極（CC）組態，其中具有電壓大小放大作用但不具電流大小放大作用者為： (A)CB (B)CE (C)CC (D)CE及CB [4-5][統測]

( )2. 如圖(1)，其小信號等效輸出阻抗Z_o最接近下列何值？（熱當電壓$V_T = 26$ mV）
(A)7.5Ω (B)17.5Ω (C)27.5Ω (D)37.5Ω [4-3][統測]

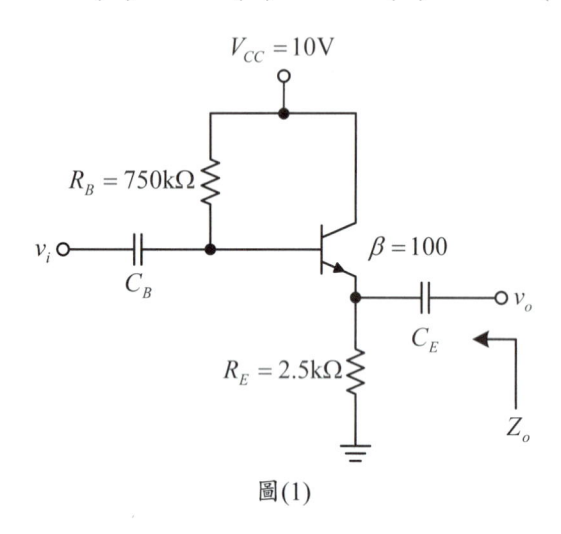

圖(1)

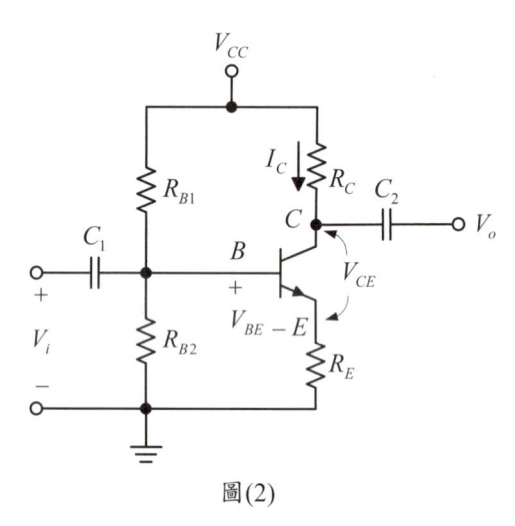

圖(2)

( )3. 若如圖(2)所有的電阻與電容特性都不受溫度影響，$V_{CC} = 15$ V，$R_{B1} = R_{B2} = 100$ kΩ，$R_C = 4.3$ kΩ，$R_E = 6.8$ kΩ，$V_{BE} = 0.7$ V，且C_1、C_2及β都非常大，則電壓增益A_v約為 (A)−0.63 (B)−0.76 (C)−0.996 (D)−2.58 [4-2][統測]

( )4. 對於需要具備低輸入阻抗及高輸出阻抗、卻不要求高電流增益的電路而言（如：電流緩衝器），最適合採用下列哪一種形式之電晶體放大電路？
(A)無射極電阻之共射極放大電路
(B)有射極電阻之共射極放大電路
(C)共基極放大電路
(D)共集極放大電路 [4-5][統測]

( )5. 如圖(3)為電晶體放大電路，假設其工作點位於作用區，若$V_{CC} = 22$ V、$R_{B1} = 45$ kΩ、$R_{B2} = 5$ kΩ、$R_C = 10$ kΩ、$R_E = 1.5$ kΩ，並假設電晶體之電流增益$\beta = 100$，且熱電壓$V_T = 25$ mV，進行電路小訊號分析，計算阻抗Z_b、Z_o、及放大器電壓增益$A_v = V_o/V_i$，請問下列答案何者最接近？
(A)$Z_b = 25$ Ω，$Z_o = 10$ kΩ，$A_v = -400$
(B)$Z_b = 2.5$ kΩ，$Z_o = 1$ MΩ，$A_v = 400$
(C)$Z_b = 2.5$ kΩ，$Z_o = 10$ kΩ，$A_v = -400$
(D)$Z_b = 2.5$ kΩ，$Z_o = 10$ kΩ，$A_v = 400$ [4-2][統測]

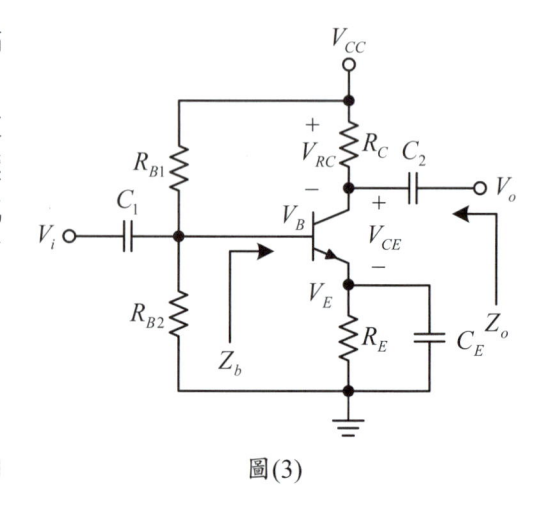

圖(3)

第 4 章 雙極性接面電晶體放大電路

( )6. 下列關於電晶體基本放大電路組態特性的敘述，何者錯誤？
(A)共射極組態放大電路又稱為射極隨耦器
(B)共射極組態之輸入與輸出信號相位差180度
(C)共基極組態放大電路的高頻響應最佳
(D)共射極組態兼具有電流放大與電壓放大的作用 [4-5][統測]

( )7. 下列關於共射極放大電路之敘述，何者錯誤？
(A)在共射極偏壓電路中加入射極電阻，可提高工作點的穩定度
(B)在共射極偏壓電路中加入射極電阻，是一種負回授作用
(C)在共射極偏壓電路中加入射極電阻，可提高電壓增益
(D)在共射極偏壓電路中的射極電阻加入並聯的旁路電容，可提高電壓增益 [4-2][統測]

( )8. 一電晶體放大電路中，電晶體之$h_{fe}=99$，熱電壓$V_T=25\,\text{mV}$，基極直流電流為$50\mu A$，則電晶體之射極交流電阻$r_e=$？
(A)0.25Ω (B)5Ω (C)50Ω (D)500Ω [4-1][統測]

( )9. 關於雙極性接面電晶體基本放大電路組態的特性比較，下列敘述何者錯誤？
(A)電壓增益最大的是共基極組態
(B)電流增益最大的是共集極組態
(C)輸入阻抗最大的是共射極組態
(D)輸出阻抗最大的是共基極組態 [4-5][統測]

( )10. 關於雙極性接面電晶體的共基極偏壓組態的特性，下列敘述何者錯誤？
(A)輸入信號與輸出信號同相位　(B)輸入阻抗低，輸出阻抗高
(C)電壓增益大，電流增益約等於1　(D)適合用於低頻電路中作阻抗匹配 [4-4][統測]

( )11. 下列敘述何者正確？
(A)共射極電路常用於高頻振盪電路
(B)共射極電路常用作阻抗匹配器
(C)共集極電路常用作電壓隨耦器
(D)共基極電路適合作電流放大器 [4-5][統測]

( )12. 如圖(4)所示之電路，電晶體$\beta=100$，$V_{BE}\approx 0\,\text{V}$，熱電壓$V_T=25\,\text{mV}$，則輸入阻抗$Z_{in}$之值約為何？　(A)$9k\Omega$ (B)$15k\Omega$ (C)$20k\Omega$ (D)$25k\Omega$ [4-3][統測]

圖(4)

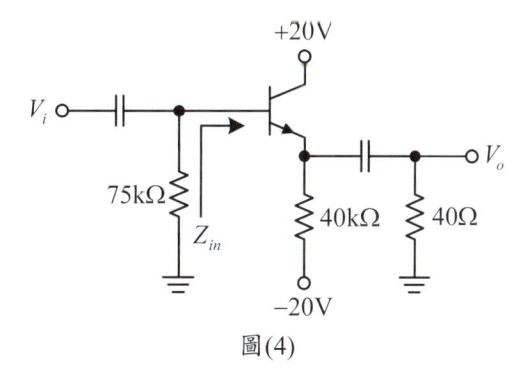

( )13. 下列何種BJT電晶體放大電路組態之功率增益最高？
(A)共閘極組態　(B)共集極組態　(C)共基極組態　(D)共射極組態 [4-5][統測]

( )14. 下列關於BJT電晶體射極隨耦器之特性敘述，何者錯誤？
(A)輸出訊號與輸入訊號相位相同　(B)電壓增益略小於1
(C)電流增益低於1　(D)輸入阻抗甚高 [4-3][統測]

(　　)15. 下列關於有射極電阻 R_E（無射極旁路電容）之電晶體共射極放大電路之敘述，何者正確？
(A)射極電阻 R_E 會有正回授作用
(B)射極電阻 R_E 可降低輸入阻抗
(C)射極電阻 R_E 會增加電路穩定度
(D)射極電阻 R_E 會增加電壓增益 [4-2][統測]

(　　)16. 如圖(5)所示之電路，電晶體 $\beta=100$，切入電壓 $V_{BE}=0.7$ V，熱電壓 $V_T=25$ mV，則輸入阻抗 Z_i 為何？
(A)33.5kΩ　(B)40.5kΩ　(C)45.3kΩ　(D)50kΩ [4-3][統測]

圖(5)

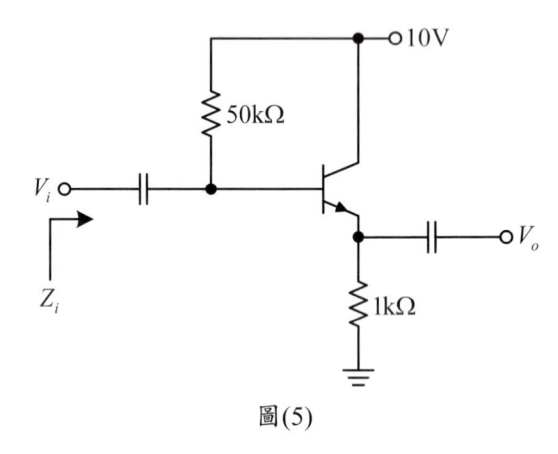

(　　)17. 下列關於電晶體共射極且無旁路電容之射極回授偏壓電路之敘述，何者錯誤？
(A)可改善工作點穩定度
(B)具有電流負回授之功能
(C)與有旁路電容之射極回授偏壓電路比較，電流增益降低
(D)與有旁路電容之射極回授偏壓電路比較，電壓增益增加 [4-2][統測]

(　　)18. 如圖(6)所示之電路，電晶體 $\beta=100$，切入電壓 $V_{BE}=0.7$ V 且熱電壓 $V_T=25$ mV，則小信號電流增益 I_E/I_S 為何？
(A)1.0　(B)40.3　(C)50.7　(D)65.2 [4-3][統測]

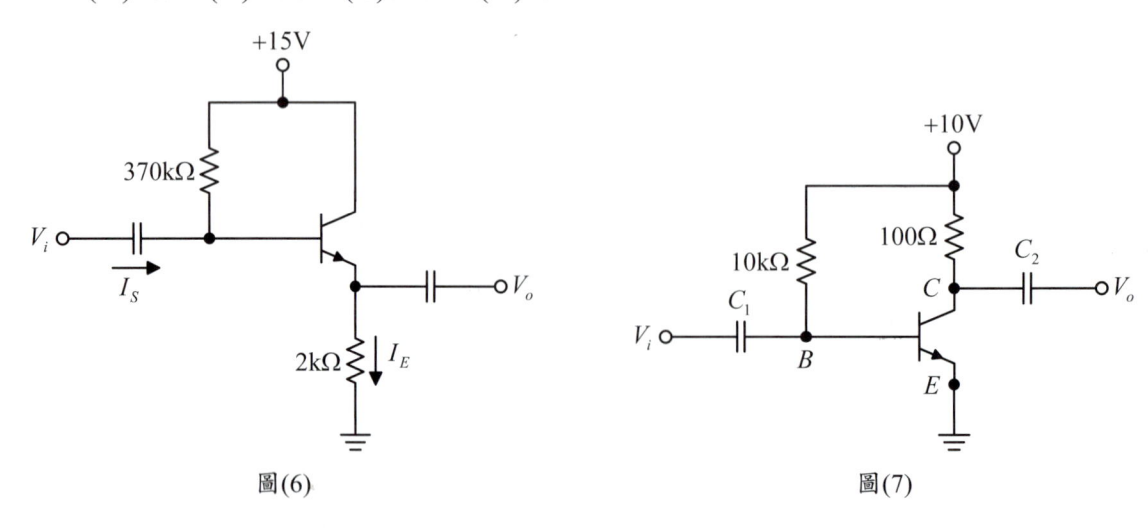

圖(6)　　　　圖(7)

(　　)19. 如圖(7)所示之電路，C_1 之主要功能為何？
(A)隔離直流偏壓　　　　　　　(B)消除雜訊
(C)提高輸入阻抗　　　　　　　(D)隔離交流訊號 [4-2][統測]

第 4 章 雙極性接面電晶體放大電路

( )20. 如圖(8)所示之電路，電晶體靜態工作點 $V_{CE} = 6\,V$，集極電流 $I_C = 1.2\,mA$，$\beta = 100$，熱電壓 $V_T = 26\,mV$，則輸入阻抗 Z_i 約為何？
(A)9.85kΩ
(B)8.33kΩ
(C)7.71kΩ
(D)5.32kΩ [4-2][統測]

圖(8)

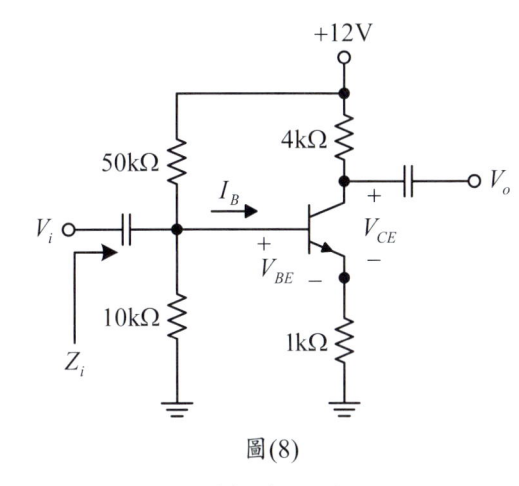

( )21. 在具有射極電阻及射極旁路電容的共射極放大電路中，下列敘述何者正確？
(A)交流的電壓增益會受到射極直流電流大小的影響
(B)直流電流會從旁路電容通過，可增加直流的電壓增益
(C)對直流的工作點而言，旁路電容為負迴授的電路
(D)若將旁路電容移除，直流的工作點會明顯改變 [4-2][統測]

( )22. 如圖(9)所示之電路中，基極電壓為0.7V，集極電壓為2V，若熱電壓 $V_T = 25\,mV$，則基極交流電阻 r_π 的值為何？ (A)25Ω (B)250Ω (C)400Ω (D)4kΩ [4-2][統測]

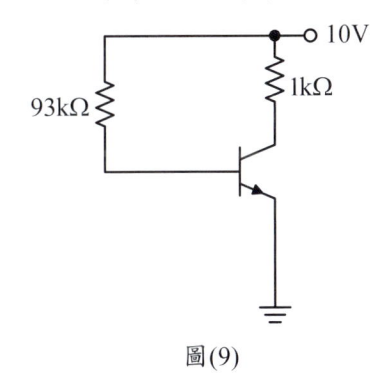

圖(9)

( )23. 如圖(10)所示之電路，電晶體處於主動區（active region），其 β 值為89，I_i 為交流輸入電流。已知基極交流電阻 r_π 為1.9kΩ，則交流電流增益 I_L/I_i 的值為何？
(A)−4.37 (B)8.73 (C)17.5 (D)27.5 [4-2][統測]

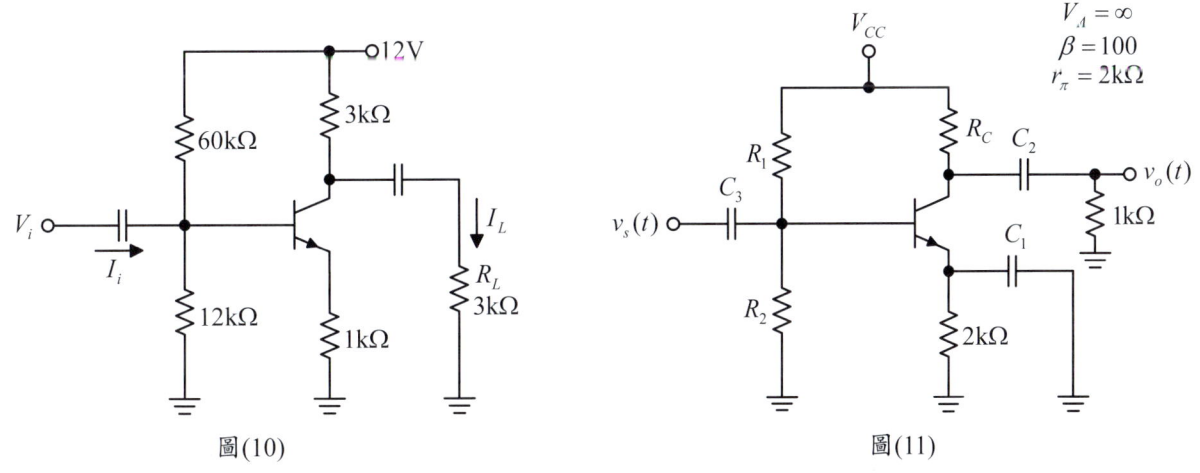

圖(10)

圖(11)

( )24. 如圖(11)所示之電路，假設電晶體工作於主動區（active region），欲使 $A_v = v_o(t)/v_s(t) = -40$，則 R_C 應為下列何值？
(A)1kΩ (B)2kΩ (C)3kΩ (D)4kΩ [4-2][統測]

( )25. 如圖(12)所示之電路，$R_1 = 100\Omega$，I_S為理想電流源，$\beta = 100$，熱電壓（thermal voltage）$V_T = 26\,mV$，歐力電壓（Early voltage）$V_A = \infty$，若$R_{out} = 3\Omega$，則I_S值為何？ (A)3.93mA (B)6.93mA (C)9.93mA (D)12.93mA [4-3][統測]

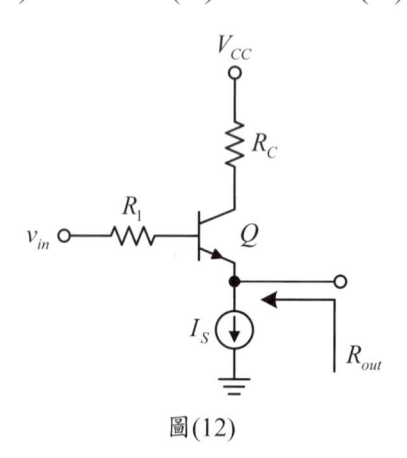

圖(12)

( )26. 雙極性接面電晶體（BJT）共射極放大器的輸出與輸入信號欲呈現比例放大關係，則應輸入何種信號？
(A)小信號 (B)大信號 (C)直流信號 (D)任意大小信號 [4-1][102統測]

( )27. 射極隨耦器，屬於下列何種放大器？
(A)共射極放大器　　　　　　(B)共集極放大器
(C)共基極放大器　　　　　　(D)共源極放大器 [4-3][102統測]

( )28. 如圖(13)所示電路，已知電晶體的$\beta = 60$，熱電壓$V_T = 25\,mV$，則其輸出阻抗Z_o約為多少？ (A)50Ω (B)100Ω (C)11kΩ (D)11.1kΩ [4-2][102統測]

圖(13)

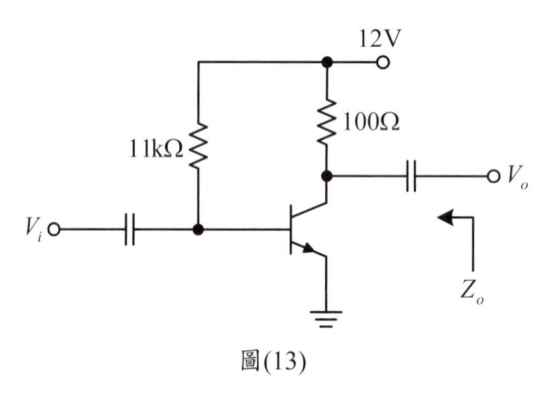

( )29. 下列放大電路中，何者電流增益略小於1？
(A)共集極放大電路　　　　　(B)共基極放大電路
(C)共射極放大電路　　　　　(D)共源極放大電路 [4-5][103統測]

( )30. 下列有關BJT含射極回授電阻的分壓偏壓電路（無射極旁路電容）放大器之敘述，何者正確？
(A)直流工作點位置幾乎和β值無關
(B)加入射極回授電阻可使得電壓增益提升
(C)加入射極回授電阻可使得輸入阻抗降低
(D)電路為正回授設計 [4-2][103統測]

( )31. 若BJT工作在主動區且基極直流偏壓電流為$12.5\mu A$，$\beta = 80$，熱電壓（thermal voltage）$V_T = 25\,mV$，則轉移電導g_m為何？
(A)$2\,mA/V$ (B)$6\,mA/V$ (C)$20\,mA/V$ (D)$40\,mA/V$ [4-1][103統測]

第 4 章 雙極性接面電晶體放大電路

( )32. 下列有關BJT共射極（CE）、共集極（CC）和共基極（CB）基本組態放大電路特性之比較，何者正確？
(A)輸入阻抗：CB > CE > CC
(B)輸出阻抗：CE > CC > CB
(C)電壓增益：CB > CE > CC
(D)輸出與輸入信號之相位關係：CC和CB為反相，CE為同相 [4-5][103統測]

( )33. 如圖(14)所示之電路，若BJT之 $\beta = 100$，熱電壓（thermal voltage）$V_T = 26$ mV，切入電壓 $V_{BE} = 0.7$ V，則輸入阻抗 Z_i 約為何？
(A)0.9kΩ　(B)1.7kΩ　(C)3.2kΩ　(D)8.3kΩ [4-2][103統測]

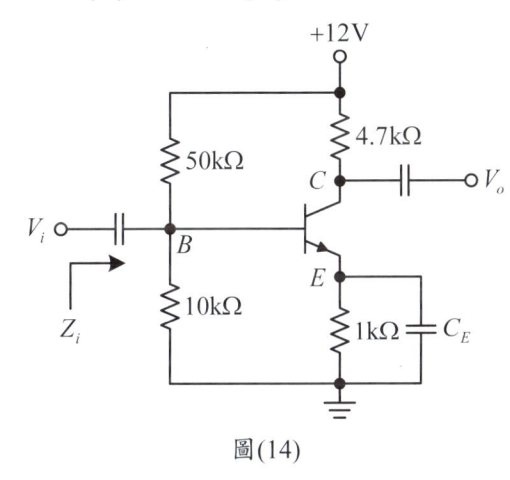

圖(14)

( )34. 如圖(15)所示之放大電路，BJT之切入電壓 $V_{BE(t)} = 0.7$ V，$\beta = 100$，熱當電壓 $V_T = 26$ mV，交流等效輸出電阻 $r_o = \infty$，則 I_o/I_i 約為何？
(A)92.34　(B)56.68　(C)48.42　(D)39.27 [4-2][104統測]

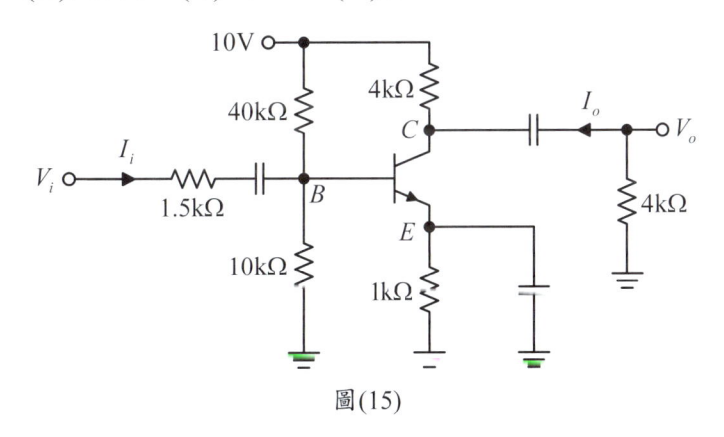

圖(15)

( )35. 承接上題，V_o/V_i 約為何？
(A)−95.3　(B)−57.6　(C)−48.9　(D)−30.5 [4-2][104統測]

( )36. 常作為射極隨耦器的電晶體組態為何？
(A)共射極組態　(B)共基極組態　(C)共集極組態　(D)共閘極組態 [4-3][104統測]

( )37. 關於雙極性接面電晶體（BJT）共基極放大電路，下列敘述何者正確？
(A)輸出電流為射極電流 I_E
(B)輸入電流為集極電流 I_C
(C)輸入阻抗小
(D)輸入與輸出電壓反相 [4-4][105統測]

( )38. 如圖(16)所示電路，電晶體工作於作用區，$\beta = 99$，$V_{BE} = 0.7\text{ V}$，熱電壓$V_T = 26\text{ mV}$，則此放大電路之電流增益$A_i = \dfrac{I_o}{I_i}$約為何值？
(A)30　(B)28　(C)25　(D)22

[4-3][105統測]

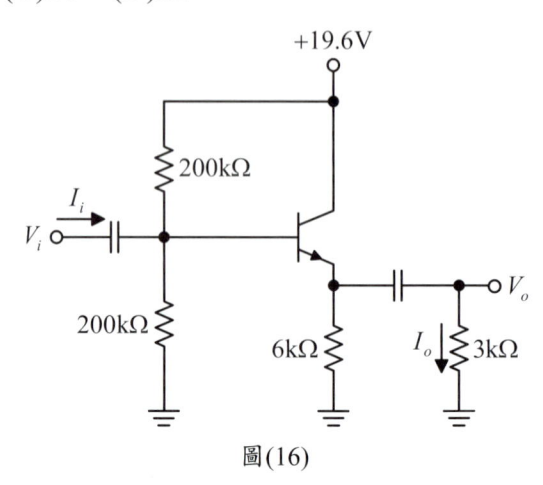

圖(16)

( )39. 雙極性接面電晶體小訊號模型中，V_T為熱電壓，r_e為射極交流電阻，Δi_C為集極電流微小變動量、Δv_{BE}為基射極電壓微小變動量，i_c為集極小訊號電流，v_{be}為基射極小訊號電壓，Q為工作點，I_{CQ}為工作點集極直流偏壓電流。若不考慮歐力效應（Early effect），則下列有關轉移電導g_m的敘述，何者錯誤？
(A)$g_m = \left.\dfrac{\Delta i_C}{\Delta v_{BE}}\right|_{Q點}$　(B)$g_m = \dfrac{I_{CQ}}{V_T}$　(C)$g_m = \dfrac{i_c}{v_{be}}$　(D)$g_m = \dfrac{\beta}{r_e}$

[4-1][105統測]

( )40. 如圖(17)所示電路，電晶體工作於作用區，$\beta = 99$，射極交流電阻$r_e = 20\ \Omega$。若此放大電路之電壓增益$A_v = \dfrac{V_o}{V_i} = 200$，則$R_C$約為何值？
(A)2.2kΩ　(B)4.1kΩ　(C)6.8kΩ　(D)13.6kΩ

[4-4][105統測]

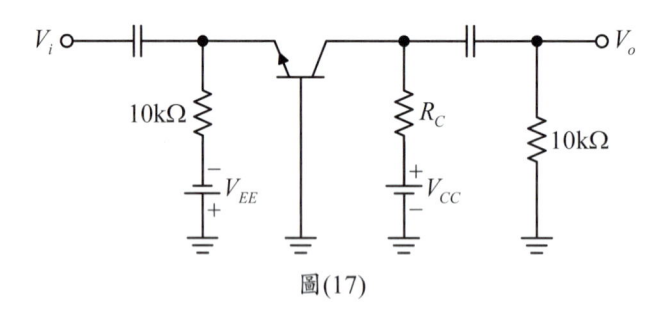

圖(17)

( )41. 關於共基極（CB）、共射極（CE）、共集極（CC）電晶體放大器三者之比較，下列何者正確？
(A)只有CC放大器之輸入電壓與輸出電壓同相位，其餘二者之輸入電壓與輸出電壓為反相
(B)只有CE放大器同時具有電壓與電流放大作用，且CE放大器之功率增益的絕對值為三者中最大
(C)只有CB放大器不具電流放大作用，且CB放大器之輸出阻抗及電壓增益的絕對值為三者中最小
(D)只有CC放大器不具電壓放大作用，且CC放大器之輸入阻抗及電流增益的絕對值為三者中最小

[4-5][106統測]

第 4 章 雙極性接面電晶體放大電路

( )42. 如圖(18)所示之電晶體放大電路，若電晶體之 $\beta = 99$，$V_{BE} = 0.7\text{ V}$，熱電壓（thermal voltage）$V_T = 26\text{ mV}$，C 為耦合電容或旁路電容，欲設計其電壓增益 $\left|\dfrac{V_o}{V_i}\right| \approx 150$，則 R_C 約為多少？ (A)2kΩ (B)3kΩ (C)4kΩ (D)6kΩ [4-2][106統測]

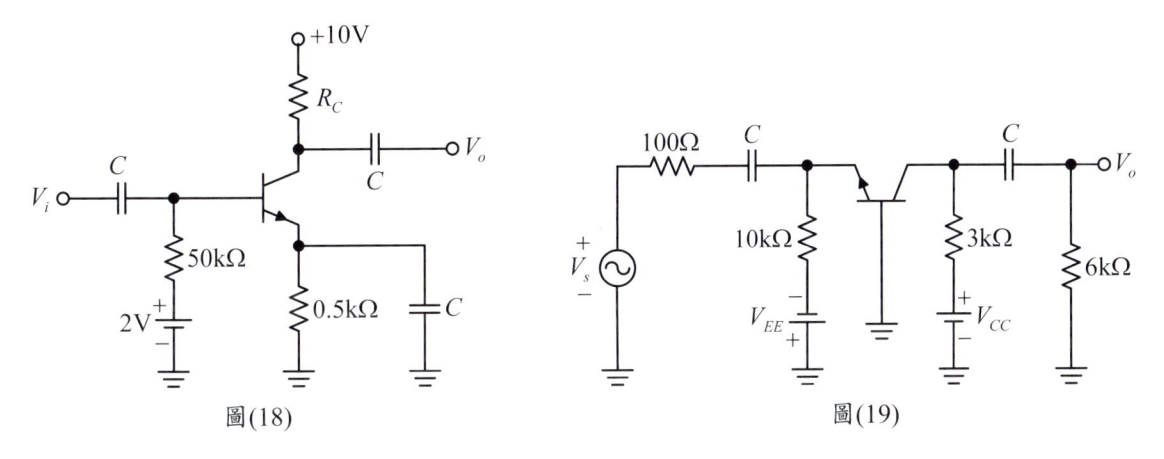

( )43. 如圖(19)所示之電晶體放大電路，C 為耦合電容，在正常工作下 $\beta = 99$，射極交流電阻 $r_e = 50\text{ Ω}$，則此電路之電壓增益 V_o/V_s 約為何？
(A)59.4 (B)36.8 (C)13.1 (D)3.3 [4-4][106統測]

( )44. 如圖(20)所示之電晶體電路，$V_{BE} = 0.7\text{ V}$，電晶體 $\beta = 50$，熱電壓（thermal voltage）$V_T = 26\text{ mV}$。若正弦波輸入電壓 V_i 的平均值為零，且電晶體操作於主動區，則電壓 V_o 的平均值為何？
(A)13.58V (B)12.43V (C)10.58V (D)8.75V [4-2][107統測]

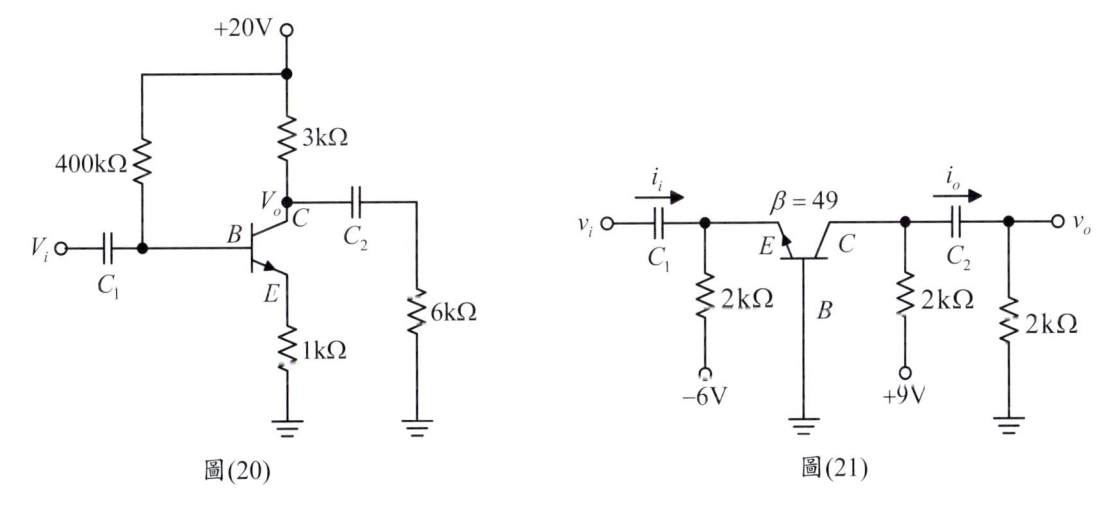

圖(18)　　圖(19)　　圖(20)　　圖(21)

( )45. 如圖(21)所示之電晶體電路，$V_{BE} = 0.7\text{ V}$，$V_T = 26\text{ mV}$，則此電路小信號電壓增益 $\dfrac{v_o}{v_i}$ 約為何？ (A)−100 (B)−80 (C)80 (D)100 [4-4][107統測]

( )46. 承上題，則此電路小信號電流增益 $\left|\dfrac{i_o}{i_i}\right|$ 約為何？
(A)1.2 (B)0.49 (C)0.31 (D)0.25 [4-4][107統測]

( )47. 下列有關BJT放大器小信號模型分析之敘述，何者正確？
(A)輸入耦合電容應視為開路
(B)混合 π 模型之 r_π 參數可由直流工作點條件求出
(C)T模型之 r_e 無法由直流工作點條件求出
(D)射極旁路電容應視為斷路 [4-1][108統測]

( )48. 如圖(22)所示操作於作用區（active region）之電路，若 $R_{B1} = 120\ \text{k}\Omega$，$R_{B2} = 60\ \text{k}\Omega$，$R_E = 1\ \text{k}\Omega$，$\beta = 119$，$\pi$ 模型參數 $r_\pi = 1.25\ \text{k}\Omega$，則交流輸入電阻 R_i 約為何？
(A)18.2kΩ　(B)24.3kΩ　(C)30.1kΩ　(D)36.5kΩ [4-1][108統測]

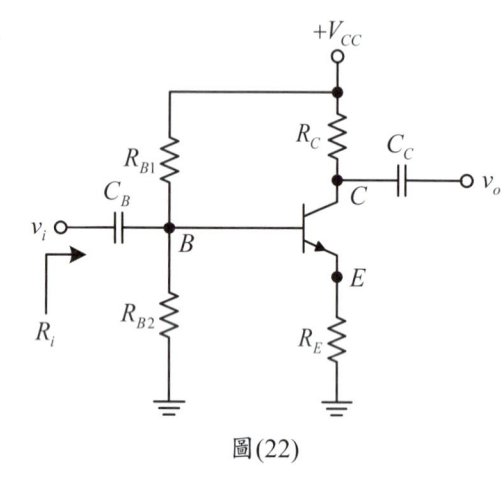

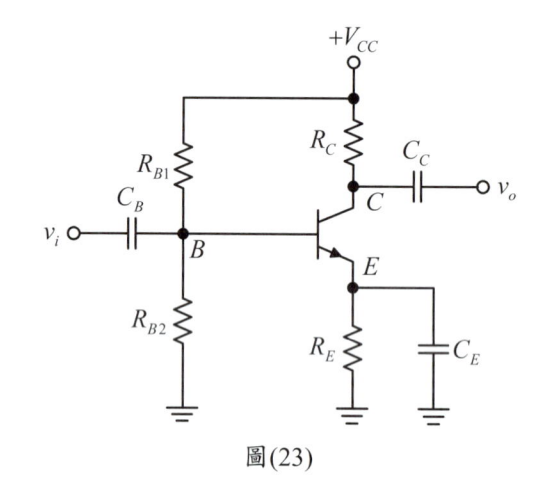

圖(22)　　　圖(23)

( )49. 如圖(23)所示操作於作用區之電路，若工作點之基極電壓 $V_B = 2.2\ \text{V}$，$V_{BE} = 0.7\ \text{V}$，熱電壓（thermal voltage） $V_T = 25\ \text{mV}$，$R_E = 1\ \text{k}\Omega$，$R_C = 3.3\ \text{k}\Omega$，$\beta = 119$，則電壓增益 v_o/v_i 約為何？
(A)−196.4　(B)−168.8　(C)−141.2　(D)−121.4 [4-2][108統測]

( )50. 如圖(24)所示為BJT共基極放大電路之小信號等效電路模型，於室溫下之熱電壓（thermal voltage） $V_T = 26\ \text{mV}$，工作點之 $I_C = 0.26\ \text{mA}$，α 約為1.0，下列敘述何者錯誤？
(A) r_e 約為100Ω
(B)電壓增益 $A_v = v_o/v_i$ 約為150
(C)輸入阻抗 Z_i 約為6kΩ
(D)電流增益 $A_i = i_o/i_i$ 約為1 [4-2][109統測]

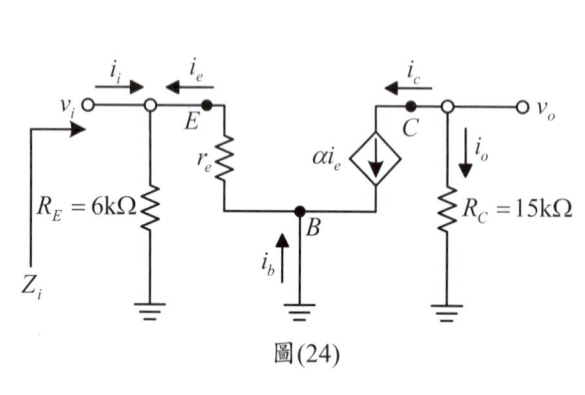

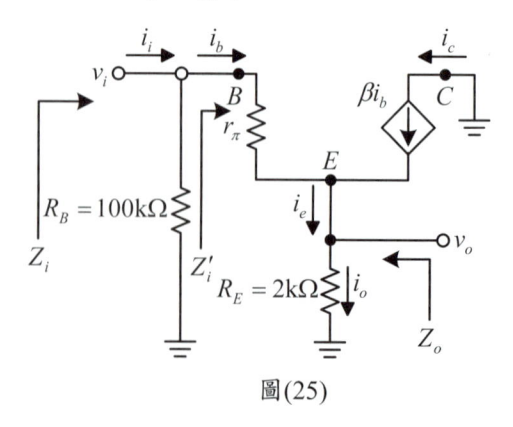

圖(24)　　　圖(25)

( )51. 如圖(25)所示為BJT共集極放大電路之小信號等效電路模型，若 $\beta = 100$，直流偏壓 $I_B = 0.1\ \text{mA}$，熱電壓 $V_T = 26\ \text{mV}$，則下列敘述何者錯誤？
(A)電壓增益 $A_v = v_o/v_i$ 約為1
(B) r_π 約為260Ω
(C)輸入阻抗 Z_i 約為66kΩ
(D)電流增益 $A_i = i_o/i_i$ 約為100 [4-3][109統測]

( )52. 如圖(26)所示為BJT共射極放大電路之小信號等效電路模型,若 $\beta = 99$,直流偏壓 $I_B = 0.01\,\text{mA}$,熱電壓 $V_T = 26\,\text{mV}$,則下列敘述何者錯誤?
(A)電壓增益 $A_v = v_o/v_i$ 約為 -1.5
(B) r_π 約為 $2.6\,\text{k}\Omega$
(C)輸出阻抗 Z_o 約為 $3\,\text{k}\Omega$
(D)電流增益 $A_i = i_o/i_i$ 約為 -20

[4-2][109統測]

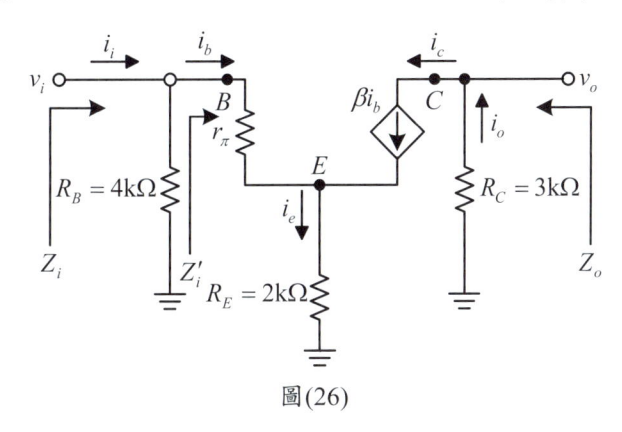

圖(26)

( )53. 若BJT共射極組態電路工作於主動區,其直流偏壓基極電流為 $10\,\mu\text{A}$,集極電流為 $1\,\text{mA}$,且熱電壓 $V_T = 26\,\text{mV}$,則BJT之射極交流電阻 r_e 約為何?
(A)64.8Ω (B)52.2Ω (C)25.7Ω (D)2.6Ω

[4-1][110統測]

( )54. 如圖(27)所示電路,若BJT之 $\beta = 100$,切入電壓 $V_{BE} = 0.7\,\text{V}$,熱電壓 $V_T = 26\,\text{mV}$,則輸出阻抗 Z_o 約為何? (A)10Ω (B)22Ω (C)100Ω (D)220Ω

[4-3][110統測]

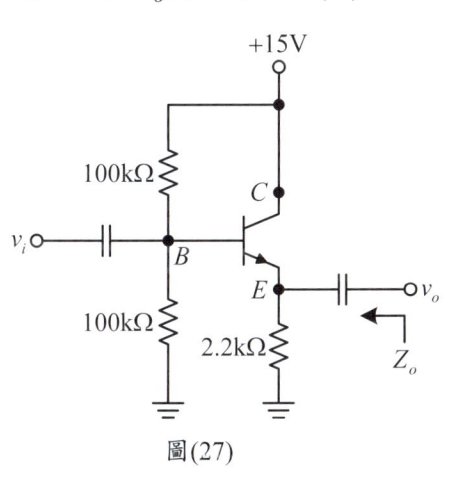

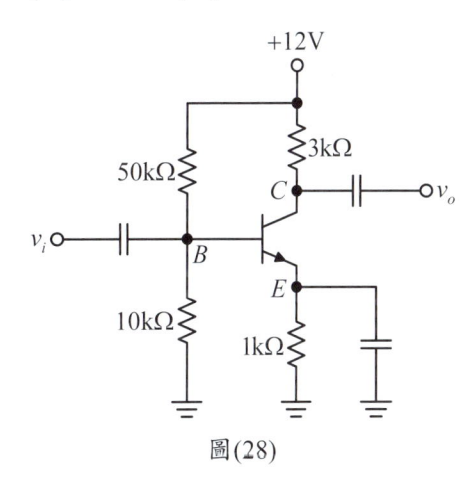

圖(27)　　　　圖(28)

( )55. 如圖(28)所示電路,若BJT之 $\beta = 100$,切入電壓 $V_{BE} = 0.7\,\text{V}$,熱電壓 $V_T = 26\,\text{mV}$,則電壓增益 v_o/v_i 約為何? (A)-101 (B)-121 (C)-137 (D)-182

[4-2][110統測]

電子學實習試題

( )1. 下列有關電晶體三種放大器組態的敘述,何者正確?
(A)共集極放大器電壓增益略小於1
(B)共基極放大器電壓增益與集極電阻成反比
(C)共集極放大器之輸入訊號與輸出訊號相位反相
(D)共射極放大器輸入訊號與輸出訊號相位同相 [4-5][統測]

( )2. 如圖(1)所示之電晶體共集極放大電路,若由射極看入之交流電阻為 r_e,由輸出端看入之電阻為 R_o,電晶體之電流增益 $\beta = I_C/I_B$,則 $R_o = ?$
(A)$(1+\beta)(r_e+R_E)$　(B)$\dfrac{(1+\beta)r_e R_E}{r_e+R_E}$　(C)$\dfrac{r_e R_E}{r_e+R_E}$　(D)r_e+R_E [4-3][統測]

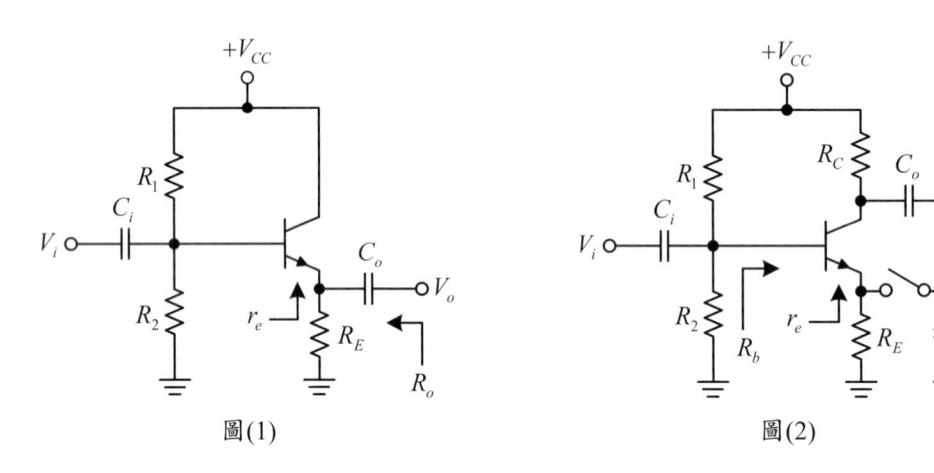

圖(1)　　圖(2)

( )3. 如圖(2)所示之電晶體共射極放大電路,若有加與沒加旁路電容 C_E 時,由基極看入之電阻 R_b 的大小分別為 R_{b1} 與 R_{b2}。若由電晶體射極看入之交流電阻為 r_e,電晶體之電流增益 $\beta = I_C/I_B$,則 $\dfrac{R_{b1}}{R_{b2}} = ?$
(A)$\dfrac{(1+\beta)(r_e+R_E)}{r_e}$　(B)$\dfrac{r_e+R_E}{r_e}$　(C)$\dfrac{r_e}{r_e+R_E}$　(D)$\dfrac{(1+\beta)r_e}{r_e+R_E}$ [4-2][統測]

( )4. 射極隨耦器屬於下列何種放大電路組態?
(A)共射極放大器　(B)共基極放大器　(C)共集極放大器　(D)共源極放大器 [4-3][統測]

( )5. 共基極放大電路如圖(3)所示,電晶體之 $\beta=100$,$V_{BE}=0.7\text{ V}$,$V_T=25\text{ mV}$,請問電路之電壓放大率 A_v 為何?　(A)100　(B)158　(C)253　(D)368 [4-4][統測]

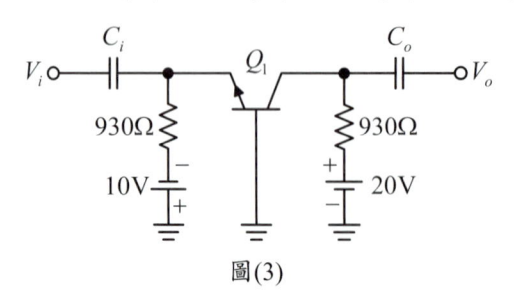

圖(3)

( )6. 有一電晶體放大電路,其電壓增益、電流增益、功率增益皆高,且輸出電壓與輸入電壓相差180°。請問該電路應屬下列何種電晶體放大電路組態?
(A)共射極放大器　(B)共集極放大器　(C)共基極放大器　(D)射極隨耦器 [4-5][統測]

( )7. 如圖(4)是共射極放大電路的交流等效電路,則輸入阻抗Z_i為何?
(A)$R_B // r_b$ (B)$R_B + r_b$ (C)$R_B // \beta r_b$ (D)$R_B + \beta r_b$ [4-2][統測]

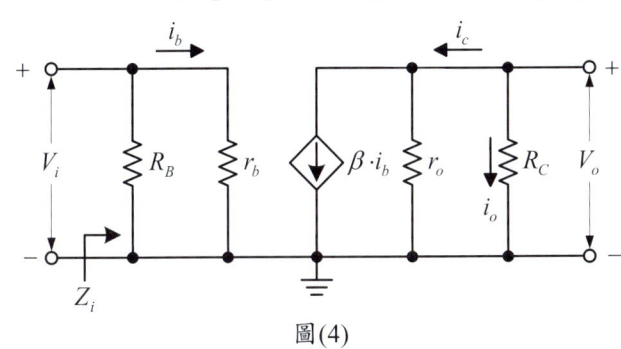

圖(4)

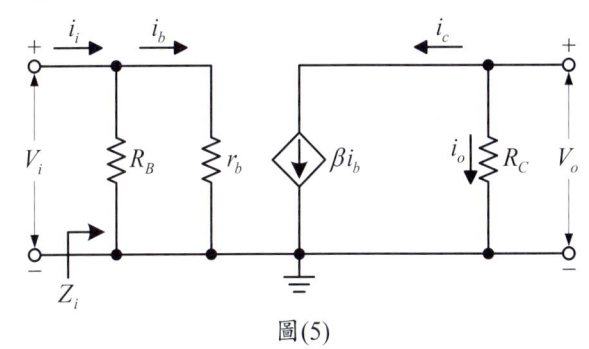

圖(5)

( )8. 如圖(5)是共射極放大電路的交流等效電路,共射極放大電路的交流等效電路中,電流增益i_o/i_i為何? (A)β (B)$-\beta$ (C)$\dfrac{R_B}{R_B + r_b}\beta$ (D)$-\dfrac{R_B}{R_B + r_b}\beta$ [4-2][統測]

( )9. 如圖(6)的共射極放大電路,若射極旁路電容器開路,則電壓增益有何變化?
(A)不變 (B)減少 (C)增加 (D)零 [4-2][102統測]

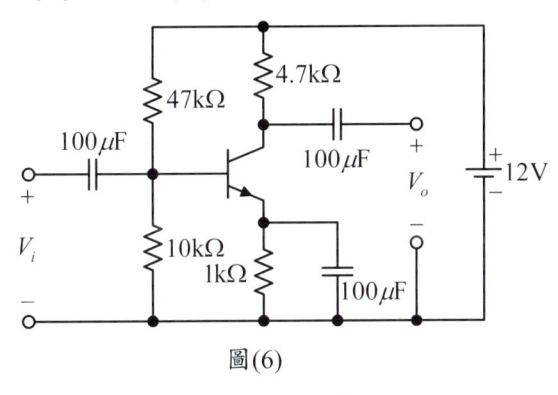

圖(6)

( )10. 關於電晶體基本放大電路組態特性,下列敘述何者正確?
(A)共射極組態放大電路又稱為射極隨耦器
(B)共基極組態放大電路其電流增益遠大於1
(C)共射極組態放大電路兼具有電壓與電流放大功能
(D)共集極組態放大電路之輸入訊號與輸出訊號相位反相 [4-5][103統測]

( )11. 如圖(7)所示之電晶體共射極放大器,當電路在正常工作且各電阻均不為零之狀況下,若交流電壓增益$A_v = |v_o|/|v_i|$,則下列敘述何者正確?
(A)若將C_2短路,則A_v變大
(B)若R_C變大,則A_v變小
(C)若C_1開路,則A_v變大
(D)若將C_E移除,則A_v變小 [4-2][103統測]

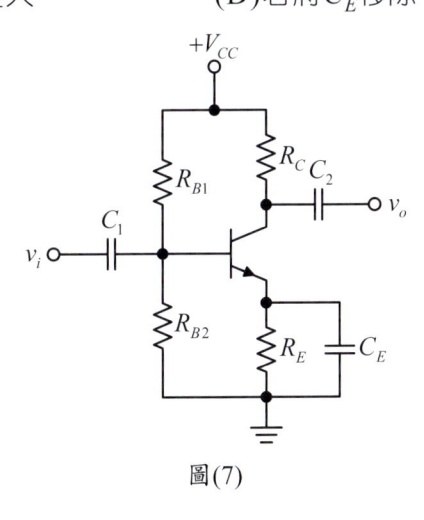

圖(7)

(　)12. 圖(8)為一理想雙極性接面電晶體所構成的固定偏壓放大電路，C_1與C_2為理想電容器且初始電壓為零。請問下列(甲)至(戊)的敘述哪些錯誤？
(甲)此電路為共射極放大電路，射極為共用端，可作為電壓放大器
(乙)依據克希荷夫電壓定律（KVL），可知$V_{CC} = I_B R_B + V_{BE}$及$V_{CE} = V_{CC} - I_C R_C$
(丙)此電路所用的電晶體為PNP型
(丁)若輸入信號為弦波v_i，輸出信號為v_o，則v_i與v_o相位差180°
(戊)此電路的輸出阻抗是$R_B + R_C$
(A)(丙)(丁)　(B)(甲)(乙)　(C)(乙)(丁)　(D)(丙)(戊)　　　　[4-2][103統測]

圖(8)

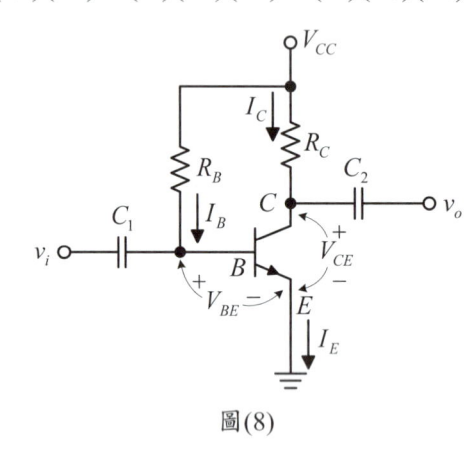

(　)13. 下列有關BJT放大電路之敘述，何者錯誤？
(A)共射極放大器之電壓增益為負
(B)共集極放大器之電壓增益恆大於1
(C)分壓式偏壓放大電路之溫度穩定性較固定偏壓式佳
(D)共基極放大電路之電流增益最小　　　　[4-5][104統測]

(　)14. 如圖(9)電路所示，若要量測電晶體特性曲線，下列哪一個方塊的儀表安排是錯誤的？
(A)A為電流表　(B)B為電壓表　(C)C為示波器　(D)D為電壓表　　　　[4-3][104統測]

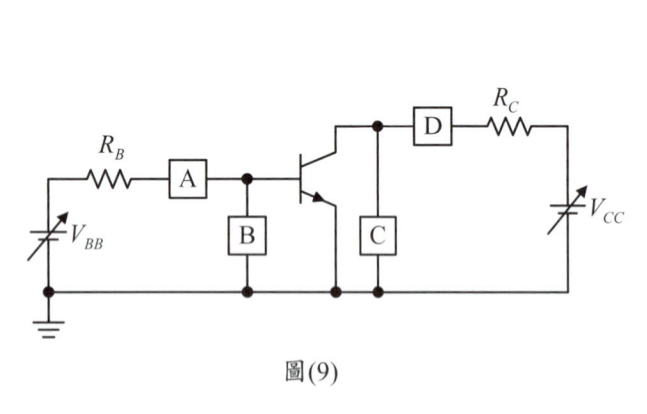

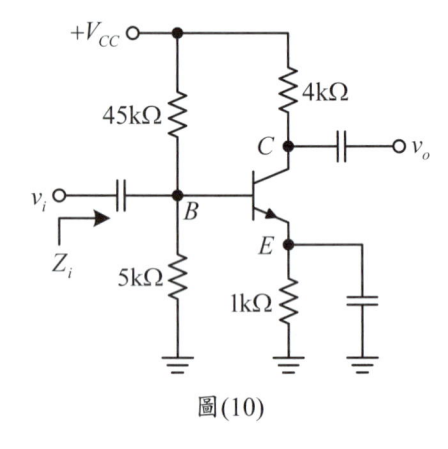

圖(9)　　　　圖(10)

(　)15. 如圖(10)所示之電路，BJT之$\beta = 100$且工作於順向主動區，基極交流電阻$r_\pi = 1\,\text{k}\Omega$，則輸入阻抗$Z_i$約為何？
(A)818Ω　(B)2246Ω　(C)3125Ω　(D)4500Ω　　　　[4-2][105統測]

(　)16. 若BJT共射極放大器電路之電壓增益大小為100，當輸入電壓訊號$v_i(t) = 20\sin(\omega t)\,\text{mV}$時，則其輸出電壓訊號為何？
(A)$-2\cos(\omega t)\,\text{V}$　(B)$2\cos(\omega t)\,\text{V}$　(C)$-2\sin(\omega t)\,\text{V}$　(D)$2\sin(\omega t)\,\text{V}$　　　　[4-2][105統測]

( )17. 如圖(11)所示之BJT電晶體放大器電路，假設BJT之$V_{BE(on)} = 0.6$ V、$\beta = 200$、熱電壓 $V_T = 26$ mV，放大器不會有失真且輸入電壓$v_i = 50\sin(2000\pi t)$ mV，則輸出電壓v_o約為何？
(A)$3.71\sin(2000\pi t + 180°)$V
(B)$-4.56\sin(2000\pi t)$V
(C)$1.01\sin(2000\pi t + 180°)$V
(D)$-5.88\sin(2000\pi t)$V
[4-2][106統測]

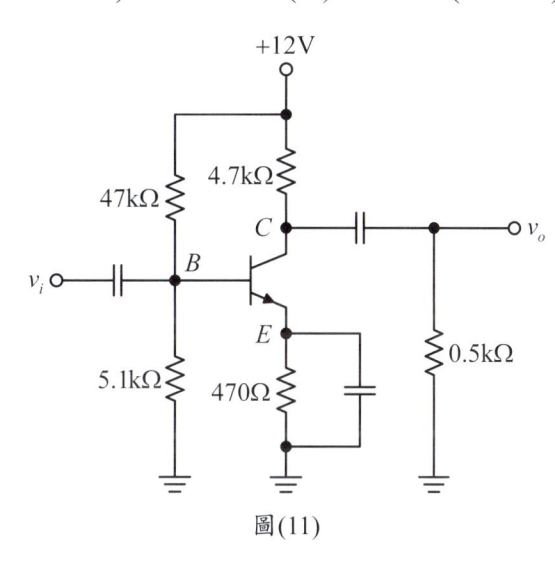

圖(11)

( )18. 下列有關BJT共射極（CE）、共集極（CC）、共基極（CB）組態放大器電路之敘述，何者錯誤？
(A)CE放大器之輸出電壓與輸入電壓相位相差180°
(B)CB放大器之電流增益非常高
(C)CC放大器當做阻抗匹配用途
(D)CC放大器之輸入阻抗高
[4-5][106統測]

( )19. 在雙載子（BJT）電晶體單級放大器中，常見三種基本電路架構（共射極、共集極、共基極）。若定義功率增益為輸出功率對輸入功率之比值，以下哪一種電路架構之輸出電壓與輸入電壓相位差約180°，且具有最大之功率增益？ (A)共基極放大器 (B)共集極放大器 (C)共射極放大器 (D)三種基本電路架構之功率增益大小與相位差均一樣
[4-5][106統測]

( )20. 如圖(12a)所示之電路，輸入小信號v_i峰對峰值為20mV，示波器垂直軸刻度旋鈕設定為0.5VOLTS/DIV，其量測輸出電壓v_o波形如圖(12b)所示，則電壓增益為何？
(A) 100 (B)-25 (C)25 (D)100
[4-2][107統測]

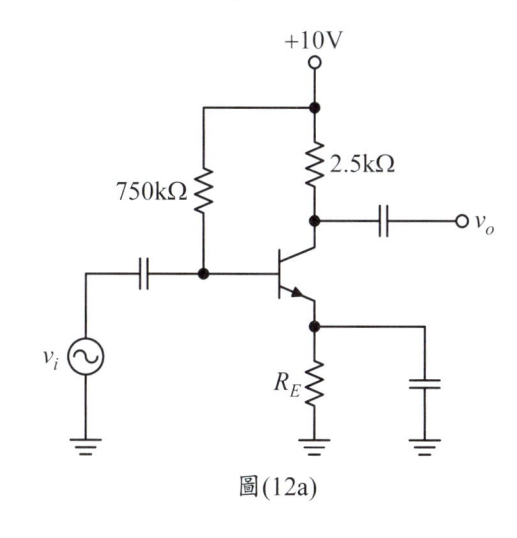

圖(12a)

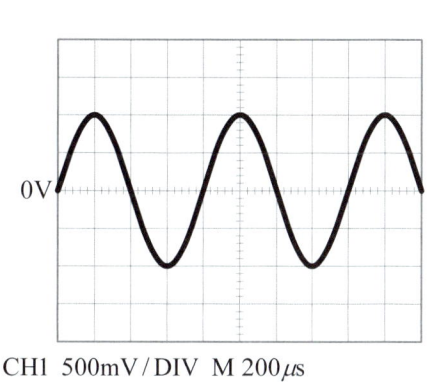

CH1 500mV/DIV M 200μs
圖(12b)

( )21. 如圖(13)所示之電路，$R_1 = 10\,k\Omega$，$R_2 = 5\,k\Omega$，$R_E = 3.3\,k\Omega$，若電晶體之切入電壓 $V_{BE} = 0.7\,V$，熱電壓 $V_T = 25\,mV$，$\beta = 99$，則輸入阻抗Z_i約為何？
　(A)$5\,k\Omega$　(B)$3.3\,k\Omega$　(C)$1.67\,k\Omega$　(D)$25\,k\Omega$　　　　　　　　　　　　　　[4-3][108統測]

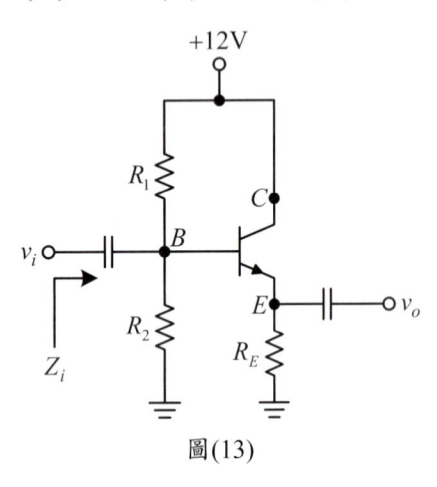

圖(13) 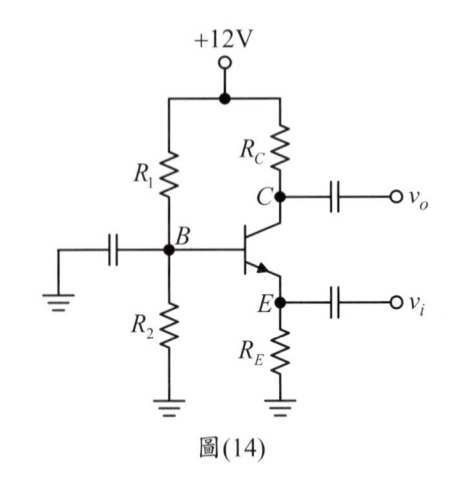　　　　　　　圖(14)

( )22. 如圖(14)所示之電路，$R_1 = 20\,k\Omega$，$R_2 = 10\,k\Omega$，$R_C = 2.5\,k\Omega$，$R_E = 3.3\,k\Omega$，若電晶體之切入電壓 $V_{BE} = 0.7\,V$，熱電壓 $V_T = 25\,mV$，$\beta = 99$，則電壓增益v_o/v_i約為何？
　(A)1　(B)25　(C)50　(D)100　　　　　　　　　　　　　　　　　　　　　　　　　　　[4-4][108統測]

( )23. 有關雙極性接面電晶體放大器的敘述，下列何者正確？
　(A)共基極放大器電流增益大約為1
　(B)共集極放大器輸入電壓信號與輸出電壓信號反相
　(C)共集極放大器實驗時，即使將電晶體的射極與集極接反了，整體電路特性仍然不變
　(D)共射極放大器可用來放大電壓信號，並有低輸出阻抗的特性　　　　　　　　　[4-5][108統測]

( )24. 如圖(15)所示電路，若電晶體之切入電壓$V_{BE} = 0.7\,V$，熱電壓$V_T = 26\,mV$，$\beta = 100$，則電壓增益v_o/v_i約為何？
　(A)−125　(B)−132　(C)−152　(D)−165　　　　　　　　　　　　　　　　　　　　　　[4-2][109統測]

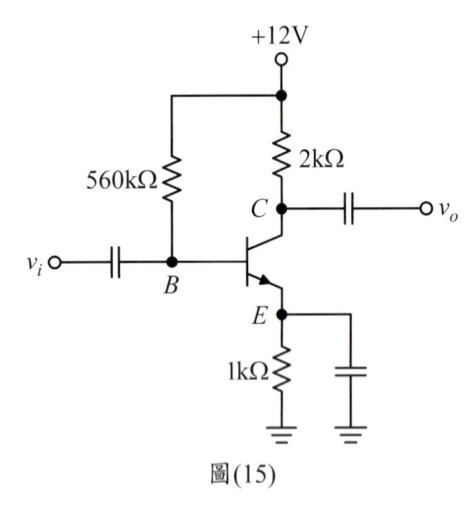

圖(15) 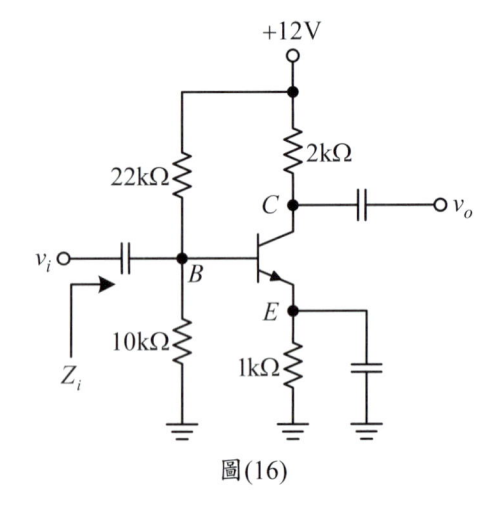　　　　　　　圖(16)

( )25. 如圖(16)所示電路，若電晶體之切入電壓$V_{BE} = 0.7\,V$，熱電壓$V_T = 26\,mV$，$\beta = 100$，則輸入阻抗Z_i為何？
　(A)1515Ω　(B)1212Ω　(C)992Ω　(D)811Ω　　　　　　　　　　　　　　　　　　[4-2][109統測]

( )26.有關雙載子接面電晶體放大器電路,下列敘述何者錯誤?
(A)共集極(Common Collector)放大器適合應用為電壓隨耦器(Voltage Follower)
(B)共基極(Common Base)放大器具有高電壓增益
(C)共基極(Common Base)放大器之電壓輸入信號可由高阻抗的集極端輸入
(D)共基極(Common Base)放大器適合應用為電流隨耦器(Current Follower)
[4-5][109統測]

( )27.觀察電晶體在主動區工作的共集極放大電路實驗結果,下列敘述何者正確?
(A)輸出電壓信號與輸入電壓信號反相、電壓增益 $A_v \leq 1$
(B)輸出電壓信號與輸入電壓信號反相、電壓增益 $A_v \gg 1$
(C)輸出電壓信號與輸入電壓信號同相、電壓增益 $A_v \leq 1$
(D)輸出電壓信號與輸入電壓信號同相、電壓增益 $A_v \gg 1$
[4-3][110統測]

( )28.如圖(17)所示電路,R_L為負載,BJT操作於主動區且電壓增益 $A_v = v_o/v_i$,下列敘述何者正確?
(A)S閉合或斷開時,電壓增益絕對值相同
(B)S閉合時,電壓增益絕對值較小
(C)S斷開時,電壓增益絕對值較小
(D)S斷開時,由集極端看出去的交流負載電阻為 $R_C + R_E$
[4-2][110統測]

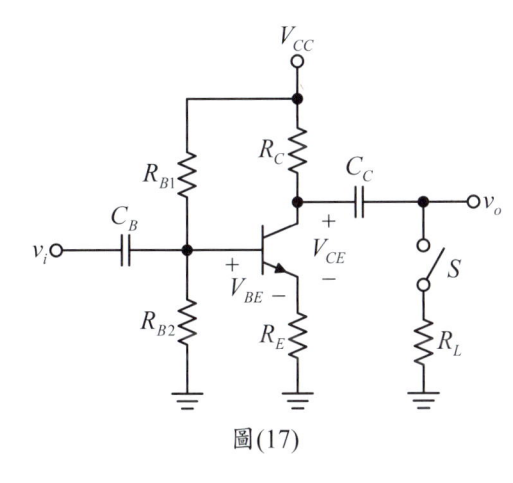

圖(17) 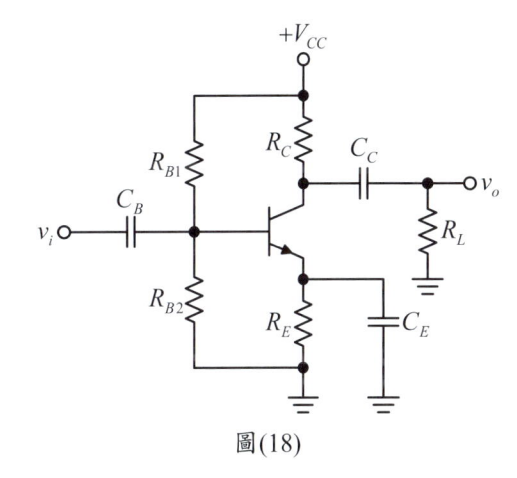　　　　　　圖(18)

( )29.圖(18)所示共射極放大器,若 $V_{CC} = 12$ V,$R_C = 5.1$ kΩ,$R_E = 510$ Ω,$R_{B1} = 490$ Ω,$R_{B2} = 47$ Ω,$R_L = 1$ kΩ,假設 $C_B = C_C = C_E = \infty$,$V_{BE} = 0.7$ V,$\beta = 100$,下列數值何者最接近實際情況?
(A)$r_e = 37$ Ω,$r_\pi = 3.7$ kΩ,$A_v = 22$ (V/V)
(B)$r_e = 3.7$ kΩ,$r_\pi = 37$ Ω,$A_v = -22$ (V/V)
(C)$r_e = 3.7$ kΩ,$r_\pi = 37$ Ω,$A_v = 22$ (V/V)
(D)$r_e = 37$ Ω,$r_\pi = 3.7$ kΩ,$A_v = -22$ (V/V)
[4-2][110統測]

最新統測試題

( )1. 如圖(1)所示電路，若BJT工作於主動區，$\beta = 99$，且已知基極交流電阻$r_\pi = 1\,\text{k}\Omega$，則$i_o/i_i$約為何？
(A)25 (B)50 (C)75 (D)100 [4-3][111統測]

圖(1)

圖(2)

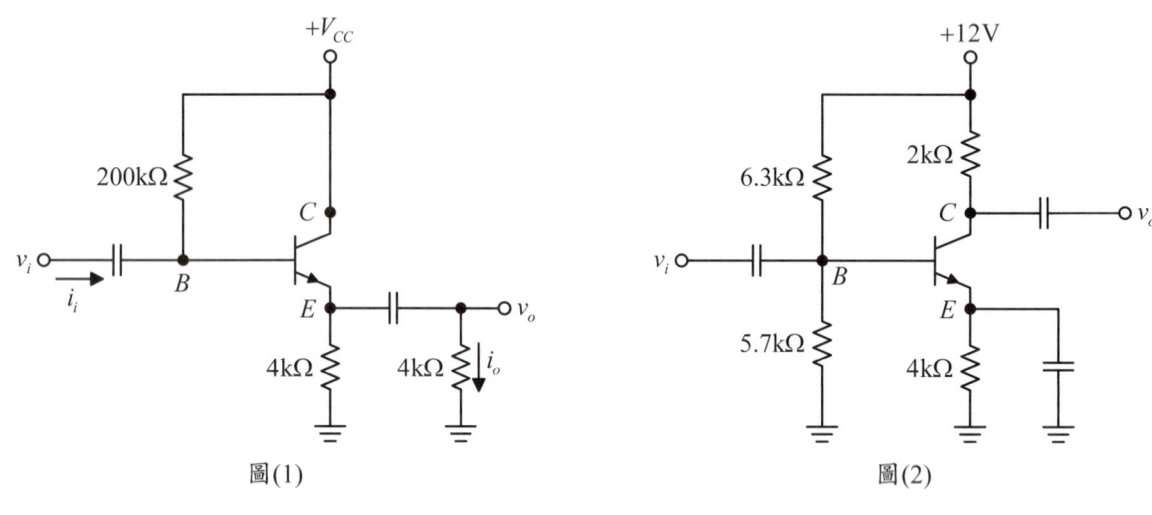

( )2. 如圖(2)所示電路，若BJT之$\beta = 100$，切入電壓$V_{BE} = 0.7\,\text{V}$，熱電壓$V_T = 26\,\text{mV}$，則電壓增益v_o/v_i約為何？
(A)−135 (B)−115 (C)−95 (D)−75 [4-2][111統測]

( )3. 如圖(3)所示電路，$V_{CC} = 18\,\text{V}$，$R_C = 3\,\text{k}\Omega$，$R_E = 0.82\,\text{k}\Omega$，$R_{F1} = 238\,\text{k}\Omega$，$R_{F2} = 42\,\text{k}\Omega$，若BJT之$\beta = 100$，且已知基極交流電阻$r_\pi = 1\,\text{k}\Omega$，則電壓增益$v_o/v_i$約為何？
(A)−100 (B)−250 (C)−280 (D)−300 [4-2][112統測]

圖(3)

圖(4)

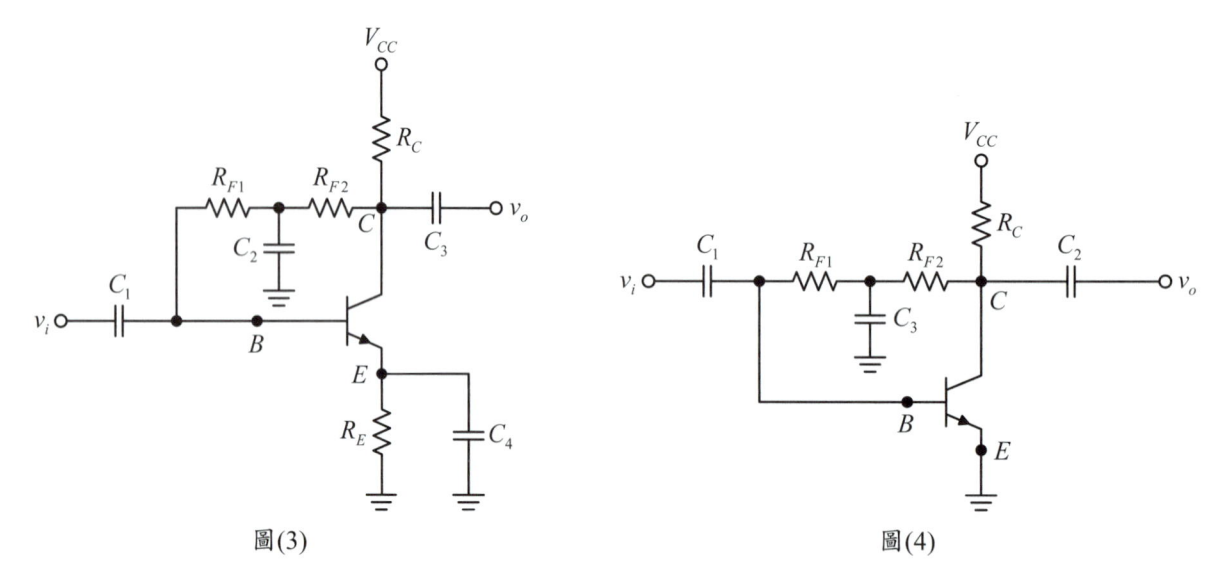

( )4. 如圖(4)所示電路，$R_C = 3\,\text{k}\Omega$及$R_{F1} = R_{F2} = 68\,\text{k}\Omega$，若BJT之$\beta = 100$，且已知基極交流電阻$r_\pi = 1\,\text{k}\Omega$，則電壓增益$A_v = v_o/v_i$約為何？
(A)−182 (B)−198 (C)−238 (D)−287 [4-2][113統測]

第 4 章 雙極性接面電晶體放大電路

( )5. 如圖(5)所示放大電路，BJT之 $\beta = 199$、$V_{BE} = 0.7$ V，若熱電壓 $V_T = 26$ mV，且工作點之射極電流 I_E 設計為 1.3mA，則 V_{EE} 及電壓增益 $A_v = v_o/v_i$ 分別約為何？
(A)12.3V、178　(B)12.3V、182　(C)11.1V、158　(D)11.1V、149　[4-4][113統測]

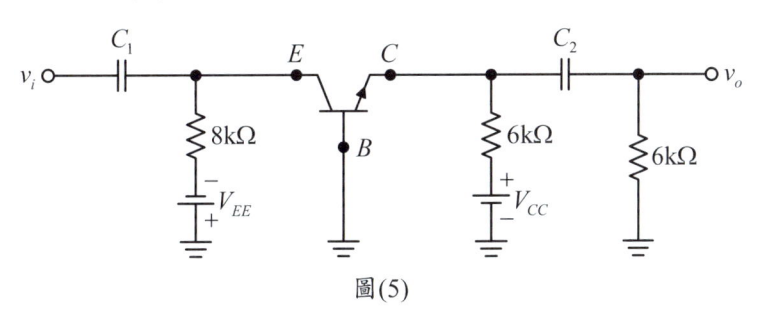

圖(5)

▲ 閱讀下文，回答第6-7題

如圖(6)所示電路，$V_{CC} = 12$ V，$R_B = 305$ kΩ，$R_C = 1$ kΩ，$R_E = 2.6$ kΩ，BJT之 $V_{BE} = 0.7$ V，$\beta = 99$，熱電壓 $V_T = 26$ mV。（C_1、C_2 為耦合電容）

圖(6)

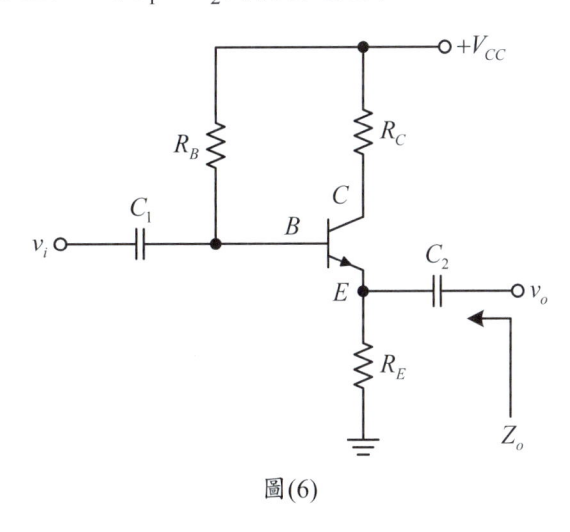

( )6. 此放大器輸出阻抗 Z_o 約為何？
(A)12.9Ω　(B)26Ω　(C)129Ω　(D)2.6kΩ　[4-3][114統測]

( )7. 若此BJT之基極交流電阻為 r_π 及射極交流電阻為 r_e，則電壓增益 v_o/v_i 為何？
(A) $\dfrac{R_E}{r_e \| r_\pi}$　(B) $\dfrac{r_\pi}{r_e + R_E}$　(C) $\dfrac{R_E}{r_e + R_E}$　(D) $\dfrac{R_E}{r_\pi + R_E}$　[4-3][114統測]

模擬演練

電子學試題

( ) 1. 如圖(1)所示，若 $r_\pi = 1\text{k}\Omega$，$\beta = 50$，且輸入電壓 $v_i = 1\sin(\omega t)\text{ mV}$，直流電壓 $V_C = 6\text{ V}$，則下列敘述何者正確？
佐助：『兩個開關皆閉合時，輸出電壓的範圍為5.7V～6.3V』
科南：『開關S_1閉合，而開關S_2打開，則輸出電壓的範圍為6V±3mV』
魯夫：『開關S_1與開關S_2同時打開，則直流電壓V_C略為減小』
大雄：『開關S_1打開，而開關S_2閉合，則直流電壓V_C略為增加』
(A)佐助、科南　(B)科南、大雄　(C)佐助、魯夫　(D)魯夫、大雄　　[4-2]

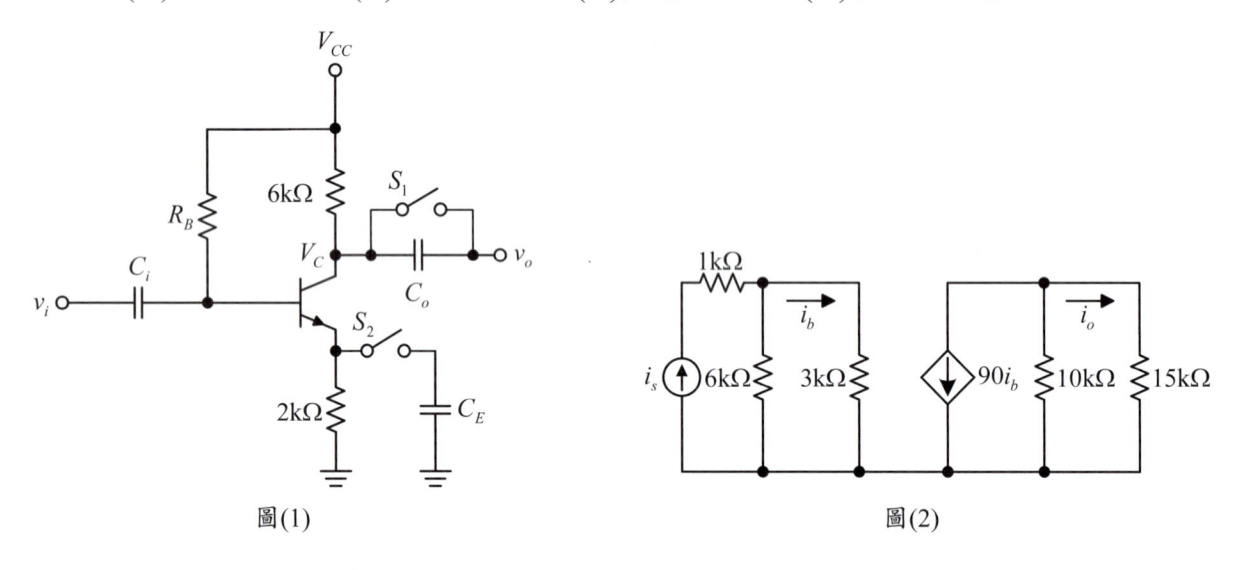

圖(1)　　　　　　圖(2)

( ) 2. 圖(2)中電流增益 $\dfrac{i_o}{i_s} = ?$　(A)−12　(B)−24　(C)−36　(D)−48　　[4-2]

( ) 3. 如圖(3)所示，若 $V_T = 25\text{ mV}$ 且 $\beta = 100$，試求輸入阻抗 Z_i 與輸出阻抗 Z_o，分別為何？
(A)12.6kΩ、15kΩ　(B)12.6kΩ、10kΩ　(C)2.5kΩ、10kΩ　(D)2.5kΩ、15kΩ　　[4-2]

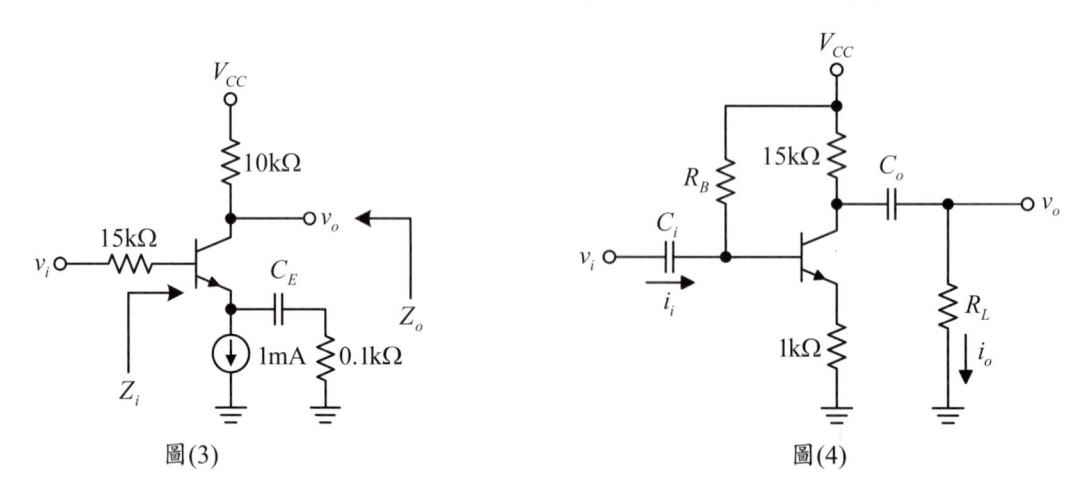

圖(3)　　　　　　圖(4)

( ) 4. 如圖(4)所示之電路，若 $r_\pi = 1\text{k}\Omega$，$\beta = 98$，假設電路的電壓增益 $|A_v| = \dfrac{v_o}{v_i} = 6$ 且電流增益 $|A_i| = \dfrac{i_o}{i_i} = 30$，則電阻 R_B 與 R_L 分別為何？

(A)10kΩ、40kΩ　(B)100kΩ、40kΩ　(C)40kΩ、80kΩ　(D)100kΩ、10kΩ　　[4-2]

( )5. 如圖(5)所示電晶體交流放大電路,若 $r_\pi = 1\,k\Omega$,$\beta = 100$,下列敘述何者正確?
① 輸入阻抗 $Z_i \approx 100\,k\Omega$
② 輸出阻抗 $Z_o = 2\,k\Omega$
③ 電壓增益 $A_v = -200$
④ 電流增益 $A_i = 66.67$
(A)①③　(B)②④　(C)①④　(D)②③　　　　　　　　　　　　　[4-2]

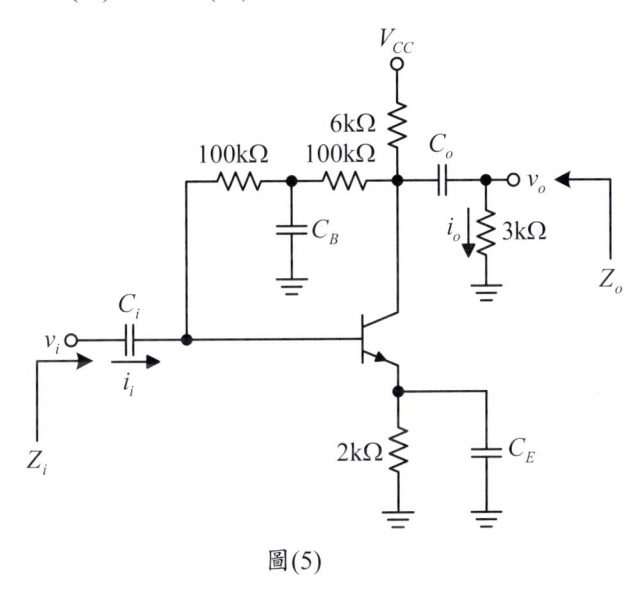

圖(5)

( )6. 承上題所示,電容器 C_B 之名稱與功用為?
(A)耦合電容,減少因電壓並聯負回授造成電壓增益下降
(B)隔離電容,減少因電流並聯負回授造成電壓增益下降
(C)反交連電容,減少因電壓並聯負回授造成電壓增益下降
(D)旁路電容,減少因電流並聯負回授造成電壓增益下降　　　　　[4-2]

( )7. 如圖(6)所示電路,假設電晶體之 $\beta = 120$,射極交流電阻 $r_e = 10\,\Omega$,則下列敘述何者正確?
① 輸入阻抗 $Z_i \approx 5\,\Omega$
② 輸出阻抗 $Z_o = 6\,k\Omega$
③ 電壓增益 $\dfrac{v_o}{v_i} \approx -600$
④ 電流增益 $\dfrac{i_o}{i_i} \approx 0.6$
(A)①③　(B)②④　(C)①④　(D)②③　　　　　　　　　　　　　[4-3]

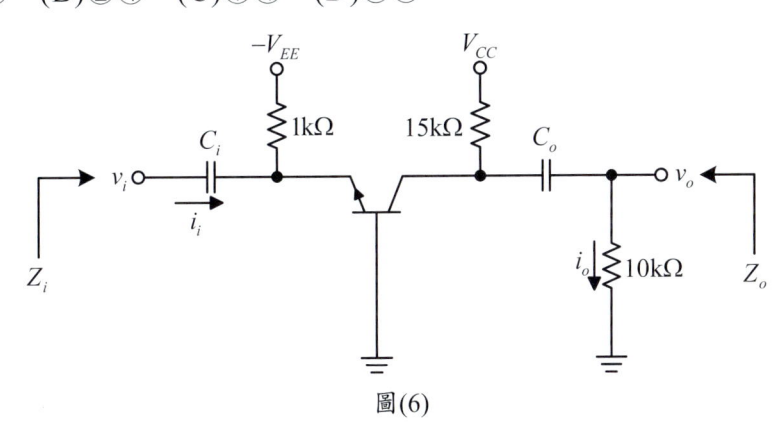

圖(6)

( )8. 如圖(7)所示，若 $r_\pi = 1\text{ k}\Omega$，$\beta = 78$，則下列敘述何者錯誤？
(A)輸入阻抗 $Z_i = 16\text{ k}\Omega$
(B)輸出阻抗 $Z_o = 12.5\ \Omega$
(C)電壓增益 $A_v = \dfrac{v_o}{v_i} = 0.9875$
(D)電流增益 $A_i = \dfrac{i_o}{i_i} = 16.8$ [4-3]

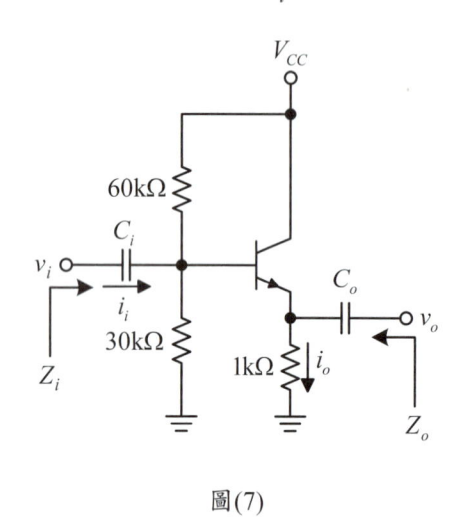

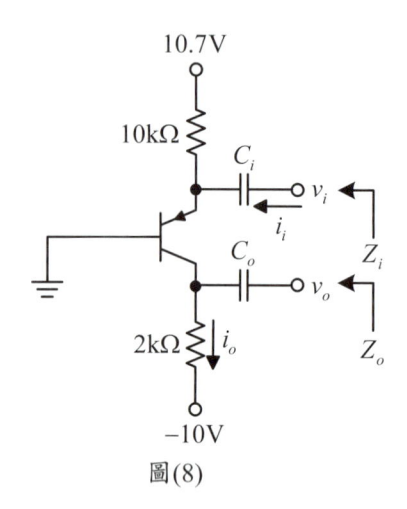

圖(7)

圖(8)

( )9. 如圖(8)所示，若 $\alpha = 0.99$、$V_{EB} = 0.7\text{ V}$、$V_T = 25\text{ mV}$，則下列敘述何者錯誤？
(A)輸入阻抗 $Z_i \approx 25\ \Omega$
(B)輸出阻抗 $Z_o \approx 2\text{ k}\Omega$
(C)電壓增益 $A_v = \dfrac{v_o}{v_i} = 79.2$
(D)電流增益 $A_i = \dfrac{i_o}{i_i} = 0.5$ [4-4]

( )10. 佐助在進行電晶體小信號放大電路實驗時，其中輸入電壓 $V_i(t)$ 波形、偏壓電路以及輸出電壓 $V_o(t)$ 波形分別如圖(9a)、(9b)以及圖(9c)所示，若電路工作於主動區，則下列敘述何者錯誤？
(A)電容器 C_B 的目的為加速電晶體導通
(B)僅將電容器 C_E 拔除後，可使得輸出電壓 $V_o(t)$ 的振幅減小
(C)僅將電阻 R_B 減小，若此時直流工作點仍在工作區內，則造成輸出電壓 $V_o(t)$ 的直流準位降低
(D)僅將外加電壓 V_{BB} 減小，若此時直流工作點仍在工作區內，可使得 $V_o(t)$ 正半週失真的情況獲得改善 [4-5]

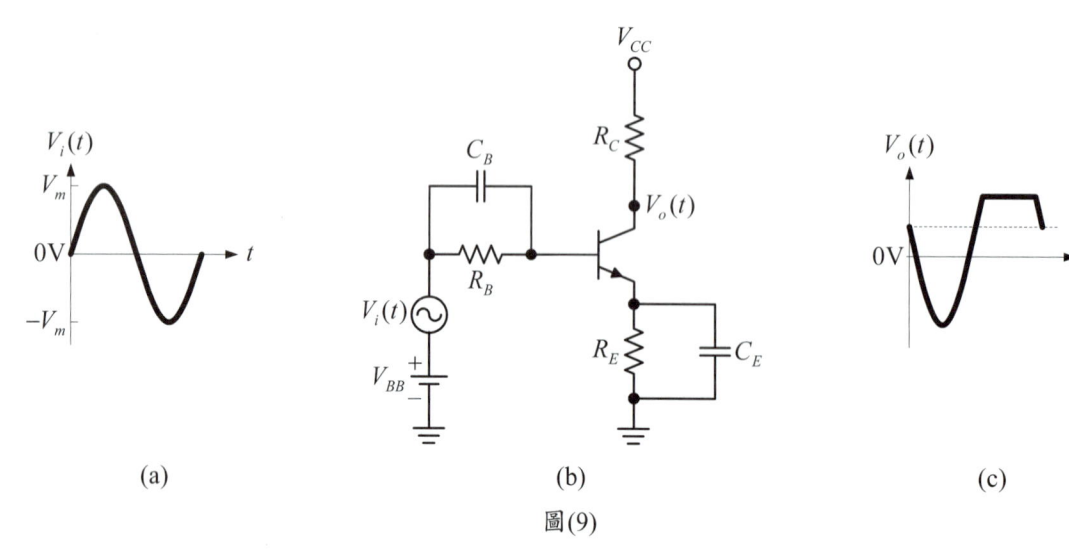

(a)   (b)   (c)

圖(9)

第 4 章 雙極性接面電晶體放大電路

電子學實習試題

( )1. 在測量放大器的輸入信號電壓或輸出電壓時,示波器的選擇開關通常應放置在何位置? (A)Series (B)GND (C)AC (D)Trigger [4-1][102年統測]

( )2. 小華想要設計一個電晶體(BJT)小訊號放大電路,下列零件何者不適合?
(A)2SA914 (B)2SK241 (C)2SC3356 (D)2SB945 [4-1][統測]

( )3. 如圖(1)所示為電晶體放大電路實驗,若直流工作點位於負載線中點且輸出電壓V_o的波形未失真,則下列敘述何者正確?
(A)僅將開關SW_2閉合,可能造成輸出電壓V_o波形的正負半週皆產生截波的情形
(B)在不造成電晶體燒毀的情況下,將外加電壓V_{CC}略為增加則直流負載線的斜率增加
(C)僅將開關SW_1閉合,造成輸出電壓V_o波形的直流準位為0伏特
(D)將兩個開關皆閉合,直流工作點往飽和區移動 [4-2]

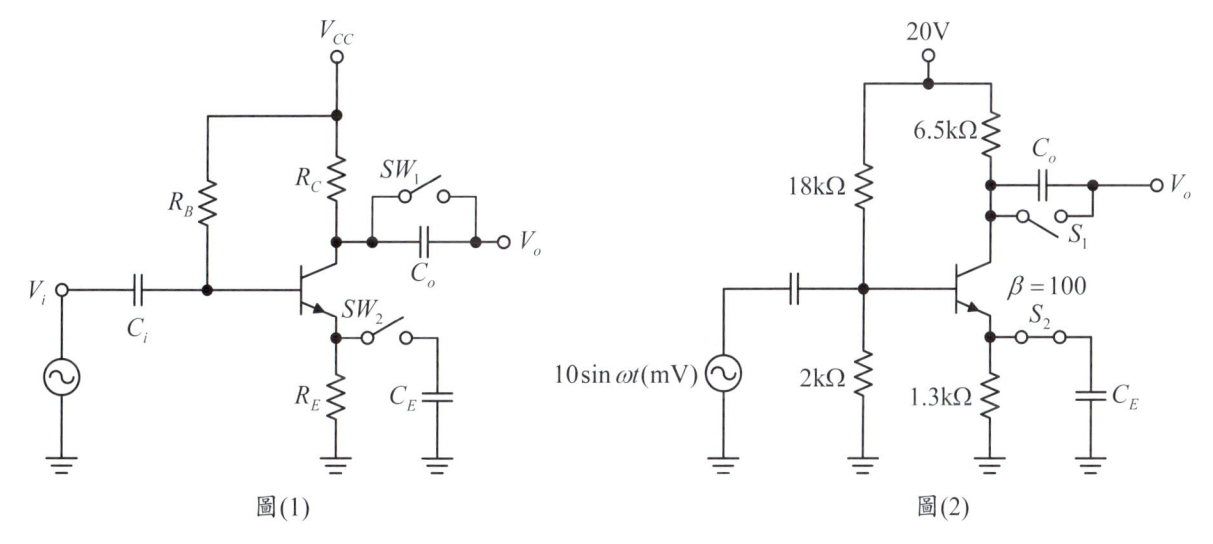

( )4. 如圖(2)所示之電路,若電晶體的切入電壓$V_{BE}=0.7\text{ V}$,$V_{CE(sat)}=0.2\text{ V}$,熱電壓$V_T=25\text{ mV}$,則下列敘述何者錯誤?
(A)若開關S_1打開,S_2打開則輸出電壓V_o的範圍為$-50\text{mV}\sim+50\text{mV}$
(B)若開關S_1打開,S_2閉合則輸出電壓V_o的範圍為$-2.6\text{V}\sim+2.6\text{V}$
(C)若開關S_1閉合,S_2打開則輸出電壓V_o的範圍為$13.45\text{V}\sim13.55\text{V}$
(D)若開關S_1閉合,S_2閉合則輸出電壓V_o的範圍為$-10.5\text{V}\sim+15.7\text{V}$ [4-2]

( )5. 如圖(3)所示之電路,若電晶體的切入電壓$V_{BE}=-0.7\text{ V}$,$V_{EC(sat)}=0.2\text{ V}$,$V_{BC(sat)}=0.5\text{ V}$,若$\beta\to\infty$且熱電壓$V_T=25\text{ mV}$,則該電晶體放大電路的電壓增益$A_v=\dfrac{V_o}{V_i}$為何? (A)50 (B)100 (C)250 (D)500 [4-2]

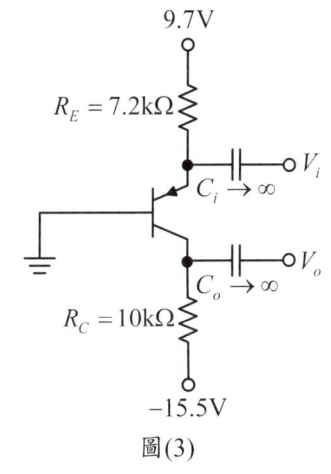

( )6. 如圖(4)所示電路,已知電晶體參數 $\beta = 120$,$r_\pi = 2\ \text{k}\Omega$,若輸入信號 $v_i = 50\sin(2000\pi t)\ \text{mV}$,以示波器測量輸出波形為何? [4-2]

(A) v_o 波形 100mV / −100mV 正弦波
(B) v_o 波形 100mV / −100mV 倒相正弦波
(C) v_o 波形 6V / −6V 正弦波
(D) v_o 波形 6V / −6V 倒相正弦波

圖(4)

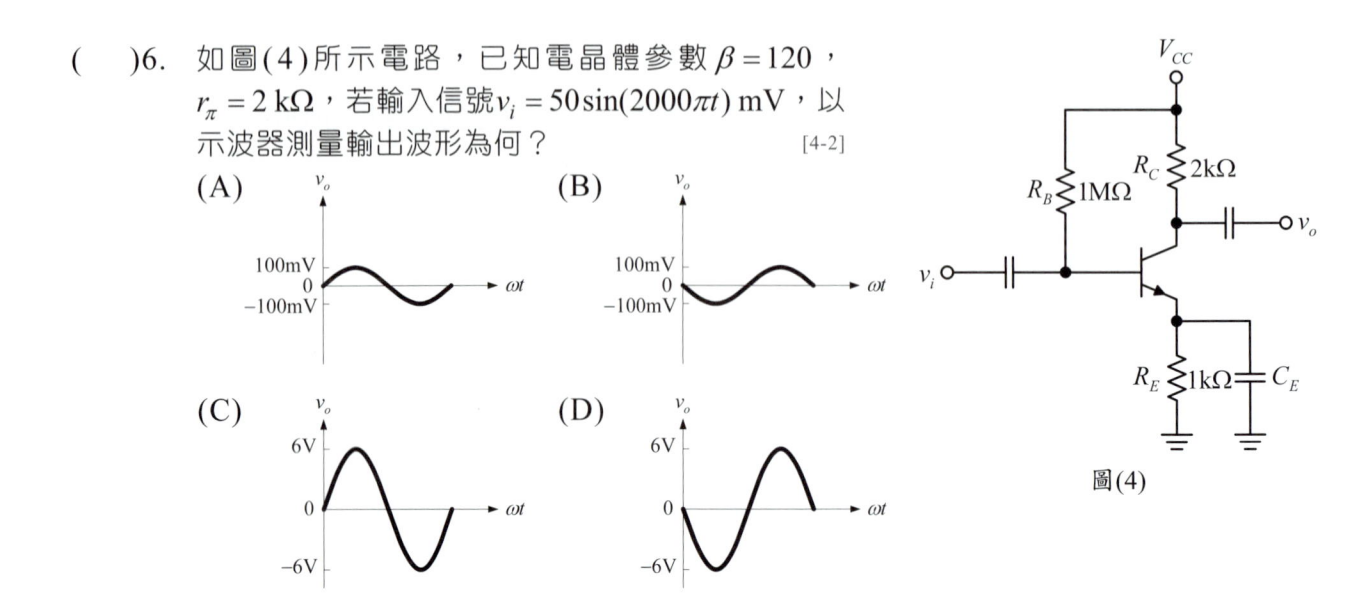

( )7. 如圖(5)所示之電路,假設信號產生器接於輸入端 V_i,且示波器的CH1接至電路之輸入端 V_i,CH2接至電路的輸出端 V_o,若將 V_i 輸入信號調整為2kHz正弦波,試問輸出與輸入波之振幅及相位關係為何?
(A)輸入與輸出波形同相位,V_o 振幅小於 V_i
(B)輸入與輸出波形同相位,V_o 振幅大於 V_i
(C)輸入與輸出波形相位相差180度,V_o 振幅小於 V_i
(D)輸入與輸出波形相位相差180度,V_o 振幅大於 V_i [4-3]

圖(5)

圖(6)

( )8. 如圖(6)電路中,已知電晶體工作在線性區,輸入訊號為1kHz正弦波,逐漸增加輸入訊號的振幅,在不失真條件下,由雙軌示波器量測出 V_o 與 V_i 之相位關係如何?且此電路之輸入電阻和輸出電阻間的敘述何者正確?
(A) V_o 與 V_i 同相,輸入電阻高,輸出電阻低
(B) V_o 與 V_i 同相,輸入電阻低,輸出電阻高
(C) V_o 與 V_i 反相,輸入電阻高,輸出電阻低
(D) V_o 與 V_i 反相,輸入電阻低,輸出電阻高 [4-3][統測]

第 4 章 雙極性接面電晶體放大電路

(　　)9. 圖(7)中的電晶體放大電路,從V_i端輸入交流信號,則輸出信號V_o為何?
(A)V_o約等於V_i,V_o與V_i反相位
(B)V_o將V_i放大約h_{fe}倍,V_o與V_i反相位
(C)V_o約等於V_i,V_o與V_i同相位
(D)V_o將V_i放大約h_{fe}倍,V_o與V_i同相位 [4-3][統測]

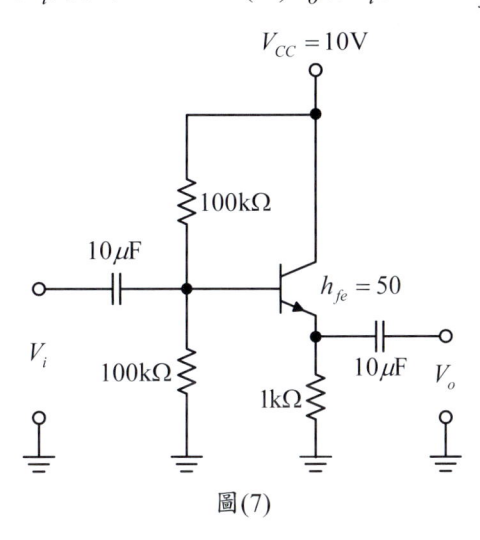

圖(7)

(　　)10. 如圖(8a)所示電路,若電晶體$\beta = 100$,$V_{BE} = 0.7\text{ V}$,$v_i = 20\sin(6280t)\text{ mV}$,使用示波器測量輸出$v_o$波形如圖(8b),則下列敘述何者正確?

(A)電路為共射極放大電路,電壓增益$\dfrac{v_o}{v_i} = 75$

(B)電路為共射極放大電路,電壓增益$\dfrac{v_o}{v_i} = 150$

(C)電路為共基極放大電路,電壓增益$\dfrac{v_o}{v_i} = 75$

(D)電路為共基極放大電路,電壓增益$\dfrac{v_o}{v_i} = 150$ [4-4]

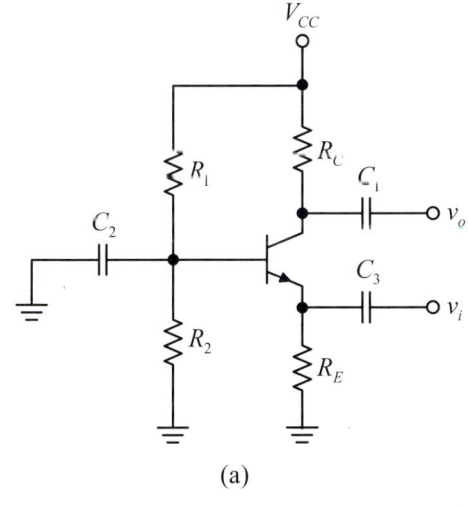

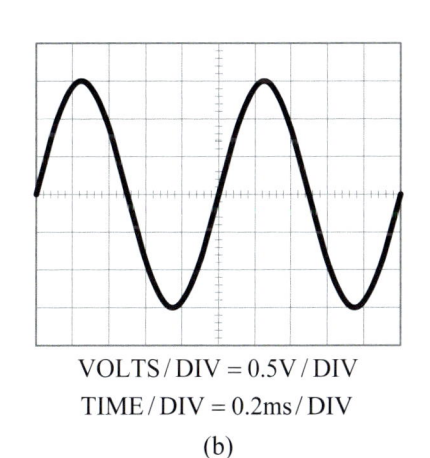

圖(8)

素養導向題

▲ 閱讀下文，回答第1～5題

魯夫在進行電子學實習的放大器實驗時，運用三個電阻器、一個單切開關、一個電容器C與一個BJT電晶體，在麵包板上組成如圖(1)所示電路。若已知BJT操作於主動區，且接腳由左至右分別為「EBC」，若$r_\pi=1\,\text{k}\Omega$、$R_B=120\,\text{k}\Omega$、$R_E=1\,\text{k}\Omega$、$R_C=10\,\text{k}\Omega$、$\beta=79$，試問：（若單切開關初始為斷路狀態）

( )1. 該電路的偏壓組態為何？
(A)固定偏壓電路　　　　　　(B)射極回授偏壓電路
(C)集極回授偏壓電路　　　　(D)分壓式偏壓電路

( )2. 輸入阻抗Z_i為何？　(A)2kΩ　(B)4kΩ　(C)10kΩ　(D)48kΩ

( )3. 輸出阻抗Z_o為何？　(A)2kΩ　(B)4kΩ　(C)10kΩ　(D)48kΩ

( )4. 電壓增益A_v為何？　(A)−8.65　(B)−9.75　(C)−10.25　(D)−12.25

( )5. 將單切開關閉合（ON）後，電壓增益A_v為何？
(A)−790　(B)−860　(C)−990　(D)−1000

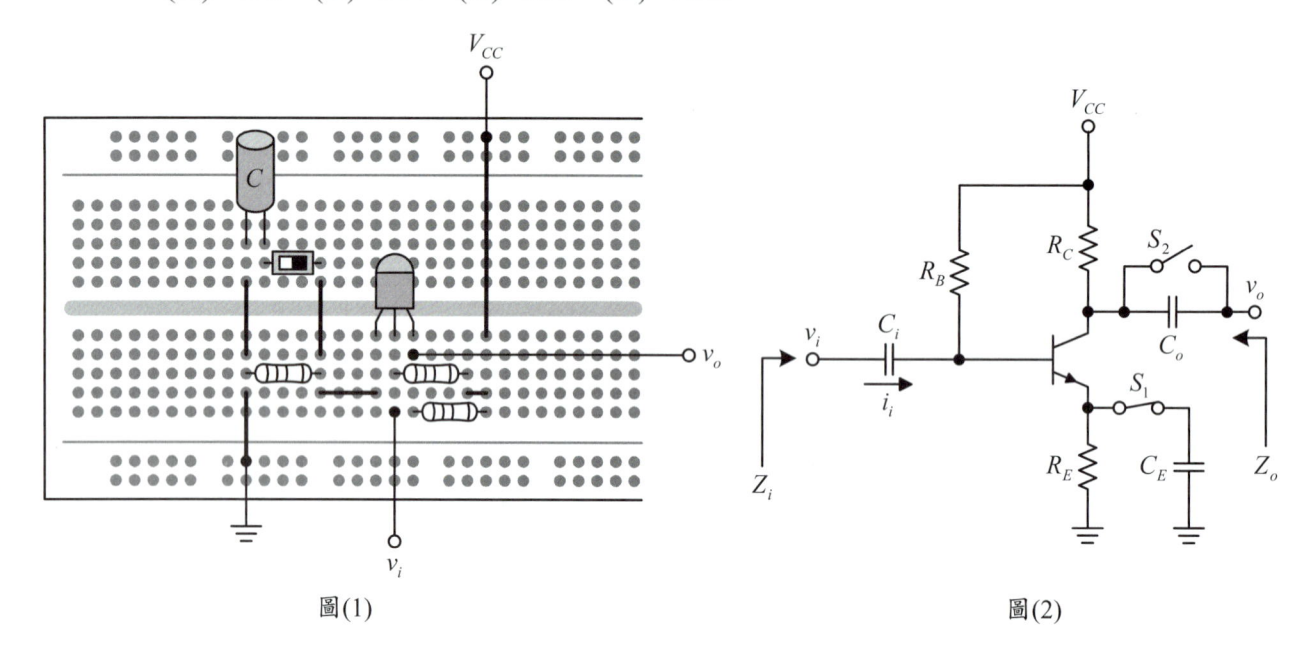

圖(1)　　　　　　　　　　　　　　　　　　圖(2)

▲ 閱讀下文，回答第6～8題

禰豆子在進行電子學實習的放大器實驗時，將各元件接線如圖(2)，倘若各元件皆具理想特性，試問：

( )6. 哪個開關動作後，對直流工作點影響最大？
(A)S_1　(B)S_2　(C)都會造成影響　(D)完全不影響

( )7. 哪個開關對電壓增益的影響較大？
(A)S_1　(B)S_2　(C)都會造成影響　(D)完全不影響

( )8. 哪個開關動作，對輸出電壓的直流準位影響最大？
(A)S_1　(B)S_2　(C)都會造成影響　(D)完全不影響

第 4 章 雙極性接面電晶體放大電路

(*表示附有詳解)

── 解 答 ──

4-1 立即練習

基礎題

1.A   2.B

進階題

*1.C   *2.A   3.B

4-2 立即練習

基礎題

1.B   *2.B   *3.D   *4.C   *5.C   *6.D   *7.D   *8.C   *9.B   *10.B

進階題

*1.C   *2.A   *3.A   *4.D

4-3 立即練習

基礎題

*1.D   *2.B   *3.A   *4.A   *5.C

進階題

*1.D

4-4 立即練習

基礎題

*1.A   *2.D   *3.B

進階題

*1.A   *2.B

4-5 立即練習

基礎題

1.A   2.C   3.A   4.B

歷屆試題

電子學試題

1.A   *2.C   *3.A   4.C   *5.C   6.A   7.C   *8.B   9.C   *10.D
11.C   *12.A   13.D   14.C   15.C   *16.A   17.D   *18.D   19.A   *20.C
21.A   *22.B   *23.A   *24.D   *25.D   26.A   27.B   28.B   29.B   30.A
*31.D   32.C   *33.B   *34.D   *35.C   36.C   37.C   *38.D   39.D   *40.C
41.B   *42.B   *43.C   *44.A   *45.D   *46.B   47.B   *48.C   *49.A   50.C
*51.D   *52.D   *53.C   *54.A   *55.C

電子學實習試題

1.A   *2.C   *3.C   4.C   *5.D   6.A   7.A   *8.D   9.B   10.C
11.D   12.D   13.B   14.C   *15.A   *16.C   *17.C   18.B   19.C   *20.A
*21.B   *22.D   23.A   *24.D   *25.D   26.C   27.C   28.B   *29.D

最新統測試題

*1.A   *2.C   *3.C   *4.D   *5.D   *6.A   7.C

解　答

(＊表示附有詳解)

模擬演練

電子學試題

*1.A　*2.B　*3.B　*4.D　*5.D　6.C　*7.B　*8.D　*9.D　*10.D

電子學實習試題

1.C　2.B　*3.A　*4.D　*5.D　*6.D　*7.A　8.A　9.C　*10.C

素養導向題

1.B　*2.D　*3.C　*4.B　*5.A　6.D　7.A　*8.B

CHAPTER 5 雙極性接面電晶體多級放大電路

本章學習重點

章節架構	必考重點	
5-1 增益數以及分貝數	• 增益數以及分貝數	★★★★☆
5-2 電阻電容（RC）耦合串級放大電路	• 電阻電容（RC）耦合串級放大電路	★★★☆☆
5-3 直接耦合串級放大電路	• 達靈頓電路 • 疊接放大器	★★★★☆

統測命題分析

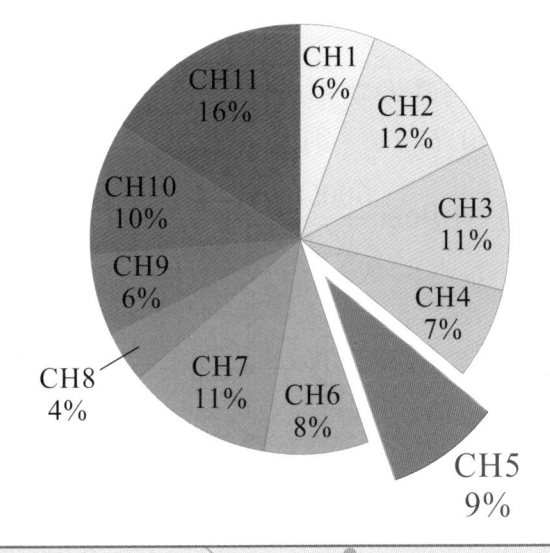

- CH1 6%
- CH2 12%
- CH3 11%
- CH4 7%
- CH5 9%
- CH6 8%
- CH7 11%
- CH8 4%
- CH9 6%
- CH10 10%
- CH11 16%

考前 3 分鐘

1. 總電壓增益 $A_{vT} = A_{v1} \times A_{v2} \times A_{v3} \times \cdots \cdots \times A_{vn}$

2. 總電流增益 $A_{iT} = A_{i1} \times A_{i2} \times A_{i3} \times \cdots \cdots \times A_{in}$

3. 運用總電流增益 A_{iT}、輸入阻抗 Z_{i1} 與負載阻抗 Z_L 來表示總電壓增益 $A_{vT} = A_{iT} \times \dfrac{Z_L}{Z_{i1}}$

4. 運用總電壓增益 A_{vT}、輸入阻抗 Z_{i1} 與負載阻抗 Z_L 來表示總電流增益 $A_{iT} = A_{vT} \times \dfrac{Z_{i1}}{Z_L}$

5. 總功率增益 $A_{pT} = |A_{vT} \times A_{iT}|$

6. 分貝功率增益數 $A_{p(dB)} = 10\log A_p = 10\log(\dfrac{P_o}{P_i})$

7. 分貝電壓增益 $A_{v(dB)} = 20\log A_v$

8. 分貝電流增益 $A_{i(dB)} = 20\log A_i$

9. 分貝功率增益 $A_{p(dB)}$、分貝電壓增益 $A_{v(dB)}$、輸入阻抗 Z_i 與負載阻抗 Z_L 的關係：

    $A_{p(dB)} = 20\log A_v + 10\log(\dfrac{Z_i}{Z_L})$

10. 分貝功率增益 $A_{p(dB)}$、分貝電流增益 $A_{i(dB)}$、輸入阻抗 Z_i 與負載阻抗 Z_L 的關係：

    $A_{p(dB)} = 20\log A_i + 10\log(\dfrac{Z_L}{Z_i})$

11. 串級放大器的總分貝電壓增益 $A_{vT(dB)} = A_{v1(dB)} + A_{v2(dB)} + A_{v3(dB)} + \cdots \cdots + A_{vn(dB)}$

12. 串級放大器的總分貝電流增益 $A_{iT(dB)} = A_{i1(dB)} + A_{i2(dB)} + A_{i3(dB)} + \cdots \cdots + A_{in(dB)}$

13. 輸出功率的分貝數dBm的表示式：$P_{o(dBm)} = 10\log(\dfrac{P_o}{1mW})$

14. 功率增益分貝數dBm的參考基準功率1mW是消耗在電阻600Ω上，在電阻600Ω上所產生的有效值電壓約0.775V，則表示式：

    $P_{o(dBm)} = 20\log(\dfrac{V_o}{0.775V}) + 10\log(\dfrac{600\Omega}{Z_L})$

15. 電阻電容（RC）耦合串級放大器的優缺點及改善方法

優點	缺點	改善方法
(1) 各級的直流工作點各自獨立互不影響 (2) 電路元件簡單且體積小，成本低廉，一般使用於集總電路 (3) 在中頻的頻率範圍的交流增益良好	(1) 在低頻與高頻時增益下降幅度較大，有低頻增益與高頻增益衰減的情況 (2) 電阻電容耦合（RC耦合）電路，功率損失較大，因此僅適用於低功率的放大器 (3) 級與級間的阻抗匹配較不容易，功率損失大，因此最高效率傳輸僅能達到25%	(1) 採用較大電容值的耦合電容，以改善低頻時所造成的低頻增益衰減的情形 (2) 在放大器元件的輸出端與輸入端之間裝設一個中和電容器，來補償因極際電容或米勒電容所造成的高頻增益衰減 (3) 電晶體操作的主動區的情形下，選擇電阻值較小的偏壓元件可減小功率損失

16. 直接耦合串級放大器的優缺點及改善方法

優點	缺點	改善方法
(1) 損失小可提高效率且體積小成本低 (2) 降低因耦合元件所造成的相位移 (3) 低頻響應最佳且頻帶寬度較寬（可延伸至0Hz），可放大頻率為零的直流信號與極低頻的交流信號，故直接耦合串級放大電路又稱為直流放大器（低頻響應最好）	(1) 直流工作點的穩定性最差，容易受到電源電壓、溫度與偏壓電阻的影響 (2) 串級放大器的級與級間的阻抗匹配不易，因此無法獲得最大功率轉移 (3) 偏壓設計不易，因各級之間沒有耦合元件隔離故串級的級數不可設計太多	(1) 運用射極電阻R_E的負回授作用，來提高直流工作點的穩定度 (2) 直接耦合放大器所選用的零件，數值必須準確不變，因此電源電壓宜採用定電壓系統 (3) 電晶體宜採用矽質電晶體

17. 達靈頓放大器的優缺點及改善方法

優點	缺點	改善方法
(1) 高輸入阻抗：適合當放大器的輸入級 (2) 低輸出阻抗：適合當放大器的輸出級 (3) 高電流增益：達靈頓電路的電流增益非常大，因此非常適合當電流放大器，來推動後級放大器	(1) 漏電流I_{CO}甚大，直流工作點的穩定性差。 (2) 電壓增益小：整體串級放大後的電壓增益小於1，因此不適用於電壓放大器	宜使用矽質電晶體並且電晶體採取互補式的連接方式，以抵消漏電流I_{CO}在溫度變化時所造成的影響

18. 疊接放大器的優缺點及改善方法

優點	缺點	改善方法
(1) 高頻響應良好 (2) 第一級共射極組態可以改善提高輸入阻抗，可以改善共基極組態（CB）輸入阻抗過低所引起的負載效應 (3) 增加高頻的頻帶寬度	(1) 直流工作點容易受到溫度的影響故穩定性差 (2) 偏壓設計不易	將集極電阻R_C以定電流源（內阻為$\infty\Omega$）取代，除了可以提供穩定的集極電流（直流工作點穩定）外，且高頻電壓增益不受負載效應影響

5-1 增益數以及分貝數

理論重點

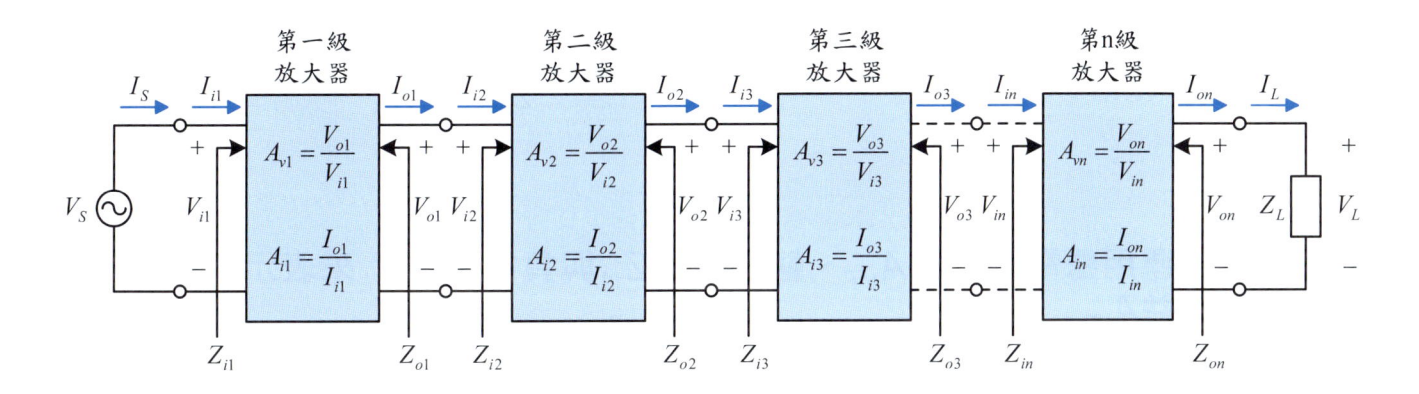

重點 1 串級放大器的總電壓增益 A_{vT}

1. 串級總電壓增益數：

$$A_{vT} = \frac{V_L}{V_{i1}} = A_{v1} \times A_{v2} \times A_{v3} \times \cdots\cdots \times A_{vn} \text{（無單位）}$$

2. 串級總電壓分貝數：

$$\begin{aligned} A_{vT(\text{dB})} &= 20\log A_{vT} \\ &= 20\log A_{v1} + 20\log A_{v2} + 20\log A_{v3} + \cdots\cdots + 20\log A_{vn} \text{（單位：分貝dB）} \end{aligned}$$

重點 2 串級放大器的總電流增益 A_{iT}

1. 串級總電流增益數：

$$A_{iT} = \frac{I_L}{I_S} = A_{i1} \times A_{i2} \times A_{i3} \times \cdots\cdots \times A_{in} \text{（無單位）}$$

2. 串級總電流分貝數：

$$\begin{aligned} A_{iT(\text{dB})} &= 20\log A_{iT} \\ &= 20\log A_{i1} + 20\log A_{i2} + 20\log A_{i3} + \cdots\cdots + 20\log A_{in} \text{（單位：分貝dB）} \end{aligned}$$

重點 3　運用總電流增益A_{iT}、輸入阻抗Z_{i1}與負載阻抗Z_L來表示總電壓增益A_{vT}

1. 總電壓增益數：$A_{vT} = \dfrac{V_L}{V_{i1}} = \dfrac{I_L \times Z_L}{I_{i1} \times Z_{i1}} = \dfrac{I_L}{I_{i1}} \times \dfrac{Z_L}{Z_{i1}} = A_{iT} \times \dfrac{Z_L}{Z_{i1}}$（無單位）

2. 總電壓分貝數：$A_{vT(\text{dB})} = 20\log A_{vT} = 20\log(A_{iT} \times \dfrac{Z_L}{Z_{i1}})$（單位：分貝dB）

重點 4　運用總電壓增益A_{vT}、輸入阻抗Z_{i1}與負載阻抗Z_L來表示總電流增益A_{iT}

1. 總電流增益數：$A_{iT} = \dfrac{I_L}{I_{i1}} = \dfrac{\dfrac{V_L}{Z_L}}{\dfrac{V_{i1}}{Z_{i1}}} = \dfrac{V_L}{V_{i1}} \times \dfrac{Z_{i1}}{Z_L} = A_{vT} \times \dfrac{Z_{i1}}{Z_L}$（無單位）

2. 總電流分貝數：$A_{iT(\text{dB})} = 20\log A_{iT} = 20\log(A_{vT} \times \dfrac{Z_{i1}}{Z_L})$（單位：分貝dB）

重點 5　串級放大器的總功率增益A_{pT}

將總電壓增益A_{vT}與總電流增益A_{iT}兩者乘積的絕對值，即為總功率增益A_{pT}，其表示式如下：

1. 總功率增益數：$A_{pT} = |A_{vT} \times A_{iT}|$ 或 $A_{pT} = A_{iT}^2 \times \dfrac{Z_L}{Z_{i1}}$ 或 $A_{pT} = A_{vT}^2 \times \dfrac{Z_{i1}}{Z_L}$（無單位）

2. 總功率分貝數：$A_{pT(\text{dB})} = 10\log A_{pT}$（單位：分貝dB）

註：串級總增益數為各級增益數的總乘積；串級總分貝增益數為各級分貝增益數之和。

老師講解

1. 有一個電壓放大器，輸入電壓$V_i = 10\text{ mV}$且輸出電壓$V_o = 1\text{ V}$，則該放大器的
   (1)電壓增益　(2)分貝電壓增益$A_{v(\text{dB})}$，分別為何？

   解 (1) 電壓增益 $A_v = \dfrac{V_o}{V_i} = \dfrac{1\text{V}}{10\text{mV}} = 100$倍

   (2) 分貝電壓增益 $A_{v(\text{dB})} = 20\log(\dfrac{V_o}{V_i}) = 20\log(\dfrac{1\text{V}}{10\text{mV}}) = 20\log 100 = 40\text{ dB}$

第 5 章 雙極性接面電晶體多級放大電路

學生練習

1. 有一個電壓放大器，該放大器的分貝電壓增益 $A_{v(dB)} = 40$ dB，若輸入電壓 $V_i = 2\ \mu V$，則輸出電壓 V_o 為何？
(A)0.2mV (B)0.6mV (C)2mV (D)6mV

老師講解

2. 有一個電流放大器，輸入電流 $I_i = 10$ mA 且輸出電流 $I_o = 0.1$ A，則該放大器的
(1)電流增益 (2)分貝電流增益 $A_{i(dB)}$，分別為何？

解 (1) 電流增益 $A_i = \dfrac{I_o}{I_i} = \dfrac{0.1A}{10mA} = 10$ 倍

(2) 分貝電流增益 $A_{i(dB)} = 20\log(\dfrac{I_o}{I_i}) = 20\log(\dfrac{0.1A}{10mA}) = 20\log 10 = 20$ dB

學生練習

2. 有一個電流放大器，該放大器的分貝電流增益 $A_{i(dB)} = 60$ dB，若輸入電流 $I_i = 25\ \mu A$，則輸出電流 I_o 為何？
(A)2.5mA (B)25mA (C)5mA (D)50mA

老師講解

3. 有一個功率放大器，輸入功率 $P_i = 1$ W 且輸出功率 $P_o = 10$ W，則該放大器的
(1)功率增益 (2)分貝功率增益 $A_{p(dB)}$，分別為何？

解 (1) 功率增益 $A_p = \dfrac{P_o}{P_i} = \dfrac{10W}{1W} = 10$ 倍

(2) 分貝功率增益 $A_{p(dB)} = 10\log(\dfrac{P_o}{P_i}) = 10\log(\dfrac{10W}{1W}) = 10\log 10 = 10$ dB

學生練習

3. 有一個功率放大器，該放大器的分貝功率增益 $A_{p(dB)} = 30$ dB，若輸出功率 $P_o = 10$ W，則輸入功率 P_i 為何？
(A)1mW (B)2mW (C)0.1mW (D)10mW

老師講解

4. 有一個兩級串級放大器,各級的分貝電壓增益分別為50dB以及20dB,則系統的總分貝電壓增益$A_{vT(dB)}$為何?

解 $A_{vT(dB)} = 50dB + 20dB = 70\ dB$

學生練習

4. 有一個兩級串級放大器,各級的分貝電壓增益分別為5dB以及15dB,若輸入電壓為1mV,試求輸出電壓V_o為何?
(A)1mV (B)10mV (C)100mV (D)1V

老師講解

5. 如下圖所示,若$v_i = 20\ \mu V$,試求 (1)總電壓增益A_{vT} (2)輸出電壓v_o (3)總分貝電壓增益數$A_{vT(dB)}$,分別為何?($\log 2 \approx 0.301$)

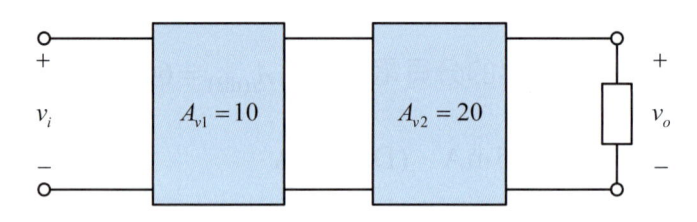

```
+                                                          +
vi    [A_{v1}=10]  ——  [A_{v2}=20]          [Z_L]   vo
-                                                          -
```

解 (1) 總電壓增益$A_{vT} = A_{v1} \times A_{v2} = 10 \times 20 = 200$

(2) 輸出電壓$v_o = A_{vT} \times v_i = 200 \times 20\mu V = 4\ mV$

(3) 總分貝電壓增益數$A_{vT(dB)} = 20\log A_{vT} = 20\log 200 = 40 + 20\log 2 \approx 46\ dB$

學生練習

5. 如下圖所示,試求總電壓增益$A_{vT} = \dfrac{V_L}{V_{i1}}$為何? (A)5 (B)10 (C)15 (D)20

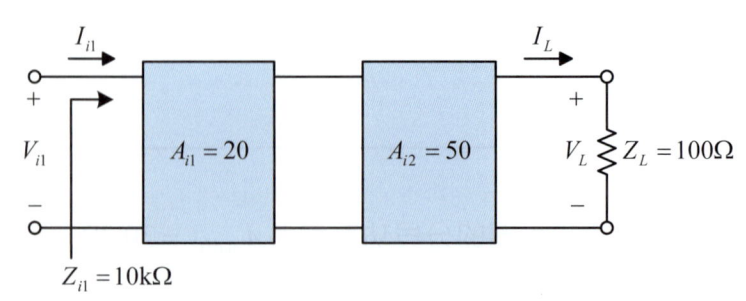

```
       I_{i1}→                                    I_L→
+                                                          +
V_{i1}  [A_{i1}=20]  ——  [A_{i2}=50]     V_L  [Z_L=100Ω]
-                                                          -
       Z_{i1}=10kΩ
```

第 5 章 雙極性接面電晶體多級放大電路

老師講解

6. 如下圖所示,若 $i_i = 10\ \mu A$,試求 (1)總電流增益 A_{iT} (2)輸出電流 i_o (3)總分貝電流增益數 $A_{iT(dB)}$,分別為何?($\log 5 \approx 0.699$)

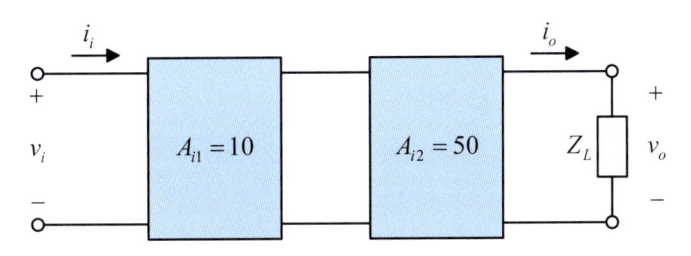

解 (1) 總電流增益 $A_{iT} = A_{i1} \times A_{i2} = 10 \times 50 = 500$

(2) 輸出電流 $i_o = A_{iT} \times i_i = 500 \times 10\mu A = 5\ mA$

(3) 分貝電流增益數 $A_{iT(dB)} = 20\log A_{iT} = 20\log 500 = 40 + 20\log 5 \approx 53\ dB$

學生練習

6. 如下圖所示,試求總電流增益 $A_{iT} = \dfrac{I_L}{I_{i1}}$ 為何? (A)22.5 (B)30 (C)45 (D)75.5

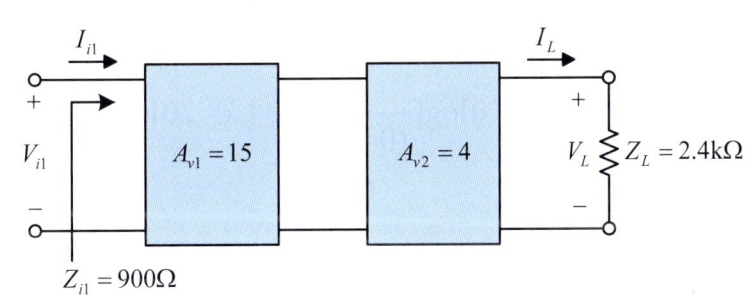

老師講解

7. 有一個串級放大系統如下圖所示,試求 (1)總功率增益 A_{pT} (2)總分貝功率增益數 $A_{pT(dB)}$,分別為何?

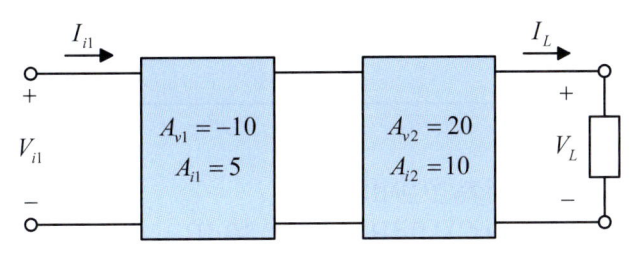

解 (1) 總功率增益 $A_{pT} = |A_{vT} \times A_{iT}| = |-10 \times 20 \times 5 \times 10| = 10^4$

(2) 總分貝功率增益數 $A_{pT(dB)} = 10\log A_{pT} = 10\log 10^4 = 40\ dB$

學生練習

7. 承上題所示,若輸入功率 $P_i = 1\,\text{mW}$,則輸出功率 P_o 為何?
(A) – 3 W　(B) 3 W　(C) – 10 W　(D) 10 W

重點 6　dBm增益

1. 分貝功率增益數dBm是以功率1mW為參考的基準值,以相對的功率對參考功率1mW的比值取對數,若放大器的輸出功率為 P_o,其輸出功率的分貝數dBm的表示式如下:

$$P_{o(\text{dBm})} = 10\log\left(\frac{P_o}{1\text{mW}}\right)$$

2. 分貝功率增益dBm的參考基準功率1mW是消耗在電阻600Ω上,在電阻600Ω上所產生的有效值電壓約0.775V,根據 $P = \dfrac{V^2}{R}$ 並代入 $P_{o(\text{dBm})} = 10\log\left(\dfrac{P_o}{1\text{mW}}\right)$,則表示式如下:

$$P_{o(\text{dBm})} = 10\log\left(\frac{P_o}{1\text{mW}}\right) = 10\log\left[\frac{\frac{V_o^2}{Z_L}}{\frac{(0.775\text{V})^2}{600\Omega}}\right] = 20\log\left(\frac{V_o}{0.775\text{V}}\right) + 10\log\left(\frac{600\Omega}{Z_L}\right)$$

老師講解

8. 試求放大器輸出功率為100mW時為多少dBm?

解 $P_{o(\text{dBm})} = 10\log\left(\dfrac{P_o}{1\text{mW}}\right) = 10\log\left(\dfrac{100\text{mW}}{1\text{mW}}\right) = 20\,\text{dBm}$

學生練習

8. 試求放大器輸出功率為 $1\mu\text{W}$ 時為多少dBm?
(A) –10dBm　(B) –30dBm　(C) 10dBm　(D) 30dBm

第 5 章 雙極性接面電晶體多級放大電路

老師講解

9. 有一個放大器的輸出電壓為7.75V且負載阻抗為60Ω，試求該放大器的功率增益分貝數dBm為何？

解 $P_{o(dBm)} = 20\log(\dfrac{V_o}{0.775V}) + 10\log(\dfrac{600\Omega}{Z_L}) = 20\log(\dfrac{7.75V}{0.775V}) + 10\log(\dfrac{600\Omega}{60\Omega}) = 30\text{ dBm}$

學生練習

9. 有一個放大器的輸出電壓為–7.75V且負載阻抗為600Ω，試求該放大器的功率增益分貝數dBm為何？　(A)20dBm　(B)–20dBm　(C)10dBm　(D)0dBm

ABCD 立即練習

基礎題

(　)1. 有一組兩級串接之電壓放大器，其各級電壓增益分別為100及–1000，則總電壓增益為多少分貝（dB）？　(A)10　(B)10^2　(C)10^3　(D)10^4

(　)2. 有兩個共射極放大器，其電壓增益分別為20dB與30dB。現若將之串聯成多級放大器，則電壓增益將變為多少？
(A)10dB　(B)50dB　(C)60dB　(D)600dB

(　)3. 一組兩級串接放大器，其各級電壓增益（dB值）分別為20dB和40dB。若在第一級放大器輸入端加入峰值為1mV的信號，則在第二級輸出端之輸出信號的峰值為多少？
(A)600mV　(B)800mV　(C)1V　(D)1.2V

(　)4. dBm的定義，1毫瓦（mW）的功率消耗在多少電阻值上？
(A)300Ω　(B)600Ω　(C)1200Ω　(D)以上皆非

(　)5. 某放大器在25Ω的負載下，輸出為10dBm，則輸出電壓為
(A)10mV　(B)0.1V　(C)0.5V　(D)0.25V

(　)6. 一放大器的電流增益為4，電壓增益為250，則總功率增益是
(A)40dB　(B)30dB　(C)20dB　(D)10dB

進階題

(　)1. 功率放大器，其弦波輸入電壓：$V_{i(P-P)} = 4\text{ V}$，弦波輸出電壓：$V_{o(P-P)} = 8\text{ V}$，負載阻抗：4Ω，輸入阻抗：100Ω，則功率放大倍數為
(A)10dB　(B)20dB　(C)30dB　(D)40dB

(　)2. 有一負載電阻600Ω，以三用電表測量得20dBm，則負載電壓為多少？
(A)0.775V　(B)0.675V　(C)0.575V　(D)7.75V

5-2 電阻電容（RC）耦合串級放大電路

106 107 108 109
111 112 114

理論重點

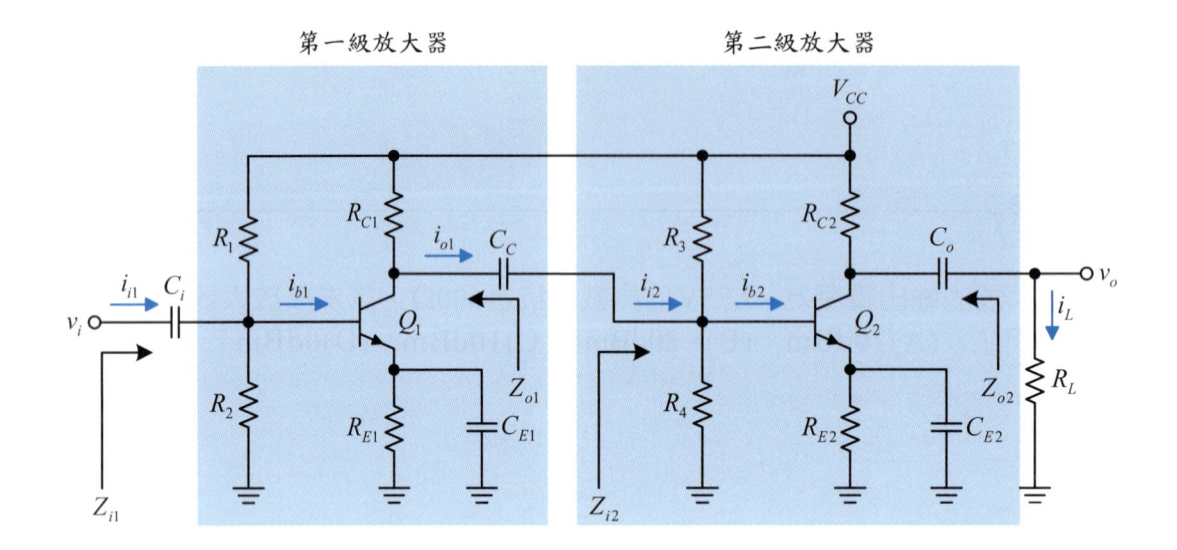

第一級放大器　　　　　　　第二級放大器

重點 1　元件名稱與功用

1. 電容器C_i、C_C與C_o：對於直流信號而言為隔離電容，目的是＿＿＿＿＿＿＿＿，避免級與級之間的直流工作點互相牽制。

2. 電容器C_i、C_C與C_o：對於交流信號而言為耦合電容，目的是＿＿＿＿＿＿＿＿，以傳送至下一級。

3. 電容器C_{E1}與C_{E2}：對於交流信號而言為旁路電容，目的是＿＿＿＿＿＿＿＿。

4. 電阻器R_{E1}與R_{E2}：回授方式為電流串聯負回授，目的是＿＿＿＿＿＿＿＿。

答案：
1. 隔離直流成分
2. 耦合交流訊號
3. 提高交流電壓增益
4. 提高直流工作點的穩定度

重點 2 　直流分析：第一級直流工作點的計算（第二級的計算方式與第一級相同）

第一級的工作組態與偏壓方式為共射極組態分壓式偏壓電路，根據戴維寧定理，將第一級放大器的等效電路繪製如下圖所示，其戴維寧等效電壓 $E_{th} = V_{CC} \times \dfrac{R_2}{R_1 + R_2}$，戴維寧等效電阻 $R_{th} = R_1 // R_2$。求解直流工作點 $Q(V_{CEQ}, I_{CQ})$ 的步驟如下：

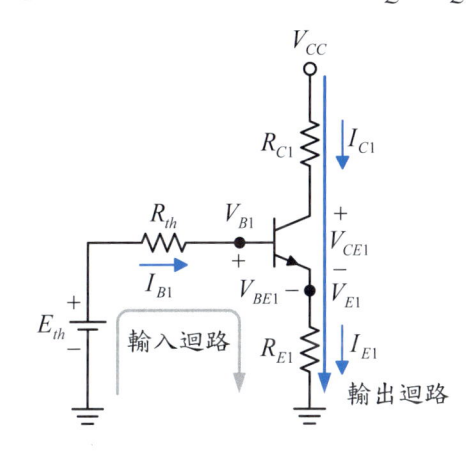

1. 計算輸入的基極電流 I_{B1}：

   由輸入迴路可列出克希荷夫電壓方程式（KVL）為 $E_{th} = I_{B1} \times R_{th} + V_{BE1} + I_{E1} \times R_{E1}$，可得基極電流 I_{B1} 為：（V_{BE1} 為電晶體 Q_1 的切入電壓，而 β_1 為電晶體 Q_1 的電流放大率）

   $$I_{B1} = \dfrac{E_{th} - V_{BE1}}{R_{th} + (1 + \beta_1) \times R_{E1}}$$

   註：若 $(1 + \beta) \times R_E \gg R_{th}$ 時，可以運用近似值求解 $I_{E1} \approx \dfrac{E_{th} - V_{BE1}}{R_{E1}}$，此時的基極電流 $I_{B1} = \dfrac{I_{E1}}{(1 + \beta)}$。

2. 計算集極電流 I_{C1} 與射極電流 I_{E1}：

   $I_{C1} = \beta_1 \times I_{B1}$，$I_{E1} = (1 + \beta_1) \times I_{B1}$（其中 $I_{C1} \approx I_{E1}$）

3. 計算集極飽和電流 $I_{C1(sat)} = \dfrac{V_{CC} - V_{CE(sat)}}{R_{C1} + R_{E1}}$

4. 進行電晶體飽和判別：

   若 $I_{C1} < I_{C1(sat)}$，則電晶體 Q_1 操作於主動區，電晶體具放大作用；

   反之，$I_{C1} \geq I_{C1(sat)}$，電晶體 Q_1 操作於飽和區，則電晶體 Q_1 不具放大作用。

5. 計算集極-射極間電壓 V_{CE1}：

   $V_{CE1} = V_{CC} - I_{C1} \times R_{C1} - I_{E1} \times R_{E1} \approx V_{CC} - I_{C1} \times (R_{C1} + R_{E1})$

6. 第一級的直流工作點 $Q_1(V_{CEQ1}, I_{CQ1})$；第二級的直流工作點 $Q_2(V_{CEQ2}, I_{CQ2})$

老師講解

1. 如下圖所示，若電晶體之 $V_{BE}=0.7\text{ V}$、$V_T=25\text{ mV}$、$V_{CC}=15\text{ V}$、$\beta_1=50$、$\beta_2=50$、$R_1=12\text{ k}\Omega$、$R_2=3\text{ k}\Omega$、$R_{C1}=2\text{ k}\Omega$、$R_{E1}=1\text{ k}\Omega$、$R_3=13\text{ k}\Omega$、$R_4=2\text{ k}\Omega$、$R_{C2}=1\text{ k}\Omega$、$R_{E2}=4\text{ k}\Omega$、$R_L=4\text{ k}\Omega$，試求第一級放大器的直流工作點 $Q_1(V_{CEQ1},I_{CQ1})$ 為何？

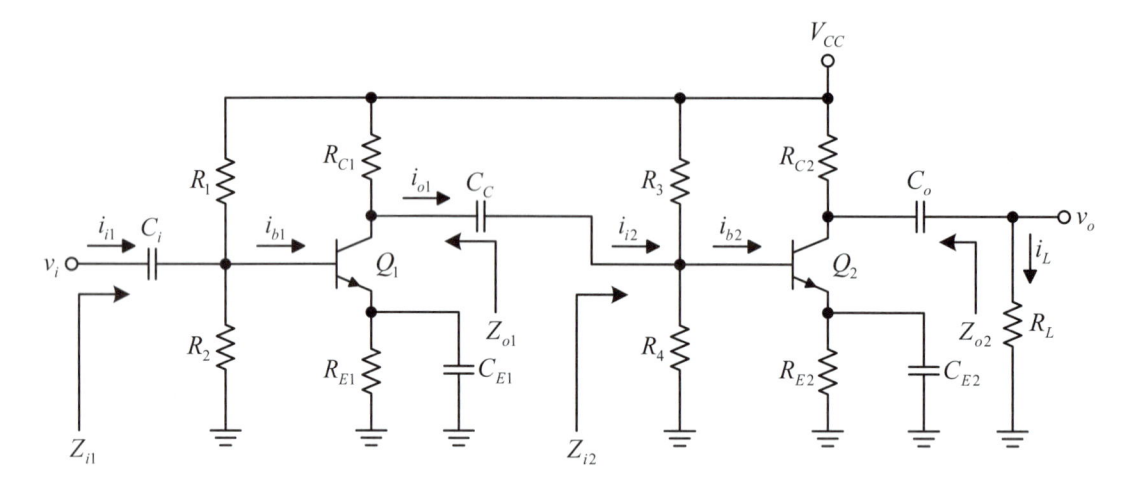

解

(1) 第一級的戴維寧等效電壓 $E_{th}=3\text{ V}$
    戴維寧等效電阻 $R_{th}=2.4\text{ k}\Omega$

(2) 基極電流 $I_{B1}=\dfrac{E_{th}-V_{BE}}{R_{th}+(1+\beta_1)\times R_{E1}}=\dfrac{3\text{V}-0.7\text{V}}{2.4\text{k}\Omega+(1+50)\times 1\text{k}\Omega}\approx 43\,\mu A$

(3) 集極電流 $I_{C1}=I_{B1}\times\beta_1=43\mu A\times 50=2.15\text{ mA}$

(4) 集極飽和電流 $I_{C(sat)}=\dfrac{15\text{V}-0.2\text{V}}{2\text{k}\Omega+1\text{k}\Omega}\approx 4.93\text{ mA}$

   （∵ $I_C<I_{C(sat)}$ 故操作於主動區）

(5) $V_{CE1}\approx V_{CC}-I_{C1}\times(R_{C1}+R_{E1})=15\text{V}-2.15\text{mA}\times(2\text{k}\Omega+1\text{k}\Omega)=8.55\text{ V}$

(6) 第一級的直流工作點 $Q_1(V_{CEQ1},I_{CQ1})=(8.55\text{V},2.15\text{mA})$

學生練習

1. 承上題，試求第二級放大器的直流工作點 $Q_2(V_{CEQ2},I_{CQ2})$ 為何？
(A)(13.42V, 0.316mA) (B)(12.5V, 2mA)
(C)(11.82V, 0.25mA) (D)(10.56V, 0.8mA)

第 5 章 雙極性接面電晶體多級放大電路

重點 3 交流分析

電阻電容（RC）耦合串級放大電路的小信號模型如下：

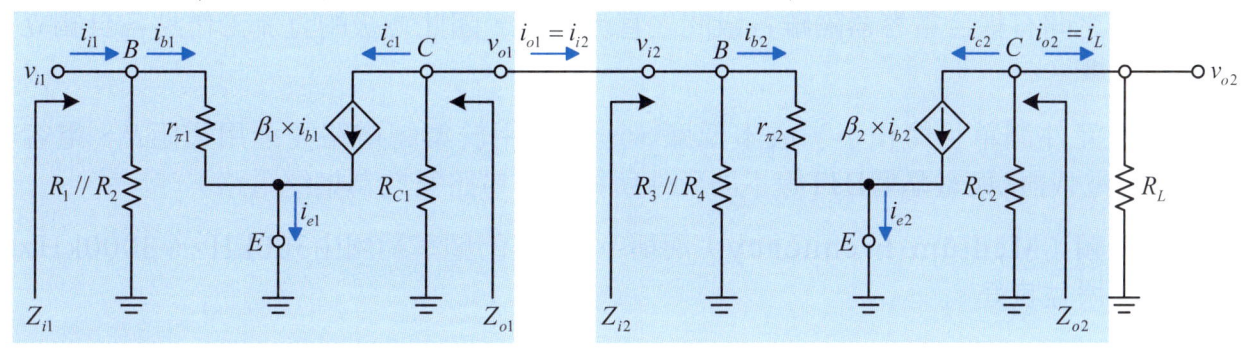

輸入阻抗

1. 第一級放大器的輸入阻抗 $Z_{i1} = R_1 // R_2 // r_{\pi 1}$（相當於總輸入阻抗）
2. 第二級放大器的輸入阻抗 $Z_{i2} = R_3 // R_4 // r_{\pi 2}$

輸出阻抗

1. 第一級放大器的輸出阻抗 $Z_{o1} = \infty // R_{C1} = R_{C1}$
2. 第二級放大器的輸出阻抗 $Z_{o2} = \infty // R_{C2} = R_{C2}$（相當於總輸出阻抗）

總電壓增益 A_{vT}

1. 第一級放大器的電壓增益 $A_{v1} = \dfrac{v_{o1}}{v_{i1}} = \dfrac{-i_{c1} \times (R_{C1} // Z_{i2})}{i_{b1} \times r_{\pi 1}} = -\beta_1 \times \dfrac{R_{C1} // R_3 // R_4 // r_{\pi 2}}{r_{\pi 1}}$

2. 第二級放大器的電壓增益 $A_{v2} = \dfrac{v_{o2}}{v_{i2}} = \dfrac{-i_{c2} \times (R_{C2} // R_L)}{i_{b2} \times r_{\pi 2}} = -\beta_2 \times \dfrac{R_{C2} // R_L}{r_{\pi 2}}$

3. 總電壓增益 $A_{vT} = A_{v1} \times A_{v2}$

總電流增益 A_{iT}

1. 第一級放大器的電流增益 $A_{i1} = \dfrac{i_{o1}}{i_{i1}} = -\beta_1 \times \underbrace{\dfrac{(R_1 // R_2)}{(R_1 // R_2) + r_{\pi 1}}}_{\text{（輸入端分流）}} \times \underbrace{\dfrac{R_{C1}}{R_{C1} + (R_3 // R_4 // r_{\pi 2})}}_{\text{（輸出端分流）}}$

2. 第二級放大器的電流增益

$A_{i2} = \dfrac{i_{o2}}{i_{i2}} = \dfrac{(R_3 // R_4)}{(R_3 // R_4) + r_{\pi 2}} \times \beta_2 \times \dfrac{-R_{C2}}{R_{C2} + R_2} = -\beta_2 \times \underbrace{\dfrac{(R_3 // R_4)}{(R_3 // R_4) + r_{\pi 2}}}_{\text{（輸入端分流）}} \times \underbrace{\dfrac{R_{C2}}{R_{C2} + R_L}}_{\text{（輸出端分流）}}$

3. 總電流增益 $A_{iT} = A_{i1} \times A_{i2}$

總功率增益 A_{pT}

總功率增益 $A_{pT} = A_{vT} \times A_{iT}$

重點 4 　電阻電容（RC）耦合串級放大電路的優缺點及改善方法

優點

1. 各級之間有耦合電容器隔離各級間之直流成分，因此各級的直流工作點各自獨立互不影響。
2. 電路元件簡單且體積小，成本低廉，一般使用於集總電路（運用電阻R、電容器C、電感器L與電晶體BJT等不同元件所組成的電路稱之為集總電路）。
3. 在中頻（Medium Frequency，簡稱為MF）的頻率範圍由300kHz～3000kHz的交流增益良好。

缺點

1. 低頻時在耦合電容器上產生一個較大的壓降，而旁路電容器在低頻時無法讓射極電阻R_{E1}以及R_{E2}完全被短路，因此在低頻時增益下降幅度較大，有＿＿＿＿＿＿的情況。
2. 電晶體因內部接合面產生的電容效應，該電容稱為極際電容約數pF，與米勒效應（Miller effect）所造成的米勒電容（Miller capacitance），造成在＿＿＿＿＿＿時增益下降幅度較大，有高頻增益衰減的情況。
3. 電阻電容耦合（RC耦合）電路，功率損失較大，因此僅適用於低功率的放大器。
4. 級與級間的阻抗匹配較不容易，功率損失大，因此最高效率傳輸僅能達到＿＿＿＿＿。

改善方法

1. 設計電路時採用較大電容值的耦合電容，以改善低頻時所造成的低頻增益衰減的情形。
2. 在放大器元件的輸出端與輸入端之間裝設一個＿＿＿＿＿＿＿，來補償因極際電容或米勒電容所造成的高頻增益衰減。
3. 電晶體操作的主動區的情形下，選擇電阻值較小的偏壓元件可減小功率損失。

答案：缺點
　　　1. 低頻增益衰減　　2. 高頻　　4. 25%
　　　改善方法
　　　2. 中和電容器

補充知識

總電壓增益 A_{vT} 與總電流增益 A_{iT} 的速解技巧

1. 已知總電壓增益 A_{vT} 與第一級的輸入阻抗 Z_{i1}：（Z_{i1} 相當於總輸入阻抗）

   總電流增益 A_{iT}
   - (1) 無負載電阻 R_L：$A_{iT} = A_{vT} \times \dfrac{Z_{i1}}{R_C}$
   - (2) 有負載電阻 R_L：$A_{iT} = A_{vT} \times \dfrac{Z_{i1}}{R_L}$

2. 已知總電流增益 A_{iT} 與第一級的輸入阻抗 Z_{i1}：（Z_{i1} 相當於總輸入阻抗）

   總電壓增益 A_{vT}
   - (1) 無負載電阻 R_L：$A_{vT} = A_{iT} \times \dfrac{R_C}{Z_{i1}}$
   - (2) 有負載電阻 R_L：$A_{vT} = A_{iT} \times \dfrac{R_L}{Z_{i1}}$

老師講解

2. 若電晶體之 $r_{\pi 1} = 1.25 \text{ k}\Omega$、$r_{\pi 2} = 1 \text{ k}\Omega$、$\beta_1 = 50$、$\beta_2 = 80$、$R_1 = 15 \text{ k}\Omega$、$R_2 = 5 \text{ k}\Omega$、$R_{C1} = 2 \text{ k}\Omega$、$R_{E1} = 4.225 \text{ k}\Omega$、$R_3 = 12 \text{ k}\Omega$、$R_4 = 8 \text{ k}\Omega$、$R_{C2} = 3 \text{ k}\Omega$、$R_{E2} = 3.6 \text{ k}\Omega$、$R_L = 2.5 \text{ k}\Omega$，試求 (1)輸入阻抗 Z_{i1} (2)輸出阻抗 Z_{o2} (3)總電壓增益 A_{vT} (4)總電流增益 A_{iT}，分別為何？

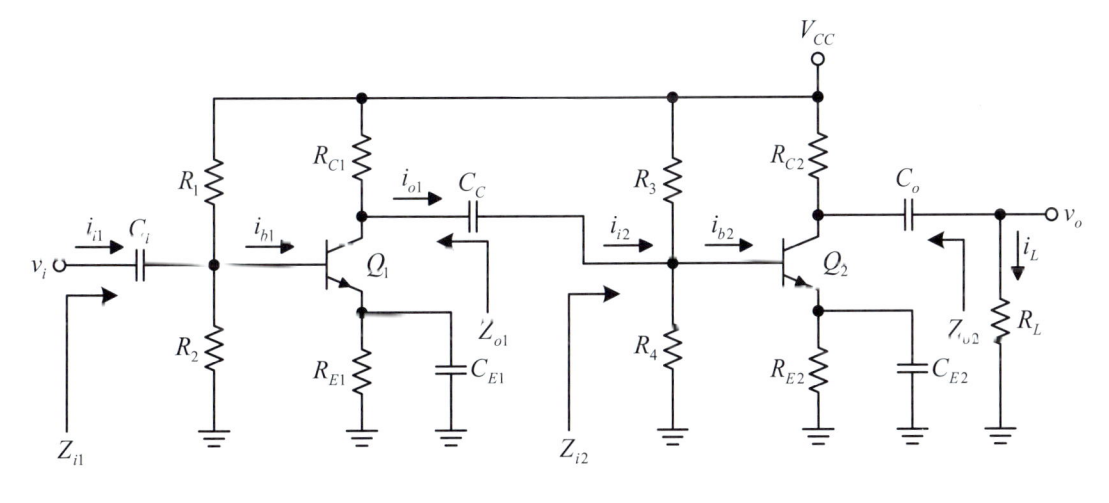

解 (1) 繪製小信號模型如下：

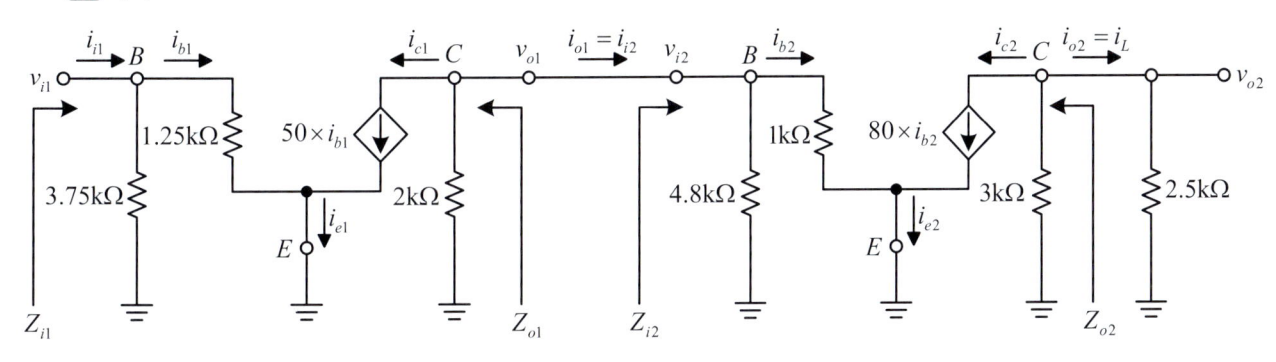

(2) 輸入阻抗 $Z_{i1} = (R_1 /\!/ R_2) /\!/ r_{\pi 1} = 3.75\text{k}\Omega /\!/ 1.25\text{k}\Omega = 937.5\,\Omega$

(3) 輸出阻抗 $Z_{o2} = R_{C2} /\!/ \infty = 3\text{k}\Omega /\!/ \infty = 3\text{ k}\Omega$

(4) 總電壓增益 A_{vT}：

    (a) 第一級電壓增益 A_{v1}

$$A_{v1} = \frac{v_{o1}}{v_{i1}} = -\beta_1 \times \frac{R_{C1} /\!/ (R_3 /\!/ R_4) /\!/ r_{\pi 2}}{r_{\pi 1}}$$

$$= -50 \times \frac{2\text{k}\Omega /\!/ 4.8\text{k}\Omega /\!/ 1\text{k}\Omega}{1.25\text{k}\Omega} = -\frac{960}{41} \approx -23.4$$

    (b) 第二級電壓增益 A_{v2}

$$A_{v2} = \frac{v_{o2}}{v_{i2}} = -\beta_2 \times \frac{R_{C2} /\!/ R_L}{r_{\pi 2}} = -80 \times \frac{3\text{k}\Omega /\!/ 2.5\text{k}\Omega}{1\text{k}\Omega} = -\frac{1200}{11} \approx -110$$

    (c) 總電壓增益 $A_{vT} = A_{v1} \times A_{v2} = -23.4 \times -110 = 2574$

(5) 總電流增益 A_{iT}：

    (a) 第一級電流增益 A_{i1}

$$A_{i1} = \frac{i_{o1}}{i_{i1}} = -50 \times \underbrace{\frac{3.75\text{k}\Omega}{3.75\text{k}\Omega + 1.25\text{k}\Omega}}_{\text{（輸入端分流）}} \times \underbrace{\frac{2\text{k}\Omega}{2\text{k}\Omega + (4.8\text{k}\Omega /\!/ 1\text{k}\Omega)}}_{\text{（輸出端分流）}} \approx -26.5$$

    (b) 第二級電流增益 A_{i2}

$$A_{i2} = \frac{i_{o2}}{i_{i2}} = -80 \times \underbrace{\frac{4.8\text{k}\Omega}{4.8\text{k}\Omega + 1\text{k}\Omega}}_{\text{（輸入端分流）}} \times \underbrace{\frac{3\text{k}\Omega}{3\text{k}\Omega + 2.5\text{k}\Omega}}_{\text{（輸出端分流）}} \approx -36.1$$

    (c) 總電流增益 $A_{iT} = A_{i1} \times A_{i2} = -26.5 \times -36.1 = 956.65$

學生練習

2. 如下圖所示，試求分貝總電壓增益 $A_{vT(\text{dB})}$ 為何？
(A)20dB　(B)40dB　(C)60dB　(D)80dB

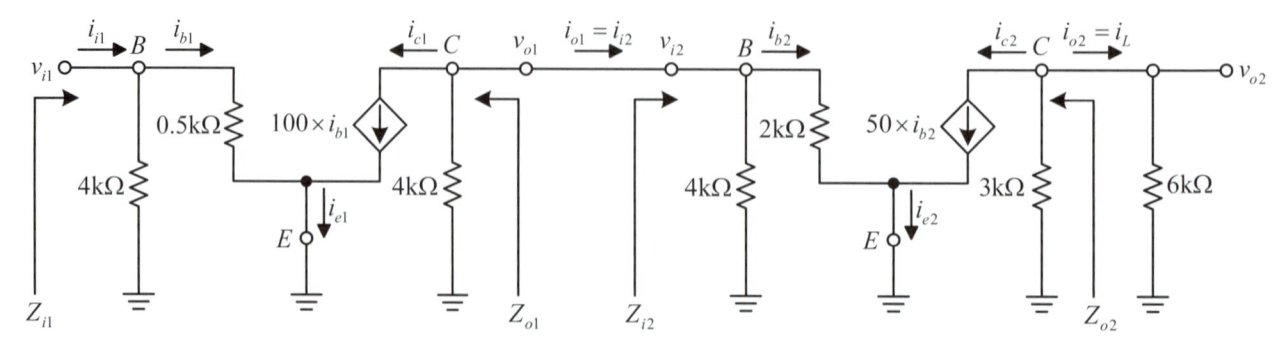

ABCD 立即練習

基礎題

( )1. 電阻電容（RC）耦合串級放大電路的耦合電容目的為何？
(A)傳遞交流訊號，阻隔直流成分
(B)傳遞直流訊號，阻隔交流成分
(C)同時傳遞交直流訊號
(D)同時阻隔交直流訊號

( )2. 如圖(1)小信號模型所示，試求輸入阻抗Z_{i1}以及輸出阻抗Z_{o2}分別為何？
(A)10kΩ、12kΩ (B)12kΩ、10kΩ
(C)0.9kΩ、12kΩ (D)12kΩ、0.9kΩ

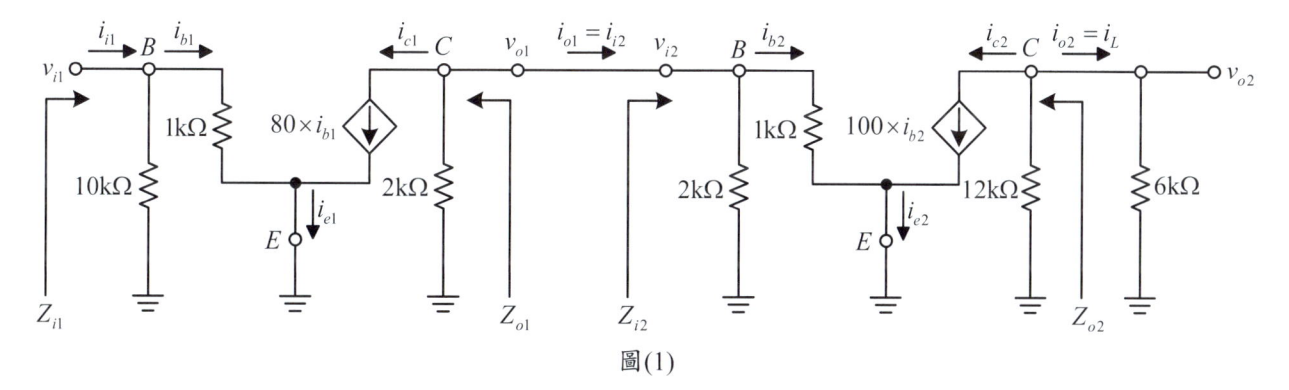

圖(1)

( )3. 承上題，試求總電壓增益A_{vT}為何？
(A)32000 (B)−32000 (C)16000 (D)−16000

( )4. 承上題，試求總電流增益A_{iT}為何？
(A)4848 (B)−4828 (C)2424 (D)−2424

進階題

( )1. 如圖(1)所示，若第一級的輸入電壓V_i為±20mV的交流信號，且第一級輸出的直流電壓$V_{o1}=5\text{ V}$，試求V_{o1}的電壓變動範圍為何？
(A)3V～7V (B)4V～6V (C)−1V～1V (D)−2V～2V

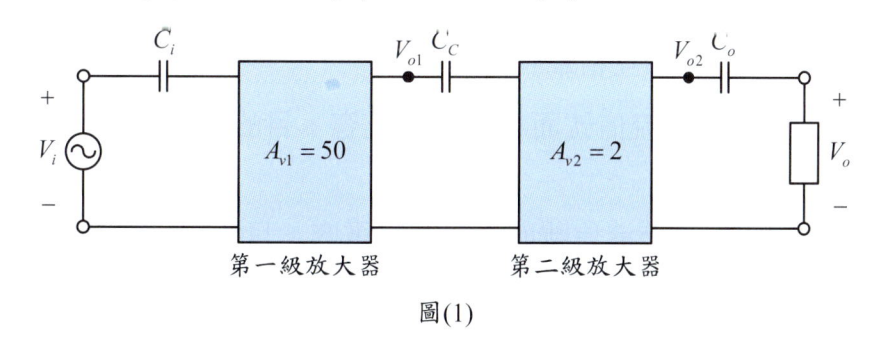

圖(1)

( )2. 承上題，若第二級輸出的直流電壓$V_{o2}=7\text{ V}$，試求V_o的電壓變動範圍為何？
(A)9V～5V (B)10V～4V (C)−1V～1V (D)−2V～2V

5-3 直接耦合串級放大電路　105 106 107 108 109 110

直接耦合串級放大器常用於**積體電路**，因級與級間沒有任何元件隔離直流成份，因此各級的直流工作點會互相影響，因此穩定度較差。而較常見的直接耦合串級放大器有以下三種：(1)**直接耦合串級放大電路**、(2)**疊接（cascode）放大器**、(3)**達靈頓（Darlington）放大電路**，分別介紹如下。

5-3.1　直接耦合串級放大電路

理論重點

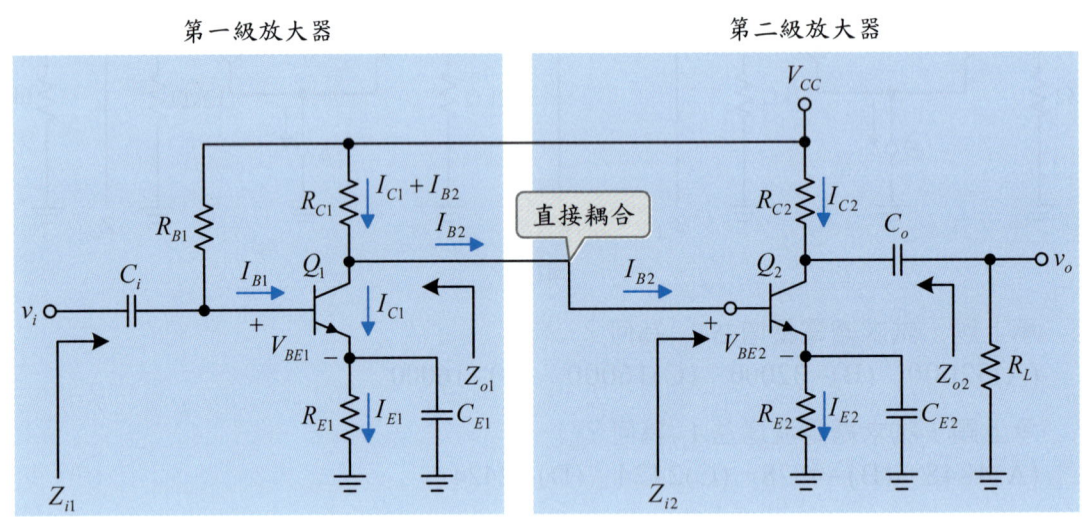

重點 ① 元件名稱與功用

1. 電容器 C_i 與 C_o：對於直流信號而言為隔離電容，目的是 ＿＿＿＿＿＿，避免級與級之間的直流工作點互相牽制。

2. 電容器 C_i 與 C_o：對於交流信號而言為耦合電容，目的是 ＿＿＿＿＿＿，以傳送至下一級。

3. 電容器 C_{E1} 與 C_{E2}：對於交流信號而言為旁路電容，目的是 ＿＿＿＿＿＿。

4. 電阻器 R_{E1} 與 R_{E2}：回授方式為電流串聯負回授，目的是 ＿＿＿＿＿＿。

答案：
1. 隔離直流成分
2. 耦合交流訊號
3. 提高交流電壓增益
4. 提高直流工作點的穩定度

第 5 章 雙極性接面電晶體多級放大電路

重點 2　直流分析：第一級直流工作點的計算

1. 計算輸入的基極電流 I_{B1}：
   運用克希荷夫電壓定律（KVL），第一級放大器的輸入迴路方程式
   $$V_{CC} = I_{B1} \times R_{B1} + V_{BE1} + I_{E1} \times R_{E1}$$
   基極電流 I_{B1} 計算式為 $I_{B1} = \dfrac{V_{CC} - V_{BE1}}{R_{B1} + (1 + \beta_1) \times R_{E1}}$

2. 計算集極電流 I_{C1} 與射極電流 I_{E1}：
   $I_{C1} = \beta_1 \times I_{B1}$；$I_{E1} = (1 + \beta_1) \times I_{B1}$，其中 $I_{C1} \approx I_{E1}$

3. 計算集極飽和電流 $I_{C1(sat)} \approx \dfrac{V_{CC} - V_{CE1(sat)}}{R_{C1} + R_{E1}}$

4. 進行電晶體飽和判別：
   若 $I_{C1} < I_{C1(sat)}$，則電晶體 Q_1 操作於主動區，電晶體具放大作用；
   反之，$I_{C1} \geq I_{C1(sat)}$，電晶體 Q_1 操作於飽和區，則電晶體 Q_1 不具放大作用。

5. 計算集極-射極間電壓 V_{CE1}：
   (1) 第一級放大器的輸出迴路方程式 $V_{CC} = (I_{C1} + I_{B2}) \times R_{C1} + V_{CE1} + I_{E1} \times R_{E1}$，
       集極-射極間電壓 V_{CE1} 計算式為 $V_{CE1} = V_{CC} - (I_{C1} + I_{B2}) \times R_{C1} - I_{E1} \times R_{E1}$
   (2) 若 $I_{C1} \gg I_{B2}$ 且又 $I_{C1} \approx I_{E1}$，則集極-射極間電壓 V_{CE1} 的近似值為
       $$V_{CE1} \approx V_{CC} - I_{C1} \times (R_{C1} + R_{E1})$$

6. 第一級的直流工作點 $Q_1(V_{CE1}, I_{C1})$

重點 3　直流分析：第二級直流工作點的計算

1. 計算輸入的基極電流 I_{B2}：
   運用克希荷夫電壓定律（KVL），第二級放大器的輸入迴路方程式
   $$V_{CC} = (I_{C1} + I_{B2}) \times R_{C1} + V_{BE2} + I_{E2} \times R_{E2}$$
   則基極電流 $I_{B2} = \dfrac{V_{CC} - I_{C1} \times R_{C1} - V_{BE2}}{R_{C1} + (1 + \beta_2) \times R_{E2}}$

2. 計算集極電流 I_{C2} 與射極電流 I_{E2}：
   $I_{C2} = \beta_2 \times I_{B2}$；$I_{E2} = (1 + \beta_2) \times I_{B2}$，其中 $I_{C2} \approx I_{E2}$

3. 計算集極飽和電流 $I_{C2(sat)} \approx \dfrac{V_{CC} - V_{CE2(sat)}}{R_{C2} + R_{E2}}$

4. 進行電晶體飽和判別：
   若 $I_{C2} < I_{C2(sat)}$，則電晶體 Q_2 操作於主動區，電晶體具放大作用；
   反之，$I_{C2} \geq I_{C2(sat)}$，電晶體 Q_2 操作於飽和區，則電晶體 Q_2 不具放大作用。

5. 計算集極-射極間電壓V_{CE2}：
   (1) 第二級放大器的輸出迴路方程式$V_{CC} = I_{C2} \times R_{C2} + V_{CE2} + I_{E2} \times R_{E2}$，集極-射極間電壓$V_{CE2}$計算式如下：$V_{CE2} = V_{CC} - I_{C2} \times R_{C2} - I_{E2} \times R_{E2}$
   (2) 若$I_{C2} \approx I_{E2}$，則集極-射極間電壓V_{CE2}的近似值，可以改寫為
   $V_{CE2} \approx V_{CC} - I_{C2} \times (R_{C2} + R_{E2})$
6. 第二級的直流工作點$Q_2(V_{CE2}, I_{C2})$

老師講解

1. 如下圖，若$V_{CC} = 10.7\text{ V}$、$R_{B1} = 100\text{ k}\Omega$、$R_{C1} = 1\text{ k}\Omega$、$R_{E1} = 1\text{ k}\Omega$、$R_{C2} = 0.5\text{ k}\Omega$、$R_{E2} = 1\text{ k}\Omega$、$\beta_1 = 99$、$\beta_2 = 49$，且電晶體$Q_1$以及$Q_2$的$BE$接合面切入電壓皆為0.7V，則第一級放大器的直流工作點$Q_1(V_{CEQ1}, I_{CQ1})$為何？

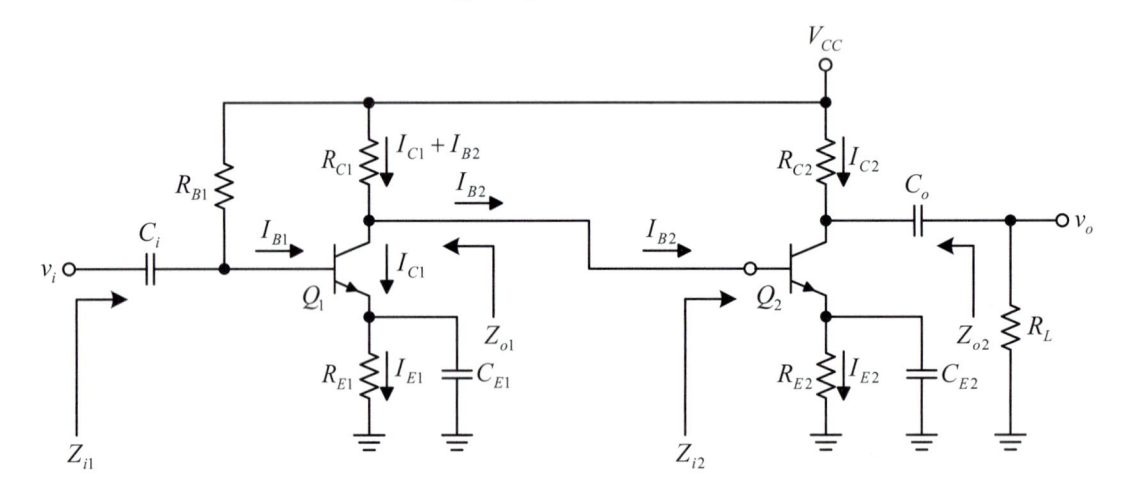

解 (1) 計算輸入的基極電流$I_{B1} = \dfrac{V_{CC} - V_{BE1}}{R_{B1} + (1+\beta_1) \times R_{E1}} = \dfrac{10.7\text{V} - 0.7\text{V}}{100\text{k}\Omega + (1+99) \times 1\text{k}\Omega} = 50\ \mu\text{A}$

(2) 計算集極電流I_{C1}與射極電流I_{E1}：$I_{C1} = \beta_1 \times I_{B1} = 99 \times 50\mu\text{A} = 4.95\text{mA} \approx I_{E1}$

(3) 進行電晶體飽和判別：$I_{C1(sat)} \approx \dfrac{V_{CC} - V_{CE1(sat)}}{R_{C1} + R_{E1}} = \dfrac{10.7\text{V} - 0.2\text{V}}{1\text{k}\Omega + 1\text{k}\Omega} = 5.25\text{ mA}$

（∵ $I_{C1} < I_{C1(sat)}$，故電晶體操作於主動區）

(4) 計算集極-射極間電壓
$V_{CE1} \approx V_{CC} - I_{C1} \times (R_{C1} + R_{E1}) = 10.7\text{V} - 4.95\text{mA} \times (1\text{k}\Omega + 1\text{k}\Omega) = 0.8\text{ V}$

(5) 第一級的直流工作點$Q_1(0.8\text{V}, 4.95\text{mA})$

學生練習

1. 承上題所示，試求第二級的直流工作點$Q_2(V_{CEQ2}, I_{CQ2})$為何？
   (A)$Q_2(3.35\text{V}, 4.9\text{mA})$　　　　　　　(B)$Q_2(4.2\text{V}, 4.2\text{mA})$
   (C)$Q_2(4.5\text{V}, 4.5\text{mA})$　　　　　　　(D)$Q_2(4.75\text{V}, 4.9\text{mA})$

重點 4　交流分析

直接耦合串級放大電路的小訊號模型如下：

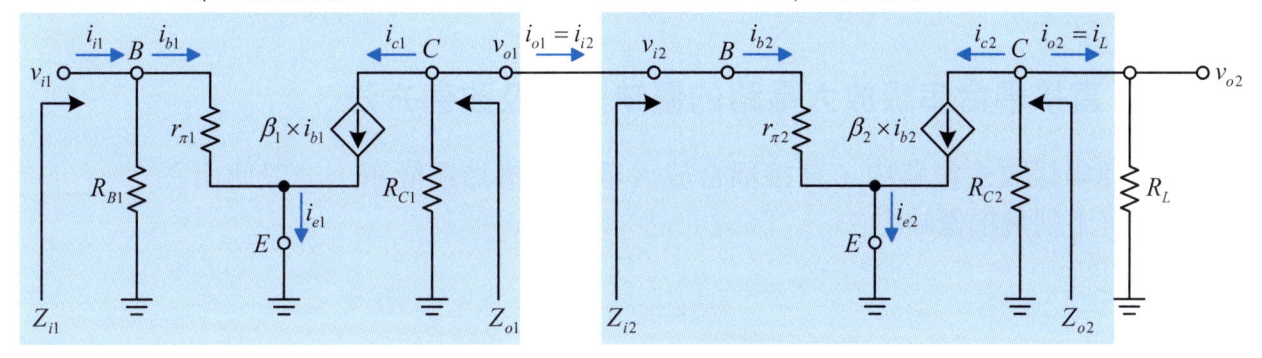

輸入阻抗

1. 第一級放大器的輸入阻抗 $Z_{i1} = R_{B1} // r_{\pi 1}$
2. 第二級放大器的輸入阻抗 $Z_{i2} = r_{\pi 2}$

輸出阻抗

1. 第一級放大器的輸出阻抗 $Z_{o1} = \infty // R_{C1} = R_{C1}$
2. 第二級放大器的輸出阻抗 $Z_{o2} = \infty // R_{C2} = R_{C2}$

總電壓增益 A_{vT}

1. 第一級放大器的電壓增益 $A_{v1} = \dfrac{v_{o1}}{v_{i1}} = \dfrac{-i_{c1} \times (R_{C1} // Z_{i2})}{i_{b1} \times r_{\pi 1}} = -\beta_1 \times \dfrac{R_{C1} // r_{\pi 2}}{r_{\pi 1}}$

2. 第二級放大器的電壓增益 $A_{v2} = \dfrac{v_{o2}}{v_{i2}} = \dfrac{-i_{c2} \times (R_{C2} // R_L)}{i_{b2} \times r_{\pi 2}} = -\beta_2 \times \dfrac{R_{C2} // R_L}{r_{\pi 2}}$

3. 總電壓增益 $A_{vT} = A_{v1} \times A_{v2}$

總電流增益 A_{iT}

1. 第一級放大器的電流增益

$$A_{i1} = \dfrac{i_{o1}}{i_{i1}} = \dfrac{R_{B1}}{R_{B1} + r_{\pi 1}} \times \beta_1 \times \dfrac{-R_{C1}}{R_{C1} + Z_{i2}} = -\beta_1 \times \dfrac{R_{B1}}{R_{B1} + r_{\pi 1}} \times \dfrac{R_{C1}}{R_{C1} + r_{\pi 2}}$$

2. 第二級放大器的電流增益 $A_{i2} = \dfrac{i_{o2}}{i_{i2}} = -\beta_2 \times \dfrac{R_{C2}}{R_{C2} + R_L}$

3. 總電流增益 $A_{iT} = A_{i1} \times A_{i2}$

總功率增益 A_{pT}

總功率增益 $A_{pT} = A_{vT} \times A_{iT}$

重點 5　直接耦合串級放大電路的優缺點以及改善方法

在各種串級放大電路中，直接耦合放大電路的構造最簡單，一般使用在 _____，它具有下列幾項優缺點：

優點

1. 各級之間沒有耦合元件隔離，因此由耦合元件所造成的損失小，可提高效率且體積小成本低。
2. 各級之間沒有耦合元件（電容器或是變壓器）隔離，因此可以減少因耦合元件所造成的相位移。
3. 各級之間沒有耦合元件隔離，因此低頻響應最佳且頻帶寬度較寬（可延伸至 0Hz），可放大頻率為零的直流信號與極低頻的交流信號，故直接耦合串級放大電路又稱為 _____。

缺點

1. 各級之間沒有耦合元件隔離，因此直流工作點的穩定性差，容易受到電源電壓、溫度與偏壓電阻的影響。
2. 串級放大器的級與級間的阻抗匹配不易，因此無法獲得最大功率轉移。
3. 偏壓設計不易，因各級之間沒有耦合元件隔離，故串級的級數不可設計太多。

改善方法

1. 運用射極電阻 R_E 的 _____，來提高 _____ 的穩定度。
2. 直接耦合放大器所選用的零件，數值必須準確不變，因此電源電壓宜採用定電壓系統。
3. 當溫度升高時，電晶體的 β 值和漏電電流 I_{CO} 都會增大，使得直流工作點偏移，因此電晶體宜採用矽質電晶體。

答案：積體電路

優點
　3. 直流放大器

改善方法
　1. 負回授作用、直流工作點

老師講解

2. 如下圖所示為兩級直接耦合串級放大器，若 $\beta_1 = 50$、$\beta_2 = 100$、$r_{\pi 1} = r_{\pi 2} = 2\,k\Omega$、$R_{B1} = 100\,k\Omega$、$R_{C1} = 10\,k\Omega$、$R_{C2} = 6\,k\Omega$ 且 $R_L = 4\,k\Omega$，試求第一級的輸入阻抗 Z_{i1} 與輸出阻抗 Z_{o1}、第二級的輸入阻抗 Z_{i2} 與輸出阻抗 Z_{o2}、各級電壓增益 A_{v1}、A_{v2} 與總電壓增益 A_{vT} 分別為何？

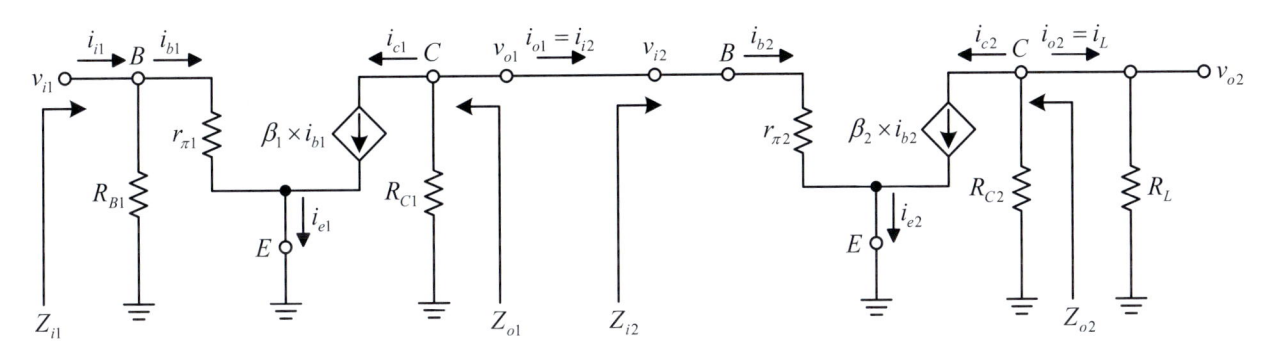

解

(1) 第一級的輸入阻抗 $Z_{i1} = R_{B1} // r_{\pi 1} = 100\,k\Omega // 2\,k\Omega \approx 1.96\,k\Omega$

(2) 第二級的輸入阻抗 $Z_{i2} = r_{\pi 2} = 2\,k\Omega$

(3) 第一級的輸出阻抗 $Z_{o1} = \infty // R_{C1} = R_{C1} = 10\,k\Omega$

(4) 第二級的輸出阻抗 $Z_{o2} = \infty // R_{C2} = R_{C2} = 6\,k\Omega$

(5) 第一級放大器的電壓增益 $A_{v1} = \dfrac{v_{o1}}{v_{i1}} = -\beta_1 \times \dfrac{R_{C1} // r_{\pi 2}}{r_{\pi 1}} = -50 \times \dfrac{10\,k\Omega // 2\,k\Omega}{2\,k\Omega} = -\dfrac{125}{3}$

(6) 第二級放大器的電壓增益 $A_{v2} = \dfrac{v_{o2}}{v_{i2}} = -\beta_2 \times \dfrac{R_{C2} // R_L}{r_{\pi 2}} = -100 \times \dfrac{6\,k\Omega // 4\,k\Omega}{2\,k\Omega} = -120$

(7) 總電壓增益 $A_{vT} = A_{v1} \times A_{v2} = -\dfrac{125}{3} \times -120 = 5000$

學生練習

2. 承上題，試求總電流增益 A_{iT} 約為何？
(A) 2000 (B) 2450 (C) 3600 (D) 4500

5-3.2 達靈頓電路（Darlington circuit）串級放大器

理論重點

重點 1 達靈頓串級放大電路

將兩個或數個電晶體所組成之複合結構，稱為**達靈頓電晶體**（Darlington transistor）或稱**達靈頓對**（Darlington pair），因電晶體與電晶體彼此直接連接，級與級之間沒有任何耦合元件，因此達靈頓放大電路屬於直接耦合串級放大器，其中達靈頓對電晶體可分為：**同型達靈頓對電晶體**（Same Darlington pair transistor）與**異型達靈頓對電晶體**（Shaped Darlington pair transistor）兩種。

1. 同型達靈頓對電晶體

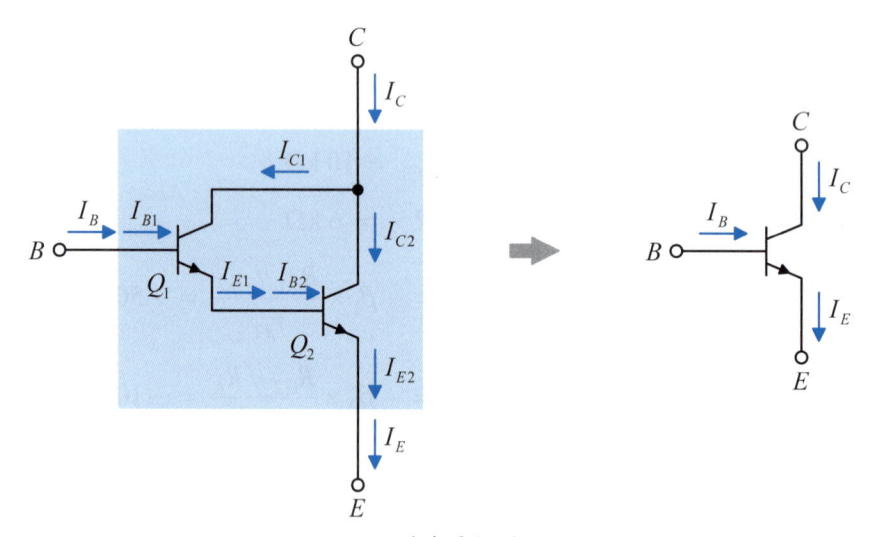

(a) NPN型達靈頓電路

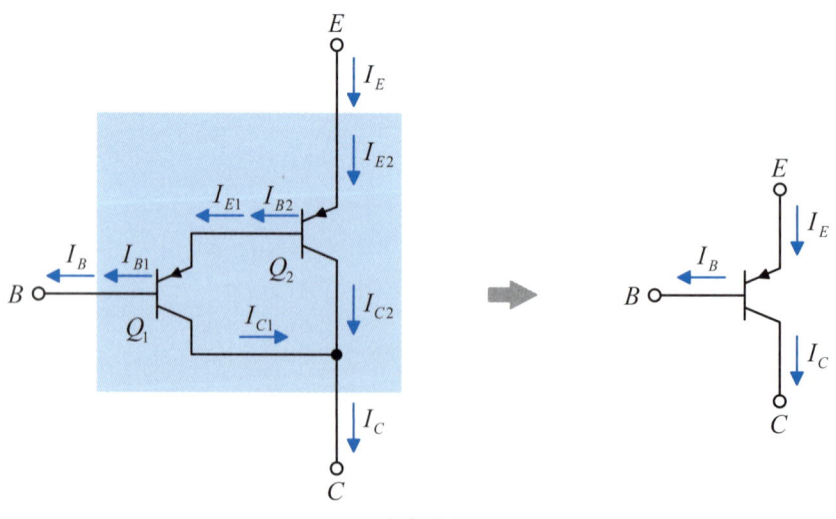

(b) PNP型達靈頓電路

第 5 章 雙極性接面電晶體多級放大電路

2. 異型達靈頓對電晶體：以第一級Q_1的型式為主

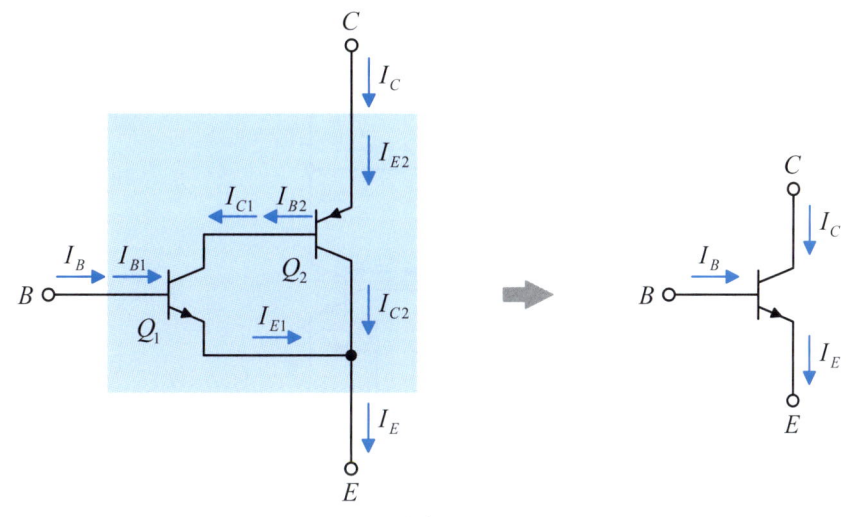

(a) NPN型達靈頓電路

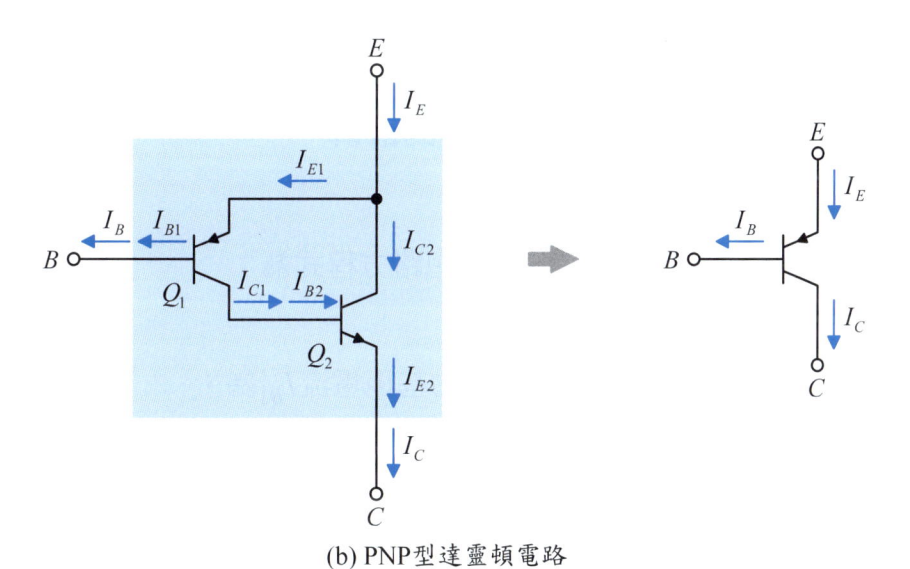

(b) PNP型達靈頓電路

3. 達靈頓放大電路

達靈頓放大電路，第一級的輸出直接耦合至第二級的輸入，其電路型態為共集極電路直接耦合共集極電路，整體的電路型態相當於共集極電路（又稱射極隨耦器或是電壓隨耦器），直流分析如下。

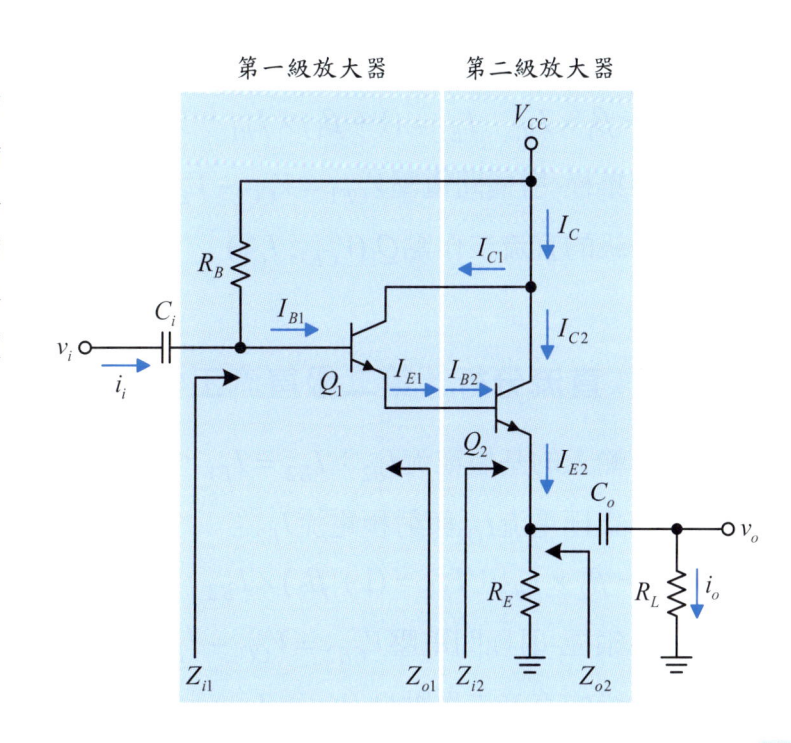

第一級放大器　第二級放大器

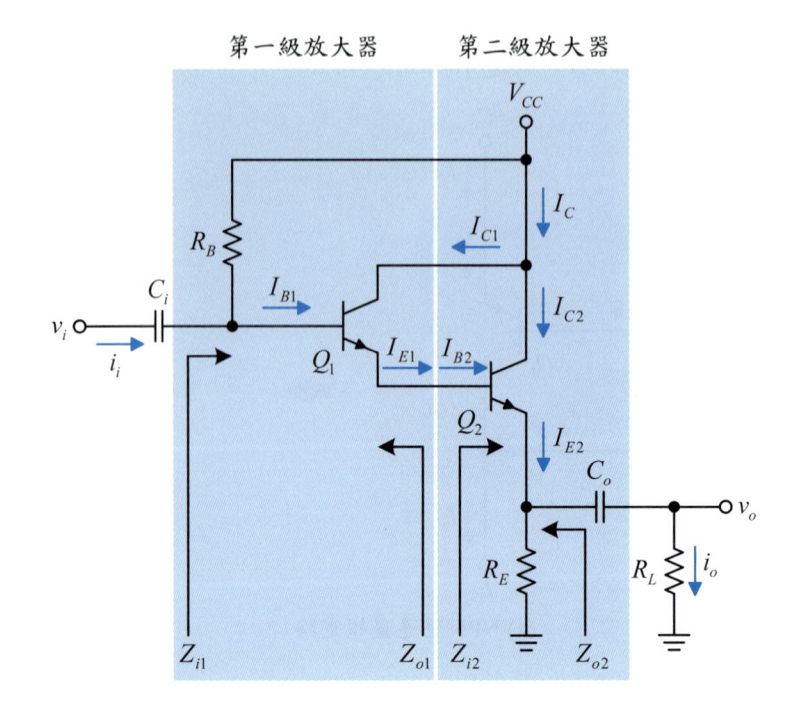

重點 2　直流分析：第一級直流工作點的計算

1. 計算輸入的基極電流 I_{B1}
   根據克希荷夫電壓定律（KVL），輸入迴路方程式為：
   $$V_{CC} = I_{B1} \times R_B + V_{BE1} + V_{BE2} + I_{E2} \times R_E$$
   因 $I_{E2} = I_{B1} \times (1+\beta_1) \times (1+\beta_2)$，故輸入的基極電流 I_{B1} 為：
   $$I_{B1} = \frac{V_{CC} - V_{BE1} - V_{BE2}}{R_B + (1+\beta_1) \times (1+\beta_2) \times R_E}$$
   因 β_1、$\beta_2 \gg 1$，故 $I_{B1} \approx \dfrac{V_{CC} - V_{BE1} - V_{BE2}}{R_B + \beta_1 \times \beta_2 \times R_E}$

2. 計算集極電流 I_{C1} 與射極電流 I_{E1}：
   $I_{C1} = \beta_1 \times I_{B1}$；$I_{E1} = (1+\beta_1) \times I_{B1}$，其中 $I_{C1} \approx I_{E1}$

3. 計算集極-射極間電壓 $V_{CE1} = V_{CC} - V_{BE2} - I_{B1} \times (1+\beta_1) \times (1+\beta_2) \times R_E$

4. 第一級的直流工作點 $Q_1(V_{CE1}, I_{C1})$

重點 3　直流分析：第二級直流工作點的計算

1. 計算輸入的基極電流 I_{B2}：$I_{B2} = I_{E1}$，所以 $I_{B2} = (1+\beta_1) \times I_{B1}$

2. 計算集極電流 I_{C2} 與射極電流 I_{E2}：
   $I_{C2} = \beta_2 \times I_{B2}$；$I_{E2} = (1+\beta_2) \times I_{B2}$，其中 $I_{C2} \approx I_{E2}$

3. 計算集極-射極間電壓 $V_{CE2} = V_{CC} - I_{E2} \times R_E$

4. 第二級的直流工作點 $Q_2(V_{CE2}, I_{C2})$

第 5 章 雙極性接面電晶體多級放大電路

老師講解

3. 如下圖所示，若 $V_{CC}=11.4\text{ V}$、$V_{BE1}=V_{BE2}=0.7\text{ V}$、$R_B=200\text{ k}\Omega$、$R_E=125\ \Omega$、$\beta_1=79$ 且 $\beta_2=19$，試求第一級放大器的工作點 Q_1 為何？

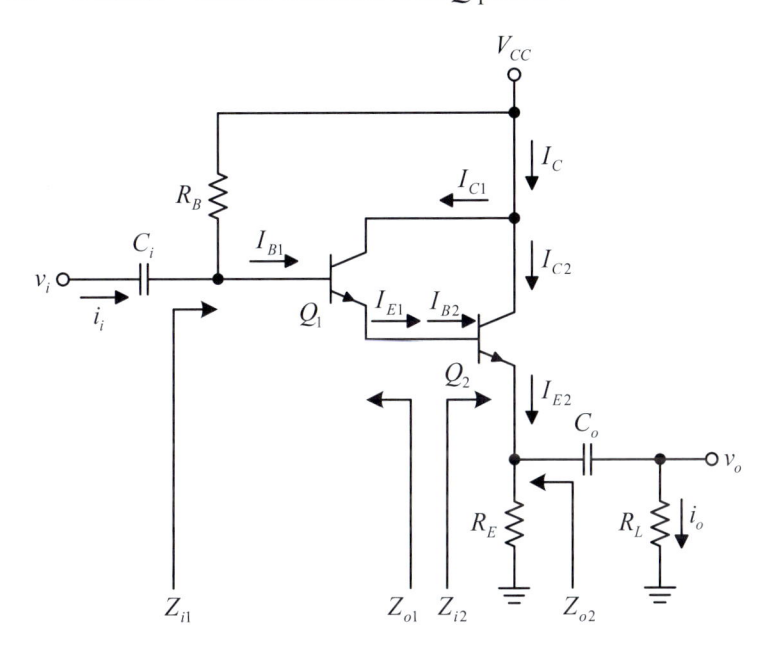

解 (1) 計算輸入的基極電流 I_{B1}

$$I_{B1}=\frac{V_{CC}-V_{BE1}-V_{BE2}}{R_B+(1+\beta_1)\times(1+\beta_2)\times R_E}=\frac{11.4\text{V}-0.7\text{V}-0.7\text{V}}{200\text{k}\Omega+(1+79)\times(1+19)\times125\Omega}=25\ \mu\text{A}$$

(2) 計算集極電流 I_{C1}

$$I_{C1}=I_{B1}\times\beta_1=25\mu\text{A}\times79=1.975\text{ mA}$$

(3) 計算集極-射極間電壓 V_{CE1}

$$V_{CE1}=V_{CC}-V_{BE2}-I_{B1}\times(1+\beta_1)\times(1+\beta_2)\times R_E$$
$$=11.4\text{V}-0.7\text{V}-25\mu\text{A}\times(1+79)\times(1+19)\times125\Omega=5.7\text{ V}$$

（$V_{CE1}>V_{CE1(sat)}$ 因此操作於主動區）

(4) 第一級放大器的直流工作點 $Q_1(V_{CE1},I_{C1})=Q_1(5.7\text{V},1.975\text{mA})$

學生練習

3. 承上題，試求第二級放大器的直流工作點 $Q_2(V_{CE2},I_{C2})$ 為何？
(A)(6V, 30mA)　(B)(6.4V, 38mA)　(C)(6.6V, 40mA)　(D)(7.2V, 32mA)

重點 4　交流分析

依照小信號交流電路的分析步驟，將達靈頓放大電路化為小信號模型，相關分析如下：

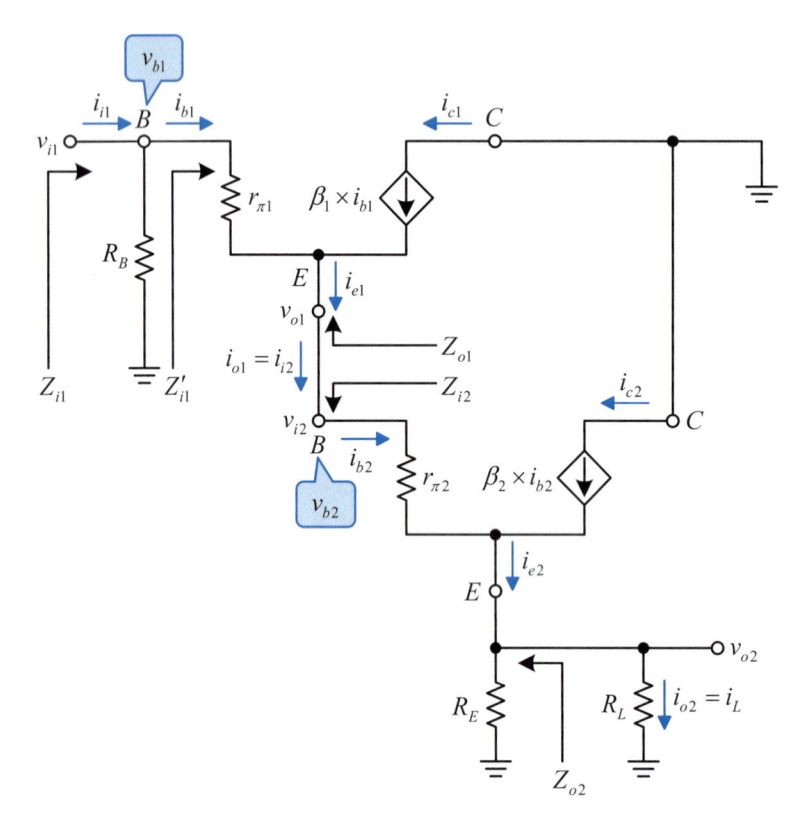

輸入阻抗

1. 輸入阻抗 $Z'_{i1} = \dfrac{v_{b1}}{i_{b1}} = r_{\pi 1} + (1+\beta_1) \times r_{\pi 2} + (1+\beta_1) \times (1+\beta_2) \times (R_E // R_L)$

2. 第一級的輸入阻抗 $Z_{i1} = R_B // Z'_{i1}$（Z_{i1} 相當於總輸入阻抗）

3. 第二級的輸入阻抗 $Z_{i2} = \dfrac{v_{b2}}{i_{b2}} = r_{\pi 2} + (1+\beta_2) \times (R_E // R_L)$

輸出阻抗

1. 第一級的輸出阻抗 $Z_{o1} = \dfrac{r_{\pi 1}}{(1+\beta_1)} = r_{e1}$

2. 第二級的輸出阻抗 $Z_{o2} = \left[\dfrac{\dfrac{r_{\pi 1}}{(1+\beta_1)} + r_{\pi 2}}{(1+\beta_2)}\right] // R_E$（$Z_{o2}$ 相當於總輸出阻抗）

總電壓增益 A_{vT}

1. 第一級放大器的電壓增益

$$A_{v1} = \frac{v_{o1}}{v_{i1}} = \frac{(1+\beta_1) \times [r_{\pi 2} + (1+\beta_2) \times (R_E // R_L)]}{r_{\pi 1} + (1+\beta_1) \times r_{\pi 2} + (1+\beta_2) \times (1+\beta_1) \times (R_E // R_L)} \approx 1 \text{（略小於1）}$$

2. 第二級放大器的電壓增益

$$A_{v2} = \frac{v_{o2}}{v_{i2}} = \frac{i_{e2} \times (R_E // R_L)}{i_{b2} \times Z_{i2}} = \frac{(1+\beta_2) \times (R_E // R_L)}{r_{\pi 2} + (1+\beta_2) \times (R_E // R_L)} \approx 1 \text{（略小於1）}$$

3. 總電壓增益 $A_{vT} = A_{v1} \times A_{v2}$

總電流增益 A_{iT}

1. 第一級放大器的電流增益 $A_{i1} = \dfrac{i_{o1}}{i_{i1}} = \dfrac{R_B}{R_{B1} + Z'_{i1}} \times (1+\beta_1)$

2. 第二級放大器的電流增益 $A_{i2} = \dfrac{i_{o2}}{i_{i2}} = (1+\beta_2) \times \dfrac{R_E}{R_E + R_L}$

3. 總電流增益 $A_{iT} = A_{i1} \times A_{i2}$

總功率增益 A_{pT}

總功率增益 $A_{pT} = A_{vT} \times A_{iT}$

重點 5　達靈頓電路串級放大器的優缺點以及改善方法

達靈頓電路採用共集極組態（CC）串級共集極組態（CC）為直接耦合放大電路的一種，它除了具備直接耦合放大電路的優缺點之外，還有以下幾個特點：

優點

1. 高輸入阻抗：達靈頓電路的輸入阻抗非常大，因此大部分電源所提供的功率由電路所吸收，因此適合當放大器的輸入級。
2. 低輸出阻抗：達靈頓電路的輸出阻抗非常小，因此大部分輸出的功率由負載所吸收，因此適合當放大器的輸出級。
3. 高電流增益：達靈頓電路的電流增益非常大，因此非常適合當電流放大器，來推動後級放大器。

缺點

1. 漏電流 I_{CO} 甚大：前級的漏電流 I_{CO} 經由後級後再加以放大，因此經放大後的漏電流 I_{CO} 甚大，故直流工作點的穩定性差。
2. 電壓增益小：整體串級放大後的電壓增益小於1，因此不適用於 ＿＿＿＿＿＿＿。

改善方法

1. 宜使用矽質電晶體並且電晶體採取 ＿＿＿＿＿＿ 的連接方式，以抵消漏電流 I_{CO} 在溫度變化時所造成的影響。

答案：缺點
  2. 電壓放大器

改善方法
1. 互補式

🎧 老師講解

4. 如下圖所示，若 $r_{\pi 1} = r_{\pi 2} = 1\,k\Omega$、$\beta_1 = 99$、$\beta_2 = 49$、$R_B = 10\,M\Omega$、$R_E = 6\,k\Omega$、$R_L = 3\,k\Omega$，試求：

 (1) 第一級輸入阻抗 Z_{i1} (2) 第二級輸入阻抗 Z_{i2} (3) 第一級輸出阻抗 Z_{o1}
 (4) 第二級輸出阻抗 Z_{o2} (5) 第一級電壓增益 A_{v1} (6) 第二級電壓增益 A_{v2}
 (7) 總電壓增益 A_{vT}，分別為何？

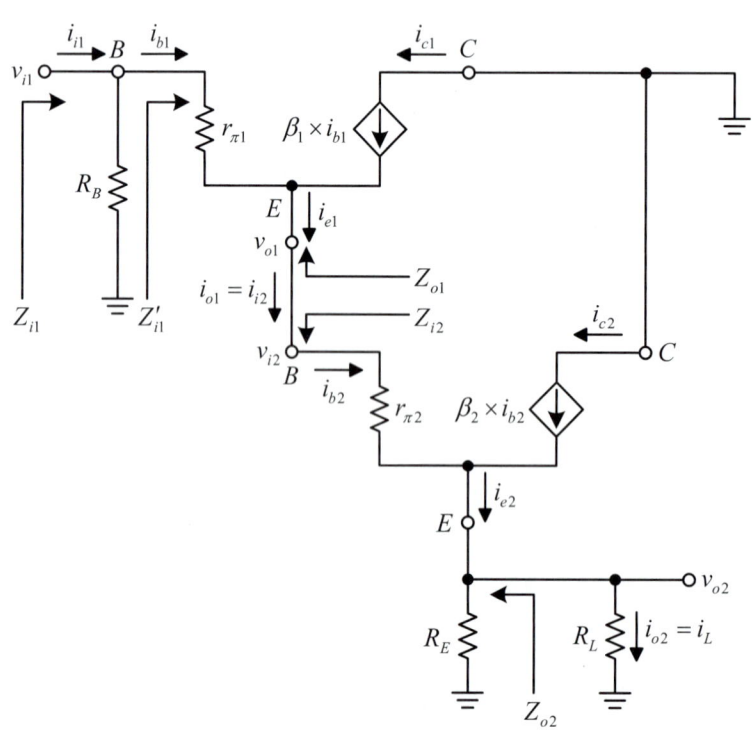

解 (1) 第一級輸入阻抗 $Z_{i1} = R_B // Z'_{i1}$,其中

$$Z'_{i1} = r_{\pi 1} + (1+\beta_1) \times r_{\pi 2} + (1+\beta_1) \times (1+\beta_2) \times (R_E // R_L)$$
$$= 1k\Omega + (1+99) \times 1k\Omega + (1+99) \times (1+49) \times (6k\Omega // 3k\Omega) = 10.101\,M\Omega$$

$$Z_{i1} = R_B // Z'_{i1} = 10M\Omega // 10.101M\Omega \approx 5.025\,M\Omega\ (\text{高輸入阻抗})$$

(2) 第二級輸入阻抗 Z_{i2}

$$Z_{i2} = r_{\pi 2} + (1+\beta_2) \times (R_E // R_L) = 1k\Omega + (1+49) \times (6k\Omega // 3k\Omega) = 101\,k\Omega$$

(3) 第一級輸出阻抗 Z_{o1}

$$Z_{o1} = \frac{r_{\pi 1}}{(1+\beta_1)} = \frac{1k\Omega}{(1+99)} = 10\,\Omega$$

(4) 第二級輸出阻抗 Z_{o2}

$$Z_{o2} = [\frac{\frac{r_{\pi 1}}{(1+\beta_1)} + r_{\pi 2}}{(1+\beta_2)}] // R_E = [\frac{\frac{1k\Omega}{(1+99)} + 1k\Omega}{(1+49)}] // 6k\Omega \approx 20\,\Omega\ (\text{低輸出阻抗})$$

(5) 第一級電壓增益 A_{v1}

$$A_{v1} = \frac{v_{o1}}{v_{i1}} = \frac{i_{e1} \times Z_{i2}}{i_{b1} \times Z'_{i1}} = \frac{(1+\beta_1) \times [r_{\pi 2} + (1+\beta_2) \times (R_E // R_L)]}{r_{\pi 1} + (1+\beta_1) \times r_{\pi 2} + (1+\beta_2) \times (1+\beta_1) \times (R_E // R_L)}$$
$$= \frac{(1+99) \times [1k\Omega + (1+49) \times (6k\Omega // 3k\Omega)]}{1k\Omega + (1+99) \times 1k\Omega + (1+49) \times (1+99) \times (6k\Omega // 3k\Omega)} = \frac{10.1M\Omega}{10.101M\Omega} \approx 0.99$$

(6) 第二級電壓增益 A_{v2}

$$A_{v2} = \frac{v_{o2}}{v_{i2}} = \frac{i_{e2} \times (R_E // R_L)}{i_{b2} \times Z_{i2}} = \frac{(1+\beta_2) \times (R_E // R_L)}{r_{\pi 2} + (1+\beta_2) \times (R_E // R_L)}$$
$$= \frac{(1+49) \times (6k\Omega // 3k\Omega)}{1k\Omega + (1+49) \times (6k\Omega // 3k\Omega)} = \frac{100k\Omega}{101k\Omega} \approx 0.99$$

(7) 總電壓增益 $A_{vT} = A_{v1} \times A_{v2} = 0.99 \times 0.99 \approx 0.98$(電壓增益小)

學生練習

4. 承上題,試求總電流增益 A_{iT} 為何?
(A)2000 (B)1850.6 (C)1658 (D)1500.6

5-3.3 疊接放大器（cascode amplifiter）

理論重點

疊接串級放大器是由兩個不同組態的放大電路所組成，其中第一級為共射極組態（CE）而第二級為共基極組態（CB），第一級的集極（C）接腳直接連結至第二級的射極（E）接腳，中間沒有任何耦合元件，如下圖的電路結構，如同兩個電晶體疊置在一起，因此稱為疊接串級放大器。

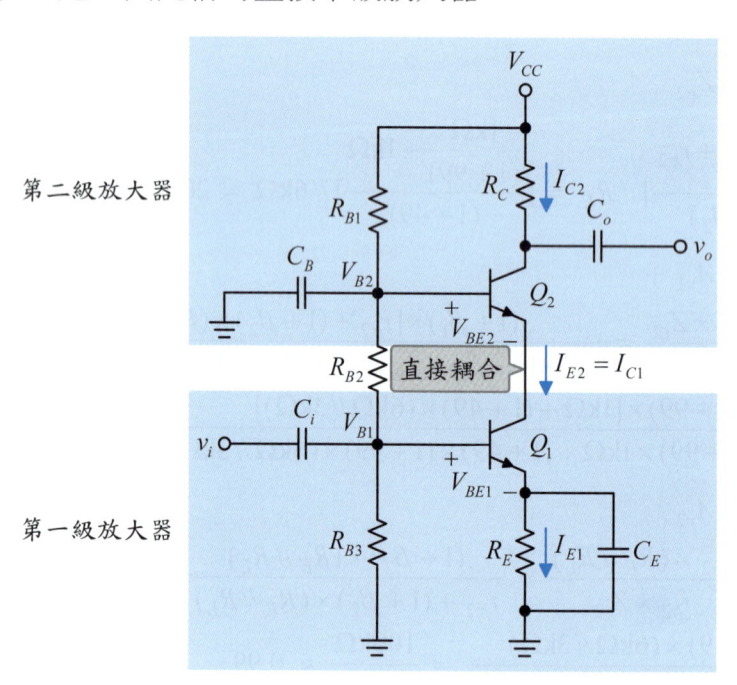

重點 1　元件名稱與功用

1. 電容器C_i與C_o：對於直流信號而言為隔離電容，目的是 ＿＿＿＿＿＿＿＿＿＿，避免級與級之間的直流工作點互相牽制。

2. 電容器C_i與C_o：對於交流信號而言為耦合電容，目的是 ＿＿＿＿＿＿＿＿＿＿，以傳送至下一級。

3. 電容器C_B與C_E：對於交流信號而言為旁路電容，目的是 ＿＿＿＿＿＿＿＿＿＿，其中電容器C_B是將R_{B1}短路，電容器C_E是將R_E短路。

答案：1. 隔離直流成分　　　　　　　　2. 耦合交流訊號
　　　3. 提高交流電壓增益

第 5 章 雙極性接面電晶體多級放大電路

重點 2　直流分析：第一級共射極組態的直流工作點

1. 計算電壓 $V_{B1} = V_{CC} \times \dfrac{R_{B3}}{R_{B1} + R_{B2} + R_{B3}}$

2. 計算電壓 $V_{B2} = V_{CC} \times \dfrac{R_{B2} + R_{B3}}{R_{B1} + R_{B2} + R_{B3}}$

3. 計算第一級放大器的射極電流 $I_{E1} = \dfrac{V_{B1} - V_{BE1}}{R_E}$

   其中 $I_{E1} \approx I_{C1}$ 且 $I_{C1} = I_{E2}$，又 $I_{E2} \approx I_{C2}$，因此 $I_{E1} \approx I_{C1} = I_{E2} \approx I_{C2}$，此四個電流大小近似相同。

4. 計算集極飽和電流 $I_{C1(sat)} = I_{C2(sat)} = \dfrac{V_{CC} - V_{CE1(sat)} - V_{CE2(sat)}}{R_C + R_E}$

5. 進行電晶體飽和判別

   若 $I_{C1(sat)}$ 或 $I_{C2(sat)} < I_{C1(sat)}$ 或 $I_{C2(sat)}$，則電晶體 Q_1（Q_2）操作於主動區，電晶體具放大作用，反之，$I_{C1(sat)}$ 或 $I_{C2(sat)} \geq I_{C1(sat)}$ 或 $I_{C2(sat)}$，則電晶體 Q_1（Q_2）不具放大作用。

6. 計算集極-射極間電壓 $V_{CE1} = V_{C1} - V_{E1} = (V_{B2} - V_{BE2}) - (V_{B1} - V_{BE1}) = V_{B2} - V_{B1}$

7. 第一級的直流工作點 $Q_1(V_{CE1}, I_{C1})$

重點 3　直流分析：第二級共基極組態的直流工作點

1. 計算集極電流 $I_{C2} \approx I_{E1} = \dfrac{V_{B1} - V_{BE1}}{R_E}$

2. 計算集極-基極間電壓 $V_{CB2} = V_{C2} - V_{B2} = V_{CC} - I_{C2} \times R_C - V_{B2}$

3. 第二級的直流工作點 $Q_2(V_{CB2}, I_{C2})$

老師講解

5. 如下圖所示，若 $V_{CC}=15\,\text{V}$、$V_{BE1}=V_{BE2}=0.7\,\text{V}$、$R_{B1}=R_{B2}=R_{B3}=5\,\text{k}\Omega$、$R_C=3\,\text{k}\Omega$、$R_E=4.3\,\text{k}\Omega$，則第一級放大器的工作點 $Q_1(V_{CE1},I_{C1})$ 為何？

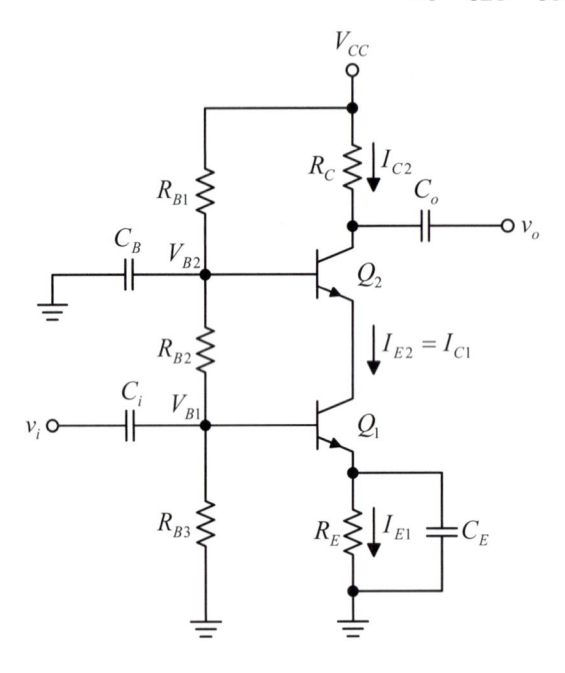

解 (1) 計算電壓 $V_{B1} = V_{CC} \times \dfrac{R_{B3}}{R_{B1}+R_{B2}+R_{B3}} = 15\text{V} \times \dfrac{5\text{k}\Omega}{5\text{k}\Omega+5\text{k}\Omega+5\text{k}\Omega} = 5\,\text{V}$

(2) 計算第一級的射極電流 $I_{E1} = \dfrac{V_{B1}-V_{BE1}}{R_E} = \dfrac{5\text{V}-0.7\text{V}}{4.3\text{k}\Omega} = 1\,\text{mA}$

（$I_{E1} \approx I_{C1} = I_{E2} \approx I_{C2}$）

(3) 計算電壓 $V_{B2} = V_{CC} \times \dfrac{R_{B2}+R_{B3}}{R_{B1}+R_{B2}+R_{B3}} = 15\text{V} \times \dfrac{5\text{k}\Omega+5\text{k}\Omega}{5\text{k}\Omega+5\text{k}\Omega+5\text{k}\Omega} = 10\,\text{V}$

(4) 計算集極飽和電流

$I_{C1(sat)} = I_{C2(sat)} = \dfrac{V_{CC}-V_{CE1(sat)}-V_{CE2(sat)}}{R_C+R_E} = \dfrac{15\text{V}-0.2\text{V}-0.2\text{V}}{3\text{k}\Omega+4.3\text{k}\Omega} = 2\,\text{mA}$

（電晶體 Q_1 與 Q_2 操作於主動區）

(5) 計算第一級放大器的集極-射極間電壓 $V_{CE1} = V_{B2}-V_{B1} = 10\text{V}-5\text{V} = 5\,\text{V}$

(6) 第一級放大器的工作點 $Q_1(V_{CE1},I_{C1}) = (5\text{V},1\text{mA})$

學生練習

5. 承上題，試求第二級放大器的直流工作點 $Q_2(V_{CB2},I_{C2})$ 為何？
(A)(4V, 1mA)　(B)(3V, 1mA)　(C)(2V, 1mA)　(D)(2V, 0.5mA)

第 5 章 雙極性接面電晶體多級放大電路

重點 4 交流分析

依照小信號交流電路的分析步驟,將疊接串級放大器化為小信號模型,相關分析如下:

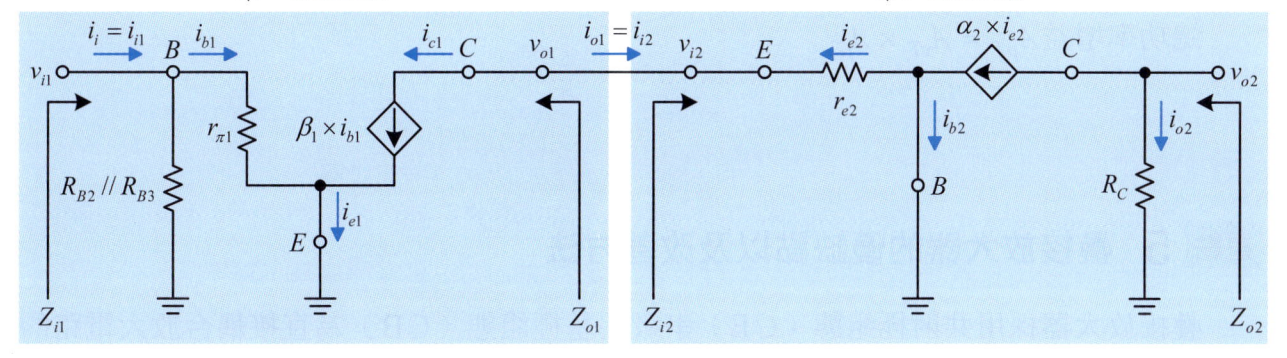

輸入阻抗

1. 第一級放大器的輸入阻抗 $Z_{i1} = R_{B2} // R_{B3} // r_{\pi 1}$
2. 第二級放大器的輸入阻抗 $Z_{i2} = r_{e2}$

輸出阻抗

1. 第一級放大器的輸出阻抗 $Z_{o1} = \infty$
2. 第二級放大器的輸出阻抗 $Z_{o2} = \infty // R_C = R_C$

總電壓增益 A_{vT}

1. 第一級放大器的電壓增益 $A_{v1} = \dfrac{v_{o1}}{v_{i1}} = \dfrac{i_{o1} \times r_{e2}}{i_{b1} \times r_{\pi 1}} = \dfrac{-\beta_1 \times r_{e2}}{r_{\pi 1}} \approx -1$

2. 第二級放大器的電壓增益 $A_{v2} = \dfrac{v_{o2}}{v_{i2}} = \dfrac{i_{o2} \times R_C}{i_{i2} \times r_{e2}} = \dfrac{-\alpha_2 \times i_{e2} \times R_C}{-i_{e2} \times r_{e2}} = \alpha_2 \times \dfrac{R_C}{r_{e2}} \approx \dfrac{R_C}{r_{e2}}$

3. 總電壓增益 $A_{vT} = A_{v1} \times A_{v2} \approx -1 \times \dfrac{R_C}{r_{e2}} = -\dfrac{R_C}{r_{e2}}$

總電流增益 A_{iT}

1. 第一級放大器的電流增益 $A_{i1} = \dfrac{i_{o1}}{i_{i1}} = -\dfrac{(R_{B2} // R_{B3})}{(R_{B2} // R_{B3}) + r_{\pi 1}} \times \beta_1$

2. 第二級放大器的電流增益 $A_{i2} = \dfrac{i_{o2}}{i_{i2}} = \dfrac{-\alpha_2 \times i_{e2}}{-i_{e2}} = \alpha_2$

3. 總電流增益 $A_{iT} = A_{i1} \times A_{i2} = -\dfrac{(R_{B2} // R_{B3})}{(R_{B2} // R_{B3}) + r_{\pi 1}} \times \beta_1 \times \alpha_2$

總功率增益 A_{pT}

總功率增益 $A_{pT} = A_{vT} \times A_{iT}$

重點 5　疊接放大器的優缺點以及改善方法

疊接放大器採用共射極組態（CE）串級共基極組態（CB）為直接耦合放大電路的一種，它除了具備直接耦合放大電路的優缺點之外，還有以下幾個特點：

優點

1. 高頻響應好：因疊接放大器的輸入級為共射極組態，其電壓增益 $A_{v1} \approx 1$，因此輸入電容量 $C_i = (1 - A_{v1}) \times C_{BC} \approx 0$，且輸出電容量 $C_o = (1 - \dfrac{1}{A_{v1}}) \times C_{BC} \approx 0$，故高頻時可忽略極際電容所造成的高頻增益衰減，而輸出級為共基極組態（CB），基極接地可以有效降低 ＿＿＿＿＿＿，一般使用於 ＿＿＿＿＿＿。
2. 改善負載效應：因疊接放大器的輸入級為共射極組態其目的為提高 ＿＿＿＿＿＿，可以改善共基極組態（CB）輸入阻抗過低所引起的負載效應。
3. 增加高頻的頻帶寬度：第二級為共基極組態（CB），其高頻響應不受米勒效應之影響，因此高頻的頻帶寬度較大。

缺點

1. 疊接放大器為直接耦合放大器，因此直流工作點容易受到溫度的影響故穩定性差。
2. 串級放大器的級與級間的阻抗匹配不易，因此無法獲得最大功率轉移。
3. 前一級與後一級間無隔離元件，因此偏壓設計不易。

改善方法

疊接放大器的總電壓增益 $A_{vT} = -\dfrac{R_C}{r_{e2}}$，若在輸出端 v_o 接上負載電阻 R_L，其總電壓增益 $A_{vT} = -\dfrac{(R_C // R_L)}{r_{e2}}$，可以得知總電壓增益受到負載電阻的影響而衰減，因此可以將集極電阻 R_C 以 ＿＿＿＿＿＿（內阻為 $\infty \Omega$）取代，除了可以提供穩定的集極電流（直流工作點穩定）外，且高頻電壓增益不受負載效應影響。

答案：優點
1. 米勒效應、高頻放大器
2. 輸入阻抗

改善方法
定電流源

老師講解

6. 如下圖所示，試求：
(1) 第一級輸入阻抗Z_{i1}
(2) 第二級輸入阻抗Z_{i2}
(3) 第一級輸出阻抗Z_{o1}
(4) 第二級輸出阻抗Z_{o2}
(5) 第一級電壓增益A_{v1}
(6) 第二級電壓增益A_{v2}
(7) 總電壓增益A_{vT}，分別為何？

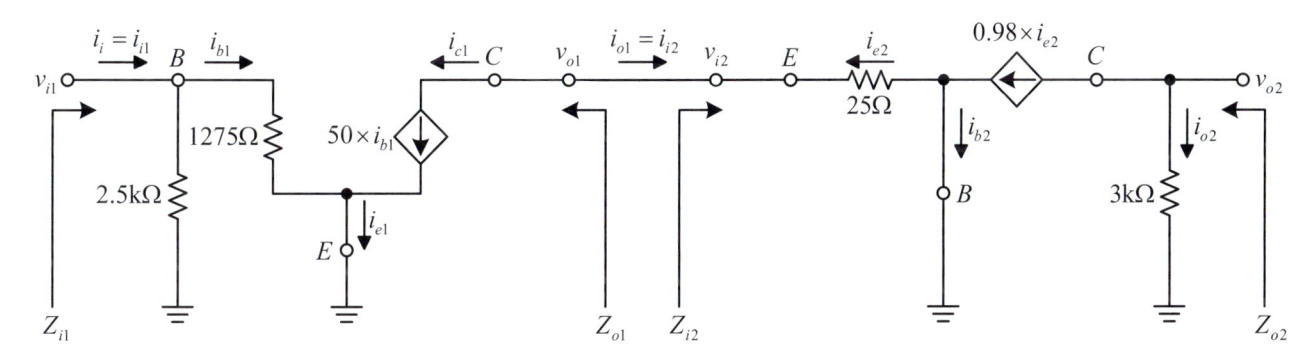

解 (1) 第一級輸入阻抗$Z_{i1} = R_{B2} // R_{B3} // r_{\pi 1} = 2.5\text{k}\Omega // 1275\Omega \approx 844\,\Omega$

(2) 第二級的輸入阻抗$Z_{i2} = r_{e2} = 25\,\Omega$

(3) 第一級輸出阻抗$Z_{o1} = \infty\,\Omega$

(4) 第二級的輸出阻抗$Z_{o2} = \infty // R_C = \infty // 3\text{k}\Omega = 3\,\text{k}\Omega$

(5) 第一級電壓增益$A_{v1} = \dfrac{v_{o1}}{v_{i1}} = \dfrac{-\beta_1 \times r_{e2}}{r_{\pi 1}} = \dfrac{-50 \times 25\Omega}{1275\Omega} = -0.98$

(6) 第二級放大器的電壓增益

$$A_{v2} = \dfrac{v_{o2}}{v_{i2}} = \alpha_2 \times \dfrac{R_C}{r_{e2}} = 0.98 \times \dfrac{3\text{k}\Omega}{25\Omega} \approx 117.6$$

(7) 總電壓增益$A_{vT} = A_{v1} \times A_{v2} = -0.98 \times 117.6 = -115$

學生練習

6. 承上題所示，試求總電流增益A_{iT}為何？
(A) −30　(B) −32　(C) −36　(D) −40

重點 6　頻率響應

1. 造成低頻響應不良之電容器：_____、_____、_____、_____ 等肉眼可見之電容器（電路圖標示出來的電容器）。

2. 造成高頻響應不良之電容器：_____、_____、_____ 等肉眼無法看見之電容器。

3. 低頻響應最好之串級放大器為 _____。

4. 中頻段增益值稱為中頻增益，簡記為 $A_{v(mid)}$，而定義增益值在 $0.707 A_{v(mid)}$（$\frac{1}{\sqrt{2}} A_{v(mid)}$）處所對應的頻率稱為 _____，截止頻率又稱為0.707頻率、半功率點或 $-3dB$ 頻率。

5. n 級串級系統的低頻（下）截止頻率 _____；高頻（上）截止頻率 _____。

6. 根據增益與頻寬的乘積為定值，當串級放大器的乘積增加時，整體的頻寬會變窄，造成低頻截止頻率（f_L）_____，而高頻截止頻率（f_H）_____。

7. 用來表示增益與頻寬兩者之關係圖，稱為波德圖。

答案：
1. 旁路電容、交連電容、反交連電容、隔離電容
2. 米勒電容、極際電容、雜散電容
3. 直接耦合串級放大器
4. 截止頻率
5. $f_{L(n)} = \dfrac{f_L}{\sqrt{2^{(\frac{1}{n})} - 1}}$、$f_{H(n)} = \sqrt{2^{(\frac{1}{n})} - 1} \times f_H$
6. 增加、減少

老師講解

7. 共射極電晶體放大器之低頻響應，主要是由下列哪些因素決定？
(A)射極電阻器　(B)雜散電容器　(C)電晶體之接合電容　(D)射極旁路電容

解　(D)

學生練習

7. 電晶體放大器之高頻響應，主要是由下列何種因素決定？
(A)極際電容　(B)耦合電容　(C)旁路電容　(D)電晶體的 β 值

第 5 章 雙極性接面電晶體多級放大電路

ABCD 立即練習

基礎題

( )1. 如圖(1)之耦合電容C功用為何？
(A)阻隔輸入電壓之直流成分
(B)降低輸入阻抗
(C)降低熱雜訊
(D)增加該電路之電壓增益

( )2. 在RC耦合之電路中，C值必須甚大，其原因為
(A)級與級間之直流可順利通過
(B)產生較佳之偏壓穩定
(C)消散高功率
(D)防止低頻衰減

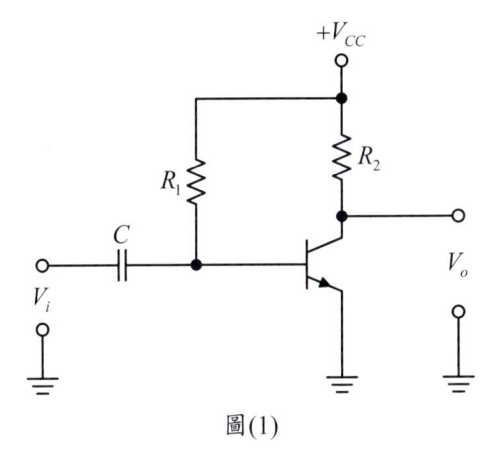

圖(1)

( )3. 欲獲得最佳之低頻響應特性，應採用下列何種方式？
(A)回授放大 (B)共集極放大 (C)變壓器交連放大 (D)直接交連放大

( )4. 在積體電路中所採用的耦合方式通常是
(A)RC耦合 (B)阻抗耦合 (C)變壓器耦合 (D)直接耦合

( )5. 直接交連放大器，亦稱直流放大器
(A)不適於作交流放大 (B)適於作交流放大 (C)放大效率低 (D)功率損失大

( )6. 下列何者不是達靈頓電路（Darlington circuit）的特性？
(A)高輸入阻抗 (B)低輸出阻抗 (C)高電壓增益 (D)高電流增益

( )7. 將具有相同頻率響應，其電壓增益大小分別為A_{v1}、A_{v2}（均大於1）的兩個放大器加以串接，則串接後
(A)總電壓增益為$\frac{A_{v1} + A_{v2}}{2}$
(B)總電壓增益為$\frac{A_{v2}}{A_{v1}}$
(C)串級頻寬小於單級頻寬
(D)串級頻寬等於單級頻寬

( )8. 對直接交連放大器而言，下列敘述何者為真？
(A)低頻響應佳，工作點較穩定
(B)高低頻響應皆佳，工作點亦穩定
(C)高頻響應較差，工作點亦較不穩定
(D)低頻響應較佳，工作點較不穩定

( )9. 圖(2)所示為四種電晶體連接法，哪一種接法非達靈頓連接？
(A)a (B)b (C)c (D)d

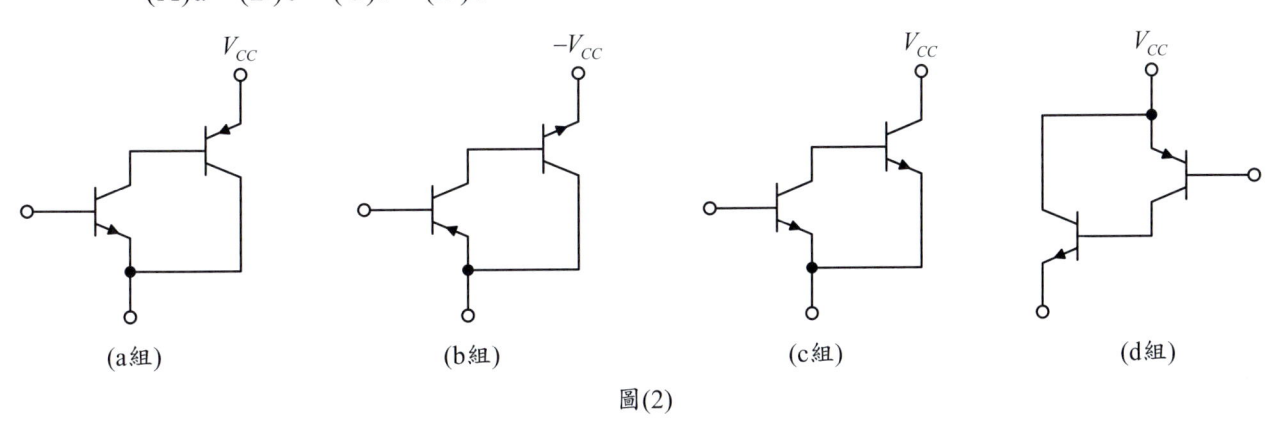

(a組)　　(b組)　　(c組)　　(d組)

圖(2)

( )10. 兩個電晶體的 α 值分別為0.99與0.95，當組成達靈頓電路時，其電流增益應為 (A)2000 (B)1200 (C)800 (D)500

( )11. 在一個達靈頓電路中，假設電晶體Q_1的$\beta_1 = 49$，電晶體Q_2的$\beta_2 = 19$則此達靈頓電路的總分貝電流增益$A_{iT(dB)}$為多少？ (A)80dB (B)60dB (C)40dB (D)20dB

( )12. 下列關於直接耦合串級放大電路，何者敘述正確？
(A)低頻頻率響應極差
(B)會產生信號的衰減與相位移
(C)電路的直流工作點穩定性佳
(D)因為前後級之間不易獲得阻抗匹配，所以無法獲得最大功率轉移

( )13. 共射極放大器的電壓增益為10dB，其後串接一級射極隨耦器，則其總電壓增益約為 (A)10dB (B)20dB (C)30dB (D)40dB

( )14. 下列關於多級放大電路中，何者敘述正確？
(A)級數愈多，電壓增益愈大
(B)級數愈多，輸入阻抗愈小
(C)級數愈多，輸出阻抗愈小
(D)級數愈多，頻寬愈大

( )15. 對於放大器之頻率響應，下列敘述何者錯誤？
(A)耦合及旁路電容會造成低頻響應不良
(B)放大器之極際電容、雜散電容會造成高頻響應不良
(C)截止頻率，是指當電壓增益降為中頻段電壓增益的$\frac{1}{\sqrt{2}}$倍時之頻率
(D)隨著串級數愈多，則低頻截止頻率會愈小

進階題

( )1. 如圖(1)所示，若$V_{CC} = 12$ V、$V_T = 25$ mV、$V_{BE1} = V_{BE2} = 0.7$ V、$R_C = 3$ kΩ、$R_E = 1.65$ kΩ、$R_{B1} = R_{B2} = R_{B3} = 6$ kΩ，則電晶體Q_1的集射極間電壓V_{CE1}為何？ (A)2.7V (B)3.3V (C)4V (D)4.3V

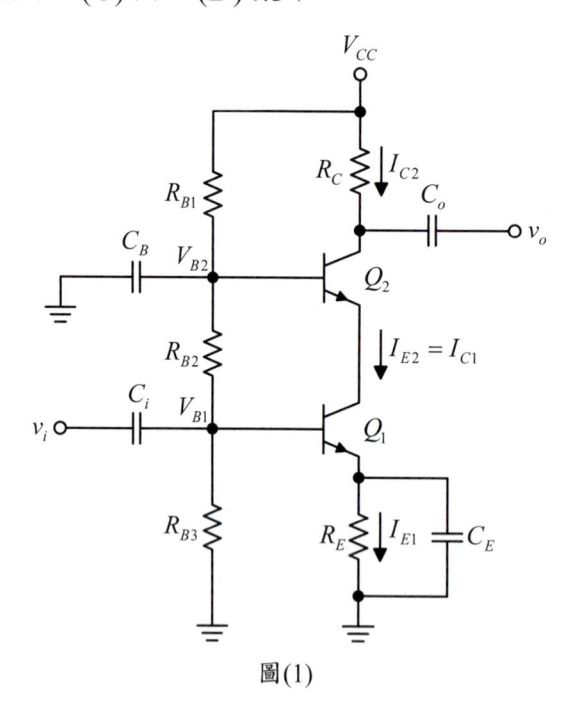

圖(1)

( )2. 承上題，試求總電壓增益A_{vT}約為何？ (A)−120 (B)−200 (C)−240 (D)−360

第 5 章 雙極性接面電晶體多級放大電路

歷屆試題

電子學試題

( )1. 假設CE，CC與CB分別為共射極，共集極與共基極放大器，下列疊接或串接中，何者適用於高頻電路？ [5-3][統測]

(A) 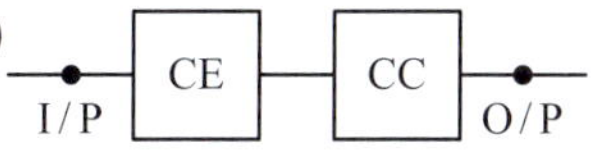 I/P─CE─CC─O/P
(B) 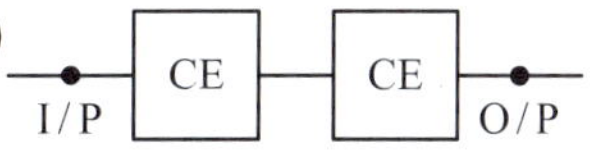 I/P─CE─CE─O/P
(C) 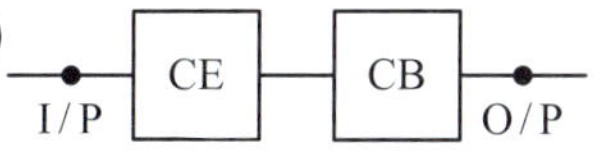 I/P─CE─CB─O/P
(D) 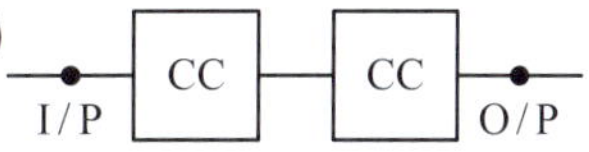 I/P─CC─CC─O/P

( )2. 如圖(1)所示，第一級電壓增益為20dB，第二級電壓增益為40dB，第三級輸出為20dBm。假設輸入電壓$V_i = 1\,\mu V$，輸出阻抗$R_L = 1\,k\Omega$，則下列敘述何者錯誤？
(A)第三級輸出功率$P_3 = 20\,mW$
(B)第二級輸出電壓$V_2 = 1\,mV$
(C)第三級輸出電壓$V_3 = 10\,V$
(D)三級放大器總電壓增益140dB [5-1][統測]

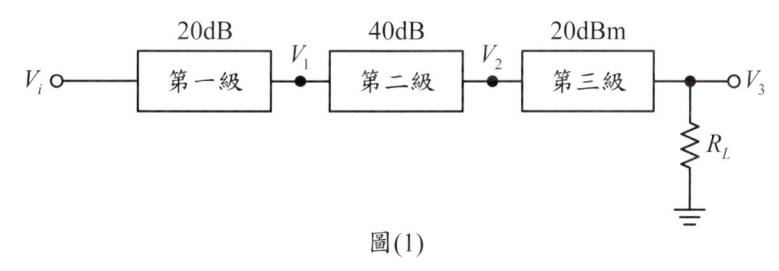

圖(1)

( )3. 圖(2)之A_v、R_i、R_o分別代表各級放大器之電壓增益、輸入及輸出阻抗，試問整個電路的電壓增益v_o/v_i約為： (A)98 (B)115 (C)144 (D)200 [5-1][統測]

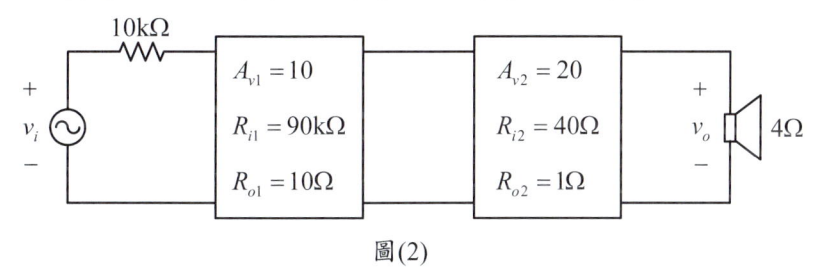

圖(2)

( )4. 如圖(3)所示，一個兩級串接直接耦合放大器，其中$V_{CC} = 10.7\,V$、$R_{B1} = 100\,k\Omega$、$R_{C1} = 1\,k\Omega$、$R_{E1} = 1\,k\Omega$、$R_{C2} = 0.5\,k\Omega$、$R_{E2} = 1\,k\Omega$，假設電晶體Q_1、Q_2之共射極電流增益分別為99、49，且Q_1、Q_2之BE接面的切入電壓均為0.7V，計算此電路之直流偏壓，請問I_{B1}、I_{B2}分別為多少？
(A)$I_{B1} = 0.05\,mA$，$I_{B2} = 0.1\,mA$
(B)$I_{B1} = 0.05\,mA$，$I_{B2} = 10\,mA$
(C)$I_{B1} = 0.1\,mA$，$I_{B2} = 0.1\,mA$
(D)$I_{B1} = 0.1\,mA$，$I_{B2} = 10\,mA$ [5-3][統測]

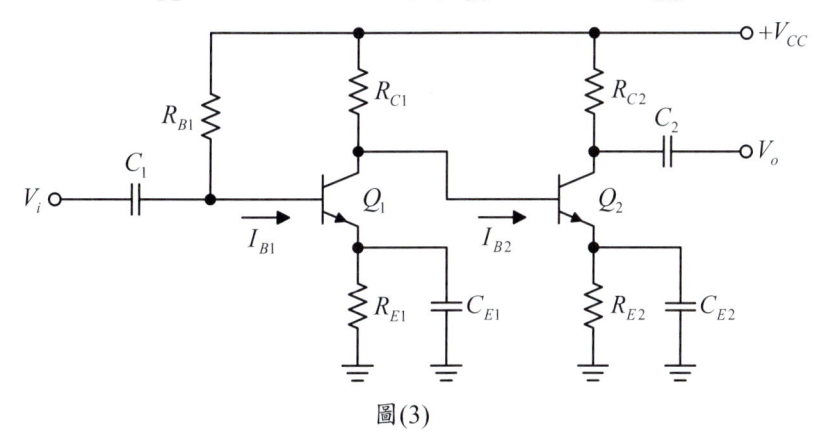

圖(3)

( )5. 如圖(4)所示，一個三級串接的放大器，若輸入電壓V_i為$2\mu V$，請問輸出電壓$V_o = ?$
(A)$V_o = -4\text{ mV}$ (B)$V_o = 4\text{ mV}$ (C)$V_o = -3.2\text{ mV}$ (D)$V_o = 20\ \mu V$ [5-1][統測]

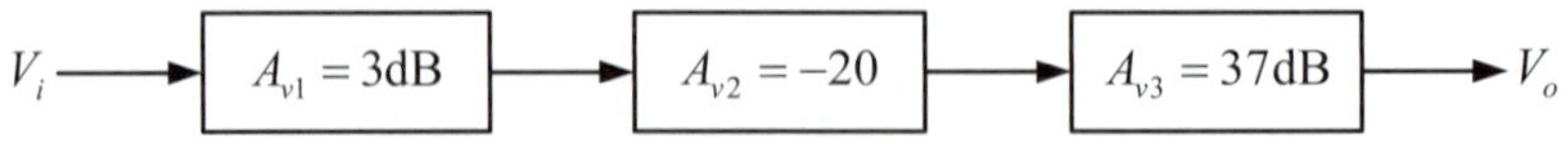

$V_i \longrightarrow \boxed{A_{v1} = 3\text{dB}} \longrightarrow \boxed{A_{v2} = -20} \longrightarrow \boxed{A_{v3} = 37\text{dB}} \longrightarrow V_o$

圖(4)

( )6. 下列多級放大器耦合類別中，低頻響應最佳的為何者？
(A)電阻電容耦合 (B)變壓器耦合 (C)電感耦合 (D)直接耦合 [5-3][統測]

( )7. 已知一放大電路電壓增益A_v為100，電流增益A_i為10，則其功率增益$A_{p(\text{dB})}$為多少？
(A)10dB (B)30dB (C)60dB (D)1000dB [5-1][統測]

( )8. 如圖(5)所示之達靈頓（Darlington）電路，下列敘述何者錯誤？
(A)Q_1與Q_2之連接屬於直接耦合 (B)輸入阻抗極高
(C)輸出阻抗極低 (D)電流增益約為1 [5-3][統測]

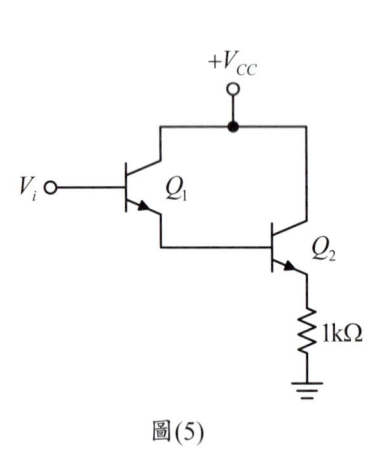

圖(5)

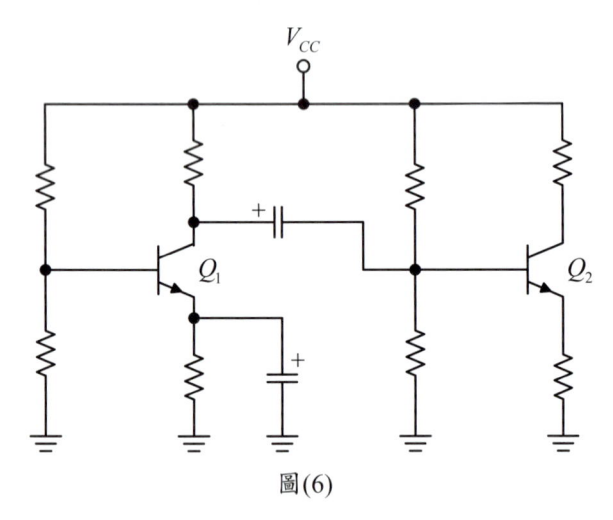

圖(6)

( )9. 如圖(6)所示之電晶體放大器電路，下列何者為Q_1與Q_2的連接方式？
(A)變壓器耦合 (B)電感耦合 (C)電阻電容耦合 (D)直接耦合 [5-2][統測]

( )10. 如圖(7)所示之電路，若Q_1及Q_2中$V_{BE1} = V_{BE2} = 0.7\text{ V}$，$\beta_1 = 50$，$\beta_2 = 100$，$V_{CC} = 5\text{ V}$，$R_B = 100\text{ k}\Omega$，$R_E = 0.5\text{ k}\Omega$，則$\dfrac{V_o}{V_i}$之值約為何？
(A)5000 (B)100 (C)50 (D)1 [5-3][統測]

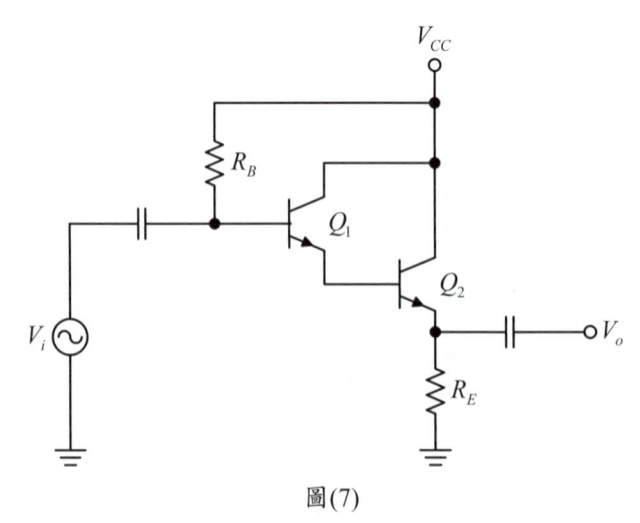

圖(7)

第 5 章 雙極性接面電晶體多級放大電路

( )11. 下列有關達靈頓（Darlington）電路之敘述，何者正確？
(A)電壓增益與輸出阻抗甚高　　(B)電流增益與輸出阻抗甚高
(C)電壓增益與輸入阻抗甚低　　(D)輸出阻抗低，為串級直接耦合電路　[5-3][統測]

( )12. 如圖(8)所示之電路，兩電晶體之 β 皆為80，切入電壓 V_{BE} 皆為0.7V，則輸入阻抗 Z_i 約為何？　(A)12.8MΩ　(B)6.4MΩ　(C)1.52MΩ　(D)0.42MΩ　[5-3][統測]

圖(8)

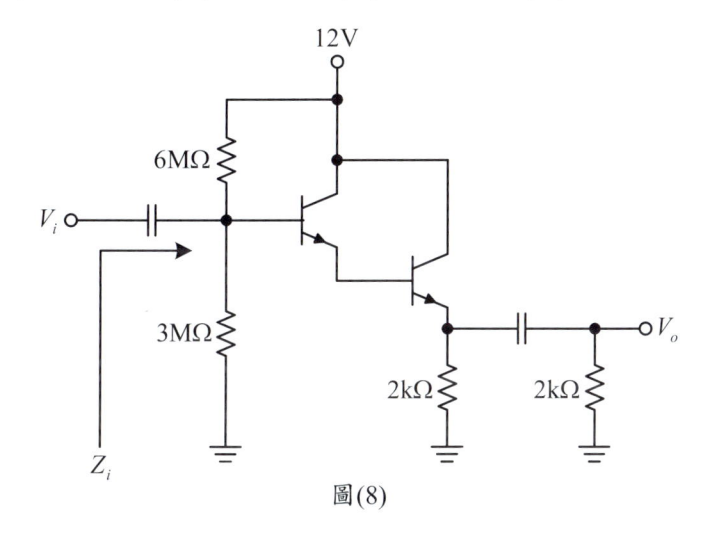

( )13. 某串級放大器輸入電壓為 $0.01\sin(t)$V，第一級與第二級電壓增益分別為10dB與30dB，則第二級輸出電壓有效值約為何？
(A)7.07V　(B)1.414V　(C)1V　(D)0.707V　[5-1][統測]

( )14. 積體電路內之串級放大器電路大部分採用何種耦合方式？
(A)直接耦合　(B)電容耦合　(C)電阻耦合　(D)變壓器耦合　[5-3][統測]

( )15. 下列有關由兩個共射極放大器構成 RC 耦合串級放大電路的敘述，何者正確？
(A)第一級直流工作點的變化會影響到第二級的直流工作點
(B)高頻的電壓增益受到耦合電容的影響而降低
(C)第一級直流工作點的變化會影響到第二級的交流電壓增益
(D)低頻的電壓增益受到耦合電容的影響而降低　[5-2][統測]

( )16. 如圖(9)是由兩個完全相同的電晶體以 RC 耦合串級合成的放大電路，假設電路的總電壓增益為 $A_{vT} = (v_o(t)/v_a(t)) * (v_a(t)/v_i(t)) - A_{v2} * A_{v1}$，試問當負載電阻（$R_L$）由 $R_L = 10$MΩ 逐漸減小到 $R_L = 8$Ω 的過程中，A_{vT} 會發生什麼樣的變化？
(A)由大漸變小　(B)由小漸變大　(C)維持不變　(D)先變大再變小　[5-2][統測]

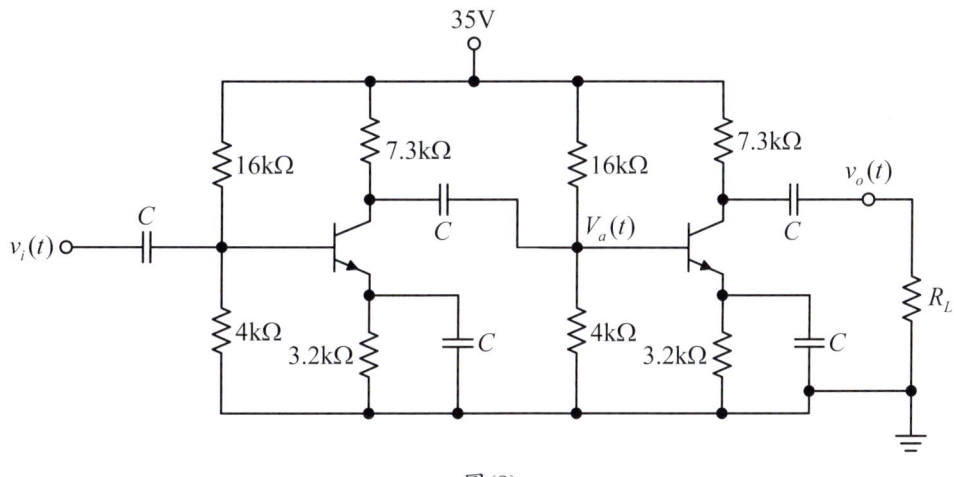

圖(9)

( )17. 承上題,當負載電阻由 $R_L = 8\,\Omega$ 逐漸增大到 $R_L = 10\,\text{M}\Omega$ 的過程中,試問 A_{v1} 會發生什麼樣的變化?
(A)由大漸變小 (B)由小漸變大 (C)維持不變 (D)先變大再變小 [5-2][統測]

( )18. 將兩個相同的單級低通放大器串接成一個兩級放大器,其頻帶寬度的變化相較於個別單級低通放大器有何不同?
(A)兩級放大器頻帶寬度會不變
(B)兩級放大器頻帶寬度會增加
(C)兩級放大器頻帶寬度會減小
(D)兩級放大器頻帶寬度會隨工作時間先增加再減小 [5-3][102統測]

( )19. 一串級放大電路,已知第一級電壓增益為 20dB,第二級電壓增益為 20倍,若此串級放大電路輸入電壓 V_i 為 $10\mu V$ 時,則輸出電壓 V_o 為多少?
(A)$200\mu V$ (B)$400\mu V$ (C)2mV (D)4mV [5-1][102統測]

( )20. 下列有關直接耦合串級放大電路之敘述,何者正確?
(A)電路穩定度極高 (B)各級間之直流偏壓工作點不會相互干擾
(C)各級間阻抗匹配容易 (D)低頻響應佳 [5-3][103統測]

( )21. 各級電壓增益皆大於1之串級放大電路,若級數越多則:
(A)增益越大且頻寬越大 (B)增益越大且頻寬越小
(C)增益越小且頻寬越大 (D)增益越小且頻寬越小 [5-3][103統測]

( )22. 下列有關常見的達靈頓電路(Darlington circuit)之特點,何者錯誤?
(A)高輸出阻抗 (B)高輸入阻抗 (C)高電流增益 (D)低電壓增益 [5-3][104統測]

( )23. 下列敘述何者正確?
(A)變壓器耦合串級放大電路不易受磁場干擾
(B)直接耦合串級放大電路之低頻響應不佳
(C)直接耦合串級放大電路前後級阻抗容易匹配
(D)電阻電容耦合串級放大電路偏壓電路獨立,設計容易 [5-3][104統測]

( )24. 下列哪兩種電容較會影響串級放大器之低頻響應?
(A)電晶體極際電容、旁路電容 (B)耦合電容、變壓器雜散電容
(C)電晶體極際電容、變壓器雜散電容 (D)耦合電容、旁路電容 [5-3][105統測]

( )25. 在串接式多級放大器電路中,下列何者不屬於級與級間的耦合電路?
(A)直接耦合電路 (B)變壓器耦合電路
(C)電阻電容耦合電路 (D)電晶體耦合電路 [5-1][106統測]

( )26. 有一放大器的截止頻率為100Hz和20kHz,當輸入訊號為中頻段2kHz弦波時之輸出功率為120W。若僅改變輸入訊號頻率至20kHz,則此時之輸出功率約為多少?
(A)30W (B)60W (C)84.85W (D)120W [5-3][106統測]

( )27. 某一串級放大電路之各級電壓增益值分別為100、10及1倍,若不考慮各級負載效應,則其總電壓增益分貝(dB)值為何?
(A)20dB (B)60dB (C)100dB (D)111dB [5-1][107統測]

( )28. 有一個單級放大器,其低頻截止頻率為 $f_L = 1\text{kHz}$,高頻截止頻率為 $f_H = 200\text{ kHz}$,若將兩相同之此種放大器串接成兩級放大器,則此串接放大器的頻帶寬度約為何?(提示:$\sqrt{0.414} \approx 0.64$)
(A)199kHz (B)156.25kHz (C)126.44kHz (D)105.62kHz [5-3][107統測]

第 5 章 雙極性接面電晶體多級放大電路

( )29. 一理想三級串級放大器電路，第一級電壓增益為–100，第二級放大器電壓增益為20dB，第三級放大器電壓增益為10dB。則此放大器之總電壓增益為何？
(A)70dB (B)50dB (C)10dB (D)–10dB　　　　　　　　　　　　[5-1][108統測]

( )30. 如圖(10)所示操作於作用區之電路，若直流偏壓電流 $I_E = 1.25\,\text{mA}$，熱電壓 $V_T = 25\,\text{mV}$，$\beta = 150$，負載喇叭阻抗 $R_L = 30\,\Omega$，則電壓增益 v_o/v_i 約為何？
(A)–149 (B)–14.9 (C)14.9 (D)149　　　　　　　　　　　　　　[5-2][108統測]

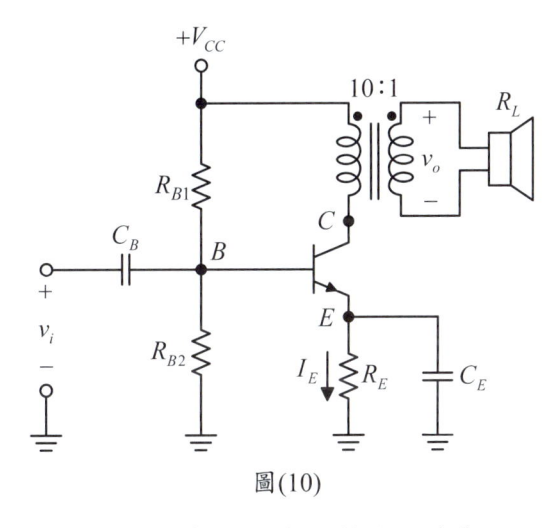

圖(10)

( )31. 單級放大電路的低頻截止頻率為 f_L，高頻截止頻率為 f_H，若將完全相同的放大電路串接成 n 級時，則其低頻截止頻率 $f_L(n)$，高頻截止頻率 $f_H(n)$，下列何者正確？

(A) $f_L(n) = \dfrac{f_L}{\sqrt{2^{\frac{1}{n}} - 1}}$、$f_H(n) = f_H\sqrt{2^{\frac{1}{n}} - 1}$　　(B) $f_L(n) = f_L\sqrt{2^{\frac{1}{n}} - 1}$、$f_H(n) = \dfrac{f_H}{\sqrt{2^{\frac{1}{n}} - 1}}$

(C) $f_L(n) = \dfrac{f_L}{\sqrt{2^n - 1}}$、$f_H(n) = f_H\sqrt{2^n - 1}$　　(D) $f_L(n) = f_L\sqrt{2^n - 1}$、$f_H(n) = \dfrac{f_H}{\sqrt{2^n - 1}}$

[5-3][109統測]

( )32. 兩級的串級放大器，第一級放大器電壓增益為50，第二級放大器電壓增益為200，若兩級間沒有負載效應，則其總電壓增益為何？
(A)40dB (B)60dB (C)80dB (D)10000dB　　　　　　　　　　　[5-1][109統測]

( )33. 有關兩個相同電晶體（BJT）組成的達靈頓（Darlington）電路，下列敘述何者錯誤？
(A)由兩個共射極組態放大器直接耦合而成
(B)電流增益很大
(C)具有大的輸入阻抗
(D)具有小的輸出阻抗　　　　　　　　　　　　　　　　　　　　[5-3][110統測]

( )34. 某三級串級放大器，其第一級輸入電壓為 $0.2\,\text{mV}$，若各單級電壓增益分別為40dB、20dB及20dB，則第三級輸出電壓的絕對值為何？
(A)1V (B)2V (C)4V (D)8V　　　　　　　　　　　　　　　　　[5-1][110統測]

電子學實習試題

( )1. 接妥圖(1)電路，當接上12V電源時，LED是否發亮？若人體帶有雜訊時，以手碰觸A點，此時觀察電路中的LED是否發亮？
(A)是，是
(B)是，否
(C)否，是
(D)否，否 [5-3][統測]

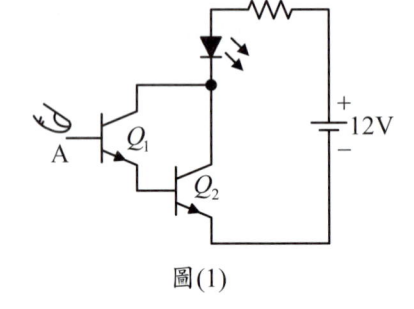

( )2. 對於多級放大耦合電路，下列何種耦合具有良好的低頻響應？
(A)直接耦合 (B)電阻電容耦合 (C)變壓器耦合 (D)電感電容耦合 [5-3][統測]

( )3. 如圖(2)為達靈頓電路，若β_1為電晶體Q_1的β值（電流增益），β_2為電晶體Q_2的β值，則其總電流增益（I_{E2}/I_{B1}）約為多少？
(A)$(\beta_1 \times \beta_2)/(\beta_1 + \beta_2)$
(B)$(1+\beta_2)/(1+\beta_1)$
(C)$\beta_1 + \beta_2$
(D)$\beta_1 \times \beta_2$ [5-3][102統測]

圖(2)

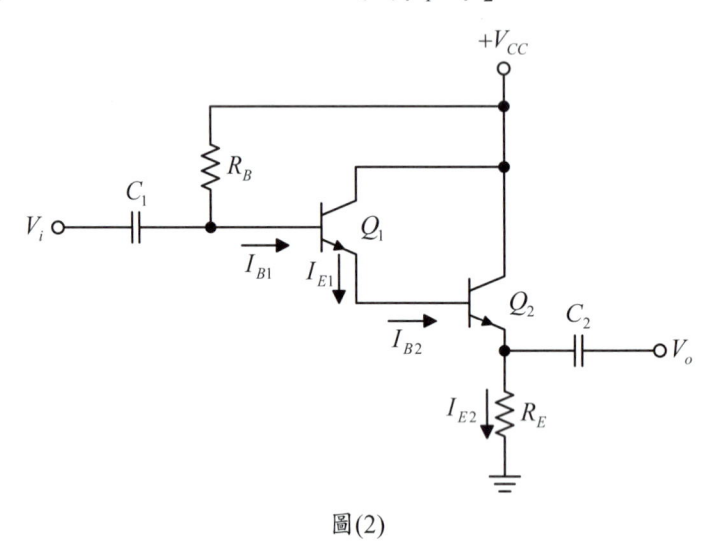

( )4. 若將二級共射極放大器使用直接耦合方式連接，即前級輸出端直接串接後級輸入端，下列何者為這種串接放大器的缺點？
(A)靜態工作點不穩定 (B)電路結構複雜
(C)低頻響應差 (D)電路成本高 [5-3][102統測]

( )5. 下列關於串級放大器之敘述，何者正確？
(A)電阻電容（RC）耦合串級放大器所使用之電容（C）是用來作阻抗匹配
(B)由兩電晶體組成之達靈頓放大電路主要目的為增加頻帶寬度（bandwidth）
(C)變壓器耦合串級放大器所使用之變壓器可增加頻帶寬度
(D)直接耦合串級放大器可放大直流信號 [5-3][104統測]

( )6. 下列有關BJT串級放大電路之敘述，何者正確？
(A)RC耦合串級放大器之前後級阻抗匹配容易
(B)直接耦合串級放大器之低頻響應佳
(C)變壓器耦合串級放大器沒有直流隔離作用
(D)RC耦合串級放大器之前後級直流工作點會相互影響 [5-3][105統測]

第 5 章 雙極性接面電晶體多級放大電路

( )7. 有關達靈頓（Darlington）電路的敘述何者錯誤？
 (A)達靈頓電路可由1個PNP電晶體與1個NPN電晶體構成
 (B)達靈頓電路可由2個PNP電晶體構成
 (C)達靈頓電路為直接耦合串級放大電路
 (D)達靈頓電路的特點是輸入阻抗很小 [5-3][105統測]

( )8. 下列有關達靈頓（Darlington）放大電路特性之敘述，何者正確？
 (A)電壓增益極高 (B)電流增益小於1
 (C)輸入阻抗高 (D)溫度特性穩定 [5-3][106統測]

( )9. 使用雙載子電晶體（BJT）設計之串級放大電路架構中，前後級之間信號傳遞有RC耦合、直接耦合、變壓器耦合等三種可能方式，下列敘述何者錯誤？
 (A)RC耦合放大電路：各級間之耦合電容對直流信號有阻隔作用，各放大級間之直流偏壓不會互相影響
 (B)RC耦合放大電路：各級間之耦合電容會影響低頻信號之電壓增益
 (C)直接耦合放大電路：前一級輸出信號直接送至下一級輸入端，沒有耦合電容影響，電路元件值有誤差時偏壓點不易受影響，電路穩定度較好
 (D)變壓器耦合放大電路：各級之間以變壓器作為連接，直流功率損失較小，較容易藉由調整變壓器匝數比來達成阻抗匹配 [5-2][106統測]

( )10. 下列有關RC耦合串級放大電路中的耦合電容之敘述，何者正確？
 (A)使直流電流容易傳送到下一級 (B)使阻抗容易匹配
 (C)使得低頻響應差 (D)提升直流電流增益 [5-2][107統測]

( )11. 有關串級放大器實驗的敘述，下列何者正確？
 (A)直接耦合串級放大器因前一級交流輸出信號透過電容器直接傳送至後一級，故後一級偏壓工作點容易受前一級影響
 (B)RC耦合串級放大器可放大直流信號，又稱直流放大器
 (C)變壓器耦合串級放大器的體積雖大，但有前、後級的直流工作點可獨立設計的好處
 (D)變壓器耦合串級放大器可放大直流信號，又稱直流放大器 [5-3][107統測]

( )12. 如圖(3)所示之放大器電路，實驗時若改變R_4電阻值，且兩電晶體都維持在作用區工作，則下列何者不會改變？
 (A)電壓增益v_{o1}/v_i (B)電壓增益v_o/v_i
 (C)電流增益i_o/i_i (D)輸入阻抗Z_i [5-2][108統測]

圖(3)

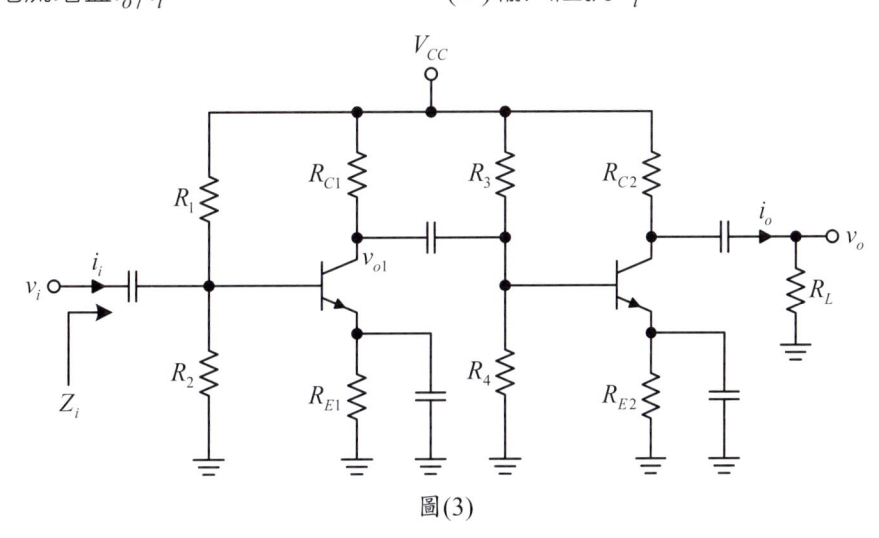

(　　)13. 有關串級放大器實驗，下列敘述何者錯誤？
　　　　(A)串級放大器可用來達到較大的電流增益需求
　　　　(B)達靈頓電路屬於直接耦合串級放大器
　　　　(C)以同一放大器串接成串級放大器，其頻寬依串級數的增加而以固定比例下降
　　　　(D)串級放大器可用來達到較大的電壓增益需求　　　　　　　　　　[5-3][108統測]

(　　)14. 如圖(4)所示電路，v_i峰對峰值為0.4V，當開關SW打開時，v_o峰對峰值為4V。已知$R_L = R_{C2}$，當SW閉合時，電壓增益v_o/v_i約為何？
　　　　(A)1　(B)5　(C)10　(D)20　　　　　　　　　　　　　　　　　　　[5-2][109統測]

圖(4)

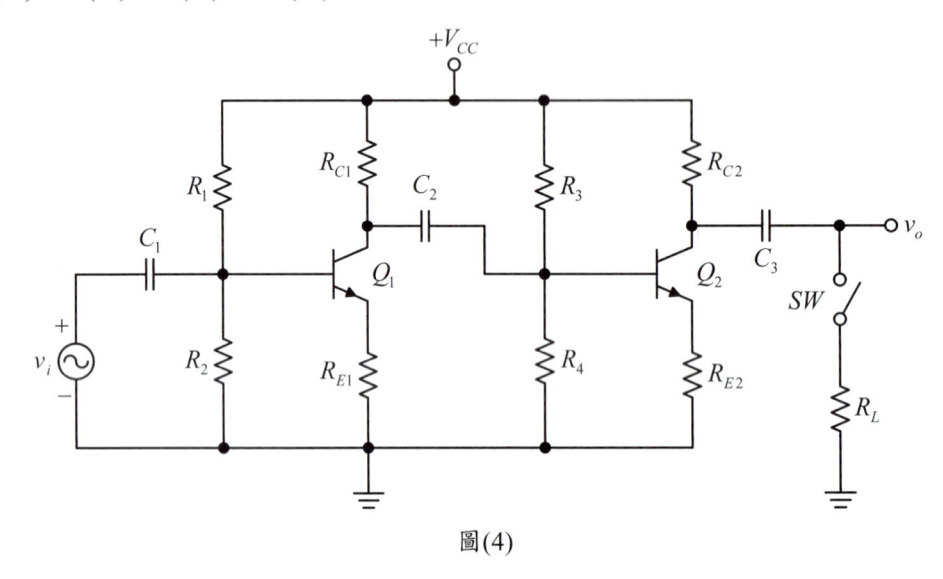

(　　)15. 圖(5)為一個串級（Cascaded）放大器，將耦合電容C_C移除斷路時，個別量得第一級的電壓增益$\dfrac{v_{o1}}{v_i}$與第二級的電壓增益$\dfrac{v_o}{v_{i2}}$分別為5.4與5.0，當接回耦合電容後，再次量測第一級與第二級的電壓增益可能分別為何？
　　　　(A)5.6與4.8　(B)5.0與4.8　(C)5.0與5.0　(D)5.6與5.0　　　　　　[5-2][109統測]

圖(5)

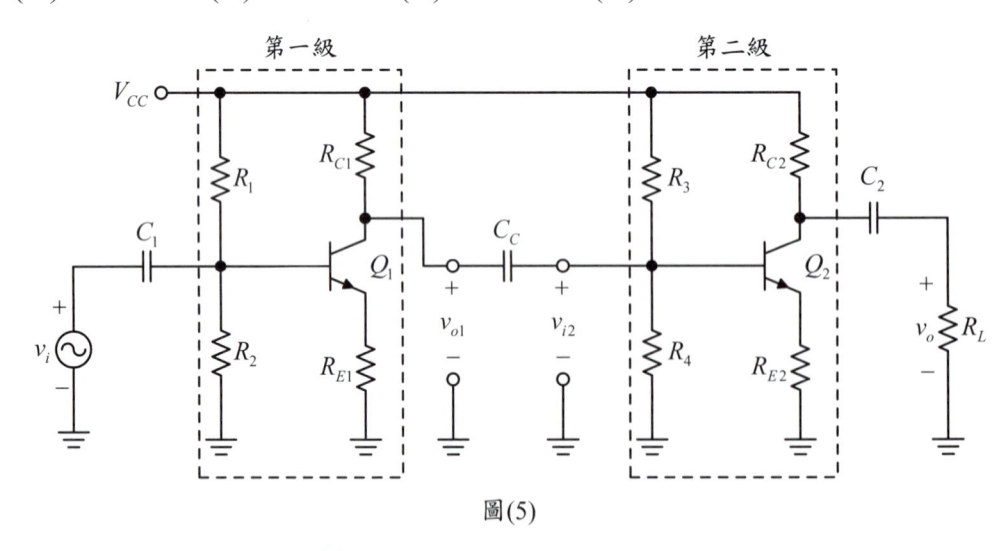

(　　)16. 一RC耦合串級放大器操作於正常放大區，第一級放大器之電壓增益為38dB，第二級放大器之電壓增益為22dB。忽略級間負載效應，於此放大器輸入振幅為500μV之弦波信號，則輸出電壓振幅為何？
　　　　(A)30mV　(B)300mV　(C)0.5V　(D)5V　　　　　　　　　　　　　[5-1][110統測]

第 5 章 雙極性接面電晶體多級放大電路

最新統測試題

( )1. 由三個放大電路串接而成的串級放大器,其各級電壓增益分別為+20dB、+40dB及+20dB,則串級放大器總電壓增益為何?
(A)80 (B)1000 (C)10000 (D)16000 [5-1][111統測]

▲ 閱讀下文,回答第2-4題

如圖(1)所示串級放大器,其中兩顆電晶體的切入電壓V_{BE}皆為0.7V,熱電壓V_T皆為25mV;串級放大器的設計可以串接相同或不同電路組態的放大電路,以獲得所需的輸入阻抗匹配及電壓增益。

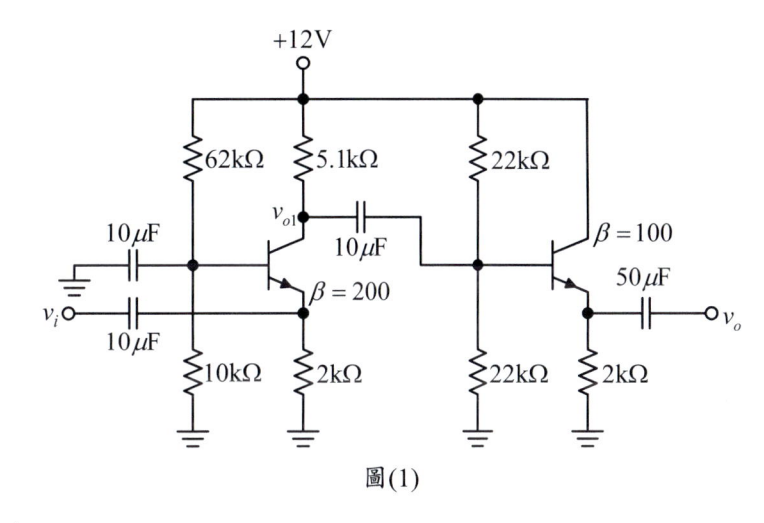

圖(1)

( )2. 圖中串級放大器的耦合方式為何?
(A)電阻電容耦合 (B)直接耦合 (C)電阻耦合 (D)電感耦合 [5-2][111統測]

( )3. 圖中由v_i輸入端看進去的輸入阻抗約為何?
(A)15Ω (B)26Ω (C)51Ω (D)2kΩ [5-2][111統測]

( )4. 圖中第二級電壓增益v_o/v_{o1}約為何? (A)1 (B)10 (C)15 (D)25 [5-2][111統測]

▲ 閱讀下文,回答第5-6題

如圖(2)所示之BJT串級放大電路,電晶體Q_1之β為199,Q_2之β為99,V_{BE}均為0.7V,熱電壓$V_T = 26$ mV,$R_{E1} = 1.3$ kΩ,$R_{E2} = 663$ Ω,若選擇R_{C1}及R_{C2}使得兩級放大電路之工作點均操作於負載線的中點。

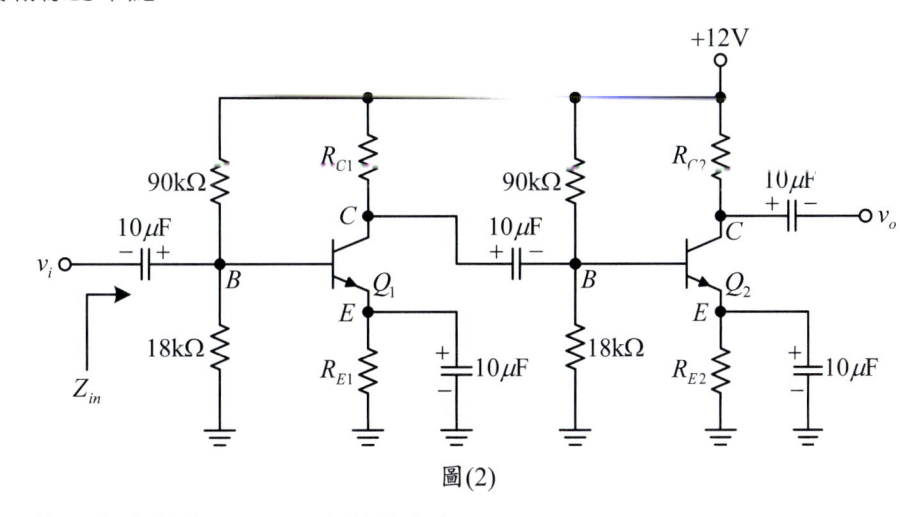

圖(2)

( )5. 依題幹敘述之條件,則R_{C2}之值約為何?
(A)1.52kΩ (B)2.52kΩ (C)3.12kΩ (D)5.11kΩ [5-2][112統測]

( )6. 承上電路,輸入阻抗Z_{in}約為何?
(A)7.8kΩ (B)4.02kΩ (C)2.74kΩ (D)1.8kΩ [5-2][112統測]

(　　)7. 下列有關串級放大器增益之敘述，何者正確？
(A)放大器電壓增益dB值為負，則表示輸出電壓反相
(B)放大器電流增益dB值為0，則輸出與輸入之電流相角相同
(C)放大器之總增益dB值為各級增益dB值相乘
(D)放大器增益dB值為負，則輸出信號振幅小於輸入信號振幅 [5-1][113統測]

▲ 閱讀下文，回答第8-9題

如圖(3)所示之串級放大實驗電路，電晶體Q_1採用2SC1815，形成第一級放大電路，Q_2採用2N3569，$\beta_2 = 80$，形成第二級放大電路。已調整R_{B1}及R_{B2}使得Q_1及Q_2直流工作點之$V_{CE} = 6$ V。示波器CH1、CH2之輸入選擇開關設定於DC耦合模式，且垂直檔位均各自設置於適當檔位。

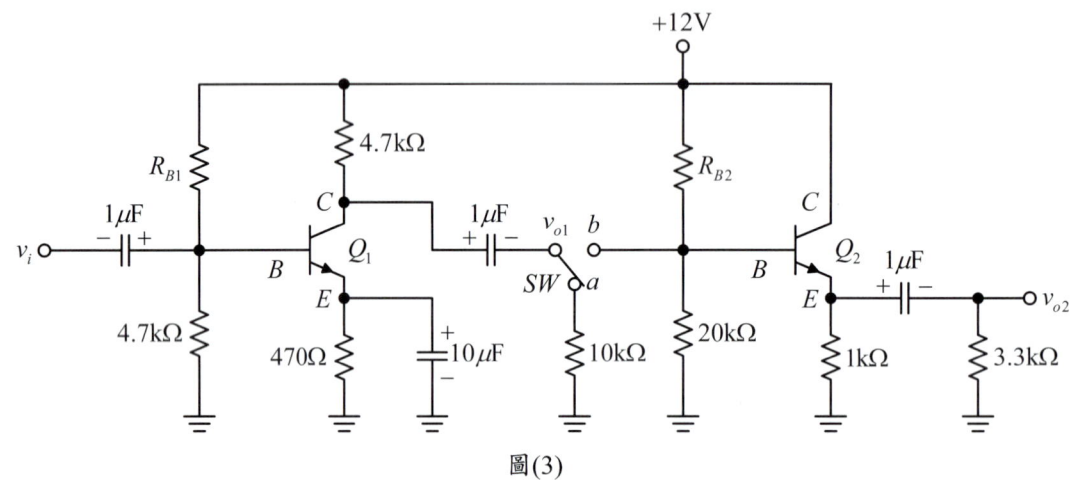

圖(3)

(　　)8. 若v_i輸入信號以示波器CH1量測波形如圖(4)所示，且當開關SW切於b處時，以CH2量測v_{o1}之示意波形可能為何？ [5-2][114統測]

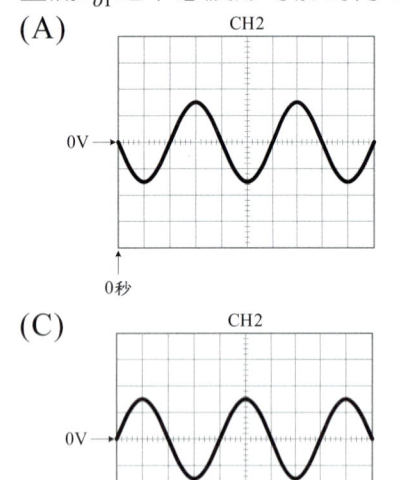

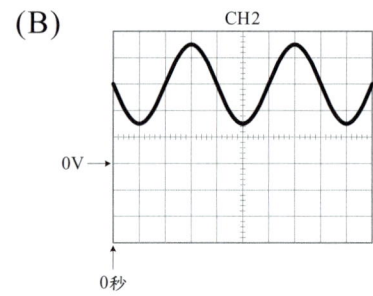

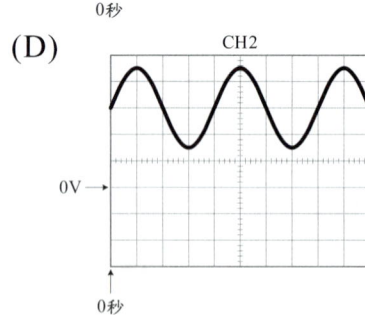

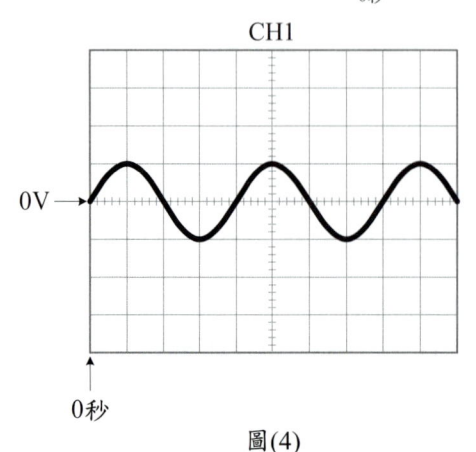

(A)　(B)　(C)　(D)

圖(4)

(　　)9. 電阻R_{B2}約為何？
(A)8.61kΩ　(B)12.96kΩ　(C)21.35kΩ　(D)24.36kΩ

[5-2][114統測]

模擬演練

電子學試題

( ) 1. 如圖(1)所示，若輸入電壓 $V_i(t) = 5\sqrt{2}\sin 377t$ (mV)，則下列敘述何者正確？
　(A) $\overline{V_1} = 10\angle 0°$ mV
　(B) 第一級的電壓增益分貝數以 $\log_{10}(-20)$ 表示
　(C) 輸出電壓 V_o 和輸入電壓 V_i 相位差 180°
　(D) 第二級輸出增益數為 -20 dBm　　　　　　　　　　　　　　　　　　[5-1]

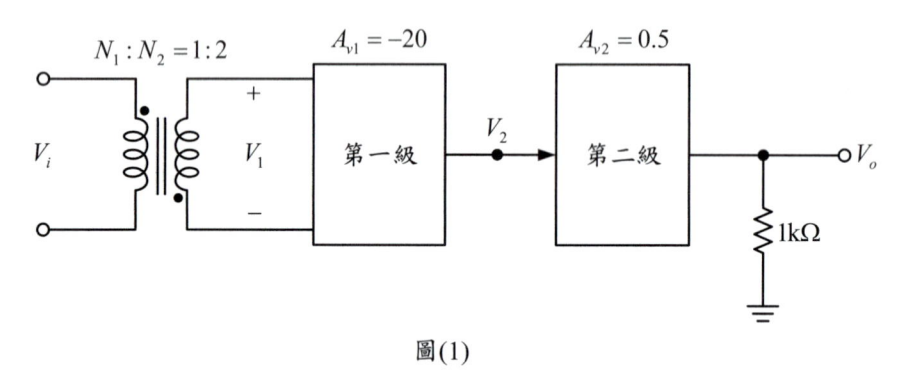

圖(1)

( ) 2. 已知有一個多級放大器，其輸入電阻為 1kΩ，而負載為 9Ω，當輸入電壓為 100V 時，其輸出電壓為 30V，求其功率增益為多少 dB？
　(A) 10　(B) 20　(C) 30　(D) 40　　　　　　　　　　　　　　　　　　　[5-1]

( ) 3. 佐助在進行電晶體（BJT）串級放大電路實驗時，如圖(2b)所示，若圖(2a)為 V_{C1} 的波形圖且各電晶體的 $V_{BE} = 0.7$ V、$V_{CE(sat)} = 0.2$ V，熱電壓 $V_T = 25$ mV，已知 $V_{CE1} = 5.7$ V，則下列敘述何者錯誤？
　(A) $R_{B1} \approx 900$ kΩ
　(B) 總電壓增益 $A_{vT} = 9824$
　(C) 輸出電壓範圍為 4.24V～9.16V
　(D) 將電容器 C_C 短接後造成 V_{C1} 的直流準位略為下降　　　　　　　　　[5-2]

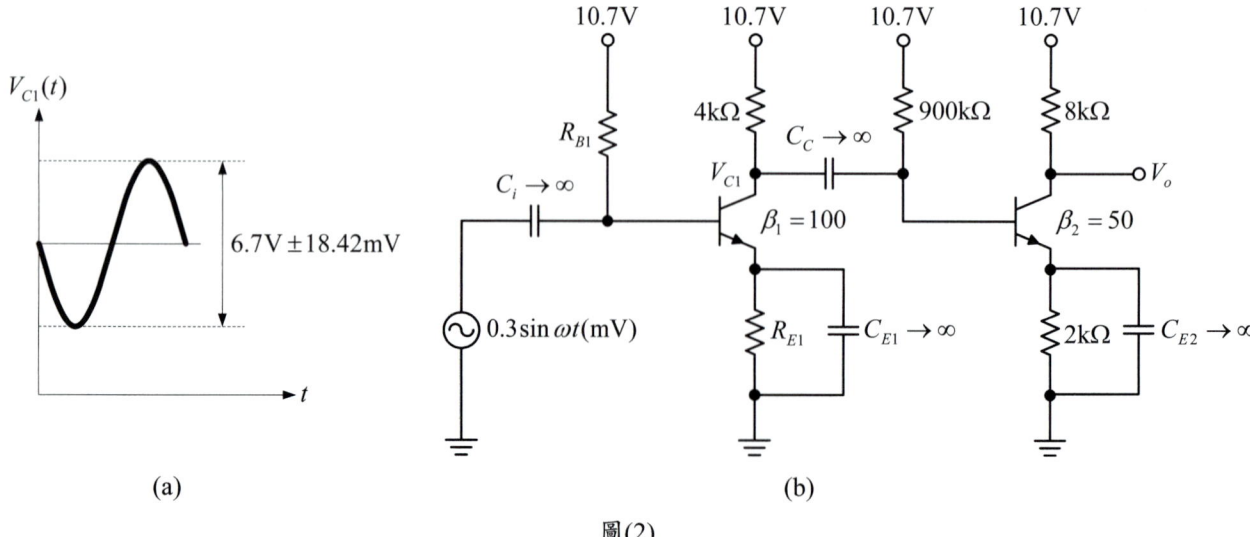

圖(2)

第 5 章 雙極性接面電晶體多級放大電路

( ) 4. 如圖(3)所示之串級放大電路，試問 Q_1、Q_2 所構成之放大器的組態分別為何？
(A) Q_1：共射極；Q_2：共射極
(B) Q_1：共射極；Q_2：共基極
(C) Q_1：共射極；Q_2：共集極
(D) Q_1：共集極；Q_2：共射極 [5-3]

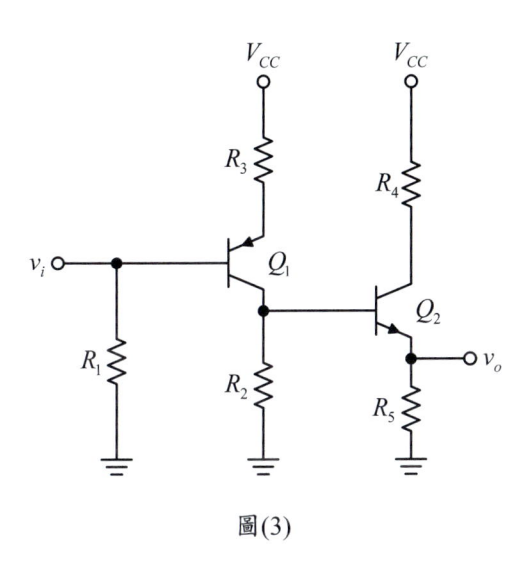

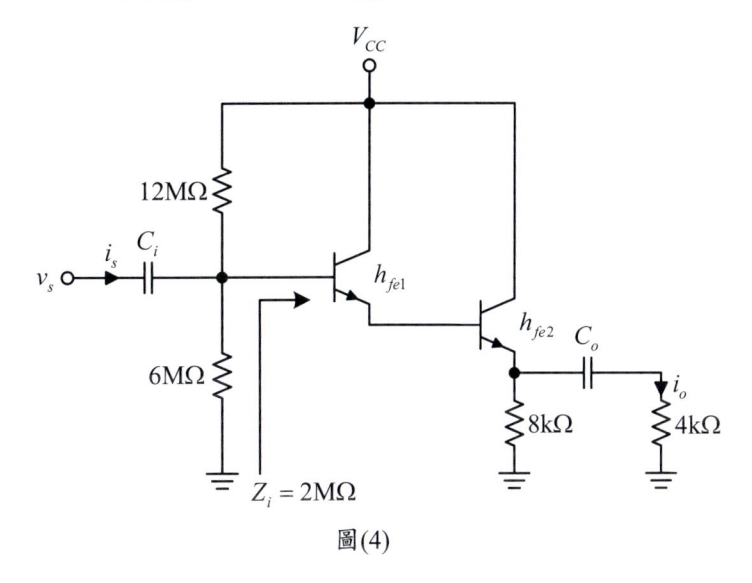

圖(3)

圖(4)

( ) 5. 如圖(4)所示電路，經由小訊號分析以及考慮 r_d 效應後，得知 $Z_i = 2\,\text{M}\Omega$，已知
$A_i = \dfrac{i_o}{i_s} = 500$，則 β_1（h_{fe1}）、β_2（h_{fe2}）之值應如何搭配最適合？
(A) $h_{fe1} = 50$；$h_{fe2} = 25$
(B) $h_{fe1} = 44$；$h_{fe2} = 50$
(C) $h_{fe1} = 45$；$h_{fe2} = 35$
(D) $h_{fe1} = 44$；$h_{fe2} = 24$ [5-3]

( ) 6. 如圖(5)所示，若NPN、PNP電晶體之 β 值均為99，且 $V_{BE1} = V_{EB2} = 0.6\,\text{V}$，熱電壓 $V_T = 25\,\text{mV}$，則下列敘述何者錯誤？
(A) $I_{B1} = 10\,\mu\text{A}$
(B) $I_{B2} = 10\,\mu\text{A}$
(C) $V_{C2} = 4.97\,\text{V}$
(D) 兩個電晶體接操作於主動區 [5-3]

圖(5)

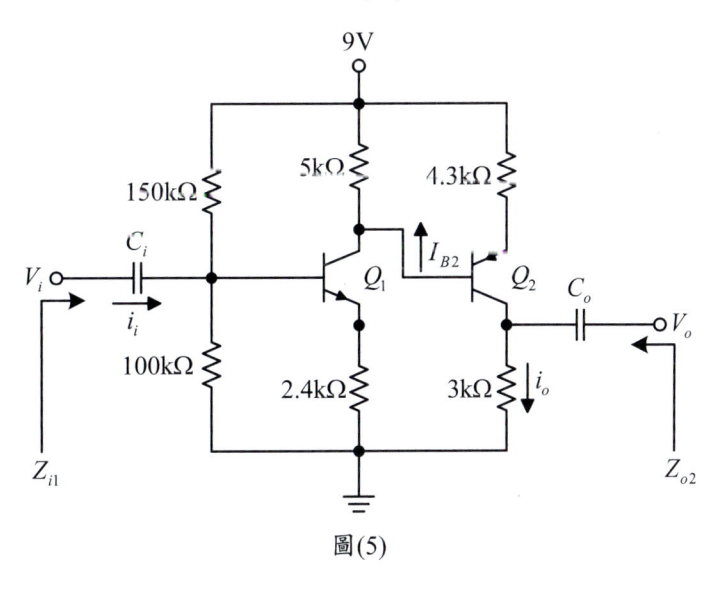

( ) 7. 承上題，下列敘述何者錯誤？
(A) 輸入阻抗 $Z_{i1} \approx 48\,\text{k}\Omega$
(B) 輸出阻抗 $Z_{o2} = 3\,\text{k}\Omega$
(C) 總電壓增益 $A_{vT} \approx 1.4$
(D) 總電流增益 $A_{iT} \approx 30.4$ [5-3]

(　　)8. 如圖(6)所示，電晶體Q_1與Q_2之特性完全相同，$V_{BE1} = V_{BE2} = 0.7\,\text{V}$、$V_T = 26\,\text{mV}$，且電晶體之基極電流可以忽略不計，試求電路之$V_{CB1}$、$V_{CB2}$分別為何？
(A)4.3V、0.7V　(B)5V、4.3V　(C)4.3V、4.3V　(D)5V、5V　　　　　　[5-3]

圖(6)

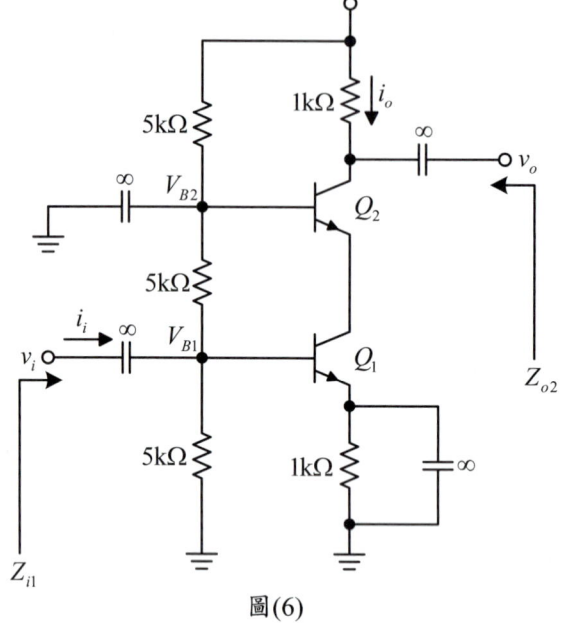

(　　)9. 承上題所示，試求電壓增益為何？
(A)−153　(B)−166　(C)−183　(D)−190　　　　　　[5-3]

(　　)10. 若放大器的頻率響應，其曲線上的最大電壓增益大小為100，則在−3dB截止頻率處之電壓增益大小為何？
(A)35.5　(B)50　(C)70.7　(D)100　　　　　　[5-3][統測]

第 5 章 雙極性接面電晶體多級放大電路

電子學實習試題

( )1. 圖(1a)所示為串級放大系統,各級波形如圖(1b)所示,若 $R_L = 2\text{ k}\Omega$,則下列敘述何者正確?
(A)第一級與第二級的偏壓組態皆為共集極
(B)總電壓增益為20dB
(C)輸出功率為10mW
(D)輸出分貝功率數為0dBm　　　　　　　　　　　　　　　　　　　　　　　[5-1]

圖(1)

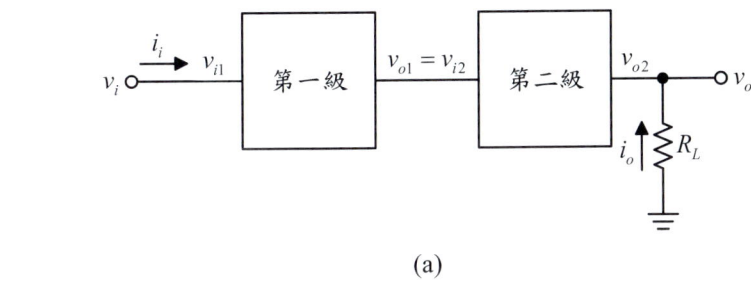

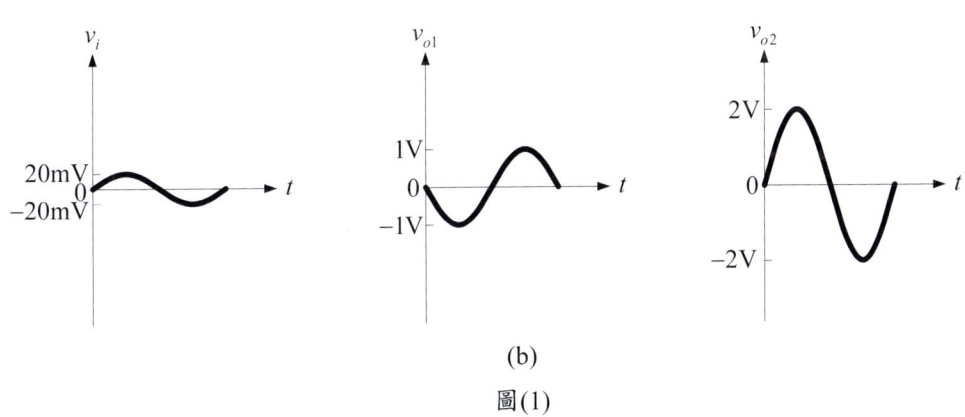

( )2. 有40W輸出的放大器連接至10Ω的揚聲器,若放大器的電壓增益為40dB,且為額定輸出時,求其輸入電壓為何?　(A)40mV　(B)0.1V　(C)0.2V　(D)0.4V　　[5-1]

( )3. 如圖(2)所示之串級放大電路,各級電壓增益 A_{v1}、A_{v2}、A_{v3} 表示電壓放大倍數,則此一串級放大電路之總電壓增益為何?
(A)70dB　(B)100dB　(C)120dB　(D)170dB　　　　　　　　　　　　　　　[5-1]

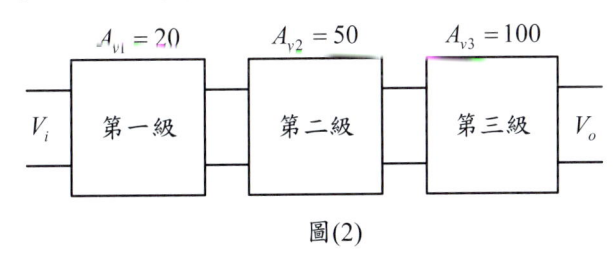

圖(2)

( )4. 如圖(3)所示之變壓器耦合串級放大電路,各級之電壓增益分別如圖中之標示,則此電路之總電壓增益為何?　(A)60dB　(B)80dB　(C)120dB　(D)160dB　　　[5-1]

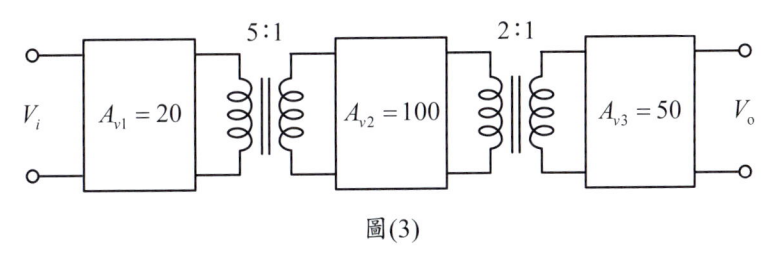

圖(3)

( )5. 如圖(4)所示的串級放大電路,其中第一級電壓增益為0dB,第二級電壓增益為20dB,第三級電壓增益為20dB,若沒有串接的負載效應,則總電壓增益為下列何者? (A)400倍 (B)200倍 (C)100倍 (D)1倍 [5-1]

圖(4)

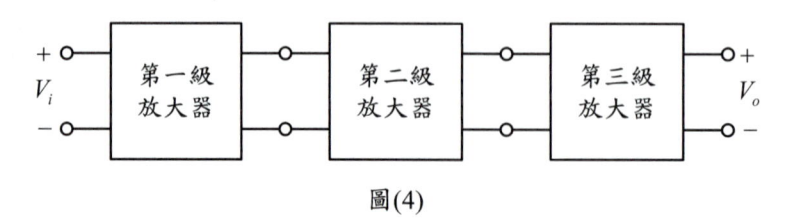

( )6. 圖(5a)所示為RC耦合串級放大電路,圖(5b)為使用示波器×1探棒(無衰減型)測量各級輸入及輸出波形,若$R_{C1} = R_{C2} = 10\,k\Omega$,$R_{E2} = 3\,k\Omega$,則下列敘述何者正確?
①分貝總電壓增益數為20dB
②$R_L = 10\,k\Omega$
③$R_L = 15\,k\Omega$
④R_{B1}減少使得第二級的直流工作點往飽和區移動
(A)①③ (B)①④ (C)②④ (D)③④ [5-2]

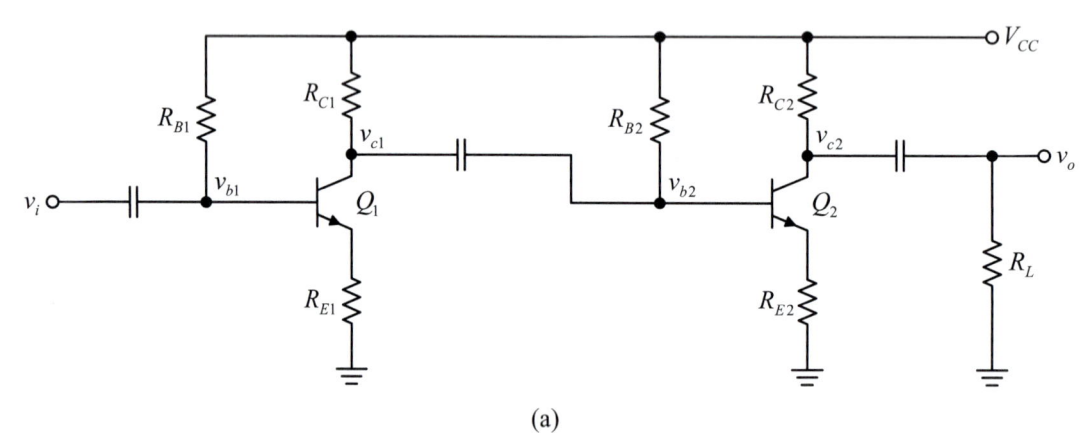

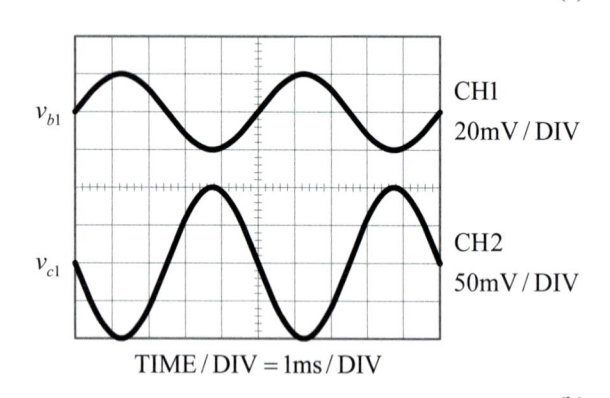

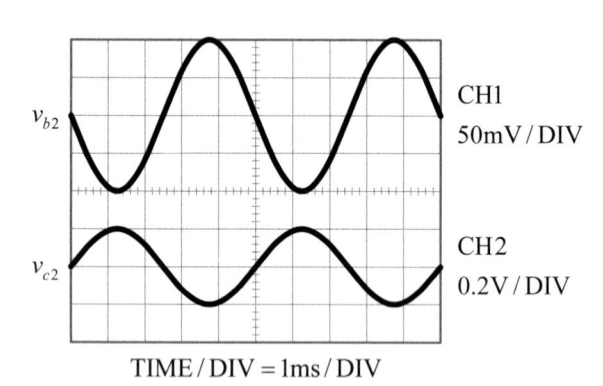

(a)

(b)

圖(5)

第 5 章 雙極性接面電晶體多級放大電路

( )7. 圖(6a)所示為 RC 耦合串級放大電路，圖(6b)為使用示波器×10探棒（衰減型）所測得之放大電路各級波形，若要使輸出 v_o 波形不失真，又不使電壓增益降低，則應如何調整？ (A)增加 R_{B2} 值 (B)減少 R_{B2} 值 (C)增加 R_{C2} 值 (D)減少 R_{C2} 值 [5-2]

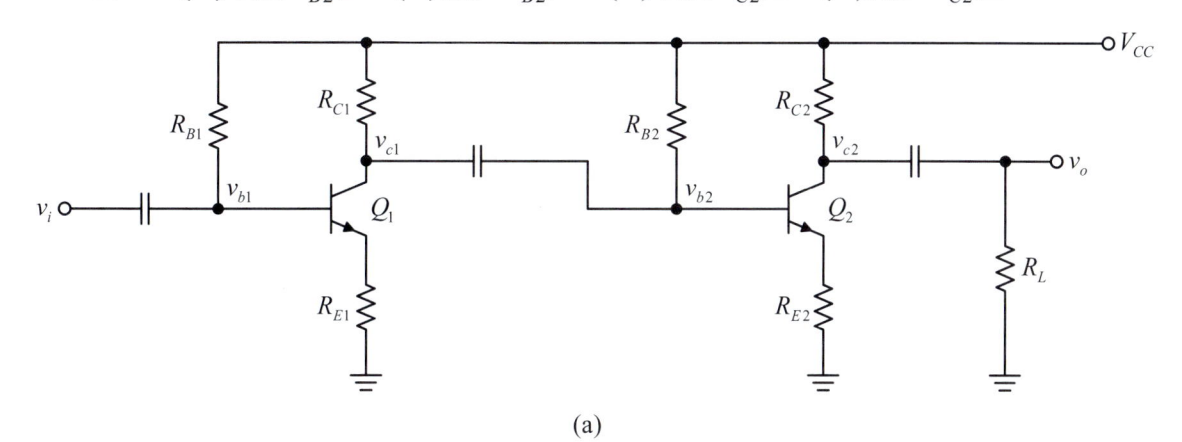

(a)

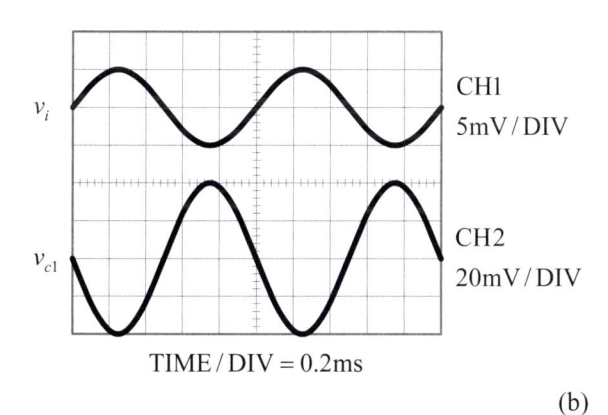

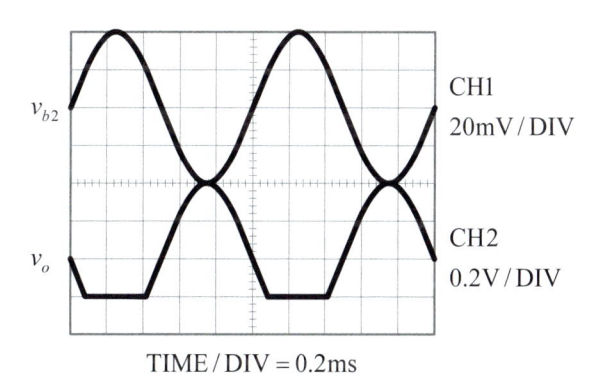

(b)

圖(6)

( )8. 如圖(7)所示，若 $\beta_1 = 50$、$\beta_2 = 50$、$r_{\pi 1} = r_{\pi 2} = 1\text{k}\Omega$，若輸入電壓為 $\dfrac{5}{6}\sin\omega t \text{(mV)}$，將輸出端接至示波器的CH1，使用示波器×1探棒（無衰減型），並將檔位切換至 2V/DIV，則示波器螢幕的峰值電壓顯示幾格？
(A)2格 (B)4格 (C)5格 (D)7格 [5-2]

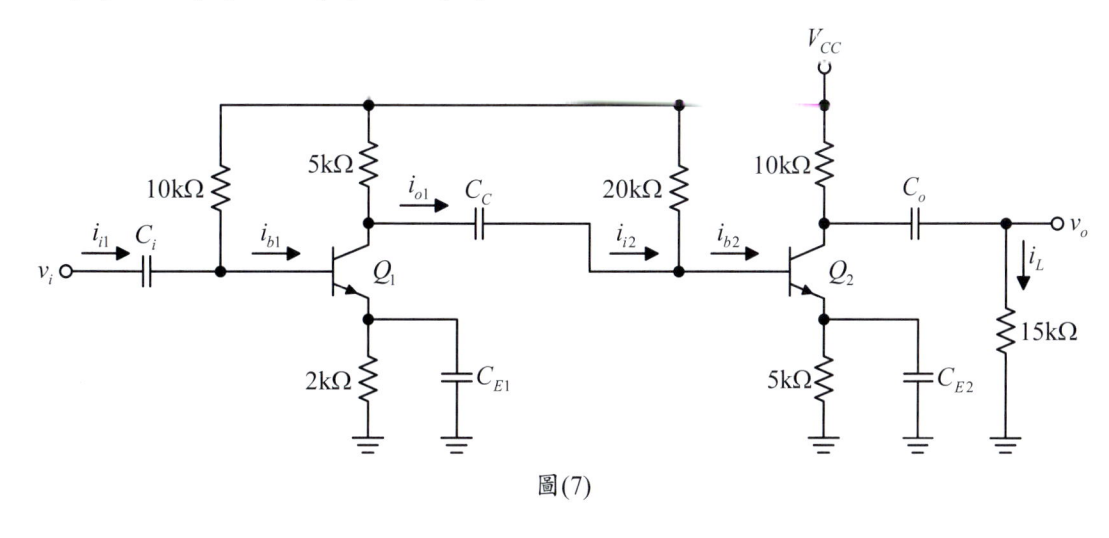

圖(7)

(　　)9. 圖(8a)所示為RC耦合串級放大電路，圖(8b)為示波器×1探棒（無衰減型）所測得之輸出波形，若要使輸出電壓波形v_o不失真，且各級直流工作點不變，則應如何調整？
(A)增加R_{C1}且減少R_{B2}
(B)減少R_{C1}且增加R_{B2}
(C)移除電容器C_C
(D)移除電容器C_{E1}或C_{E2}

[5-2]

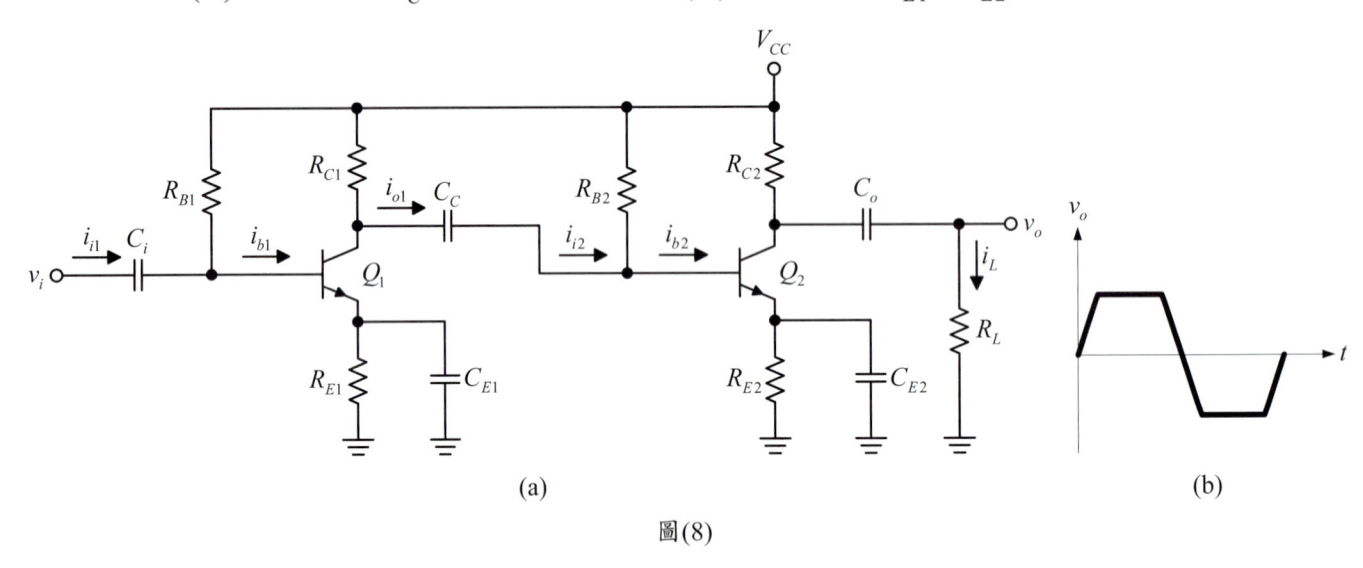

圖(8)

(　　)10. 若一電阻電容耦合串級放大器電路之頻率響應如圖(9)所示，f_L與f_H分別為低頻與高頻截止頻率，則電路的低頻增益衰減現象是由下列何者造成？
(A)雜散電容　(B)極間電容　(C)分佈電容　(D)耦合電容

[5-3]

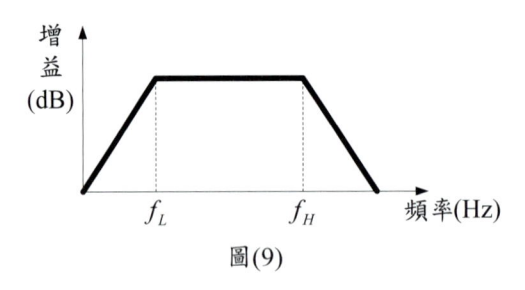

圖(9)

第 5 章 雙極性接面電晶體多級放大電路

素養導向題

▲ 閱讀下文,回答第1～6題

宇智波鼬和宇智波佐助的忍者術科考試中,宇智波鼬不慎使用炎術過度,誤將隔壁漩渦鳴人的筆試測驗卷燒毀兩處,造成鳴人無法作答。如圖(1)所示,若電晶體Q_1與Q_2之特性完全相同,且基極交流電阻$r_{\pi 1} = r_{\pi 2} = 1\,k\Omega$、$\beta_1 = \beta_2 = 49$,試問:

圖(1)

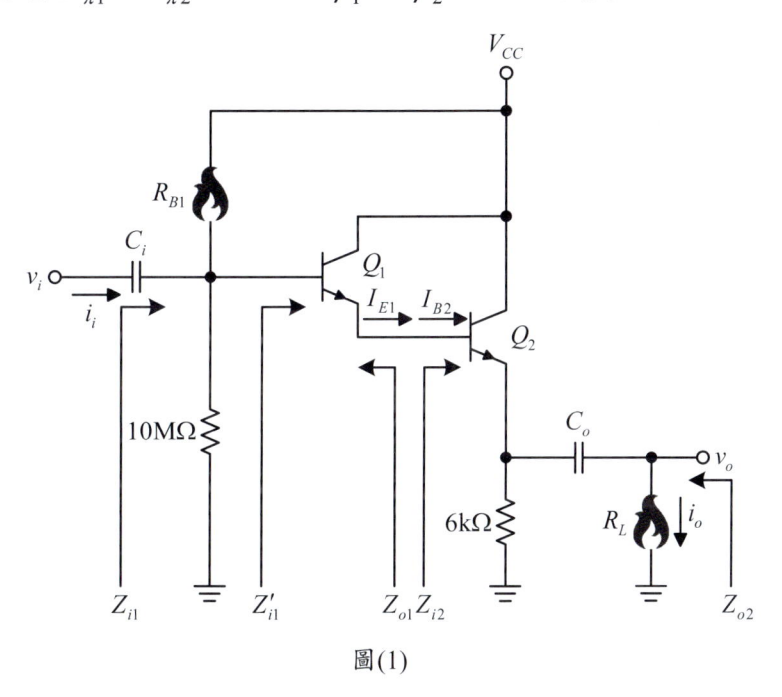

( )1. 電容器C_i的功能,是
(A)隔離直流成分,通過交流訊號　(B)隔離交流成分,通過直流訊號
(C)同時隔離交直流信號　(D)同時通過交直流信號

( )2. 電路的耦合型態為
(A)直接耦合放大電路　(B)RC耦合放大電路
(C)變壓器耦合放大電路　(D)RL耦合放大電路

( )3. 該電路的特性,為
(A)輸入阻抗小　(B)輸出阻抗大　(C)電壓增益大　(D)電流增益大

( )4. 若輸入阻抗Z_{i2}為$101\,k\Omega$,試求負載電阻R_L為何?
(A)$1\,k\Omega$　(B)$3\,k\Omega$　(C)$10\,k\Omega$　(D)$12\,k\Omega$

( )5. 輸入阻抗Z'_{i1}約為何? (A)$1\,M\Omega$　(B)$3\,M\Omega$　(C)$5\,M\Omega$　(D)$10\,M\Omega$

( )6. 若輸入阻抗Z_{i1}約為$3\,M\Omega$,試求基極偏壓電阻R_{B1}為何?
(A)$10\,M\Omega$　(B)$30\,M\Omega$　(C)$50\,M\Omega$　(D)$80\,M\Omega$

解 答

(*表示附有詳解)

5-1 立即練習

基礎題

*1.B　2.B　*3.C　4.B　*5.C　*6.B

進階題

*1.B　*2.D

5-2 立即練習

基礎題

1.A　*2.C　*3.C　*4.C

進階題

*1.B　*2.D

5-3 立即練習

基礎題

1.A　2.D　3.D　4.D　5.B　6.C　7.C　*8.D　*9.C　*10.A
*11.B　12.D　*13.A　14.A　15.D

進階題

*1.C　*2.C

歷屆試題

電子學試題

1.C　*2.A　*3.B　*4.A　*5.A　6.D　*7.B　8.D　9.C　*10.D
11.D　*12.C　*13.D　14.A　15.D　16.A　17.C　18.C　19.C　20.D
21.B　22.A　23.D　24.D　25.D　*26.B　*27.B　*28.C　*29.A　*30.C
31.A　32.C　33.A　*34.B

電子學實習試題

1.C　2.A　3.D　4.A　5.D　6.B　7.D　8.C　9.C　10.C
11.C　*12.D　13.C　*14.B　*15.C　*16.C

最新統測試題

*1.C　2.A　*3.C　*4.A　*5.C　*6.B　7.D　*8.B　*9.B

模擬演練

電子學試題

*1.D　*2.A　*3.C　4.C　*5.D　*6.C　*7.D　*8.A　*9.B　*10.C

電子學實習試題

*1.D　*2.C　*3.B　*4.B　*5.C　*6.A　7.A　*8.C　9.D　10.D

素養導向題

1.A　2.A　3.D　*4.B　*5.C　*6.B

CHAPTER 6 金氧半場效電晶體

本章學習重點

章節架構	必考重點	
6-1　金氧半場效電晶體之構造及特性	• 金氧半場效電晶體之構造 • 金氧半場效電晶體之特性	★★★★☆
6-2　空乏型金氧半場效電晶體之特性曲線	• 空乏型金氧半場效電晶體之特性曲線	★★★★☆
6-3　增強型金氧半場效電晶體之特性曲線	• 增強型金氧半場效電晶體之特性曲線	★★★★☆
6-4　金氧半場效電晶體之直流偏壓	• D-MOSFET與E-MOSFET之各種偏壓電路	★★★★★

統測命題分析

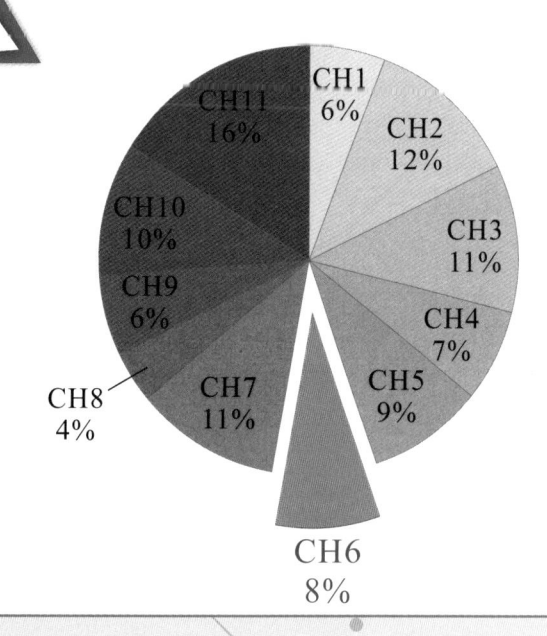

- CH1 6%
- CH2 12%
- CH3 11%
- CH4 7%
- CH5 9%
- CH6 8%
- CH7 11%
- CH8 4%
- CH9 6%
- CH10 10%
- CH11 16%

考前 3 分鐘

1. MOSFET的導電載子與偏壓關係表

MOSFET的型式		導電載子	V_{GS}	V_{DS}
空乏型 MOSFET	N通道	電子	負電壓（空乏模式） 正電壓（增強模式）	正電壓
	P通道	電洞	正電壓（空乏模式） 負電壓（增強模式）	負電壓
增強型 MOSFET	N通道	電子	正電壓	正電壓
	P通道	電洞	負電壓	負電壓

2. 空乏型MOSFET的各項特性

操作區域與特性曲線 \ 通道型式	P通道 空乏型MOSFET	N通道 空乏型MOSFET
截止區	$V_{GS} \geq V_P$	$V_{GS} \leq V_P$
歐姆區（三極區）	$V_{GD} < V_P$（$V_{GS} - V_{DS} < V_P$） 且 $V_{GS} < V_P$	$V_{GD} > V_P$（$V_{GS} - V_{DS} > V_P$） 且 $V_{GS} > V_P$
夾止區 （飽和區、定電流區、線性放大區）	$V_{GD} \geq V_P$（$V_{GS} - V_{DS} \geq V_P$） 且 $V_{GS} < V_P$	$V_{GD} \leq V_P$（$V_{GS} - V_{DS} \leq V_P$） 且 $V_{GS} > V_P$
崩潰區	$V_{DS} < BV_{DSS}$	$V_{DS} > BV_{DSS}$
轉移特性曲線	$I_D = I_{DSS} \times (1 - \dfrac{V_{GS}}{V_{GS(off)}})^2$	$I_D = I_{DSS} \times (1 - \dfrac{V_{GS}}{V_{GS(off)}})^2$

3. 增強型MOSFET的各項特性

操作區域與特性曲線 \ 通道型式	P通道 增強型MOSFET	N通道 增強型MOSFET
截止區	$V_{GS} \geq V_t$	$V_{GS} \leq V_t$
歐姆區（三極區）	$V_{GD} < V_t$（$V_{GS} - V_{DS} < V_t$）且 $V_{GS} < V_t$	$V_{GD} > V_t$（$V_{GS} - V_{DS} > V_t$）且 $V_{GS} > V_t$
夾止區（飽和區、定電流區、線性放大區）	$V_{GD} \geq V_t$（$V_{GS} - V_{DS} \geq V_t$）且 $V_{GS} < V_t$	$V_{GD} \leq V_t$（$V_{GS} - V_{DS} \leq V_t$）且 $V_{GS} > V_t$
崩潰區	$V_{DS} < BV_{DSS}$	$V_{DS} > BV_{DSS}$
轉移特性曲線	$I_D = K \times (V_{GS} - V_t)^2$	$I_D = K \times (V_{GS} - V_t)^2$

4. MOSFET各種偏壓組態

偏壓方式 \ MOSFET型式	空乏型MOSFET	增強型MOSFET
固定偏壓法	○	○
自給偏壓法	○	×
分壓式偏壓法	○	○
零偏壓法	○	×
汲極回授偏壓法	×	○

6-1 金氧半場效電晶體之構造及特性　105 106 109 112 113

理論重點

重點 1　金氧半場效電晶體之構造

1. **絕緣閘場效電晶體**（Insulated-Gate Field Effect Transistor，簡稱IG-FET），在構造上沒有pn接合面，其閘極與通道間是以 _____ 隔開，因此又稱為 _____（Metal Oxide Semiconductor Field-Effect Transistor，簡稱 _____），或簡稱為『_____』。

2. MOSFET之種類，依傳導的載子可分為n型（N通道）與p型（P通道）；依操作之方式，有 _____（Depletion type），簡記為 _____ 和 _____（Enhancement type），簡記為 _____ 兩種。

3. 空乏型的結構：

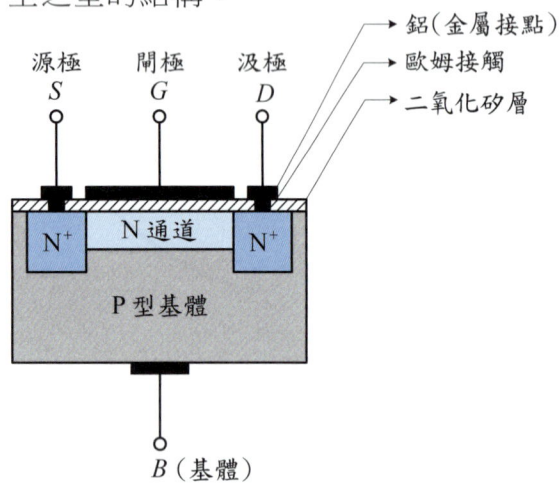

(a) N通道空乏型MOSFET 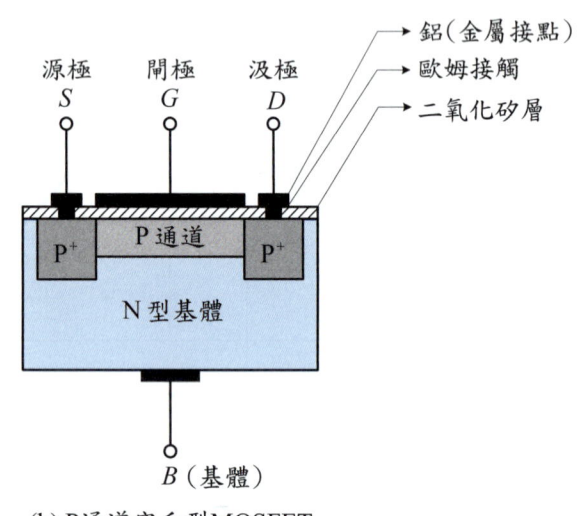　　(b) P通道空乏型MOSFET

4. 增強型的結構：

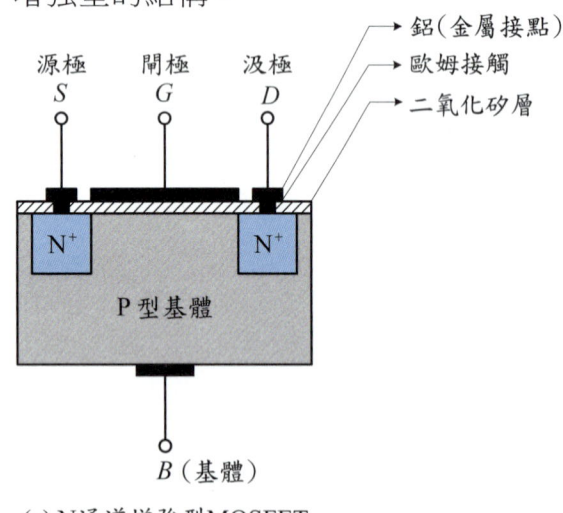

(a) N通道增強型MOSFET 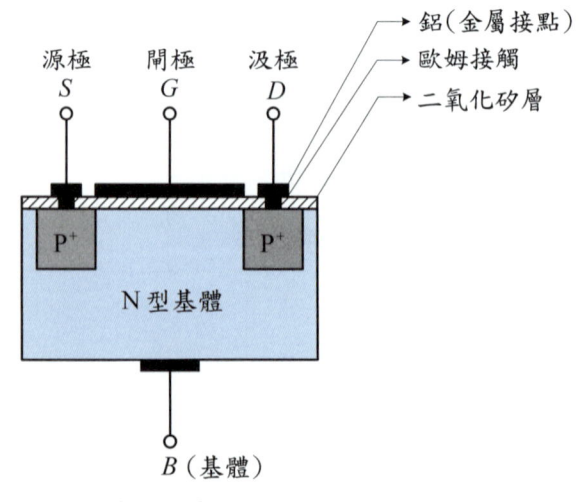　　(b) P通道增強型MOSFET

註：**歐姆接觸**（Ohmic contact）：將金屬與高摻雜濃度的半導體接合在一起，則此接合面的接觸電阻甚小，該接觸面是不具有整流（單向導電）的特性，因此稱為歐姆接觸。

答案:1. 二氧化矽（SiO$_2$）、金屬氧化物半導體場效電晶體、MOSFET、金氧半場效電晶體
2. 空乏型、D-MOSFET、增強型、E-MOSFET

重點 2　金氧半場效電晶體之特性

1. 電路符號：

型式	符號	電路符號	簡化符號
空乏型	P通道		
空乏型	N通道		
增強型	P通道		
增強型	N通道		

2. BJT與MOSFET之特性、優缺點與用途：

特性與用途＼元件	BJT	MOSFET
製程	繁瑣（體積大）	容易（體積小，用於VLSI以上級別電路）
結構	非對稱結構（射極與集極不可以對調使用）	對稱結構（源極與汲極可對調使用）
傳導載子	雙載子（電子與電洞）	單載子（視通道而定）
控制方式	電流控制型元件（I_B控制I_C）	電壓控制型元件（V_{GS}控制I_D）
輸入阻抗	小（數kΩ）	大（$10^{10}Ω \sim 10^{15}Ω$）
熱穩度	差（β為正溫度係數）（集極電流I_C隨溫度增加而增加）	好（K與I_D為負溫度係數）（汲極電流I_D隨溫度增加而減小）
抵補電壓（offset voltage）	有（$V_{BE} > 0.7$ V才有I_C）	無（增強型MOSFET除外）
雜訊能力	差	優
歐力效應	通道寬度調變	通道長度調變
增益頻寬積	大	小
頻率響應	優	差
操作速度	快	慢
偏壓方式	每種偏壓方式皆適用	有所限制
開關電路	操作於飽和區（ON）與截止區（OFF）	操作於歐姆區（ON）與截止區（OFF）

老師講解

1. 下列哪個元件是靠單一載子來傳送電流？
(A)FET　(B)雙極性電晶體　(C)二極體　(D)SCR

解 (A)

學生練習

1. N通道MOSFET的傳導載子為何？
(A)電子
(B)電洞
(C)多數載子為電子，少數載子為電洞
(D)多數載子為電洞，少數載子為電子

實習重點

重點 1　場效電晶體之識別

1. FET與BJT的包裝極為相似，因此需由編號來判別何種形式之FET。
2. 編號方式：
   (1) 日規編號：2SK××××表示N通道FET，2SJ××××表示P通道FET
   (2) 美式編號與廠商自訂編號，較無規則可循，通常需藉由資料手冊來判別。

重點 2　場效電晶體之接腳判別

1. 閘極（G）之判別：將三用電表切至$R \times 1\text{k}\Omega$測量，MOSFET的閘極與源極或汲極皆不導通，皆不導通的接腳為閘極（G）。

   註：MOSFET的源極與汲極並無明顯差異，且可對調使用，因此只需找出閘極並且判斷通道形式即可。

2. 汲-源極間的電阻（以歐姆檔測量）

   (1) D-MOSFET有預設通道，兩極間約有數Ω～數$\text{k}\Omega$，閘源極電壓可以接兩種極性，皆會感應電流。

   (2) E-MOSFET沒有預設通道，兩極（源極與汲極）間會單向導通，如下圖所示，且閘源極只能接單一極性之電壓才會感應電流。

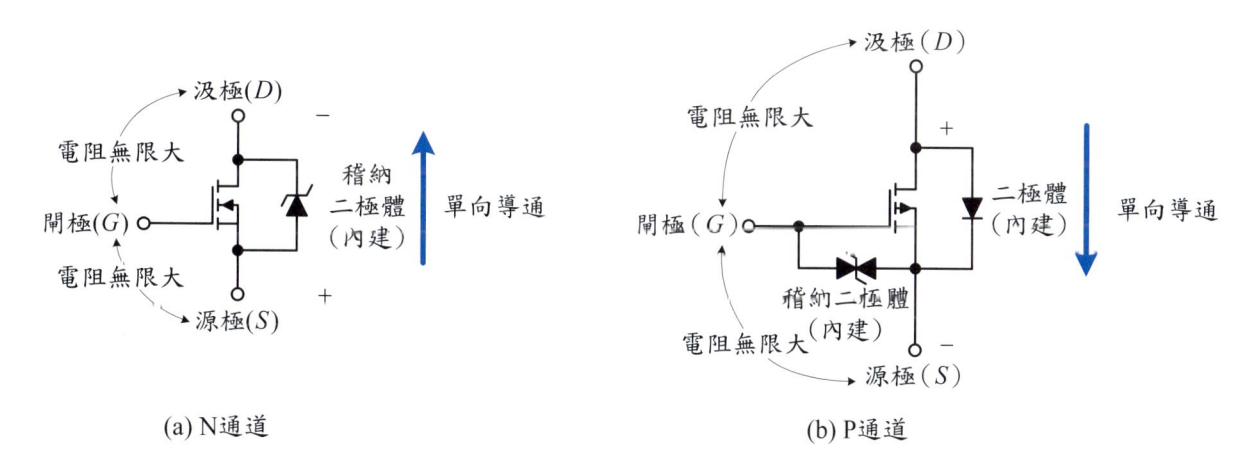

   (a) N通道　　(b) P通道

   (3) 不論D-MOSFET或E-MOSFET，對於N通道而言，黑棒觸碰源極，紅棒碰觸汲極，指針會大量偏轉；對於P通道而言，黑棒觸碰汲極，紅棒碰觸源極，指針會大量偏轉。

   註：可以令$V_{GS} = 0\text{ V}$，若有汲極電流即為D-MOSFET，沒有電流即為E-MOSFET。

3. 通道的判斷（當外加適當偏壓之後，並以DCV檔測量）

    (1) N通道：紅棒碰觸閘極，黑棒碰觸源極，指針順偏。

    (2) P通道：黑棒碰觸閘極，紅棒碰觸源極，指針順偏。

老師講解

2. 如下圖所示，使用指針式三用電表之1kΩ檔位量測MOSFET元件，黑棒接閘極（G），紅棒接汲極（D）或是源極（S），則下列敘述何者正確？
   (A)若為N通道元件時則指針會偏轉，若為P通道元件時則指針不偏轉
   (B)若為N通道元件時則指針不偏轉，若為P通道元件時則指針會偏轉
   (C)若為N通道元件時則指針會偏轉，若為P通道元件時則指針亦會偏轉
   (D)指針皆不偏轉

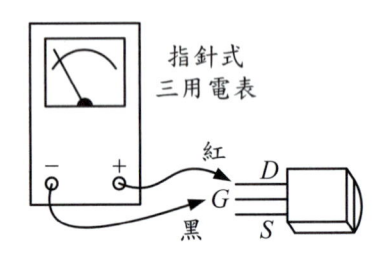

解 (D)

學生練習

2. 使用三用電表測量右圖N通道E-MOSFET接腳，已知電表黑棒內接電池正端，電表紅棒內接電池負端。若黑棒接腳2，紅棒接腳1得到低電阻，反之則為高電阻，則下列敘述何者正確？
   (A)腳2為閘極　(B)腳2為汲極　(C)腳2為源極　(D)腳2為源極或汲極

第 6 章 金氧半場效電晶體

立即練習

基礎題

(　)1. 下列何者是N通道增強型MOSFET之電路符號？
(A) (B) (C) (D)

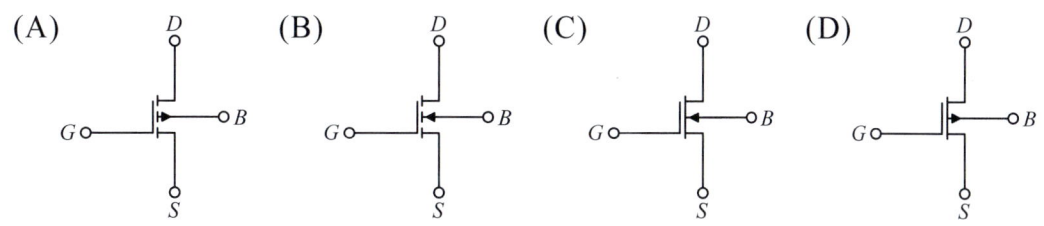

(　)2. 下列金氧半場效應電晶體（MOSFET）元件之電路符號，何者不是N通道型式？ [統測]
(A) (B) (C) (D)

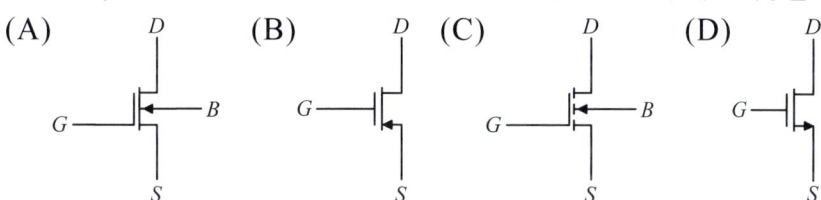

(　)3. 圖(1)的電路符號是指何種元件？
(A)P通道空乏型MOSFET　　(B)N通道空乏型MOSFET
(C)P通道增強型MOSFET　　(D)N通道增強型MOSFET

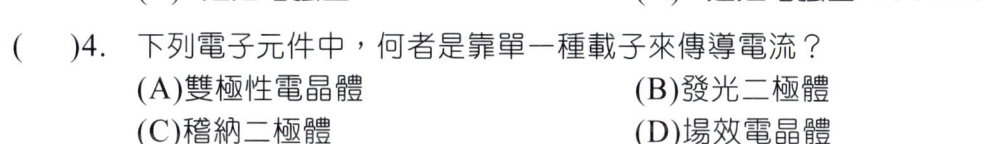

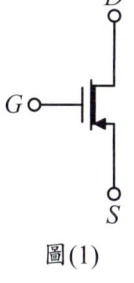

(　)4. 下列電子元件中，何者是靠單一種載子來傳導電流？
(A)雙極性電晶體　　　　　(B)發光二極體
(C)稽納二極體　　　　　　(D)場效電晶體

圖(1)

(　)5. N通道增強型MOSFET的傳導載子為何？
(A)電洞　(B)電子　(C)電子與電洞　(D)無

(　)6. MOSFET元件之結構如圖(2)所示，若該MOSFET的傳導載子為電洞，則圖中甲區與乙區分別為何種型式的半導體？且該MOSFET的形式為何？
(A)甲區：n^+型；乙區：p型；空乏型MOSFET
(B)甲區：n^+型；乙區：p型；增強型MOSFET
(C)甲區：p^+型；乙區：n型；增強型MOSFET
(D)甲區：p^+型；乙區：n型；空乏型MOSFET

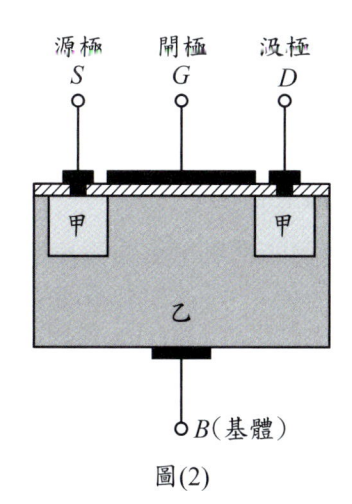

圖(2)

(　　)7. 下列有關MOSFET的敘述，下列何者錯誤？
　　　(A)空乏型MOSFET與增強型MOSFET的閘極與通道間皆是以二氧化矽隔開
　　　(B)空乏型MOSFET的製造上比增強型MOSFET多了實質的通道
　　　(C)MOSFET的英文『M』是指記憶體（Memory）
　　　(D)MOSFET的閘極與源極間的直流電阻接近無窮大

(　　)8. 大型積體電路中一般使用下列何種形式的MOSFET？
　　　(A)P通道空乏型MOSFET　　　　　(B)N通道空乏型MOSFET
　　　(C)P通道增強型MOSFET　　　　　(D)N通道增強型MOSFET

(　　)9. 下列四項何者具有較大的輸入阻抗？
　　　(A)射極隨耦器　(B)達靈頓組態　(C)JFET　(D)MOSFET

(　　)10. 對場效應電晶體（FET）下列何者錯誤？
　　　(A)可分P通道及N通道　　　　　(B)雜訊能力較優
　　　(C)雙極性裝置　　　　　　　　(D)可作為同步雙向開關

(　　)11. FET比BJT更適於高頻工作　(A)對　(B)不對　(C)不一定　(D)兩者差不多

(　　)12. 金氧半場效應電晶體使以何種效應控制汲源極電流？
　　　(A)磁場　(B)電場　(C)光電　(D)電流

(　　)13. P通道D-MOSFET與N通道E-MOSFET的基體，分別是
　　　(A)P型半導體、N型半導體　　　　(B)P型半導體、P型半導體
　　　(C)N型半導體、N型半導體　　　　(D)N型半導體、P型半導體

(　　)14. 如圖(3)之電路符號為
　　　(A)JFET
　　　(B)N通道空乏型MOSFET
　　　(C)N通道增強型MOSFET
　　　(D)P通道空乏型MOSFET

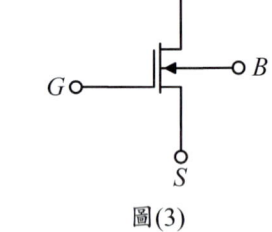

圖(3)

(　　)15. 通常MOSFET輸入阻抗大是因為
　　　(A)閘極的反向偏壓漏電流　(B)表面效應　(C)溫度效應　(D)閘極使用順向偏壓

進階題

(　　)1. 下列關於場效應電晶體FET之敘述不正確？
　　　(A)傳導電流僅由多數載子負責
　　　(B)傳導電流之大小由靜電場控制
　　　(C)輸入阻抗一般較雙極性接面電晶體BJT還高
　　　(D)載子為電子者稱為P通道FET

(　　)2. 相較於雙極性電晶體，下列關於金氧半場效電晶體之特性描述何者為非？
　　　(A)熱穩定性較高　　　　　　　(B)操作速度較快
　　　(D)高輸入阻抗　　　　　　　　(D)製程複雜度較低，適用於積體電路製造

(　　)3. 有關N通道MOSFET，何者正確？
　　　(A)源極是N型的半導體
　　　(B)汲極是P型的半導體
　　　(C)基板是N型半導體
　　　(D)閘極結構是PN接面，且在MOSFET導通時閘極PN接面會導通

6-2 空乏型金氧半場效電晶體之特性曲線

理論重點

重點 1　MOSFET的偏壓方式

1. MOSFET區分為空乏型MOSFET與增強型MOSFET，不論增強型或是空乏型皆是運用V_{GS}所形成的＿＿＿＿＿＿，來控制汲極電流I_D的大小。

2. 空乏型MOSFET的偏壓方式區分為＿＿＿＿＿＿與＿＿＿＿＿＿，因此閘-源極的電壓（V_{GS}）有兩種偏壓方式：當V_{GS}為順向偏壓時為＿＿＿＿＿＿，反之，當V_{GS}為逆向偏壓時為＿＿＿＿＿＿。

3. 增強型MOSFET的閘-源極的電壓（V_{GS}）只能接＿＿＿＿＿＿，即增強型MOSFET只能操作於＿＿＿＿＿＿。

答案：1. 電場效應
　　　2. 增強模式、空乏模式、增強模式、空乏模式
　　　3. 順向偏壓、增強模式

重點 2　N通道空乏型MOSFET之工作原理與特性曲線

1. N通道空乏型MOSFET的V_{GS}-I_D轉移特性曲線：

    (1) 第Ⅰ區（截止區）：
    $V_{GS} \leq V_P$（或$V_{GS} \leq V_{GS(off)}$），此時源極端被完全夾止，因此汲極電流$I_D = 0$ A。

    (2) 第Ⅱ區（夾止區）：
    $V_P < V_{GS} \leq 0$（負電壓），此時的汲極電流I_D具有定電流的特性，並且與汲源極電壓V_{DS}無關，I_D隨著輸入電壓V_{GS}增加而增加，可以得知$I_D \leq I_{DSS}$。

    (3) 第Ⅲ區（增強工作）：
    $V_{GS} > 0$（正電壓），此時因靜電作用在N通道內感應更多的電子，N通道持續擴大，使得汲極電流I_D大於夾止飽和電流I_{DSS}，即$I_D \geq I_{DSS}$。

    註：第Ⅰ區與第Ⅱ區皆是N通道空乏型MOSFET操作於空乏模式（即$V_{GS} < 0$）的情形下。

電子學含實習　滿分總複習（上）

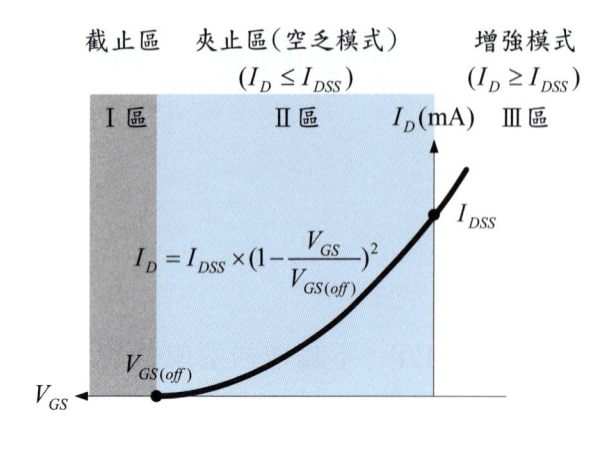

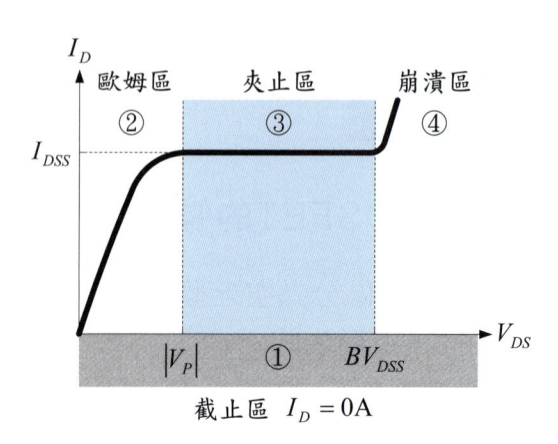

(a) V_{GS} - I_D 轉移特性曲線　　　　(b) 在 $V_{GS} = 0$ V 時 V_{DS} - I_D 輸出特性曲線

註：截止電壓 $V_{GS(off)}$ 等於夾止電壓 V_P，兩者大小相同但意義不同，截止電壓 $V_{GS(off)}$ 是指當源極端通道完全夾止沒有電流流動（進入截止區）的閘源極電壓 V_{GS}；而夾止電壓 V_P 是指在閘源極電壓 $V_{GS} = 0$ V 時，逐漸增加 V_{DS} 直到汲極端的通道內恰為夾止的瞬間（進入飽和區）。

2. N通道空乏型MOSFET的 V_{DS} - I_D 輸出特性曲線：

   (1) 第①區（截止區）：

   $V_{GS} \leq V_P$，此時源極端被完全夾止，因此汲極電流 $I_D = 0$ A。

   (2) 第②區（歐姆區）：

   $V_P < V_{GS}$ 且 $V_{GD} > V_P$，此時汲極端內的通道尚未夾止，因此在 V_{DS} 甚小時的通道電阻 r_{DS} 為　　　　　　，而在 V_{DS} 較大時的通道電阻 r_{DS} 為　　　　　　，故此區域又稱為　　　　　　或　　　　　　，此時具有電壓控制可變電阻（VVR）的功能。

   (3) 第③區（夾止區）：

   $V_P < V_{GS}$ 且 $V_{GD} \leq V_P$，此時在　　　　　　端的N通道已經夾止，而　　　　　　端的N通道尚未夾止，汲極電流 I_D 具有　　　　　　的特性，與汲源極電壓 V_{DS} 無關，I_D 隨著輸入電壓 V_{GS} 增加而增加。

   (4) 第④區（崩潰區）：

   當電源電壓 V_{DS}（正電壓）逐漸增加至超過崩潰電壓 BV_{DSS}，即 $V_{DS} > BV_{DSS}$，如圖(b)可以得知汲極電流 I_D 遽增，此時MOSFET有燒燬之虞。

答案：2. (2) 線性電阻、非線性電阻、電阻區、三極區
　　　　(3) 汲極、源極、定電流

第 6 章 金氧半場效電晶體

重點 3　P通道空乏型MOSFET之工作原理與特性曲線

1. P通道空乏型MOSFET的V_{GS}-I_D轉移特性曲線：

   (1) 第Ⅰ區（截止區）：
   $V_{GS} \geq V_P$，此時源極端被完全夾止，因此汲極電流$I_D = 0$ A。

   (2) 第Ⅱ區（夾止區）：
   $0 \leq V_{GS} < V_P$（正電壓），此時的汲極電流I_D具有定電流的特性，並且與汲源極電壓V_{DS}無關，I_D隨著輸入電壓V_{GS}減少而增加，可以得知$I_D \leq I_{DSS}$。

   (3) 第Ⅲ區（增強工作）：
   $V_{GS} < 0$（負電壓），此時因靜電作用在P通道內感應更多的電洞，P通道持續擴大使得汲極電流I_D大於夾止飽和電流I_{DSS}，即$I_D \geq I_{DSS}$。

   註：第Ⅰ區與第Ⅱ區皆是P通道空乏型MOSFET操作於空乏工作（即$V_{GS} > 0$）的情形下。

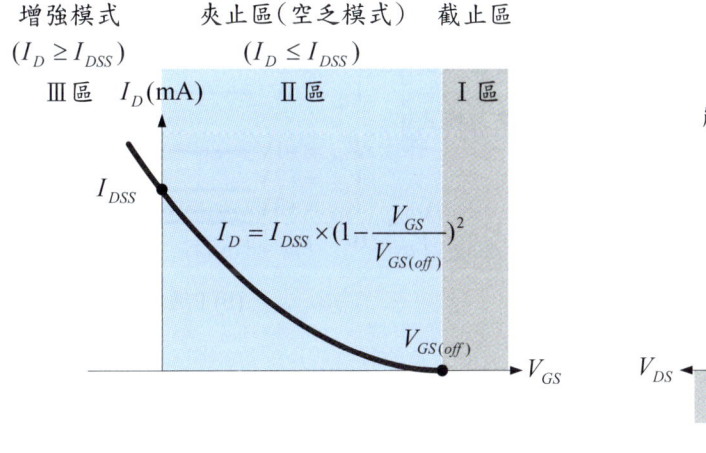

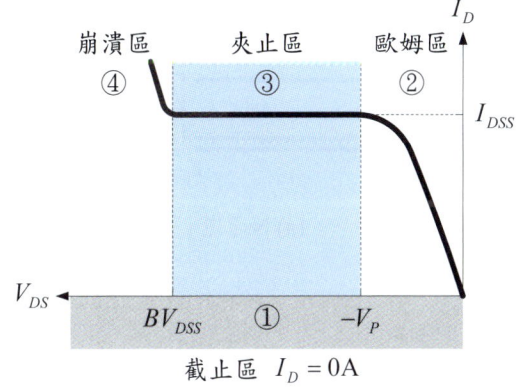

   (a) V_{GS}-I_D轉移特性曲線　　(b) 在$V_{GS} = 0$ V時V_{DS}-I_D輸出特性曲線

2. P通道空乏型MOSFET的V_{DS}-I_D輸出特性曲線：

   (1) 第①區（截止區）：
   $V_{GS} \geq V_P$，此時源極端被完全夾止，因此汲極電流$I_D = 0$ A。

   (2) 第②區（歐姆區）：
   $V_{GS} < V_P$且$V_{GD} < V_P$，此時汲極端內的通道尚未夾止，因此在V_{DS}甚小時的通道電阻r_{DS}為＿＿＿＿，而在V_{DS}較大時的通道電阻r_{DS}為＿＿＿＿，故此區域又稱為＿＿＿＿或＿＿＿＿，此時具有電壓控制可變電阻（VVR）的功能。

   (3) 第③區（夾止區）：
   $V_{GS} < V_P$且$V_{GD} \geq V_P$，此時在汲極端的P通道已經夾止，而源極端的P通道尚未夾止，汲極電流I_D具有＿＿＿＿的特性，與汲源極電壓V_{DS}無關，I_D隨著輸入電壓V_{GS}減少而增加。

(4) 第④區（崩潰區）：

當電源電壓V_{DS}（負電壓）逐漸增加至超過崩潰電壓BV_{DSS}，即$V_{DS} < BV_{DSS}$，$|V_{DS}| > |BV_{DSS}|$，如圖(b)可以得知汲極電流I_D遽增，此時MOSFET有燒燬之虞。

答案：2. (2) 線性電阻、非線性電阻、電阻區、三極區　　(3) 定電流

重點 4　空乏型MOSFET在不同V_{GS}之輸出特性曲線

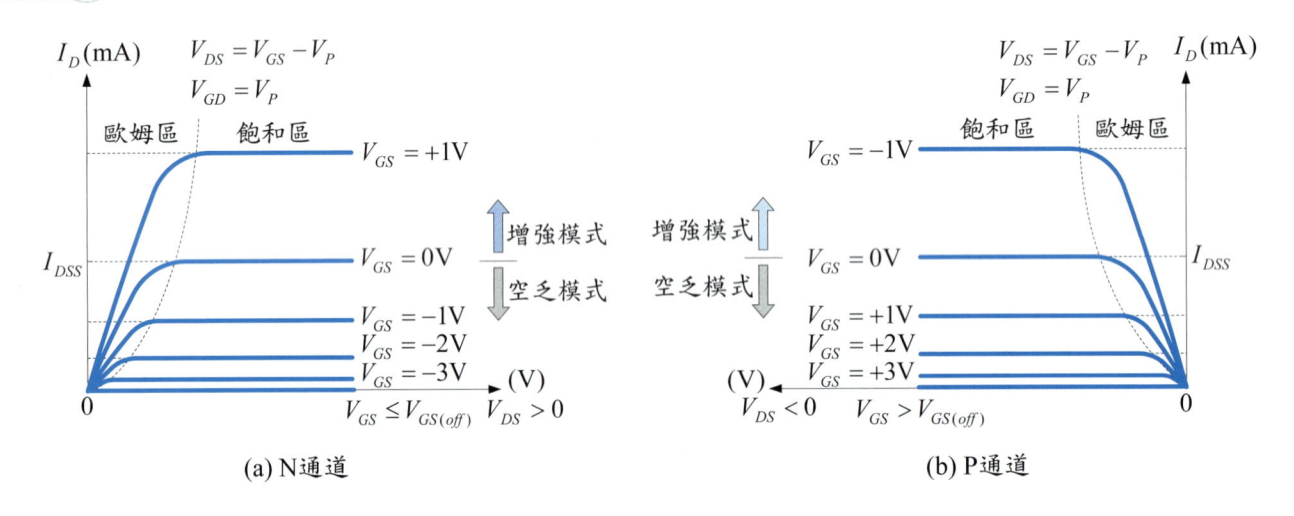

(a) N通道　　(b) P通道

重點 5　空乏型MOSFET之判別式與公式

1. 空乏型MOSFET之判別式：

操作區域 \ 通道型式	P通道 空乏型MOSFET	N通道 空乏型MOSFET
截止區	$V_{GS} \geq V_P$	$V_{GS} \leq V_P$
歐姆區（三極區）	$V_{GD} < V_P$（$V_{GS} - V_{DS} < V_P$） 且 $V_{GS} < V_P$	$V_{GD} > V_P$（$V_{GS} - V_{DS} > V_P$） 且 $V_{GS} > V_P$
夾止區 （飽和區、定電流區、線性放大區）	$V_{GD} \geq V_P$（$V_{GS} - V_{DS} \geq V_P$） 且 $V_{GS} < V_P$	$V_{GD} \leq V_P$（$V_{GS} - V_{DS} \leq V_P$） 且 $V_{GS} > V_P$
崩潰區	$V_{DS} < BV_{DSS}$	$V_{DS} > BV_{DSS}$

第 6 章 金氧半場效電晶體

2. 空乏型MOSFET各種工作區域的汲極電流方程式：

操作區域 \ 通道型式	P通道與N通道空乏型MOSFET
截止區	$I_D = 0 \text{ A}$
歐姆區（三極區）	$I_D = \dfrac{I_{DSS}}{V_P^2}[2(V_{GS}-V_P)V_{DS} - V_{DS}^2]$（超過課綱故不詳加探討）
夾止區 （飽和區、定電流區、線性放大區）	$I_D = I_{DSS} \times (1 - \dfrac{V_{GS}}{V_P})^2$ $\begin{cases} I_D：汲極電流 \\ I_{DSS}：夾止飽和電流 \\ V_P：夾止電壓 \end{cases}$
崩潰區	I_D急遽竄增（非比例關係），MOSFET有燒燬之虞

補充知識

閘源極電壓V_{GS}與崩潰電壓BV_{DSS}的關係

如右圖所示為N通道空乏型MOSFET，在相同的電源電壓V_{DS}的情形下，其輸入電壓V_{GS}愈大則崩潰電壓BV_{DSS}愈小。

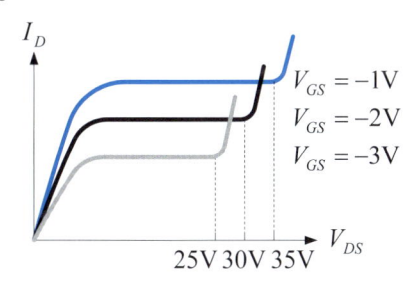

老師講解

1. 已知N通道空乏型MOSFET之截止電壓$V_{GS(off)} = -4 \text{ V}$，試求下列各圖分別操作在何種區域？

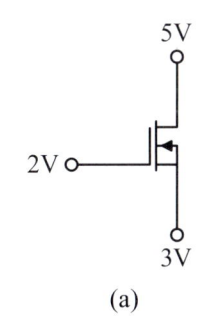

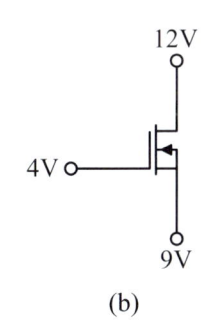

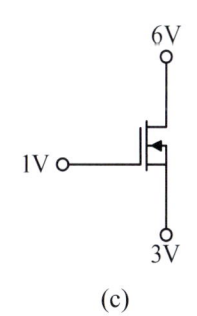

解 優先判斷是否操作於截止區（$V_{GS} \leq V_{GS(off)}$），若不是，再判斷操作於夾止區或是歐姆區

(a)圖：$V_{GS} = V_G - V_S = 2\text{V} - 3\text{V} = -1\text{ V} > V_P$；

$V_{GD} = V_G - V_D = 2\text{V} - 5\text{V} = -3\text{ V} > V_P$，操作於歐姆區

(b)圖：$V_{GS} = V_G - V_S = 4\text{V} - 9\text{V} = -5\text{ V} < V_P$，操作於截止區

(c)圖：$V_{GS} = V_G - V_S = 1\text{V} - 3\text{V} = -2\text{ V} > V_P$；

$V_{GD} = V_G - V_D = 1\text{V} - 6\text{V} = -5\text{ V} < V_P$，操作於夾止區

學生練習

1. 已知N通道空乏型MOSFET之夾止電壓 $V_P = -3\ \text{V}$，試求右列各圖分別操作在何種區域？
   (A)歐姆區、截止區、截止區
   (B)歐姆區、夾止區、截止區
   (C)截止區、歐姆區、夾止區
   (D)截止區、夾止區、歐姆區

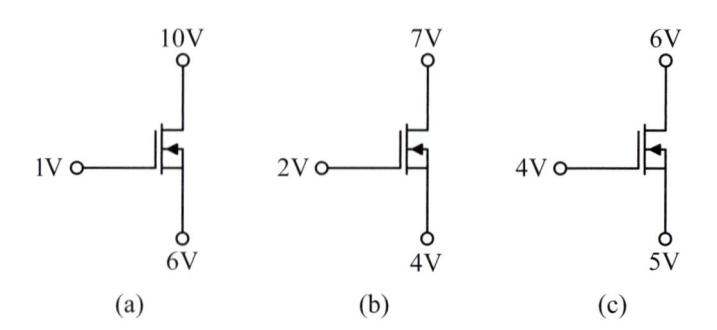

老師講解

2. 已知P通道空乏型MOSFET之夾止電壓 $V_P = 5\ \text{V}$，試求下列各圖分別操作在何種區域？

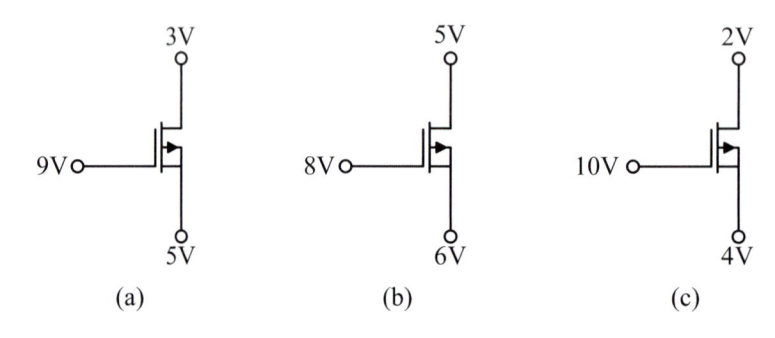

   解 優先判斷是否操作於截止區（$V_{GS} \geq V_P$），若不是，再判斷操作於夾止區或是歐姆區

   (a)圖：$V_{GS} = V_G - V_S = 9\text{V} - 5\text{V} = 4\ \text{V} < V_P$；

   $V_{GD} = V_G - V_D = 9\text{V} - 3\text{V} = 6\ \text{V} > V_P$，操作於夾止區

   (b)圖：$V_{GS} = V_G - V_S = 8\text{V} - 6\text{V} = 2\ \text{V} < V_P$；

   $V_{GD} = V_G - V_D = 8\text{V} - 5\text{V} = 3\ \text{V} < V_P$，操作於歐姆區

   (c)圖：$V_{GS} = V_G - V_S = 10\text{V} - 4\text{V} = 6\ \text{V} > V_P$，操作於截止區

學生練習

2. 已知P通道空乏型MOSFET之夾止電壓 $V_P = 2\ \text{V}$，試求右列各圖分別操作在何種區域？
   (A)歐姆區、截止區、截止區
   (B)歐姆區、夾止區、截止區
   (C)截止區、歐姆區、夾止區
   (D)截止區、夾止區、歐姆區

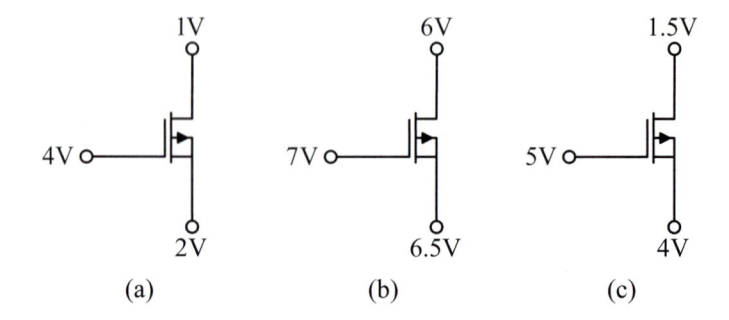

> 老師講解

3. 有一個N通道空乏型MOSFET操作於夾止區，若$V_P = -4$ V、$I_{DSS} = 12$ mA，試求在 (1)$V_{GS} = 0$ V (2)$V_{GS} = -2$ V (3)$V_{GS} = 2$ V，汲極電流I_D分別為何？

解 (1) $I_D = I_{DSS} \times (1 - \dfrac{V_{GS}}{V_P})^2 = 12\text{mA} \times (1 - \dfrac{0\text{V}}{-4\text{V}})^2 = 12$ mA

(2) $I_D = I_{DSS} \times (1 - \dfrac{V_{GS}}{V_P})^2 = 12\text{mA} \times (1 - \dfrac{-2\text{V}}{-4\text{V}})^2 = 3$ mA（$I_D < I_{DSS}$空乏模式）

(3) $I_D = I_{DSS} \times (1 - \dfrac{V_{GS}}{V_P})^2 = 12\text{mA} \times (1 - \dfrac{2\text{V}}{-4\text{V}})^2 = 27$ mA（$I_D > I_{DSS}$增強模式）

> 學生練習

3. 有一個P通道空乏型MOSFET操作於夾止區，若$V_P = 3$ V、$I_{DSS} = 16$ mA，試求在 (1)$V_{GS} = -1.5$ V (2)$V_{GS} = 1.5$ V，汲極電流I_D分別為何？
(A)36mA、4mA (B)4mA、36mA
(C)12mA、16mA (D)16mA、12mA

> 老師講解

4. 有一個N通道空乏型MOSFET操作於夾止區，若$V_P = -4$ V、$I_{DSS} = 16$ mA、$I_D = 4$ mA，試求V_{GS}為何？

解 $I_D = I_{DSS} \times (1 - \dfrac{V_{GS}}{V_P})^2 \Rightarrow 16\text{mA} \times (1 - \dfrac{V_{GS}}{-4\text{V}})^2 = 4$ mA

$(1 + \dfrac{V_{GS}}{4}) = \pm \dfrac{1}{2} \Rightarrow V_{GS} = -2$ V或-6 V（$-6\text{V} < V_{GS}$操作於截止區，為增根故不合）

因此$V_{GS} = -2$ V

> 學生練習

4. 有一個P通道空乏型MOSFET操作於夾止區，若$V_P = 4$ V、$I_{DSS} = 16$ mA、$I_D = 9$ mA，試求V_{GS}為何？ (A)1V (B)3V (C)4V (D)7V

ABcd 立即練習

基礎題

( )1. 某一N通道空乏型MOSFET的 $I_{DSS}=20\ mA$，$V_P=-4\ V$，當 $V_{GS}=-2\ V$時，其 I_D 之值為　(A)3mA　(B)4mA　(C)5mA　(D)10mA

( )2. 有關空乏型MOSFET的 I_D 與 V_{GS} 之間的關係，下列選項何者正確？
(A) $I_D = I_{DSS}(1-\frac{V_{GS}}{V_P})^2$
(B) $I_D = I_{DSS}(1-\frac{V_P}{V_{GS}})^2$
(C) $I_D = I_{DSS}(V_{GS}-V_P)^2$
(D) $I_D = I_{DSS}(V_P-V_{GS})^2$

( )3. N通道空乏型MOSFET在工作情況下，則 V_{GS} 為何？
(A)負值　(B)正值　(C)0V　(D)正負皆可

( )4. N通道空乏型MOSFET在工作情況下，當 $V_{GS}>0$ 則
(A)增強模式，通道擴大
(B)增強模式，通道縮小
(C)空乏模式，通道擴大
(D)空乏模式，通道縮小

( )5. P通道空乏型MOSFET在工作情況下，當 $V_{GS}>0$ 則
(A)增強模式，通道擴大
(B)增強模式，通道縮小
(C)空乏模式，通道擴大
(D)空乏模式，通道縮小

( )6. 空乏型MOSFET，有關飽和時的夾止電壓 V_P 和截止時的截止電壓 $V_{GS(off)}$，下列敘述何者正確？
(A)兩者皆為 V_{GS}
(B)大小相同，但意義不同
(C)兩個皆使 $I_D=0$
(D)飽和時的夾止電壓 V_P 是指源極端恰為夾止時的電壓

( )7. 下列哪個敘述，不符合N通道空乏型MOSFET工作於截止區（CUT-OFF）時的狀況？
(A) $V_{GS} \leq V_P$
(B) $I_D = 0$
(C)靠近源極端的通道被空乏區填滿
(D) I_D 隨 V_{DS} 增加而增加

( )8. 要使N通道空乏型MOSFET，工作於夾止區（pinch-off），需滿足下列哪個條件？
(A) $V_{GS} \leq V_{GS(off)}$，$V_{DS} \geq V_{GS} - V_{GS(off)}$
(B) $V_{GS} \leq V_{GS(off)}$，$V_{DS} \leq V_{GS} - V_{GS(off)}$
(C) $V_{GS} > V_{GS(off)}$，$V_{DS} \geq V_{GS} - V_{GS(off)}$
(D) $V_{GS} > V_{GS(off)}$，$V_{DS} \leq V_{GS} - V_{GS(off)}$

( )9. 下列敘述何者正確？
(A)MOSFET之開關功能，係利用夾止區作為開關ON的特性區域，截止區作為開關OFF的特性區域
(B)MOSFET電晶體為一種電流控制元件
(C)對場效電晶體的 I_D 影響最大的是 I_G
(D)空乏型MOSFET可分成增強型（enhancement）與空乏型（depletion）兩大類

( )10. 一個N通道的D-MOSFET在歐姆區內正常工作，當閘極與源極的逆向偏壓越大時，下列何者正確？
(A)汲極與源極的通道越小，通道電阻 r_{DS} 也越大
(B)汲極與源極的通道越大，通道電阻 r_{DS} 也越小
(C)汲極與源極的通道越大，通道電阻 r_{DS} 也越大
(D)汲極與源極的通道越小，通道電阻 r_{DS} 也越小

( )11. P通道的D-MOSFET，當$I_D > I_{DSS}$表示
 (A)$V_{GS} > 0$，操作於空乏模式　　(B)$V_{GS} > 0$，操作於增強模式
 (C)$V_{GS} < 0$，操作於空乏模式　　(D)$V_{GS} < 0$，操作於增強模式

( )12. 圖(1)為N通道空乏型MOSFET在$V_{GS} = 0$ V時的V_{DS}-I_D輸出特性曲線，若要操作在壓控電阻器（Voltage variable resistor, VVR），應工作於何區？
 (A)①
 (B)②
 (C)③
 (D)④

圖(1)

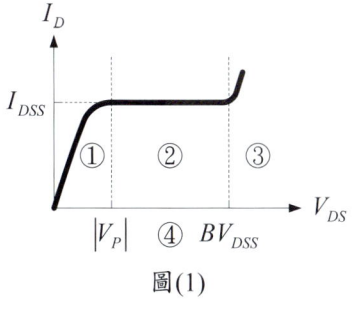

( )13. 空乏型ＭＯＳＦＥＴ若採用空乏工作，且工作區域在輸出特性曲線原點附近，則此MOSFET可當作
 (A)定電流裝置　(B)電壓控制可變電阻器　(C)穩壓裝置　(D)整流裝置

( )14. 空乏型MOSFET若採用空乏工作，當汲極端的空乏區占滿通道，源極端的空乏區未占滿通道，則該MOSFET操作於
 (A)歐姆區　(B)夾止區　(C)截止區　(D)崩潰區

( )15. P通道空乏型MOSFET的閘極加上正電壓時，通道寬度
 (A)減小　(B)加大　(C)無影響　(D)不一定

( )16. 正常工作電源情況下，欲使一空乏型N通道金氧半電晶體近似截流，閘極對源極應加
 (A)高正電壓　(B)高負電壓　(C)零電位　(D)汲極電位

( )17. 下列對於場效電晶體（FET）的敘述何者是錯誤的？
 (A)輸入阻抗相當高，所以閘極（Gate）與源極（Source）間可視為開路（open）
 (B)D-MOSFET不需外加電壓即已經有通道存在
 (C)P通道D-MOSFET所外加的逆向偏壓愈大，空乏區愈大
 (D)P通道的MOSFET，其基體（substrate）是使用P型材質

( )18. 場效應電晶體中之I_{DSS}，係指下列何種狀況下之汲極電流：
 (A)$V_{DG} = 0$　(B)$V_{DS} = 0$　(C)$V_{DD} = 0$　(D)$V_{GS} = 0$

( )19. 場效電晶體當線性放大器時，工作在
 (A)定電流區　(B)定電壓區　(C)截止區　(D)崩潰區

進階題

( )1. 有一P通道D-MOSFET之夾止電壓為4V，當$V_{SD} = 3$ V時，欲使D-MOSFET工作於飽和區，所允許的V_{GS}電壓範圍為何？
 (A)> 4V　(B)< −4V　(C)−4V～−1V　(D)1V～4V

( )2. 有一個空乏型ＭＯＳＦＥＴ的$I_{DSS} = 12$ mA，$V_P = -5$ V，當$V_{GS} = -6$ V時$V_{DS} = 6$ V，則此時電流$I_D = ?$
 (A)0mA　(B)1.2mA　(C)2.6mA　(D)3.8mA

( )3. N通道空乏型ＭＯＳＦＥＴ的$V_{GS} = -1.5$ V，$I_D = 3$ mA；又$V_{GS} = -3$ V，$I_D = 0$ mA，求該MOSFET的(V_P, I_{DSS})之值為多少？
 (A)(−4V, 12mA)　(B)(−3V, 12mA)　(C)(−4V, 16mA)　(D)(−6V, 16mA)

( )4. 如圖(1)所示為不同V_{GS}偏壓時的通道變化,若V_{DS}為定值,則下列敘述何者正確?
(A)圖(a)操作於歐姆區,圖(b)操作於夾止區,圖(c)操作於截止區
(B)三者皆操作在歐姆區
(C)圖(c)所外加的V_{GS}逆向偏壓最大
(D)圖(a)為恰巧進入截止區的瞬間

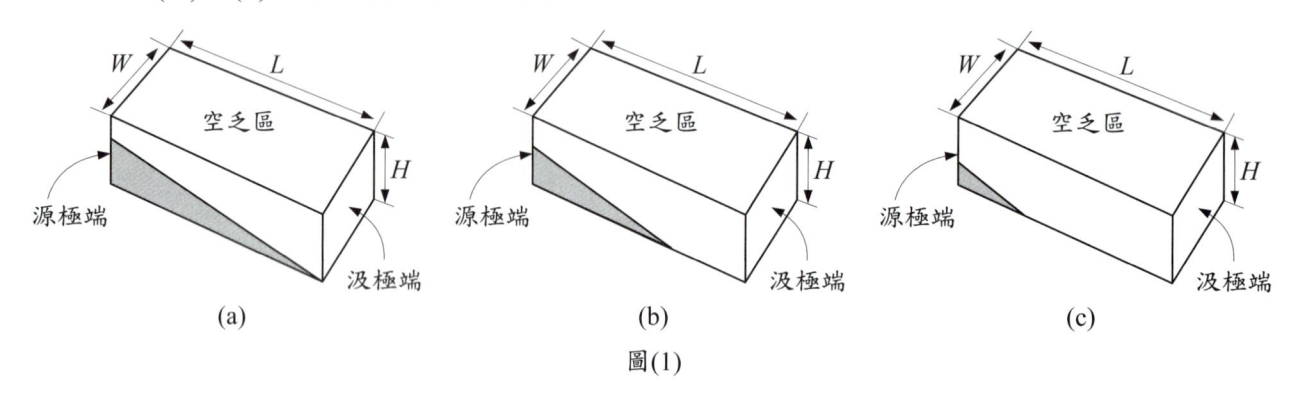

(a)   (b)   (c)

圖(1)

6-3 增強型金氧半場效電晶體之特性曲線   105 108 110 111 114

理論重點

增強型MOSFET本身沒有預設通道,所以在汲源極間加上電壓後不會有電流產生,因此增強型MOSFET又稱為**正常截止（normally off）MOSFET**。

重點 1   反轉層（inversion layer）與臨界電壓（threshold voltage）

N通道的E-MOSFET,閘極電壓為＿＿＿＿＿＿時,因電場效應吸引P型基體的＿＿＿＿＿＿聚集累積在二氧化矽層下,當自由電子的濃度大於電洞濃度時,靠近二氧化矽層下的＿＿＿＿＿＿會形成一個＿＿＿＿＿＿,此區域稱為＿＿＿＿＿＿＿＿＿＿＿,當閘極電壓夠大時在汲源極間開始會有電流流動,此閘極電壓稱為＿＿＿＿＿＿或是＿＿＿＿＿＿（threshold voltage,簡記為V_t）。當外加的閘極電壓愈大,吸引的電子數愈多,所形成的N型反轉層的通道的高度也就愈大,電流也就愈大,導電性也就相對提升。

註1:臨界電壓類似於二極體的切入電壓,二極體:當外加電壓大於切入電壓才有電流產生;而增強型MOSFET:當閘極電壓大於臨界電壓時在汲源極間才有電流流動。

註2:當二氧化矽層的厚度與基體濃度愈高時,則臨界電壓V_t愈大,對於N通道而言V_t為正值,而對於P通道而言V_t為負值,一般臨界電壓$|V_t|$的值約1～3V。

答案:正電壓、少數載子（電子）、P型基體、N型區域、N型反轉層（N-type inversion layer）、臨限電壓、臨界電壓

重點 2　N通道增強型MOSFET之工作原理與特性曲線

1. N通道增強型MOSFET的 V_{GS} - I_D 轉移特性曲線：

   (1) 第Ⅰ區（截止區）：

   $V_{GS} \leq V_t$，此時在汲極與源極間無法感應N通道，使得汲源極間的電流I_D為零，即汲極電流$I_D = 0$ A。

   (2) 第Ⅱ區（夾止區）：

   $V_{GS} > V_t$ 且 $V_{GD} \leq V_t$，此時的汲極電流I_D具有 ＿＿＿＿＿＿＿ 的特性，並且與汲源極電壓V_{DS}無關，I_D隨著輸入電壓V_{GS}增加而增加。

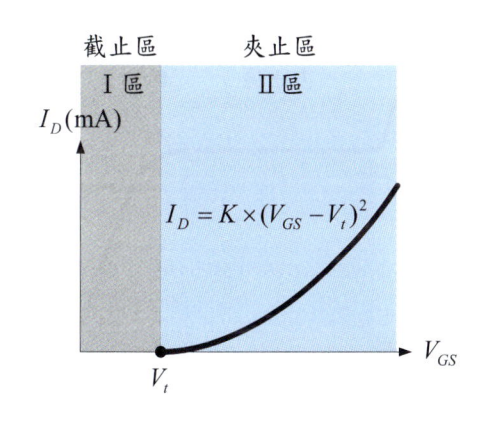

   (a) V_{GS} - I_D 轉移特性曲線 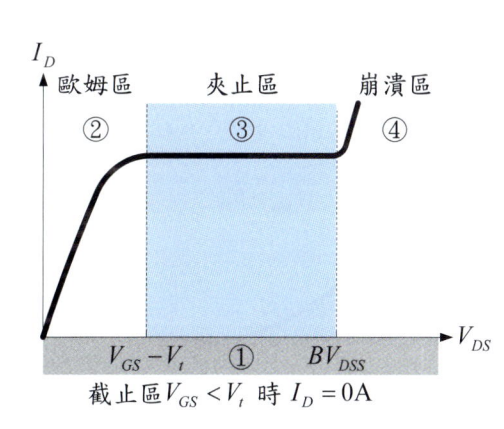　　(b) V_{DS} - I_D 輸出特性曲線

2. N通道增強型MOSFET的 V_{DS} - I_D 輸出特性曲線：

   (1) 第①區（截止區）：

   $V_{GS} \leq V_t$，此時無法感應N通道，因此汲極電流$I_D = 0$ A。

   (2) 第②區（歐姆區）：

   $V_{GS} > V_t > 0$ 且 $V_{DS} < V_{GS} - V_t$ 即 $V_{GD} > V_t$，此時汲極端內的通道尚未夾止，因此在V_{DS}甚小時的通道電阻r_{DS}為 ＿＿＿＿＿＿，而在V_{DS}較大時的通道電阻r_{DS}為 ＿＿＿＿＿＿，故此區域又稱為 ＿＿＿＿＿。

   (3) 第③區（夾止區）：

   $V_{GS} > V_t > 0$ 且 $V_{DS} \geq V_{GS} - V_t$ 即 $V_{GD} \leq V_t$，汲極電流I_D具有 ＿＿＿＿＿＿ 的特性，與汲源極電壓V_{DS}無關，I_D隨著輸入電壓V_{GS}增加而增加。

   (4) 第④區（崩潰區）：

   當電源電壓V_{DS}（正電壓）逐漸增加至超過崩潰電壓BV_{DSS}，即$V_{DS} > BV_{DSS}$，如圖(b)可以得知汲極電流I_D遽增，此時N通道增強型MOSFET有燒燬之虞。

答案：1. (2) 定電流

2. (2) 線性電阻、非線性電阻、電阻區　　(3) 定電流

重點 3　P通道增強型MOSFET之工作原理與特性曲線

1. P通道增強型MOSFET的V_{GS} - I_D轉移特性曲線：

   (1) 第Ⅰ區（截止區）：
   $V_{GS} \geq V_t$，此時在汲極與源極間無法感應P通道，使得汲源極間的電流I_D為零，即汲極電流$I_D = 0$ A。

   (2) 第Ⅱ區（夾止區）：
   $V_{GS} < V_t$且$V_{GD} \geq V_t$，此時的汲極電流I_D具有定電流的特性，並且與汲源極電壓V_{DS}無關，I_D隨著輸入電壓$|V_{GS}|$增加而增加。

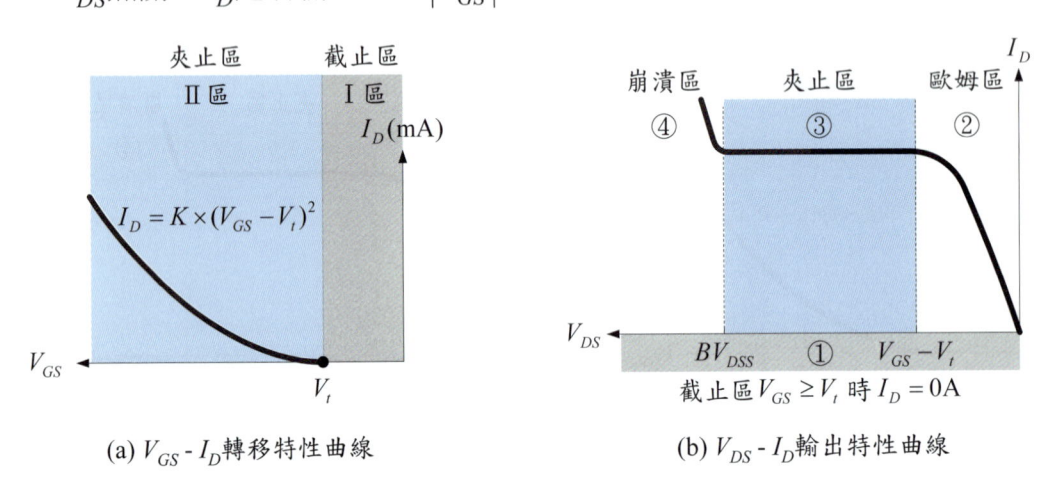

   (a) V_{GS} - I_D轉移特性曲線　　　　(b) V_{DS} - I_D輸出特性曲線

2. P通道增強型MOSFET的V_{DS} - I_D輸出特性曲線：

   (1) 第①區（截止區）：
   $V_{GS} \geq V_t$，此時無法感應P通道，因此汲極電流$I_D = 0$ A。

   (2) 第②區（歐姆區）：
   $V_{GS} < V_t < 0$且$V_{DS} > V_{GS} - V_t$即$V_{GD} < V_t$，此時汲極端內的通道尚未夾止，因此在V_{DS}甚小時的通道電阻r_{DS}為＿＿＿＿＿＿，而在V_{DS}較大時的通道電阻r_{DS}為＿＿＿＿＿＿，故此區域又稱為＿＿＿＿＿＿。

   (3) 第③區（夾止區）：
   $V_{GS} < V_t < 0$且$V_{DS} \leq V_{GS} - V_t$即$V_{GD} \geq V_t$，汲極電流I_D具有定電流的特性，與汲源極電壓V_{DS}無關，I_D隨著輸入電壓$|V_{GS}|$增加而增加。

   (4) 第④區（崩潰區）：
   當電源電壓V_{DS}（負電壓）逐漸增加至超過崩潰電壓BV_{DSS}，即$V_{DS} < BV_{DSS}$，如圖(b)可以得知汲極電流I_D遽增，此時P通道MOSFET有燒燬之虞。

   註：空乏型MOSFET也具增強型MOSFET的特性，因此空乏型MOSFET的汲極電流I_D也可以$I_D = K \times (V_{GS} - V_t)^2$表示之，故$I_D = K \times (V_{GS} - V_t)^2 = I_{DSS} \times (1 - \frac{V_{GS}}{V_P})^2$，可推導出$K = \frac{I_{DSS}}{V_P^2}$。

答案：2. (2) 線性電阻、非線性電阻、電阻區

第 6 章 金氧半場效電晶體

重點 4 增強型MOSFET在不同V_{GS}之輸出特性曲線

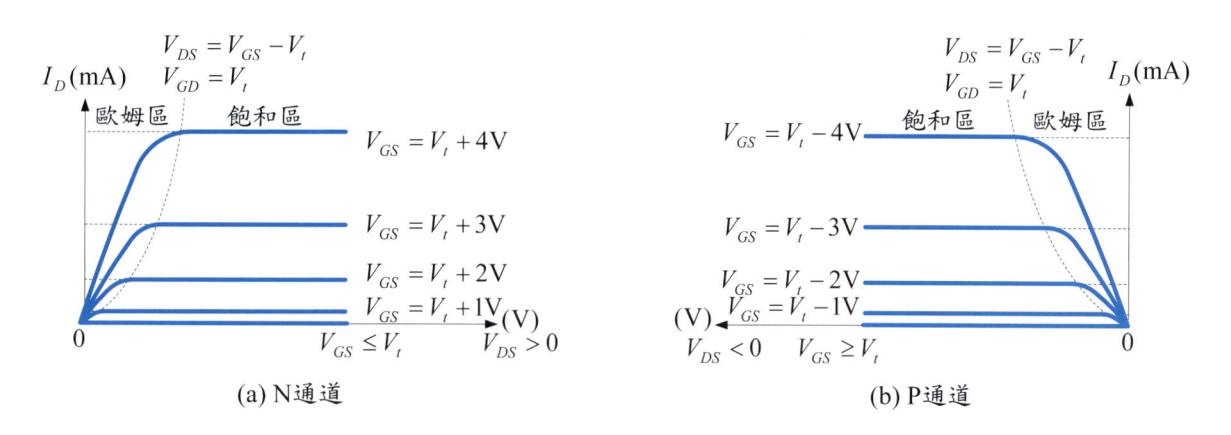

(a) N通道

(b) P通道

重點 5 增強型MOSFET之判別式與公式

1. 增強型MOSFET之判別式：

操作區域 \ 通道型式	P通道 增強型MOSFET	N通道 增強型MOSFET
截止區	$V_{GS} \geq V_t$	$V_{GS} \leq V_t$
歐姆區（三極區）	$V_{GD} < V_t$ （$V_{GS} - V_{DS} < V_t$） 且 $V_{GS} < V_t$	$V_{GD} > V_t$ （$V_{GS} - V_{DS} > V_t$） 且 $V_{GS} > V_t$
夾止區 （飽和區、定電流區、 線性放大區）	$V_{GD} \geq V_t$ （$V_{GS} - V_{DS} \geq V_t$） 且 $V_{GS} < V_t$	$V_{GD} \leq V_t$ （$V_{GS} - V_{DS} \leq V_t$） 且 $V_{GS} > V_t$
崩潰區	$V_{DS} < BV_{DSS}$	$V_{DS} > BV_{DSS}$

2. 增強型MOSFET各種工作區域的汲極電流方程式：

操作區域 \ 通道型式	P通道與N通道增強型MOSFET
截止區	$I_D = 0$ A
歐姆區（三極區）	$I_D = K[2(V_{GS} - V_t) \times V_{DS} - V_{DS}]^2$（超過課綱故不詳加探討）
夾止區 （飽和區、定電流區、 線性放大區）	$I_D = K \times (V_{GS} - V_t)^2$　$\begin{cases} I_D：汲極電流 \\ K：製程互導參數 \Rightarrow K \propto \dfrac{W（通道寬度）}{L（通道長度）} \\ V_t：臨界電壓 \end{cases}$
崩潰區	I_D急遽竄增（非比例關係），MOSFET有燒燬之虞

重點 6　實際的 V_{DS}-I_{DS} 輸出特性曲線

1. 理想的增強型MOSFET，當汲源極電壓V_{DS}增加時汲極I_D電流維持不變，如(a)所示為理想的N通道增強型MOSFET的V_{DS}-I_D特性曲線，其特性曲線為一 _____ 。

2. 實際上，當汲源極電壓V_{DS}達飽和時，汲極端的通道內產生夾止現象，若V_{DS}再增加，則汲極端的空乏區會擴大，相對的造成通道的有效長度變短，使得製程互導參數K增大，因此I_D會呈現些微增加的情形，此種 _____（channel length modulation）的現象稱為 _____（Early effect）。此時的輸出特性曲線略微上揚如圖(b)所示，圖中的電壓V_A即為歐力電壓，典型值約40V～100V。

註： 無論是增強型或空乏型皆有歐力效應。

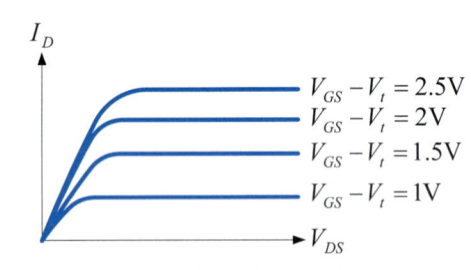

(a) 理想的V_{DS}-I_{DS}輸出特性曲線 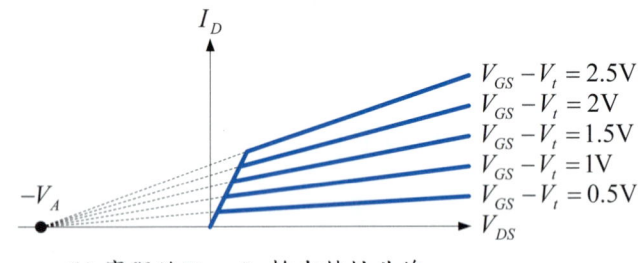　　　(b) 實際的V_{DS}-I_{DS}輸出特性曲線

註： 在V_{DS}甚小的情況下：
(1) 空乏型MOSFET（空乏工作）當閘源極電壓V_{GS}增加：則通道高度減小、通道電阻增加、通道的電流減小。
(2) 增強型MOSFET當閘源極電壓V_{GS}增加：則通道高度增加、通道電阻減少、通道的電流增加。

答案： 1. 水平線　　　2. 通道長度調變、歐力效應

老師講解

1. 已知N通道增強型MOSFET之臨界電壓$V_t = 2\,\text{V}$，試求下列各圖分別操作在何種區域？

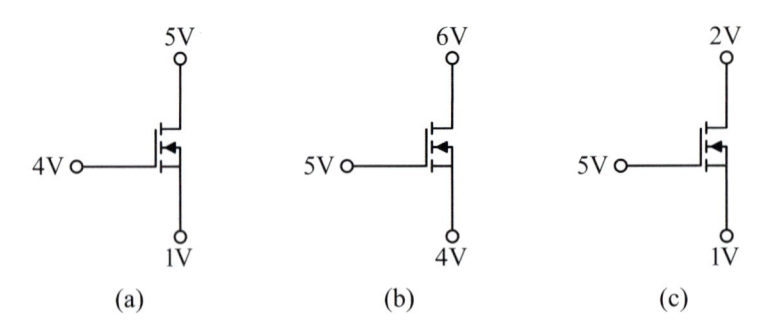

(a)　　　(b)　　　(c)

解 優先判斷是否操作於截止區（$V_{GS} \leq V_t$），若不是，再判斷操作於夾止區或是歐姆區

(a)圖：$V_{GS} = V_G - V_S = 4V - 1V = 3\,V > V_t$；

$V_{GD} = V_G - V_D = 4V - 5V = -1\,V < V_t$，操作於夾止區

(b)圖：$V_{GS} = V_G - V_S = 5V - 4V = 1\,V \leq V_t$，操作於截止區

(c)圖：$V_{GS} = V_G - V_S = 5V - 1V = 4\,V > V_t$；

$V_{GD} = V_G - V_D = 5V - 2V = 3\,V > V_t$，操作於歐姆區

學生練習

1. 已知N通道增強型MOSFET之臨界電壓 $V_t = 2\,V$，試求右列各圖分別操作在何種區域？
(A)歐姆區、截止區、截止區
(B)歐姆區、夾止區、截止區
(C)截止區、歐姆區、夾止區
(D)截止區、夾止區、歐姆區

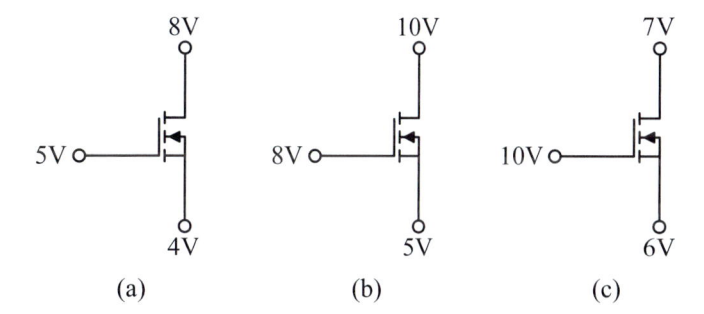

老師講解

2. 已知P通道增強型MOSFET之臨界電壓 $V_t = -2\,V$，試求下列各圖分別操作在何種區域？

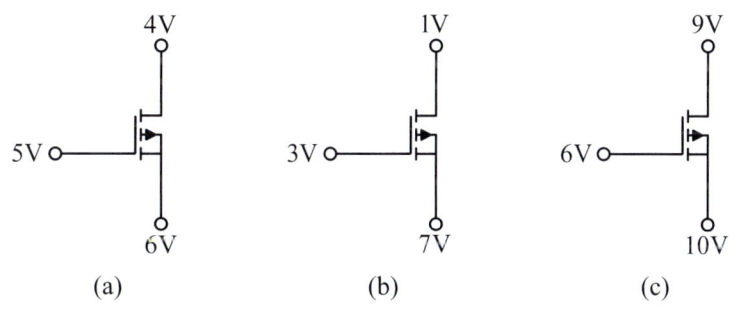

解 優先判斷是否操作於截止區（$V_{GS} \geq V_t$），若不是，再判斷操作於夾止區或是歐姆區

(a)圖：$V_{GS} = V_G - V_S = 5V - 6V = -1\,V \geq V_t$，操作於截止區

(b)圖：$V_{GS} = V_G - V_S = 3V - 7V = -4\,V < V_t$；

$V_{GD} = V_G - V_D = 3V - 1V = 2\,V > V_t$，操作於夾止區

(c)圖：$V_{GS} = V_G - V_S = 6V - 10V = -4\,V < V_t$；

$V_{GD} = V_G - V_D = 6V - 9V = -3\,V < V_t$，操作於歐姆區

學生練習

2. 已知P通道增強型MOSFET之臨界電壓 $V_t = -4\,\text{V}$，試求右列各圖分別操作在何種區域？
(A) 歐姆區、截止區、截止區
(B) 夾止區、截止區、歐姆區
(C) 截止區、歐姆區、夾止區
(D) 截止區、夾止區、歐姆區

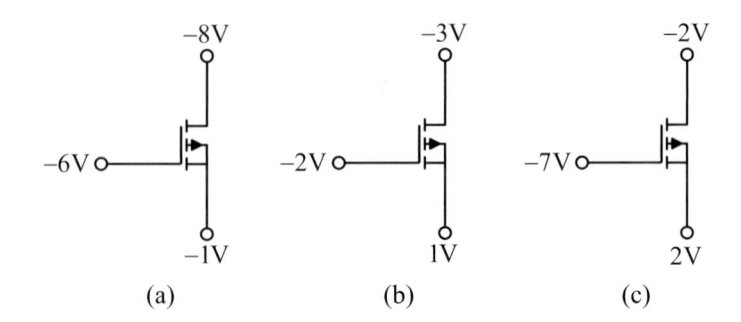

(a) $V_G = -6\,\text{V}$, $V_S = -8\,\text{V}$, $V_D = -1\,\text{V}$
(b) $V_G = -2\,\text{V}$, $V_S = -3\,\text{V}$, $V_D = 1\,\text{V}$
(c) $V_G = -7\,\text{V}$, $V_S = -2\,\text{V}$, $V_D = 2\,\text{V}$

老師講解

3. 有一個N通道增強型MOSFET操作於夾止區，若臨界電壓 $V_t = 2\,\text{V}$、互導參數 $K = 2\,\text{mA}/\text{V}^2$，試求在 (1) $V_{GS} = 3\,\text{V}$ (2) $V_{GS} = 4\,\text{V}$，汲極電流 I_D 分別為何？

解 (1) $I_D = K \times (V_{GS} - V_t)^2 = 2\,\text{mA}/\text{V}^2 \times (3\text{V} - 2\text{V})^2 = 2\,\text{mA}$

(2) $I_D = K \times (V_{GS} - V_t)^2 = 2\,\text{mA}/\text{V}^2 \times (4\text{V} - 2\text{V})^2 = 8\,\text{mA}$

學生練習

3. 有一個P通道增強型MOSFET操作於夾止區，若臨界電壓 $V_t = -4\,\text{V}$、互導參數 $K = 2\,\text{mA}/\text{V}^2$，試求在 (1) $V_{GS} = -5\,\text{V}$ (2) $V_{GS} = -6\,\text{V}$，汲極電流 I_D 分別為何？
(A) 1mA、4mA
(B) 2mA、6mA
(C) 2mA、8mA
(D) 3mA、9mA

老師講解

4. 有一個N通道增強型MOSFET操作於夾止區，若臨界電壓 $V_t = 3\,\text{V}$、互導參數 $K = 4\,\text{mA}/\text{V}^2$，汲極電流 $I_D = 16\,\text{mA}$，試求閘源極電壓 V_{GS} 為多少伏特？

解 $I_D = K \times (V_{GS} - V_t)^2 \Rightarrow 4\,\text{mA}/\text{V}^2 \times (V_{GS} - 3\text{V})^2 = 16\,\text{mA}$

$V_{GS} = 5\,\text{V}$ 或 $1\,\text{V}$（$1\text{V} < V_t$操作於截止區，為增根故不合）

因此 $V_{GS} = 5\,\text{V}$

學生練習

4. 有一個P通道增強型MOSFET操作於夾止區，若臨界電壓$V_t = -2\,\text{V}$、互導參數$K = 3\,\text{mA}/\text{V}^2$，汲極電流$I_D = 12\,\text{mA}$，試求閘源極電壓$V_{GS}$為多少伏特？
(A)–4V　(B)–2V　(C)–1V　(D)0V

立即練習

基礎題

( )1. 增強型P基底MOSFET，欲使之導通，閘極應加何種偏壓？
(A)正電壓　　　　　　　　　(B)正電壓和負電壓皆可
(C)大於臨界電壓V_T之正電壓　(D)小於臨界電壓V_T之負電壓

( )2. 增強型N基底MOSFET，欲使之導通，閘極應加何種偏壓？
(A)正電壓　　　　　　　　　(B)正電壓和負電壓皆可
(C)大於臨界電壓V_T之正電壓　(D)小於臨界電壓V_T之負電壓

( )3. 有一P通道增強型MOSFET，其臨界電壓（threshold voltage）為–0.2V，若汲極電壓$V_D = 2\,\text{V}$，源極電壓$V_S = 5\,\text{V}$，閘極電壓$V_G = 1.2\,\text{V}$，則該P通道增強型MOSFET操作於何種工作區域？　(A)截止區　(B)飽和區　(C)歐姆區　(D)崩潰區

( )4. P通道增強型MOSFET之臨界電壓$|V_t| = 4\,\text{V}$，欲使其導通則閘源極電壓V_{GS}應該加何種偏壓？　(A)–5V　(B)–3V　(C)5V　(D)3V

( )5. P基體增強型MOSFET之臨界電壓$|V_t| = 4\,\text{V}$，欲使其導通則閘源極電壓V_{GS}應該加何種偏壓？　(A)–5V　(B)–3V　(C)5V　(D)3V

( )6. 對FET而言，若閘極電壓為零，則下列何種型式FET元件，沒有通道產生？
(A)JFET　(B)增強型MOSFET　(C)空乏型MOSFET　(D)以上皆非

( )7. 目前市面上常用的CMOS IC是由那兩個元件製造完成？
(A)PNP電晶體及NPN電晶體
(B)P通道JFET及N通道JFET
(C)P通道空乏型MOSFET及N通道空乏型MOSFET
(D)P通道增強型MOSFET及N通道增強型MOSFET

( )8. 增強型MOSFET的基體應接至何腳？
(A)閘極　(B)源極　(C)汲極　(D)視通道種類而定

( )9. 對P通道增強型MOSFET而言，若V_t為其臨限電壓，則閘源極的正常工作電壓V_{GS}為何？　(A)$V_{GS} > V_t$　(B)$V_{GS} < V_t$　(C)$V_{GS} = V_t$　(D)$V_{GS} \gg 0$

( )10. 有關增強型MOSFET的臨限電壓（threshold voltage, V_t）的敘述，下列何者錯誤？
(A)V_t大小是由元件製程所決定，一般介於1～3V之間
(B)在通道區形成可導通電流之反轉層所須的最大閘源極電壓，稱為臨限電壓
(C)N通道元件之V_t為正電壓
(D)P通道元件之V_t為負電壓

( )11. N通道增強型MOSFET操作於夾止區,且臨限電壓(threshold voltage)$V_t = 2\text{ V}$,$K = 1\text{ mA}/\text{V}^2$,若$V_{GS} = 4\text{ V}$,則$I_D$為多少?
(A)0　(B)1mA　(C)2mA　(D)4mA

( )12. 下列何者是增強型P通道MOSFET之符號?
(A)　(B)　(C)　(D)

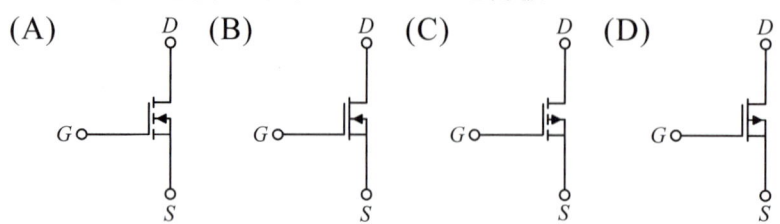

( )13. 數位積體電路(integrated circuit,簡記IC)CMOS元件中,常使用下列何者FET元件組成?
(A)JFET　(B)空乏型MOSFET　(C)增強型MOSFET　(D)以上皆非

( )14. 對N通道增強型MOSFET而言,已知臨限(threshold)電壓$V_T = 2\text{ V}$,$K = 2\text{ mA}/\text{V}^2$,求$V_{GS} = 1\text{ V}$時之汲極電流$I_D$為多少?
(A)0　(B)1mA　(C)2mA　(D)3mA

( )15. 下列何者為N通道增強型MOSFET元件的I_D-V_{GS}的特性曲線?
(A) (B) (C) (D)

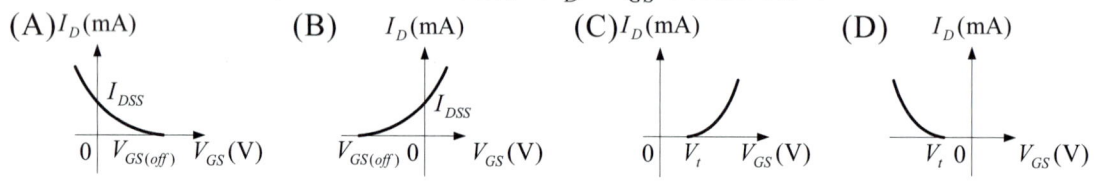

( )16. 下列何者為P通道增強型MOSFET的輸出特性曲線?
(A) (B) (C) (D)

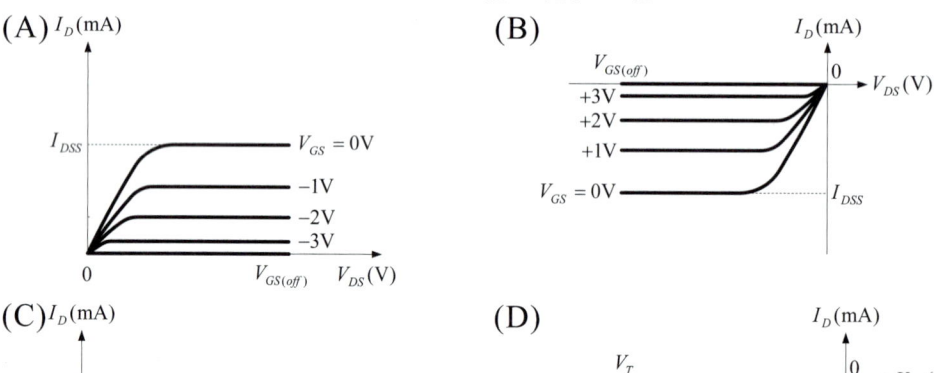

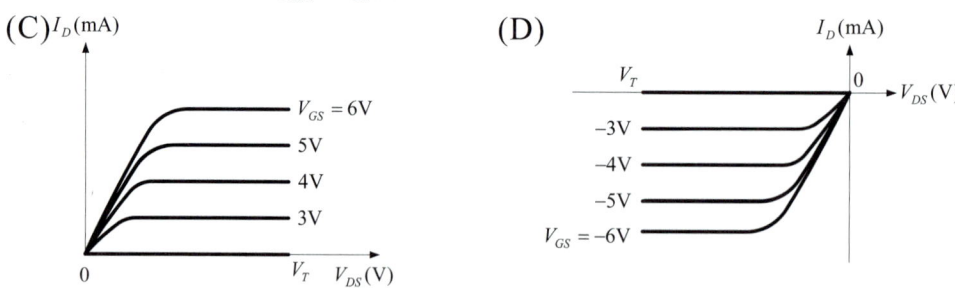

( )17. N通道增強型MOSFET的臨界電壓V_t大小主要由何者決定?
(A)金屬導電層厚度　(B)二氧化矽厚度　(C)半導體厚度　(D)以上皆非

進階題

(　　)1. 有關金氧半場效電晶體MOSFET之敘述，下列何者正確？
(A)空乏型MOSFET的物理結構，沒有預設通道
(B)P型基體的增強型MOSFET，閘-源極電壓（V_{GS}）必需為正電壓才有可能感應通道
(C)N通道增強型MOSFET，$V_{GS} < V_T$才能使汲極源極導通
(D)P通道空乏型MOSFET之V_{GS}值為正時，通道內有電子流動

(　　)2. 有一個增強型ＭＯＳＦＥＴ工作於夾止區，若臨界電壓$V_t = 0.5\text{ V}$、當閘源極電壓$V_{GS} = 2.5\text{ V}$時汲極電流$I_D = 8\text{ mA}$，試求源極電壓$V_{GS} = 3.5\text{ V}$時的汲極電流I_D為何？
(A)6mA　(B)9mA　(C)12mA　(D)18mA

(　　)3. 增強型MOSFET的通道如何形成？
(A)基板表面的多數載子因電場作用形成
(B)基板表面的少數載子因電場作用形成
(C)運用擴散技術在二氧化矽層下形成
(D)運用離子布植法在二氧化矽層下形成

(　　)4. 下列有關增強型MOSFET何者敘述錯誤？
(A)N基體的增強型MOSFET，當$V_{GS} < V_t$可以產生汲極電流
(B)P基體的增強型MOSFET，當$V_{GS} > V_t$在汲源極間可以感應P型反轉層
(C)N通道增強型MOSFET的臨界電壓V_t為正電壓
(D)$V_{GS} = 0$無法感應通道

(　　)5. N通道增強型ＭＯＳＦＥＴ之臨界電壓$V_T = 2\text{ V}$，當ＭＯＳＦＥＴ導通且$V_{GS} = 4\text{ V}$時，$I_D = 1\text{ mA}$，當$V_{GS} = 6\text{ V}$時I_D為多少？
(A)1mA　(B)2mA　(C)4mA　(D)8mA

6-4 金氧半場效電晶體之直流偏壓

理論重點

重點 1　MOSFET之偏壓組態

將上述的金氧半場效電晶體（MOSFET）與雙極性電晶體（BJT）的偏壓組態作比較，其相關特性整理如下表所示。

放大器偏壓組態		電路特性
MOSFET	BJT	
共源極（CS） 輸入腳：G 輸出腳：D 共用腳：S	共射極（CE） 輸入腳：B 輸出腳：C 共用腳：E	1. 輸入電壓信號與輸出電壓信號反相180° 2. 功率增益為三者中最大
共汲極（CD） 輸入腳：G 輸出腳：S 共用腳：D （源極隨耦器）	共集極（CC） 輸入腳：B 輸出腳：E 共用腳：C （射極隨耦器）	1. 輸入阻抗大 2. 輸出阻抗小 3. 電壓增益小（小於1） 4. 電流增益大
共閘極（CG） 輸入腳：S 輸出腳：D 共用腳：G	共基極（CB） 輸入腳：E 輸出腳：C 共用腳：B	1. 輸入阻抗小 2. 輸出阻抗大 3. 電壓增益大 4. 電流增益小（小於1）

重點 2　直流負載線與直流工作點 Q

空乏型與增強型MOSFET的直流負載線與直流工作點，與第三章的雙極性電晶體（BJT）的求解步驟相同，且MOSFET操作於夾止區才具有線性放大的作用，因此我們在進行直流分析時，皆假設MOSFET操作於夾止區，求解步驟如下：

1. 輸入迴路：

   (1) 由於MOSFET的輸入阻抗約$10^{10}\Omega \sim 10^{15}\Omega$，故令閘極電流$I_G \approx 0\,\text{A}$，以方便求解。

   (2) $\begin{cases} \text{空乏型MOSFET運用公式}\,I_D = I_{DSS} \times (1 - \dfrac{V_{GS}}{V_P})^2 \\ \text{增強型MOSFET運用公式}\,I_D = K \times (V_{GS} - V_t)^2 \end{cases}$ $\Rightarrow$ 求解閘源極電壓V_{GS}與汲極電流I_D，由於汲極電流I_D為一元二次的拋物線方程式，因此答案有兩個（實根與增根），故需再藉由判別式判斷正確的答案。

2. 輸出迴路：

   (1) 運用輸出迴路方程式繪製直流負載線。

   (2) 共源極與共汲極偏壓電路（N通道）：將電流I_D代入輸出迴路求解汲源極電壓V_{DS}，則直流工作點Q為(V_{DSQ}, I_{DQ})。

   (3) 共閘極偏壓電路（N通道）：將電流I_D代入輸出迴路求解汲閘極電壓V_{DG}，則直流工作點Q為(V_{DGQ}, I_{DQ})。

   註：求解V_{GS}以及I_D常運用到數學的一元二次方程式$ax^2 + bx + c = 0$，則$x = \dfrac{-b \pm \sqrt{b^2 - 4ac}}{2a}$。

重點 3　空乏型MOSFET之偏壓組態

空乏型MOSFET常見的直流偏壓方式有四種：_____、_____、_____ 與 _____，其中以 _____ 最為重要，可以藉由 _____ 的調整，使得閘源極電壓V_{GS}為順向偏壓、逆向偏壓或是零電壓（零偏壓法），使空乏型MOSFET操作於增強工作、空乏工作，或是$I_D = I_{DSS}$。

一、固定偏壓電路

工作原理是在閘極間加入一個逆向偏壓V_{GG}，藉由此逆向偏壓來控制通道內空乏區的大小進而調整汲極電流的大小。

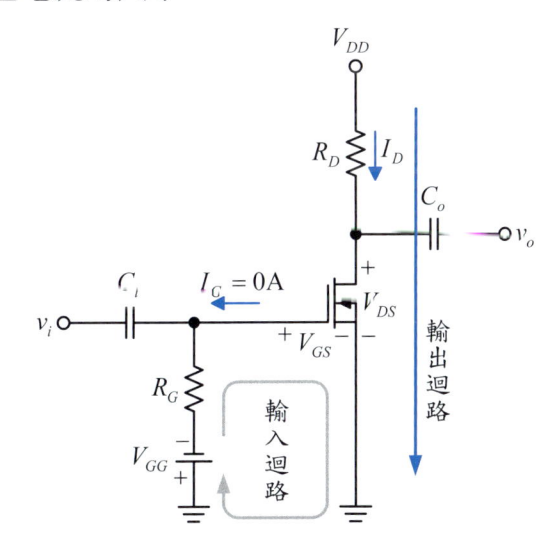

1. 輸入迴路：_____，代入蕭克萊方程式$I_D = I_{DSS} \times (1 - \dfrac{V_{GS}}{V_P})^2$，即可求出相對應的汲極電流$I_D$。

2. 輸出迴路：$V_{DD} = I_D \times R_D + V_{DS}$，經整理後可得 _____，令$I_D = 0$，可以求出直流負載線與X軸的交點為$V_{DD}$；而令$V_{DS} = 0$，可以求出直流負載線與Y軸的交點為$\dfrac{V_{DD}}{R_D}$，將此兩點連結起來即為斜率為$-\dfrac{1}{R_D}$的直流負載線。

3. 繪製直流負載線與直流工作點Q：

將上述所求解的V_{GS}、I_D與V_{DS}標示在N通道空乏型MOSFET的轉移特性曲線與輸出特性曲線，並繪製直流負載線與直流工作點Q，如圖(a)(b)所示。

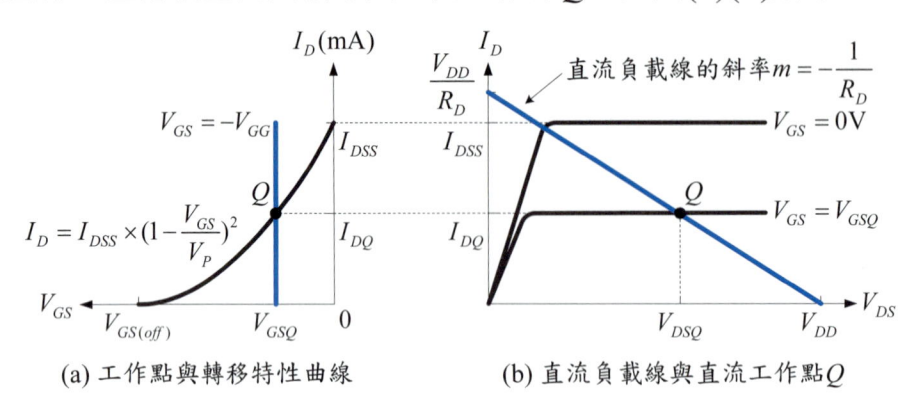

(a) 工作點與轉移特性曲線

(b) 直流負載線與直流工作點Q

答案：固定偏壓電路、自給偏壓電路、零偏壓電路、分壓式偏壓電路、分壓式偏壓電路、源極電阻R_S

1. $V_{GS} = -V_{GG}$
2. $V_{DS} = V_{DD} - I_D \times R_D$

老師講解

1. 如下圖所示，若$V_{DD} = 12\text{ V}$、$V_{GG} = 2\text{ V}$、$R_G = 10\text{ k}\Omega$、$R_D = 2\text{ k}\Omega$、$I_{DSS} = 12\text{ mA}$且$V_P = -4\text{ V}$，試求

(1)汲極電流I_D (2)汲源極電壓V_{DS} (3)操作區域 (4)直流工作點Q，分別為何？

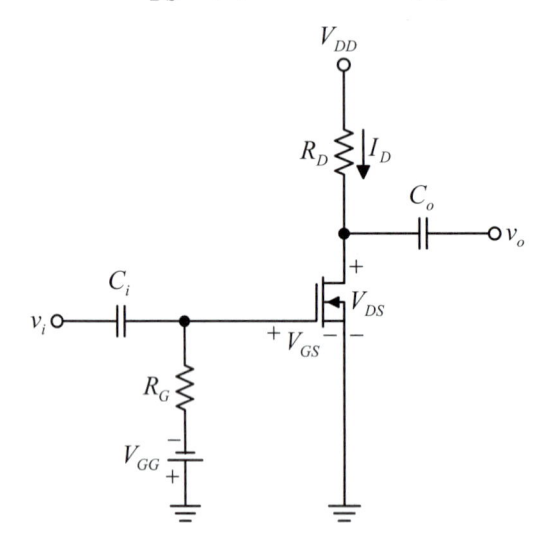

解 假設操作於夾止區

(1) 汲極電流 $I_D = I_{DSS} \times (1 - \dfrac{V_{GS}}{V_P})^2 = 12\text{mA} \times (1 - \dfrac{-2\text{V}}{-4\text{V}})^2 = 3\text{ mA}$

(2) 汲源極電壓 $V_{DS} = V_{DD} - I_D \times R_D = 12\text{V} - 3\text{mA} \times 2\text{k}\Omega = 6\text{ V}$

(3) $V_{GS} = -2\text{ V} > V_P$且$V_{GD} = V_{GS} - V_{DS} = -2\text{V} - 6\text{V} = -8\text{ V} < V_P$

（操作於夾止區，故假設成立）

(4) 工作點$Q(V_{DSQ}, I_{DQ}) = Q(6\text{V}, 3\text{mA})$

學生練習

1. 承上題所示，若 $V_{DD}=16\,\text{V}$、$V_{GG}=1.5\,\text{V}$、$R_G=20\,\text{k}\Omega$、$R_D=1.5\,\text{k}\Omega$、$I_{DSS}=16\,\text{mA}$ 且 $V_P=-3\,\text{V}$，試求工作點 Q 為何？
(A) 8V、5mA　(B) 10V、4mA　(C) 10V、5mA　(D) 12V、3mA

二、自給偏壓電路

該電路乃是運用汲極電流 I_D 通過 ＿＿＿＿＿ 所產生的壓降（逆向偏壓）來控制通道內空乏區的大小，來達到調整汲極電流的目的，由於該電路的逆向偏壓是由自己的壓降電阻所決定，故稱為自給偏壓電路，該電路可省去固定偏壓電路中需外加逆向偏壓 V_{GG} 的缺點。

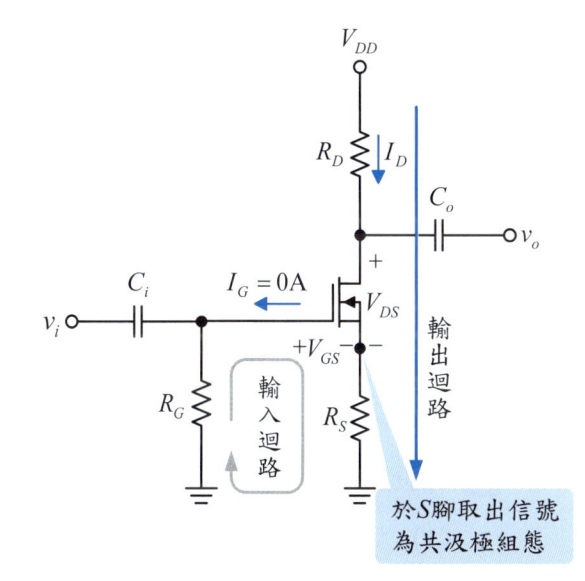

1. 輸入迴路：＿＿＿＿＿＿＿＿＿＿＿＿。

2. 輸出迴路：$V_{DD}=I_D\times R_D+V_{DS}+I_D\times R_S$，整理後可得 ＿＿＿＿＿＿＿＿＿＿，令 $I_D=0$，可以求出直流負載線與 X 軸的交點為 V_{DD}；而令 $V_{DS}=0$，可以求出直流負載線與 Y 軸的交點為 $\dfrac{V_{DD}}{R_D+R_S}$，將此兩點連結起來即為斜率為 $-\dfrac{1}{(R_D+R_S)}$ 的直流負載線。

3. 繪製直流負載線與直流工作點 Q
將上述所求解的 V_{GS}、I_D 與 V_{DS} 標示在 N 通道空乏型 MOSFET 的轉移特性曲線與輸出特性曲線，並繪製直流負載線與直流工作點 Q，如圖 (a)(b) 所示。

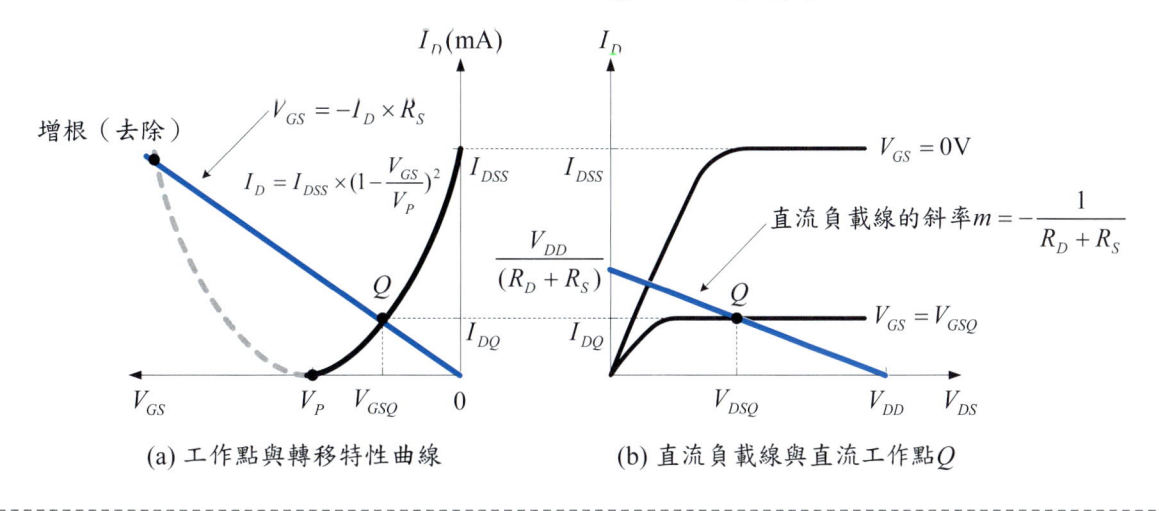

(a) 工作點與轉移特性曲線　　(b) 直流負載線與直流工作點 Q

答案：源極電阻 R_S

1. $V_{GS}=-I_D\times R_S$
2. $V_{DS}=V_{DD}-I_D\times R_D-I_D\times R_S$

老師講解

2. 如下圖所示，若 $V_{DD}=12\text{ V}$、$R_G=10\text{ k}\Omega$、$R_D=2\text{ k}\Omega$、$R_S=0.5\text{ k}\Omega$、$I_{DSS}=16\text{ mA}$ 且 $V_P=-4\text{ V}$，試求

(1)汲極電流 I_D　(2)汲源極電壓 V_{DS}　(3)操作區域　(4)直流工作點 Q，分別為何？

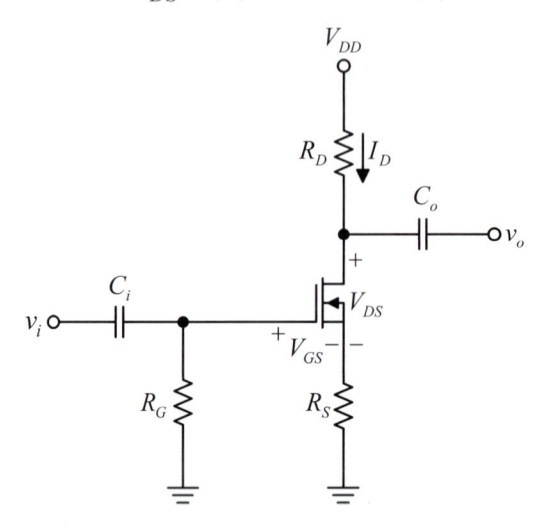

解 假設操作於夾止區

(1) ∵ $I_G=0\text{ A}$，故 $V_G=0\text{ V}$，因此

$$V_{GS}=V_G-V_S=0-I_D\times R_S=-I_D\times R_S=-0.5\text{k}\Omega\times I_D$$

將運算式重新整理為 $I_D=-\dfrac{V_{GS}}{0.5\text{k}\Omega}$ ……………………………… ①

(2) 汲極電流 $I_D=I_{DSS}\times(1-\dfrac{V_{GS}}{V_P})^2=16\text{mA}\times(1+\dfrac{V_{GS}}{4\text{V}})^2$ ……………… ②

將①代入②：$-\dfrac{V_{GS}}{0.5\text{k}\Omega}=16\text{mA}\times(1+\dfrac{V_{GS}}{4\text{V}})^2\Rightarrow V_{GS}^2+10V_{GS}+16=0$

$V_{GS}=-2\text{ V}$ 或 -8V（$-8\text{V}<V_P$ 操作於截止區故不合）

(3) 汲極電流 $I_D=I_{DSS}\times(1-\dfrac{V_{GS}}{V_P})^2=16\text{mA}\times(1-\dfrac{-2\text{V}}{-4\text{V}})^2=4\text{ mA}$

(4) 汲源極電壓 $V_{DS}=V_{DD}-I_D\times(R_D+R_S)=12\text{V}-4\text{mA}\times(2\text{k}\Omega+0.5\text{k}\Omega)=2\text{ V}$

(5) $V_{GS}=-2\text{ V}>V_P$ 且 $V_{GD}=V_{GS}-V_{DS}=-2\text{V}-2\text{V}=-4\text{ V}\leq V_P$
（操作於夾止區，故假設成立）

(6) 工作點 $Q(V_{DSQ},I_{DQ})=Q(2\text{V},4\text{mA})$

學生練習

2. 承上題所示，若 $V_{DD}=16\text{ V}$、$R_G=10\text{ k}\Omega$、$R_D=2.5\text{ k}\Omega$、$R_S=1\text{ k}\Omega$、$I_{DSS}=12\text{ mA}$ 且 $V_P=-6\text{ V}$，試求閘源極電壓 V_{GS} 為何？
(A)−1V　(B)−2V　(C)−3V　(D)−12V

三、零偏壓電路

此電路在閘極端沒有外加任何偏壓,且電阻型態中沒有源極電阻R_S,故$V_{GS} = 0$ V。零偏壓法僅適用於 _____ 而不適用於增強型MOSFET(閘源極電壓V_{GS}必須大於臨界電壓V_t才可感應通道),此電路的直流分析如下:

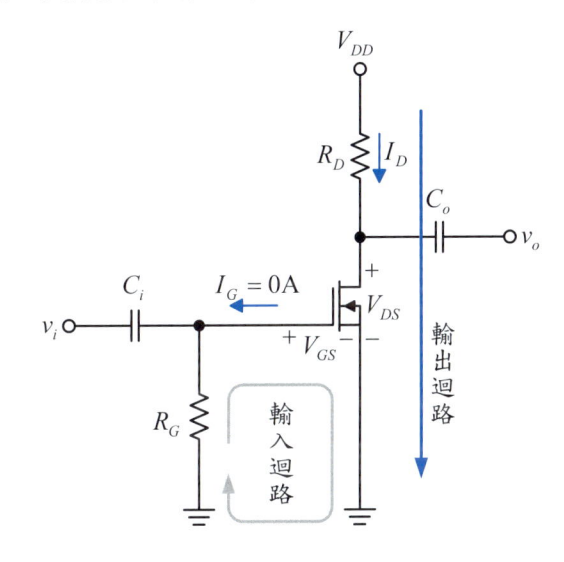

1. 輸入迴路:_____,代入蕭克萊方程式$I_D = I_{DSS} \times (1 - \dfrac{V_{GS}}{V_P})^2$,即可求出汲極電流$I_D = I_{DSS}$。

2. 輸出迴路:$V_{DD} = I_D \times R_D + V_{DS}$,經整理後可得 _____,令$I_D = 0$,可以求出直流負載線與X軸的交點為$V_{DD}$;而令$V_{DS} = 0$,可以求出直流負載線與Y軸的交點為$\dfrac{V_{DD}}{R_D}$,將此兩點連結起來即為斜率為$-\dfrac{1}{R_D}$的直流負載線。

3. 繪製直流負載線與直流工作點Q
   將上述所求解的V_{GS}、I_D與V_{DS}標示在N通道空乏型MOSFET的轉移特性曲線與輸出特性曲線,並繪製直流負載線與直流工作點Q,如圖(a)(b)所示。

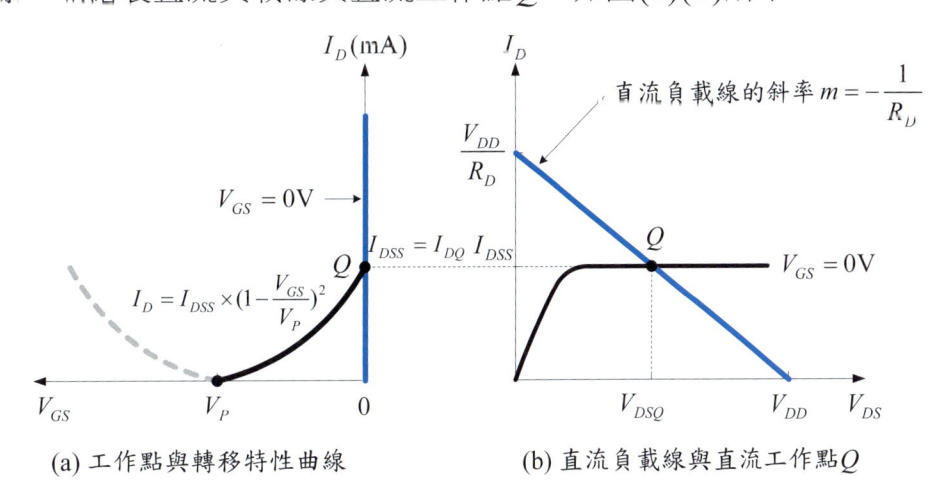

(a) 工作點與轉移特性曲線　　(b) 直流負載線與直流工作點Q

答案:空乏型MOSFET

1. $V_{GS} = 0$ V
2. $V_{DS} = V_{DD} - I_D \times R_D$

老師講解

3. 如下圖所示，若 $V_{DD} = 14$ V、$R_G = 2$ kΩ、$R_D = 2$ kΩ、$I_{DSS} = 3$ mA 且 $V_P = -6$ V，試求 (1)汲極電流 I_D (2)汲源極電壓 V_{DS} (3)操作區域 (4)工作點 Q，分別為何？

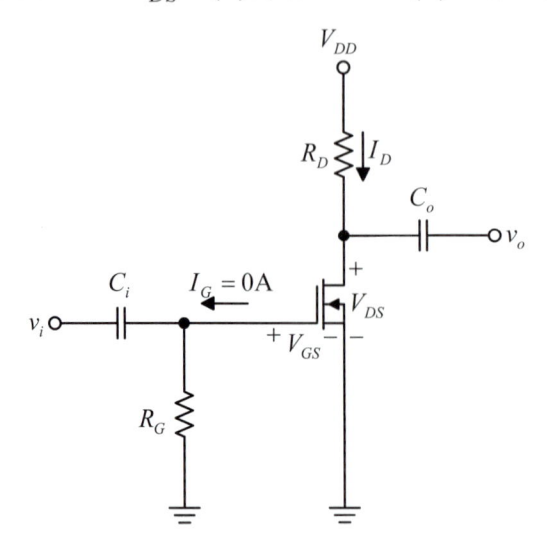

解 假設操作於夾止區

(1) ∵ $I_G = 0$ A，故 $V_G = 0$ V 且 $V_S = 0$ V，故 $V_{GS} = V_G - V_S = 0$ V

(2) 汲極電流 $I_D = I_{DSS} \times (1 - \dfrac{V_{GS}}{V_P})^2 = 3\text{mA} \times (1 - \dfrac{0\text{V}}{-6\text{V}})^2 = 3$ mA

(3) 汲源極電壓 $V_{DS} = V_{DD} - I_D \times R_D = 14\text{V} - 3\text{mA} \times 2\text{k}\Omega = 8$ V

(4) $V_{GS} = 0$ V $> V_P$ 且 $V_{GD} = V_{GS} - V_{DS} = 0\text{V} - 8\text{V} = -8$ V $< V_P$
（操作於夾止區，故假設成立）

(5) 工作點 $Q(V_{DSQ}, I_{DQ}) = Q(8\text{V}, 3\text{mA})$

學生練習

3. 承上題所示，若 $V_{DD} = 10$ V、$R_G = 2$ kΩ、$R_D = 1.5$ kΩ、$I_{DSS} = 4$ mA 且 $V_P = -4$ V，試求工作點 Q 為何？
(A) $Q(4\text{V}, 4\text{mA})$ (B) $Q(5.5\text{V}, 3\text{mA})$ (C) $Q(7\text{V}, 2\text{mA})$ (D) $Q(8.5\text{V}, 1\text{mA})$

四、分壓式偏壓電路

如圖所示，電源電壓V_{DD}經電阻R_1與R_2分壓後加在閘極的偏壓電路，故稱為分壓式偏壓電路，其中 _____ 類似BJT射極回授偏壓法中的 _____，具有 _____ 的作用，將圖(a)化簡為戴維寧等效電路，如圖(b)所示，相關直流分析如下：

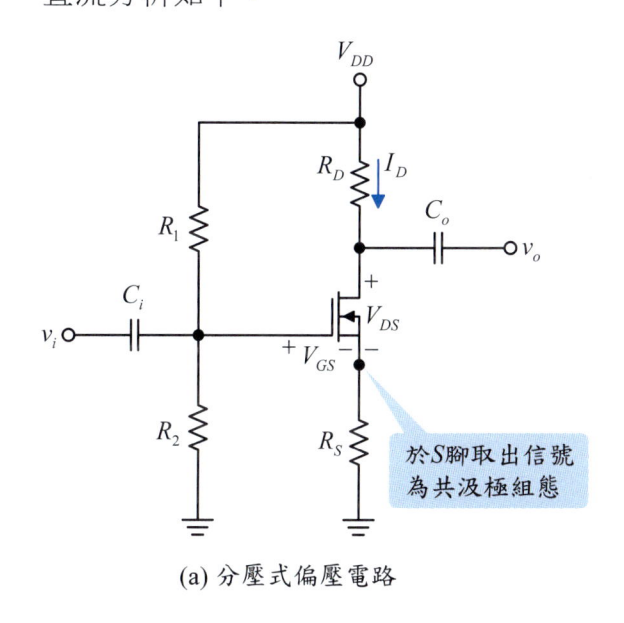

(a) 分壓式偏壓電路 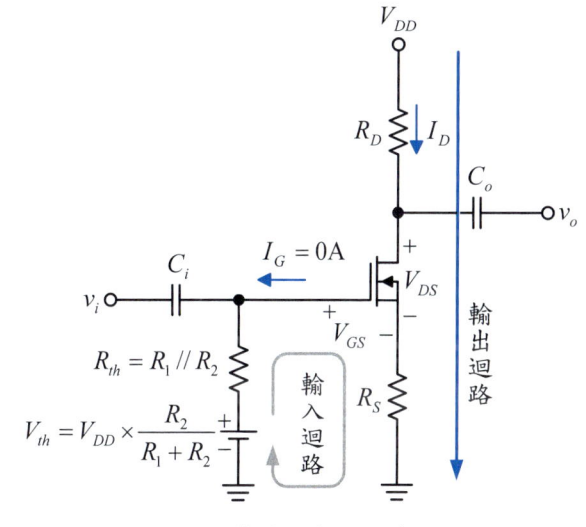　　(b) 化簡後的戴維寧等效電路

1. 輸入迴路：_____，代入蕭克萊方程式$I_D = I_{DSS} \times (1 - \frac{V_{GS}}{V_P})^2$，解一元二次方程式後，即可求出閘源極電壓$V_{GS}$。

2. 輸出迴路：$V_{DD} = I_D \times R_D + V_{DS} + I_D \times R_S$，經整理後可得 _____。

3. 繪製直流負載線與直流工作點Q
將上述所求解的V_{GS}、I_D與V_{DS}標示在N通道空乏型MOSFET的轉移特性曲線與輸出特性曲線，並繪製直流負載線與直流工作點Q，如圖(a)(b)所示。

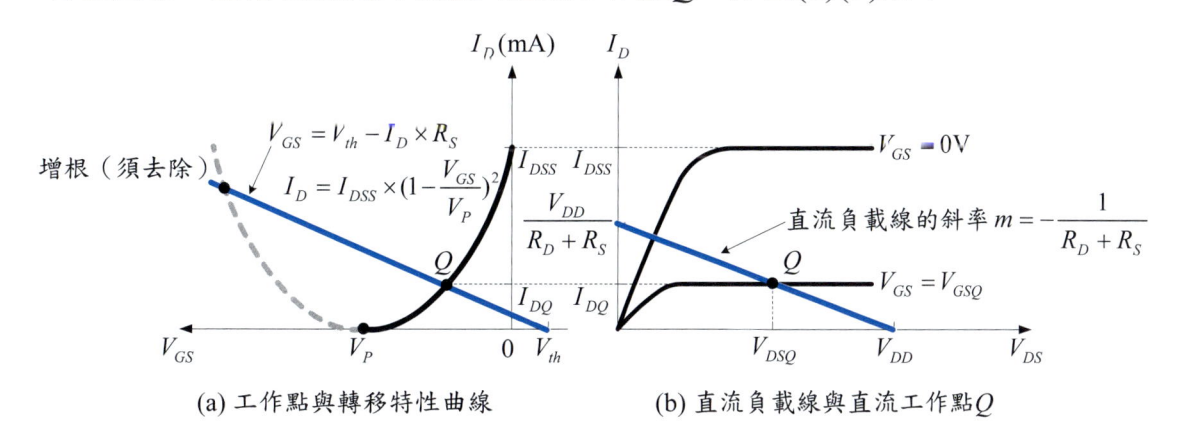

(a) 工作點與轉移特性曲線　　(b) 直流負載線與直流工作點Q

答案：源極電阻R_S、射極電阻R_E、穩定直流工作點
1. $V_{GS} = V_{th} - I_D \times R_S$
2. $V_{DS} = V_{DD} - I_D \times R_D - I_D \times R_S$

老師講解

4. 如下圖所示，若 $V_{DD}=15\text{ V}$、$R_1=150\text{ k}\Omega$、$R_2=100\text{ k}\Omega$、$R_D=2\text{ k}\Omega$、$R_S=16\text{ k}\Omega$、$I_{DSS}=2\text{ mA}$ 且 $V_P=-4\text{ V}$，試求

(1)汲極電流 I_D　(2)汲源極電壓 V_{DS}　(3)操作區域　(4)直流工作點 Q，分別為何？

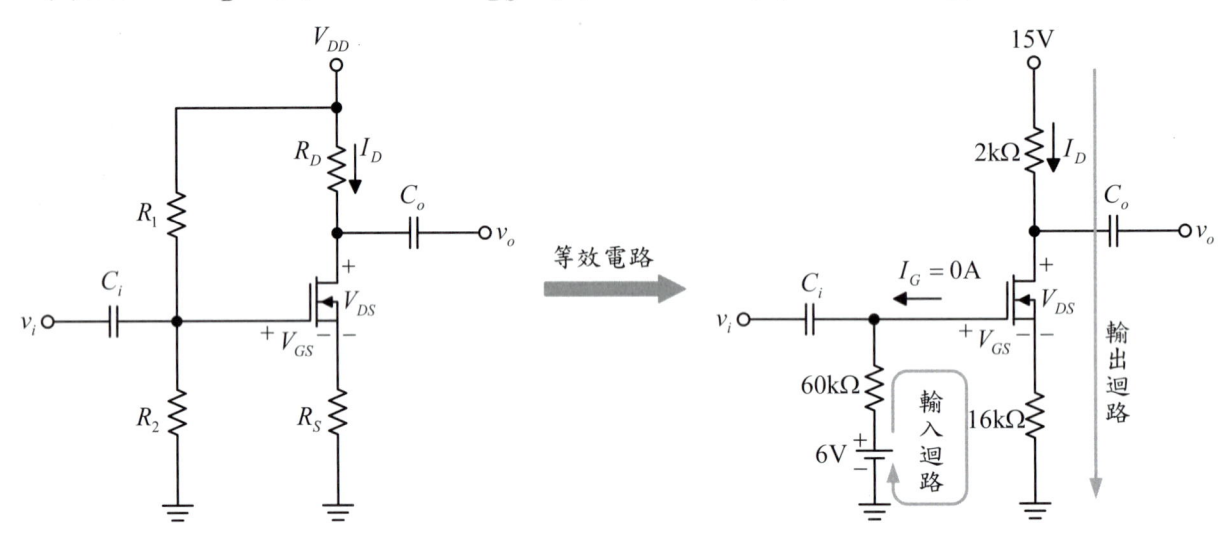

解 ∵ $I_G=0\text{ A}$，故 $V_G=6\text{ V}$，並假設操作於夾止區

(1) 輸入迴路：$V_{GS}=6\text{V}-I_D\times 16\text{k}\Omega \Rightarrow I_D=-\dfrac{V_{GS}-6\text{V}}{16\text{k}\Omega}$ ……………①

(2) 輸出迴路：$I_D=I_{DSS}\times(1-\dfrac{V_{GS}}{V_P})^2 \Rightarrow I_D=2\text{mA}\times(1+\dfrac{V_{GS}}{4})^2$ …………②

將①代入②可得 $-\dfrac{V_{GS}-6\text{V}}{16\text{k}\Omega}=2\text{mA}\times(1+\dfrac{V_{GS}}{4})^2 \Rightarrow (V_{GS}+2\text{V})(2V_{GS}+13\text{V})=0$

$V_{GS}=-2\text{ V}$ 或 -6.5V（$-6.5\text{V}<V_P$ 操作於截止區故不合）

(3) 汲極電流 $I_D=I_{DSS}\times(1-\dfrac{V_{GS}}{V_P})^2 \Rightarrow I_D=2\text{mA}\times(1-\dfrac{2\text{V}}{4\text{V}})^2=0.5\text{ mA}$

(4) 汲源極電壓 $V_{DS}=V_{DD}-I_D\times(R_D+R_S)=15\text{V}-0.5\text{mA}\times(2\text{k}\Omega+16\text{k}\Omega)=6\text{ V}$

(5) $V_{GS}=-2\text{ V}>V_P$ 且 $V_{GD}=V_G-V_D=6\text{V}-14\text{V}=-8\text{ V}<V_P$（操作於夾止區）

(6) 工作點 $Q(V_{DSQ},I_{DQ})=Q(6\text{V},0.5\text{mA})$

學生練習

4. 承上題所示，若 $V_{DD}=15\text{ V}$、$R_1=200\text{ k}\Omega$、$R_2=100\text{ k}\Omega$、$R_D=3\text{ k}\Omega$、$R_S=7\text{ k}\Omega$、$I_{DSS}=4\text{ mA}$ 且 $V_P=-4\text{ V}$，試求直流工作點 Q 為何？
(A) $Q(5\text{V},2\text{mA})$　(B) $Q(5\text{V},1\text{mA})$　(C) $Q(4\text{V},4\text{mA})$　(D) $Q(4\text{V},1\text{mA})$

重點 4 增強型MOSFET之偏壓組態

增強型MOSFET的閘源極的電壓V_{GS}必須大於臨界電壓V_t，才有辦法感應通道並產生汲極電流，因此增強型MOSFET無法使用於自給偏壓法（自給偏壓法的V_{GS}為逆向偏壓），而常見的直流偏壓方式有：_____、_____ 與 _____ 等三種。

一、固定偏壓電路

工作原理是在閘極間加入一個順向偏壓V_{GG}，且V_{GG}需大於臨界電壓V_t才有辦法感應N通道產生汲極電流I_D，電路分析如下：

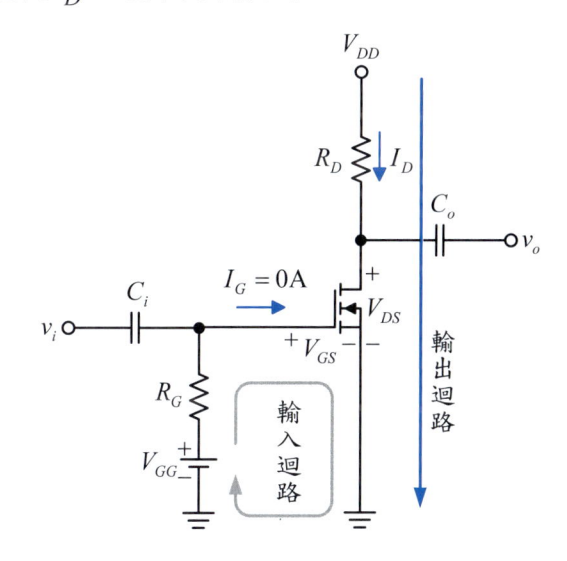

1. 輸入迴路：_____ 。

2. 輸出迴路：$V_{DD} = I_D \times R_D + V_{DS}$，經整理後可得 _____ ，令 $I_D = 0$，可以求出直流負載線與X軸的交點為V_{DD}；而令$V_{DS} = 0$，可以求出直流負載線與Y軸的交點為$\dfrac{V_{DD}}{R_D}$，將此兩點連結起來即為斜率為$-\dfrac{1}{R_D}$的直流負載線。

3. 繪製直流負載線與直流工作點Q
   將上述所求解的V_{GS}、I_D與V_{DS}標示在N通道增強型MOSFET的轉移特性曲線與輸出特性曲線，並繪製直流負載線與直流工作點Q，如圖(a)(b)所示。

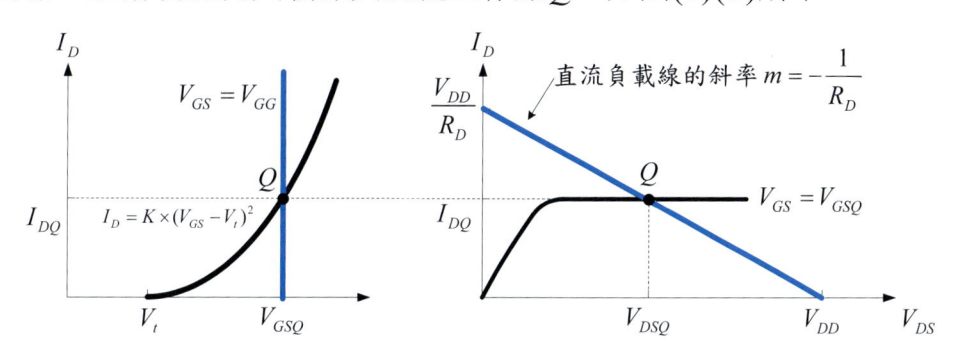

(a) 工作點與轉移特性曲線　　(b) 直流負載線與直流工作點Q

答案：固定偏壓電路、分壓式偏壓電路、汲極回授偏壓電路

1. $V_{GS} = V_{GG}$
2. $V_{DS} = V_{DD} - I_D \times R_D$

老師講解

5. 如下圖所示，若 $V_{DD}=10\text{ V}$、$V_{GG}=4\text{ V}$、$R_G=10\text{ k}\Omega$、$R_D=3\text{ k}\Omega$、$K=2\text{ mA}/\text{V}^2$ 且 $V_t=3\text{ V}$，試求

(1)汲極電流 I_D　(2)汲源極電壓 V_{DS}　(3)操作區域　(4)直流工作點 Q，分別為何？

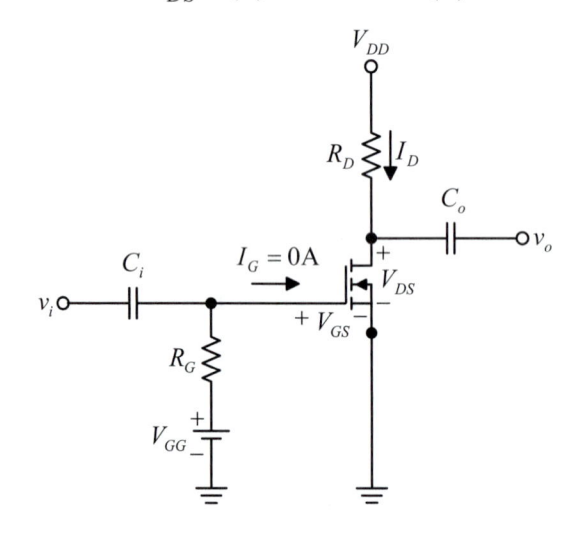

解 假設操作於夾止區

∵ $I_G = 0\text{ A}$，故 $V_G = V_{GG} = 4\text{ V}$，

因此 $V_{GS} = V_G - V_S = 4\text{V} - 0\text{V} = 4\text{ V}$

(1) 汲極電流 $I_D = K \times (V_{GS} - V_t)^2 = 2\text{ mA}/\text{V}^2 \times (4\text{V} - 3\text{V})^2 = 2\text{ mA}$

(2) 汲源極電壓 $V_{DS} = V_{DD} - I_D \times R_D = 10\text{V} - 2\text{mA} \times 3\text{k}\Omega = 4\text{ V}$

(3) $V_{GS} = 4\text{ V} > V_t$ 且 $V_{GD} = V_{GS} - V_{DS} = 4\text{V} - 4\text{V} = 0\text{ V} < V_t$
（操作於夾止區，故假設成立）

(4) 工作點 $Q(V_{DSQ}, I_{DQ}) = Q(4\text{V}, 2\text{mA})$

學生練習

5. 承上題所示，若 $V_{DD}=12\text{ V}$、$V_{GG}=3\text{ V}$、$R_G=40\text{ k}\Omega$、$R_D=2.5\text{ k}\Omega$、$K=4\text{ mA}/\text{V}^2$ 且 $V_t=2\text{ V}$，試求直流工作點 Q 為何？
(A) $Q(5\text{V}, 2.8\text{mA})$　(B) $Q(4\text{V}, 3.2\text{mA})$　(C) $Q(3\text{V}, 3.6\text{mA})$　(D) $Q(2\text{V}, 4\text{mA})$

二、分壓式偏壓電路

電源電壓V_{DD}經電阻R_1與R_2分壓後加在閘極的偏壓電路,故稱為分壓式偏壓電路,其中源極電阻R_S類似BJT _____ 中的 _____,具有 _____ 的作用,將圖(a)化簡為戴維寧等效電路如圖(b)所示。

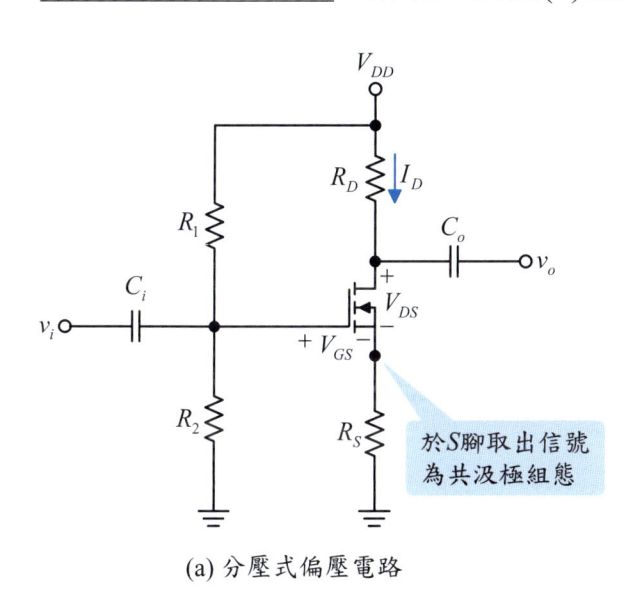

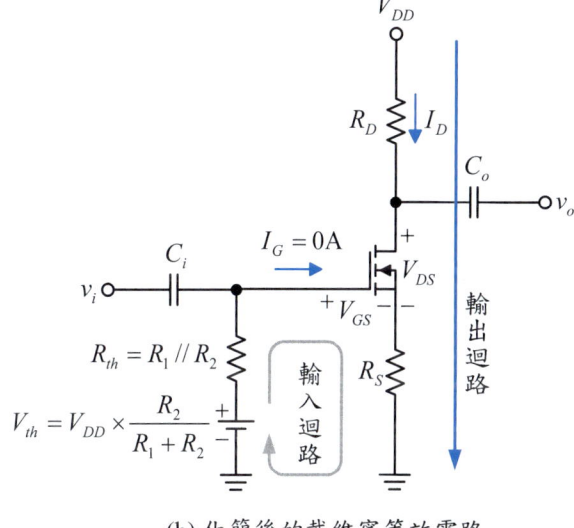

(a) 分壓式偏壓電路

(b) 化簡後的戴維寧等效電路

1. 輸入迴路:_____。
2. 輸出迴路:$V_{DD} = I_D \times R_D + V_{DS} + I_D \times R_S$,整理後可得 _____。
3. 繪製直流負載線與直流工作點Q
   將上述所求解的V_{GS}、I_D與V_{DS}標示在N通道增強型MOSFET的轉移特性曲線與輸出特性曲線,並繪製直流負載線與直流工作點Q,如圖(a)(b)所示。

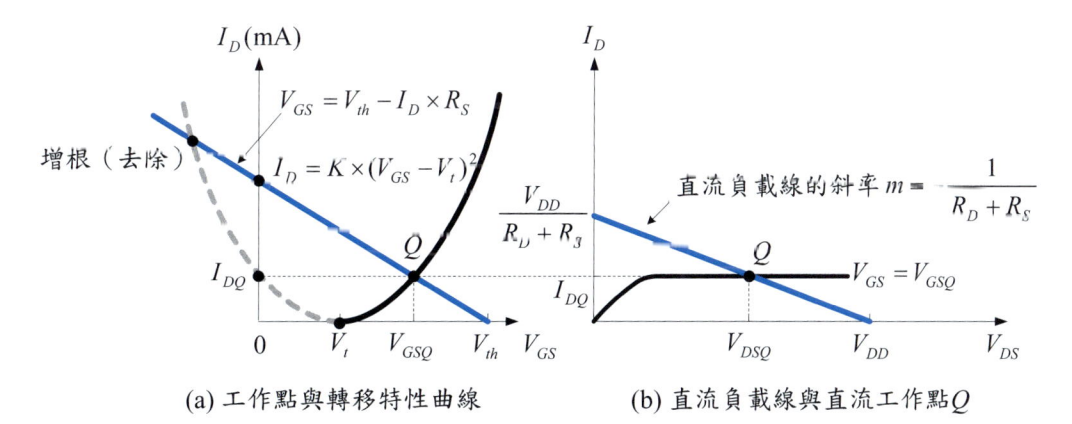

(a) 工作點與轉移特性曲線

(b) 直流負載線與直流工作點Q

答案:射極回授偏壓法、射極電阻R_E、穩定直流工作點

1. $V_{GS} = V_{th} - I_D \times R_S$
2. $V_{DS} = V_{DD} - I_D \times R_D - I_D \times R_S$

老師講解

6. 如下圖所示，若 $V_{DD}=18\text{ V}$、$R_1=600\text{ k}\Omega$、$R_2=300\text{ k}\Omega$、$R_D=2\text{ k}\Omega$、$R_S=1.5\text{ k}\Omega$、$K=2\text{ mA}/\text{V}^2$ 且 $V_t=2\text{ V}$，試求

(1)汲極電流 I_D　(2)汲源極電壓 V_{DS}　(3)操作區域　(4)直流工作點 Q，分別為何？

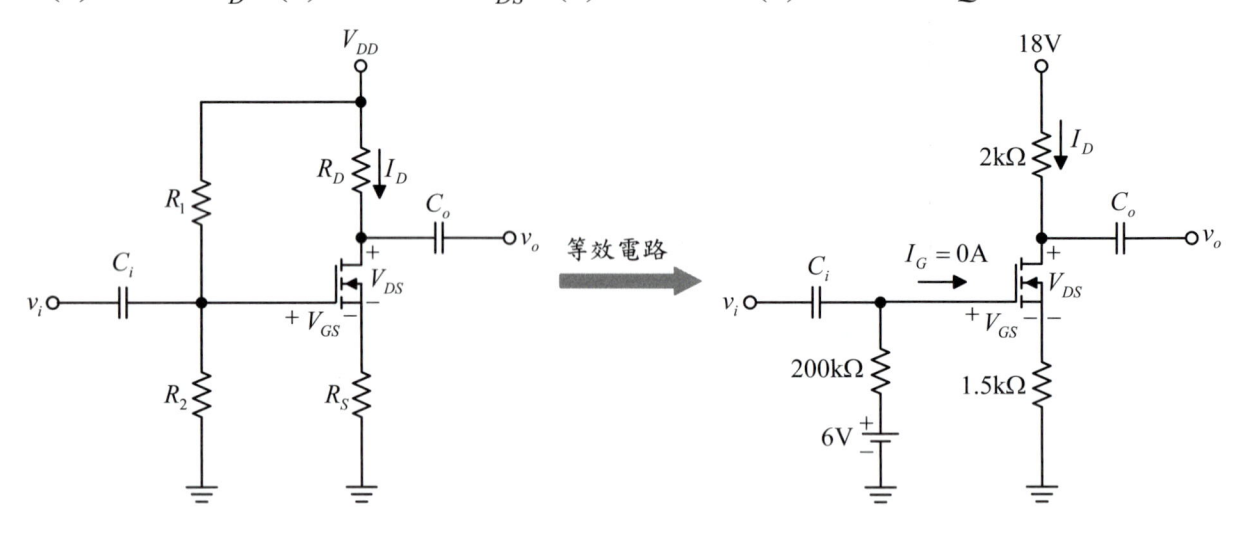

解　∵ $I_G=0\text{ A}$，故 $V_G=6\text{ V}$，並假設操作於夾止區

(1) 輸入迴路：$V_{GS}=6\text{V}-I_D\times 1.5\text{k}\Omega \Rightarrow I_D=-\dfrac{V_{GS}-6\text{V}}{1.5\text{k}\Omega}$ ……………①

(2) 輸出迴路：$I_D=K\times(V_{GS}-V_t)^2=2\text{mA}/\text{V}^2\times(V_{GS}-2\text{V})^2$ …………②

將①代入②可得 $-\dfrac{V_{GS}-6\text{V}}{1.5\text{k}\Omega}=2\text{mA}/\text{V}^2\times(V_{GS}-2\text{V})^2 \Rightarrow (V_{GS}-3\text{V})(3V_{GS}-2\text{V})=0$

$V_{GS}=3\text{ V}$ 或 $\dfrac{2}{3}\text{V}$（$\dfrac{2}{3}\text{V}<V_t$ 操作於截止區故不合）

(3) 汲極電流 $I_D=K\times(V_{GS}-V_t)^2=2\text{mA}/\text{V}^2\times(3\text{V}-2\text{V})^2=2\text{ mA}$

(4) 汲源極電壓 $V_{DS}=V_{DD}-I_D\times(R_D+R_S)=18\text{V}-2\text{mA}\times(2\text{k}\Omega+1.5\text{k}\Omega)=11\text{ V}$

(5) $V_{GS}=3\text{ V}>V_t$ 且 $V_{GD}=V_G-V_D=6\text{V}-14\text{V}=-8\text{ V}<V_t$
（操作於夾止區，假設成立）

(6) 工作點 $Q(V_{DSQ},I_{DQ})=Q(11\text{V},2\text{mA})$

學生練習

6. 如下圖所示，若 $V_{DD}=12\text{ V}$、$R_1=100\text{ k}\Omega$、$R_2=50\text{ k}\Omega$、$R_D=6\text{ k}\Omega$、$R_S=1\text{ k}\Omega$、$K=1\text{ mA}/\text{V}^2$ 且 $V_t=2\text{ V}$，試求直流工作點 Q 為何？
(A)$Q(5\text{V},1\text{mA})$　(B)$Q(6\text{V},2\text{mA})$　(C)$Q(5\text{V},2.5\text{mA})$　(D)$Q(6\text{V},1\text{mA})$

三、汲極回授偏壓電路

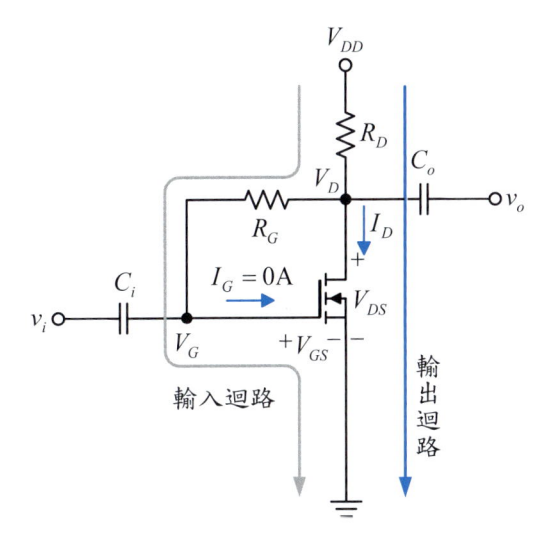

汲極回授偏壓電路如下圖所示，該電路的 _____ 類似BJT的集極回授偏壓電路中的 _____，具有 _____ 的作用。電路由汲極提供一個負回授的路徑至閘極，當MOSFET的特性參數改變時，可能造成汲極電流I_D增加，此時汲極電壓V_D下降，而使得汲極電流I_D減小，有穩定汲極電流I_D的特性，其回授過程如下：

$$I_D \uparrow V_D = (V_{DD} - I_D \times R_D) \downarrow V_G = V_D = V_{GS} \downarrow I_D = K \times (V_{GS} - V_t) \downarrow$$

自動調節作用（負回授）

1. 輸入迴路：_____，整理後為$I_D = \dfrac{V_{DD} - V_{GS}}{R_D}$，代入蕭克萊方程式$I_D = K \times (V_{GS} - V_t)^2$，即可求出相對應的閘源極電壓$V_{GS}$。

2. 輸出迴路：$V_{DD} = I_D \times R_D + V_{DS}$，經整理後可得 _____，令$I_D = 0$，可以求出直流負載線與X軸的交點為$V_{DD}$；而令$V_{DS} = 0$，可以求出直流負載線與Y軸的交點為$\dfrac{V_{DD}}{R_D}$，將此兩點連結起來即為斜率為$-\dfrac{1}{R_D}$的直流負載線。

3. 繪製直流負載線與直流工作點Q
   將上述所求解的V_{GS}、I_D與V_{DS}標示在N通道增強型MOSFET的轉移特性曲線與輸出特性曲線，並繪製直流負載線與直流工作點Q，如圖(a)(b)所示。

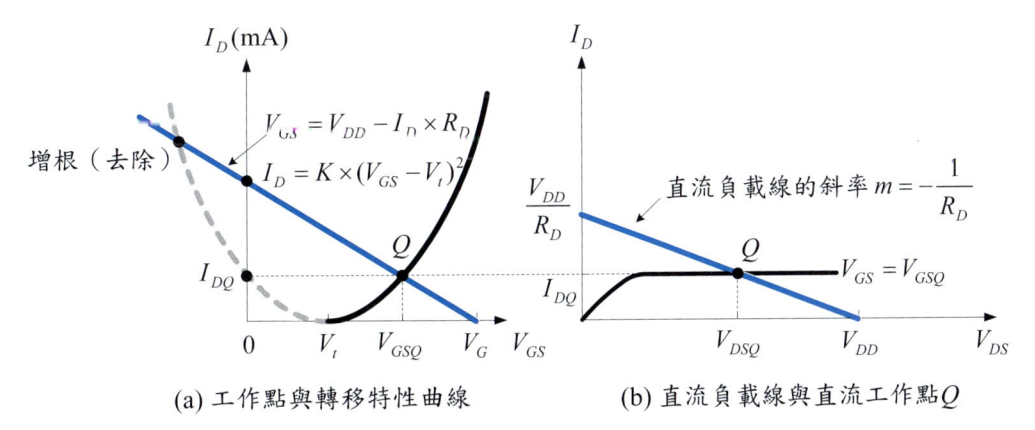

(a) 工作點與轉移特性曲線　　(b) 直流負載線與直流工作點Q

註：空乏型MOSFET不適用於汲極回授偏壓法，對N通道空乏型MOSFET而言其$V_{GD} > V_P$，P通道空乏型MOSFET而言其$V_{GD} < V_P$，皆操作於歐姆區（三極區）因此不具線性放大作用。

答案：汲極電阻R_D、集極電阻R_C、穩定直流工作點

1. $V_{GS} = V_{DD} - I_D \times R_D$
2. $V_{DS} = V_{DD} - I_D \times R_D$

老師講解

7. 如下圖所示之電路，若MOSFET的臨界電壓V_T為1V，且飽和區電流$I_D = K(V_{GS} - V_T)^2$，其中$K = 1\,\text{mA}/\text{V}^2$，則當$V_{DD} = 5\,\text{V}$、$R_D = 3\,\text{k}\Omega$、$R_G = 10\,\text{M}\Omega$，試求

(1)汲極電流I_D　(2)汲源極電壓V_{DS}　(3)操作區域　(4)直流工作點Q，分別為何？

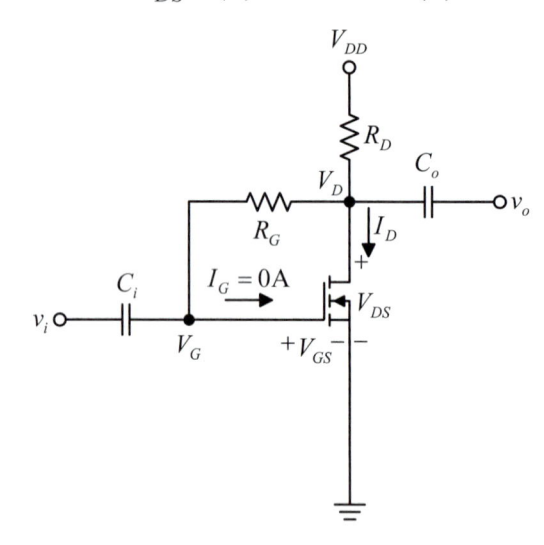

解 ∵ $I_G = 0\,\text{A}$，故$V_G = V_D \Rightarrow V_{GS} = V_{DS}$，並假設操作於夾止區

(1) 汲極電流表示式 $I_D = \dfrac{V_{DD} - V_{DS}}{R_D} = \dfrac{V_{DD} - V_{GS}}{R_D} = \dfrac{5\text{V} - V_{GS}}{3\text{k}\Omega}$ ……………①

(2) 汲極電流方程式 $I_D = K \times (V_{GS} - V_t)^2 = 1\,\text{mA}/\text{V}^2 \times (V_{GS} - 1\text{V})^2$ …………②

(3) 將①代入②可得 $\dfrac{5\text{V} - V_{GS}}{3\text{k}\Omega} = 1\,\text{mA}/\text{V}^2 \times (V_{GS} - 1\text{V})^2$

$3V_{GS}^2 - 5V_{GS} - 2 = 0 \Rightarrow V_{GS} = 2\,\text{V}$ 或 $-\dfrac{1}{3}\,\text{V}$（$-\dfrac{1}{3}\text{V} < V_t$，操作於截止區故不合）

(4) 汲極電流 $I_D = K \times (V_{GS} - V_t)^2 = 1\,\text{mA}/\text{V}^2 \times (2\text{V} - 1\text{V})^2 = 1\,\text{mA}$

(5) 汲源極電壓 $V_{DS} = V_{GS} = V_{DD} - I_D \times R_D = 5\text{V} - 1\text{mA} \times 3\text{k}\Omega = 2\,\text{V}$

(6) 工作點 $Q(V_{DSQ}, I_{DQ}) = Q(2\text{V}, 1\text{mA})$

學生練習

7. 承上題所示，若MOSFET的臨界電壓V_T為2V，且飽和區電流$I_D = K(V_{GS} - V_T)^2$，其中$K = 2\,\text{mA}/\text{V}^2$，則當$V_{DD} = 10\,\text{V}$、$R_D = 3.5\,\text{k}\Omega$、$R_G = 10\,\text{M}\Omega$，試求汲源極電壓$V_{DS}$為何？　(A)$\dfrac{6}{7}\text{V}$　(B)1V　(C)3V　(D)4V

重點 5　共閘極偏壓組態

空乏型MOSFET共閘極偏壓組態中較常見的電路為自給偏壓電路如下圖所示。

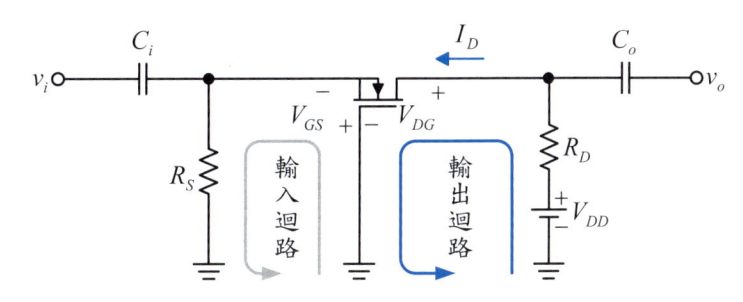

1. 輸入迴路：＿＿＿＿＿＿＿＿＿＿＿＿＿＿，整理後為 $I_D = \dfrac{-V_{GS}}{R_S}$，代入蕭克萊方程式 $I_D = I_{DSS} \times (1 - \dfrac{V_{GS}}{V_P})^2$，即可求出相對應的閘源極電壓 V_{GS}。

2. 輸出迴路：$V_{DD} = I_D \times R_D + V_{DG}$，經整理後可得 ＿＿＿＿＿＿＿＿＿＿＿＿＿＿，令 $I_D = 0$，可以求出直流負載線與X軸的交點為 V_{DD}；而令 $V_{DG} = 0$，可以求出直流負載線與Y軸的交點為 $\dfrac{V_{DD}}{R_D}$，將此兩點連結起來即為斜率為 $-\dfrac{1}{R_D}$ 的直流負載線。

3. 繪製直流負載線與直流工作點 Q
   將上述所求解的 V_{GS}、I_D 與 V_{DG} 標示在N通道空乏型MOSFET的轉移特性曲線與輸出特性曲線，並繪製直流負載線與直流工作點 Q，如圖(a)(b)所示。

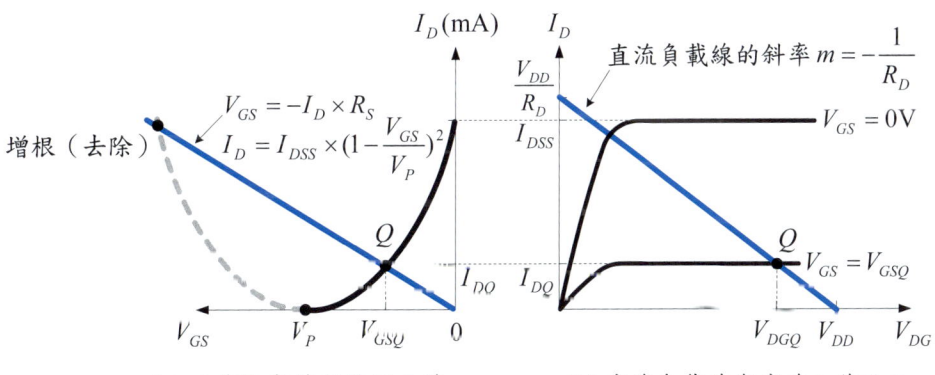

(a) 工作點與轉移特性曲線　　(b) 直流負載線與直流工作點 Q

答案：1. $V_{GS} = -I_D \times R_S$　　　　2. $V_{DG} = V_{DD} - I_D \times R_D$

老師講解

8. 如下圖所示，若$V_{DD} = 12$ V、$R_S = 0.5$ kΩ、$R_D = 2$ kΩ、$I_{DSS} = 12$ mA且$V_P = -3$ V，試求 (1)汲極電流I_D　(2)汲閘極電壓V_{DG}　(3)操作區域　(4)工作點Q，分別為何？

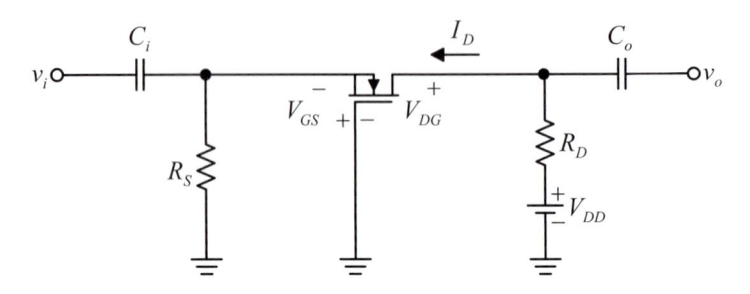

解 假設操作於夾止區

(1) ∵ $I_G = 0$ A，故$V_G = 0$ V，因此

$V_{GS} = V_G - V_S = 0 - I_D \times R_S = -I_D \times R_S = -0.5\text{k}\Omega \times I_D$

將運算式重新整理為$I_D = -\dfrac{V_{GS}}{0.5\text{k}\Omega}$ ……………………………①

(2) 汲極電流$I_D = I_{DSS} \times (1 - \dfrac{V_{GS}}{V_P})^2 = 12\text{mA} \times (1 + \dfrac{V_{GS}}{3\text{V}})^2$ ………………②

(3) 將①代入②：$-\dfrac{V_{GS}}{0.5\text{k}\Omega} = 12\text{mA} \times (1 + \dfrac{V_{GS}}{3\text{V}})^2 \Rightarrow 2V_{GS}^2 + 15V_{GS} + 18 = 0$

$V_{GS} = -1.5$ V或-6V（$-6\text{V} < V_P$操作於截止區故不合）

(4) 汲極電流$I_D = I_{DSS} \times (1 - \dfrac{V_{GS}}{V_P})^2 = 12\text{mA} \times (1 - \dfrac{-1.5\text{V}}{-3\text{V}})^2 = 3$ mA

(5) 汲閘極電壓$V_{DG} = V_{DD} - I_D \times R_D = 12\text{V} - 3\text{mA} \times 2\text{k}\Omega = 6$ V

(6) $V_{GS} = -1.5$ V $> V_P$且$V_{GD} = V_G - V_D = 0\text{V} - 6\text{V} = -6$ V $< V_P$
（操作於夾止區，故假設成立）

(7) 共閘極偏壓組態的直流工作點$Q(V_{DGQ}, I_{DQ}) = Q(6\text{V}, 3\text{mA})$

學生練習

8. 承上題所示，若$V_{DD} = 12$ V、$R_S = 0.8$ kΩ、$R_D = 2$ kΩ、$I_{DSS} = 10$ mA且$V_P = -4$ V，試求閘源極電壓V_{GS}為何？
(A) -2V　(B) -3V　(C) -4V　(D) -6V

重點 6　D-MOSFET與E-MOSFET之各種偏壓組態比較

MOSFET型式 偏壓方式	空乏型MOSFET	增強型MOSFET
固定偏壓法	○	○
自給偏壓法	○	×
分壓式偏壓法	○	○
零偏壓法	○	×
汲極回授偏壓法	×	○

ABCD 立即練習

基礎題

(　)1. 場效應電晶體的放大電路中，何種組態的輸出電壓與輸入電壓反相？
(A)共閘極（CG）　(B)共汲極（CD）　(C)共源極（CS）　(D)以上皆非

(　)2. 場效應電晶體的放大電路中，何種偏壓組態具有高輸入阻抗以及低輸出阻抗的特性？
(A)共閘極（CG）　(B)共汲極（CD）　(C)共源極（CS）　(D)以上皆非

(　)3. 場效應電晶體的放大電路中，何種偏壓組態具有低輸入阻抗以及高輸出阻抗的特性？
(A)共閘極（CG）　(B)共汲極（CD）　(C)共源極（CS）　(D)以上皆非

(　)4. 源極隨耦器具備下列何種特性？
(A)輸出電壓與輸入電壓反相　(B)輸入阻抗小　(C)輸出阻抗大　(D)電流增益大

(　)5. FET共汲極放大器具有下列哪些特性？
(A)高電流增益，低電壓增益　　(B)低電流增益，高電壓增益
(C)高電流增益，高電壓增益　　(D)低電流增益，低電壓增益

(　)6. FET共閘極放大器具有下列哪些特性？
(A)高電流增益，低電壓增益　　(B)低電流增益，高電壓增益
(C)高電流增益，高電壓增益　　(D)低電流增益，低電壓增益

(　)7. FET共閘極放大器的輸入接腳與輸出接腳，分別為？
(A)源極（S）、汲極（D）　　(B)閘極（G）、源極（S）
(C)源極（S）、閘極（G）　　(D)汲極（D）、閘極（G）

(　)8. 下列哪一組MOSFET電路，其所連接之電池 V_{DD} 是正確的？

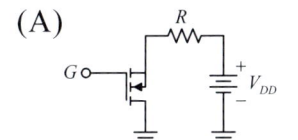

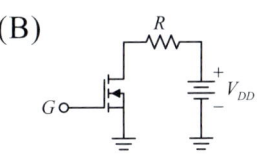

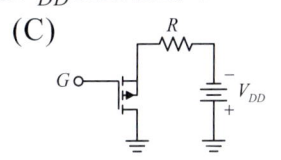

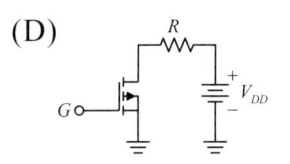

( )9. 空乏型MOSFET不適合用於下列何種偏壓法？
(A)自給偏壓法 (B)分壓式偏壓法 (C)零偏壓法 (D)汲極回授偏壓法

( )10. 增強型MOSFET不適合用於下列何種偏壓法？
(A)固定偏壓法 (B)分壓式偏壓法 (C)自給偏壓法 (D)汲極回授偏壓法

( )11. N通道增強型MOSFET作為開關使用，欲使其短路（ON）的狀態，則外加電壓V_{GS}以及V_{DS}值為何？
(A)$V_{GS} < 0$；$V_{DS} > 0$ (B)$V_{GS} = 0$；$V_{DS} = V_{DD}$
(C)$V_{GS} > V_t$；$V_{DS} > 0$ (D)$V_{GS} > V_t$；$V_{DS} < 0$

( )12. 如圖(1)所示為FET之分壓式電路，若其汲極靜態電流為0.2mA，則其閘源極偏壓V_{GS}應為 (A)–5V (B)5V (C)–6V (D)6V

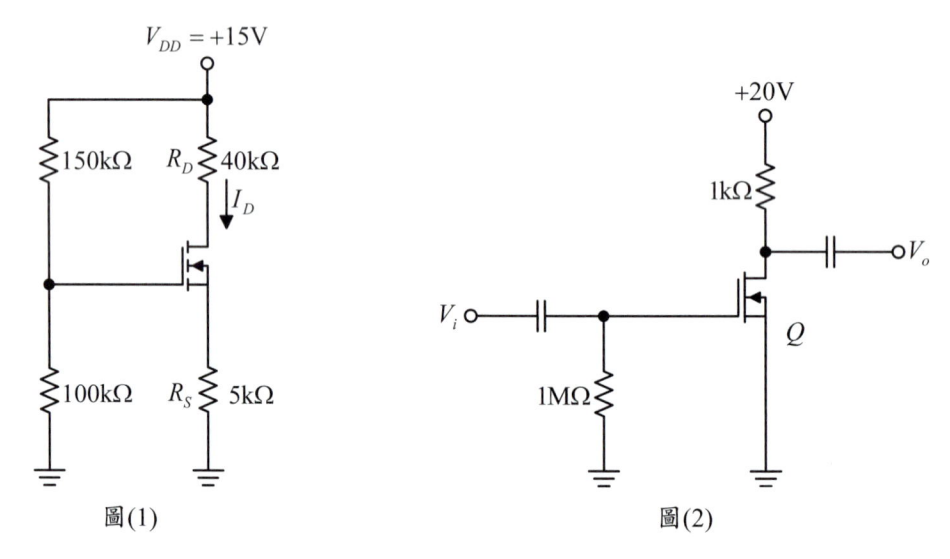

圖(1)

圖(2)

( )13. 已知圖(2)中，Q為N通道空乏型金氧半場效電晶體（MOSFET），若$I_D = 5$ mA，則工作點電壓V_{DSQ}等於 (A)0.1V (B)11V (C)13V (D)15V

( )14. 如圖(3)所示，空乏型MOSFET之$I_{DSS} = 15$ mA，$V_P = -4$ V，試求V_{DS}之值？
(A)10V (B)12.5V (C)15V (D)25V

圖(3)

圖(4)

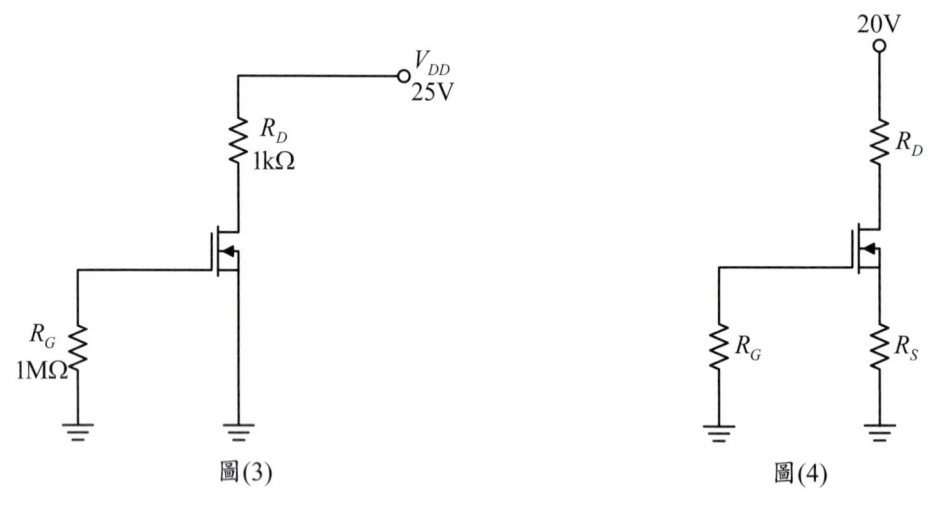

( )15. 如圖(4)所示之電路，已知$I_{DSS} = 4$ mA，夾止電壓$V_P = -4$ V，$V_{GS} = -2$ V，若D-MOSFET工作於飽和區，則R_S約為何？
(A)1kΩ (B)2kΩ (C)4kΩ (D)8kΩ

( )16. 如圖(5)所示電路，場效電晶體之 $I_{DSS} = 4\,\text{mA}$，$V_P = -6\,\text{V}$，$V_{DS} = 6\,\text{V}$，則汲極電阻 R_D 為 (A)1kΩ (B)2kΩ (C)6kΩ (D)8kΩ

圖(5)

圖(6)

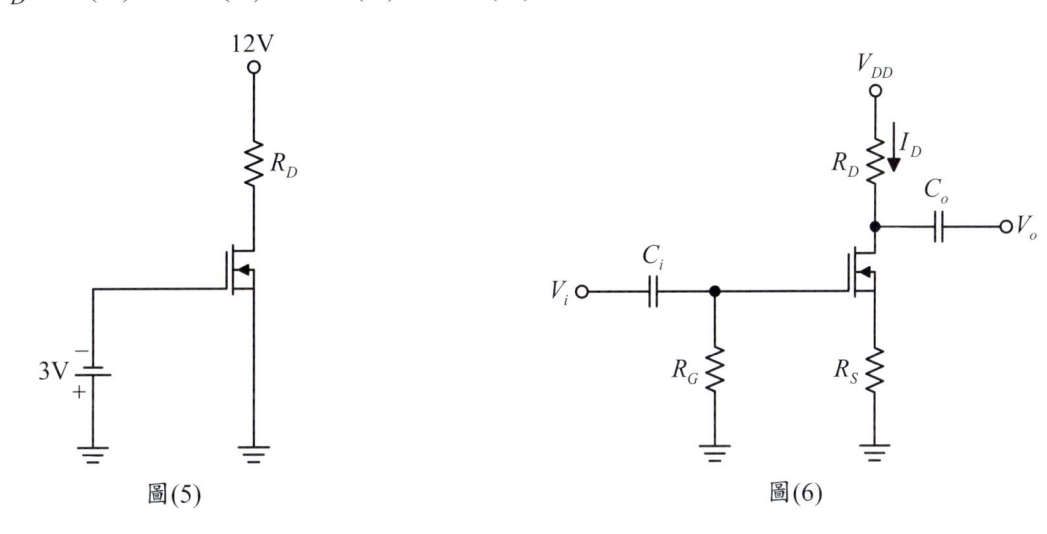

( )17. 如圖(6)所示之MOSFET電路，若 $V_{DD} = 15\,\text{V}$，$I_D = 2\,\text{mA}$，$R_D = 5\,\text{k}\Omega$，$R_S = 1\,\text{k}\Omega$，$R_G = 1\,\text{M}\Omega$，則 V_D 與 V_{GS} 分別為何？
(A)−5V，−2V (B)−5V，2V (C)5V，−2V (D)5V，2V

( )18. 如圖(7)所示，該MOSFET的夾止電壓 $V_P = -4\,\text{V}$ 與汲源極飽和電流 $I_{DSS} = 12\,\text{mA}$，試求汲源極電壓 V_{DS} 為何？ (A)3V (B)4V (C)6V (D)8V

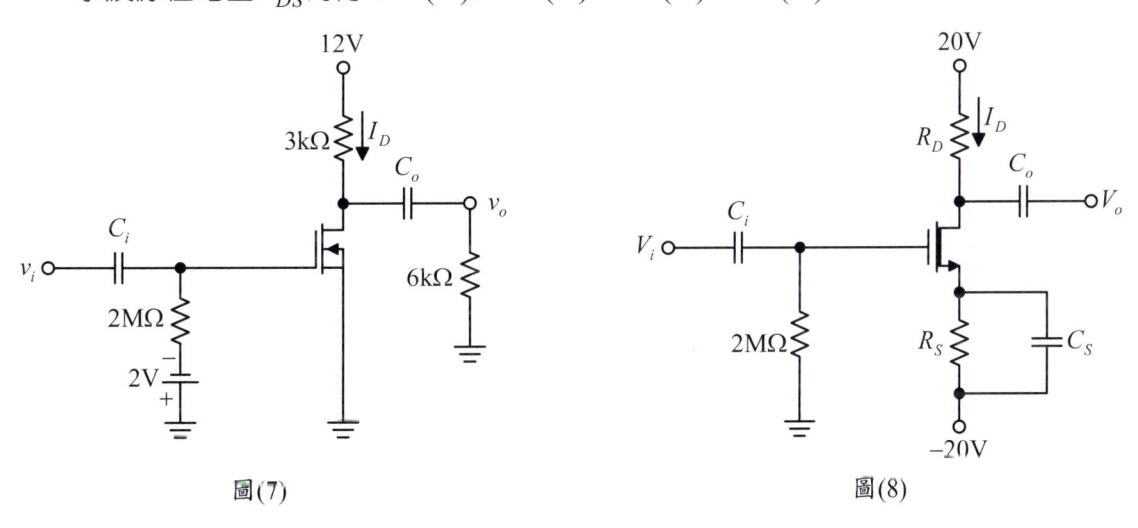

圖(7)

圖(8)

( )19. 如圖(8)所示之電路，假設 $V_{GS} = -1\,\text{V}$，$V_{DS} = 5\,\text{V}$，$I_D = 7\,\text{mA}$，試求 R_D 值約為多少？
(A)1kΩ (B)1.5kΩ (C)2kΩ (D)2.5kΩ

( )20. 如圖(9)所示電路，已知 $K = 0.75\,\text{mA}/\text{V}^2$，臨界電壓 $V_t = 2\,\text{V}$，$I_D = 3\,\text{mA}$，求電阻 R_S 為何？
(A)1kΩ
(B)1.5kΩ
(C)2kΩ
(D)2.5kΩ

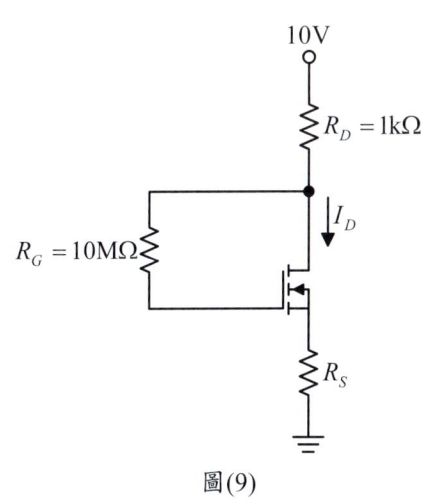

圖(9)

進階題

( )1. 如圖(1)所示為MOSFET的偏壓電路與輸出特性曲線，則下列何者正確？
(A)$R_D = 0.5\ \text{k}\Omega$ (B)$V_{DS} = 4.5\ \text{V}$ (C)$V_{DD} = 15\ \text{V}$ (D)$R_S = 0.75\ \text{k}\Omega$

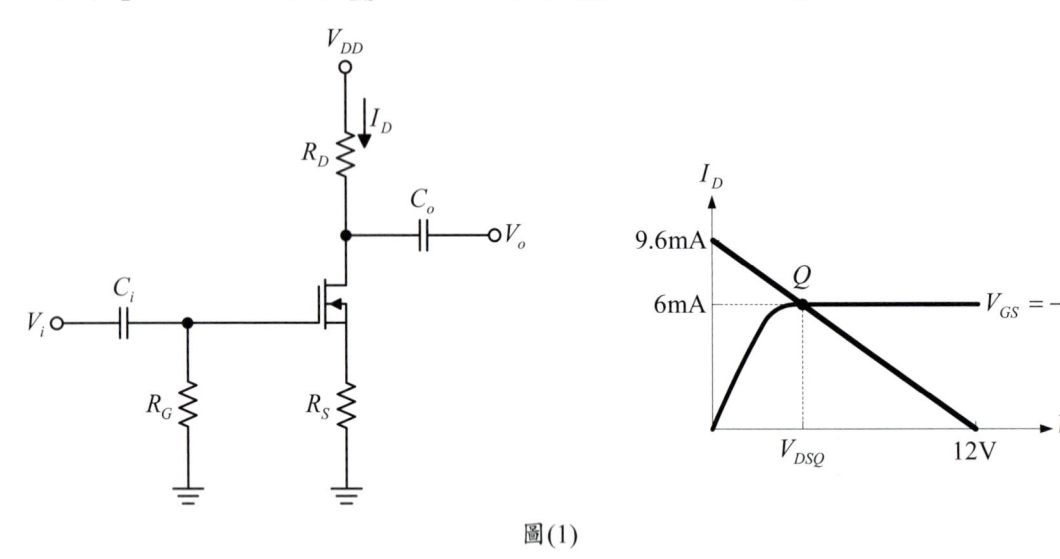

圖(1)

( )2. 如圖(2)所示為偏壓電路與輸出特性曲線，且當$V_{GS} > 2\ \text{V}$時開始有汲極電流I_D產生，則下列何者正確？
(A)$K = 2.5\ \text{mA}/\text{V}^2$ (B)$V_{DSQ} = 3\ \text{V}$ (C)$R_D = 500\ \Omega$ (D)$V_{DD} = 8\ \text{V}$

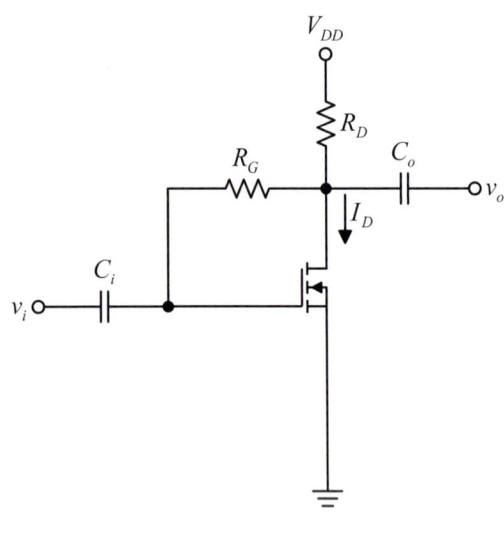

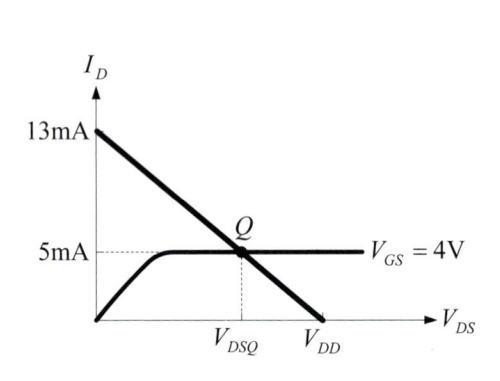

圖(2)

第 6 章 金氧半場效電晶體

歷屆試題

電子學試題

( )1. MOSFET元件之結構如圖(1)所示，若此元件為增強型N通道MOSFET，則如圖(1)中甲區與乙區分別為何種型式半導體？若要形成通道，V_{GS}之條件為何？
(A)甲區：n^+型，乙區：n型，$V_{GS} > V_T$（臨界電壓）> 0
(B)甲區：n^+型，乙區：p型，$V_{GS} < V_T$（臨界電壓）< 0
(C)甲區：p^+型，乙區：n型，$V_{GS} > V_T$（臨界電壓）> 0
(D)甲區：n^+型，乙區：p型，$V_{GS} > V_T$（臨界電壓）> 0 [6-1][統測]

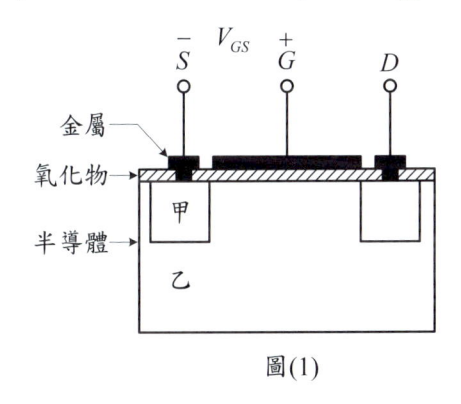

圖(1) 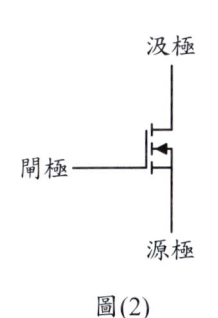　　　　圖(2)

( )2. 如圖(2)所示之電路符號為下列何種元件？
(A)JFET
(B)P通道空乏型MOSFET
(C)N通道空乏型MOSFET
(D)N通道增強型MOSFET [6-1][統測]

( )3. 下列關於MOSFET的敘述，何者為錯誤？
(A)MOSFET有空乏型及增強型兩種型式
(B)MOSFET有N通道及P通道兩種
(C)MOSFET是電流控制元件
(D)MOSFET之閘極與源極間直流電阻很大 [6-1][統測]

( )4. 下列敘述何者錯誤？
(A)FET具高輸入阻抗
(B)FET的源極與汲極可以對調使用
(C)FET增益與頻帶寬之乘積大於BJT
(D)FET受輻射的影響較BJT小 [6-1][統測]

( )5. 如圖(3)所示之電路，若MOSFET之臨限電壓（threshold voltage）為2V，閘源極間電壓$V_{GS} = 4$ V時之汲極電流$I_{D(on)} = 20$ mA，則此電路之汲源極間電壓V_{DS}及汲極電流I_D約為何？
(A)3.4V，18.4mA
(B)4.3V，18.4mA
(C)4.5V，15.3mA
(D)5.4V，15.3mA [6-4][統測]

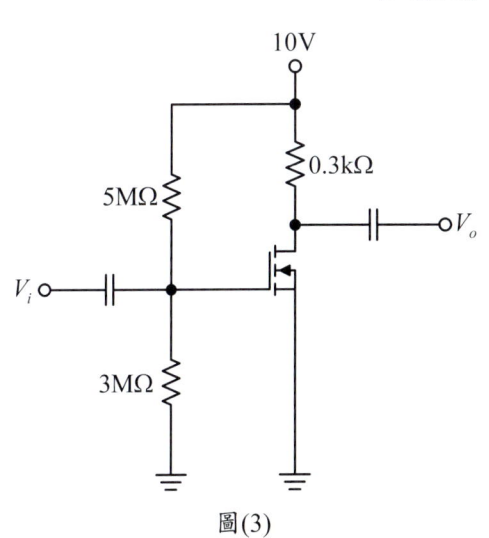

圖(3)

( )6. 下列關於FET共汲極放大電路之敘述,何者正確?
(A)又稱為源極隨耦器　　　　　　(B)電壓增益甚高
(C)輸出訊號與輸入訊號相位相反　　(D)電流增益低於1 [6-1][統測]

( )7. 某一N通道D-MOSFET的汲極飽和電流$I_{DSS}=16\,\text{mA}$,汲極電流$I_D=4\,\text{mA}$。若截止電壓(cutoff voltage)$V_{GS(off)}$為-3V,則閘源極電壓V_{GS}為何?
(A)-2.5V　(B)-1.5V　(C)1.5V　(D)2.5V [6-3][統測]

( )8. 如圖(4)所示之電路,MOSFET之臨限電壓(threshold voltage)為2V,閘源極電壓$V_{GS}=4\text{V}$時之汲極電流$I_{D(on)}=1\,\text{mA}$,若汲源極電壓$V_{DS}=6\text{V}$,則電阻R_D約為何?
(A)$2\text{M}\Omega$　(B)$1.5\text{M}\Omega$　(C)$2\text{k}\Omega$　(D)$1.5\text{k}\Omega$ [6-4][統測]

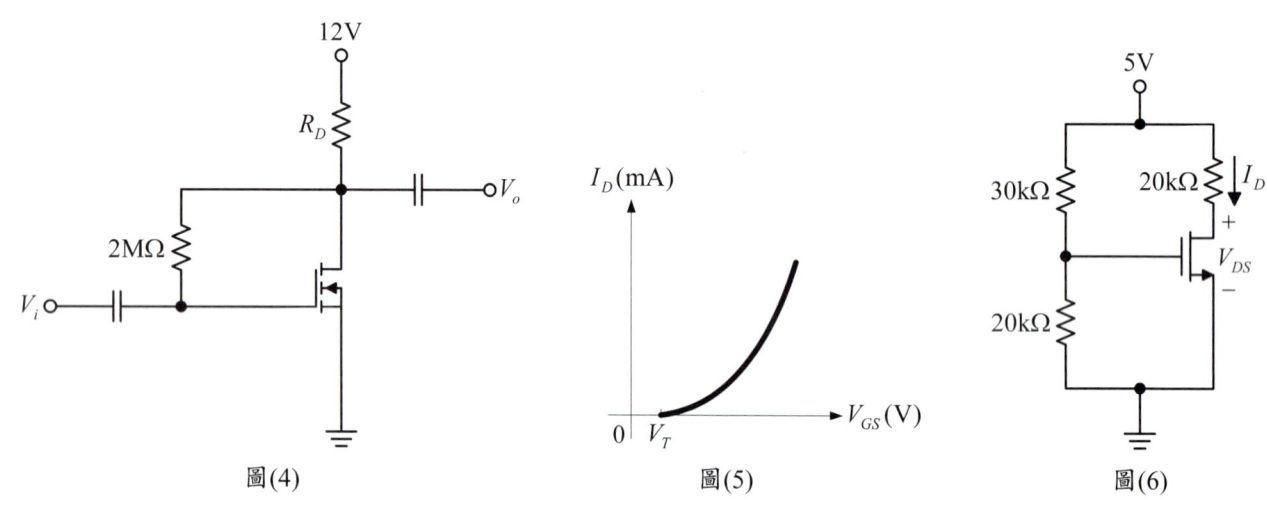

圖(4)　　圖(5)　　圖(6)

( )9. 如圖(5)所示,此曲線為下列何種FET的I_D-V_{GS}特性曲線?(V_T為臨界電壓)
(A)N通道JFET　　　　　　(B)N通道空乏型MOSFET
(C)P通道增強型MOSFET　　(D)N通道增強型MOSFET [6-3][統測]

( )10. 如圖(6)所示的MOSFET放大電路,若$I_D=0.1(V_{GS}-1.0)^2\,\text{mA}$,求直流電壓$V_{DS}$值為何?　(A)2V　(B)3V　(C)4V　(D)5V [6-4][統測]

( )11. 下列對於D-MOSFET的特性敘述何者正確?
(A)V_{GS}接近截止(cut-off)電壓時,汲極與源極間的崩潰電壓比在$V_{GS}=0\text{V}$時為大
(B)在室溫附近,溫度愈高時,有較小的汲極電流
(C)通道寬度愈窄,夾止(pinch-off)電壓愈大
(D)P通道接面場效電晶體的高電位在汲極端 [6-2][統測]

( )12. 增強型MOSFET的結構因素會造成臨界電壓V_T值的變化,請問以下何者對其影響最大?
(A)金屬導電層厚度
(B)半導體層的厚度
(C)二氧化矽的厚度
(D)金屬導電層的材質 [6-1][102統測]

( )13. 如圖(7)所示電路,已知MOSFET的臨界電壓$V_T=3\text{V}$,則電壓V_{DS}為多少?
(A)0V　(B)4V　(C)8V　(D)12V [6-4][102統測]

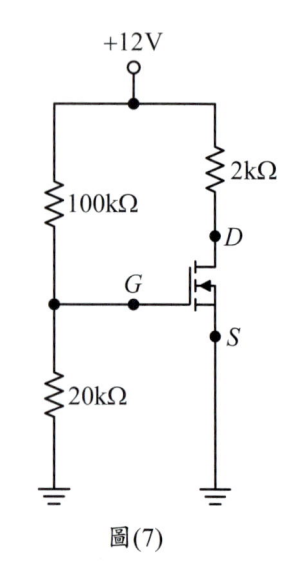

圖(7)

( )14. 以下所示的四個輸出特性曲線，何者為P通道E-MOSFET的輸出特性曲線？ [6-3][102統測]

(A) I_{DS}，$V_{GS}=2V$，$V_{GS}=3V$，$V_{GS}=4V$，V_{DS}

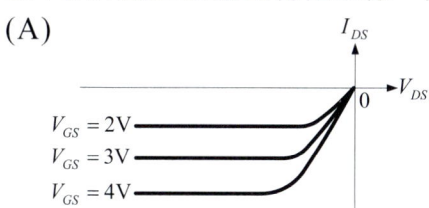

(B) I_{DS}，$V_{GS}=-4V$，$V_{GS}=-3V$，$V_{GS}=-2V$，V_{DS}

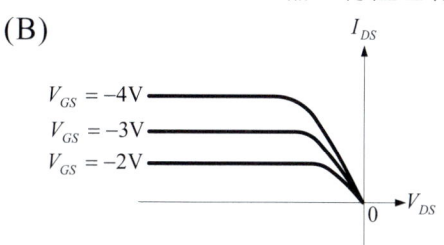

(C) I_{DS}，$V_{GS}=-2V$，$V_{GS}=-3V$，$V_{GS}=-4V$，V_{DS}

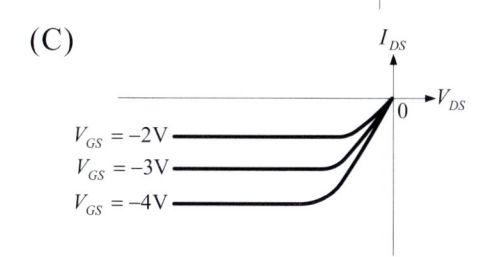

(D) I_{DS}，$V_{GS}=4V$，$V_{GS}=3V$，$V_{GS}=2V$，V_{DS}

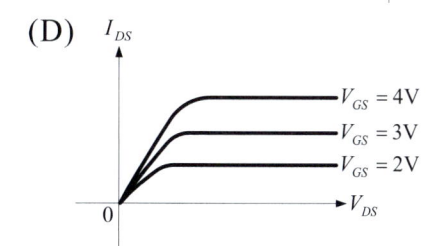

( )15. 某N通道空乏型MOSFET之截止電壓$V_{GS(off)}=-4\,V$；若此MOSFET工作於夾止區，閘極對源極電壓V_{GS}為0V時汲極電流為12mA，則當閘極對源極電壓為-2V時汲極電流為何？　(A)8mA　(B)6mA　(C)5mA　(D)3mA [6-2][103統測]

( )16. 如圖(8)所示之電路，若MOSFET之$I_D=2\,mA$，臨界電壓$V_t=2\,V$，則其參數K約為多少mA/V^2？
(A)0.22　(B)0.31　(C)0.42　(D)0.54 [6-4][104統測]

( )17. 下列各元件之符號名稱，何者正確？
(A)P通道JFET 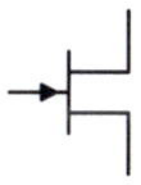
(B)N通道增強型MOSFET 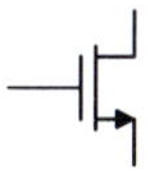
(C)P通道空乏型MOSFET 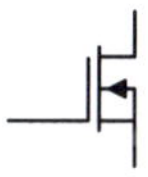
(D)NPN BJT  [6-1][105統測]

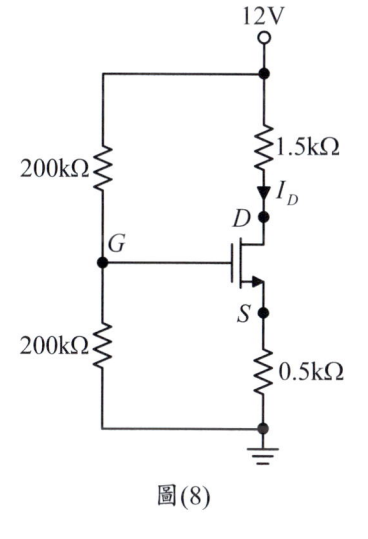

圖(8)

( )18. 如圖(9)所示電路，其中MOSFET的參數$K=0.5\,mA/V^2$、臨界電壓（threshold voltage）$V_{th}=2\,V$。若其汲極電流$I_D=0.5\,mA$，則電阻R_S值應為多少？
(A)500Ω　(B)1kΩ　(C)2kΩ　(D)3kΩ [6-4][105統測]

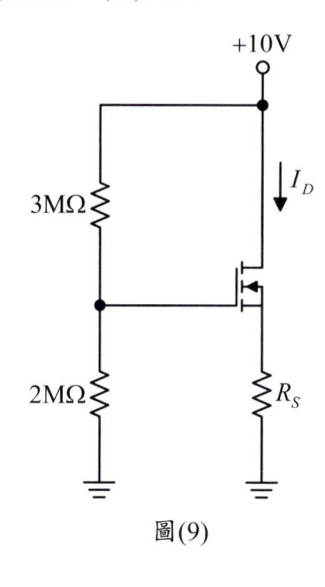

圖(9)

(　　)19. 關於FET與BJT電晶體的比較，下列何者錯誤？
(A)FET的輸入阻抗較BJT高
(B)FET的增益與頻寬的乘積較BJT大
(C)FET的熱穩定性較BJT好
(D)MOSFET比BJT較適合應用於超大型積體電路中

(　　)20. 如圖(10)所示電路，其中Q_1與Q_2的臨界電壓（threshold voltage）分別為1V與−1V。當$V_i = 0$ V時，Q_1、Q_2的工作狀態為何？
(A)Q_1與Q_2皆工作在歐姆區
(B)Q_1與Q_2皆工作在截止區
(C)Q_1工作在截止區、Q_2工作在歐姆區
(D)Q_1工作在歐姆區、Q_2工作在截止區

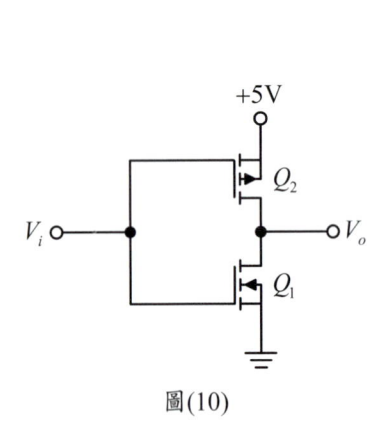

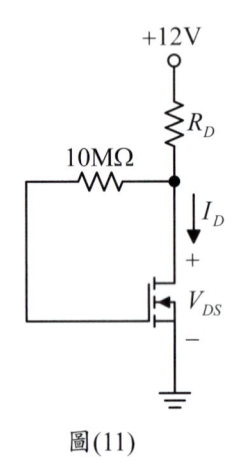

圖(10)　　　　圖(11)

(　　)21. 如圖(11)所示電路，若MOSFET的臨界電壓（threshold voltage）$V_T = 2$ V，且其參數$K = 1\,\text{mA}/\text{V}^2$。欲設計使其工作在$V_{DS} = 4$ V，則R_D的值應為何？
(A)2kΩ　(B)4kΩ　(C)6kΩ　(D)8kΩ

(　　)22. 如圖(12)所示之MOSFET電晶體電路，該電晶體之臨界電壓（threshold voltage）$V_t = 4$ V，參數$K = 0.5\,\text{mA}/\text{V}^2$，電路操作於飽和區工作點之$I_D = 2$ mA，則此工作點之V_{GS}為何？　(A)8V　(B)6V　(C)4V　(D)2V

圖(12)　　　　圖(13)

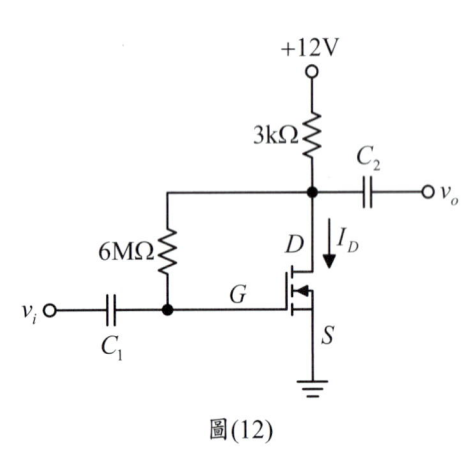

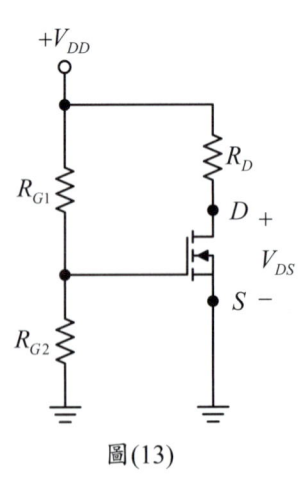

(　　)23. 如圖(13)所示之增強型MOSFET電路，其臨界電壓（threshold voltage）$V_T = 2.25$ V，參數$K = 0.8\,\text{mA}/\text{V}^2$，$V_{DD} = 15$ V，$R_{G1} = 900$ kΩ，$R_{G2} = 300$ kΩ，$R_D = 3.3$ kΩ，則V_{DS}約為何？　(A)10.14V　(B)9.06V　(C)7.56V　(D)4.12V

( )24. 有關各種N通道場效電晶體偏壓於飽和區（定電流區）工作，下列敘述何者正確？
(A)V_{GS}皆需大於零才可使汲極端流入電流正常操作（$I_D>0$）
(B)V_{GS}小於零皆可使汲極端流入電流正常操作（$I_D>0$）
(C)FET內部通道靠近汲極處形成之通道較窄
(D)FET內部通道靠近汲極處形成之空乏區較窄 [6-2][109統測]

( )25. 如圖(14)所示之MOSFET電路，MOSFET之臨界電壓（threshold voltage）$V_T=1.8$ V，參數$K=1.2$ mA/V^2，已選擇適當之R_D使電路操作於飽和區且$I_D=10.8$ mA，則R_{G1}應調整為何？ (A)150kΩ (B)180kΩ (C)210kΩ (D)250kΩ [6-4][109統測]

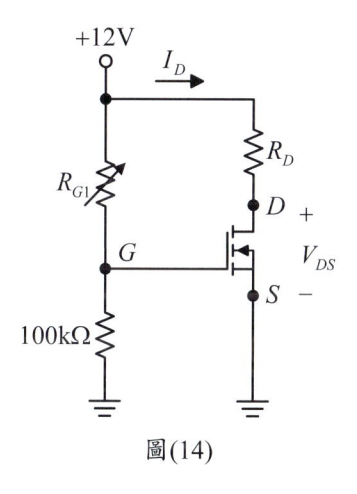

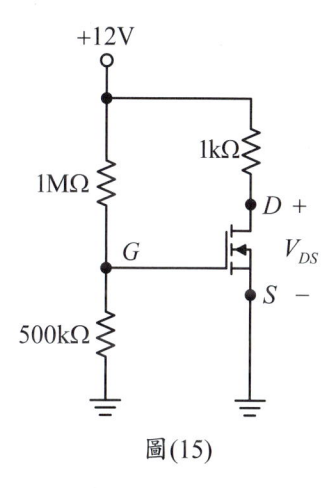

圖(14)　　　　　圖(15)

( )26. 如圖(15)所示電路，MOSFET之臨界電壓$V_T=2$ V，參數$K=1.2$ mA/V^2，則電壓V_{DS}約為何？ (A)4.6V (B)5.8V (C)6.3V (D)7.2V [6-4][110統測]

( )27. 某N通道增強型 MOSFET 之臨界電壓（threshold voltage）$V_T=2$ V，當工作於飽和區且閘-源極間電壓$V_{GS}=4$ V時，汲極電流為4mA；若$V_{GS}=5$ V，則汲極電流為何？ (A)11mA (B)9mA (C)7mA (D)5mA [6-3][110統測]

電子學實習試題

( )1. N通道增強型MOSFET之臨界電壓$V_T = 2\text{ V}$，$K = 0.25\text{ mA/V}^2$，當MOSFET導通且$V_{GS} = 4\text{ V}$時，I_D為多少？
(A)1mA (B)2mA (C)3mA (D)4mA [6-3][統測]

( )2. 有一空乏型MOSFET，其$I_{DSS} = 6\text{ mA}$，$V_{GS(off)} = -6\text{ V}$。請問當直流偏壓$V_{GS} = -3\text{ V}$時，其汲極電流$I_D$為何？
(A)18mA (B)3mA (C)1.5mA (D)1mA [6-2][統測]

( )3. 在一N通道增強型MOSFET共源極放大電路中，其中MOSFET之臨界電壓$V_T = 2\text{ V}$，導電參數$K = 2\text{ mA/V}^2$，若要使MOSFET工作於飽和區，以獲得汲極電流$I_D = 8\text{ mA}$時，則V_{GS}電壓為多少？
(A)1V (B)2V (C)3V (D)4V [6-3][102統測]

( )4. 在一N通道增強型MOSFET共源極放大電路中，如果所用的電晶體臨界電壓$V_T = 2$伏特（V），導電參數$K = 1\text{ mA/V}^2$，下列敘述何者正確？
(A)若是$V_{GS} < 2\text{ V}$，則此電晶體將工作於歐姆區（三極體區），此時沒有通道可以導通電流
(B)此電晶體的汲極電流（I_D）是以電洞作為主要載子，並由閘源間電壓（V_{GS}）控制此電流大小
(C)在MOSFET放大器實驗中，閘極電流（I_G）大於汲極電流（I_D）是正常現象
(D)此放大電路工作在飽和區時，汲極電流可由閘源間電壓（V_{GS}）控制。當V_{GS}等於3伏特時，汲極電流（I_D）為1毫安培（mA） [6-3][103統測]

( )5. 某工作於飽和區之增強型N通道MOSFET，其臨界電壓$V_T = 4\text{ V}$，當閘-源極間電壓$V_{GS} = 6\text{ V}$時，汲極電流$I_D = 2\text{ mA}$；則當$I_D = 8\text{ mA}$時，其V_{GS}應為何？
(A)9V (B)8V (C)7V (D)5V [6-3][105統測]

( )6. 下列有關場效電晶體放大器之敘述何者錯誤？
(A)共源極（CS）放大器輸入阻抗大，適合輸入電壓訊號
(B)共閘極（CG）放大器輸入阻抗小，適合輸入電流訊號
(C)共汲極（CD）放大器輸出與輸入電壓訊號同相，適合作電壓放大器
(D)共汲極（CD）放大器輸入阻抗大，適合輸入電壓訊號 [6-4][105統測]

( )7. 關於金氧半場效電晶體（MOSFET）放大電路常見之三種基本架構，包含：共源極（Common Source）、共汲極（Common Drain）、共閘極（Common Gate），則下列敘述何者正確？
(A)共源極放大電路中，輸入電壓信號經由閘極送入，輸出電壓信號經由汲極取出，且輸出與輸入電壓信號必定會同相位
(B)共閘極放大電路中，輸出與輸入電壓信號之相位接近，且具有較低之輸入阻抗
(C)共汲極放大電路中，具有低輸入阻抗，且電壓增益大於1
(D)共汲極放大電路中，具有高輸入阻抗與低輸出阻抗，可適用於阻抗匹配之應用，且輸出電壓信號與輸入電壓信號相位差約180° [6-4][106統測]

( )8. 實驗中一增強型MOSFET操作在飽和區，閘-源極電壓（V_{GS}）與臨界電壓（V_T）之差為1V時，汲極電流為2mA。若改變V_{GS}電壓與V_T之差為1.2V，而MOSFET仍操作在飽和區，則此時的汲極電流變為多少？
(A)2mA (B)2.4mA (C)2.88mA (D)3.46mA [6-3][108統測]

( )9. 有關接面場效電晶體（JFET）與金屬氧化物半導體場效電晶體（MOSFET），下列敘述何者錯誤？
(A)使用JFET與MOSFET作為放大器時，閘極（G）沒有電流流入
(B)JFET的閘極（G）與源極（S）接腳之間如同PN接面二極體，具有單向導通特性，可用三用電表判斷通道是N型還是P型
(C)空乏型MOSFET在閘極未加偏壓（$V_{GS}=0$）時，源極（S）與汲極（D）接腳之間如同電阻，具有雙向導通特性
(D)N通道增強型MOSFET在導通時，電流由源極（S）流向汲極（D） [6-1][109統測]

( )10. 如圖(1)所示之N通道MOSFET放大電路，$V_{DD}=12\text{ V}$，$R_D=3\text{ k}\Omega$，$R_{G1}=600\text{ k}\Omega$，MOSFET之參數$K=2\text{ mA/V}^2$，臨界電壓（threshold voltage）$V_T=3.2\text{ V}$，若設定工作點之$V_{DS}=0.5V_{DD}$，則$R_{G2}$應為何？
(A)120kΩ (B)189kΩ (C)256kΩ (D)323kΩ [6-4][110統測]

圖(1)

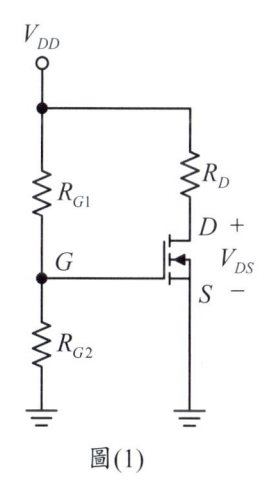

( )11. 關於場效電晶體放大器，下列敘述何者正確？
(A)為了提高共源極（Common Source）放大器的電流增益，故在源極電阻旁並聯一個旁路電容
(B)共汲極（Common Drain）放大器具有高輸入阻抗、低輸出阻抗的特性，且輸入與輸出信號為同相位
(C)共閘極（Common Gate）放大器具有低輸入阻抗、高輸出阻抗的特性，且輸入與輸出信號相位相反
(D)共源極（Common Source）放大器具有高輸入阻抗的特性，且輸入與輸出信號為同相位
[6-4][110統測]

最新統測試題

( )1. 一個P通道增強型MOSFET的臨界電壓$V_t = -0.5$ V，若量得各極對此電路的參考點之電壓分別為閘極電壓$V_G = 0$ V，汲極電壓$V_D = 3.0$ V及源極電壓$V_S = 3.3$ V，則可判斷它操作在哪一區？ (A)截止區 (B)歐姆區 (C)飽和區 (D)崩潰區 [6-3][111統測]

( )2. 有關BJT與場效電晶體（FET）元件之比較，下列敘述何者正確？
(A)BJT為電流控制型，FET為電壓控制型
(B)BJT之輸入阻抗較FET高
(C)BJT之熱穩定度較FET高
(D)BJT與FET皆屬於雙載子元件 [6-1][112統測]

( )3. 如圖(1)所示電路，MOSFET之臨界電壓（threshold voltage）$V_t = 2$ V，參數$K = 0.5$ mA/V^2，$R_D = 2.2$ kΩ，若已知$V_D = 10.6$ V，則R_S為何？
(A)0.5kΩ (B)0.9kΩ (C)1.2kΩ (D)1.5kΩ [6-4][112統測]

圖(1)

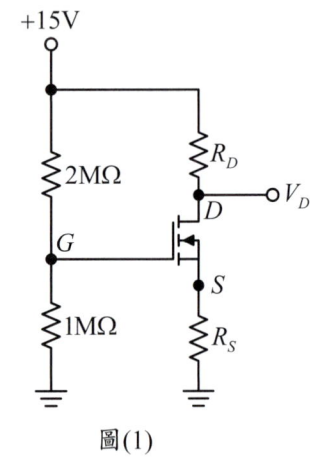

( )4. 下列有關電晶體之敘述，何者正確？
(A)P通道MOSFET之汲極為P型半導體，源極亦為P型半導體
(B)N通道MOSFET之汲極為N型半導體，源極為P型半導體
(C)增強型MOSFET已預置通道於汲、源極間，閘極不加電壓時汲、源極為導通狀態
(D)BJT與FET電晶體之結構均含P型半導體與N型半導體，均為雙載子傳導元件 [6-1][113統測]

( )5. 如圖(2)所示實驗電路，調整V_G以控制閘源極間電壓V_{GS}，調整V_{DD}以操作汲源極間電壓V_{DS}。若MOSFET之臨界電壓$V_t = 2.5$ V，並使此MOSFET操作於飽和區，則下列狀況何者正確？
(A)$V_{GS} = 5$ V，$V_{DS} = 1$ V (B)$V_{GS} = 4$ V，$V_{DS} = 1.2$ V
(C)$V_{GS} = 3$ V，$V_{DS} = 1.5$ V (D)$V_{GS} = 2$ V，$V_{DS} = 1.8$ V [6-4][113統測]

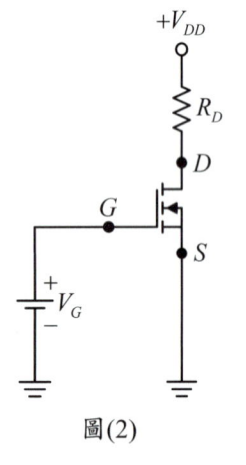

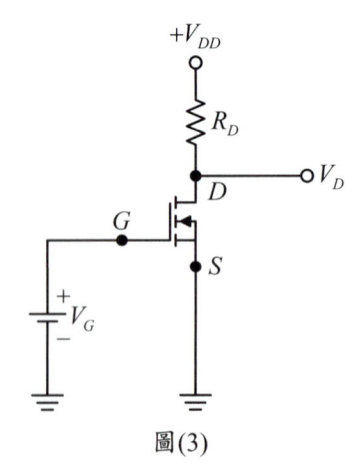

圖(2)　　　　　圖(3)

( )6. 如圖(3)所示實驗電路，MOSFET臨界電壓$V_t = 2$ V，$V_G = 2.5$ V，$R_D = 1.2$ kΩ，V_{DD}接於電源供應器並調至12V，若此時電表量得$V_D = 6$ V，則可推算此MOSFET之參數K為何？ (A)25 mA/V^2 (B)20 mA/V^2 (C)16 mA/V^2 (D)12 mA/V^2 [6-4][113統測]

( )7. 下列有關MOSFET之敘述，何者正確？
(A)D-MOSFET，閘源極間未加V_{GS}電壓時，汲源極間無法導通
(B)P通道E-MOSFET，閘源極間須加正電壓，才可使汲源極間導通
(C)E-MOSFET，閘源極間須加逆偏電壓，才可關閉汲源極間導通電流
(D)N通道MOSFET之基體（substrate）為P型半導體   [6-3][114統測]

( )8. 如圖(4)所示電路，$V_{DD}=12\text{ V}$，MOSFET之夾止（pinch-off）電壓$V_P=-3\text{ V}$，$I_{DSS}=9\text{ mA}$，工作點之$I_D=1.44\text{ mA}$，則電阻R_{G1}約為何？
(A)202.2kΩ　(B)180.8kΩ　(C)156.5kΩ　(D)112.6kΩ   [6-4][114統測]

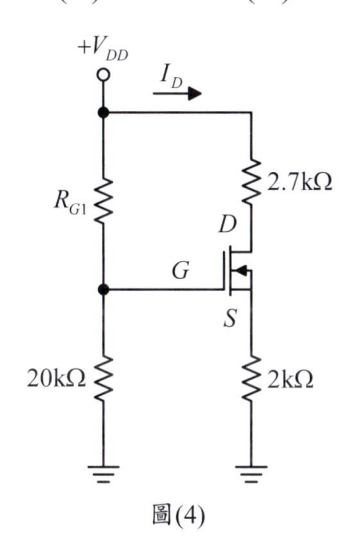

圖(4)

模擬演練

電子學試題

( ) 1. 某N通道空乏型MOSFET的$V_{GS} = -2\,V$，$I_D = 4\,mA$；又$V_{GS} = -3\,V$，$I_D = 1\,mA$，試求該MOSFET的夾止電壓V_P與汲源極飽和電流I_{DSS}分別為何？
(A)$V_P = -4\,V$、$I_{DSS} = 12\,mA$ (B)$V_P = -3\,V$、$I_{DSS} = 12\,mA$
(C)$V_P = -4\,V$、$I_{DSS} = 16\,mA$ (D)$V_P = -3\,V$、$I_{DSS} = 16\,mA$ [6-2]

( ) 2. 有一個P通道增強型MOSFET，其臨限電壓$V_t = -2\,V$，假使其閘極（gate）接地而源極（source）接至+5V，欲使此元件操作在飽和區（saturation），則汲極（drain）之最高電壓為何？ (A)7V (B)5V (C)3V (D)2V [6-3]

( ) 3. 如圖(1)所示，若增強型MOSFET的臨界電壓$|V_t| = 1\,V$；空乏型MOSFET的夾止電壓$|V_P| = 2\,V$，若$V_{G1} = V_{G2} = V_G$時可使兩個MOSFET皆工作於夾止區，則電壓V_G的範圍為何？
(A)$3V < V_G < 5V$
(B)$3V < V_G < 4V$
(C)$4V < V_G < 5V$
(D)$4V < V_G < 6V$ [6-3]

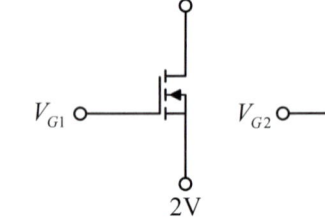

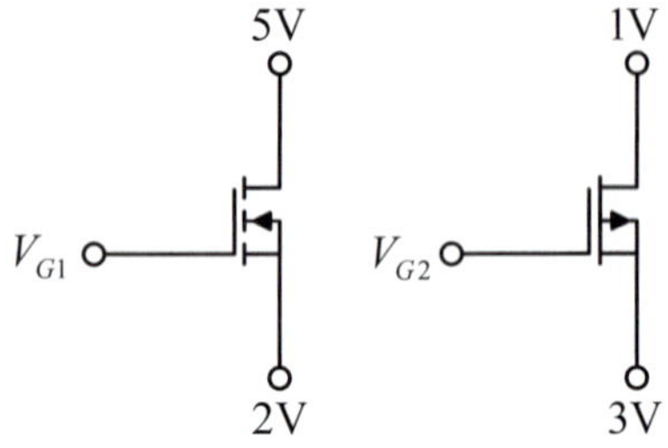

( ) 4. 如圖(2)所示，MOSFET的夾止電壓$V_P = -4\,V$，飽和電流$I_{DSS} = 16\,mA$，若$V_{GS} = -2\,V$，則下列敘述何者正確？
①$R_S = 500\,\Omega$
②$R_S = 1\,k\Omega$
③使MOSFET工作在飽和區的V_{DD}最小值為12V
④使MOSFET工作在飽和區的V_{DD}最小值為15V
(A)①④ (B)①③ (C)②③ (D)②④ [6-3]

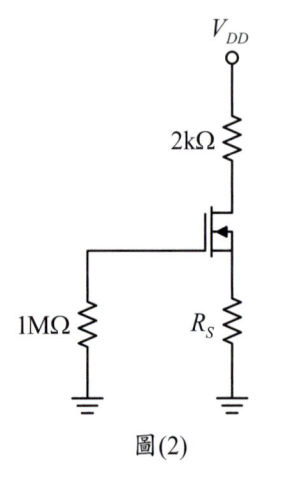

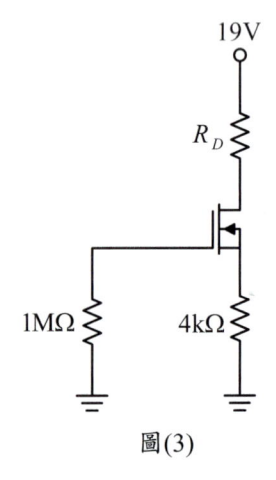

( ) 5. 如圖(3)MOSFET偏壓電路，其夾止電壓$V_{GS(off)} = -4\,V$，飽和電流$I_{DSS} = 12\,mA$，若該電路已進入定電流區，則下列敘述何者正確？
①$V_{GS} = -5\,V$
②$I_D = 0.75\,mA$
③汲極電阻R_D的最大值為20kΩ
④汲極電阻R_D的最大值為25kΩ
(A)①④ (B)①③ (C)②③ (D)②④ [6-3]

( )6. 如圖(4)所示，$V_{DD}=15\text{ V}$，$V_G=5\text{ V}$，$V_D=11\text{ V}$，$I_D=4\text{ mA}$，$V_P=-3\text{ V}$，$I_{DSS}=9\text{ mA}$，且通過電阻R_{G1}的電流為0.01mA，則下列何者正確？
(A)$R_{G1}=0.5\text{ M}\Omega$ (B)$R_{G2}=1\text{ M}\Omega$ (C)$R_S=2.5\text{ k}\Omega$ (D)$V_{DS}=5\text{ V}$ [6-4]

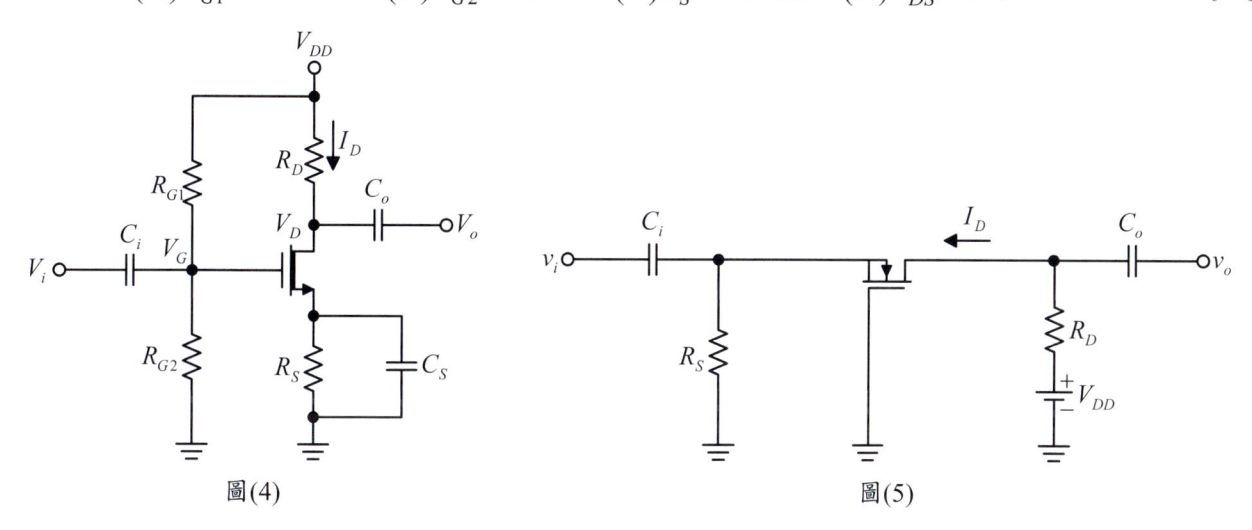

圖(4)

圖(5)

( )7. 圖(5)中若$V_{DD}=16\text{ V}$、$R_S=0.6\text{ k}\Omega$、$R_D=2\text{ k}\Omega$、$I_{DSS}=20\text{ mA}$且$V_P=-6\text{ V}$，則下列何者正確？ (A)$I_D=4\text{ mA}$ (B)$V_{GS}=-3\text{ V}$ (C)$V_{DG}=8\text{ V}$ (D)$V_S=-3\text{ V}$ [6-4]

( )8. 如圖(6)所示電路，已知$K=0.75\text{ mA}/\text{V}^2$，臨界電壓$V_t=2\text{ V}$，$I_D=3\text{ mA}$，求電阻$R_S$為何？ (A)$1\text{k}\Omega$ (B)$1.5\text{k}\Omega$ (C)$2\text{k}\Omega$ (D)$2.5\text{k}\Omega$ [6-4]

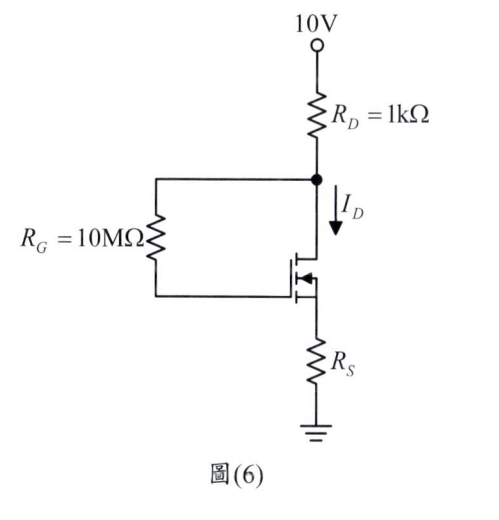

圖(6)

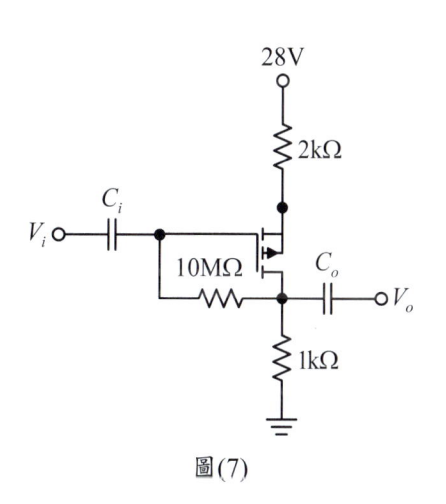

圖(7)

( )9. 如圖(7)為P通道E-MOSFET的汲極回授式偏壓電路，若$K=2\text{ mA}/\text{V}^2$且$V_t=-2\text{ V}$，則下列敘述何者正確？
(A)閘源極電壓$V_{GS}=-6\text{ V}$ (B)汲極電流$I_D=6\text{ mA}$
(C)直流工作點$Q(V_{SDQ},I_{DQ})=(4\text{V},8\text{mA})$ (D)電路消耗225mW [6-4]

( )10. 如圖(8)，求此N通道增強型MOSFET的直流偏壓V_{DS}最接近下列何值？
(A)1.3V
(B)4.3V
(C)8.3V
(D)10.3V [6-4]

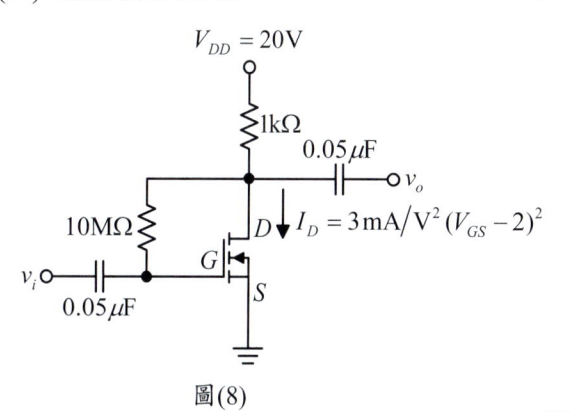

圖(8)

電子學實習試題

( )1. 下列敘述何者錯誤？
(A)MOSFET電晶體為單極性（unipolar）電晶體
(B)BJT電晶體為雙極性（bipolar）電晶體
(C)一般BJT電晶體的基極輸入阻抗比MOSFET電晶體閘極的輸入阻抗小
(D)MOSFET電晶體為一種電流控制元件 [6-1]

( )2. 圖(1)所示之電路符號為下列何種元件？
(A)JFET (B)P通道空乏型MOSFET
(C)N通道空乏型MOSFET (D)P通道增強型MOSFET [6-1]

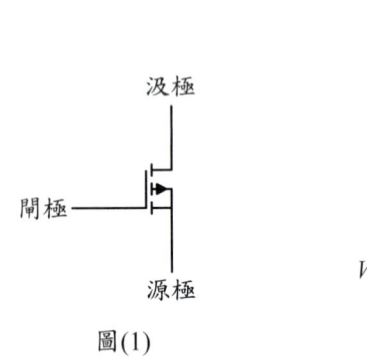

圖(1) 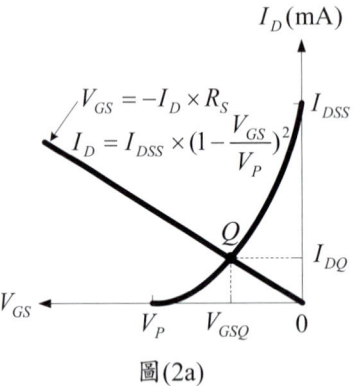　　圖(2a) 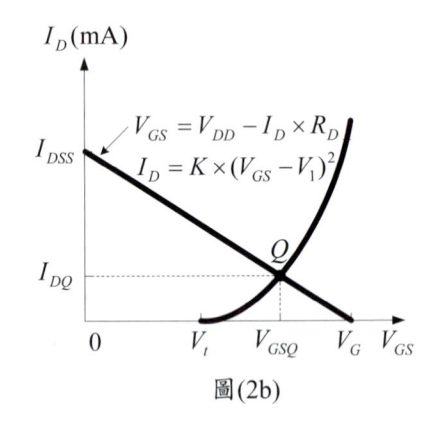　　圖(2b)

( )3. 如圖(2a)與圖(2b)所示皆為共源極組態，試問圖(2a)與圖(2b)分別為何種通道形式與偏壓方式的轉移特性曲線？
(A)N通道空乏型MOSFET自給偏壓電路；P通道增強型MOSFET自給偏壓電路
(B)N通道空乏型MOSFET零偏壓電路；N通道增強型MOSFET汲極回授偏壓電路
(C)P通道增強型MOSFET自給偏壓電路；N通道空乏型MOSFET分壓式偏壓電路
(D)N通道空乏型MOSFET自給偏壓電路；N通道增強型MOSFET汲極回授偏壓電路
[6-4]

( )4. 使用三用電表$R \times 1k$檔測量D-MOSFET元件的三支腳，若三用電表的黑棒固定接某腳，而紅棒分別接其餘兩腳時，皆可得低電阻，反之將黑棒、紅棒對調，則指針不偏轉，則可判斷此元件為何種通道型式？又測得低電阻時，黑棒所接為何極？
(A)N通道，閘極 (B)P通道，閘極
(C)N通道，源極 (D)P通道，源極 [6-2]

( )5. 已知圖(3)中$K_1 = \frac{1}{4}K_2$，而臨界電壓$V_{T1} = V_{T2} = 2$ V，試求直流電壓表顯示幾伏特？
(A)3V (B)4V (C)5V (D)6V [6-4]

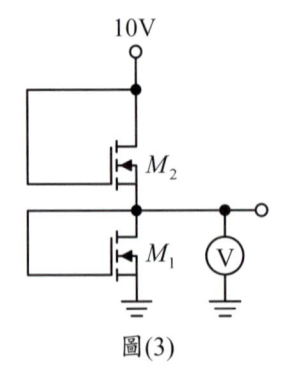

圖(3)

( )6. 使用三用電表測量圖(4)之D-MOSFET得到表(1)，由表中數據可知V_P及I_{DSS}為何？
(A)$V_P = -2$ V，$I_{DSS} = 8$ mA　　(B)$V_P = -3$ V，$I_{DSS} = 8$ mA
(C)$V_P = -2$ V，$I_{DSS} = 10$ mA　　(D)$V_P = -3$ V，$I_{DSS} = 10$ mA [6-4]

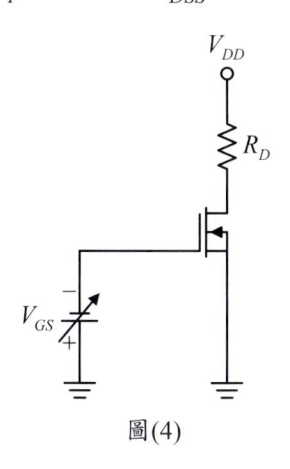

表(1)

V_{GS}	0V	−1V	−2V	−3V
I_D	10mA	1.25mA	0mA	0mA

圖(4)

( )7. 如圖(5)所示，下列敘述何者錯誤？
(A)輸出電壓與輸入電壓必定反相　　(B)該電路具有電壓放大作用
(C)該電路的輸入阻抗小　　(D)該電路的輸出阻抗大 [6-4]

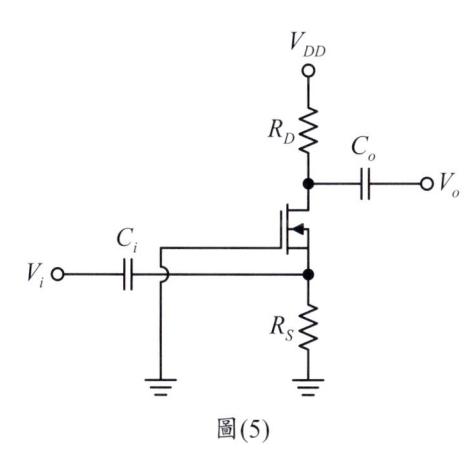

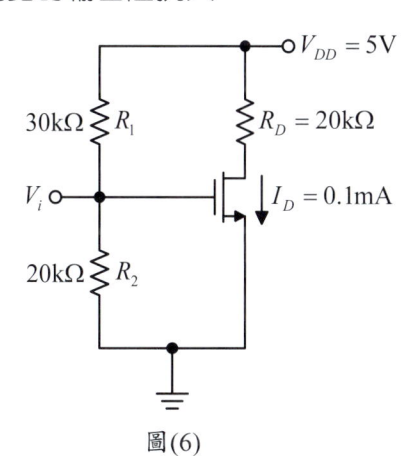

圖(5)　　圖(6)

( )8. 如圖(6)所示NMOS電路，已知臨界電壓（threshold voltage）$V_t = 1$V及導通常數（conduction parameter）$K = 0.1\,\text{mA}/\text{V}^2$，則下列該元件的敘述，何者正確？
(A)工作於飽和區　　(B)工作於歐姆區（非飽和區）
(C)工作於截止區　　(D)無法工作 [6-4]

( )9. 如圖(7)所示的電路，若MOSFET之$K = 1\,\text{mA}/\text{V}^2$；界限電壓$V_T = 2$ V，則V_o之直流電壓為多少？　(A)6.4V　(B)7.4V　(C)8.4V　(D)9.4V [6-4]

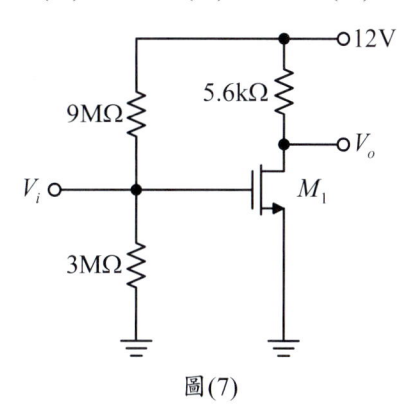

圖(7)

(　　)10. 下列何者是N通道增強型金氧半型場效應電晶體（MOSFET）共源極放大電路？ [6-4][統測]

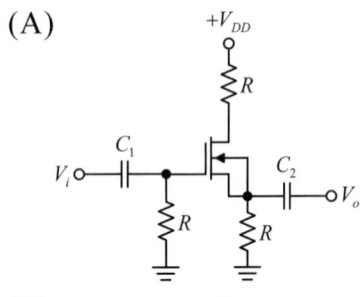

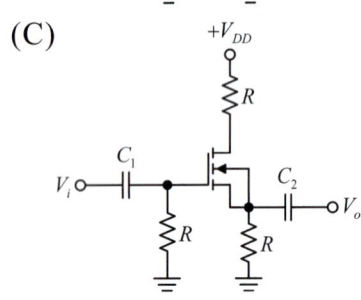

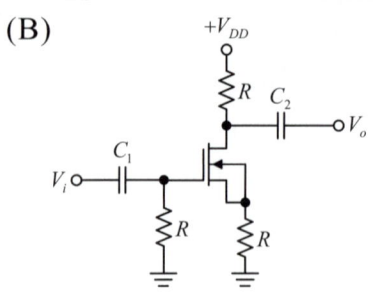

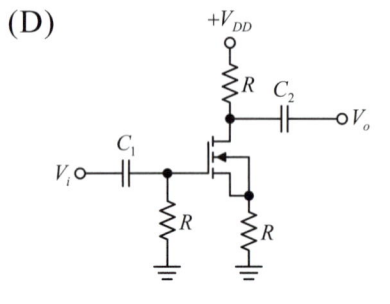

(A) (B) (C) (D)

第 6 章 金氧半場效電晶體

素養導向題

▲ 閱讀下文，回答第1～6題

魯夫與海軍大將青雉對戰時，青雉使出了絕招－冰河時代，誤將隔壁赤犬的通訊測驗卷凍結一處，造成赤犬無法順利作答，試問：

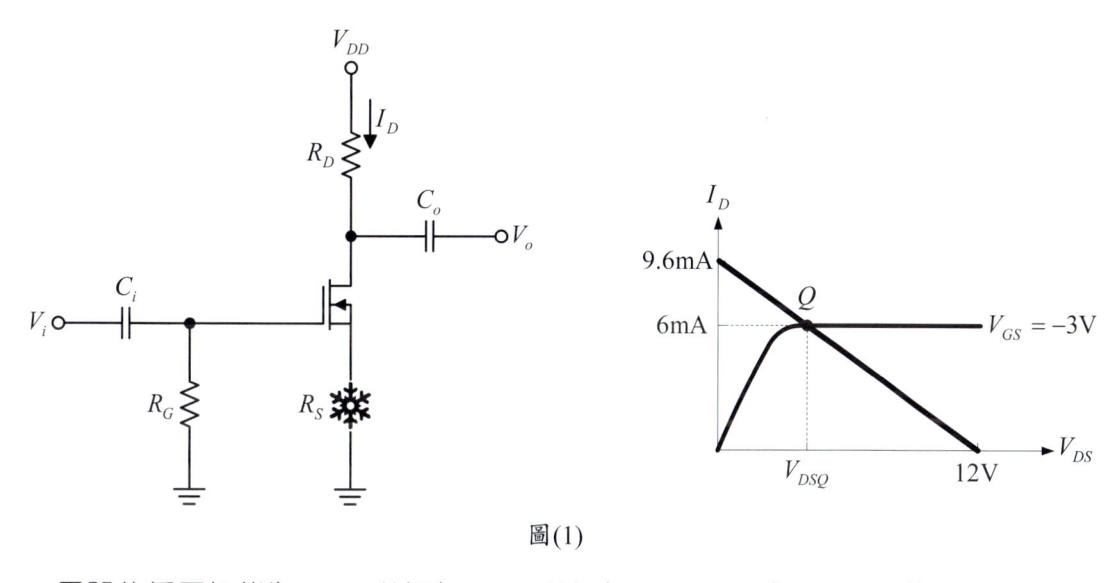

圖(1)

( )1. 電路的偏壓組態為 (A)共源極 (B)共汲極 (C)共閘極 (D)共集極

( )2. 電路的偏壓方式為
(A)固定偏壓法 (B)自給偏壓法 (C)汲極回授偏壓法 (D)零偏壓法

( )3. 電源電壓 V_{DD} 為多少伏特？ (A)12V (B)10V (C)8V (D)6V

( )4. ❄ 處的電阻 R_S 為何？ (A)0.5kΩ (B)1kΩ (C)2kΩ (D)3kΩ

( )5. 電阻 R_D 為何？ (A)2kΩ (B)1kΩ (C)0.75kΩ (D)0.5kΩ

( )6. 直流工作點 V_{DSQ} 為何？ (A)1.5V (B)3V (C)4.5V (D)6V

▲ 閱讀下文，回答第7題

近日入龍國發生一連串的爆炸事件，毛利小五郎判斷犯案者為非電群的學生，於是順手拿了一本電子學的書本，請最有可能的四名嫌疑犯（魯夫、凱多、禰豆子以及卡比獸）來進行判斷。以下是四位嫌疑犯的回答：

魯夫：E-MOSFET沒有預設通道

凱多：E-MOSFET可以使用自給偏壓法

禰豆子：D-MOSFET不可以使用汲極回授偏壓法

卡比獸：D-MOSFET的閘源極電壓 V_{GS} 可以接順向或是逆向偏壓

( )7. 試問下列何者嫌疑最大？ (A)魯夫 (B)凱多 (C)禰豆子 (D)卡比獸

解答

(*表示附有詳解)

6-1立即練習

基礎題
1.B *2.B *3.A 4.D 5.B 6.C *7.C 8.D 9.D 10.C
11.B 12.B 13.D 14.B 15.A

進階題
1.D 2.B 3.A

6-2立即練習

基礎題
*1.C 2.A 3.D 4.A 5.D *6.B 7.D 8.C 9.D 10.A
11.D 12.A 13.B 14.B 15.A 16.B 17.D 18.D 19.A

進階題
*1.D *2.A *3.B 4.C

6-3立即練習

基礎題
1.C 2.D *3.C *4.A *5.C 6.B 7.D 8.B 9.B 10.B
*11.D 12.C 13.C 14.A 15.C 16.D 17.B

進階題
1.B *2.D 3.A *4.B *5.C

6-4立即練習

基礎題
1.C 2.B 3.A 4.D 5.A 6.B 7.A 8.B *9.D *10.C
11.C *12.A *13.D *14.A *15.B *16.C *17.C *18.A *19.C *20.A

進階題
*1.B *2.C

歷屆試題

電子學試題
1.D 2.D 3.C 4.C *5.D 6.A *7.B *8.D 9.D *10.B
11.B 12.C *13.D 14.C *15.D *16.A 17.B *18.C 19.B *20.C
*21.A *22.B *23.B 24.C *25.A *26.D *27.B

電子學實習試題
*1.A *2.C *3.D 4.D *5.B 6.C 7.B *8.C 9.D *10.D
11.B

最新統測試題
*1.B *2.A *3.A 4.A *5.C *6.B *7.D *8.A

第 6 章 金氧半場效電晶體

解 答

（*表示附有詳解）

模擬演練

電子學試題

*1.C   *2.D   *3.A   *4.B   *5.C   *6.D   *7.B   *8.A   *9.C   *10.B

電子學實習試題

1.D   2.D   3.D   4.A   *5.D   6.C   *7.A   *8.A   *9.A   10.D

素養導向題

1.A   2.B   3.A   *4.A   *5.C   *6.C   7.B

NOTE

電子學含實習

滿分總複習（上）解答本

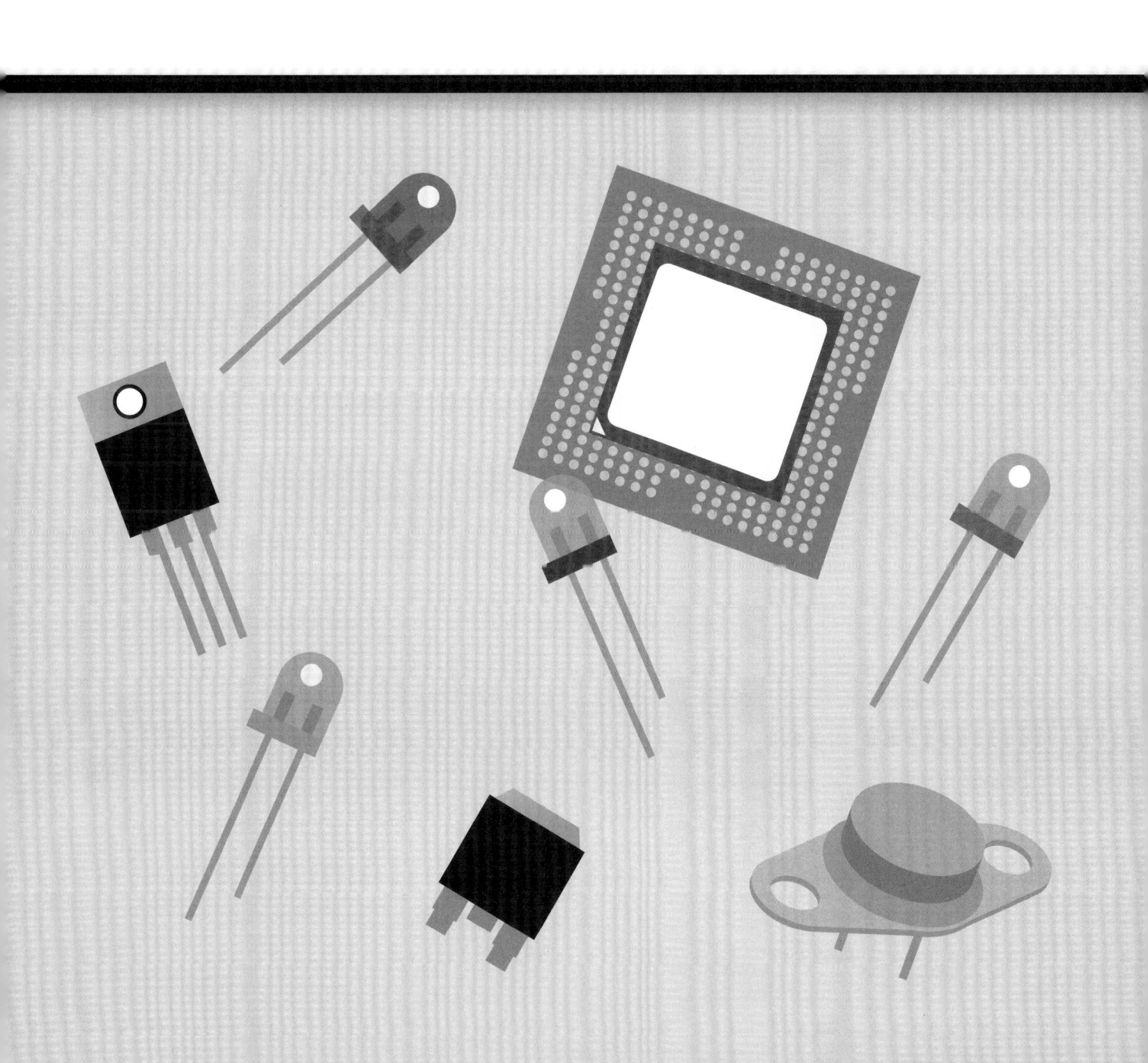

目錄 Contents

CHAPTER 1　電子元件及波形基本概念
- 學生練習&立即練習 1
- 歷屆試題 1
- 模擬演練 2

CHAPTER 2　二極體及應用電路
- 學生練習&立即練習 4
- 歷屆試題 8
- 模擬演練 12
- 素養導向題 14

CHAPTER 3　雙極性接面電晶體
- 學生練習&立即練習 15
- 歷屆試題 19
- 模擬演練 23
- 素養導向題 25

CHAPTER 4　雙極性接面電晶體放大電路
- 學生練習&立即練習 26
- 歷屆試題 30
- 模擬演練 34
- 素養導向題 36

CHAPTER 5　雙極性接面電晶體多級放大電路
- 學生練習&立即練習 37
- 歷屆試題 40
- 模擬演練 42
- 素養導向題 45

CHAPTER 6　金氧半場效電晶體
- 學生練習&立即練習 46
- 歷屆試題 51
- 模擬演練 53
- 素養導向題 55

Chapter 1 電子元件及波形基本概念

1-2 學生練習 P.1-6

1. (1) 角速度 $\omega = 314$ rad/s（弳/秒）
   (2) $\omega = 314 = 2\pi \times f \Rightarrow$ 頻率 $f = 50$ Hz
   (3) 週期 $T = \dfrac{1}{f} = \dfrac{1}{50} = 20$ ms
   (4) 最大值 $V_m = 200$ V
   (5) 有效值 $V_{rms} = \dfrac{V_m}{\sqrt{2}} = \dfrac{200\text{V}}{\sqrt{2}} = 100\sqrt{2}$ V
   (6) 平均值 $V_{av} = \dfrac{2}{\pi} \times V_m = 0.636 V_m$
       $= 0.636 \times 200 = 127.2$ V

2. (1) 平均值 $V_{av} = \dfrac{10\text{V} \times 4\text{ms} - 10 \times 1\text{ms}}{5\text{ms}}$
       $= 6$ V
   (2) 工作週期 $(D\%) = \dfrac{T_W}{T} \times 100\%$
       $= \dfrac{4\text{ms}}{5\text{ms}} \times 100\% = 80\%$

   屬於寬幅波

3. 波形方程式可以表示為 $3 + 4\sqrt{2}\sin\omega t$
   (1) 平均值：$V_{av} = 3$ V
   (2) 有效值 $V_{rms} = \sqrt{(3)^2 + (\dfrac{4\sqrt{2}}{\sqrt{2}})^2}$
       $= \sqrt{9+16} = 5$ V

1-2 立即練習 P.1-8

基礎題

2. $V_{rms} = \sqrt{(4)^2 + (\dfrac{3\sqrt{2}}{\sqrt{2}})^2} = \sqrt{16+9} = 5$ V

3. $V_{av} = \dfrac{20\text{V} \times 3\text{ms}}{5\text{ms}} = 12$ V

4. $V_{av} = \dfrac{20\text{V} \times 5\text{ms} \times \dfrac{1}{2}}{5\text{ms}} = 10$ V

1-3 學生練習 P.1-14

1. (1) 垂直的格數有5格，所以
       峰對峰值為檔位 × 垂直的格數
       $= 1\text{V/DIV} \times 5\text{DIV} = 5$ V
   (2) 一個週期的格數有4格，所以
       週期為檔位 × 一個週期水平的格數
       $= 1\text{ms/DIV} \times 4\text{DIV} = 4$ ms
   (3) 頻率為週期之倒數，所以
       $f = \dfrac{1}{T} = \dfrac{1}{4\text{ms}} = 250$ Hz

歷屆試題 P.1-21

電子學試題

6. (1) 平均值電壓 $V_{dc} = -3$ V
   (2) 有效值電壓 $V_{eff} = \sqrt{(-3)^2 + (\dfrac{4\sqrt{2}}{\sqrt{2}})^2}$
       $= \sqrt{9+16} = 5$ V
   (3) 平均值電壓與有效值電壓比為 $\dfrac{-3}{5} = -0.6$

7. (1) A 之頻率為 50 Hz，
       B 之頻率為 $\dfrac{\omega}{2\pi} = \dfrac{50}{2 \times 3.14} \approx 8$ Hz
   (2) A 之有效值電壓
       $V_{A(rms)} = \sqrt{\dfrac{5^2 \times 64\%}{100\%}} = 4$ V
       平均值電壓 $V_{A(av)} = \dfrac{5 \times 64\%}{100\%} = 3.2$ V
   (3) B 之有效值電壓 $V_{B(rms)} = \dfrac{5}{\sqrt{2}} \approx 3.53$ V
       平均值電壓
       $V_{B(av)} = 5 \times \dfrac{2}{\pi} = \dfrac{10}{\pi} \approx 3.18$ V
   (4) A 輸出之平均功率 $P_A = \dfrac{4^2}{100} = 0.16$ W
       B 輸出之平均功率 $P_B = \dfrac{(\dfrac{5}{\sqrt{2}})^2}{50} = 0.25$ W

9. $v(t)$ 之最大值為 $4\sqrt{2} + 6 \approx 11.66$ V

10. $v_1 = 8\cos(20\pi t + 13°) = 8\sin(20\pi t + 103°)$
    所以 $v_1(t)$ 超前 $v_2(t)$ 相位角 58°

12. $D\% = \dfrac{3}{3+2} = 60\%$

13. 1個週期有8格，因此每格的相位為45°，即A波形超前B波形45度

14. $V_{dc} = \dfrac{10 \times 8\text{ms}}{20\text{ms}} = 4\text{ V}$

電子學實習試題

1. $4 \times 0.5 \times 10 = 20$ V

2. (1) 週期有4格，所以頻率
   $$f = \dfrac{1}{4 \times 1\mu s} = 250 \text{ kHz}$$
   (2) 峰值電壓 $V_{P-P} = 4 \times 5 = 20$ V
   (3) 有效值 $V_{rms} = \dfrac{V_{P-P}}{2\sqrt{2}} = 7.07$ V

8. 一個週期有8格，所以 V_1 電壓相位領前 V_2 電壓相位約45°

9. (1) 週期為 $2 \times 2\text{ms} = 4$ ms，所以頻率為250Hz
   (2) 峰對峰電壓 $V_{P-P} = 2 \times 6 \times 10 = 120$ V

13. 定電流模式指示燈亮起，表示實際負載的功率大於20W

14. Ch2為三角波，其平均值為2.5V

16. (1) $V_{P-P} = 3.6\text{格} \times 10\text{mV/格} = 36$ mV
    (2) 頻率 $f = \dfrac{1}{T} = \dfrac{1}{4\text{格} \times 5\mu s/\text{格}} = 50$ kHz

32. (1) 信號的電壓的峰對峰值為
    $4\text{DIV} \times 2\text{V/DIV} \times 10 = 80$ V
    所以有效值為 $\dfrac{80}{2\sqrt{2}} = 20\sqrt{2}$ V
    (2) 週期 $4\text{DIV} \times 0.5\text{ms/DIV} = 2$ ms
    所以頻率 $f = \dfrac{1}{T} = \dfrac{1}{2\text{ms}} = 500$ Hz

最新統測試題

1. (1) 有效值 $V_{rms} = \sqrt{6^2 + (\dfrac{8\sqrt{2}}{\sqrt{2}})^2} = 10$ V
   (2) 平均值 $V_{av} = 6$ V
   (3) $\dfrac{V_{rms}}{V_{dc}} = \dfrac{10\text{V}}{6\text{V}} \approx 1.67$

3. (1) $D = \dfrac{t_1}{T} \times 100\% = \dfrac{3\text{m}}{5\text{m}} \times 100\% = 60\%$
   (2) $V_{av} = D \times V_p = 0.6 \times 10 = 6$ V

4. (1) EXT輸入端子的功用是，連接外部觸發來同步信號，讓信號穩定，便於觀測。
   (2) 示波器輸入耦合設置於DC，能同時測量直流信號與交流信號。
   (3) 示波器輸入耦合設置於AC，只能測量交流信號。
   (4) 示波器螢幕上的垂直方向刻度，只能測量電路的電壓。

6. (1) $V_{P-P} = 4\text{DIV} \times 2\text{V/DIV} = 8$ V
   (2) $T = 4\text{DIV} \times 1\text{ms/DIV} = 4$ ms
   $f = \dfrac{1}{T} = \dfrac{1}{4\text{m}} = 250$ Hz

模擬演練　P.1-27

電子學試題

2. $v(t) = 100\sqrt{2}\sin(120\pi \times \dfrac{1}{120})\text{V} = 0$ V

3. $100\pi t - \dfrac{\pi}{3} = \dfrac{\pi}{2} \Rightarrow t = \dfrac{1}{120}$（秒）

4. $V_{av} = \dfrac{\dfrac{2 \times 2}{2} + 3 \times 1 - 1 \times 1}{4} = 1$ V

5. $(\sqrt{\dfrac{(I_m \times 1)^2 \times 1}{4}})^2 \times 10 = 1000$
   $\Rightarrow \dfrac{I_m^2}{4} = 100$
   $\Rightarrow I_m^2 = 400$
   $\Rightarrow I_m = 20$ A

6. $I_{av} = \dfrac{20 \times 1}{4} = 5$ A

7. $W = P \cdot t = \dfrac{100 \times 5}{2} = 250$ J（面積）

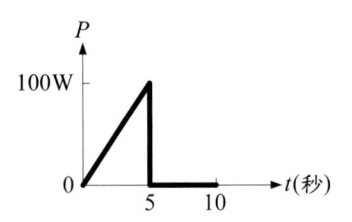

8. 交流電源的有效值電壓為10V，
因此交流電源的最大值為$10\sqrt{2}$ V

9. (1) $P = \dfrac{V^2}{R} \Rightarrow 4.8 = \dfrac{V^2}{4} \Rightarrow V = \dfrac{4}{5}\sqrt{30}$ V

   因此電源電壓的有效值為
   $\dfrac{4}{5}\sqrt{30} \times \dfrac{5}{4} = \sqrt{30}$ V

   (2) $\sqrt{\dfrac{10^2 \times t_1}{t_2}} = \sqrt{30}$

   $\Rightarrow \dfrac{10^2 \times t_1}{t_2} = 30$

   $\Rightarrow \dfrac{t_1}{t_2} = 0.3 = 30\%$（工作週期）

10. (1) 波形反相，因此弦波方程式
    $v(t) = -5 - 2\sin\omega t$
    $\quad\quad = -5 + 2\sin(\omega t + 180°)$ V

    (2) $V_{dc} = -5$ V

    (3) $V_{rms} = \sqrt{(-5)^2 + (\dfrac{-2}{\sqrt{2}})^2} = 3\sqrt{3}$ V

電子學實習試題

3. (A) $10\mu s/\text{DIV}$水平軸需20格，$2V/\text{DIV}$垂直軸需6格（週期超過，顯示未完全）

   (B) $25\mu s/\text{DIV}$水平軸需8格，$1V/\text{DIV}$垂直軸需12格（振幅超過，顯示未完全）

   (C) $50\mu s/\text{DIV}$水平軸需4格，$1V/\text{DIV}$垂直軸需12格（振幅超過，顯示未完全）

4. 波形具直流準位

5. (A) SWP VAR：掃描時間；
   (C) Trigger：觸發掃描模式；
   (D) Time/DIV：時基線水平

7. (1) 有效值為70.7V的正弦波，則峰對峰值為200V，經衰減測試棒10：1後為20V

   (2) $1V/\text{DIV}$：顯示20格（已超過8格）；
   $2V/\text{DIV}$：顯示10格（已超過8格）
   $5V/\text{DIV}$：顯示4格；
   $10V/\text{DIV}$：顯示2格

8. (1) $\omega = 314 \Rightarrow f = 50$ Hz
   所以正弦波的週期為20ms

   (2) $\dfrac{20\text{ms}}{5\text{ms/DIV}} = 4$ DIV（每個週期佔了4格）

   (3) 水平軸總共有10格，
   所以總共顯示$\dfrac{10}{4} = 2.5$個正弦波

Chapter 2 二極體及應用電路

2-1 學生練習　P.2-6

1. (D)
2. (C)
   (1) 加入三價元素，因此為P型半導體
   (2) 受體負離子的濃度
   $$N_A^- = \frac{2 \times 10^{20}}{10^8} = 2 \times 10^{12}/cm^3$$
   (3) $n = \frac{n_i^2}{p} \approx \frac{n_i^2}{N_A^-}$
   $$= \frac{(1.5 \times 10^{10})^2}{2 \times 10^{12}} = 1.125 \times 10^8/cm^3$$

2-2 學生練習　P.2-10

1. (D)
2. (D)
   $0.6 - 1mV/°C \times (T - 25°C) = 0.55V$
   $\Rightarrow T = 75°C$
3. (D)
4. (A)
   (1) $I_D = I_S \times (e^{\frac{V_D}{\eta \times V_T}} - 1) = I_S \times e^{\frac{V_D}{\eta \times V_T}} - I_S$
   因為串聯電路的電流相同，∴ $I_D = I_S$
   (2) $2I_S = I_S \times e^{\frac{V_{D1}}{\eta \times V_T}}$
   $\Rightarrow 2 = e^{\frac{V_{D1}}{\eta \times V_T}}$
   $\Rightarrow \ln 2 = \frac{V_{D1}}{\eta \times V_T}$
   $\Rightarrow V_{D1} = \eta \times V_T \times \ln 2$
   $= 26mV \times 0.693 = 18\ mV$
   (3) $V_{D2} = 3 - V_{D1} = 3 - 18mV \approx 2.98\ V$
5. (C)
   $I_{S(T_2)} = I_{S(T_1)} \times 2^{(\frac{T_2 - T_1}{10})}$
   $\Rightarrow 40nA = 5nA \times 2^{(\frac{T_2 - 20}{10})}$
   $\Rightarrow T_2 = 50°C$

6. (D)
   $R_D = \frac{V_{DQ}}{I_{DQ}} \Rightarrow 100Ω = \frac{V_{DQ}}{20mA}$
   $\Rightarrow V_{DQ} = 2\ V$
7. (D)
   $r_d = \frac{\eta \times V_T}{I_{DQ}} = \frac{2 \times 26mV}{1mA} = 52\ Ω$
8. (D)
9. (C)
   理想二極體，逆向偏壓時視為開路，
   所以電流 $I = \frac{10}{2k} = 5\ mA$，電壓 $V = 5\ V$
10. (B)
    技巧：先假設後判斷
    (1) 先假設，電位差最大的二極體導通，即 D_1 OFF，D_2 ON，所以輸出電壓
    $V_o = (5-0) \times \frac{200}{200 + 4800} = 0.2\ V$
    (2) 後判斷，在輸出電壓 $V_o = 0.2\ V$時，D_1 OFF，D_2 ON，符合假設
11. (B)
    技巧：先假設後判斷
    (1) 先假設，電位差最大的二極體導通，即 D_1 OFF，D_2 ON，故輸出電壓
    $V_o = -6 + 0.6 = -5.4\ V$
    (2) 後判斷，在輸出電壓 $V_o = -5.4\ V$時，D_1 OFF，D_2 ON，符合假設
12. (D)
    (1) 假設二極體皆ON
    (2) 運用密爾門定理，可得輸出電壓
    $V_o = \dfrac{(\frac{6-0.6}{2000} + \frac{3-0.6}{2000} + \frac{-9}{1000})}{(\frac{1}{2000} + \frac{1}{2000} + \frac{1}{1000})}$
    $= -2.55\ V$
13. (D)
    檔位切至歐姆檔，才能判斷未加偏壓之二極體是矽質或鍺質。

第 2 章 二極體及應用電路

2-2 立即練習　P.2-24

基礎題

2. $r_d = \dfrac{\eta \times V_T}{I_{DQ}} \Rightarrow 10 = \dfrac{1 \times 26\text{mV}}{I_{DQ}}$

　　$\Rightarrow I_{DQ} = 2.6 \text{ mA}$

11. 過渡電容 $C_T = \varepsilon \times \dfrac{A}{d} = \varepsilon_0 \times \varepsilon_r \times \dfrac{A}{d}$

　　當逆向偏壓愈大，空乏區距離 d 變大，過渡電容減少。

12. 溫度愈高，切入電壓愈小。

13. (1) 鍺質二極體每當溫度增加1°C時，切入電壓 V_D 下降約 1mV

　　(2) $0.3 - (85 - 25) \times 1\text{mV} = 0.24 \text{ V}$

14. $I_{S(T_2)} = I_{S(T_1)} \times 2^{(\frac{T_2 - T_1}{10})}$

　　$= 10\text{nA} \times 2^{\frac{75-25}{10}} = 320 \text{ nA}$

15. (1) 將二極體直接以0.7V取代，因此

　　$I_D = \dfrac{10.7 - 0.7\text{V}}{2\text{k}\Omega + 8\text{k}\Omega} = 1 \text{ mA}$

　　(2) 輸出電壓 $V_o = 1\text{mA} \times 8\text{k}\Omega = 8 \text{ V}$

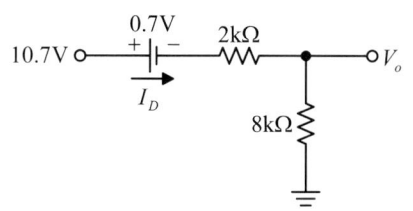

進階題

1. 假設二極體ON，運用密爾門定理

$$V_o = \dfrac{\left(\dfrac{6\text{V}}{2\text{k}\Omega} + \dfrac{0}{1\text{k}\Omega} + \dfrac{-8\text{V}}{2\text{k}\Omega}\right)}{\dfrac{1}{2\text{k}\Omega} + \dfrac{1}{1\text{k}\Omega} + \dfrac{1}{2\text{k}\Omega}} = -0.5 \text{ V}$$

2. (1) $5\text{V} \times \dfrac{2\text{k}\Omega}{3\text{k}\Omega + 2\text{k}\Omega} = 2\text{V} > 1.2\text{V}$

　　所以兩個二極體必導通

　　(2) $I_D = \dfrac{5\text{V} - 1.2\text{V}}{3\text{k}\Omega} - \dfrac{1.2\text{V}}{2\text{k}\Omega} = \dfrac{2}{3} \text{ mA}$

2-3 學生練習　P.2-30

1. (B)

　(1) 先判斷稽納二極體是否崩潰穩壓：

　　$14\text{V} \times \dfrac{1\text{k}\Omega}{4\text{k}\Omega + 1\text{k}\Omega} = 2.8 \text{ V} < V_Z$

　　稽納二極體視為開路

　(2) 電源電流 $I_S = \dfrac{14\text{V}}{4\text{k}\Omega + 1\text{k}\Omega} = 2.8 \text{ mA}$

2. (C)

　(1) 先判斷稽納二極體是否崩潰穩壓：

　　$9\text{V} \times \dfrac{2\text{k}\Omega}{1\text{k}\Omega + 2\text{k}\Omega} = 6 \text{ V} > V_Z$

　　稽納二極體崩潰穩壓

　(2) 電源電流 $I_S = \dfrac{9\text{V} - 5\text{V}}{1\text{k}\Omega} = 4 \text{ mA}$

　　負載電流 $I_L = \dfrac{5\text{V}}{2\text{k}\Omega} = 2.5 \text{ mA}$

　　所以稽納電流 $I_Z = 1.5 \text{ mA}$

　(3) $P_Z = V_Z \times I_Z = 5\text{V} \times 1.5\text{mA} = 7.5 \text{ mW}$

3. (B)

　(1) 通過稽納二極體之電流

　　$I_Z = \dfrac{V - V_Z}{r_Z} = \dfrac{4 - 3}{150} = \dfrac{1}{150} \text{ A}$

　(2) 稽納二極體所消耗之功率

　　$P_Z = V_Z \times I_Z + I_Z^2 \times r_Z$

　　$= 3 \times \dfrac{1}{150} + \left(\dfrac{1}{150}\right)^2 \times 150 = \dfrac{2}{75} \text{ W}$

4. (B)

　(1) 電源電流 $I_S = \dfrac{15\text{V} - 8\text{V}}{0.5\text{k}\Omega} = 14 \text{ mA}$

　(2) $I_{L(\min)} = I_S - I_{ZM}$

　　$= 14\text{mA} - 10\text{mA} = 4 \text{ mA}$

　　$R_{L(\max)} = \dfrac{V_Z}{I_{L(\min)}} = \dfrac{8\text{V}}{4\text{mA}} = 2 \text{k}\Omega$

　(3) $I_{L(\max)} = I_S - I_{ZK}$

　　$= 14\text{mA} - 2\text{mA} = 12 \text{ mA}$

　　$R_{L(\min)} = \dfrac{V_Z}{I_{L(\max)}} = \dfrac{8\text{V}}{12\text{mA}} \approx 666.7 \text{ }\Omega$

5. (B)

(1) 負載電流 $I_L = \dfrac{3V}{1.5k\Omega} = 2\,mA$（定值）

(2) $P_{Z(max)} = V_Z \times I_{Z(max)}$
$\Rightarrow 69mW = 3 \times I_{Z(max)}$
$\Rightarrow I_{Z(max)} = 23\,mA$

(3) $I_{S(min)} = I_{Z(min)} + I_L$
$= 4mA + 2mA = 6\,mA$
$R_{S(max)} = \dfrac{V_i - V_Z}{I_{S(min)}} = \dfrac{18V - 3V}{6mA} = 2500\,\Omega$

(4) $I_{S(max)} = I_{Z(max)} + I_L$
$= 23mA + 2mA = 25\,mA$
$R_{S(min)} = \dfrac{V_i - V_Z}{I_{S(max)}} = \dfrac{18V - 3V}{25mA} = 600\,\Omega$

6. (C)

(1) 負載電流 $I_L = \dfrac{3V}{1.5k\Omega} = 2\,mA$（定值）

(2) 電源電流 $I_{S(max)} = I_{Z(max)} + I_L$
$= 12mA + 2mA$
$= 14\,mA$

$\Rightarrow$ 最高電源電壓
$V_{S(max)} = I_{S(max)} \times R_S + V_Z$
$= 14mA \times 1k\Omega + 3V = 17\,V$

(3) 電源電流 $I_{S(min)} = I_{Z(min)} + I_L$
$= 4mA + 2mA$
$= 6\,mA$

$\Rightarrow$ 最低電源電壓
$V_{S(min)} = I_{S(min)} \times R_S + V_Z$
$= 6mA \times 1k\Omega + 3V = 9\,V$

2-3 立即練習 P.2-36

基礎題

6. I_L 減小，電源電流 I_S 不變，所以造成稽納電流 I_Z 增加，P_Z 增加。

8. $P_{Z(max)} = V_Z \times I_{Z(max)}$
$\Rightarrow 100mW = 10V \times I_Z \Rightarrow I_Z = 10\,mA$

進階題

1. (1) $0.05\%/°C \times (85°C - 25°C) = 3\%$

(2) $V_Z = 6.5 \times (1 + 3\%) \approx 6.7\,V$

2. (1) $15 \times \dfrac{2k\Omega}{1k\Omega + 2k\Omega} = 10\,V > V_Z$
所以稽納二極體崩潰穩壓。

(2) $I_L = \dfrac{3V}{2k\Omega} = 1.5\,mA$
$I_S = \dfrac{15V - 3V}{1k\Omega} = 12\,mA$
$I_Z = 12mA - 1.5mA = 10.5\,mA$

(3) 電源提供功率
$P_S = V_S \times I_S = 15V \times 12mA = 180\,mW$

(4) 稽納二極體「消耗功率」
$P_Z = V_Z \times I_Z$
$= 3V \times 10.5mA = 31.5\,mW$

3. (1) $I_L = \dfrac{5V}{5k\Omega} = 1\,mA$

(2) $I_S = I_L + I_Z = 1mA + 20mA = 21\,mA$

(3) $R_S = \dfrac{V_S - V_Z}{I_S} = \dfrac{26V - 5V}{21mA} = 1\,k\Omega$

(4) $P_Z = V_Z \times I_Z = 5V \times 20mA = 100\,mW$

4. $20V \times \dfrac{3k\Omega}{R_S + 3k\Omega} < 6V$
$\Rightarrow 60k\Omega < 6R_S + 18k\Omega$
$\Rightarrow R_S > 7\,k\Omega$

5. (1) 負載電流 $I_L = \dfrac{3V}{3k\Omega} = 1\,mA$
$I_S = \dfrac{16V - 3V}{1k\Omega} = 13\,mA$
$I_Z = 13mA - 1mA = 12\,mA$

(2) $P_Z = V_Z \times I_Z = 3V \times 12mA = 36\,mW$

6. (1) 輸入電壓為10V時，輸出為6.6V

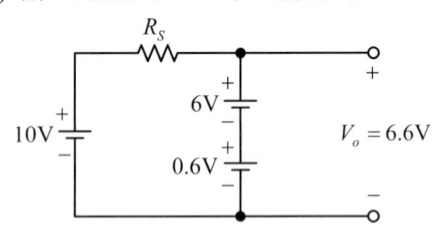

(2) 輸入電壓為 −10V 時，輸出為 −4.6V

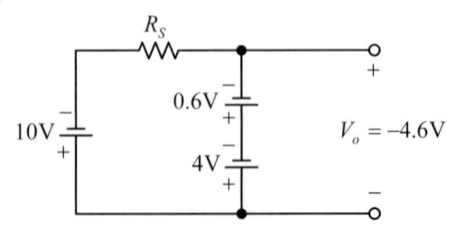

第 2 章 二極體及應用電路

7. (1) $9V \times \dfrac{3k\Omega}{2k\Omega + 3k\Omega} = 5.4 V > V_Z$

   稽納二極體已經穩壓

   (2) 運用密爾門定理可得

   $V_o = \dfrac{\dfrac{9}{2000} + \dfrac{3}{300}}{\dfrac{1}{2000} + \dfrac{1}{300} + \dfrac{1}{3000}} = 3.48 V$

2-4學生練習　P.2-39

1. (A)
2. (A)

   $\dfrac{6 - 1.5}{R + 30} < 100mA \Rightarrow R > 15\Omega$

3. (C)

2-4立即練習　P.2-40

進階題

2. $\dfrac{10V - 2V}{50\Omega + R} = 10mA \Rightarrow R = 750\Omega$

   $\dfrac{10V - 2V}{50\Omega + R} = 80mA \Rightarrow R = 50\Omega$

2-5學生練習　P.2-43

1. (A)

   (1) 110V為有效值，其最大值為$110\sqrt{2} V$

   (2) $V_{rms} = \dfrac{1}{2} \times V_m = \dfrac{1}{2} \times 110\sqrt{2} = 55\sqrt{2} V$

   (3) 二極體的$PIV = 1 \times V_m = 110\sqrt{2} V$

2-1.(C)

   (1) 有效值$V_{o(rms)} = 110 \times \sqrt{2} \times \dfrac{1}{2} \times \dfrac{1}{2} \times \dfrac{1}{\sqrt{2}}$
   $= 27.5 V$

   (2) 輸出電壓的頻率為2倍電源頻率，
   $f_o = 2f_i = 120 Hz$

2-2.(D)

   二極體的$PIV = 2V_m = 2 \times 27.5\sqrt{2}$
   $= 55\sqrt{2} V$

3-1.(B)

   (1) 輸出電壓的有效值

   $V_{o(rms)} = 110 \times \sqrt{2} \times \dfrac{1}{2} \times \dfrac{1}{\sqrt{2}} = 55 V$

   (2) 輸出電壓的頻率為2倍電源頻率，
   $f_o = 2f_i = 120 Hz$

3-2.(C)

   二極體的$PIV = V_m = 55\sqrt{2} V$

2-5立即練習　P.2-48

基礎題

4. $V_m \times \dfrac{1}{2} = V_{o(rms)} \Rightarrow V_m \times \dfrac{1}{2} = 100$
   $\Rightarrow V_m = 200 V$

5. 直流電壓檔係測量輸出電壓的平均值

   $V_{o(dc)} = 100 \times \dfrac{1}{5} \times \dfrac{1}{\pi} = \dfrac{20}{\pi} V$

6. (1) 輸出電壓的最大值$V_{o(rms)} = V_m \times \dfrac{1}{\sqrt{2}}$

   $\Rightarrow V_m = V_{o(rms)} \times \sqrt{2} = 10\sqrt{2} \times \sqrt{2}$
   $= 20 V$

   (2) $PIV = 2V_m = 2 \times 20 = 40 V$

進階題

2. $PIV = 2V_m = 2 \times \dfrac{50}{0.636} \approx 157.2 V$

3. (1) $V_{dc} = \dfrac{1}{\pi}V_m = 0.318V_m$
   $= 0.318 \times 100 = 31.8 V$

   (2) $V_{rms} = \dfrac{1}{2}V_m = 0.5V_m$
   $= 0.5 \times 100 = 50 V$

   (3) 輸出電壓的頻率為電源頻率60Hz

   (4) 輸出電壓的峰對峰值為100V

4. (1) 負載為純電容負載，因此充飽電後，電容器無法放電，故輸出電壓一值保持在最大值。

   (2) $v_o = \sqrt{2} \times V_{rms} = 50\sqrt{2} V$

2-6學生練習

1. (D)

$$r\% = \frac{V_{r(rms)}}{V_{dc}} \times 100\%$$
$$\Rightarrow \frac{V_{r(rms)}}{2} \times 100\% = 5\%$$
$$\Rightarrow V_{r(rms)} = 0.1 \text{ V}$$

2. (C)

$$V_{r(P-P)} \approx \frac{V_m}{2 \times f_i \times R_L \times C}$$
$$\Rightarrow \frac{100}{2 \times 60 \times 10k \times C} \leq 2$$
$$\Rightarrow C \geq 41.6 \mu\text{F}$$

3. (D)

$$V_{dc} = V_m - \frac{4.17}{C} \times I_{dc}$$
$$= 100 - \frac{4.17}{80} \times 80 \approx 96 \text{ V}$$

4. (A)

$$V_{r(rms)} \approx \frac{V_m}{4\sqrt{3} \times f_i \times R_L \times C}$$
$$= \frac{200}{4\sqrt{3} \times 50 \times 10k \times 50\mu} \approx 11.55 \text{ V}$$

5. (B)

$$r = \frac{2.4}{R_L \times C} \times 100\% = \frac{2.4}{10 \times 3} \times 100\% = 8\%$$

2-6立即練習

基礎題

5. 電容量 C_2 宜愈大愈好，所以電容抗 X_{C_2} 宜愈小愈好。

進階題

1. $r\% = \frac{V_{r(rms)}}{V_{dc}} \times 100\% = \frac{\frac{V_{r(P-P)}}{2\sqrt{3}}}{V_{dc}} \times 100\%$

$$= \frac{\frac{2}{2\sqrt{3}}}{10} \times 100\% = 5.77\%$$

歷屆試題

電子學試題

1. $V_{r(P-P)} \approx \frac{V_m}{f_i \times R_L \times C}$

$$= \frac{100}{\frac{120}{2\pi} \times 100k \times 10\mu} = \frac{5\pi}{3} \text{ V}$$

7. $V_{r(P-P)} \approx \frac{V_m}{f_i \times R_L \times C} \Rightarrow 2 = \frac{200}{60 \times 10k \times C}$

$$\Rightarrow C = 166.67 \mu\text{F}$$

9. 輸出為負電壓，

$$V_{dc} = -\frac{2}{\pi}V_m = -0.636 \times 10 = -6.36 \text{ V}$$

11. $r = \frac{4.8}{R_L \times C}$

增加負載電阻 R_L 或是電容量 C，皆可以減少漣波因數

12. (1) 通過每個二極體之電流為 10mA

(2) $\Delta V_D = \eta \times V_T \ln(\frac{I_2}{I_1})$

$$= 1 \times 25\text{mV} \times \ln(\frac{10\text{mA}}{1\text{mA}})$$
$$= 25\text{mV} \times \ln 10$$
$$= 25\text{mV} \times 2.303 \approx 0.058 \text{ V}$$

(3) $V_D = 0.7 + 0.058 = 0.758\text{V} \approx 0.76 \text{ V}$

13. (1) 滿載電壓 $V = E - I_L \times r$

$$= 30 - 0.25 \times 20 = 25 \text{ V}$$

(2) 電壓調整率 $VR\% = \frac{30\text{V} - 25\text{V}}{25\text{V}} \times 100\%$

$$= 20\%$$

14. P型半導體中，電洞被稱為多數載子。

15. (1) 輸入電壓 $V_i = 2$ V，二極體 D_1、D_2 皆 OFF，所以輸出電壓 $V_o = 2\text{V} = V_a$

(2) 輸入電壓 $V_i = 8$ V，二極體 D_1 ON、二極體 D_2 OFF，輸出電壓

$$V_o = \frac{(8\text{V} - 2\text{V})}{2k\Omega + 2k\Omega} \times 2k\Omega + 2\text{V} = 5 \text{ V}$$

(3) 輸入電壓 $V_i = 11$ V，二極體 D_1、D_2 皆 ON，運用密爾門定理，可得輸出電壓

$$V_o = \frac{\frac{11\text{V}}{2k\Omega} + \frac{2\text{V}}{2k\Omega} + \frac{5\text{V}}{2k\Omega}}{\frac{1}{2k\Omega} + \frac{1}{2k\Omega} + \frac{1}{2k\Omega}} = 6 \text{ V}$$

第 2 章 二極體及應用電路

17. (1) 二極體D_1以及D_2皆導通

    (2) 因此輸出電壓，可以運用密爾門定理求解

    $$V_o = \frac{\frac{1.3}{1800+200} + \frac{1.3}{1800+200}}{\frac{1}{1800+200} + \frac{1}{1800+200} + \frac{1}{12000}} = 1.2\text{ V}$$

18. 正半週時，二極體D_1、D_3：ON，D_2、D_4：OFF

22. $V_{dc} = \frac{1}{\pi}V_m = 110\sqrt{2} \times \frac{1}{\pi} \approx 50\text{ V}$

23. $V_{dc} = 110\sqrt{2} \times \frac{2}{11} \approx 28\text{ V}$

24. $30\text{V} \times \frac{10\text{k}\Omega}{20\text{k}\Omega + 10\text{k}\Omega} = 10\text{ V} < V_Z$

    稽納二極體為開路，則輸出電壓V_o為10V

27. (1) $10\text{V} \times \frac{8\Omega}{4\Omega + 8\Omega} = \frac{20}{3}\text{V} > V_Z$

    (2) $I_Z = \frac{10\text{V} - 6\text{V}}{4\Omega} - \frac{4\text{V}}{8\Omega} = 0.25\text{ A}$

28. $V_i \times \frac{5\text{k}\Omega}{1\text{k}\Omega + 5\text{k}\Omega} \geq 10\text{V} \Rightarrow V_i \geq 12\text{ V}$

32. (1) $12\text{V} \times \frac{2\text{k}\Omega}{1\text{k}\Omega + 2\text{k}\Omega} = 8\text{ V}$

    所以二極體D導通

    (2) 電流$I = \frac{12\text{V} - 6\text{V}}{1\text{k}\Omega} - \frac{6\text{V}}{2\text{k}\Omega}$
    $= 6\text{mA} - 3\text{mA} = 3\text{ mA}$

33. 輸出電壓的平均值

    $V_{o(dc)} = 156\text{V} \times \frac{1}{5} \times \frac{1}{\pi} \approx 10\text{ V}$

36. $V_{r(rms)} = \frac{V_m}{4\sqrt{3} \times f_i \times R_L \times C}$

    ∴ $V_{r(rms)}$與V_m成正比

39. (1) $12\text{V} \times \frac{100\Omega}{25\Omega + 100\Omega} = 9.6\text{ V} > V_Z$

    稽納二極體崩潰穩壓

    (2) 運用密爾門定理

    $$V_L = \frac{\frac{12}{25} + \frac{8}{5}}{\frac{1}{25} + \frac{1}{5} + \frac{1}{100}} = 8.32\text{ V}$$

    (3) $I_L = \frac{8.32}{100} = 83.2\text{ mA}$

40. 限流電阻$R = \frac{5\text{V} - 1.7\text{V}}{10\text{mA}} = 330\text{ }\Omega$

41. (1) 最高電壓為$2\text{V} + 0.7\text{V} = 2.7\text{ V}$

    (2) 最低電壓為$-(3\text{V} + 0.7\text{V}) = -3.7\text{ V}$

    (3) 通過2kΩ電阻的最大電流為

    $I = \frac{15\text{V} - 2.7\text{V}}{2\text{k}\Omega} = 6.15\text{ mA}$

42. 電容C最大電壓降為

    $\frac{110\text{V}}{10} \times \sqrt{2} - 2 \times 0.7 \approx 14.16\text{ V}$

43. (1) $15\text{V} \times \frac{200\Omega}{100\Omega + 200\Omega} = 10\text{ V} > V_Z$

    稽納二極體已經崩潰穩壓

    (2) $I_Z = \frac{15\text{V} - 4\text{V}}{100\Omega} - \frac{4\text{V}}{200\Omega} = 0.09\text{ A}$

    $P_Z = V_Z \times I_Z = 4\text{V} \times 0.09\text{A} = 360\text{ mW}$

44. 二極體已經順向導通，

    $I_D = \frac{2\text{V} - 0.75\text{V}}{1\text{k}\Omega} - \frac{0.75\text{V}}{3\text{k}\Omega} = 1\text{ mA}$

45. 空乏區內僅有正負離子，無電子及電洞。

46. (1) 穩壓時的$I_L = \frac{6\text{V}}{100\Omega} = 60\text{ mA}$

    (2) $R_{S(\max)} = \frac{15\text{V} - 6\text{V}}{15\text{mA} + 60\text{mA}} = 120\text{ }\Omega$

    $R_{S(\min)} = \frac{15\text{V} - 6\text{V}}{60\text{mA} + 90\text{mA}} = 60\text{ }\Omega$

49. 電流i_o之有效值為$\frac{200\sqrt{2}}{\sqrt{2}} \times \frac{1}{10} \times \frac{1}{5} = 4\text{ A}$

52. $V_{r(P-P)} = \frac{V_{dc}}{2 \times f_i \times R_L \times C} \approx \frac{V_m}{2 \times f_i \times R_L \times C}$

    $\Rightarrow 1 = \frac{39.5}{2 \times 50 \times 10\text{k} \times C} \Rightarrow C \approx 40\text{ }\mu\text{F}$

53. $x \approx \frac{100\text{V}}{39.5\text{V}} \approx 2.5$

54. $PIV = 2V_m = 2 \times \frac{50}{0.636} \approx 157\text{ V}$

56. (1) 假設兩個二極體皆ON

    (2) 運用密爾門定理可得
    $$V = \frac{\frac{5.1V - 0.7V}{1k\Omega} + \frac{0.7V}{1k\Omega}}{(\frac{1}{1k\Omega} + \frac{1}{1k\Omega} + \frac{1}{1k\Omega})} = 1.7 \text{ V}$$

    (3) $I_{D2} = \frac{1.7V - 0.7V}{1k\Omega} = 1 \text{ mA}$

57. (1) Z_1為順向偏壓，所以電壓為0V，Z_2逆向偏壓所以崩潰電壓為3V，總共為3V

    (2) $6V \times \frac{300\Omega}{200\Omega + 300\Omega} = 3.6 \text{ V} > 3 \text{ V}$
    所以稽納崩潰穩壓

    (3) $I_Z = \frac{6V - 3V}{200\Omega} - \frac{3V}{300\Omega} = 5 \text{ mA}$

58. $PIV = 1V_m = 110 \times \frac{24}{220} \times \sqrt{2}$
    $= 12\sqrt{2}V \approx 17 \text{ V}$

61. $V_D = 0.65V - 2.5mV/°C \times (65°C - 25°C)$
    $= 0.55 \text{ V}$

63. D_1、D_4燒毀電路為半波整流電路，且輸出的電壓與電路圖標示同極性。

64. (1) $9V \times \frac{10\Omega}{20\Omega + 10\Omega} = 3 \text{ V} < V_Z$
    稽納二極體不通過電流，且不消耗功率

    (2) $I_L = I_R = \frac{9V}{20\Omega + 10\Omega} = 0.3 \text{ A}$
    $P_L = I_L^2 \times R_L = 0.3^2 \times 10 = 0.9 \text{ W}$

65. $0.55 = 0.7 - (T - 25) \times 2.5mV \Rightarrow T = 85 °C$

66. (1) 通過負載的電流 $I_L = \frac{5V}{5k\Omega} = 1 \text{ mA}$

    (2) $I_{1(max)} = 1mA + 9mA = 10 \text{ mA}$

    (3) $R_{1(min)} = \frac{10V - 5V}{10mA} = 500 \text{ Ω}$

電子學實習試題

1. $V_m - 2V_D = 24 \times \sqrt{2} - 2 \times 0.7 \approx 32 \text{ V}$

6. 電位差較大者優先導通，所以輸出為–3V

7. (1) 輸入電壓為正電壓，所以左邊的二極體必截止

    (2) $12V \times \frac{2.5k\Omega}{500\Omega + 2.5k\Omega} = 10V > 6V$
    所以右邊的二極體必導通，$V_o = 6 \text{ V}$

8. (1) $15V \times \frac{1k\Omega}{1k\Omega + 1k\Omega} = 7.5V > 5V$
    二極體必導通

    (2) $I = \frac{15V - 5V}{1k\Omega} = 10 \text{ mA}$

11. (1) 輸入電壓為正電壓，所以左邊的二極體必截止

    (2) $12V \times \frac{1k\Omega}{2k\Omega + 1k\Omega} = 4 \text{ V} < 6 \text{ V}$
    所以右邊的二極體亦截止，因此$V_o = 4 \text{ V}$

14. (1) 輸入電壓為負電壓，所以右邊的二極體必截止

    (2) 左邊的二極體必導通，$V_o = 2 \text{ V}$

15. 平均值 $V_{dc} = 0.636V_m = 0.636 \times 25$
    $= 15.9 \text{ V}$

16. (1) 輸入電壓為正電壓，所以右邊的二極體必截止

    (2) $12V \times \frac{2.5k\Omega}{500\Omega + 2.5k\Omega} = 10 \text{ V} > 6.7 \text{ V}$
    所以左邊的二極體必導通，$V_o = 6.7 \text{ V}$

17. $R_L \times C$的值愈大，漣波因數愈小

19. 當 $V_i = 10 \text{ V}$，$V_o = 5 \text{ V}$；當 $V_i = -10 \text{ V}$，$V_o = -3 \text{ V}$，V_o之峰對峰值電壓為8V

20. 額定電流皆為1A

21. 中心抽頭全波整流的$PIV = 2V_m$

23. $V_{dc} = \frac{V_{P-P}}{2} \times \frac{2}{\pi} \approx 5.1 \text{ V}$

24. 一個二極體損壞，電路為半波整流
    $V_{dc} = V_m \times \frac{1}{\pi} = 12\sqrt{2} \times \frac{1}{\pi} \approx 5.4 \text{ V}$

26. (1) 二次側線圈的有效值
    $V_{rms} = \frac{110}{\frac{120}{24}} = 22 \text{ V}$

    (2) $V_m = \frac{22}{2} \times \sqrt{2} = 11\sqrt{2} \text{ V}$

第 2 章 二極體及應用電路

28. (1) $P_Z = V_Z \times I_{ZM} \Rightarrow 200\text{mW} = 5\text{V} \times I_{ZM}$
$\Rightarrow I_{ZM} = 40\text{ mA}$

(2) $I_{L(\min)} = \dfrac{10\text{V} - 5\text{V}}{100\Omega} - 40\text{mA} = 10\text{ mA}$

$R_{L(\max)} = \dfrac{5\text{V}}{10\text{mA}} = 500\ \Omega$

(3) $10\text{V} \times \dfrac{R_L}{100 + R_L} > 5\text{V} \Rightarrow R_L > 100\ \Omega$

29. $V_{av} = \dfrac{8 \times 1 - 3 \times 1}{2} = 2.5\text{ V}$

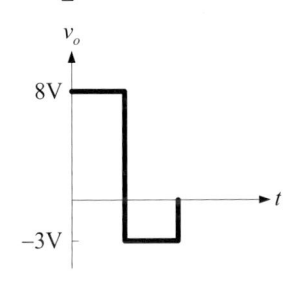

30. $V_{DC} = \dfrac{V_{P-P}}{2} \times \dfrac{2}{\pi} \Rightarrow 3.7\text{V} = \dfrac{V_{P-P}}{2} \times 0.636$
$\Rightarrow V_{P-P} \approx 12\text{ V}$

31. $r\% = \dfrac{V_{r(rms)}}{V_{dc}} = \dfrac{\frac{2}{2\sqrt{2}}}{10-1} \times 100\% \approx 8\%$

35. 斜率 $m = \dfrac{\Delta I_D}{\Delta V_D}$，愈大則內阻愈小。

36. $PIV = 2V_m = \dfrac{24\sqrt{2}\text{V}}{2} \times 2$
$\approx 34\text{ V}$（需大於此值）

37. (1) $P_{Z(\max)} = V_Z \times I_{Z(\max)}$
$\Rightarrow 200\text{mW} = 5\text{V} \times I_{Z(\max)}$
$\Rightarrow I_{Z(\max)} = 40\text{ mA}$

(2) 電源電流 $I_i = \dfrac{10\text{V} - 5\text{V}}{100\Omega} = 50\text{ mA}$

(3) 負載電阻

$R_{L(\max)} = \dfrac{V_Z}{I_i - I_Z} = \dfrac{5\text{V}}{50\text{mA} - 40\text{mA}}$
$= 500\ \Omega$

38. 輸出電壓波形頻率為 100Hz，所以週期為 0.01 秒。

39. 示波器內部的黑棒短接，所以必須接在相同節點上。

40. $v_o(t)$ 之平均值為 $110\sqrt{2} \times \dfrac{1}{10} \times \dfrac{1}{\pi} \approx 4.95\text{ V}$

41. 當稽納二極體斷路，

輸出電壓為 $12\text{V} \times \dfrac{4\text{k}\Omega}{2\text{k}\Omega + 4\text{k}\Omega} = 8\text{ V}$

42. $V_o = V_m \times \dfrac{2}{\pi} = 8\sqrt{2} \times \dfrac{2}{\pi} \approx 7.2\text{ V}$

最新統測試題

1. (1) 電源電流為 $\dfrac{12\text{V} - 6\text{V}}{1\text{k}\Omega} = 6\text{ mA}$

(2) 負載最大電流 $6\text{mA} - 1\text{mA} = 5\text{ mA}$

(3) 負載電阻 $\dfrac{6\text{V}}{5\text{mA}} = 1.2\text{ k}\Omega$

2. (1) $V_{r(rms)} = \dfrac{V_{r(P-P)}}{2\sqrt{3}} = \dfrac{4\text{V}}{2\sqrt{3}} \approx 1.15\text{ V}$

(2) $V_{dc} = \dfrac{16\text{V} + 12\text{V}}{2} = 14\text{ V}$

(3) 漣波百分率 $r\% = \dfrac{V_{r(rms)}}{V_{dc}} \times 100\%$
$= \dfrac{1.15\text{V}}{14\text{V}} \times 100\% \approx 8\%$

3. (1) 半導體因電位差產生載子移動而形成**漂移**電流。

(2) 外質半導體中自由電子與電洞的載子濃度**不同**。

(3) N 型半導體多數載子為自由電子，少數載子為電洞，呈**電中性**。

4. (1) $I_{ZM} = \dfrac{P_{ZM}}{V_Z} = \dfrac{320\text{m}}{20} = 16\text{ mA}$

(2) $I_L = \dfrac{V_Z}{R_L} = \dfrac{20}{2\text{k}} = 10\text{ mA}$

(3) $I_{S(\max)} = I_{ZM} + I_L = 16 + 10 = 26\text{ mA}$

(4) $I_{S(\min)} = I_{ZK} + I_L = 2 + 10 = 12\text{ mA}$

(5) $V_{S(\max)} = I_{S(\max)}R_S + V_Z$
$= 26\text{m} \times 1\text{k} + 20 = 46\text{ V}$

(6) $V_{S(\min)} = I_{S(\min)}R_S + V_Z$
$= 12\text{m} \times 1\text{k} + 20 = 32\text{ V}$

5. (1) 一次側與二次側線圈比：

$\dfrac{N_1}{N_2} = \dfrac{120}{12} = \dfrac{10}{1}$

(2) $V_m = \sqrt{2}V_S\dfrac{N_2}{N_1} = 100\sqrt{2} \times \dfrac{1}{10} = 10\sqrt{2}\text{ V}$

(3) $V_{av} = \dfrac{2}{\pi}V_m = \dfrac{2}{\pi} \times 10\sqrt{2} = \dfrac{20\sqrt{2}}{\pi}$ V

(4) $V_{rms} = \dfrac{V_m}{\sqrt{2}} = \dfrac{1}{\sqrt{2}} \times 10\sqrt{2} = 10$ V

(5) $f_r = 2f = 2 \times 50 = 100$ Hz

(6) $T_r = \dfrac{1}{f_r} = \dfrac{1}{100} = 0.01$ 秒

6. (1) $R_{\min} = \dfrac{V_R}{I_{\max}} = \dfrac{V_S - V_Z}{I_{Z(\max)} + I_L}$

$= \dfrac{16 - 10}{\dfrac{150\text{mW}}{10\text{V}} + \dfrac{10\text{V}}{1\text{k}\Omega}} = 240\ \Omega$

(2) $R_{\max} = \dfrac{V_R}{I_{\min}} = \dfrac{V_S - V_Z}{I_{Z(\min)} + I_L}$

$= \dfrac{16 - 10}{2\text{mA} + \dfrac{10\text{V}}{1\text{k}\Omega}} = 500\ \Omega$

7. (1) 平均值 $V_{av} = (110\sqrt{2} \times \dfrac{12}{110}) \times \dfrac{2}{\pi}$

$= \dfrac{24\sqrt{2}}{\pi}$ V

(2) 二極體的逆向峰值電壓

$PIV = V_m = 12\sqrt{2}$ V

8. 漣波峰對峰值 $V_{r(P-P)} \approx \dfrac{V_m}{2f_i \times R_L \times C}$

$\Rightarrow C \uparrow, V_{r(P-P)} \downarrow$

9. (1) 矽摻雜砷,形成N型半導體。

(2) P型半導體為電中性。

(3) 本質半導體摻雜三價元素,形成P型半導體。

10. (1) $V_{rms} = \dfrac{V_m}{\sqrt{2}}$, $V_{av} = \dfrac{2}{\pi}V_m$

(2) 波形因數等於 $\dfrac{V_{rms}}{V_{av}} = \dfrac{\pi}{2\sqrt{2}}$

11. (1) 空乏區電位差稱為障壁電壓。

(2) 溫度升高,逆向飽和電流增加。

(3) LED發光顏色由製造材料決定。

12. (1) $V_m = \dfrac{110\sqrt{2}}{\dfrac{N_1}{N_2}} = \dfrac{110\sqrt{2}}{11} = 10\sqrt{2}$ V

(2) $V_{o(av)} = \dfrac{2}{\pi}V_m = \dfrac{2}{\pi} \times 10\sqrt{2} = \dfrac{20\sqrt{2}}{\pi}$ V

(3) $I_{o(av)} = \dfrac{V_{o(av)}}{R_L} = \dfrac{\dfrac{20\sqrt{2}}{\pi}}{10} = \dfrac{2\sqrt{2}}{\pi}$ A

(4) $I_{D(av)} = \dfrac{I_{o(av)}}{2} = \dfrac{1}{2} \times \dfrac{2\sqrt{2}}{\pi} = \dfrac{\sqrt{2}}{\pi}$ A

模擬演練　P.2-76

電子學試題

2. 摻雜濃度愈高,則結合面附近的空乏區愈小

3. (1) $N_D^+ = 6 \times 10^{15}\text{cm}^{-3} - 1.5 \times 10^{15}\text{cm}^{-3}$

$= 4.5 \times 10^{15}\text{cm}^{-3}$

(2) $P = \dfrac{(N_i)^2}{N_D^+} = \dfrac{(1.5 \times 10^{10})^2}{4.5 \times 10^{15}}$

$= 5 \times 10^4$ 電洞 $\cdot$ cm^{-3}

4. $I_{S(T_2)} = I_{S(T_1)} \times 2^{(\dfrac{T_2 - T_1}{8°C})}$

$= 100\text{nA} \times 2^{(\dfrac{66°C - 26°C}{8°C})}$

$= 100\text{nA} \times 2^5 = 3.2\ \mu\text{A}$

5. (1) 二極體的內阻為 $\dfrac{1\text{V} - 0.6\text{V}}{4\text{mA}} = 100\ \Omega$

切入電壓為0.6V

(2) 假設二極體D_1 OFF、D_2 ON,輸出電壓

$V_o = \dfrac{\dfrac{8\text{V}}{5\text{k}\Omega} + \dfrac{-9.4\text{V}}{5\text{k}\Omega}}{\dfrac{1}{5\text{k}\Omega} + \dfrac{1}{5\text{k}\Omega}} = -0.7$ V

所以假設成立,因此二極體D_1通過的電流為0A

6. 左右分別取戴維寧等效電路，可得電流
$$I = \frac{8V - 6V}{2k\Omega + 2k\Omega} = 0.5 \text{ mA}$$

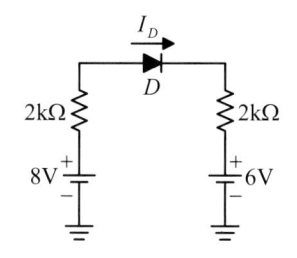

7. (1) 在稽納二極體兩端取 a, b 兩點，化簡為戴維寧等效電路如下：

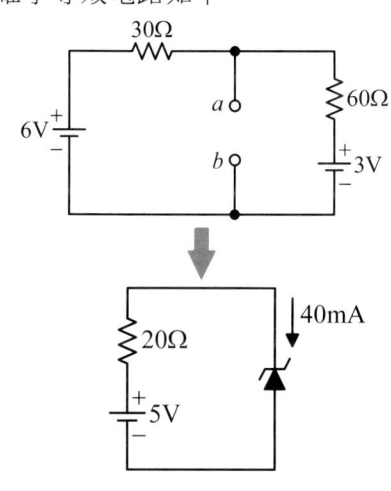

(2) $5V > V_Z$，所以稽納二極體崩潰穩壓

(3) $P_Z = I_Z^2 \times r_Z + V_Z \times I_Z$
$= 0.04^2 \times 5 + 4 \times 0.04 = 168 \text{ mW}$

8. (1) $I_i = I_{Z(\min)} + I_{L(\max)} = I_{Z(\max)} + I_{L(\min)}$
∵ $R_L = \infty \Rightarrow I_{L(\min)} = 0$

(2) $I_i = 10\text{mA} + I_{L(\max)} = 60\text{mA} + 0\text{mA}$
$\Rightarrow \begin{cases} I_i = 60 \text{ mA} \\ I_{L(\max)} = 50 \text{ mA} \end{cases}$

(3) $R = \frac{180\text{V} - 60\text{V}}{60\text{mA}} = 2 \text{ k}\Omega$

$R_{L(\min)} = \frac{V_Z}{I_{L(\max)}} = \frac{60\text{V}}{50\text{mA}} = 1.2 \text{ k}\Omega$

9. 輸出波形如下：

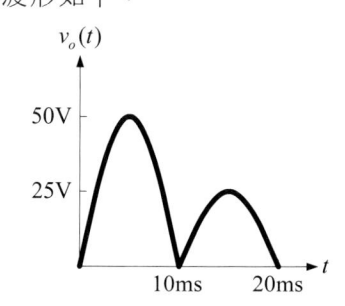

(1) 兩個二極體的 $PIV = 75 \text{ V}$

(2) 輸出電壓的平均值

$$V_{dc} = \frac{50\text{V} \times \frac{2}{\pi} \times 10\text{ms} + 25\text{V} \times \frac{2}{\pi} \times 10\text{ms}}{20\text{ms}}$$
$$= \frac{75}{\pi} \text{V}$$

(3) 輸出電壓的漣波頻率為50Hz

電子學實習試題

3. $I_Z = I_S - I_L$
$\Rightarrow I_Z = \frac{V_i - V_Z}{R_S} - \frac{V_Z}{R_L} = \frac{V_i - 10}{0.2\text{k}\Omega} - \frac{10}{R_L}$

$\Rightarrow I_{Z(\max)} = \frac{V_{i(\max)} - 10}{0.2\text{k}\Omega} - \frac{10}{R_{L(\max)}}$

$= \frac{20 - 10}{0.2\text{k}\Omega} - \frac{10}{0.5\text{k}\Omega} = 30 \text{ mA}$

∴ $P_{Z(\max)} = V_Z \times I_{Z(\max)}$
$= 10 \times 30 = 300 \text{ mW}$

4. 負半週無法使 V_{Z1} 產生崩潰，但正半週可使 V_{Z2} 產生崩潰，因此繪出曲線圖可得知 v_o 範圍為 $0\text{V} \le v_o \le 2.4\text{V}$

5. $\frac{6\text{V} - 1.5\text{V}}{R_S} < 50 \text{ mA}$，$R_S > 90 \Omega$

6.

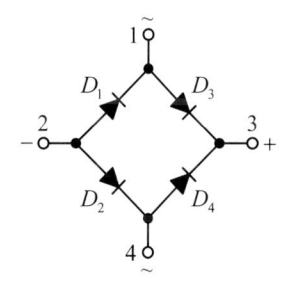

7. (1) 一個週期有4格，所以週期為4ms，頻率為250Hz，輸入的角頻率
$\omega = 2\pi f = 2\pi \times 125 = 250\pi \text{ (rad/s)}$

(2) 波形的最大值有3格，所輸入電壓的最大值 $V_m = 3 \times 1 \times 2 \times 2 \times 10 = 120 \text{ V}$

8. (1) 導通角60°，表示二極體的截止角（電容放電時間）為300°

(2) $\frac{1}{50} : T = 360° : 300° \Rightarrow T = \frac{1}{60}$ 秒

10. 橋式全波整流之二極體 PIV 額定值為
$V_m = 31.8 \div 0.636 = 50$ 伏特

素養導向題 P.2-80

1. 矽「二極體」切入電壓約0.6V～0.7V。

3. 波形的高低起伏較大者，漣波峰對峰值 $V_{r(P-P)}$ 較大。

5. 一個週期的時間內，與 X 軸圍成的面積較大者，平均值較大。

Chapter 3 雙極性接面電晶體

3-1學生練習

1. (D)
2. (A)
3. (C)
4. (D)
5. (A)
6. (C)
7. (A)
8. (C)
9. (C)

   $I_E = I_B + I_C$，且PNP電晶體的基極電流與集極電流出電晶體，所以$I_C = -0.18$ mA

10. (C)

    $\gamma = \dfrac{I_E}{I_B} = \dfrac{I_C + I_B}{I_B} = \dfrac{10\text{mA} + 50\mu\text{A}}{50\mu\text{A}} = 201$

11. (A)
12. (A)
13. (C)

3-1立即練習

基礎題

3. $I_E = I_C + I_B \Rightarrow 3\text{mA} = 2.98\text{mA} + I_B$
   $\Rightarrow I_B = 20\ \mu\text{A}$

4. $\alpha = \dfrac{I_C}{I_E} \Rightarrow 0.98 = \dfrac{I_C}{3\text{mA}} \Rightarrow I_C = 2.94$ mA

5. $\alpha = \dfrac{I_C}{I_E}$

   $\Rightarrow \alpha = \dfrac{I_E - I_B}{I_E} = \dfrac{2.5\text{mA} - 50\mu\text{A}}{2.5\text{mA}} = 0.98$

6. $V_{EB} = V_E - V_B = 0 - 0.7 = -0.7$ V
   $V_{BC} = V_B - V_C = 0.7 - (-3) = 3.7$ V
   （BE接合面與BC接合面為逆向偏壓，故工作於截止區）

7. $\beta = \dfrac{I_C}{I_B} = \dfrac{99.75\%}{0.25\%} = 399$

3-2學生練習

1. (B)
2. (C)
3. (B)
4. (B)

   $I_C = \alpha I_E + I_{CBO}$
   $= 0.98 \times 20\text{mA} + 100\text{nA} = 19.6001$ mA

5. (B)

   (1) $I_{CBO(45°C)} = 400\text{nA} \times 2^{(\frac{45-25}{10})} = 1.6\ \mu\text{A}$

   (2) $I_C = \beta \times I_B + I_{CEO}$
   $= \beta \times I_B + (1+\beta) \times I_{CBO}$
   $= 200 \times 100\mu\text{A} + (1+200) \times 1.6\mu\text{A}$
   $= 20.3216$ mA

6. (B)

   $I_B \times \beta \geq I_{C(sat)} \Rightarrow \dfrac{2-0.7}{R_B} \times 100 \geq \dfrac{10-0}{5\text{k}\Omega}$
   $\Rightarrow R_B \leq 65\ \text{k}\Omega$

7. (C)

   (1) 輸入電流
   $I_B = \dfrac{10.7\text{V} - 0.7\text{V}}{250\text{k}\Omega} = 40\ \mu\text{A}$

   (2) 集極電流
   $I_C = \beta \times I_B = 100 \times 40\mu\text{A} = 4$ mA

   (3) 輸出迴路
   $V_{CE} = 20 - 4\text{mA} \times 2\text{k}\Omega = 12$ V

   (4) $I_{C(\max)} = \dfrac{90\text{mW}}{12\text{V}} = 7.5$ mA

3-2立即練習

基礎題

17. $\beta_{ac} = \dfrac{\Delta I_C}{\Delta I_B} = \dfrac{15\text{mA} - 10\text{mA}}{140\mu\text{A} - 40\mu\text{A}} = 50$

18. $\alpha = \dfrac{\Delta I_C}{\Delta I_E} = \dfrac{2\text{mA} - 1.91\text{mA}}{2.1\text{mA} - 2\text{mA}} = 0.9$

19. $\alpha = \dfrac{I_C}{I_E} = \dfrac{I_C}{I_B + I_C} = \dfrac{3\text{mA}}{25\mu\text{A} + 3\text{mA}}$
    ≈ 0.992

28. $I_{CEO} = (1+\beta) \times I_{CBO} \Rightarrow \dfrac{I_{CEO}}{I_{CBO}} = 1+\beta$

29. $I_{CEO} = (1+\beta) \times I_{CBO}$
    $= (1+50) \times 10\mu A = 0.51 \text{ mA}$

31. $I_{CEO} = (1+\beta) \times I_{CBO}$
    $\Rightarrow \dfrac{I_{CEO}}{I_{CBO}} = \dfrac{30\mu A}{300 nA} = 100 = 1+\beta$
    $\Rightarrow \beta = 99$

32. $I_B \times \beta = 1.4\text{A}$，該值大於集極電流為 1.2A，即 $\beta \times I_B > I_{C(sat)}$，所以電晶體操作飽和區

38. (1) $\beta \times I_B > I_{C(sat)}$
    $\Rightarrow \beta \times \dfrac{V_i - V_{BE(t)}}{R_B} \geq \dfrac{V_{CC} - V_{LED(ON)} - V_{CE(sat)}}{R_C}$

    (2) $100 \times \dfrac{3\text{V} - 0.6\text{V}}{50\text{k}\Omega} \geq \dfrac{12\text{V} - 1.6\text{V} - 0.2\text{V}}{R_C}$
    $\Rightarrow R_C \geq 2.125\text{ k}\Omega$
    故集極電阻 R_C 的最小值為 2.125kΩ

進階題

1. 電晶體之B極有效寬度愈窄，則 β 值愈高。

2. $\beta = \dfrac{\alpha}{1-\alpha} = \dfrac{0.99}{1-0.99} = 99$

4. (1) $\alpha = \dfrac{I_C}{I_E} = \dfrac{I_E - I_B}{I_E}$
    $= \dfrac{5.05\text{mA} - 0.05\text{mA}}{5.05\text{mA}} = \dfrac{100}{101}$
    $\Rightarrow a = 100$，$b = 101$

    (2) $4a - b = 4 \times 100 - 101 = 299$

5. $\beta_1 = \dfrac{\alpha_1}{1-\alpha_1} = \dfrac{0.95}{1-0.95} = 19$
    $\beta_2 = \dfrac{\alpha_2}{1-\alpha_2} = \dfrac{0.99}{1-0.99} = 99$
    所以變動範圍為 19～99

6. 崩潰電壓集極接合面大於射極接合面。

9. (1) $I_{CEO} = 2\mu A$，$I_{CBO} = 50\text{nA}$，且
    $I_{CEO} = (1+\beta) \times I_{CBO}$
    $\Rightarrow \dfrac{I_{CEO}}{I_{CBO}} = \dfrac{2\mu A}{50\text{nA}} = (1+\beta)$
    $\Rightarrow \beta = 39$

    (2) $I_C = \beta \times I_B + I_{CEO}$
    $= 39 \times 50\mu A + 2\mu A \approx 2\text{ mA}$

13. (1) $I_{CBO(55°C)} = 100\text{nA} \times 2^{(\frac{55-25}{10})} = 0.8\mu A$

    (2) $I_{C(55°C)} = \alpha \times I_E + I_{CBO(55°C)}$
    $= 0.95 \times 10\text{mA} + 0.8\mu A$
    $= 9.5008\text{ mA}$

14. $\beta \times I_B > I_{C(sat)}$
    $\Rightarrow \beta \times \dfrac{V_i - V_{BE(t)}}{R_B} \geq \dfrac{V_{CC} - V_{LED(ON)} - V_{CE(sat)}}{R_C}$
    $25 \times \dfrac{V_i - 0.6\text{V}}{100\text{k}\Omega} \geq \dfrac{15\text{V} - 1.8\text{V} - 0.2\text{V}}{5\text{k}\Omega}$
    $\Rightarrow V_i \geq 11\text{ V}$
    故點亮LED時最小輸入電壓 V_i 為 11V

15. $\beta \times I_B \geq I_{C(sat)}$
    $\Rightarrow 100 \times \dfrac{2\text{V} - 0.6\text{V}}{R_B} \geq \dfrac{10\text{V} - 0\text{V}}{20\Omega}$
    $\Rightarrow R_B \leq 280\Omega$

3-3 學生練習　P.3-38

1. (1) 輸入迴路：$V_{CC} = I_B \times R_B + V_{BE}$
    $I_B = \dfrac{V_{CC} - V_{BE}}{R_B} = \dfrac{5\text{V} - 0.7\text{V}}{500\text{k}\Omega} = 8.6\mu A$

    (2) 集極飽和電流
    $I_{C(sat)} = \dfrac{5\text{V} - 0.2\text{V}}{1\text{k}\Omega} = 4.8\text{ mA}$

    (3) $I_B \times \beta = 8.6\mu A \times 100 = 0.86\text{ mA} < I_{C(sat)}$
    因此工作於主動區

    (4) 輸出迴路：$V_{CC} = I_C \times R_C + V_{CE}$
    $\Rightarrow V_{CE} = V_{CC} - I_C \times R_C$
    $= 5\text{V} - 0.86\text{mA} \times 1\text{k}\Omega = 4.14\text{ V}$

    (5) 工作點 $Q(V_{CEQ}, I_{CQ}) = Q(4.14\text{V}, 0.86\text{mA})$

2. (A)
    因輸入迴路的電阻 R_B 未改變故基極電流 I_B 為定值，且 $V_{CE} = V_{CC} - I_C \times R_C$，因此 $R_C \uparrow V_{CE} \downarrow$，因此新的工作點位置可能為A點（在 I_B 線上）。

3. (D)
    (1) 由基極-射極間的輸入迴路，運用克希荷夫電壓定律（KVL），可得基極電流 I_B
    $I_B = \dfrac{V_{CC} - V_{BE}}{R_B + (1+\beta) \times R_E}$
    $= \dfrac{16.7\text{V} - 0.7\text{V}}{99\text{k}\Omega + (1+100) \times 1\text{k}\Omega} = 80\mu A$

(2) 集極飽和電流 $I_{C(sat)}$

$$I_{C(sat)} = \frac{V_{CC} - V_{CE(sat)}}{R_C + R_E} \approx \frac{V_{CC}}{R_C + R_E}$$

$$= \frac{16.7\text{V} - 0.2\text{V}}{1\text{k}\Omega + 1\text{k}\Omega} = 8.25 \text{ mA}$$

(3) $I_B \times \beta = 80\mu\text{A} \times 99 = 7.92 \text{ mA} < I_{C(sat)}$
故工作於主動區，
故 $V_{CE} = 16.7\text{V} - 7.9\text{mA} \times 2\text{k}\Omega = 0.86 \text{ V}$

4. (A)

(1) 由基極-射極間的輸入迴路，運用克希荷夫電壓定律（KVL），可得基極電流 I_B

$$I_B = \frac{V_{CC} - V_{BE}}{R_B + (1+B) \times R_C}$$

$$= \frac{14.7\text{V} - 0.7\text{V}}{100\text{k}\Omega + (1+49) \times 5\text{k}\Omega} = 40 \ \mu\text{A}$$

(2) 電晶體必工作於主動區，故

$$I_C = I_B \times \beta = 40\mu\text{A} \times 49 = 1.96 \text{ mA}$$

(3) 由集極-射極間的輸出迴路，運用克希荷夫電壓定律（KVL），可得電壓 V_{CE}

$$V_{CE} \approx V_{CC} - I_C \times R_C$$

$$= 14.7\text{V} - 1.96\text{mA} \times 5\text{k}\Omega = 4.9 \text{ V}$$

5. (C)

(1) 由基極-射極間的輸入迴路，運用克希荷夫電壓定律（KVL），可得基極電流 I_B

$$I_B = \frac{V_{CC} - V_{BE}}{R_B + (1+\beta) \times (R_C + R_E)}$$

$$= \frac{15.7\text{V} - 0.7\text{V}}{250\text{k}\Omega + (1+29) \times (3\text{k}\Omega + 2\text{k}\Omega)}$$

$$= 37.5 \ \mu\text{A}$$

(2) 電晶體必工作於主動區，故

$$I_E = I_B \times (1+\beta)$$
$$= 37.5\mu\text{A} \times 30 = 1.125 \text{ mA}$$

(3) 由集極-射極間的輸出迴路，運用克希荷夫電壓定律（KVL），可得電壓 V_{CE}

$$V_{CE} = V_{CC} - I_E \times (R_C + R_E)$$
$$= 15.7\text{V} - 1.125\text{mA} \times 5\text{k}\Omega$$
$$= 10.075 \text{ V} \approx 10 \text{ V}$$

6. (B)

判斷是否符合近似解的條件：

$(1+\beta) \times R_E \gg R_{th}$

因 $(1+99) \times 1\text{k}\Omega \gg 9\text{k}\Omega$，
故可以令基極電流 $I_B \approx 0$ A

(1) 基極電壓

$$V_B = E_{th} = V_{CC} \times \frac{R_{B2}}{R_{B1} + R_{B2}}$$

$$= 12\text{V} \times \frac{10\text{k}\Omega}{10\text{k}\Omega + 90\text{k}\Omega} = 1.2 \text{ V}$$

(2) 射極電壓

$$V_E = V_B - V_{BE} = 1.2\text{V} - 0.7\text{V} = 0.5 \text{ V}$$

(3) 射極電流

$$I_E \approx I_C = \frac{V_E}{R_E} = \frac{0.5\text{V}}{1\text{k}\Omega} = 0.5 \text{ mA}$$

(4) 由集極-射極間的輸出迴路，運用克希荷夫電壓定律（KVL），可得電壓 V_{CE}

$$V_{CE} \approx V_{CC} - I_C \times (R_C + R_E)$$
$$= 12\text{V} - 0.5\text{mA} \times (4\text{k}\Omega + 1\text{k}\Omega)$$
$$= 9.5 \text{ V}$$

由此可知近似於精確解的答案

7. (A)

(1) 輸入迴路：
利用克希荷夫電壓定律（KVL），可得輸入迴路 $V_{EE} = V_{EB} + I_E \times R_E$

$$I_E = \frac{V_{EE} - V_{EB}}{R_E} = \frac{10.7 - 0.7}{5\text{k}\Omega} = 2 \text{ mA}$$

(2) 集極飽和電流

$$I_{C(sat)} = \frac{V_{CC} - V_{CE(sat)} + V_{BE}}{R_C} \approx \frac{V_{CC}}{R_C}$$

$$= \frac{12\text{V}}{3\text{k}\Omega} = 4 \text{ mA}$$

(3) 集極電流

$$I_C = \alpha \times I_E = 0.98 \times 2\text{mA} = 1.96 \text{ mA}$$

(4) $I_C < I_{C(sat)}$，故電晶體工作於主動區

(5) $V_{BC} = V_{CC} - I_C \times R_C$
$= 12\text{V} - 1.96\text{mA} \times 3\text{k}\Omega$
$= 6.12 \text{ V} \approx 6 \text{ V}$

3-3 立即練習

基礎題

8. (1) $I_B = \dfrac{5\text{V} - 0.7\text{V}}{50\text{k}\Omega} = 86 \ \mu\text{A}$

$I_C = \beta \times I_B = 8.6 \text{ mA}$

(2) $I_{C(sat)} = \dfrac{10 - 0.2}{5k\Omega} = 1.96\,mA$

$I_B \times \beta \geq I_{C(sat)} \Rightarrow 8.6mA > 1.96mA$

所以電晶體進入飽和區

9. (1) $I_B = \dfrac{5V - 0.7V}{100k\Omega} = 43\,\mu A$

$I_C = \beta \times I_B = 50 \times 43\mu A = 2.15\,mA$

(2) $I_{C(sat)} = \dfrac{10 - 0.2}{10k\Omega} = 9.8\,mA$

$I_B \times \beta < I_{C(sat)} \Rightarrow 2.15mA < 9.8mA$

所以電晶體操作於主動區

(3) 集極電壓

$V_C = 10V - 2.15mA \times 1k\Omega = 7.85\,V$

10. $V_{CE} = 9V - 5mA \times 1k\Omega = 4\,V$

12. (1) $I_B = \dfrac{5.7V - 0.7V}{200k\Omega} = 25\,\mu A$

(2) $I_C = \beta \times I_B = 100 \times 25\mu A = 2.5\,mA$

(3) $V_C = 5.7V - 2.5mA \times 1k\Omega = 3.2\,V$

(4) $V_{CB} = V_C - V_B = 3.2V - 0.7V = 2.5\,V$

14. (1) $I_{C(sat)} = \dfrac{10V - 0.2V}{1k\Omega} = 9.8\,mA$

(2) $I_{B(min)} = \dfrac{I_{C(sat)}}{\beta} = \dfrac{9.8mA}{98} = 0.1\,mA$

16. (1) $I_B = \dfrac{10V - 0.7V}{200k\Omega + (1+200) \times 500\Omega}$

$\approx 30\,\mu A$

$I_C = 200 \times 30\mu A = 6\,mA$

(2) $I_{C(sat)} = \dfrac{10V - 0.2V}{500\Omega + 500\Omega} = 9.8\,mA$

$I_C < I_{C(sat)}$，所以操作在主動區

(3) $V_C = 10V - 6mA \times 500\Omega = 7\,V$

19. (1) A類放大器的 $V_{CE} = \dfrac{1}{2}V_{CC} = \dfrac{1}{2} \times 12V$

$= 6\,V$

(2) $I_C = \dfrac{12V - 6V}{1k\Omega} = 6\,mA$

$I_B = \dfrac{I_C}{\beta} = \dfrac{6mA}{100} = 60\,\mu A$

(3) $R_B = \dfrac{12V - 0.7V}{60\mu A} \approx 188\,k\Omega$

21. (1) $V_{BB} = 20V \times \dfrac{30k\Omega}{30k\Omega + 30k\Omega} = 10\,V$

(2) $R_{BB} = 30k\Omega // 30k\Omega = 15\,k\Omega$

22. (1) $V_B = 20V \times \dfrac{10k\Omega}{90k\Omega + 10k\Omega} = 2\,V$

$V_E = 2V - 0.7V = 1.3\,V$

(2) $I_E = \dfrac{1.3V}{1.3k\Omega} = 1\,mA$

$V_C = 20V - 1mA \times 5.7k\Omega = 14.3\,V$

(3) $V_{CB} = V_C - V_B = 14.3V - 2V = 12.3\,V$

23. (1) $I_B = \dfrac{10V - 0.7V}{430k\Omega + (1+100) \times 5k\Omega} \approx 10\,\mu A$

$I_C = 10\mu A \times 100 = 1\,mA$

(2) $V_{CE} = 10V - (1mA + 10\mu A) \times 5\,k\Omega$

$\approx 5\,V$

24. (1) 輸入迴路：

利用克希荷夫電壓定律（KVL），可得

輸入迴路 $V_{EE} = V_{EB} + I_E \times R_E$

$I_E = \dfrac{V_{EE} - V_{EB}}{R_E} = \dfrac{12.7 - 0.7}{6k\Omega} = 2\,mA$

(2) 集極飽和電流

$I_{C(sat)} = \dfrac{V_{CC} - V_{CE(sat)} + V_{BE}}{R_C} \cong \dfrac{V_{CC}}{R_C}$

$= \dfrac{6V}{1.5k\Omega} = 4\,mA$

(3) 集極電流

$I_C = \alpha \times I_E = 0.99 \times 2mA = 1.98\,mA$

(4) $I_C < I_{C(sat)}$，故電晶體工作於主動區

(5) $V_{BC} = V_{CC} - I_C \times R_C$

$= 6V - 1.98mA \times 1.5k\Omega \approx 3\,V$

25. 分壓式偏壓電路又稱為與 β 無關的電路。

進階題

1. 將 V_{CC} 提高，則負載線斜率不變。

2. (1) $I_B = \dfrac{10V - 0.7V}{93k\Omega} = 0.1\,mA$

$I_C = \dfrac{10V - 5V}{1k\Omega} = 5\,mA$

(2) $\beta = \dfrac{I_C}{I_B} = \dfrac{5mA}{0.1mA} = 50$

3. (1) $I_B = \dfrac{10\text{V}}{200\text{k}\Omega + (1\text{k}\Omega + 4\text{k}\Omega) \times (1+40)}$

$\approx 25\,\mu\text{A}$

$I_C = 25\mu\text{A} \times 40 = 1\,\text{mA}$

(2) $V_C = 10\text{V} - 1\text{mA} \times 1\text{k}\Omega = 9\,\text{V}$

(3) $V_E = 1\text{mA} \times 4\text{k}\Omega = 4\,\text{V}$

4. $I_B = \dfrac{I_C}{\beta} = \dfrac{1\text{mA}}{50} = 0.02\,\text{mA}$

$R_B = \dfrac{V_{CE} - V_{BE}}{I_B} = \dfrac{5\text{V} - 0.6\text{V}}{0.02\text{mA}} = 220\,\text{k}\Omega$

3-4 學生練習　P.3-55

1. (C)

歷屆試題　P.3-56

電子學試題

2. $I_E = \dfrac{9\text{V} - 0.7\text{V}}{\dfrac{100\text{k}\Omega}{1+100} + 1\text{k}\Omega} \approx 4.15\,\text{mA}$

3. 此電路為自給偏壓電路。

4. (1) 戴維寧等效電壓

$V_{th} = 22\text{V} \times \dfrac{5\text{k}\Omega}{45\text{k}\Omega + 5\text{k}\Omega} = 2.2\,\text{V}$

戴維寧等效電阻

$R_{th} = 5\text{k}\Omega // 45\text{k}\Omega = 4.5\,\text{k}\Omega$

(2) ∵ β 甚大，所以基極電流可略，

$V_E = 2.2\text{V} - 0.7\text{V} = 1.5\,\text{V}$

$I_E = \dfrac{1.5\text{V}}{1.5\text{k}\Omega} = 1\,\text{mA}$

(3) $V_C = 22\text{V} - 1\text{mA} \times 10\text{k}\Omega = 12\,\text{V}$

$V_{CE} = V_C - V_E = 12\text{V} - 1.5\text{V} = 10.5\,\text{V}$

(4) $V_{RC} = 1\text{mA} \times 10\text{k}\Omega = 10\,\text{V}$

5. (1) 若 $V_{CC} = 5\,\text{V}$，$V_{BB} = 5\,\text{V}$，

$I_C = \dfrac{5\text{V} - 0.7\text{V}}{10\text{k}\Omega} \times 100 = 43\,\text{mA}$

(2) $I_{C(sat)} = \dfrac{5\text{V} - 0.2\text{V}}{1\text{k}\Omega} = 4.8\,\text{mA}$

$I_C > I_{C(sat)}$，所以操作於飽和區

6. $\beta \times I_B = 150 \times 10\mu\text{A} = 1.5\,\text{mA} > I_C$（1mA）

所以電晶體工作在飽和區

8. $\alpha = \dfrac{I_C}{I_E} = \dfrac{5\text{mA} - 0.05\text{mA}}{5\text{mA}} = 0.99$

10. (1) $I_{C(sat)} = \dfrac{5\text{V} - 0.2\text{V}}{1\text{k}\Omega} \approx \dfrac{5\text{V}}{1\text{k}\Omega} = 5\,\text{mA}$

(2) $I_B = \dfrac{5\text{mA}}{100} = 0.05\,\text{mA}$

12. (1) $\alpha = 0.98$

$\Rightarrow \beta = \dfrac{\alpha}{1-\alpha} = \dfrac{0.98}{1-0.98} = 49$

(2) $\beta = \dfrac{I_C}{I_B} \Rightarrow 49 = \dfrac{I_C}{0.04\text{mA}}$

$\Rightarrow I_C = 1.96\,\text{mA}$

$I_E = I_B + I_C$

$= 0.04\text{mA} + 1.96\text{mA} = 2\,\text{mA}$

17. (1) $I_E = \dfrac{20\text{V} - 0.7\text{V}}{\dfrac{200\text{k}\Omega}{(1+50)} + 2\text{k}\Omega} \approx 3.26\,\text{mA}$

(2) 電路消耗直流功率，相當於電源的輸入功率 $P_i = 20\text{V} \times 3.26\text{mA} = 65.2\,\text{mW}$

18. (1) $I_E = \dfrac{10\text{V} - 5\text{V}}{1\text{k}\Omega} = 5\,\text{mA}$

$I_C = 4.95\,\text{mA}$

$I_B = \dfrac{4.95\text{mA}}{100} = 0.0495\,\text{mA}$

(2) $R_B = \dfrac{V_{CE} - V_{BE}}{I_B} = \dfrac{5\text{V} - 0.7\text{V}}{0.0495\text{mA}} \approx 86\,\text{k}\Omega$

19. (1) $I_E = \dfrac{10\text{V} - 0.7\text{V}}{9.3\text{k}\Omega} = 1\,\text{mA}$

$I_C = \alpha \times I_E = \dfrac{50}{1+50} \times 1\text{mA} \approx 0.98\,\text{mA}$

(2) $V_C = 10\text{V} - 0.98\text{mA} \times 3\text{k}\Omega = 7.06\,\text{V}$

$V_E = 0\text{V} - 0.7\text{V} = -0.7\text{V}$

(3) $V_{CE} = V_C - V_E = 7.06\text{V} - (-0.7\text{V})$

$= 7.76\,\text{V} \approx 7.8\,\text{V}$

22. V_{BB} 以及 R_B 固定不變，所以 I_B 以及 I_C 不變，因此當 V_{CC} 增加時，V_{CE} 會大幅增加。

24. $I_B = \dfrac{1\text{V} - 0.7\text{V}}{(9\text{k}\Omega // 1\text{k}\Omega) + 0.1\text{k}\Omega \times 51} = 0.05\,\text{mA}$

27. (1) 改變前：

$$I_{C(sat)} = \frac{V_{CC} - V_{CE(sat)}}{R_C + R_E}$$

$$\Rightarrow 7.2\text{mA} \approx \frac{18\text{V}}{2\text{k}\Omega + R_E} \Rightarrow R_E = 500\,\Omega$$

(2) 改變後：

$$I_{C(sat)} = \frac{V_{CC} - V_{CE(sat)}}{R_C + R_E}$$

$$\Rightarrow 14.4\text{mA} \approx \frac{18\text{V}}{R_C + 500} \Rightarrow R_C = 750\,\Omega$$

28. (1) $I_B = \dfrac{5\text{V} - 0.7\text{V}}{250\text{k}\Omega} = 17.2\,\mu\text{A}$

$I_C = \beta \times I_B = 120 \times 17.2\,\mu\text{A}$
$= 2.064\text{ mA}$

(2) $V_{EC} = V_E - V_C$
$= 5\text{V} - (-5\text{V} + 2.064\text{mA} \times 1.5\text{k}\Omega)$
$= 6.9\text{ V}$

29. (1) $I_C = \dfrac{2\text{V} - 0.7\text{V}}{1\text{k}\Omega + \dfrac{10\text{k}\Omega}{81}} \approx 1.16\text{ mA}$

(2) $V_{CE} = 12\text{V} - 1.16\text{mA} \times (1\text{k}\Omega + 3\text{k}\Omega)$
$= 7.36\text{ V} \approx 7.4\text{ V}$

34. (1) 戴維寧等效電壓

$$V_{th} = 15\text{V} \times \frac{5\text{k}\Omega}{10\text{k}\Omega + 5\text{k}\Omega} = 5\text{ V}$$

(2) 戴維寧等效電阻

$R_{th} = 10\text{k}\Omega // 5\text{k}\Omega \approx 3.33\text{ k}\Omega$

(3) 基極電流

$$I_B = \frac{5\text{V} - 0.7\text{V}}{3.33\text{k}\Omega + (1+100) \times 2\text{k}\Omega} \approx 21\,\mu\text{A}$$

集極電流

$I_C = 100 \times 21\,\mu\text{A} = 2.1\text{ mA}$

(4) $V_{CE} = 15\text{V} - 2.1\text{mA} \times (1\text{k}\Omega + 2\text{k}\Omega)$
$= 8.7\text{ V}$

37. (1) $I_B = \dfrac{10\text{V} - 0.7\text{V}}{209\text{k}\Omega + (1+100) \times 1\text{k}\Omega} = 30\,\mu\text{A}$

$I_C = \beta \times I_B = 100 \times 30\,\mu\text{A} = 3\text{ mA}$

(2) $V_o = 10\text{V} - 3\text{mA} \times 1.2\text{k}\Omega = 6.4\text{ V}$

38. $V_{CE} = 10\text{V} - 3\text{mA} \times (1.2\text{k}\Omega + 1\text{k}\Omega) = 3.4\text{ V}$

39. (1) $I_E = (1+\beta) \times I_B = 100 \times 50\,\mu\text{A}$
$= 5\text{ mA}$

(2) $V_{CC} = I_E \times (R_C + R_E) + V_{CE}$
$\Rightarrow 10\text{V} = 5\text{mA} \times (500\Omega + R_E) + 5\text{V}$
$\Rightarrow R_E = 500\,\Omega$

40. (1) 戴維寧等效電壓

$$V_{th} = 10\text{V} \times \frac{20\text{k}\Omega}{20\text{k}\Omega + 30\text{k}\Omega} = 4\text{ V}$$

(2) 戴維寧等效電阻

$R_{th} = 20\text{k}\Omega // 30\text{k}\Omega = 12\text{ k}\Omega$

(3) $4\text{V} = 40\,\mu\text{A} \times 12\text{k}\Omega + 0.7\text{V} + 40\,\mu\text{A} \times (1+99) \times R_E$

$\Rightarrow R_E = 705\,\Omega$

43. $I_C = \dfrac{6\text{V} - 0.7\text{V}}{\dfrac{100\text{k}\Omega}{100}} = 5.3\text{ mA}$

$V_{CE} = 12\text{V} - 5.3\text{mA} \times 1\text{k}\Omega = 6.7\text{ V}$

46. (1) $I_E = \dfrac{12\text{V} - 6\text{V}}{1\text{k}\Omega} = 6\text{ mA}$

$I_B = \dfrac{I_E}{(1+\beta)} = \dfrac{6\text{mA}}{(1+150)} \approx 39.74\,\mu\text{A}$

(2) $R_B = \dfrac{6\text{V} - 0.7\text{V}}{39.74\,\mu\text{A}} \approx 133.4\text{ k}\Omega$

47. $R_C = \dfrac{5\text{V} - 2\text{V}}{10\text{mA}} = 300\,\Omega$

$R_B = \dfrac{5\text{V} - 0.7\text{V}}{\dfrac{10\text{mA}}{50}} = 21.5\text{ k}\Omega$

49. 電路已經進入飽和區，

$I_C = I_{C(sat)} = \dfrac{10\text{V} - 0.2\text{V}}{1\text{k}\Omega} = 9.8\text{ mA}$

51. $\dfrac{5\text{V} - 0.7\text{V}}{R_B} \times 100 \geq \dfrac{12\text{V} - 0.2\text{V}}{1\text{k}\Omega}$

$\Rightarrow R_B \leq 36.4\text{ k}\Omega$

52. $I_C = \alpha \times I_E + I_{CBO}$
$= 0.99 \times 10\text{mA} + 5\,\mu\text{A} = 9.905\text{ mA}$

53. $I_C = \dfrac{10\text{V} - 0.7\text{V}}{\dfrac{300\text{k}\Omega}{1+200} + 1\text{k}\Omega} \approx 3.7\text{ mA}$

$V_{CE} = 10\text{V} - 3.7\text{mA} \times 1\text{k}\Omega = 6.3\text{ V}$

55. (1) $V_{CE} = 0.2$ V,表示操作在飽和區

(2) $I_{C(sat)} = \dfrac{10.2 - 0.2}{1k\Omega} = 10$ mA

57. (1) $I_E = \dfrac{10.7 - 5.7}{1k\Omega} = 5$ mA

(2) $I_B = \dfrac{I_E}{\beta} = \dfrac{5mA}{51} = 0.098$ mA

(3) $V_{CE} = I_B \times R_B + V_{BE}$
$\Rightarrow 5.7V = 0.098mA \times R_B + 0.7V$
$\Rightarrow R_B \approx 51\,k\Omega$

電子學實習試題

1. $\dfrac{5V - 0.7V}{R_B} \times 100 \geq \dfrac{20V - 0.2V}{100\Omega}$
$\Rightarrow R_B \leq 2171.7\,\Omega$

2. 輸入電壓$V_i = 0$ V時,BJT操作在截止區,輸出電壓V_o約為12V。

3. (1) $V_{CE} = \dfrac{15V + 0.4V}{2} = 7.7$ V

$I_C = \dfrac{15V - 7.7V}{1k\Omega} = 7.3$ mA

$I_B = \dfrac{7.3mA}{100} = 73\,\mu A$

(2) $R_B = \dfrac{15V - 0.7V}{73\mu A} \approx 196\,k\Omega$

4. (1) 戴維寧等效電壓

$V_{th} = 12V \times \dfrac{30k\Omega}{30k\Omega + 60k\Omega} = 4$ V

(2) 戴維寧等效電阻

$R_{th} = 30k\Omega // 60k\Omega = 20\,k\Omega$

7. $V_{CE} > 0.2$ V,操作於工作區

9. (1) $I_B = \dfrac{2.5V - 0.7V}{100k\Omega} = 18\,\mu A$

$I_C = \beta \times I_B = 50 \times 18\mu A = 0.9$ mA

(2) $R_C = \dfrac{15V - 6V}{0.9mA} = 10\,k\Omega$

11. $I_B = \dfrac{12V - 0.7V}{390k\Omega} \approx 28.97\,\mu A$

$I_C = \dfrac{12V - 6V}{2k\Omega} = 3$ mA

$\beta = \dfrac{3mA}{28.97\mu A} \approx 104$

12. $V_C > V_B > V_E$

13. $\alpha = \dfrac{I_C}{I_E} = \dfrac{14.7mA}{14.7mA + 0.3mA} = 0.98$

14. $I_B = \dfrac{12V - 0.7V}{200k\Omega + 4k\Omega \times (1 + 50)} \approx 30\,\mu A$

19. (1) 直流安培表的讀值為集極電流

$I_C = \beta \times I_B = 100 \times 20\mu A = 2$ mA

(2) 直流伏特表的讀值為

$V_{CE} = 12V - 2mA \times 1k\Omega = 10$ V

21. (1) $I_C = \dfrac{8V - 4V}{1k\Omega} = 4$ mA

$I_B = \dfrac{I_C}{\beta} = \dfrac{4mA}{100} = 0.04$ mA

(2) $R_B = \dfrac{8V - 0V}{0.04mA} = 200\,k\Omega$

23. $\beta = \dfrac{\alpha}{1 - \alpha} = \dfrac{0.96}{1 - 0.96} = 24$

$\gamma = 1 + \beta = 25$

25. (1) $I_B = \dfrac{15V - 0.7V}{429k\Omega} \approx 33.33\,\mu A$

$I_C = \dfrac{15V - 7V}{1.2k\Omega} \approx 6.66$ mA

(2) $\beta = \dfrac{I_C}{I_E} = \dfrac{6.66mA}{33.33\mu A} \approx 200$

26. (1) $I_B = \dfrac{I_C}{\beta} = \dfrac{4.2mA}{150} = 28\,\mu A$

(2) $V_{CC} = I_B \times R_B + V_{BE} + I_E \times R_E$
$\Rightarrow 15V = 28\mu A \times R_B + 0.7V + 4.2mA \times 1k\Omega$
$\Rightarrow R_B \approx 360\,k\Omega$

27. (1) 戴維寧等效電壓

$V_{th} = 15V \times \dfrac{80k\Omega}{80k\Omega + 120k\Omega} = 6$ V

(2) 戴維寧等效電阻

$R_{th} = 80k\Omega // 120k\Omega = 48\,k\Omega$

(3) $I_C = \dfrac{6V - 0.7V}{\dfrac{48k\Omega}{100 + 1} + 1k\Omega} \approx 3.56$ mA

31. (1) 戴維寧等效電壓
$$V_{th} = 12V \times \frac{85k\Omega}{85k\Omega + 65k\Omega} = 6.8\ V$$
(2) 戴維寧等效電阻
$$R_{th} = 85k\Omega // 65k\Omega \approx 36.83\ k\Omega$$
(3) $I_E = \dfrac{6.8V - 0.7V}{\dfrac{36.83k\Omega}{100+1} + 3k\Omega} \approx 1.81\ mA$

(4) $V_E = 1.81mA \times 3k\Omega = 5.43\ V$

(5) $V_{CE} = V_C - V_E = 12V - 5.43V$
$= 6.57\ V \approx 6.6\ V$

39. 此電路的集極電流與 β 無關。

42. 電路已經進入飽和區，
$$I_C = I_{C(sat)} = \frac{10V - 0.2V}{2k\Omega} = 4.9\ mA$$

44. $\beta = \dfrac{I_C}{I_B} = \dfrac{5.95mA}{6.0mA - 5.95mA} = 119$

46. (1) 戴維寧等效電壓
$$V_{th} = 10V \times \frac{10k\Omega}{10k\Omega + 47k\Omega} \approx 1.75\ V$$
(2) 戴維寧等效電阻
$$R_{th} = 47k\Omega // 10k\Omega \approx 8.25\ k\Omega$$
(3) $I_B = \dfrac{1.75V - 0.7V}{8.25k\Omega + (1+99) \times 1k\Omega} \approx 9.7\ \mu A$

$I_C = 9.7\mu A \times 99 = 0.96\ mA$

(4) $V_C = 10V - 0.96mA \times 4k\Omega$
$= 6.16\ V \approx 6\ V$

51. $\beta = \dfrac{I_C}{I_B} = \dfrac{\dfrac{8V}{100\Omega}}{\dfrac{10V}{10k\Omega}} = 80$

53. 指針固定不動之接腳為基極。

54. (1) $V_{CC} = I_E \times R_C + I_B \times R_B + V_{BE}$
$\Rightarrow 8.7V = 100 \times I_B \times 3.3k\Omega + I_B \times 470k\Omega + 0.7V$
$I_B = 10\ \mu A$
$\Rightarrow I_{CQ} = \beta \times I_B$
$= 100 \times 10\mu A = 1000\ \mu A$

(2) $V_{CEQ} = V_{CC} - I_C \times R_C$
$= 8.7V - 1000\mu A \times 3.3k\Omega = 5.4\ V$

最新統測試題

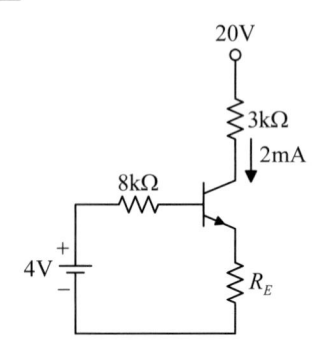

1. 根據KVL：
$$4V = \frac{2mA}{100} \times 8k\Omega + 0.7V + 2mA \times \frac{101}{100} \times R_E$$
$\Rightarrow R_E \approx 1.55\ k\Omega$

2. (1) 運用快速判別式 $\beta \times R_C \geq R_B$，表示進入飽和區

(2) $V_C \approx 0.2\ V$；$V_B \approx 0.8\ V$

(3) $V_B - V_C = 0.8V - 0.2V = 0.6\ V$

3. (1) 運用快速判別式 $\beta \times R_C < R_B$，表示操作在主動區

(2) $I_C = 100 \times \dfrac{10V - 0.7V}{1M\Omega} = 0.93\ mA$

(3) $V_C = 10V - 0.93mA \times 4.7k\Omega \approx 5.6\ V$

4. BJT工作於飽和區時：
(1) $\beta I_B \geq (I_{C(sat)} = I_C)$
(2) B-E順偏，B-C順偏

5. (1) $I_B = \dfrac{0 - V_{BE} - V_{EE}}{R_B}$
$= \dfrac{-0.7 - (-12)}{200k} = 56.5\ \mu A$

(2) $I_C = \beta I_B = 100 \times 56.5\mu = 5.65\ mA$

(3) $V_C = 0 - I_C R_C$
$= -5.65m \times 1k = -5.65\ V$

6. (1) $I_C = \dfrac{V_{CC} - V_C}{R_C} = \dfrac{20 - 16}{2k} = 2\ mA$

(2) $I_E = \dfrac{V_E}{R_E} = \dfrac{2.04}{1k} = 2.04\ mA$

(3) $I_B = I_E - I_C = 2.04 - 2 = 0.04\ mA$

(4) $\beta = \dfrac{I_C}{I_B} = \dfrac{2}{0.04} = 50$

8. (1) $\beta \times I_B = 150 \times 1\text{mA} = 150\text{ mA}$

(2) I_B 和 I_C 沒有保持 β 倍數關係，且 $I_C \neq 0$，表示BJT進入飽和區。

9. (1) 提升 V_{CC} 電壓至 24 V（借用 V_{EE} 電壓 12V）：

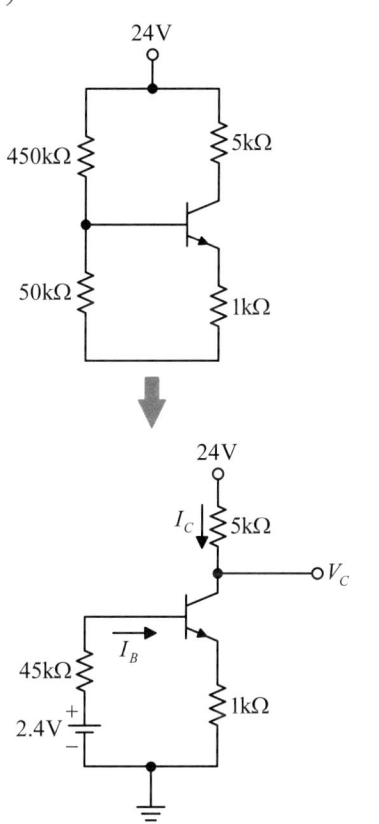

(2) $I_C = \beta I_B = 54 \times \dfrac{2.4\text{V} - 0.7\text{V}}{45\text{k}\Omega + (1+54) \times 1\text{k}\Omega}$
$= 0.918 \text{ mA}$

$I_{C(sat)} = \dfrac{24\text{V} - 0.2\text{V}}{6\text{k}\Omega} \approx 4 \text{ mA}$

（因此操作在工作區）

(3) $V_C = 24\text{V} - 0.918\text{mA} \times 5\text{k}\Omega = 19.41 \text{ V}$
還電壓12V，因此
$V_C = 19.41 - 12 = 7.41 \text{ V}$

10. (1) 電表黑棒接電池正端，紅棒接電池負端。

(2) 黑棒固定接觸之接腳為基極，且為P型。

11. (1) $\beta = 80$ 時：

$I_B = \dfrac{V_{CC} - V_{BE}}{R_B} = \dfrac{12 - 0.7}{452\text{k}} = 25 \ \mu\text{A}$

$I_C = \beta I_B = 80 \times 25\mu = 2 \text{ mA}$

$R_C = \dfrac{V_{CC} - V_C}{I_C} = \dfrac{12 - 6}{2\text{m}} = 3 \text{ k}\Omega$

(2) $\beta = 100$ 時：
$I_C = \beta I_B = 100 \times 25\mu = 2.5 \text{ mA}$
$V_C = V_{CC} - I_C R_C$
$= 12 - 2.5\text{m} \times 3\text{k} = 4.5 \text{ V}$

模擬演練 P.3-78

電子學試題

2. $R_B \downarrow I_B \uparrow I_C \uparrow V_{CE} \downarrow$
（工作點可趨近於負載線中點）

3. (1) $I_B = \dfrac{20 - 0.7}{500\text{k}\Omega} = 38.6 \ \mu\text{A}$

(2) $I_C = \beta \cdot I_B = 100 \cdot 38.6\mu\text{A} = 3.86 \text{ mA}$
（$\because \beta \cdot I_B > I_{C(sat)}$ 飽和區）

(3) $I_{C(sat)} = \dfrac{20 - 0.2}{10\text{k}\Omega} = 1.98 \text{ mA}$

4. $(0.5\text{mA} + I_B) \times 3.6\text{k}\Omega + 0.5\text{V} + (0.5\text{mA} + 6I_B) \times 1\text{k}\Omega = 10 \text{ V}$
$\Rightarrow I_B = 750\mu\text{A}$

6. (1) $R_{BB} = 20\text{k}\Omega \,//\, 4\text{k}\Omega = \dfrac{10}{3} \text{k}\Omega$

$V_{BB} = -12 \times \dfrac{4\text{k}\Omega}{20\text{k}\Omega + 4\text{k}\Omega} = -2 \text{ V}$

(2) $I_C \approx I_E = \dfrac{-0.7 + 2}{\dfrac{\dfrac{10}{3}\text{k}\Omega}{100} + 1\text{k}} \approx 1.3 \text{ mA}$

7. (1) 利用戴維寧等效電路與密爾門定理，化簡電路如下：

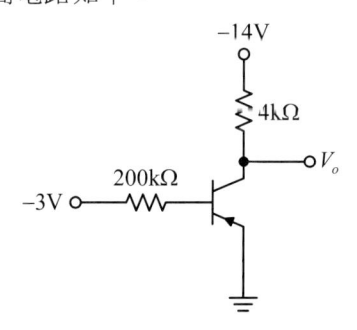

(2) $I_B = \dfrac{3 - 0.7}{200\text{k}} = 11.5 \ \mu\text{A}$

(3) $I_C = \beta \cdot I_B = 11.5\mu\text{A} \cdot 40 = 0.46 \text{ mA}$

(4) $I_{C(sat)} = \dfrac{14 - 0.2}{4\text{k}} = 3.45 \text{ mA}$

(5) $\because \beta \cdot I_B < I_{C(sat)}$ 操作於工作區，

$V_o = -14\text{V} + 0.46\text{mA} \times 4\text{k}\Omega = -12.16 \text{ V}$

(6) $I_2 = \dfrac{6+12.16}{12\text{k}} \approx 1.5 \text{ mA}$

8. $\beta = \dfrac{I_C}{I_B} = \dfrac{6.4\text{mA} - 100\mu\text{A}}{100\mu\text{A} - 10\mu\text{A}} = 70$

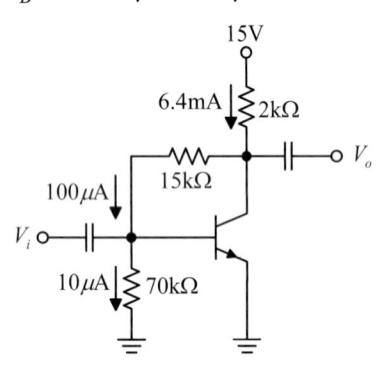

9. $\beta \times I_B \geq I_{C(sat)}$

$\Rightarrow 50 \times \dfrac{10\text{V} - 0.7\text{V}}{R_B} \geq \dfrac{12\text{V} - 0.2\text{V}}{100\Omega}$

$\Rightarrow R_B \leq 3.9 \text{ k}\Omega$

10. (1) $I_{CEO} = 0.1 \text{ mA}$

(2) $I_B = \dfrac{5.7\text{V} - 0.7\text{V}}{500\text{k}\Omega} = 0.01 \text{ mA}$

(3) $I_C = \beta \times I_B + I_{CEO}$

$\Rightarrow 10\text{mA} = \beta \times 0.01\text{mA} + 0.1\text{mA}$

$\Rightarrow \beta = 990$

電子學實習試題

2. C9014為NPN電晶體；

C9015為PNP電晶體。

5. (1) 戴維寧等效電壓

$V_{th} = 12\text{V} \times \dfrac{40\text{k}\Omega}{120\text{k}\Omega + 40\text{k}\Omega} = 3 \text{ V}$

(2) 戴維寧等效電阻

$R_{th} = 120\text{k}\Omega // 40\text{k}\Omega = 30 \text{ k}\Omega$

(3) $\dfrac{3\text{V} - 0.8\text{V}}{30\text{k}\Omega} \times 100 \geq \dfrac{12\text{V} - 0.2\text{V}}{R_C}$

$\Rightarrow R_C \geq 1609.8 \text{ }\Omega$

7. BJT工作於截止區，所以射極電流為0A，

$V_o = 0 \text{ V}$

8. (1) 2SCXXXX系列為NPN電晶體。

(2) x接腳為基極（B），

y接腳為集極（C），

z接腳為射極（E）。

(3) 電路圖如下所示為共基極偏壓組態（CB）：

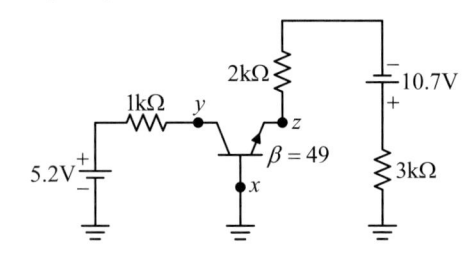

(4) $I_E = \dfrac{10.7 - 0.7}{5\text{k}\Omega} = 2 \text{ mA}$

(5) $\alpha = \dfrac{\beta}{1+\beta} = \dfrac{49}{1+49} = 0.98$

(6) $I_C = \alpha \cdot I_E = 0.98 \cdot 2\text{mA} = 1.96 \text{ mA}$

(7) $I_{C(sat)} = \dfrac{5.2\text{V}}{1\text{k}\Omega} = 5.2 \text{ mA}$

(8) $I_C < I_{C(sat)}$，故電晶體工作於主動區

(9) $V_y = 5.2\text{V} - 1.96\text{mA} \cdot 1\text{k}\Omega = 3.24 \text{ V}$

9. (1) $I_{CBO} = 2 \mu\text{A}$；$I_{CEO} = 0.1 \text{ mA}$；

$I_C = 1.276 \text{ mA}$

(2) $\dfrac{I_{CEO}}{I_{CBO}} = 1 + \beta \Rightarrow \dfrac{0.1\text{mA}}{2\mu\text{A}} = 50$

$\Rightarrow \beta = 49$

$\Rightarrow \alpha = 0.98$

(3) $I_C = \beta \cdot I_B + I_{CEO}$

$\Rightarrow 1.276\text{mA} = 49 \cdot I_B + 0.1\text{mA}$

$\Rightarrow I_B = 24 \mu\text{A}$

(4) $I_B = \dfrac{12}{R_B} \Rightarrow 24\mu\text{A} = \dfrac{12}{R_B} \Rightarrow R_B = 500 \text{ k}\Omega$

(5) $R_C = \dfrac{12-6}{1.276\text{mA}} \approx 4.7 \text{ k}\Omega$

(6) $I_{C(sat)} = \dfrac{12}{4.7\text{k}\Omega} \approx 2.55 \text{ mA}$

素養導向題

1. 共射極的輸出電壓與輸入電壓,相位反相 180°。
2. 乙電路為共基極偏壓電路,具有輸入阻抗小且輸出阻抗大之特性,適合用於電壓放大器。
3. 甲電路為共集極偏壓電路,具有輸入阻抗大且輸出阻抗小之特性,適合用於電流放大器。

Chapter 4 雙極性接面電晶體放大電路

4-1 學生練習　P.4-6

1. (C)
$$r_\pi = \frac{V_T}{I_{BQ}} = \frac{25\text{mV}}{25\mu\text{A}} = 1000\,\Omega$$

2. (A)
$$r_\pi = \frac{V_T}{I_{BQ}} \Rightarrow 2500\Omega = \frac{25\text{mV}}{I_{BQ}}$$
$$\Rightarrow I_{BQ} = 10\,\mu\text{A}$$

3. (B)
$$r_e = \frac{V_T}{I_{EQ}} = \frac{25\text{mV}}{2.5\text{mA}} = 10\,\Omega$$

4. (D)
 (1) $I_{EQ} \approx I_{CQ} = 1.25\,\text{mA}$
 (2) $r_e = \dfrac{V_T}{I_{EQ}} = \dfrac{25\text{mV}}{1.25\text{mA}} = 20\,\Omega$

5. (A)
$$g_m = \frac{I_{CQ}}{V_T} \Rightarrow 40\,\text{mA/V} = \frac{I_{CQ}}{25\text{mV}}$$
$$\Rightarrow I_{CQ} = 1\,\text{mA}$$

6. (B)
$$\beta = g_m \times r_\pi$$
$$\Rightarrow \beta = 20\,\text{mA/V} \times 1.5\text{k}\Omega = 30$$

4-1 立即練習　P.4-9

進階題

1. $Z_i = \dfrac{i_b \times r_\pi + i_e \times R_E}{i_b}$
$= \dfrac{i_b \times r_\pi + (1+\beta)\times i_b \times R_E}{i_b}$
$= r_\pi + R_E \times (1+\beta)$

2. $Z_o' = \dfrac{v_S}{i_S} = \dfrac{\dfrac{i_S}{(1+\beta)} \times r_\pi}{i_S} = \dfrac{r_\pi}{(1+\beta)} = r_e$

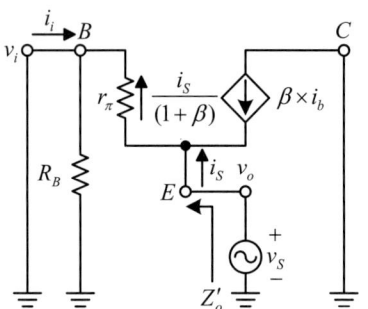

4-2 學生練習　P.4-14

1. (C)
 (1) 詳解
$$A_v = -\beta \times \frac{R_C}{r_\pi + (1+\beta)\times R_E}$$
$$= -99 \times \frac{20\text{k}\Omega}{12.5\text{k}\Omega + (1+99)\times 5\text{k}\Omega}$$
$$\approx -3.86$$
 (2) 近似解（速解）
$$A_v \approx -\frac{R_C}{R_E} = -\frac{20\text{k}\Omega}{5\text{k}\Omega} = -4$$
（近似於詳解）

2. (C)
 (1) 電壓增益
$$A_v = -\frac{R_C // R_L}{R_E} = -\frac{20\text{k}\Omega // 30\text{k}\Omega}{2\text{k}\Omega}$$
$$= -6（速解）$$
 (2) 電流增益
$$A_i = \frac{i_o}{i_i} = A_v \times \frac{Z_i}{R_L} = -6 \times \frac{100\text{k}\Omega}{30\text{k}\Omega}$$
$$= -20$$

3. (A)
$$A_v = \frac{v_o}{v_i} = \frac{-\beta \times i_b \times R_C}{i_b \times r_\pi} = -\beta \times \frac{R_C}{r_\pi}$$
$$= -100 \times \frac{2\text{k}\Omega}{2.5\text{k}\Omega} = -80$$

4. (A)

(1) 開關S打開後的電流增益A_i

解一 （運用分流定則）

$$A_i = -\beta \times \frac{R_B}{R_B + [r_\pi + (1+\beta) \times R_E]}$$

$$= -100 \times \frac{2M\Omega}{2M\Omega + [1k\Omega + (1+100) \times 1k\Omega]}$$

$$\approx -95$$

解二

$$A_i = A_v \times \frac{Z_i}{R_C}$$

$$= -9.8 \times \frac{2M\Omega // [1k\Omega + (1+100) \times 1k\Omega]}{10k\Omega}$$

$$\approx -95$$

(2) 開關S閉合後的電流增益A_i

解一 （運用分流定則）

$$A_i = -\beta \times \frac{R_B}{R_B + r_\pi}$$

$$= -100 \times \frac{2M\Omega}{2M\Omega + 1k\Omega} \approx -100$$

解二

$$A_i = -A_v \times \frac{Z_i}{R_C}$$

$$= -1000 \times \frac{2M\Omega // 1k\Omega}{10k\Omega} \approx -100$$

由此可以得知電路中有無旁路電容C_E對電流增益A_i的影響並不大

5. (B)

小信號分析時電容器可以視為短路，故射極電阻R_E被短路，因此：

$$A_v = -\beta \times \frac{R_C}{r_\pi} = -80 \times \frac{2k\Omega}{1k\Omega} = -160$$

6. (C)

(1) 繪製小信號模型，如下圖所示：

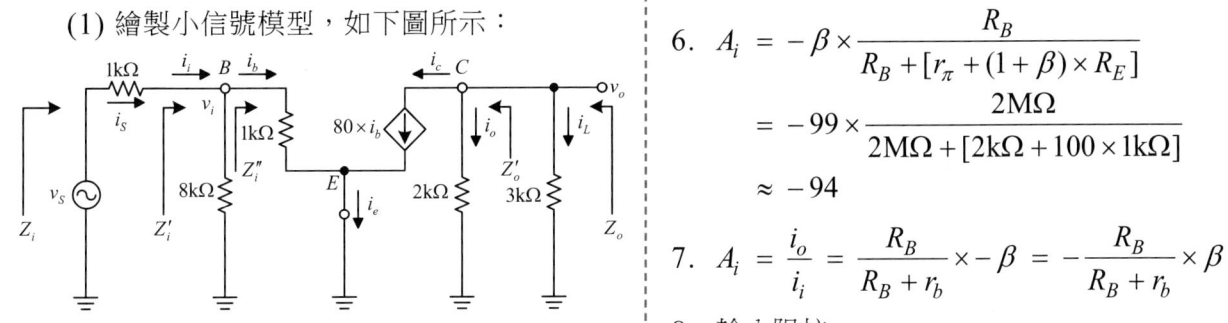

(2) $A_{vs} = \frac{v_o}{v_s} = \frac{v_o}{v_i} \times \frac{v_i}{v_s}$ （分壓定則）

$$= -\beta \times \frac{R_C // R_L}{r_\pi} \times \frac{(R_1 // R_2) // r_\pi}{R_S + [(R_1 // R_2) // r_\pi]}$$

$$= -80 \times \frac{1.2k\Omega}{1k\Omega} \times \frac{8k\Omega // 1k\Omega}{1k\Omega + 8k\Omega // 1k\Omega}$$

$$\approx -45$$

(3) $A_{is} = \frac{i_L}{i_s}$ （分流定則）

$$= -\beta \times \frac{(R_1 // R_2)}{(R_1 // R_2) + r_\pi} \times \frac{R_C}{R_C + R_L}$$

$$= -80 \times \frac{8k\Omega}{8k\Omega + 1k\Omega} \times \frac{2k\Omega}{2k\Omega + 3k\Omega}$$

$$\approx -28$$

另解：$A_{is} = A_{vs} \times \frac{Z_i}{R_L}$ （速解）

$$= -45 \times \frac{1.89k\Omega}{3k\Omega} \approx -28$$

4-2立即練習 P.4-25

基礎題

2. $Z_i = R_B // r_\pi = 1M\Omega // 2k\Omega \approx 2\ k\Omega$

3. $A_v = -\beta \times \frac{R_C}{r_\pi} = -50 \times \frac{10k\Omega}{2k\Omega} = -250$

4. 輸入阻抗

$$Z_i = R_B // Z_i'$$
$$= R_B // (r_\pi + (1+\beta) \times R_E)$$
$$= 2M\Omega // [2k\Omega + (1+99) \times 1k\Omega]$$
$$= 2M\Omega // 102k\Omega \approx 97\ k\Omega$$

5. 近似解：

電壓增益$A_v = \frac{v_o}{v_i} = -\frac{R_C}{R_E} = -\frac{8k\Omega}{1k\Omega} \approx -8$

（近似於詳解）

6. $A_i = -\beta \times \frac{R_B}{R_B + [r_\pi + (1+\beta) \times R_E]}$

$$= -99 \times \frac{2M\Omega}{2M\Omega + [2k\Omega + 100 \times 1k\Omega]}$$

$$\approx -94$$

7. $A_i = \frac{i_o}{i_i} = \frac{R_B}{R_B + r_b} \times -\beta = -\frac{R_B}{R_B + r_b} \times \beta$

8. 輸入阻抗

$$Z_i = R_B // [r_\pi + (1+\beta) \times R_E]$$
$$= 100k\Omega // [2k\Omega + (1+100) \times 2k\Omega]$$
$$= 100k\Omega // 204k\Omega \approx 67\ k\Omega$$

9. $A_v = \dfrac{v_o}{v_i} = \dfrac{-\beta \times (R_C // R_L)}{r_\pi + (1+\beta) \times R_E} \approx -\dfrac{R_C // R_L}{R_E}$

   $= -\dfrac{10\text{k}\Omega // 15\text{k}\Omega}{2\text{k}\Omega} = -3$

10. 輸出阻抗 $Z_o = \infty // R_C = \infty // 100\Omega = 100\,\Omega$

進階題

1. $A_v = \dfrac{v_o}{v_i} = \dfrac{-\beta \times i_b \times (r_o // R_C)}{i_b \times r_\pi}$

   $= -\beta \times \dfrac{(r_o // R_C)}{r_\pi}$

2. (1) 直流分析：電容器視為開路

   ① $I_B = \dfrac{V_{CC} - V_{BE}}{R_B + (1+\beta) \times R_E}$

   $= \dfrac{12.7\text{V} - 0.7\text{V}}{450\text{k}\Omega + (1+99) \times 300}$

   $= 25\,\mu\text{A}$

   ② $I_C = \beta \times I_B = 99 \times 25\mu\text{A}$

   $= 2.475\,\text{mA}$

   ③ $I_{C(sat)} \approx \dfrac{V_{CC} - V_{CE(sat)}}{R_C + R_E}$

   $= \dfrac{12.7\text{V} - 0.2\text{V}}{1.8\text{k}\Omega + 300\Omega} \approx 5.95\,\text{mA}$

   因 $I_C < I_{C(sat)}$，故工作於主動區

   (2) 交流分析：電壓源短路，電容器視為短路

   ① 交流基極輸入電阻

   $r_\pi = \dfrac{V_T}{I_{BQ}} = \dfrac{25\text{mV}}{25\mu\text{A}} = 1\text{k}\Omega$

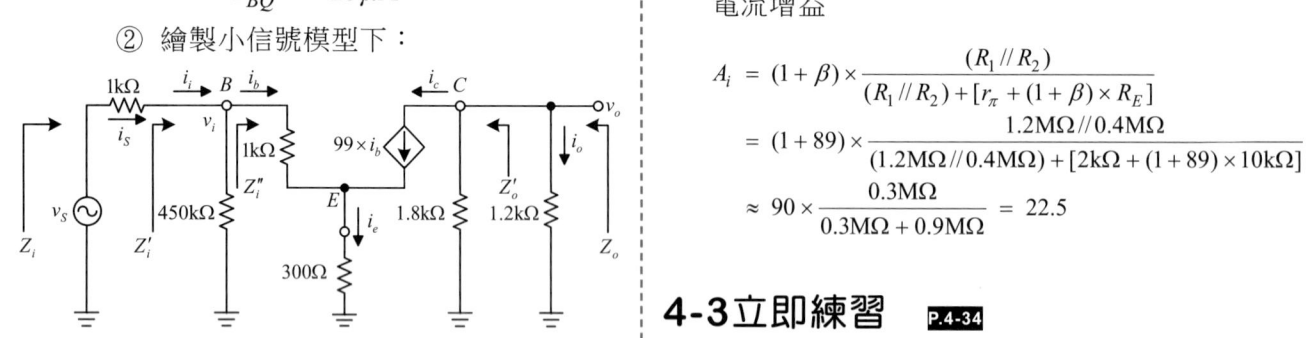

   ② 繪製小信號模型下：

   ③ $Z_i = R_S + Z_i'$

   $= R_S + \{R_B // [r_\pi + (1+\beta) \times R_E]\}$

   $= 1\text{k}\Omega + \{450\text{k}\Omega // [1\text{k}\Omega + (1+99) \times 300]\}$

   $= 1\text{k}\Omega + (450\text{k}\Omega // 31\text{k}\Omega)$

   $\approx 30\,\text{k}\Omega$

   ④ $Z_o = Z_o' // R_L = \infty // R_C // R_L$

   $= R_C // R_L = 1.8\text{k}\Omega // 1.2\text{k}\Omega$

   $= 0.72\,\text{k}\Omega$

3. $A_{vs} = \dfrac{v_o}{v_s} = \dfrac{v_o}{v_i} \times \dfrac{v_i}{v_s}$

   $= -\beta \times \dfrac{R_C // R_L}{r_\pi + (1+\beta) \times R_E} \times \dfrac{i_1 \times Z_i'}{i_1 \times (R_S + Z_i')}$

   $= -99 \times \dfrac{1.8\text{k}\Omega // 1.2\text{k}\Omega}{31\text{k}\Omega} \times \dfrac{(31\text{k}\Omega // 450\text{k}\Omega)}{1\text{k}\Omega + (31\text{k}\Omega // 450\text{k}\Omega)}$

   ≈ -2.2

4. $A_{is} = -\beta \times \dfrac{R_B}{R_B + [r_\pi + (1+\beta) \times R_E]} \times \dfrac{R_C}{R_C + R_L}$

   $= -99 \times \dfrac{450\text{k}\Omega}{450\text{k}\Omega + 31\text{k}\Omega} \times \dfrac{1.8\text{k}\Omega}{1.8\text{k}\Omega + 1.2\text{k}\Omega}$

   ≈ -55.6

   另解：$A_{is} = A_{vs} \times \dfrac{Z_i}{R_L} = -2.2 \times \dfrac{30\text{k}\Omega}{1.2\text{k}\Omega} \approx -55$

4-3 學生練習　P.4-31

1. (C)

   (1) 輸出阻抗

   $Z_o = Z_o' // R_E = \dfrac{r_\pi}{(1+\beta)} // R_E$

   $= \dfrac{2000}{(1+99)} // 1.98\text{k}\Omega = 19.8\,\Omega$

   (2) 電流增益

   $A_i = (1+\beta) \times \dfrac{R_B}{R_B + [r_\pi + (1+\beta) \times R_E]}$

   $= (1+99) \times \dfrac{200\text{k}\Omega}{200\text{k}\Omega + [2\text{k}\Omega + (1+99) \times 1.98\text{k}\Omega]}$

   $= 50$

2. (B)

   電流增益

   $A_i = (1+\beta) \times \dfrac{(R_1 // R_2)}{(R_1 // R_2) + [r_\pi + (1+\beta) \times R_E]}$

   $= (1+89) \times \dfrac{1.2\text{M}\Omega // 0.4\text{M}\Omega}{(1.2\text{M}\Omega // 0.4\text{M}\Omega) + [2\text{k}\Omega + (1+89) \times 10\text{k}\Omega]}$

   $\approx 90 \times \dfrac{0.3\text{M}\Omega}{0.3\text{M}\Omega + 0.9\text{M}\Omega} = 22.5$

4-3 立即練習　P.4-34

基礎題

1. (1) 輸入阻抗

   $Z_i' = 1\text{k}\Omega + (1+49) \times 2\text{k}\Omega = 101\,\text{k}\Omega$

   (2) 輸入阻抗

   $Z_i = 100\text{k}\Omega // 101\text{k}\Omega \approx 50\,\text{k}\Omega$

(3) 輸出阻抗

$$Z_o = \frac{r_\pi}{(1+\beta)} // R_E = \frac{1k\Omega}{(1+49)} // 2k\Omega$$
$$= 20\Omega // 2k\Omega \approx 20\,\Omega$$

(4) 電壓增益

$$A_v = \frac{v_o}{v_i} = \frac{(1+\beta) \times R_E}{r_\pi + (1+\beta) \times R_E}$$
$$= \frac{(1+49) \times 2k\Omega}{1k\Omega + (1+49) \times 2k\Omega} \approx 0.99$$

(5) 電流增益

$$A_i = 1 \times \frac{100k\Omega}{100k\Omega + 101k\Omega} \times (1+49) \approx 25$$

2. $Z_o = \dfrac{r_\pi}{(1+\beta)} // R_E = \dfrac{1k\Omega}{(1+99)} // 10k\Omega$
   $\approx 10\,\Omega$

3. $A_i = 1 \times \dfrac{200k\Omega}{200k\Omega + 201k\Omega} \times (1+99) \times \dfrac{6k\Omega}{6k\Omega + 3k\Omega}$
   ≈ 33.33

4. (1) $Z_i = R_B // [r_\pi + (1+\beta) \times (R_E // R_L)]$
   (2) $60k\Omega = 120k\Omega // [1k\Omega + (1+99) \times (R_E // 3k\Omega)]$
   $\Rightarrow R_E = 2\,k\Omega$

5. (1) 直流分析（化簡電路如下）

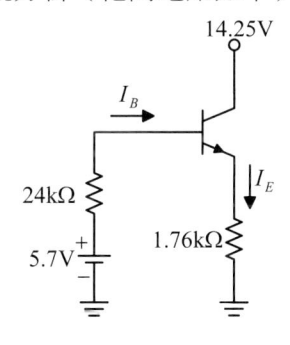

   14.25V

   ① 基極電流

   $$I_B = \frac{5.7V - 0.7V}{24k\Omega + (1+99) \times 1.76k\Omega}$$
   $$= 25\,\mu A$$

   ② 集極電流

   $$I_C = \beta \times I_B = 99 \times 25\mu A$$
   $$= 2.475\,mA$$

   ③ 集極飽和電流

   $$I_{C(sat)} = \frac{14.25V - 0.2V}{1.76k\Omega} \approx 8\,mA$$

   $I_C < I_{C(sat)}$ 電晶體操作於主動區

第 4 章 雙極性接面電晶體放大電路

(2) 交流分析

① 基極輸入電阻

$$r_\pi = \frac{V_T}{I_B} = \frac{25mV}{25\mu A} = 1\,k\Omega$$

② 輸入阻抗

$$Z_i' = r_\pi + (1+\beta) \times R_E$$
$$= 1k\Omega + (1+99) \times 1.76k\Omega$$
$$= 177\,k\Omega$$

③ 輸入阻抗

$$Z_i = R_1 // R_2 // Z_i'$$
$$= 60k\Omega // 40k\Omega // 177k\Omega$$
$$\approx 21\,k\Omega$$

進階題

1. (1) 輸入阻抗 Z_i

$$Z_i = R_S + (R_B // Z_i'')$$
$$= 1k\Omega + \{200k\Omega // [2k\Omega + (1+99) \times 1.98k\Omega]\}$$
$$= 1k\Omega + 100k\Omega = 101\,k\Omega$$

(2) 輸出阻抗 Z_o

$$Z_o = \frac{(R_S // R_B) + r_\pi}{(1+\beta)} // R_E // R_L$$
$$\approx \frac{R_S + r_\pi}{(1+\beta)} = \frac{1k\Omega + 2k\Omega}{(1+99)} = 30\,\Omega$$

(3) 電壓增益

$$A_{vs} = \frac{v_o}{v_s} = \frac{v_o}{v_i} \times \frac{v_i}{v_s}$$
$$= (1+\beta) \times \frac{R_E // R_L}{r_\pi + (1+\beta) \times (R_E // R_L)} \times \frac{Z_i'}{R_S + Z_i'}$$
$$= (1+99) \times \frac{3.96k\Omega // 3.96k\Omega}{2k\Omega + (1+99) \times (3.96k\Omega // 3.96k\Omega)}$$
$$\times \frac{100k\Omega}{1k\Omega + 100k\Omega}$$
$$\approx 0.98$$

(4) 電流增益

$$A_{is} = \frac{i_L}{i_s}$$
$$= (1+\beta) \times \frac{R_B}{R_B + [r_\pi + (1+\beta) \times R_E // R_L]} \times \frac{R_E}{R_E + R_L}$$
$$= (1+99) \times \frac{200k\Omega}{200k\Omega + [2k\Omega + (1+99) \times 1.98k\Omega]}$$
$$\times \frac{3.96k\Omega}{3.96k\Omega + 3.96k\Omega}$$
$$= \frac{50}{2} = 25$$

4-4 學生練習　P.4-38

1. (B)

    (1) 直流分析

    ① 射極電流
    $$I_E = \frac{V_{EE} - V_{BE}}{R_E} = \frac{10.7V - 0.7V}{5k\Omega} = 2\,mA$$

    ② 集極電流
    $$I_C = \alpha \times I_E = 0.99 \times 2mA = 1.98\,mA$$

    ③ 集極飽和電流
    $$I_{C(sat)} \approx \frac{V_{CC}}{R_C} = \frac{15V}{2k\Omega} = 7.5\,mA$$
    $I_C < I_{C(sat)}$ 工作於主動區

    (2) 交流分析

    ① 射極交流電阻
    $$r_e = \frac{V_T}{I_E} = \frac{25mV}{2mA} = 12.5\,\Omega$$

    ② 電壓增益
    $$A_v = \frac{v_o}{v_i} = \alpha \times \frac{R_C}{r_e}$$
    $$= 0.99 \times \frac{2k\Omega}{12.5\Omega} = 158.4$$

4-4 立即練習　P.4-38

基礎題

1. (1) 直流分析

    ① 射極電流
    $$I_E = \frac{V_{EE} - V_{BE}}{R_E} = \frac{10.7V - 0.7V}{10k\Omega} = 1\,mA$$

    ② 集極電流
    $$I_C = \alpha \times I_E = 0.99 \times 1mA = 0.99\,mA$$

    ③ 集極飽和電流
    $$I_{C(sat)} \approx \frac{V_{CC}}{R_E} = \frac{10V}{8k\Omega} = 1.25\,mA$$
    因 $I_C < I_{C(sat)}$，故操作於主動區

    (2) 交流分析

    ① 射極交流輸入電阻
    $$r_e = \frac{V_T}{I_E} = \frac{25mV}{1mA} = 25\,\Omega$$

    ② 輸入阻抗
    $$Z_i = r_e \,//\, R_E = 25\Omega \,//\, 10k\Omega = 25\,\Omega$$

2. $A_v = \dfrac{v_o}{v_i} = \alpha \times \dfrac{R_C}{r_e} = 0.99 \times \dfrac{8k\Omega}{25\Omega} = 316.8$

3. 電流增益
$$A_i = \alpha \times \frac{R_E}{R_E + r_e} = 0.99 \times \frac{10k\Omega}{10k\Omega + 25} \approx 0.99$$

進階題

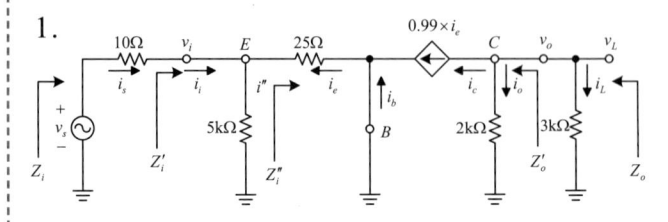

1.

(1) 輸入阻抗
$$Z_i = R_S + Z_i'$$
$$= R_S + (R_E \,//\, r_e) \approx R_S + r_e$$
$$= 10\Omega + 25\Omega = 35\,\Omega$$

(2) 輸出阻抗
$$Z_o = R_C \,//\, R_L = 2k\Omega \,//\, 3k\Omega = 1200\,\Omega$$

2. 電壓增益
$$A_{vs} = \frac{v_o}{v_s} = \alpha \times \frac{R_C \,//\, R_L}{r_e} \times \frac{(R_E \,//\, r_e)}{R_S + (R_E \,//\, r_e)}$$
$$= 0.99 \times \frac{2k\Omega \,//\, 3k\Omega}{25\Omega} \times \frac{(5k\Omega \,//\, 25\Omega)}{10\Omega + (5k\Omega \,//\, 25\Omega)}$$
$$= 0.99 \times \frac{2k\Omega \,//\, 3k\Omega}{25\Omega} \times \frac{25\Omega}{10\Omega + 25\Omega} \approx 34$$

4-5 學生練習　P.4-41

1. (C)

歷屆試題　P.4-42

電子學試題

2. (1) $I_B = \dfrac{10V - 0.7V}{750k\Omega + (1+100) \times 2.5k\Omega} \approx 9.27\,\mu A$

   (2) $r_\pi = \dfrac{26mV}{9.27\mu A} \approx 2805\,\Omega$

(3) 等效輸出阻抗

$$Z_o = \frac{r_\pi}{(1+\beta)} // R_E = \frac{2805}{(1+100)} // 2500$$
$$\approx 27.5\,\Omega$$

3. $A_v \approx -\dfrac{R_C}{R_E} = -\dfrac{4.3\text{k}\Omega}{6.8\text{k}\Omega} = -0.632$

5. (1) $I_B = 0.01\,\text{mA}$

$$r_\pi = \frac{25\text{mV}}{0.01\text{mA}} = 2.5\,\text{k}\Omega$$

(2) $Z_b = r_\pi = 2.5\,\text{k}\Omega$
   $Z_o = R_C = 10\,\text{k}\Omega$

(3) $A_v = -\dfrac{\beta \times R_C}{r_\pi} = -\dfrac{100 \times 10\text{k}\Omega}{2.5\text{k}\Omega} = -400$

8. $r_e = \dfrac{V_T}{I_E} = \dfrac{25\text{mV}}{(1+99)\times 50\mu\text{A}} = 5\,\Omega$

10. 適合用於高頻電路中作阻抗匹配。

12. (1) $I_B = \dfrac{20\text{V}-0.7\text{V}}{75\text{k}\Omega + 40\text{k}\Omega \times (1+100)} \approx 5\,\mu\text{A}$

(2) $r_\pi = \dfrac{25\text{mV}}{5\mu\text{A}} = 5\,\text{k}\Omega$

(3) $Z_{in} = r_\pi + (1+\beta)\times(R_E // R_L)$
   $= 5\text{k}\Omega + (1+100)\times(40\text{k}\Omega // 40\Omega)$
   $= 9\,\text{k}\Omega$

16. (1) $I_B = \dfrac{10\text{V}-0.7\text{V}}{50\text{k}\Omega + (1+100)\times 1\text{k}\Omega} \approx 62\,\mu\text{A}$

$$r_\pi = \frac{25\text{mV}}{62\mu\text{A}} \approx 403\,\Omega$$

(2) $Z_i = R_B // [r_\pi + (1+\beta)\times R_E]$
   $= 50\text{k}\Omega // [403\Omega + (1+100)\times 1\text{k}\Omega]$
   $\approx 33.5\,\text{k}\Omega$

18. 電流增益

$$\frac{I_E}{I_S} = \frac{(1+\beta)\times R_B}{R_B + [r_\pi + (1+\beta)\times R_E]}\ (r_\pi\text{ 忽略})$$

$$= \frac{(1+100)\times 370\text{k}\Omega}{370\text{k}\Omega + (1+100)\times 2\text{k}\Omega} \approx 65.2$$

20. (1) $r_\pi = \dfrac{V_T}{I_B} = \dfrac{V_T}{\dfrac{I_C}{\beta}} = \dfrac{25\text{mV}\times 100}{1.2\text{mA}}$
   $\approx 2.083\,\text{k}\Omega$

(2) $Z_i = 50\text{k}\Omega // 10\text{k}\Omega // [2.083\text{k}\Omega + (1+100)\times 1\text{k}\Omega]$
   $\approx 7.71\,\text{k}\Omega$

22. (1) $I_B = \dfrac{10\text{V}-0.7\text{V}}{93\text{k}\Omega} = 0.1\,\text{mA}$

(2) $r_\pi = \dfrac{25\text{mV}}{I_B} = \dfrac{25\text{mV}}{0.1\text{mA}} = 250\,\Omega$

23. (1) 從基極看入之等效電阻
   $Z_b = 1.9\text{k}\Omega + (1+89)\times 1\text{k}\Omega = 91.9\,\text{k}\Omega$

(2) 交流電流增益

$$\frac{I_L}{I_i} = -1\times \frac{(12\text{k}\Omega // 60\text{k}\Omega)}{(12\text{k}\Omega // 60\text{k}\Omega) + 91.9\text{k}\Omega}$$

$$\times 89 \times \frac{3\text{k}\Omega}{3\text{k}\Omega + 3\text{k}\Omega}$$

$$= -4.37$$

24. $A_v = -\beta \times \dfrac{R_C // R_L}{r_\pi} \Rightarrow -40 = 100\times \dfrac{R_C // 1\text{k}\Omega}{2\text{k}\Omega}$
   $\Rightarrow R_C = 4\,\text{k}\Omega$

25. $R_{out} = \dfrac{R_1}{(1+\beta)} + r_e$

$$\Rightarrow 3\Omega = \frac{100\Omega}{(1+100)} + \frac{26\text{mV}}{I_S}$$

$$\Rightarrow I_S \approx 12.93\,\text{mA}$$

31. $g_m = \dfrac{I_C}{V_T} = \dfrac{\beta\times I_B}{V_T} = \dfrac{80\times 12.5\mu\text{A}}{25\text{mV}}$
   $= 40\,\text{mA/V}$

33. (1) $V_B = 12\text{V}\times \dfrac{10\text{k}\Omega}{50\text{k}\Omega + 10\text{k}\Omega} = 2\,\text{V}$

$$I_E = \frac{2\text{V}-0.7\text{V}}{1\text{k}\Omega} = 1.3\,\text{mA}$$

$$r_\pi = \frac{26\text{mV}}{I_B} = \frac{26\text{mV}}{\dfrac{1.3\text{mA}}{100}} = 2\,\text{k}\Omega$$

(2) 輸入阻抗
   $Z_b = 50\text{k}\Omega // 10\text{k}\Omega // 2\text{k}\Omega \approx 1.7\,\text{k}\Omega$

34. (1) $I_B = \dfrac{2\text{V}-0.7\text{V}}{(40\text{k}\Omega // 10\text{k}\Omega) + (1+100)\times 1\text{k}\Omega}$
   $\approx 11.9\,\mu\text{A}$

(2) $r_\pi = \dfrac{26\text{mV}}{11.9\mu\text{A}} \approx 2.18\,\text{k}\Omega$

(3) $A_i = 1\times \dfrac{(40\text{k}\Omega // 10\text{k}\Omega)}{(40\text{k}\Omega // 10\text{k}\Omega) + 2.18\text{k}\Omega}$

$$\times 100 \times \frac{4\text{k}\Omega}{4\text{k}\Omega + 4\text{k}\Omega}$$

$$\approx 39.29$$

35. $A_{vs} = \dfrac{100 \times (4k\Omega // 4k\Omega)}{2.18k\Omega}$
$\times \dfrac{40k\Omega // 10k\Omega // 2.18k\Omega}{1.5k\Omega + (40k\Omega // 10k\Omega // 2.18k\Omega)}$
≈ -48.9

38. (1) r_π 甚小，所以忽略不計

   (2) $A_i = 1 \times \dfrac{(200k\Omega // 200k\Omega)}{(200k\Omega // 200k\Omega) + 100 \times (6k\Omega // 3k\Omega)}$
   $\times 100 \times \dfrac{6k\Omega}{6k\Omega + 3k\Omega}$
   ≈ 22

40. $A_v = \alpha \times \dfrac{R_C // R_L}{r_e}$
   $\Rightarrow 200 = \dfrac{99}{1+99} \times \dfrac{R_C // 10k\Omega}{20\Omega}$
   $\Rightarrow R_C \approx 6.8\,k\Omega$

42. (1) $I_B = \dfrac{2V - 0.7V}{50k\Omega + 0.5k\Omega \times (1+99)} = 13\,\mu A$

   (2) $r_\pi = \dfrac{26mV}{I_B} = \dfrac{26mV}{13\mu A} = 2\,k\Omega$

   (3) $|A_v| = 150 = \dfrac{-99 \times R_C}{2k\Omega} \Rightarrow R_C \approx 3\,k\Omega$

43. 電壓增益
   $V_o/V_s = \alpha \times \dfrac{R_C // R_L}{r_e} \times \dfrac{r_e}{R_s + r_e}$
   $= \dfrac{99}{1+99} \times \dfrac{3k\Omega // 6k\Omega}{50\Omega} \times \dfrac{50\Omega}{100\Omega + 50\Omega}$
   ≈ 13.2

44. (1) $I_B = \dfrac{20V - 0.7V}{400k\Omega + (1+50) \times 1k\Omega} \approx 42.8\,\mu A$
   $I_C = \beta \times I_B = 50 \times 42.8\mu A = 2.14\,mA$

   (2) $V_o = V_{CE} = 20V - 2.14mA \times 3k\Omega$
   $= 13.58\,V$

45. (1) $I_E = \dfrac{6V - 0.7V}{2k\Omega} = 2.65\,mA$
   $r_e = \dfrac{26mV}{2.65mA} \approx 10\,\Omega$

   (2) $A_v = \alpha \times \dfrac{R_C // R_L}{r_e} \approx \dfrac{2k\Omega // 2k\Omega}{10} = 100$

46. $A_i = A_v \times \dfrac{Z_i}{R_L} = 100 \times \dfrac{2k\Omega // 10\Omega}{2k\Omega} \approx 0.49$

48. 交流輸入電阻
   $R_i = 120k\Omega // 60k\Omega // [1.25k\Omega + (1+119) \times 1k\Omega]$
   $\approx 30.1\,k\Omega$

49. (1) $I_E = \dfrac{2.2V - 0.7V}{1k\Omega} = 1.5\,mA$
   $r_e = \dfrac{25mV}{1.5mA} = \dfrac{50}{3}\,\Omega$

   (2) 電壓增益
   $v_o/v_i = -\dfrac{R_C}{r_e} = -\dfrac{3.3k\Omega}{\dfrac{50}{3}\Omega} = -198$（速解）

51. (1) $r_\pi = \dfrac{26mV}{0.1mA} = 260\,\Omega$

   (2) $A_v = \dfrac{R_E}{R_E + r_e} \approx 1$（速解）
   $A_i = A_v \times \dfrac{Z_i}{R_E}$
   $= 1 \times \dfrac{100k\Omega // [260\Omega + (1+100) \times 2k\Omega]}{2k\Omega}$
   ≈ 33

52. (1) $r_\pi = \dfrac{26mV}{0.01mA} = 2600\,\Omega$

   (2) $A_i = \dfrac{4k\Omega}{4k\Omega + [2600\Omega + (1+99) \times 2k\Omega]} \times 99$
   ≈ 2

53. $r_e = \dfrac{\eta V_T}{I_E} = \dfrac{26mV}{1mA + 10\mu A} \approx 25.7\,\Omega$

54. (1) $I_B = \dfrac{7.5V - 0.7V}{50k\Omega + 101 \times 2.2k\Omega} \approx 25\,\mu A$

   (2) $I_E = 25\mu A \times 101 = 2.5\,mA$

   (3) $r_e = \dfrac{\eta V_T}{I_E} = \dfrac{26mV}{2.5mA} \approx 10.4\,\Omega$

   (4) 輸出阻抗 $Z_o = r_e // R_E \approx 10\,\Omega$

55. (1) $I_B = \dfrac{2V - 0.7V}{\dfrac{25}{3}k\Omega + 101 \times 1k\Omega} \approx 11.89\,\mu A$

   (2) $I_E = 11.89\mu A \times 101 \approx 1.2\,mA$

   (3) $r_e = \dfrac{\eta V_T}{I_E} = \dfrac{26mV}{1.2mA} \approx 21.67\,\Omega$

   (4) $A_v = -\dfrac{R_C}{r_e} = -\dfrac{3k\Omega}{21.6} \approx -138$

電子學實習試題

2. $R_o = r_e // R_E = \dfrac{r_e \times R_E}{r_e + R_E}$

3. $\dfrac{R_{b1}}{R_{b2}} = \dfrac{r_e \times (1+\beta)}{(r_e + R_E) \times (1+\beta)} = \dfrac{r_e}{r_e + R_E}$

5. (1) $I_E = \dfrac{10\text{V} - 0.7\text{V}}{930\Omega} = 10\text{ mA}$

   (2) $r_e = \dfrac{25\text{mV}}{I_E} = \dfrac{25\text{mV}}{10\text{mA}} = 2.5\,\Omega$

   (3) $A_v = \alpha \times \dfrac{R_C}{r_e} = \dfrac{100}{1+100} \times \dfrac{930}{2.5} \approx 368$

8. 電流增益（運用分流定則）

   $A_i = \dfrac{i_o}{i_i} = \dfrac{R_B}{R_B + r_b} \times \beta \times (-1) = -\dfrac{R_B}{R_B + r_b}\beta$

15. $Z_i = 45\text{k}\Omega // 5\text{k}\Omega // 1\text{k}\Omega \approx 818\,\Omega$

16. $v_o(t) = A_v \times v_i(t) = -100 \times 20\sin(\omega t)\text{mV}$
    $= -2\sin(\omega t)\text{ V}$

17. (1) $V_B = 12\text{V} \times \dfrac{5.1\text{k}\Omega}{5.1\text{k}\Omega + 47\text{k}\Omega} \approx 1.17\text{ V}$

    $I_E = \dfrac{1.17\text{V} - 0.6\text{V}}{470\Omega} = 1.2\text{ mA}$

    $r_e = \dfrac{26\text{mV}}{1.2\text{mA}} \approx 21.67\,\Omega$

    (2) $A_v = -\dfrac{4.7\text{k}\Omega // 0.5\text{k}\Omega}{21.67\Omega} \approx -20.85$

    (3) $v_o(t) = 50\sin(2000\pi t)\text{mV} \times -20.85$
    $\approx -1.05\sin(2000\pi t)\text{V}$
    $= 1.05\sin(2000\pi t + 180°)\text{ V}$

20. $A_v = -\dfrac{0.5\text{VOLTS / DIV} \times 4\text{DIV}}{20\text{mV}} = -100$

21. 交流輸入電阻（r_π 甚小可忽略）

    $R_i \approx 10\text{k}\Omega // 5\text{k}\Omega // [(1+99) \times 3.3\text{k}\Omega]$
    $\approx 3.3\text{ k}\Omega$

22. (1) 此電路為共基極偏壓組態。

    (2) $12\text{V} \times \dfrac{10\text{k}\Omega}{20\text{k}\Omega + 10\text{k}\Omega} = 4\text{ V}$

    $I_E \approx \dfrac{4\text{V} - 0.7\text{V}}{3.3\text{k}\Omega} = 1\text{ mA}$

    $r_e = \dfrac{25\text{mV}}{1\text{mA}} = 25\,\Omega$

    (3) 電壓增益

    $v_o/v_i = \alpha \times \dfrac{R_C}{r_e} \approx \dfrac{2.5\text{k}\Omega}{25\Omega} = 100$

24. (1) $I_E = \dfrac{12\text{V} - 0.7\text{V}}{\dfrac{560\text{k}\Omega}{1+100} + 1\text{k}\Omega} \approx 1.73\text{ mA}$

    $r_e = \dfrac{26\text{mV}}{1.73\text{mA}} \approx 15\,\Omega$

    (2) 電壓增益

    $v_o/v_i = -\dfrac{R_C}{r_e} = -\dfrac{2\text{k}\Omega}{15\Omega} \approx -132$（速解）

25. (1) 採精確解分析，可得 $I_B = 28\,\mu\text{A}$，

    $r_\pi = \dfrac{26\text{mV}}{28\mu\text{A}} \approx 928\,\Omega$

    (2) 輸入阻抗

    $Z_i = 22\text{k}\Omega // 10\text{k}\Omega // 928\,\Omega \approx 811\,\Omega$

29. (1) r_π 必定大於 r_e

    (2) 共射極放大器的電壓增益必為負值

    運用上述兩點不必計算可判斷答案為(D)

最新統測試題

1. (1) 從基極端看入的電阻為

   $r_\pi + (1+\beta) \times (R_E // R_L)$
   $= 1\text{k}\Omega + (1+99) \times (4\text{k}\Omega // 4\text{k}\Omega)$
   $= 201\text{ k}\Omega$

   (2) 運用分流定則：

   $A_i = 1 \times \dfrac{200\text{k}\Omega}{200\text{k}\Omega + 201\text{k}\Omega} \times (1+99)$
   $\times \dfrac{4\text{k}\Omega}{4\text{k}\Omega + 4\text{k}\Omega}$
   ≈ 25

2. (1) $V_{BB} = 12\text{V} \times \dfrac{5.7\text{k}\Omega}{6.3\text{k}\Omega + 5.7\text{k}\Omega} = 5.7\text{ V}$

   (2) $I_E = \dfrac{5.7\text{V} - 0.7\text{V}}{4\text{k}\Omega} = 1.25\text{ mA}$

   (3) $r_e = \dfrac{26\text{mV}}{1.25\text{mV}} = 20.8\,\Omega$

   (4) $A_v \approx -\dfrac{R_C}{r_e} = -\dfrac{2\text{k}\Omega}{20.8\Omega} \approx -96$

3. $\dfrac{v_o}{v_i} = -\beta\dfrac{R_{F2} // R_C}{r_\pi}$

   $= -100 \times \dfrac{42\text{k} // 3\text{k}}{1\text{k}} = -280$

4. (1) 電容 C_3 為反交連電容。
   (2) 運用速解法：
   $$A_v = -\beta \times \frac{R_C // R_{F2}}{r_\pi}$$
   $$= -100 \times \frac{3k\Omega // 68k\Omega}{1k\Omega} \approx -287$$

5. (1) $V_{EE} = V_{BE} + I_E \times R_E$
      $= 0.7V + 1.3mA \times 8k\Omega = 11.1\,V$
   (2) $r_e = \frac{26mV}{1.3mA} = 20\,\Omega$
   (3) $A_v = \alpha \times \frac{R_C // R_L}{r_e}$
      $= \frac{199}{1+199} \times \frac{6k\Omega // 6k\Omega}{20\Omega}$
      $= 149.25 \approx 149$

6. (1) $I_E = \frac{V_{CC} - V_{BE}}{\frac{R_B}{1+\beta} + R_E} = \frac{12 - 0.7}{\frac{305k}{1+99} + 2.6k}$
      $= 2\,mA$
   (2) $r_e = \frac{V_T}{I_E} = \frac{26mV}{2mA} = 13\,\Omega$
      $Z_o = r_e // R_E = 13 // 2.6k \approx 12.9\,\Omega$

模擬演練　P.4-60

電子學試題

1. (1) 開關 S_1 與 S_2 皆閉合時：
   $$A_v = -\frac{\beta \times R_C}{r_\pi} = \frac{-50 \times 6k\Omega}{1k\Omega} = -300$$
   輸出電壓為
   $6V + (-300) \times 1\sin(\omega t)mV = 5.7\,V \sim 6.3\,V$
   (2) 開關 S_1 打開，而開關 S_2 打開時：
   $$A_v \approx -\frac{R_C}{R_E} = -\frac{6k\Omega}{2k\Omega} = -3$$
   輸出電壓為 $-3 \times 1\sin(\omega t)mV$，
   所以範圍為 $\pm 3\,mV$
   (3) 開關狀態無論如何變化，直流電壓不變

2. 電流增益
   $$\frac{i_o}{i_s} = -1 \times \frac{6k\Omega}{6k\Omega + 3k\Omega} \times 90 \times \frac{10k\Omega}{10k\Omega + 15k\Omega}$$
   $= -24$

3. (1) 輸入阻抗
   $$Z_i = r_\pi + (1+\beta) \times R_E$$
   $$= \frac{25mV}{\frac{1mA}{100}} + (1+100) \times 0.1k\Omega$$
   $= 12.6\,k\Omega$
   (2) 輸出阻抗 $Z_o = 10\,k\Omega$

4. (1) 電壓增益 $|A_v| = \frac{v_o}{v_i} = 6 = \frac{15k\Omega // R_L}{1k\Omega}$
   $\Rightarrow R_L = 10\,k\Omega$
   (2) 電壓增益 $A_i = \frac{i_o}{i_i} = A_v \times \frac{Z_i}{R_L}$
   $\Rightarrow 6 \times \frac{R_B // [1k\Omega + (1+98) \times 1k\Omega]}{10k\Omega} = 30$
   $\Rightarrow R_B = 100\,k\Omega$

5. (1) 輸入阻抗 $Z_i = 100k\Omega // 1k\Omega \approx 1\,k\Omega$
   (2) 輸出阻抗
   $Z_o = 100k\Omega // 6k\Omega // 3k\Omega \approx 2\,k\Omega$
   (3) 電壓增益
   $$A_v = \frac{v_o}{v_i} = -\frac{100k\Omega // 6k\Omega // 3k\Omega}{\frac{1k\Omega}{100}}$$
   $= -200$
   (4) 電流增益
   $$A_i = \frac{i_o}{i_i} = A_v \times \frac{Z_i}{R_L} = -200 \times \frac{1k\Omega}{3k\Omega}$$
   ≈ -66.67

7. (1) 輸入阻抗 $Z_i = 1k\Omega // 10\Omega \approx 10\,\Omega$
   (2) 輸出阻抗 $Z_o = 10k\Omega // 15k\Omega = 6\,k\Omega$
   (3) 電壓增益
   $$\frac{v_o}{v_i} = \alpha \frac{R_C // R_L}{r_e}$$
   $$= \frac{120}{1+120} \times \frac{15k\Omega // 10k\Omega}{10\Omega} \approx 600$$
   (4) 電流增益
   $$\frac{i_o}{i_i} = A_v \times \frac{Z_i}{R_L} = 600 \times \frac{10\Omega}{10k\Omega} = 0.6$$

8. (1) 輸入阻抗
   $Z_i = 60k\Omega // 30k\Omega // [1k\Omega + (1+78) \times 1k\Omega]$
   $= 16\,k\Omega$
   (2) 輸出阻抗 $Z_o = \frac{1k\Omega}{1+78} // 1k\Omega \approx 12.5\,\Omega$

(3) 電壓增益

$$A_v = \frac{R_E}{r_e + R_E} = \frac{1\text{k}\Omega}{\frac{1\text{k}\Omega}{1+78} + 1\text{k}\Omega}$$

$$= 0.9875$$

(4) 電流增益

$$A_i = A_v \times \frac{Z_i}{R_E} = 0.9875 \times \frac{16\text{k}\Omega}{1\text{k}\Omega} = 15.8$$

9. (1) 直流分析：（此電路為共基極偏壓組態）

① $I_E = \frac{10.7\text{V} - 0.7\text{V}}{10\text{k}\Omega} = 1\text{mA}$

$I_C = \alpha \times I_E = 0.99 \times 1\text{mA}$
$= 0.99\text{mA}$

② 集極飽和電流

$$I_{C(sat)} = \frac{10\text{V} - 0.5\text{V}}{2\text{k}\Omega} = 4.75\text{mA}$$

(2) 交流分析：繪製小信號模型如下

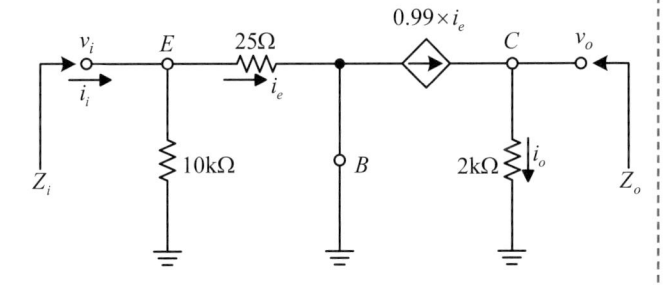

① 輸入阻抗

$$Z_i = 10\text{k}\Omega // 25\Omega \approx 25\Omega$$

② 輸出阻抗

$$Z_o = \infty // R_C = \infty // 2\text{k}\Omega = 2\text{k}\Omega$$

③ 電壓增益

$$A_v = \frac{v_o}{v_i} = \frac{0.99 \times 2\text{k}\Omega}{25\Omega} = 79.2$$

④ 電流增益

$$A_i = \frac{i_o}{i_i} = \frac{10\text{k}\Omega}{10\text{k}\Omega + 25\Omega} \times 0.99$$
$$\approx 0.99$$

10.(1) 僅將外加電壓 V_{BB} 減小，

$$I_B \downarrow = \frac{V_{BB}\downarrow - V_{BE}}{R_B + (1+\beta)R_E},$$

造成 $I_B \downarrow I_C \downarrow V_C \uparrow$（直流準位提升），正半週的失真情況更嚴重。

(2) 共射極電路輸出電壓的正半週失真，表示工作點靠近截止區，因此欲使失真情況改善，應使工作點往飽和區移動。

電子學實習試題

3. 直流工作點與電容器的打開或閉合無關。

4. ∵ $(1+\beta)R_E > 10R_{BB}$

$$\Rightarrow I_C \approx \frac{2-0.7}{1.3\text{k}\Omega} = 1\text{mA}$$

（$I_{C(sat)} \approx 2.54\text{mA}$ 工作於主動區）

(1) 若旁路電容器 C_E 移開：（開關 S_2 打開）

$$A_v \approx -\frac{R_C}{R_E} = -\frac{6.5\text{k}\Omega}{1.3\text{k}\Omega} = -5$$

(2) 若旁路電容器 C_E 加入：（開關 S_2 閉合）

$$r_\pi = \frac{25\text{mV}}{I_B} = \frac{25\text{mV}}{10\mu\text{A}} = 2500\Omega$$

$$A_v \approx -\frac{h_{fe} \cdot R_C}{h_{ie}} = -\frac{100 \cdot 6.5\text{k}\Omega}{2.5\text{k}\Omega}$$
$$= -260 \text{倍}$$

(A) 若開關 S_1 打開，S_2 打開，則 $A_v = -5$ 倍，輸出電容隔離直流成分

$V_o = -50\text{mV} \sim +50\text{mV}$

(B) 若開關 S_1 打開，S_2 閉合，則 $A_v = -260$ 倍，輸出電容隔離直流成分

$V_o = -2.6\text{V} \sim +2.6\text{V}$

(C) 若開關 S_1 閉合，S_2 打開，則 $A_v = -5$ 倍，輸出無隔離電容且

$V_C = 20 - 1\text{mA} \cdot 6.5\text{k}\Omega = 13.5\text{V}$

$V_o = V_C(\text{直流成分}) + \text{交流成分}$
$= 13.5\text{V} \pm 10\text{mV} \cdot 5$
$= 13.45\text{V} \sim 13.55\text{V}$

(D) 若開關 S_1 閉合，S_2 閉合，則 $A_v = -260$ 倍，輸出無隔離電容且

$V_C = 20 - 1\text{mA} \cdot 6.5\text{k}\Omega = 13.5\text{V}$

$V_o = V_C(\text{直流成分}) + \text{交流成分}$
$= 13.5\text{V} \pm 10\text{mV} \cdot 260$
$= 10.9\text{V} \sim 16.1\text{V}$

5. (1) 輸入迴路

$9.7 = I_E \cdot 7.2\text{k}\Omega + 0.7$
$\Rightarrow I_E = 1.25\text{mA} \approx I_C$

(2) 飽和判別式：

$$I_{C(sat)} = \frac{15.5 - 0.5}{10\text{k}\Omega} = 1.5\text{mA}$$

$I_C < I_{C(sat)}$ 電晶體工作在主動區

(3) $r_e = \frac{25\text{mV}}{1.25\text{mA}} = 20\Omega$

(4) $A_v = \dfrac{V_o}{V_i} = \dfrac{\alpha \cdot i_e \cdot 10\text{k}\Omega}{i_e \cdot 20} = 500$ 倍

6. (1) $A_v = -\beta \times \dfrac{R_C}{r_\pi} = -120 \times \dfrac{2\text{k}\Omega}{2\text{k}\Omega} = -120$

   (2) $v_o = A_v \times v_i(t)$
   $= -120 \times 50\sin(2000\pi t)\text{mV}$
   $= -6\sin(2000\pi t)\text{ V}$

7. 此為共集極組態，電壓增益愈小於1。

10. (1) $v_{o(p-p)} = 0.5\text{V/DIV} \times 6\text{DIV} = 3\text{V}$
    $= \pm 1.5\text{ V}$

    (2) $A_v = \dfrac{1.5\text{V}}{20\text{mV}} = 75$ 倍

素養導向題 P.4-66

2. 將電路重新繪製如下：

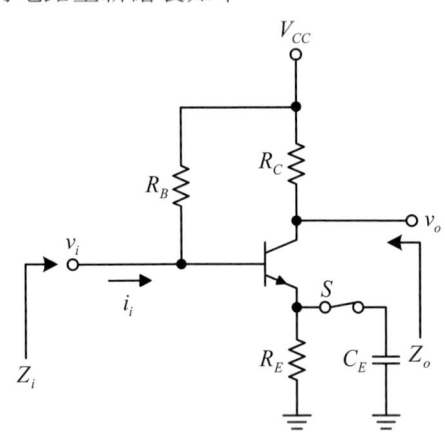

∴ 輸入阻抗
$Z_i = R_B \mathbin{/\mkern-5mu/} [r_\pi + (1+\beta) \times R_E]$
$= 120\text{k}\Omega \mathbin{/\mkern-5mu/} [1\text{k}\Omega + (1+79) \times 1\text{k}\Omega]$
$\approx 48\text{ k}\Omega$

3. 輸出阻抗 $Z_o = R_C = 10\text{ k}\Omega$

4. 電壓增益

$A_v = \dfrac{-\beta \times (R_C \mathbin{/\mkern-5mu/} R_L)}{r_\pi + (1+\beta) \times R_E}$
$= \dfrac{-79 \times 10\text{k}\Omega}{1\text{k}\Omega + (1+79) \times 1\text{k}\Omega} \approx -9.75$

5. $A_v = \dfrac{-\beta \times (R_C \mathbin{/\mkern-5mu/} R_L)}{r_\pi} = \dfrac{-79 \times 10\text{k}\Omega}{1\text{k}\Omega}$
   ≈ -790

8. 開關 S_2 打開（OFF）時，輸出電壓的直流信號被電容器所隔離；而開關 S_2 閉合（ON）時，輸出電壓含有直流信號。

Chapter 5 雙極性接面電晶體多級放大電路

5-1 學生練習　P.5-7

1. (A)

    $A_{v(dB)} = 20\log(\dfrac{V_o}{V_i}) \Rightarrow 40 = 20\log(\dfrac{V_o}{2\mu V})$
    $\Rightarrow V_o = 0.2\ \text{mV}$

2. (B)

    $A_{i(dB)} = 20\log(\dfrac{I_o}{I_i}) \Rightarrow 60 = 20\log(\dfrac{I_o}{25\mu V})$
    $\Rightarrow I_o = 25\ \text{mA}$

3. (D)

    $A_{p(dB)} = 10\log(\dfrac{P_o}{P_i}) \Rightarrow 30 = 10\log(\dfrac{10W}{P_i})$
    $\Rightarrow P_i = 10\ \text{mW}$

4. (B)

    (1) $A_{vT(dB)} = 5\text{dB} + 15\text{dB} = 20\ \text{dB}$

    (2) $A_{v(dB)} = 20\log(\dfrac{V_o}{V_i}) \Rightarrow 20 = 20\log(\dfrac{V_o}{1mV})$
    $\Rightarrow V_o = 10\ \text{mV}$

5. (B)

    $A_{vT} = \dfrac{V_L}{V_{i1}} = \dfrac{I_L \times Z_L}{I_{i1} \times Z_{i1}} = \dfrac{I_L}{I_{i1}} \times \dfrac{Z_L}{Z_{i1}}$
    $= A_{iT} \times \dfrac{Z_L}{Z_{i1}} = 20 \times 50 \times \dfrac{100}{10k\Omega} = 10$

6. (A)

    $A_{iT} = \dfrac{I_L}{I_{i1}} = \dfrac{\frac{V_o}{Z_L}}{\frac{V_{i1}}{Z_{i1}}} = \dfrac{V_o}{V_{i1}} \times \dfrac{Z_{i1}}{Z_L} = A_{vT} \times \dfrac{Z_{i1}}{Z_L}$
    $= 15 \times 4 \times \dfrac{900\Omega}{2.4k\Omega} = 22.5$

7. (D)

    $P_o = P_i \times A_{pT} = 1\text{mW} \times 10^4 = 10\ \text{W}$

8. (B)

    $P_{o(dBm)} = 10\log(\dfrac{P_o}{1mW}) = 10\log(\dfrac{1\mu W}{1mW})$
    $= -30\ \text{dBm}$

9. (A)

    對數的真數必需為大於0的實數，因此7.75V必須取絕對值

    $P_{o(dBm)} = 20\log(\dfrac{V_o}{0.775V}) + 10\log(\dfrac{600\Omega}{Z_L})$
    $= 20\log(\dfrac{7.75V}{0.775V}) + 10\log(\dfrac{600\Omega}{600\Omega})$
    $= 20\ \text{dBm}$

5-1 立即練習　P.5-11

基礎題

1. $20\log|100 \times (-1000)| = 100\ \text{dB}$

3. (1) $A_{v(dB)} = 20\text{dB} + 40\text{dB} = 60\ \text{dB}$

    (2) $60\text{dB} = 20\log(\dfrac{v_o}{1mV}) \Rightarrow \dfrac{v_o}{1mV} = 10^3$
    $\Rightarrow v_o = 1\ \text{V}$

5. (1) $10\text{dBm} = 10\log(\dfrac{P_o}{1mW}) \Rightarrow P_o = 10\ \text{mW}$

    (2) $10\text{mW} = \dfrac{v_o^2}{25\Omega} \Rightarrow v_o = 0.5\ \text{V}$

6. $A_{p(dB)} = 10\log(A_p)$
    $= 10\log(4 \times 250) = 30\ \text{dB}$

進階題

1. (1) $P_i = \dfrac{(\frac{4}{2\sqrt{2}})^2}{100} = 20\ \text{mW}$

    $P_o = \dfrac{(\frac{8}{2\sqrt{2}})^2}{4} = 2\ \text{W}$

    (2) $A_{p(dB)} = 10\log(\dfrac{P_o}{P_i}) = 10\log(\dfrac{2W}{20mW})$
    $= 20\ \text{dB}$

2. $P_{o(dBm)} = 20\log(\dfrac{V_o}{0.775V}) + 10\log(\dfrac{600\Omega}{Z_o})$
    $\Rightarrow 20\text{dBm} = 20\log(\dfrac{V_o}{0.775V}) + 10\log(\dfrac{600\Omega}{600\Omega})$
    $\Rightarrow V_o = 7.75\ \text{V}$

5-2 學生練習　P.5-14

1. (A)

   (1) 第二級的戴維寧等效電壓 $E_{th} = 2\text{ V}$；
   戴維寧等效電阻
   $R_{th} = 13\text{k}\Omega // 2\text{k}\Omega = 1.73\text{ k}\Omega$

   (2) 基極電流 $I_{B2} = \dfrac{E_{th} - V_{BE}}{R_{th} + (1+\beta_1) \times R_{E2}}$
   $= \dfrac{2\text{V} - 0.7\text{V}}{1.73\text{k}\Omega + (1+50) \times 4\text{k}\Omega}$
   $\approx 6.32\ \mu\text{A}$

   (3) 集極電流 $I_{C2} = I_{B2} \times \beta_2 = 6.32\mu\text{A} \times 50$
   $= 0.316\text{ mA}$

   (4) 集極飽和電流
   $I_{C(sat)} = \dfrac{15\text{V} - 0.2\text{V}}{1\text{k}\Omega + 4\text{k}\Omega} = 2.96\text{ mA}$
   （∵ $I_C < I_{C(sat)}$，故操作於主動區）

   (5) $V_{CE2} \approx V_{CC} - I_{C2} \times (R_{C2} + R_{E2})$
   $= 15\text{V} - 0.316\text{mA} \times (1\text{k}\Omega + 4\text{k}\Omega)$
   $= 13.42\text{ V}$

   (6) 第二級的直流工作點
   $Q_2(V_{CEQ2}, I_{CQ2}) = (13.42\text{V}, 0.316\text{mA})$

2. (D)

   (1) 第一級電壓增益 A_{v1}
   $A_{v1} = \dfrac{v_{o1}}{v_{i1}} = -\beta_1 \times \dfrac{R_{C1} // (R_3 // R_4) // r_{\pi 2}}{r_{\pi 1}}$
   $= -100 \times \dfrac{4\text{k}\Omega // 4\text{k}\Omega // 2\text{k}\Omega}{0.5\text{k}\Omega} = -200$

   (2) 第二級電壓增益 A_{v2}
   $A_{v2} = \dfrac{v_{o2}}{v_{i2}} = -\beta_2 \times \dfrac{R_{C2} // R_L}{r_{\pi 2}}$
   $= -50 \times \dfrac{3\text{k}\Omega // 6\text{k}\Omega}{2\text{k}\Omega} = -50$

   (3) 總電壓增益 $A_{vT} = -200 \times (-50) = 10^4$
   因此分貝總電壓增益
   $A_{vT(\text{dB})} = 20\log 10^4 = 80\text{ dB}$

5-2 立即練習　P.5-19

基礎題

2. (1) 輸入阻抗 $Z_{i1} = 10\text{k}\Omega // 1\text{k}\Omega \approx 0.9\text{ k}\Omega$

   (2) 輸出阻抗 $Z_{o2} = \infty // 12\text{k}\Omega = 12\text{ k}\Omega$

3. (1) 第一級放大器的電壓增益 A_{v1}
   $A_{v1} = \dfrac{v_{o1}}{v_{i1}} = -80 \times \dfrac{2\text{k}\Omega // 2\text{k}\Omega // 1\text{k}\Omega}{1\text{k}\Omega}$
   $= -40$

   (2) 第二級放大器的電壓增益 A_{v2}
   $A_{v2} = \dfrac{v_{o2}}{v_{i2}} = -\beta_2 \times \dfrac{R_{C2} // R_L}{r_{\pi 2}}$
   $= -100 \times \dfrac{12\text{k}\Omega // 6\text{k}\Omega}{1\text{k}\Omega} = -400$

   (3) 總電壓增益
   $A_{vT} = -40 \times (-400) = 16000$

4. **解一**
   $A_{iT} = A_{i1} \times A_{i2}$
   $= \dfrac{10\text{k}\Omega}{10\text{k}\Omega + 1\text{k}\Omega} \times 80 \times \dfrac{(2\text{k}\Omega // 2\text{k}\Omega)}{(2\text{k}\Omega // 2\text{k}\Omega) + 1\text{k}\Omega}$
   $\times 100 \times \dfrac{12\text{k}\Omega}{12\text{k}\Omega + 6\text{k}\Omega}$
   ≈ 2424

   解二
   速解：$A_{iT} = A_{vT} \times \dfrac{Z_{i1}}{R_L}$
   $= 16000 \times \dfrac{10\text{k}\Omega // 1\text{k}\Omega}{6\text{k}\Omega}$
   ≈ 2424

進階題

1. $V_{o1} = 5\text{V} \pm 20\text{mV} \times 50 = 5\text{V} \pm 1\text{V}$
   所以範圍由 4V～6V

2. $V_o = \pm 20\text{mV} \times 50 \times 2 = \pm 2\text{ V}$
   （輸出電壓 V_o 前有隔離電容阻隔直流成分）

5-3 學生練習　P.5-22

1. (A)

   (1) 計算輸入的基極電流
   $I_{B2} = \dfrac{V_{CC} - I_{C1} \times R_{C1} - V_{BE2}}{R_{C1} + (1+\beta_2) \times R_{E2}}$
   $= \dfrac{10.7\text{V} - 4.95\text{mA} \times 1\text{k}\Omega - 0.7\text{V}}{1\text{k}\Omega + (1+49) \times 1\text{k}\Omega}$
   $\approx 100\ \mu\text{A}$

   (2) 計算集極電流 I_{C2} 與射極電流 I_{E2}
   $I_{C2} = \beta_2 \times I_{B2}$
   $= 49 \times 100\mu\text{A} = 4.9\text{ mA} \approx I_{E2}$

(3) 進行電晶體飽和判別：

$$I_{C2(sat)} = \frac{V_{CC} - V_{CE2(sat)}}{R_{C2} + R_{E2}}$$

$$= \frac{10.7\text{V} - 0.2\text{V}}{0.5\text{k}\Omega + 1\text{k}\Omega} = 7\text{ mA}$$

（∵ $I_{C2} < I_{C2(sat)}$，故電晶體操作於主動區）

(4) $V_{CE2} \approx V_{CC} - I_{C2} \times (R_{C2} + R_{E2})$
   $= 10.7\text{V} - 4.9\text{mA} \times (0.5\text{k}\Omega + 1\text{k}\Omega)$
   $= 3.35\text{ V}$

(5) 第二級放大器的直流工作點
   $Q_2(3.35\text{V}, 4.9\text{mA})$

2. (B)

解一

(1) 第一級放大器的電流增益 A_{i1}

$$A_{i1} = -\beta_1 \times \frac{R_{B1}}{R_{B1} + r_{\pi 1}} \times \frac{R_{C1}}{R_{C1} + r_{\pi 2}}$$

$$= -50 \times \frac{100\text{k}\Omega}{100\text{k}\Omega + 2\text{k}\Omega} \times \frac{10\text{k}\Omega}{10\text{k}\Omega + 2\text{k}\Omega}$$

$$\approx -40.85$$

(2) 第二級放大器的電流增益 A_{i2}

$$A_{i2} = -\beta_2 \times \frac{R_{C2}}{R_{C2} + R_L}$$

$$= -100 \times \frac{6\text{k}\Omega}{6\text{k}\Omega + 4\text{k}\Omega} = -60$$

(3) 總電流增益
   $A_{iT} = A_{i1} \times A_{i2} = -40.85 \times (-60)$
   $= 2451$

解二

速解：$A_{iT} = A_{vT} \times \frac{Z_{i1}}{R_L} = 5000 \times \frac{1.96\text{k}\Omega}{4\text{k}\Omega}$
   $= 2450$

3. (B)

(1) 由上題可知，
   第一級的基極電流 $I_{B1} = 25\ \mu\text{A}$

(2) 計算第二級的基極電流
   $I_{B2} = I_{E1} = (1+\beta_1) \times I_{B1}$
   $= (1+79) \times 25\mu\text{A} = 2\text{ mA}$

(3) 計算第二級的集極電流
   $I_{C2} = I_{B2} \times \beta_2 = 2\text{mA} \times 19 = 38\text{ mA}$

(4) 計算集極-射極間電壓 V_{CE2}
   $V_{CE2} = V_{CC} - I_{E2} \times R_E$
   $= V_{CC} - I_{B2} \times (1+\beta_2) \times R_E$
   $= 11.4\text{V} - 2\text{mA} \times (1+19) \times 125\Omega$
   $= 6.4\text{ V}$（大於 $V_{CE(sat)}$）

(5) 第二級放大器的直流工作點
   $Q_2(V_{CE2}, I_{C2}) = Q_2(6.4\text{V}, 38\text{mA})$

4. (C)

(1) 第一級放大器的電流增益 A_{i1}

$$A_{i1} = \frac{i_{o1}}{i_{i1}} = \frac{R_B}{R_B + Z'_{i1}} \times (1+\beta_1)$$

$$= \frac{10\text{M}\Omega}{10\text{M}\Omega + 10.101\text{M}\Omega} \times (1+99)$$

$$\approx 49.75$$

(2) 第二級放大器的電流增益 A_{i2}

$$A_{i2} = \frac{i_{o2}}{i_{i2}} = (1+\beta_2) \times \frac{R_E}{R_E + R_L}$$

$$= (1+49) \times \frac{6\text{k}\Omega}{6\text{k}\Omega + 3\text{k}\Omega} \approx 33.33$$

(3) 總電流增益
   $A_{iT} = A_{i1} \times A_{i2} = 49.75 \times 33.33 = 1658$

另解

$$A_{iT} = A_{vT} \times \frac{Z_{i1}}{R_L} = 0.98 \times \frac{5.025\text{M}\Omega}{3\text{k}\Omega}$$

≈ 1641（無窮小數之誤差）

5. (C)

(1) 第二級放大器集極-射極間電壓 V_{CB2}
   $V_{CB2} = V_{C2} - V_{B2}$
   $= V_{CC} - I_{C2} \times R_C - V_{B2}$
   $= 15\text{V} - 1\text{mA} \times 3\text{k}\Omega - 10\text{V} = 2\text{ V}$

(2) 第二級放大器的工作點
   $Q_2(V_{CB2}, I_{C2}) = (2\text{V}, 1\text{mA})$

6. (B)

解一

$$A_{iT} = A_{i1} \times A_{i2}$$

$$= -\beta_1 \times \alpha_2 \times \frac{R_{B2} // R_{B3}}{(R_{B2} // R_{B3}) + r_{\pi 1}}$$

$$= -50 \times 0.98 \times \frac{2.5\text{k}\Omega}{2.5\text{k}\Omega + 1.275\text{k}\Omega}$$

$$\approx -32$$

解二

$$A_{iT} = A_{vT} \times \frac{Z_{i1}}{R_C} = -115 \times \frac{844\Omega}{3\text{k}\Omega} \approx -32$$

7. (A)

5-3 立即練習 P.5-41

基礎題

8. 低頻響應最好但直流工作點因級與級間沒有耦合元件，故工作點不穩定。

9. 因第一級的集極電流 I_C 與第二級的基極電流 I_B 方向相反。

10. (1) $\beta_1 = \frac{\alpha_1}{1-\alpha_1} = \frac{0.99}{1-0.99} = 99$

$\beta_2 = \frac{\alpha_2}{1-\alpha_2} = \frac{0.95}{1-0.95} = 19$

(2) $(1+\beta_1) \times (1+\beta_2) = (1+99) \times (1+19) = 2000$

11. (1) $A_{iT} = (1+\beta_1) \times (1+\beta_2)$
$= (1+49) \times (1+19) = 1000$

(2) $A_{iT(\text{dB})} = 20\log 1000 = 60 \text{ dB}$

13. 射極隨耦器的電壓增益約為1。

進階題

1. (1) $V_{B1} = V_{CC} \times \frac{R_{B3}}{R_{B1}+R_{B2}+R_{B3}}$
$= 12\text{V} \times \frac{6\text{k}\Omega}{6\text{k}\Omega+6\text{k}\Omega+6\text{k}\Omega} = 4 \text{ V}$

(2) $V_{B2} = V_{CC} \times \frac{R_{B2}+R_{B3}}{R_{B1}+R_{B2}+R_{B3}}$
$= 12\text{V} \times \frac{6\text{k}\Omega+6\text{k}\Omega}{6\text{k}\Omega+6\text{k}\Omega+6\text{k}\Omega} = 8 \text{ V}$

(3) $V_{CE1} = V_{B2} - V_{B1} = 8\text{V} - 4\text{V} = 4 \text{ V}$

2. (1) 集極電流 $I_C = \frac{4\text{V}-0.7\text{V}}{1.65\text{k}\Omega} = 2 \text{ mA}$

(2) 集極飽和電流

$I_{C1(sat)} = I_{C2(sat)}$
$= \frac{V_{CC}-V_{CE1(sat)}-V_{CE2(sat)}}{R_C+R_E}$
$= \frac{12\text{V}-0.2\text{V}-0.2\text{V}}{3\text{k}\Omega+1.65\text{k}\Omega} \approx 2.5 \text{ mA}$

∵ $I_C < I_{C(sat)}$，故電晶體工作於主動區

(3) 射極交流電阻
$$r_{e1} = r_{e2} = \frac{V_T}{I_E} = \frac{25\text{mV}}{2\text{mA}} = 12.5 \text{ }\Omega$$

(4) $A_{vT} \approx -\frac{R_C}{r_{e2}} = -\frac{3\text{k}\Omega}{12.5} = -240$

歷屆試題 P.5-43

電子學試題

2. (1) 第一級的分貝電壓增益為20dB相當於 $A_{v1}=10$，
因此 $V_1 = 1\mu\text{V} \times 10 = 10 \text{ }\mu\text{V}$

(2) 第二級的分貝電壓增益為40dB相當於 $A_{v2}=100$，
因此 $V_2 = 10\mu\text{V} \times 100 = 1 \text{ mV}$

(3) 第三級的分貝功率增益為20dBm，即

$20\text{dBm} = 10\log(\frac{P_o}{1\text{mW}}) \Rightarrow P_o = 100 \text{ mW}$

(4) $P_o = \frac{V_3^2}{R_L} \Rightarrow 100\text{mW} = \frac{V_3^2}{1\text{k}\Omega} \Rightarrow V_3 = 10 \text{ V}$

(5) 因此第三級的電壓增益

$A_{v3} = \frac{10\text{V}}{1\text{mV}} = 10^4$

因此分貝電壓增益數為80dB

(6) 總分貝電壓增益數

$A_{vT(\text{dB})} = 20\text{dB} + 40\text{dB} + 80\text{dB}$
$= 140 \text{ dB}$

3. 等效電路如下：

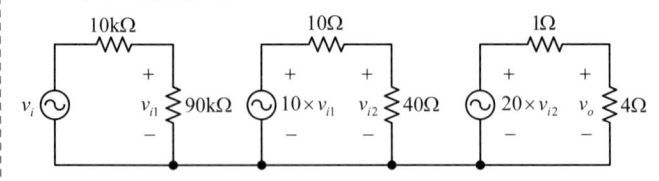

總電壓增益

$A_{vT} = \frac{90\text{k}\Omega}{10\text{k}\Omega+90\text{k}\Omega} \times 10 \times \frac{40\Omega}{10\Omega+40\Omega}$
$\times 20 \times \frac{4\Omega}{1\Omega+4\Omega}$
$= 115.2$

第 5 章 雙極性接面電晶體多級放大電路

4. $I_{B1} = \dfrac{V_{CC} - V_{BE1}}{R_{B1} + (1+\beta_1) \times R_{E1}}$

   $= \dfrac{10V - 0.7V}{100k\Omega + (1+99) \times 1k\Omega}$

   $= \dfrac{10V}{200k\Omega} = 0.05\,mA$

   運用克希荷夫電壓定律（KVL）：

   $V_{CC} = (I_{C1} + I_{B2}) \times R_{C1} + V_{BE2} + I_{E2} \times R_{E2}$

   $I_{B2} = \dfrac{V_{CC} - \beta_1 \times I_{B1} \times R_{C1} - V_{BE2}}{R_{C1} + (1+\beta_2) \times R_{E2}}$

   $= \dfrac{10.7V - 99 \times 0.05mA \times 1k\Omega - 0.7V}{1k\Omega + (1+49) \times 1k\Omega}$

   $\approx 0.1\,mA$

5. (1) $A_{v1(dB)} + A_{v3(dB)} = 40\,dB$

   $\Rightarrow A_{v1} \times A_{v3} = 100$

   (2) $A_{vT} = A_{v1} \times A_{v2} \times A_{v3}$

   $= 100 \times (-20) = -2000$

   (3) $V_o = A_{vT} \times V_i$

   $= -2000 \times 2\mu V = -4\,mV$

7. $10\log A_P = 10\log(100 \times 10) = 30\,dB$

10. 達靈頓電路的電壓增益 $A_v \approx 1$

12. $Z_i = 6M\Omega\,//\,3M\Omega\,//\,(2k\Omega \times 81 \times 81)$

    $\approx 1.52\,M\Omega$（r_π 甚小可忽略）

13. (1) $A_{vT(dB)} = 10dB + 30dB = 40\,dB$

    $\Rightarrow A_{vT} = 100$倍

    (2) $V_{o(rms)} = \dfrac{0.01}{\sqrt{2}} \times 100 = 0.707\,V$

26. 截止頻率的功率為中頻頻率之一半。

27. $20\log(100 \times 10 \times 1) = 60\,dB$

28. (1) 低頻（下）截止頻率

    $f_{L(n)} = \dfrac{1}{\sqrt{2^{(\frac{1}{n})} - 1}} = 1kHz \times \dfrac{1}{\sqrt{2^{\frac{1}{2}} - 1}}$

    $\approx 1.55\,kHz$

    (2) 高頻（上）截止頻率

    $f_{H(n)} = \sqrt{2^{(\frac{1}{n})} - 1} = 200kHz \times \sqrt{2^{\frac{1}{2}} - 1}$

    $\approx 128.72\,kHz$

    (3) $128.72kHz - 1.55kHz = 127.17\,kHz$

29. (1) 第一級電壓增益

    $A_{v1(dB)} = 20\log 100 = 40\,dB$

    (2) 總電壓增益分貝數

    $A_{vT(dB)} = 40 + 20 + 10 = 70\,dB$

30. (1) 求 R_C 等效阻抗

    $R_C = (\dfrac{N_1}{N_2})^2 R_L = (\dfrac{10}{1})^2 \times 30\Omega = 3\,k\Omega$

    (2) 求 r_e：$r_e = \dfrac{V_T}{I_E} = \dfrac{25mV}{1.25mA} = 20\,\Omega$

    (3) 電壓增益 A_v

    $A_v = \dfrac{v_o}{v_i} = \dfrac{v_C}{v_i} \times \dfrac{v_o}{v_C} = \dfrac{\beta R_C}{(1+\beta)r_e} \times \dfrac{1}{10}$

    $= 14.9$

34. (1) $A_{vT(dB)} = 80dB \Rightarrow A_{vT} = 10^4$

    (2) $V_o = V_i \times A_{vT} = 0.2mV \times 10^4 = 2\,V$

電子學實習試題

12. 輸入阻抗 $Z_i = R_1\,//\,R_2\,//\,r_{\pi 1}$，故不受影響。

14. (1) 開關 SW 未閉合的電壓增益為 $\dfrac{4}{0.1} = 10$ 倍。

    (2) 開關 SW 閉合後（$R_{C2}\,//\,R_L$），$A_v = 5$。

15. (1) 第一級放大器的電壓增益因負載效應，使得電壓增益略為降低。

    (2) 第二級放大器的電壓增益不變。

16. (1) $A_{vT(dB)} = 38dB + 22dB = 60\,dB$

    (2) $A_{vT} = 1000$ 倍

    (3) 輸出電壓振幅為 $500\mu V \times 1000 = 0.5\,V$

最新統測試題

1. (1) 總分貝增益數

    $A_{v(dB)} = 20 + 40 + 20 = 80\,dB$

    (2) $80 = 20\log A_v \Rightarrow A_v = 10000$

3. 以下採近似解法（選最接近答案）

    (1) 第二級 $V_{BB} = 12V \times \dfrac{10k\Omega}{62k\Omega + 10k\Omega}$

    $\approx 1.7\,V$

    (2) 第二級的射極電流

    $I_E \approx \dfrac{1.7V - 0.7V}{2k\Omega} = 0.5\,mA$

(3) $r_e = \dfrac{25\text{mV}}{0.5\text{mA}} = 50\ \Omega$

(4) 由v_i輸入端看進去的輸入阻抗

$Z_{i1} = 50\Omega\ //\ 2\text{k}\Omega \approx 48\ \Omega$

4. (1) 第二級 $V_{BB} = 12\text{V} \times \dfrac{22\text{k}\Omega}{22\text{k}\Omega + 22\text{k}\Omega}$

$= 6\ \text{V}$

(2) 第二級的射極電流

$I_E \approx \dfrac{6\text{V} - 0.7\text{V}}{2\text{k}\Omega} = 2.65\ \text{mA}$

(3) $r_e = \dfrac{25\text{mV}}{2.65\text{mA}} \approx 9.43\ \Omega$

(4) 第二級電壓增益

$\dfrac{v_o}{v_{o1}} = \dfrac{2\text{k}\Omega}{9.43\Omega + 2\text{k}\Omega} \approx 0.99$（速解）

5. (1) $V_{th2} = V_{CC}\dfrac{R_{B4}}{R_{B3} + R_{B4}}$

$= 12 \times \dfrac{18}{90 + 18} = 2\ \text{V}$

$R_{th2} = R_{B3}\ //\ R_{B4} = 90\text{k}\ //\ 18\text{k} = 15\ \text{k}\Omega$

(2) $I_{B2} = \dfrac{V_{th2} - V_{BE2}}{R_{th2} + (1+\beta_2)R_{E2}}$

$= \dfrac{2 - 0.7}{15\text{k} + 100 \times 663} = 16\ \mu\text{A}$

$I_{E2} = (1+\beta_2)I_{B2}$

$= 100 \times 16\mu = 1.6\ \text{mA}$

(3) $V_{CE2} = \dfrac{V_{CC}}{2} = \dfrac{12}{2} = 6\ \text{V}$

$V_{C2} = V_{CE2} + I_{E2}R_{E2}$

$= 6 + 1.6\text{m} \times 663 = 7.06\ \text{V}$

(4) $R_{C2} = \dfrac{V_{CC} - V_{C2}}{I_{C2}}$

$= \dfrac{12 - 7.06}{99 \times 16\mu} = 3.12\ \text{k}\Omega$

6. (1) $V_{th} = V_{CC}\dfrac{R_{B2}}{R_{B1} + R_{B2}}$

$= 12 \times \dfrac{18}{90 + 18} = 2\ \text{V}$

$R_{th} = R_{B1}\ //\ R_{B2} = 90\text{k}\ //\ 18\text{k} = 15\ \text{k}\Omega$

(2) $I_{B1} = \dfrac{V_{th} - V_{BE}}{R_{th1} + (1+\beta_1)R_{E1}}$

$= \dfrac{2 - 0.7}{15\text{k} + 200 \times 1.3\text{k}} = 4.73\ \mu\text{A}$

(3) $r_\pi = \dfrac{V_T}{I_{B1}} = \dfrac{26\text{m}}{4.73\mu} = 5.5\ \text{k}\Omega$

(4) $Z_{in} = R_{B1}\ //\ R_{B2}\ //\ r_{\pi 1}$

$= 90\text{k}\ //\ 18\text{k}\ //\ 5.5\text{k} = 4.02\ \text{k}\Omega$

8. (1) 對交流而言，第一級CE放大相位相反，故 $\dfrac{v_o}{v_i} < 0$。

(2) 對直流而言，$V_{B2} > 0$。

9.

(1) $I_E = \dfrac{V_{CC} - V_{CE}}{R_E} = \dfrac{12 - 6}{1\text{k}} = 6\ \text{mA}$

(2) $I_B = \dfrac{I_E}{1+\beta} = \dfrac{6\text{m}}{81} \approx 74\ \mu\text{A}$

(3) $V_{th} = V_{CC}\dfrac{20\text{k}}{R_{B2} + 20\text{k}}$

$R_B = R_{B2}\ //\ 20\text{k} = \dfrac{R_{B2} \times 20\text{k}}{R_{B2} + 20\text{k}}$

(4) $V_{th} - I_B R_B = V_B = 6.7\ \text{V}$

$12 \times \dfrac{20\text{k}}{R_{B2} + 20\text{k}} - 74\mu \times \dfrac{R_{B2} \times 20\text{k}}{R_{B2} + 20\text{k}} = 6.7$

$240\text{k} - 1.48R_{B2} = 6.7(R_{B2} + 20\text{k})$，故

$R_{B2} = \dfrac{240\text{k} - 134\text{k}}{8.18} \approx 12.96\ \text{k}\Omega$

模擬演練 P.5-54

電子學試題

1. (A)加極性變壓器 $\overline{V_1} = 10\angle 180°\ \text{mV}$ 或 $\overline{V_1} = 10\angle -180°\ \text{mV}$

(B)第一級電壓增益分貝數以 $20\log_{10}20$ 表示（其中負號表示反向180度）

(C)經過兩次反向，因此電壓同相位

(D) 輸出電壓

$$V_o = 0.005 \cdot (-2) \cdot (-20) \cdot 0.5 = 0.1 \text{ V}$$

電阻消耗功率 $P = \dfrac{0.1^2}{1\text{k}\Omega} = 0.01 \text{ mW}$

$10\log_{10}(\dfrac{0.01\text{mW}}{1\text{mW}}) = -20 \text{ dBm}$

2. $10\log(\dfrac{P_o}{P_i}) = 10\log\dfrac{(\dfrac{30^2}{9})}{(\dfrac{100^2}{1\text{k}\Omega})}$

$= 10\log 10 = 10 \text{ dB}$

3. (1) $I_{C1} = \dfrac{10.7 - 6.7}{4\text{k}\Omega} = 1 \text{ mA}$

(2) $I_{B1} = \dfrac{1\text{mA}}{100} = 10 \mu\text{A}$

(3) $R_{E1} = \dfrac{6.7 - 5.7}{1\text{mA}} = 1 \text{k}\Omega$

(4) $I_{B1} = \dfrac{10.7 - 0.7}{R_{B1} + (1+100) \cdot 1\text{k}\Omega} = 10\mu\text{A}$

$\Rightarrow R_{B1} \approx 900 \text{ k}\Omega$

(5) $I_{B2} = \dfrac{10.7 - 0.7}{900\text{k}\Omega + (1+50) \cdot 2\text{k}\Omega} \approx 10 \mu\text{A}$

(6) $r_{\pi2} = \dfrac{25\text{mV}}{10\mu\text{A}} = 2500 \Omega$

(7) $I_{C2} = 10\mu\text{A} \cdot 50 = 0.5 \text{ mA}$（工作區）

(8) $A_{v1} = \dfrac{-100 \cdot (4\text{k}\Omega // 900\text{k}\Omega // 2.5\text{k}\Omega)}{2.5\text{k}\Omega}$

≈ -61.4 倍

(9) $A_{v2} \approx \dfrac{-50 \cdot 8000}{2500} = -160$ 倍

(10) 總電壓增益

$A_{vT} = -61.4 \cdot (-160) = 9824$

(11) $V_{C2} = 10.7 - 0.5\text{mA} \cdot 8000\Omega = 6.7 \text{ V}$

(12) $V_o = 6.7 \pm (0.3\text{mV} \cdot 9428)$

$\approx 3.75 \text{ V} \sim 9.65\text{V}$

(13) 將電容器 C_C 短接後通過 4kΩ 的電流略為增加，而造成 V_{C1} 電壓降低

第 5 章 雙極性接面電晶體多級放大電路

5. (1) $\dfrac{4\text{M}}{4\text{M} + 2\text{M}}(1 + h_{fe1})(1 + h_{fe2}) \cdot \dfrac{8\text{k}}{8\text{k} + 4\text{k}}$

$= 500$

(2) $(1 + h_{fe1})(1 + h_{fe2}) = 1125$

$\therefore h_{fe1} = 44 , h_{fe2} = 24$ 較符合需求

6. (1) 第一級放大器的基極電流

$I_{B1} = \dfrac{3.6\text{V} - 0.6\text{V}}{60\text{k}\Omega + (1+99) \times 2.4\text{k}\Omega} = 10 \mu\text{A}$

(2) 第一級放大器的集極電流

$I_{C1} = \beta_1 \times I_{B1} = 10\mu\text{A} \times 99 = 0.99 \text{ mA}$

(3) 運用並聯的端電壓相等：

$(I_{C1} - I_{B2}) \times R_{C1} = I_{E2} \times R_{E2} + V_{EB2}$

$\Rightarrow (0.99\text{mA} - I_{B2}) \times 5\text{k}\Omega$

$= (1+99) \times I_{B2} \times 4.3\text{k}\Omega + 0.6\text{V}$

$I_{B2} = 10 \mu\text{A}$，第二級的集極電流

$I_{C2} = \beta_2 \times I_{B2} = 10\mu\text{A} \times 99 = 0.99 \text{ mA}$

(4) $V_{C2} = I_{C2} \times R_{C2}$

$= 0.99\text{mA} \times 3\text{k}\Omega = 2.97 \text{ V}$

7. (1) 交流分析：

第一級為共射極組態（CE），

第二級為共射極組態（CE），

$r_{\pi1} = r_{\pi2} = 2.5 \text{ k}\Omega$

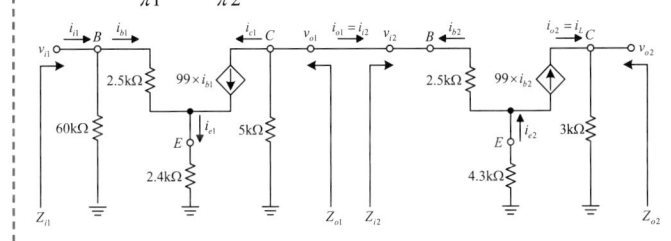

(2) 輸入阻抗

$Z_{i1} = 60\text{k}\Omega // [2.5\text{k}\Omega + (1+99) \times 2.4\text{k}\Omega]$

$= 60\text{k}\Omega // 242.5\text{k}\Omega \approx 48 \text{ k}\Omega$

(3) 輸出阻抗

$Z_{o2} = \infty // 3\text{k}\Omega = 3 \text{ k}\Omega$

(4) 第一級電壓增益

$A_{v1} = \dfrac{V_{o1}}{V_{i1}}$

$= \dfrac{-99 \times i_{b1} \times \{5\text{k}\Omega // [2.5\text{k}\Omega + (1+99) \times 4.3\text{k}\Omega]\}}{i_{b1} \times [2.5\text{k}\Omega + (1+99) \times 2.4\text{k}\Omega]}$

≈ -2

速解：$A_{v1} \approx -\dfrac{R_{C1}}{R_{E1}} = -\dfrac{5\text{k}\Omega}{2.4\text{k}\Omega} \approx -2$

(5) 第二級電壓增益

$$A_{v2} = \frac{V_{o2}}{V_{i2}}$$
$$= \frac{-99 \times i_{b2} \times 3k\Omega}{i_{b2} \times [2.5k\Omega + (1+99) \times 4.3k\Omega]}$$
$$\approx -0.7$$

速解：$A_{v2} \approx -\frac{R_{C2}}{R_{E2}} = -\frac{3k\Omega}{4.3k\Omega} \approx -0.7$

(6) 總電壓增益

$$A_{vT} = A_{v1} \times A_{v2} = -2 \times (-0.7) = 1.4$$

(7) 總電流增益

$$A_{iT} = A_{vT} \times \frac{Z_{i1}}{R_{C2}} = 1.4 \times \frac{48k\Omega}{3k\Omega} = 22.4$$

8. (1) 計算電壓

$$V_{B1} = V_{CC} \times \frac{R_{B3}}{R_{B1} + R_{B2} + R_{B3}}$$
$$= 15V \times \frac{5k\Omega}{5k\Omega + 5k\Omega + 5k\Omega} = 5\,V$$

(2) 計算第一級的射極電流

$$I_{E1} = \frac{V_{B1} - V_{BE1}}{R_E} = \frac{5V - 0.7V}{1k\Omega}$$
$$= 4.3\,mA$$

（$I_{E1} \approx I_{C1} = I_{E2} \approx I_{C2}$）

(3) 計算電壓

$$V_{B2} = V_{CC} \times \frac{R_{B2} + R_{B3}}{R_{B1} + R_{B2} + R_{B3}}$$
$$= 15V \times \frac{5k\Omega + 5k\Omega}{5k\Omega + 5k\Omega + 5k\Omega} = 10\,V$$

(4) 計算集極飽和電流

$$I_{C1(sat)} = I_{C2(sat)}$$
$$= \frac{V_{CC} - V_{CE1(sat)} - V_{CE2(sat)}}{R_C + R_E}$$
$$= \frac{15V - 0.2V - 0.2V}{1k\Omega + 1k\Omega} = 7.3\,mA$$

（故電晶體Q_1與Q_2操作於主動區）

(5) 第一級的集極電壓

$$V_{C1} = V_{B2} - V_{BE2} = 10V - 0.7V = 9.3\,V$$

(6) 第一級的集極與基極間的電壓

$$V_{CB1} = V_{C1} - V_{B1} = 9.3V - 5V = 4.3\,V$$

(7) 第二級的集極與基極間的電壓

$$V_{CB2} = V_{C2} - V_{B2}$$
$$= (15V - 4.3mA \times 1k\Omega) - 10V$$
$$= 0.7\,V$$

9. (1) 交流射極輸入電阻

$$r_{e1} = r_{e2} = \frac{V_T}{I_E} = \frac{26mV}{4.3mA} \approx 6\,\Omega$$

(2) 總電壓增益

$$A_{vT} = A_{v1} \times A_{v2} = -\frac{R_C}{r_{e2}} = -\frac{1k\Omega}{6\Omega}$$
$$\approx -166$$

10. $\dfrac{100}{\sqrt{2}} = 70.7$

電子學實習試題

1. (1) v_{o1}與v_i波形反相，且v_{o2}與v_{o1}波形反相，所以第一級與第二級皆為共射極組態。

(2) $A_{v1} = -\dfrac{1V}{20mV} = -50$

$A_{v2} = -\dfrac{2V}{1V} = -2$

$A_{vT} = -50 \times (-2) = 100$

$A_{vT(dB)} = 20\log 100 = 40\,dB$

(3) $P_o = \dfrac{(\frac{2}{\sqrt{2}})^2}{2k\Omega} = 1\,mW$

$10\log(\dfrac{1mW}{1mW}) = 0\,dBm$

2. (1) $40dB = 20\log A_v \Rightarrow A_v = 100$

(2) $P_o = \dfrac{V_o^2}{R_L} \Rightarrow V_o = \sqrt{40 \times 10} = 20\,V$

(3) $A_v = \dfrac{V_o}{V_i} \Rightarrow 100 = \dfrac{20}{V_i} \Rightarrow V_i = 0.2\,V$

3. $20\log A_v = 20\log(20 \times 50 \times 100) = 100\,dB$

4. (1) $A_{vT} = 20 \times \dfrac{1}{5} \times 100 \times \dfrac{1}{2} \times 50 = 10^4$

(2) $20\log A_{vT} = 20\log 10^4 = 80\,dB$

5. $A_{vT(dB)} = 0 + 20 + 20 = 40dB$

$\Rightarrow A_{vT} = 100$倍

6. (1) $A_{v1} = -\dfrac{50\text{mV} \times 2}{20\text{mV}} = -5$，$A_{v2} = -2$

$A_{vT} = -5 \times (-2) = 10$倍，相當於20dB

(2) $A_{v2} \approx -\dfrac{R_{C2} // R_L}{R_{E2}} \Rightarrow -2 = \dfrac{10\text{k}\Omega // R_L}{3\text{k}\Omega}$

$\Rightarrow R_L = 15\text{ k}\Omega$

(3) RC串級放大器，級與級間有隔離電容器，直流工作點互不影響。

8. 小信號模型如下所示：

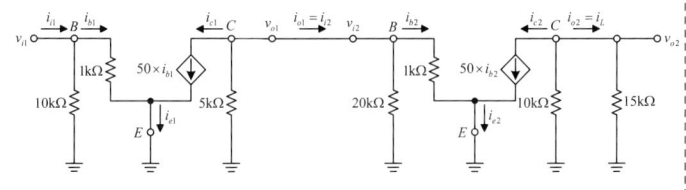

(1) 第一級電壓增益A_{v1}

$A_{v1} = \dfrac{v_{o1}}{v_{i1}}$

$= -50 \times \dfrac{(5\text{k}\Omega // 20\text{k}\Omega // 1\text{k}\Omega)}{1\text{k}\Omega}$

$= -50 \times \dfrac{0.8\text{k}\Omega}{1\text{k}\Omega}$

$= -40$

(2) 第二級電壓增益A_{v2}

$A_{v2} = \dfrac{v_{o2}}{v_{i2}} = -50 \times \dfrac{10\text{k}\Omega // 15\text{k}\Omega}{1\text{k}\Omega}$

$= -300$

(3) 總電壓增益

$A_{vT} = -40 \times (-300) = 12000$

(4) $v_o(t) = v_i \times A_{vT}$

$= \dfrac{5}{6}\sin \omega t(\text{mV}) \times 12000$

$= 10\sin \omega t(\text{V})$

（輸出有隔離電容將直流電阻隔，因此只輸出交流信號）

(5) 將檔位切換至2V/DIV，因此峰值電壓顯示5格

素養導向題　P.5-61

4. $Z_{i2} = 101\text{k}\Omega = (6\text{k}\Omega // R_L) \times (1 + 49) + 1\text{k}\Omega$

$\Rightarrow R_L = 3\text{ k}\Omega$

5. 輸入阻抗$Z'_{i1} = Z_{i2} \times (1 + \beta_1) + r_{\pi 1}$

$= 101\text{k}\Omega \times (1 + 49) + 1\text{k}\Omega$

$\approx 5\text{ M}\Omega$

6. 輸入阻抗$Z_{i1} = R_{B1} // 10\text{M}\Omega // 5\text{M}\Omega = 3\text{M}\Omega$

$\Rightarrow R_{B1} = 30\text{ M}\Omega$

Chapter 6 金氧半場效電晶體

6-1 學生練習

1. (A)
2. (C)

6-1 立即練習

基礎題

2. 為P通道增強型MOSFET。
3. P通道空乏型MOSFET。
7. M是指金屬（Metal）。

6-2 學生練習

1. (D)

   優先判斷是否操作於截止區（$V_{GS} \le V_P$），若不是，再判斷操作於夾止區或是歐姆區。

   (a)圖：
   $V_{GS} = V_G - V_S = 1\text{V} - 6\text{V} = -5\text{ V} < V_P$，
   操作於截止區

   (b)圖：
   $V_{GS} = V_G - V_S = 2\text{V} - 4\text{V} = -2\text{ V} > V_P$；
   $V_{GD} = V_G - V_D = 2\text{V} - 7\text{V} = -5\text{ V} < V_P$，
   操作於夾止區

   (c)圖：
   $V_{GS} = V_G - V_S = 4\text{V} - 5\text{V} = -1\text{ V} > V_P$；
   $V_{GD} = V_G - V_D = 4\text{V} - 6\text{V} = -2\text{ V} > V_P$，
   操作於歐姆區

2. (C)

   優先判斷是否操作於截止區（$V_{GS} \ge V_P$），若不是再判斷操作於夾止區或是歐姆區。

   (a)圖：
   $V_{GS} = V_G - V_S = 4\text{V} - 2\text{V} = 2\text{ V} \ge V_P$，
   操作於截止區

   (b)圖：
   $V_{GS} = V_G - V_S = 7\text{V} - 6.5\text{V} = 0.5\text{ V} < V_P$；
   $V_{GD} = V_G - V_D = 7\text{V} - 6\text{V} = 1\text{ V} < V_P$，
   操作於歐姆區

   (c)圖：
   $V_{GS} = V_G - V_S = 5\text{V} - 4\text{V} = 1\text{ V} < V_P$；
   $V_{GD} = V_G - V_D = 5\text{V} - 1.5\text{V} = 3.5\text{ V} > V_P$，
   操作於夾止區

3. (A)

   (1) $I_D = I_{DSS} \times (1 - \dfrac{V_{GS}}{V_P})^2$
   $= 16\text{mA} \times (1 - \dfrac{-1.5\text{V}}{3\text{V}})^2 = 36\text{ mA}$
   （$I_D > I_{DSS}$ 增強模式）

   (2) $I_D = I_{DSS} \times (1 - \dfrac{V_{GS}}{V_P})^2$
   $= 16\text{mA} \times (1 - \dfrac{1.5}{3\text{V}})^2 = 4\text{ mA}$
   （$I_D < I_{DSS}$ 空乏模式）

4. (A)

   $I_D = I_{DSS} \times (1 - \dfrac{V_{GS}}{V_P})^2$
   $\Rightarrow 16\text{mA} \times (1 - \dfrac{V_{GS}}{4\text{V}})^2 = 9\text{ mA}$
   $(1 - \dfrac{V_{GS}}{4}) = \pm \dfrac{3}{4} \Rightarrow V_{GS} = 1\text{ V}$ 或 7V
   （$7\text{V} > V_{GS}$ 操作於截止區，為增根故不合）
   因此 $V_{GS} = 1\text{ V}$

6-2 立即練習

基礎題

1. $I_D = I_{DSS} \times (1 - \dfrac{V_{GS}}{V_P})^2$
   $= 20\text{mA} \times (1 - \dfrac{-2\text{V}}{-4\text{V}})^2 = 5\text{ mA}$

6. 飽和時的夾止電壓 V_P 是指汲極端恰為夾止時的電壓。

進階題

1. (1) $V_{GS} < V_P \Rightarrow V_{GS} < 4\text{ V}$
   (2) $V_{SD} = 3\text{V} \Rightarrow V_{DS} = -3\text{ V}$
   $V_{GD} \ge 4\text{V} \Rightarrow V_{GS} - V_{DS} \ge 4\text{V}$
   $\Rightarrow V_{GS} - (-3\text{V}) \ge 4\text{V}$
   $\Rightarrow V_{GS} \ge 1\text{ V}$

2. $V_{GS} = -6\text{ V} < V_P$
   所以操作於截止區，$I_D = 0$ A

3. (1) 由題意可知 $V_P = -3$ V

   (2) $I_D = I_{DSS} \times (1 - \dfrac{V_{GS}}{V_P})^2$

   $\Rightarrow 3\text{mA} = I_{DSS} \times (1 - \dfrac{-1.5\text{V}}{-3\text{V}})^2$

   $\Rightarrow I_{DSS} = 12$ mA

6-3學生練習   P.6-25

1. (D)

   優先判斷是否操作於截止區（$V_{GS} \leq V_t$），若不是，再判斷操作於夾止區或是歐姆區。

   (a)圖：
   $V_{GS} = V_G - V_S = 5\text{V} - 4\text{V} = 1\text{ V} \leq V_t$，
   操作於截止區

   (b)圖：
   $V_{GS} = V_G - V_S = 8\text{V} - 5\text{V} = 3\text{ V} > V_t$；
   $V_{GD} = V_G - V_D = 8\text{V} - 10\text{V} = -2\text{ V} < V_t$，
   操作於夾止區

   (c)圖：
   $V_{GS} = V_G - V_S = 10\text{V} - 6\text{V} = 4\text{ V} > V_t$；
   $V_{GD} = V_G - V_D = 10\text{V} - 7\text{V} = 3\text{ V} > V_t$，
   操作於歐姆區

2. (B)

   優先判斷是否操作於截止區（$V_{GS} \geq V_t$），若不是，再判斷操作於夾止區或是歐姆區。

   (a)圖：
   $V_{GS} = V_G - V_S = -6\text{V} - (-1\text{V}) = -5\text{ V} < V_t$；
   $V_{GD} = V_G - V_D = -6\text{V} - (-8\text{V}) = 2\text{ V} > V_t$，
   操作於夾止區

   (b)圖：
   $V_{GS} = V_G - V_S = -2\text{V} - 1\text{V} = -3\text{ V} > V_t$，
   操作於截止區

   (c)圖：
   $V_{GS} = V_G - V_S = -7\text{V} - 2\text{V} = -9\text{ V} < V_t$；
   $V_{GD} = V_G - V_D = -7\text{V} - (-2\text{V}) = -5\text{ V} < V_t$，
   操作於歐姆區

3. (C)

   (1) $I_D = K \times (V_{GS} - V_t)^2$
   $= 2\text{mA}/\text{V}^2 \times [-5\text{V} - (-4\text{V})]^2$
   $= 2$ mA

   (2) $I_D = K \times (V_{GS} - V_t)^2$
   $= 2\text{mA}/\text{V}^2 \times [-6\text{V} - (-4\text{V})]^2$
   $= 8$ mA

4. (A)

   $I_D = K \times (V_{GS} - V_t)^2$
   $\Rightarrow 3\text{mA}/\text{V}^2 \times [V_{GS} - (-2\text{V})]^2 = 12$ mA
   $V_{GS} = -4$ V 或 0V
   （$0\text{V} > V_t$ 操作於截止區，為增強故不合）
   因此 $V_{GS} = -4$ V

6-3立即練習   P.6-27

基礎題

3. $V_{GS} = V_G - V_S = 1.2\text{V} - 5\text{V} = -3.8\text{ V} < V_t$
   且 $V_{GD} = V_G - V_D = 1.2\text{V} - 2\text{V} = -0.8\text{ V} < V_t$
   因此操作於歐姆區

4. P通道增強型MOSFET之臨界電壓 $V_t = -4$ V，因此 $V_{GS} < V_t$ 才可以使P通道增強型MOSFET導通，故需加上低於−4V的電壓。

5. N通道增強型MOSFET之臨界電壓 $V_t = 4$ V，因此 $V_{GS} > V_t$ 才可以使N通道增強型MOSFET導通，故需加上高於4V的電壓。

11. $I_D = K \times (V_{GS} - V_t)^2$
    $= 1\text{mA}/\text{V}^2 \times (4\text{V} - 2\text{V})^2 = 4$ mA

進階題

2. (1) $I_D = K \times (V_{GS} - V_t)^2$
   $\Rightarrow 8\text{mA} = K \times (2.5\text{V} - 0.5\text{V})^2$
   $\Rightarrow K = 2\text{ mA}/\text{V}^2$

   (2) $I_D = K \times (V_{GS} - V_t)^2$
   $= 2\text{mA}/\text{V}^2 \times (3.5\text{V} - 0.5\text{V})^2$
   $= 18$ mA

4. 感應N型反轉層。

5. (1) $I_D = K \times (V_{GS} - V_t)^2$
$\Rightarrow 1\text{mA} = K \times (4\text{V} - 2\text{V})^2$
$\Rightarrow K = 0.25\,\text{mA}/\text{V}^2$

(2) $I_D = K \times (V_{GS} - V_t)^2$
$= 0.25\,\text{mA}/\text{V}^2 \times (6\text{V} - 2\text{V})^2$
$= 4\,\text{mA}$

6-4學生練習　P.6-33

1. (B)
假設操作於夾止區

(1) 汲極電流
$I_D = I_{DSS} \times (1 - \dfrac{V_{GS}}{V_P})^2$
$= 16\text{mA} \times (1 - \dfrac{-1.5\text{V}}{-3\text{V}})^2 = 4\,\text{mA}$

(2) 汲源極電壓
$V_{DS} = V_{DD} - I_D \times R_D$
$= 16\text{V} - 4\text{mA} \times 1.5\text{k}\Omega = 10\,\text{V}$

(3) $V_{GS} = -1.5\,\text{V} > V_P$
且 $V_{GD} = V_{GS} - V_{DS} = (-1.5\text{V}) - 10\text{V}$
$= -11.5\,\text{V} < V_P$
（操作於夾止區，故假設成立）

(4) 工作點 $Q(V_{DSQ}, I_{DQ}) = Q(10\text{V}, 4\text{mA})$

2. (C)
假設操作於夾止區

(1) ∵ $I_G = 0\,\text{A}$，故 $V_G = 0\,\text{V}$，
因此 $V_{GS} = V_G - I_S = 0 - I_D \times R_S$
$= -I_D \times R_S = -1\text{k}\Omega \times I_D$
將運算式重新整理為 $I_D = -\dfrac{V_{GS}}{1\text{k}\Omega}$ ……①

(2) 汲極電流
$I_D = I_{DSS} \times (1 - \dfrac{V_{GS}}{V_P})^2$
$= 12\text{mA} \times (1 + \dfrac{V_{GS}}{6\text{V}})^2$ ……②

(3) 將①代入②：
$-\dfrac{V_{GS}}{1\text{k}\Omega} = 12\text{mA} \times (1 + \dfrac{V_{GS}}{6\text{V}})^2$
$\Rightarrow V_{GS}^2 + 15V_{GS} + 36 = 0$
$V_{GS} = -3\,\text{V}$ 或 -12V
（$-12\text{V} < V_P$ 操作於截止區故不合）

3. (A)
(1) ∵ $I_G = 0\,\text{A}$，故 $V_G = 0\,\text{V}$，
故 $V_{GS} = V_G - V_S = 0\,\text{V}$

(2) 汲極電流
$I_D = I_{DSS} \times (1 - \dfrac{V_{GS}}{V_P})^2$
$= 4\text{mA} \times (1 - \dfrac{0\text{V}}{-4\text{V}})^2 = 4\,\text{mA}$

(3) 汲源極電壓
$V_{DS} = V_{DD} - I_D \times R_D$
$= 10\text{V} - 4\text{mA} \times 1.5\text{k}\Omega = 4\,\text{V}$

(4) $V_{GS} = 0\,\text{V} > V_P$
且 $V_{GD} = V_{GS} - V_{DS} = 0\text{V} - 4\text{V}$
$= -4\,\text{V} \le V_P$
（操作於夾止區，故假設成立）

(5) 工作點 $Q(V_{DSQ}, I_{DQ}) = Q(4\text{V}, 4\text{mA})$

4. (B)
∵ $I_G = 0\,\text{A}$，故 $V_G = 5\,\text{V}$，並假設操作於夾止區

(1) 輸入迴路：
$V_{GS} = 5\text{V} - I_D \times 7\text{k}\Omega$
$\Rightarrow I_D = -\dfrac{V_{GS} - 5\text{V}}{7\text{k}\Omega}$ ……①

(2) 輸出迴路：
$I_D = I_{DSS} \times (1 - \dfrac{V_{GS}}{V_P})^2$
$\Rightarrow I_D = 4\text{mA} \times (1 + \dfrac{V_{GS}}{4})^2$ ……②

將①代入②可得
$-\dfrac{V_{GS} - 5\text{V}}{7\text{k}\Omega} = 4\text{mA} \times (1 + \dfrac{V_{GS}}{4})^2$
$\Rightarrow 7V_{GS}^2 + 60V_{GS} + 92 = 0$
$(V_{GS} + 2\text{V})(7V_{GS} + 46\text{V}) = 0$
$V_{GS} = -2\,\text{V}$ 或 $-\dfrac{46}{7}\text{V}$
（$-\dfrac{46}{7}\text{V} < V_P$ 操作於截止區故不合）

(3) 汲極電流
$I_D = I_{DSS} \times (1 - \dfrac{V_{GS}}{V_P})^2$
$\Rightarrow I_D = 4\text{mA} \times (1 - \dfrac{2\text{V}}{4\text{V}})^2 = 1\,\text{mA}$

(4) 汲源極電壓
$$V_{DS} = V_{DD} - I_D \times (R_D + R_S)$$
$$= 15\text{V} - 1\text{mA} \times (3\text{k}\Omega + 7\text{k}\Omega) = 5\text{ V}$$
(5) 工作點 $Q(V_{DSQ}, I_{DQ}) = Q(5\text{V}, 1\text{mA})$

5. (D)

假設操作於夾止區

$\because I_G = 0 \text{ A}$，故 $V_G = V_{GG} = 3 \text{ V}$，

因此 $V_{GS} = V_G - V_S = 3\text{V} - 0\text{V} = 3 \text{ V}$

(1) 汲極電流
$$I_D = K \times (V_{GS} - V_t)^2$$
$$= 4\text{mA}/\text{V}^2 \times (3\text{V} - 2\text{V})^2 = 4\text{ mA}$$

(2) 汲源極電壓
$$V_{DS} = V_{DD} - I_D \times R_D$$
$$= 12\text{V} - 4\text{mA} \times 2.5\text{k}\Omega = 2\text{ V}$$

(3) $V_{GS} = 3 \text{ V} > V_t$

且 $V_{GD} = V_{GS} - V_{DS} = 3\text{V} - 2\text{V}$
$$= 1 \text{ V} < V_t$$

（操作於夾止區，故假設成立）

(4) 工作點 $Q(V_{DSQ}, I_{DQ}) = Q(2\text{V}, 4\text{mA})$

6. (A)

$\because I_G = 0 \text{ A}$，故 $V_G = 4 \text{ V}$

(1) 輸入迴路：
$$V_{GS} = 4\text{V} - I_D \times 1\text{k}\Omega$$
$$\Rightarrow I_D = -\frac{V_{GS} - 4\text{V}}{1\text{k}\Omega} \quad \text{①}$$

(2) 輸出迴路：
$$I_D = K \times (V_{GS} - V_t)^2$$
$$= 1\text{mA}/\text{V}^2 \times (V_{GS} - 2\text{V})^2 \quad \text{②}$$

將①代入②可得
$$-\frac{V_{GS} - 4\text{V}}{1\text{k}\Omega} = 1\text{mA}/\text{V}^2 \times (V_{GS} - 2\text{V})^2$$
$$\Rightarrow V_{GS}^2 - 3V_{GS} = 0$$
$$V_{GS} = 3 \text{ V} \text{ 或 } 0\text{V}$$

（$0\text{V} < V_t$ 操作於截止區故不合）

(3) 汲極電流
$$I_D = K \times (V_{GS} - V_t)^2$$
$$= 1\text{mA}/\text{V}^2 \times (3\text{V} - 2\text{V})^2 = 1\text{ mA}$$

(4) 汲源極電壓
$$V_{DS} = V_{DD} - I_D \times (R_D + R_S)$$
$$= 12\text{V} - 1\text{mA} \times (6\text{k}\Omega + 1\text{k}\Omega) = 5\text{ V}$$

(5) 工作點 $Q(V_{DSQ}, I_{DQ}) = Q(5\text{V}, 1\text{mA})$

7. (C)

$\because I_G = 0 \text{ A}$，故 $V_G = V_D \Rightarrow V_{GS} = V_{DS}$，
並假設操作於夾止區

(1) 汲極電流表示式
$$I_D = \frac{V_{DD} - V_{DS}}{R_D} = \frac{V_{DD} - V_{GS}}{R_D}$$
$$= \frac{10\text{V} - V_{GS}}{3.5\text{k}\Omega} \quad \text{①}$$

(2) 汲極電流方程式
$$I_D = K \times (V_{GS} - V_t)^2$$
$$= 2\text{mA}/\text{V}^2 \times (V_{GS} - 2\text{V})^2 \quad \text{②}$$

(3) 將①代入②可得
$$\frac{10\text{V} - V_{GS}}{3.5\text{k}\Omega} = 2\text{mA}/\text{V}^2 \times (V_{GS} - 2\text{V})^2$$
$$7V_{GS}^2 - 27V_{GS} + 18 = 0$$
$$\Rightarrow V_{GS} = 3 \text{ V 或} \frac{6}{7}\text{V}$$

（$\frac{6}{7}\text{V} < V_t$ 操作於截止區故不合）

(4) $I_D = 2 \text{ mA}$
$$\therefore V_{DS} = 10\text{V} - 2\text{mA} \times 3.5\text{k}\Omega = 3 \text{ V}$$

8. (A)

假設操作於夾止區

(1) $\because I_G = 0 \text{ A}$，故 $V_G = 0 \text{ V}$，

因此 $V_{GS} = V_G - V_S = 0 - I_D \times R_S$
$$= -I_D \times R_S = 0.8\text{k}\Omega \times I_D$$

將運算式重新整理為 $I_D = -\frac{V_{GS}}{0.8\text{k}\Omega}$ ……①

(2) 汲極電流
$$I_D = I_{DSS} \times (1 - \frac{V_{GS}}{V_P})^2$$
$$= 10\text{mA} \times (1 + \frac{V_{GS}}{4\text{V}})^2 \quad \text{②}$$

(3) 將①代入②：
$$-\frac{V_{GS}}{0.8\text{k}\Omega} = 10\text{mA} \times (1 + \frac{V_{GS}}{4\text{V}})^2$$
$$\Rightarrow V_{GS}^2 + 10V_{GS} + 16 = 0$$
$$V_{GS} = -2 \text{ V 或} -8\text{V}$$

（$-8\text{V} < V_P$ 操作於截止區故不合）

6-4 立即練習 P.6-47

基礎題

9. 汲極回授偏壓法只能操作於歐姆區。

10. 自給偏壓法的 V_{GS} 為逆向偏壓，不適合用於增強型MOSFET。

12. (1) $V_G = 15V \times \dfrac{100k\Omega}{150k\Omega + 100k\Omega} = 6\,V$

 (2) $V_{GS} = V_G - V_S = V_G - I_D \times R_S$
 $= 6V - 0.2mA \times 5k\Omega = 5\,V$

13. (1) $V_{GS} = V_G - V_S = 0\,V$
 $I_D = I_{DSS} = 5\,mA$

 (2) $V_{DSQ} = V_{DD} - I_D \times R_D$
 $= 20V - 5mA \times 1k\Omega = 15\,V$

14. (1) $V_{GS} = V_G - V_S = 0\,V$
 $I_D = I_{DSS} = 15\,mA$

 (2) $V_{DSQ} = V_{DD} - I_D \times R_D$
 $= 25V - 15mA \times 1k\Omega = 10\,V$

15. (1) $I_D = I_{DSS} \times (1 - \dfrac{V_{GS}}{V_P})^2$
 $= 4mA \times (1 - \dfrac{-2V}{-4V})^2 = 1\,mA$

 (2) $V_{GS} = V_G - V_S = 0V - I_D \times R_S$
 $\Rightarrow -2V = 0V - 1mA \times R_S$
 $\Rightarrow R_S = 2\,k\Omega$

16. (1) $I_D = I_{DSS} \times (1 - \dfrac{V_{GS}}{V_P})^2$
 $= 4mA \times (1 - \dfrac{-3V}{-6V})^2 = 1\,mA$

 (2) $V_{DS} = V_{DD} - I_D \times R_D$
 $\Rightarrow 6V = 12V - 1mA \times R_D$
 $\Rightarrow R_D = 6k\Omega$

17. (1) $V_D = V_{DD} - I_D \times R_D$
 $= 15V - 2mA \times 5k\Omega = 5\,V$

 (2) $V_{GS} = 0 - I_D \times R_S$
 $= 0 - 2mA \times 1k\Omega = -2\,V$

18. (1) 該電路的偏壓組態為固定偏壓法，$V_{GS} = -2\,V$

 (2) 汲源極電流
 $I_D = I_{DSS} \times (1 - \dfrac{V_{GS}}{V_P})^2$
 $= 12mA \times (1 - \dfrac{-2V}{-4V})^2 = 3\,mA$

 (3) 輸出電容器 C_o 阻隔直流成分，故
 $V_{DS} = 12V - 3mA \times 3k\Omega = 3\,V$

19. (1) $V_{GS} = V_G - V_S = 0V - (V_{SS} + I_D \times R_S)$
 $= 0V - (-20V + 7mA \times R_S) = -1V$
 $\Rightarrow R_S = 3\,k\Omega$

 (2) $V_D = -20V + 7mA \times 3k\Omega + 5V = 6\,V$

 (3) $R_D = \dfrac{V_{DD} - V_D}{I_D} = \dfrac{20V - 6V}{7mA} = 2\,k\Omega$

20. (1) $I_D = K \times (V_{GS} - V_t)^2$
 $\Rightarrow 3mA = 0.75\,mA/V^2 \times (V_{GS} - 2V)^2$
 $\Rightarrow V_{GS} = 4\,V$ 或 $0\,V$（$0V$不合）

 (2) $\because V_{GS} = V_{DS} = 4\,V$
 因此 $V_{DD} = I_D \times R_D + V_{DS} + I_D \times R_S$
 $10V = 3mA \times 1k\Omega + 4V + 3mA \times R_S$
 $\Rightarrow R_S = 1\,k\Omega$

進階題

1. (1) $V_{DD} = 12\,V$

 (2) $V_{GS} = -I_D \times R_S$
 $\Rightarrow R_S = \dfrac{V_{GS}}{-I_D} = \dfrac{-3V}{-6mA} = 0.5\,k\Omega$

 (3) $\dfrac{V_{DD}}{R_D + R_S} = 9.6mA$
 $\Rightarrow \dfrac{12V}{R_D + 0.5k\Omega} = 9.6mA$
 $\Rightarrow R_D = 0.75\,k\Omega$

 (4) $V_{DSQ} = V_{DD} - I_D \times (R_D + R_S)$
 $= 12V - 6mA \times (0.5k\Omega + 0.75k\Omega)$
 $= 4.5\,V$

2. (1) 當 $V_{GS} > 2\,V$ 時開始有汲極電流 I_D 產生，表示臨界電壓 $V_t = 2\,V$。

 (2) $I_D = K \times (V_{GS} - V_t)^2$
 $\Rightarrow 5mA = K \times (4V - 2V)^2$
 $\Rightarrow K = 1.25\,mA/V^2$

(3) ∵ $I_G \approx 0$ A,
因此 $V_{GS} = V_{DS} \Rightarrow V_{DSQ} = 4$ V

(4) $\begin{cases} \dfrac{V_{DD}}{R_D} = 13\,\text{mA} \\ V_{DD} - 5\text{mA} \times R_D = 4\,\text{V} \end{cases}$

$\Rightarrow \begin{cases} V_{DD} = 13\text{mA} \times R_D \cdots\cdots(1) \\ V_{DD} - 5\text{mA} \times R_D = 4\,\text{V}\cdots\cdots(2) \end{cases}$

$\Rightarrow$ 將(1)代入(2)

$13\text{mA} \times R_D - 5\text{mA} \times R_D = 4\text{V}$

$\Rightarrow R_D = 500\,\Omega$

且 $V_{DD} = 6.5$ V

歷屆試題 P.6-51

電子學試題

5. (1) $I_D = K \times (V_{GS} - V_T)^2$
$\Rightarrow 20\text{mA} = K \times (4\text{V} - 2\text{V})^2$
$\Rightarrow K = 5\,\text{mA}/\text{V}^2$

(2) 電路中的 $V_{GS} = 10\text{V} \times \dfrac{3\text{M}\Omega}{5\text{M}\Omega + 3\text{M}\Omega}$
$= 3.75$ V

(3) $I_D = K \times (V_{GS} - V_T)^2$
$= 5\text{mA}/\text{V}^2 \times (3.75\text{V} - 2\text{V})^2$
$= 15.3125$ mA

(4) $V_{DS} = 10\text{V} - 15.3125\text{mA} \times 0.3\text{k}\Omega$
≈ 5.4 V

7. $I_D = I_{DSS} \times (1 - \dfrac{V_{GS}}{V_P})^2$
$\Rightarrow 4\text{mA} = 16\text{mA} \times (1 - \dfrac{V_{GS}}{-3\text{V}})^2$
$\Rightarrow V_{GS} = -1.5$ V 或 -4.5 V（不合）

8. (1) $I_D = K \times (V_{GS} - V_T)^2$
$\Rightarrow 1\text{mA} = K \times (4\text{V} - 2\text{V})^2$
$\Rightarrow K = 0.25\,\text{mA}/\text{V}^2$

(2) 若汲源極電壓 $V_{DS} = 6$ V,
$I_D = K \times (V_{GS} - V_T)^2$
$= 0.25\,\text{mA}/\text{V}^2 \times (6\text{V} - 2\text{V})^2$
$= 4$ mA

(3) $R_D = \dfrac{12\text{V} - 6\text{V}}{4\text{mA}} = 1.5$ kΩ

10. (1) $V_{GS} = 5\text{V} \times \dfrac{20\text{k}\Omega}{30\text{k}\Omega + 20\text{k}\Omega} = 2$ V
$I_D = 0.1\text{mA}/\text{V}^2 \times (2\text{V} - 1\text{V})^2 = 0.1$ mA

(2) $V_{DS} = 5\text{V} - 0.1\text{mA} \times 20\text{k}\Omega = 3$ V

13. $V_{GS} = 12\text{V} \times \dfrac{20\text{k}\Omega}{100\text{k}\Omega + 20\text{k}\Omega} = 2\,\text{V} < V_T$
所以操作於截止區，$I_D = 0 \Rightarrow V_{DS} = 12$ V

15. $I_D = I_{DSS} \times (1 - \dfrac{V_{GS}}{V_P})^2$
$\Rightarrow I_D = 12\text{mA} \times (1 - \dfrac{-2\text{V}}{-4\text{V}})^2 = 3$ mA

16. (1) $V_G = 12\text{V} \times \dfrac{200\text{k}\Omega}{200\text{k}\Omega + 200\text{k}\Omega} = 6$ V
$V_S = I_D \times R_S = 2\text{mA} \times 0.5\text{k}\Omega = 1$ V
$V_{GS} = 6\text{V} - 1\text{V} = 5$ V

(2) $I_D = K(V_{GS} - V_t)^2$
$\Rightarrow 2\text{mA} = K \times (5\text{V} - 2\text{V})^2$
$\Rightarrow K = \dfrac{2}{9}\,\text{mA}/\text{V}^2 \approx 0.22\,\text{mA}/\text{V}^2$

18. (1) $I_D = K(V_{GS} - V_t)^2$
$\Rightarrow 0.5\text{mA} = 0.5\,\text{mA}/\text{V}^2 \times (V_{GS} - 2\text{V})^2$
$\Rightarrow V_{GS} = 3$ V

(2) $V_G = 10\text{V} \times \dfrac{2\text{M}\Omega}{3\text{M}\Omega + 2\text{M}\Omega} = 4$ V

(3) $V_G - V_S = V_{GS} \Rightarrow 4\text{V} - V_S = 3\text{V}$
$\Rightarrow V_S = 1$ V
$R_S = \dfrac{1\text{V}}{0.5\text{mA}} = 2$ kΩ

20. (1) $V_i = 0$ V，則 Q_1 截止，
所以 $V_o = V_{DD} = 5$ V

(2) 對於 Q_2 而言,
$V_{GD} = 0\text{V} - 5\text{V} = -5\,\text{V} < V_T$,
所以操作在歐姆區

21. (1) $I_D = K(V_{GS} - V_t)^2$
$\Rightarrow I_D = 1\text{mA}/\text{V}^2 \times (4\text{V} - 2\text{V})^2$
$\Rightarrow I_D = 4$ mA

(2) $R_D = \dfrac{12\text{V} - 4\text{V}}{4\text{mA}} = 2$ kΩ

22. $V_{GS} = V_{DS} = 12\text{V} - 2\text{mA} \times 3\text{k}\Omega = 6$ V

23. (1) $V_{GS} = 15\text{V} \times \dfrac{300\text{k}\Omega}{900\text{k}\Omega + 300\text{k}\Omega} = 3.75\text{ V}$

(2) $I_D = K \times (V_{GS} - V_t)^2$
$= 0.8\text{mA}/\text{V}^2 \times (3.75\text{V} - 2.25\text{V})^2$
$= 1.8\text{ mA}$

(3) $V_{DS} = 15\text{V} - 1.8\text{mA} \times 3.3\text{k}\Omega = 9.06\text{ V}$

25. (1) $I_D = K \times (V_{GS} - V_t)^2$
$\Rightarrow 10.8\text{mA} = 1.2\text{mA}/\text{V}^2 \times (V_{GS} - 1.8\text{V})^2$
$\Rightarrow V_{GS} = 4.8\text{ V}$

(2) $12\text{V} \times \dfrac{100\text{k}\Omega}{R_{G1} + 100\text{k}\Omega} = 4.8\text{V}$
$\Rightarrow R_{G1} = 150\text{ k}\Omega$

26. (1) $V_{GS} = 12\text{V} \times \dfrac{500\text{k}\Omega}{1\text{M}\Omega + 500\text{k}\Omega} = 4\text{ V}$

(2) $I_D = K \times (V_{GS} - V_T)^2$
$= 1.2\text{mA}/\text{V}^2 \times (4\text{V} - 2\text{V})^2$
$= 4.8\text{ mA}$

(3) $V_{DS} = 12\text{V} - 4.8\text{mA} \times 1\text{k}\Omega = 7.2\text{ V}$

27. (1) $I_D = K \times (V_{GS} - V_T)^2$
$\Rightarrow 4\text{mA} = K \times (4\text{V} - 2\text{V})^2$
$\Rightarrow K = 1\text{ mA}/\text{V}^2$

(2) $I_D = K \times (V_{GS} - V_T)^2$
$= 1\text{mA}/\text{V}^2 \times (5\text{V} - 2\text{V})^2 = 9\text{ mA}$

電子學實習試題

1. $I_D = K \times (V_{GS} - V_T)^2$
$= 0.25\text{mA}/\text{V}^2 \times (4\text{V} - 2\text{V})^2$
$= 1\text{ mA}$

2. $I_D = I_{DSS} \times (1 - \dfrac{V_{GS}}{V_P})^2$
$\Rightarrow I_D = 6\text{mA} \times (1 - \dfrac{-3\text{V}}{-6\text{V}})^2 \Rightarrow I_D = 1.5\text{ mA}$

3. $I_D = K \times (V_{GS} - V_T)^2$
$\Rightarrow 8\text{mA} = 2\text{mA}/\text{V}^2 \times (V_{GS} - 2\text{V})^2$
$\Rightarrow V_{GS} = 4\text{ V}$ 或 0V（不合）

5. (1) $I_D = K \times (V_{GS} - V_T)^2$
$\Rightarrow 2\text{mA} = K \times (6\text{V} - 4\text{V})^2$
$\Rightarrow K = 0.5\text{ mA}/\text{V}^2$

(2) $I_D = K \times (V_{GS} - V_T)^2$
$\Rightarrow 8\text{mA} = 0.5\text{mA}/\text{V}^2 \times (V_{GS} - 4\text{V})^2$
$\Rightarrow V_{GS} = 8\text{ V}$

8. (1) $I_D = K \times (V_{GS} - V_T)^2$
$\Rightarrow 2\text{mA} = K \times 1^2 \Rightarrow K = 2\text{ mA}/\text{V}^2$

(2) $I_D = K \times (V_{GS} - V_T)^2$
$= 2\text{mA}/\text{V}^2 \times 1.2^2 = 2.88\text{ mA}$

10. (1) $V_{DS} = 0.5 V_{DD} = 0.5 \times 12\text{V} = 6\text{ V}$

(2) $I_D = \dfrac{V_{DD} - V_{DS}}{R_D} = \dfrac{12\text{V} - 6\text{V}}{3\text{k}\Omega} = 2\text{ mA}$

(3) $I_D = K \times (V_{GS} - V_T)^2$
$\Rightarrow 2\text{mA} = 2\text{mA}/\text{V}^2 \times (V_{GS} - 3.2\text{V})^2$
$\Rightarrow V_{GS} = 4.2\text{ V}$ 或 2.2 V（不合）

(4) $V_{GS} = V_{DD} \times \dfrac{R_{G2}}{R_{G1} + R_{G2}}$
$\Rightarrow 4.2\text{V} = 12\text{V} \times \dfrac{R_{G2}}{600\text{k}\Omega + R_{G2}}$
$\Rightarrow R_{G2} \approx 323\text{ k}\Omega$

最新統測試題

1. (1) $V_{GS} = V_G - V_S = 0\text{V} - 3.3\text{V} = -3.3\text{ V}$

(2) $V_{GD} = V_G - V_D = 0\text{V} - 3\text{V} = -3\text{ V} < V_t$
$\Rightarrow$ 操作於歐姆區

2. (1) FET之輸入阻抗較BJT高。
(2) FET之熱穩定度較BJT高。
(3) BJT為雙載子元件，
FET為單載子元件。

3. (1) $V_G = V_{DD} \dfrac{R_2}{R_1 + R_2} = 15 \times \dfrac{1}{2+1} = 5\text{ V}$

(2) $I_D = \dfrac{V_{DD} - V_D}{R_D} = \dfrac{15 - 10.6}{2.2\text{k}} = 2\text{ mA}$

(3) $I_D = K(V_{GS} - V_t)^2$
$\Rightarrow 2\text{m} = 0.5\text{m} \times (V_{GS} - 2)^2$
得 $V_{GS} = 4\text{ V}$ 或 0V（不合）

(4) $R_S = \dfrac{V_S}{I_D} = \dfrac{V_G - V_{GS}}{I_D} = \dfrac{5 - 4}{2\text{m}} = 0.5\text{ k}\Omega$

5. (A) $V_{GD} = V_{GS} - V_{DS} = 5\text{V} - 1\text{V} = 4\text{V} > V_t$
$\Rightarrow$ 三極區

(B) $V_{GD} = V_{GS} - V_{DS} = 4\text{V} - 1.2\text{V} = 2.8\text{V} > V_t$
$\Rightarrow$ 三極區

(C) $V_{GD} = V_{GS} - V_{DS} = 3\text{V} - 1.5\text{V} = 1.5\text{V} < V_t$
$\Rightarrow$ 飽和區

(D) $V_{GS} = 2\text{V} < V_t \Rightarrow$ 截止區

6. $I_D = K \times (V_{GS} - V_t)^2$

   $\Rightarrow \dfrac{12-6}{1.2k} = K(2.5V - 2V)^2$

   $\Rightarrow K = 20 \text{ mA/V}^2$

7. (1) D-MOSFET的$V_{GS} = 0$時，仍有通道存在。

   (2) P通道E-MOSFET，$V_{GS} < 0$時，才可使汲源極間導通。

   (3) E-MOSFET，閘源極間須加順偏電壓，才有汲源電流，V_{GS}逆偏時沒有汲源電流。

8. (1) $I_D = I_{DSS}(1 - \dfrac{V_{GS}}{V_P})^2$，則

   $1.44 = 9(1 - \dfrac{V_{GS}}{-3})^2$

   $(1 - \dfrac{V_{GS}}{-3}) = \pm\sqrt{\dfrac{1.44}{9}} = \pm 0.4$，故

   $V_{GS} = -1.8$ V 或 -4.2V（不合）

   (2) $V_S = I_D R_S = 1.44\text{m} \times 2\text{k} = 2.88$ V

   (3) $V_G = V_{DD} \dfrac{R_{G2}}{R_{G1} + R_{G2}} = V_{GS} + V_S$

   $= -1.8 + 2.88 = 1.08$ V

   $\dfrac{R_{G1}}{R_{G2}} = \dfrac{V_{DD}}{V_G} - 1 = \dfrac{12}{1.08} - 1 \approx 10.11$

   故 $R_{G1} = 10.11 R_{G2}$
   $= 10.11 \times 20\text{k} = 202.2$ kΩ

模擬演練 P.6-60

電子學試題

1. 運用公式 $I_D = I_{DSS} \times (1 - \dfrac{V_{GS}}{V_P})^2$，

   聯立方程式如下所示：

   $\begin{cases} 4\text{mA} = I_{DSS} \times (1 + \dfrac{2}{V_P})^2 \cdots\cdots(1) \\ 1\text{mA} = I_{DSS} \times (1 + \dfrac{3}{V_P})^2 \cdots\cdots(2) \end{cases}$

   解聯立後可得：$V_P = -4$ V，$I_{DSS} = 16$ mA

2. 操作於飽和區之條件 $V_{GD} \geq V_t$

   $\Rightarrow V_{GS} - V_{DS} \geq V_t$

   $\Rightarrow (0V - 5V) - (V_D - 5V) \geq -2$ V

   $\Rightarrow -5V - V_D + 5V \geq -2V$

   $\Rightarrow -V_D \geq -2V \Rightarrow V_D \leq 2$ V

3. (1) N通道增強型MOSFET工作於夾止區的條件：

   $\begin{cases} V_{GS} > V_t \Rightarrow V_{G1} - 2V > 1V \Rightarrow V_{G1} > 3\text{ V} \\ V_{GD} \leq V_t \Rightarrow V_{G1} - 5V \leq 1V \Rightarrow V_{G1} \leq 6\text{ V} \end{cases}$

   因$V_{G1} = V_G$，故 $3V < V_G \leq 6V$

   (2) P通道空乏型MOSFET工作於夾止區的條件：

   $\begin{cases} V_{GS} < V_P \Rightarrow V_{G2} - 3V < 2V \Rightarrow V_{G2} < 5\text{ V} \\ V_{GD} \geq V_P \Rightarrow V_{G2} - 1V \geq 2V \Rightarrow V_{G2} \geq 3\text{ V} \end{cases}$

   因 $V_{G2} = V_G$，故 $3V \leq V_G < 5V$

   (3) 因此（1）與（2）所交集的條件為 $3V < V_G < 5V$ 的電壓範圍內，可工作於夾止區。

4. (1) $I_D = I_{DSS} \times (1 - \dfrac{V_{GS}}{V_P})^2$

   $= 16\text{mA} \times (1 - \dfrac{-2V}{-4V})^2 = 4$ mA

   (2) $V_{GS} = 0 - I_D \times R_S \Rightarrow -2V = -4\text{mA} \times R_S$

   $\Rightarrow R_S = 500$ Ω

   (3) 工作於夾止區的條件 $V_{GD} \leq V_t$

   $\Rightarrow 0V - (V_{DD} - 4\text{mA} \times 2\text{k}\Omega) \leq -4V$

   $\Rightarrow V_{DD} \geq 12$ V

   因此 V_{DD} 最小值為 12V

5. (1) $V_{GS} = -I_D \times R_S$

   $\Rightarrow I_D = -\dfrac{V_{GS}}{R_S} = -\dfrac{V_{GS}}{4\text{k}\Omega}$

   代入 $I_D = I_{DSS} \times (1 - \dfrac{V_{GS}}{V_P})^2$，

   關係式如下：

   $-\dfrac{V_{GS}}{4\text{k}\Omega} = 12\text{mA} \times (1 + \dfrac{V_{GS}}{4})^2$

   $\Rightarrow (3V_{GS} + 16) \times (V_{GS} + 3) = 0$

   $\Rightarrow V_{GS} = -3$ V 或 $-\dfrac{16}{3}$ V（不合）

   因此 $V_{GS} = -3$ V

   (2) $V_{GS} = -3$ V 代入

   $I_D = I_{DSS} \times (1 - \dfrac{V_{GS}}{V_P})^2$

   $= 12\text{mA} \times (1 - \dfrac{-3V}{-4V})^2 = 0.75$ mA

(3) $V_{GD} \leq V_P$
$\Rightarrow V_G - V_D \leq V_P$
$\Rightarrow 0 - (19\text{V} - 0.75\text{mA} \times R_D) \leq -4\text{V}$
$\Rightarrow R_D \leq 20\text{ k}\Omega$
汲極電阻R_D的最大值為20kΩ

6. (1) $I_D = I_{DSS} \times (1 - \dfrac{V_{GS}}{V_P})^2$
$\Rightarrow 4\text{mA} = 9\text{mA} \times (1 - \dfrac{V_{GS}}{-3\text{V}})^2$
$\Rightarrow V_{GS} = -1\text{ V}$

(2) ∵ $I_G = 0\text{ A}$，因此通過電阻R_{G1}的電流等於通過電阻R_{G2}的電流，故
$R_{G2} = \dfrac{V_G}{I_{G2}} = \dfrac{5\text{V}}{0.01\text{mA}} = 500\text{k}\Omega = 0.5\text{ M}\Omega$

(3) $R_{G1} = \dfrac{V_{DD} - V_G}{I_{G1}} = \dfrac{15\text{V} - 5\text{V}}{0.01\text{mA}} = 1\text{ M}\Omega$

(4) $V_{GS} = V_G - V_S = V_G - I_D \times R_S$
$\Rightarrow -1\text{V} = 5\text{V} - 4\text{mA} \times R_S$
$\Rightarrow R_S = \dfrac{-1\text{V} - 5\text{V}}{-4\text{mA}} = 1.5\text{ k}\Omega$

(5) $R_D = \dfrac{V_{DD} - V_D}{I_D} = \dfrac{15\text{V} - 11\text{V}}{4\text{mA}} = 1\text{ k}\Omega$

(6) $V_{DS} = V_{DD} - I_D \times (R_D + R_S)$
$= 15\text{V} - 4\text{mA} \times (1\text{k}\Omega + 1.5\text{k}\Omega)$
$= 5\text{ V}$

7. 假設操作於夾止區
(1) ∵ $I_G = 0\text{ A}$，故$V_G = 0\text{ V}$，因此
因此 $V_{GS} = V_G - V_S = 0 - I_D \times R_S$
$= -I_D \times R_S = -0.6\text{k}\Omega \times I_D$
將運算式重新整理為 $I_D = -\dfrac{V_{GS}}{0.6\text{k}\Omega}$ ……①

(2) 汲極電流
$I_D = I_{DSS} \times (1 - \dfrac{V_{GS}}{V_P})^2$
$= 20\text{mA} \times (1 + \dfrac{V_{GS}}{6\text{V}})^2$ ……②

(3) 將①代入②：
$-\dfrac{V_{GS}}{0.6\text{k}\Omega} = 20\text{mA} \times (1 + \dfrac{V_{GS}}{6\text{V}})^2$
$\Rightarrow V_{GS}^2 + 15V_{GS} + 36 = 0$
$V_{GS} = -3\text{ V}$或-12V
（$-12\text{V} < V_P$操作於截止區故不合）

(4) 汲極電流
$I_D = I_{DSS} \times (1 - \dfrac{V_{GS}}{V_P})^2$
$= 20\text{mA} \times (1 - \dfrac{-3\text{V}}{-6\text{V}})^2 = 5\text{ mA}$

(5) 汲閘極電壓
$V_{DG} = V_{DD} - I_D \times R_D$
$= 16\text{V} - 5\text{mA} \times 2\text{k}\Omega = 6\text{ V}$

(6) $V_{GS} = -3\text{ V} > V_P$
且 $V_{GD} = V_G - V_D = 0\text{V} - 6\text{V}$
$= -6\text{ V} < V_P$
（操作於夾止區，故假設成立）

8. (1) $I_D = K \times (V_{GS} - V_t)^2$
$\Rightarrow 3\text{mA} = 0.75\text{mA}/\text{V}^2 \times (V_{GS} - 2\text{V})^2$
$\Rightarrow V_{GS} = 4\text{ V}$或$0\text{V}$（$0\text{V}$不合）

(2) ∵ $V_{GS} = V_{DS} = 4\text{ V}$
因此 $V_{DD} = I_D \times R_D + V_{DS} + I_D \times R_S$
$10\text{V} = 3\text{mA} \times 1\text{k}\Omega + 4\text{V} + 3\text{mA} \times R_S$
$\Rightarrow R_S = 1\text{ k}\Omega$

9. (1) ∵ $I_G \approx 0\text{ A}$，
因此 $V_G = V_D \Rightarrow V_{GS} = V_{DS}$或$V_{SG} = V_{SD}$

(2) $I_D = \dfrac{V_{SS} - V_{SD}}{R_S + R_D} = \dfrac{28\text{V} - V_{SD}}{2\text{k}\Omega + 1\text{k}\Omega}$
$= \dfrac{28\text{V} - V_{SG}}{3\text{k}\Omega}$ ……①

(3) $I_D = K \times (V_{GS} - V_t)^2$
$= 2\text{mA}/\text{V}^2 \times (V_{GS} + 2\text{V})^2$
$= 2\text{mA}/\text{V}^2 \times (2\text{V} - V_{SG})^2$ ……②

(4) 將①代入②可得：
$\dfrac{28\text{V} - V_{SG}}{2\text{k}\Omega + 1\text{k}\Omega} = 2\text{mA}/\text{V}^2 \times (2 - V_{SG})^2$
$\Rightarrow (V_{SG} - 4\text{V})(6V_{SG} + 1) = 0$
$V_{SG} = 4\text{ V}$或是$-\dfrac{1}{6}\text{V}$

因此 $V_{GS} = -4\text{ V}$或是$\dfrac{1}{6}\text{V}$

（$\dfrac{1}{6}\text{V}$操作於截止區故不合）

(5) $I_D = K \times (V_{GS} - V_t)^2$
$= 2\text{mA}/\text{V}^2 \times [-4\text{V} - (-2\text{V})]^2$
$= 8\text{ mA}$

(6) $V_{SDQ} = V_{DD} - I_D \times (R_S + R_D)$
$= 28V - 8mA \times (2k\Omega + 1k\Omega) = 4V$

(7) 工作點 $Q(V_{SDQ}, I_{DQ}) = (4V, 8mA)$

(8) 電路消耗 $P = 8mA \times 28V = 224 \text{ mW}$

10. (1) $I_D = \dfrac{20V - V_{GS}}{1k\Omega}$

代入汲極電流方程式，可得

$\dfrac{20V - V_{GS}}{1k\Omega} = 3 \text{mA}/V^2 \times (V_{GS} - 2)^2$

$20 - V_{GS} = 3 \times (V_{GS} - 2)^2$

$\Rightarrow 20 - V_{GS} = 3 \times (V_{GS}^2 - 4V_{GS} + 4)$

$\Rightarrow 3V_{GS}^2 - 11V_{GS} - 8 = 0$

(2) $V_{GS} = \dfrac{11 \pm \sqrt{11^2 + 4 \times 3 \times 8}}{2 \times 3}$

$\Rightarrow V_{GS} \approx 4.3 \text{ V}$ 或 -0.62V（不合）

且 $V_{GS} = V_{DS}$

電子學實習試題

5. (1) $I_D = \dfrac{1}{4}K_2(V_{GS1} - 2)^2 = K_2(V_{GS2} - 2)^2$

(2) $\dfrac{1}{2}(V_{GS1} - 2) = (V_{GS2} - 2)$

(3) $V_{GS2} = \dfrac{1}{2}V_{GS1} + 1$，代入 $V_{GS1} + V_{GS2} = 10$

(4) 可得 $V_{GS1} = 6V = V_o$

7. 此電路為共閘極。

8. (1) $V_G = 5V \times \dfrac{20k\Omega}{30k\Omega + 20k\Omega} = 2V$

$V_D = 5V - 0.1mA \times 20k\Omega = 3V$

(2) $V_{GD} = 2V - 3V = -1V$，

$V_{GD} < V_T$ 操作於飽和區

9. (1) $V_G = V_{GS} = 12V \times \dfrac{3M\Omega}{9M\Omega + 3M\Omega} = 3V$

(2) $I_D = K \times (V_{GS} - V_T)^2$
$= 1\text{mA}/V^2 \times (3V - 2V)^2 = 1 \text{mA}$

(3) $V_{DS} = 12V - 1mA \times 5.6k\Omega = 6.4V$

素養導向題 P.6-65

4. $V_{GS} = -I_D \times R_S$

$\Rightarrow R_S = \dfrac{V_{GS}}{-I_D} = \dfrac{-3V}{-6mA} = 0.5 \text{ k}\Omega$

5. $\dfrac{V_{DD}}{R_D + R_S} = 9.6\text{mA} \Rightarrow \dfrac{12V}{R_D + 0.5k\Omega} = 9.6\text{mA}$

$\Rightarrow R_D = 0.75 \text{ k}\Omega$

6. $V_{DSQ} = V_{DD} - I_D \times (R_D + R_S)$
$= 12V - 6mA \times (0.5k\Omega + 0.75k\Omega)$
$= 4.5 \text{ V}$

NOTE

114學年度科技校院四年制與專科學校二年制統一入學測驗試題本
電機與電子群
專業科目（一）：電子學、電子學實習

( )26. 下列有關半導體材料之敘述，何者正確？
(A)矽（Si）摻雜（doping）砷（As），形成P型半導體
(B)N型半導體為電中性，其多數載子為電子
(C)P型半導體為正電性，其多數載子為電洞
(D)本質半導體摻雜三價元素，形成 N 型半導體

( )27. 單相理想二極體橋式全波整流電路，若輸入弦波電源且負載為純電阻，則輸出電壓的波形因數（form factor）為何？
(A)$\frac{1}{\sqrt{2}}$ (B)$\frac{2\sqrt{2}}{\pi}$ (C)$\frac{\pi}{2\sqrt{2}}$ (D)$\sqrt{2}$

( )28. 下列有關二極體之敘述，何者正確？
(A)PN接面二極體，空乏區內的電位差，稱為順向偏壓
(B)PN接面二極體，溫度升高時，逆向飽和電流降低
(C)一般發光二極體（LED）元件，發光顏色主要由工作電壓值大小決定
(D)發光二極體元件，順向偏壓下，電子和電洞復合時釋出能量發光

▲ 閱讀下文，回答第29-30題

如圖（十八）所示電路，$V_{CC}=12$ V，$R_B=305$ kΩ，$R_C=1$ kΩ，$R_E=2.6$ kΩ，BJT之 $V_{BE}=0.7$ V，$\beta=99$，熱電壓$V_T=26$ mV。（C_1、C_2為耦合電容）

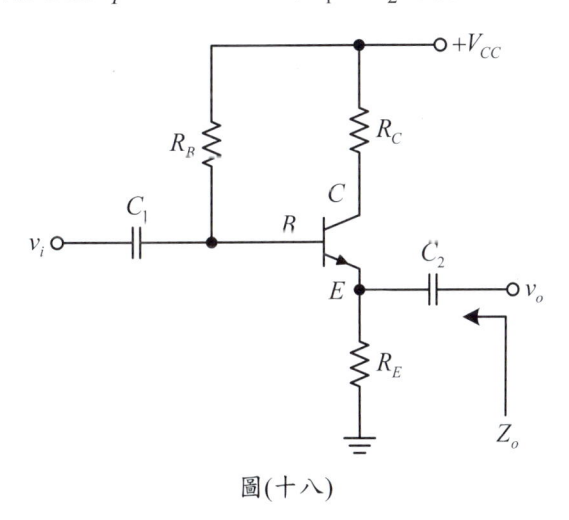

圖(十八)

( )29. 此放大器輸出阻抗Z_o約為何？
(A)12.9Ω (B)26Ω (C)129Ω (D)2.6kΩ

( )30. 若此BJT之基極交流電阻為r_π及射極交流電阻為r_e，則電壓增益v_o/v_i為何？
(A)$\frac{R_E}{r_e+r_\pi}$ (B)$\frac{r_\pi}{r_e+R_E}$ (C)$\frac{R_E}{r_e+R_E}$ (D)$\frac{R_E}{r_\pi+R_E}$

(　)31. 下列有關MOSFET之敘述，何者正確？
(A)D-MOSFET，閘源極間未加V_{GS}電壓時，汲源極間無法導通
(B)P通道E-MOSFET，閘源極間須加正電壓，才可使汲源極間導通
(C)E-MOSFET，閘源極間須加逆偏電壓，才可關閉汲源極間導通電流
(D)N通道MOSFET之基體（substrate）為P型半導體 [6-3]

(　)32. 如圖(十九)所示電路，$V_{DD}=12\,V$，MOSFET之夾止（pinch-off）電壓$V_P=-3\,V$，$I_{DSS}=9\,mA$，工作點之$I_D=1.44\,mA$，則電阻R_{G1}約為何？
(A)202.2kΩ
(B)180.8kΩ
(C)156.5kΩ
(D)112.6kΩ [6-4]

(　)33. 一N通道D-MOSFET電路操作於飽和區（夾止區），MOSFET之夾止電壓$V_P=-4\,V$，$I_{DSS}=10\,mA$，工作點之$V_{GS}=-3\,V$，則此工作點之交流轉移電導g_m為何？
(A)0.82 mA/V　　　(B)1.25 mA/V
(C)1.56 mA/V　　　(D)1.82 mA/V [7-1]

圖(十九)

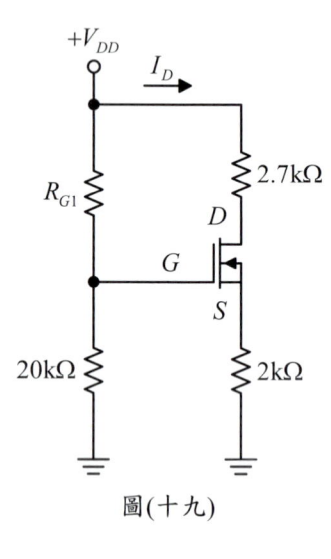

▲ 閱讀下文，回答第34-35題

如圖(二十)所示之放大電路，$V_{DD}=15.6\,V$，MOSFET之臨界電壓（threshold voltage）$V_t=2\,V$，參數$K=0.3\,mA/V^2$，若調整R_{G1}使得直流工作點之汲極電流$I_D=1.2\,mA$。（F.G.為信號產生器）

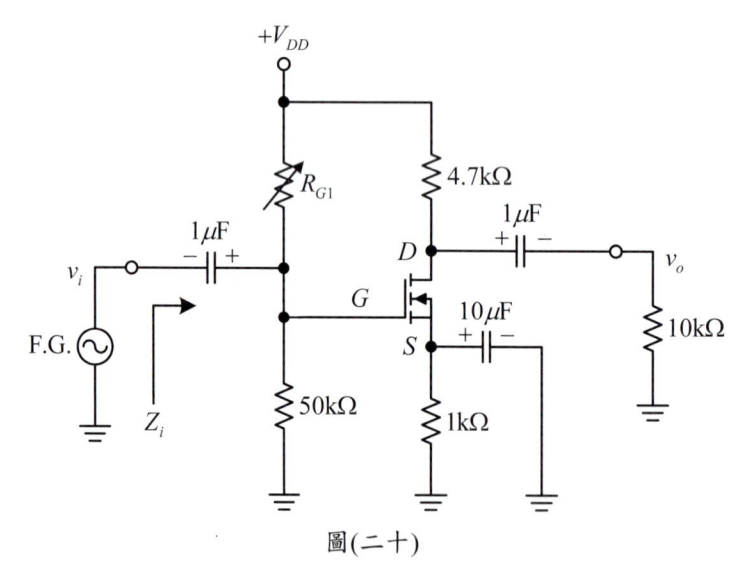

圖(二十)

(　)34. 則此工作點下之MOSFET交流轉移電導g_m為何？
(A)1.2 mA/V　(B)1.8 mA/V　(C)2.4 mA/V　(D)3.2 mA/V [7-2]

(　)35. 則此工作點下之輸入阻抗Z_i約為何？
(A)45.2kΩ　(B)38.6kΩ　(C)33.3kΩ　(D)24.5kΩ [7-2]

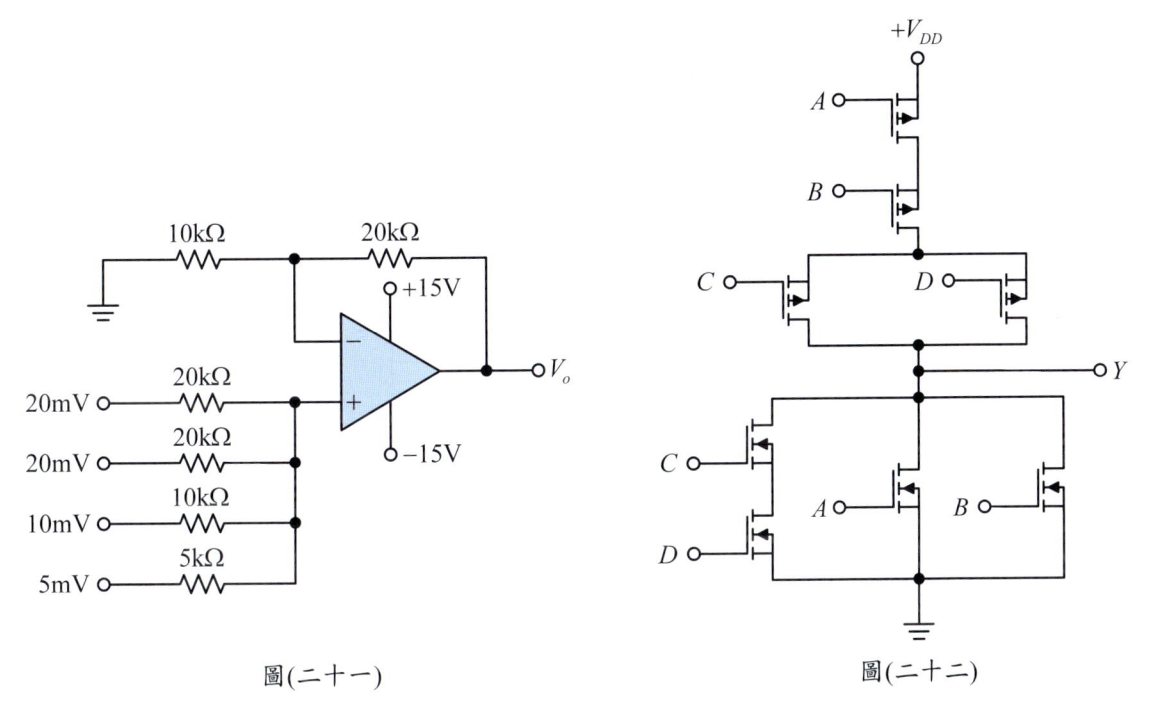

( )36. 如圖(二十一)所示理想運算放大器電路，其輸出電壓 V_o 為何？
(A)10mV　(B)20mV　(C)30mV　(D)55mV

( )37. 如圖(二十二)所示CMOS數位電路，其輸出 Y 的布林代數式為何？
(A)$\overline{A}\,\overline{B}(C+D)$　(B)$AB(\overline{C}+\overline{D})$　(C)$AB(C+D)$　(D)$\overline{A}\,\overline{B}(\overline{C}+\overline{D})$

▲ 閱讀下文，回答第38-39題

如圖(二十三)所示運算放大器振盪電路，電路各元件均為理想且 $R_i = 50\text{ k}\Omega$、$L = 100\ \mu\text{H}$、$C_1 = 300\text{ pF}$、$C_2 = 150\text{ pF}$。

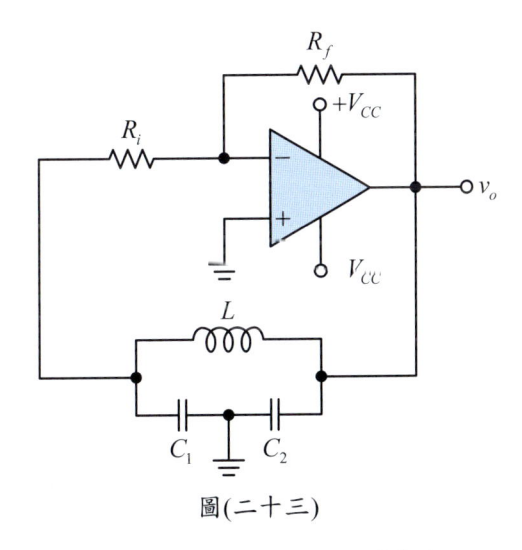

圖(二十三)

( )38. 當電路產生穩定弦波振盪時，則電阻 R_f 之理論值為何？
(A)$R_f = 20\text{ k}\Omega$　(B)$R_f = 50\text{ k}\Omega$　(C)$R_f = 100\text{ k}\Omega$　(D)$R_f = 300\text{ k}\Omega$

( )39. 此電路振盪頻率約為何？
(A)1.59kHz　(B)3.18kHz　(C)1.59MHz　(D)3.18MHz

(　　)40. 如圖(二十四)所示，示波器量測得之弦波電壓信號$v(t)$，測試棒及示波器端之衰減比皆設定為1：1，若示波器垂直刻度設定為2V／DIV、水平刻度設定為1ms／DIV，則此信號峰對峰值及頻率分別為何？
(A)$16\sqrt{2}$、500Hz　　　　　(B)16V、500Hz
(C)$8\sqrt{2}$、250Hz　　　　　(D)8V、250Hz

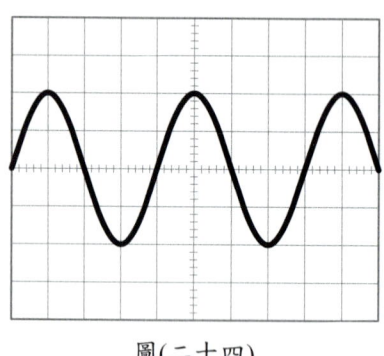

圖(二十四)

(　　)41. 指針型三用電表，將功能旋扭轉至$R \times 1k$歐姆檔，並依常規將紅色及黑色測試線正確接至電表。電表歸零後，將電表黑測棒固定接觸BJT之其中一接腳，再將電表紅測棒分別接觸BJT另外兩隻接腳，若電表皆指示低電阻值狀態，則下列敘述何者正確？
(A)為NPN電晶體，黑測棒接觸接腳為射極
(B)為PNP電晶體，黑測棒接觸接腳為基極
(C)為PNP電晶體，黑測棒接觸接腳為射極
(D)為NPN電晶體，黑測棒接觸接腳為基極

(　　)42. 如圖(二十五)所示理想二極體全波整流電路，$v_s = 110\sqrt{2}\sin(377t)$ V，變壓器匝數比$N_1 : N_2 : N_3 = 11 : 1 : 1$，若負載$R_L = 10\,\Omega$，則二極體電流$i_D$的平均值為何？
(A)$\dfrac{\sqrt{2}}{\pi}$A　(B)$\dfrac{2\sqrt{2}}{\pi}$A　(C)$\sqrt{2}$A　(D)$2\sqrt{2}$A

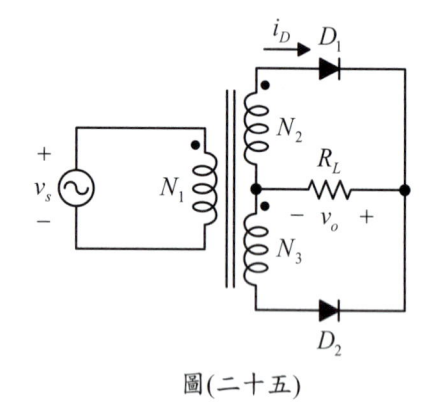

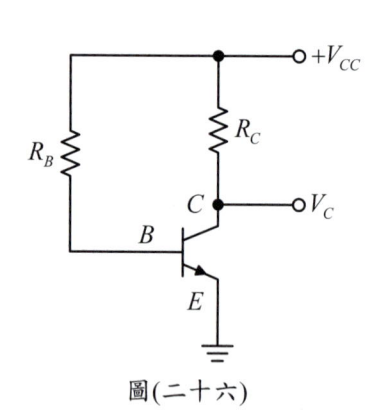

圖(二十五)　　　　　　　　　　圖(二十六)

(　　)43. 如圖(二十六)所示音訊放大器直流偏壓電路，$V_{CC} = 12$ V、$R_B = 452\,k\Omega$及$R_C = 3\,k\Omega$，當BJT之$V_{BE} = 0.7$ V、$\beta = 80$時，則$V_C = \dfrac{V_{CC}}{2} = 6$ V。若BJT之β變為100，則V_C為何？　(A)7.5V　(B)6.5V　(C)5.5V　(D)4.5V

▲ 閱讀下文，回答第44-45題

如圖(二十七)所示之串級放大實驗電路，電晶體Q_1採用2SC1815，形成第一級放大電路，Q_2採用2N3569，$\beta_2 = 80$，形成第二級放大電路。已調整R_{B1}及R_{B2}使得Q_1及Q_2直流工作點之$V_{CE} = 6\text{ V}$。示波器CH1、CH2之輸入選擇開關設定於**DC耦合模式**，且垂直檔位均各自設置於適當檔位。

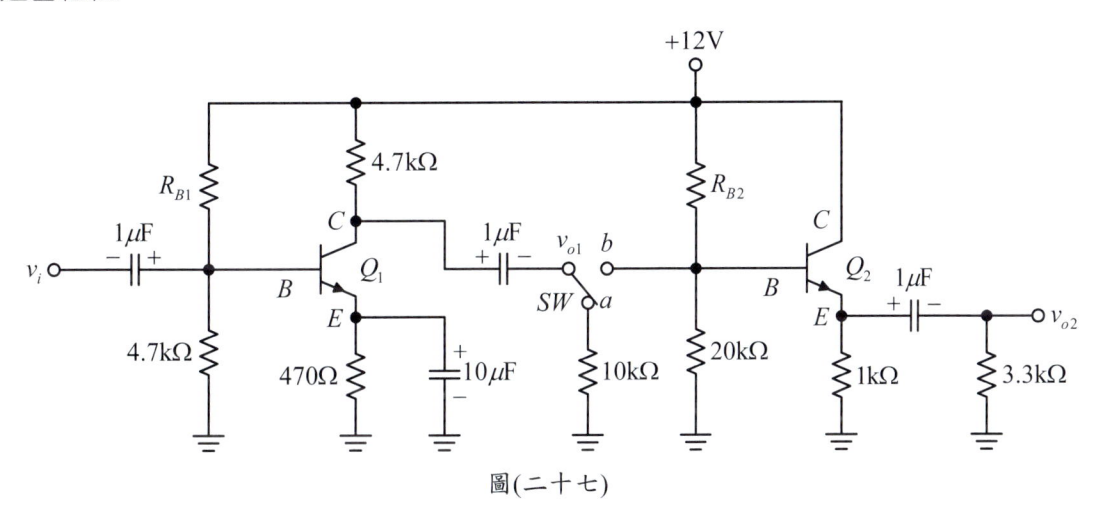

圖(二十七)

( )44. 若v_i輸入信號以示波器CH1量測波形如圖(二十八)所示，且當開關SW切於b處時，以CH2量測v_{o1}之示意波形可能為何？ [5-2]

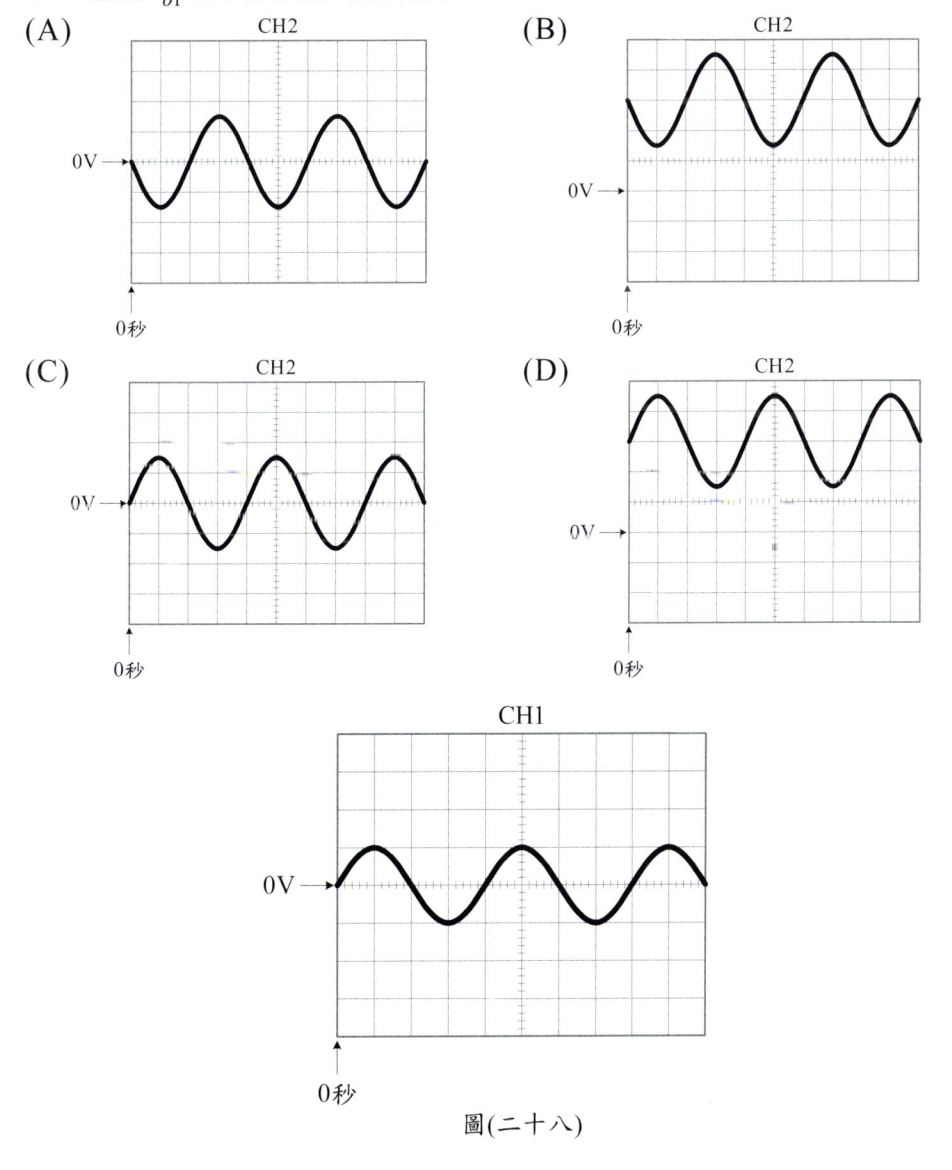

(A) CH2
(B) CH2
(C) CH2
(D) CH2

CH1

圖(二十八)

( )45. 電阻R_{B2}約為何？
(A)8.61kΩ (B)12.96kΩ (C)21.35kΩ (D)24.36kΩ [5-2]

( )46. 如圖(二十九)所示串級放大實驗電路，MOSFET Q_1 之參數 $K_1 = 0.5\,\text{mA/V}^2$、臨界電壓 $V_{t1} = 1\,\text{V}$，Q_2 之參數 $K_2 = 0.5\,\text{mA/V}^2$、臨界電壓 $V_{t2} = 1.5\,\text{V}$，調整 R_{G1} 後測得兩電晶體直流工作點之 Q_1 汲極電流 $I_{D1} = 0.5\,\text{mA}$、Q_2 汲極電流 $I_{D2} = 2\,\text{mA}$，則放大器之電壓增益 v_o/v_i 為何？　(A)15　(B)–10　(C)–12　(D)–15 [8-2]

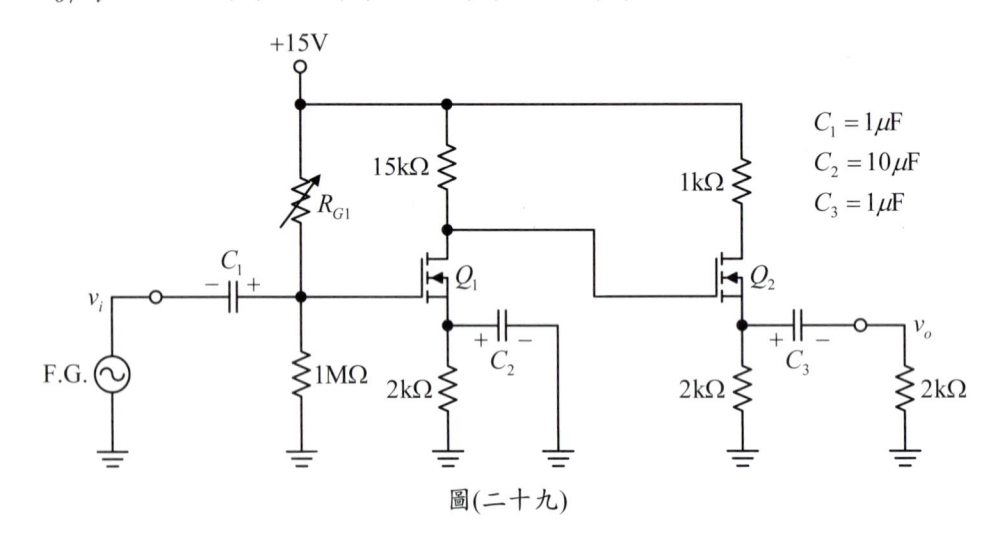

圖(二十九)

( )47. 如圖(三十)所示電路，輸出V_o飽和電壓為±15V，若輸出為+15V時，則輸入電壓V_i可能為何？　(A)–8V　(B)–2V　(C)2V　(D)8V [10-6]

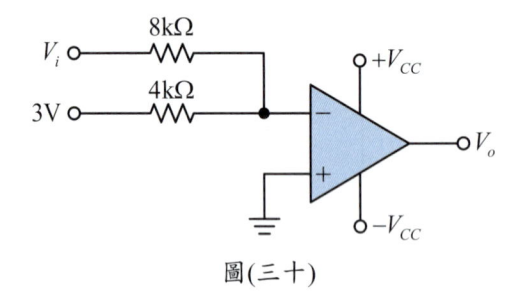

圖(三十)

( )48. 如圖(三十一)所示理想運算放大器振盪電路，若 $R_1 = 20\,\text{k}\Omega$、$R_2 = 60\,\text{k}\Omega$、$R_3 = 9\,\text{k}\Omega$、$C = 0.1\,\mu\text{F}$，則振盪時電路輸出v_o頻率約為何？
(A)83.3Hz (B)833Hz (C)1.78kHz (D)17.8kHz [11-5]

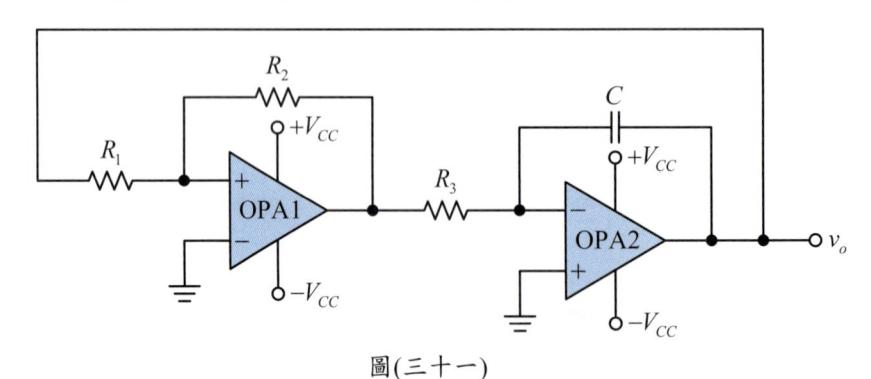

圖(三十一)

(　　)49. 如圖(三十二)所示理想運算放大器濾波電路，該濾波器類型及其截止頻率為何？

(A)高通濾波器，截止頻率為 $\dfrac{1}{2\pi\sqrt{RC}}$ Hz

(B)高通濾波器，截止頻率為 $\dfrac{1}{2\pi RC}$ Hz

(C)低通濾波器，截止頻率為 $\dfrac{1}{2\pi\sqrt{RC}}$ Hz

(D)低通濾波器，截止頻率為 $\dfrac{1}{2\pi RC}$ Hz

[11-6]

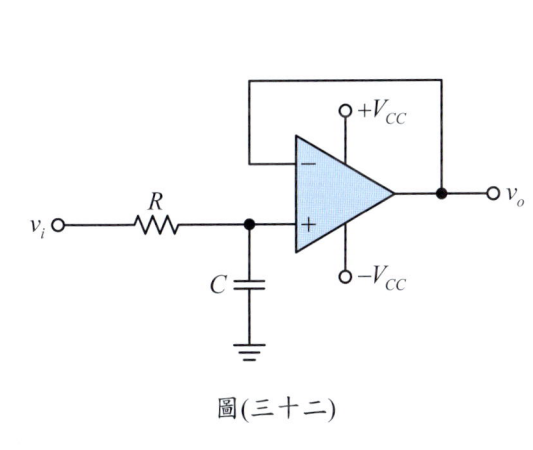

圖(三十二) 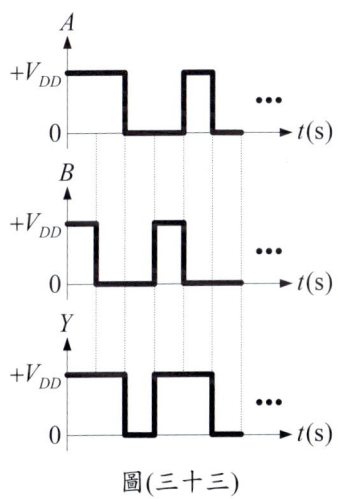　　　圖(三十三)

(　　)50. 某MOSFET數位電路的輸入 A、B 及輸出 Y 波形如圖(三十三)所示，若 $+V_{DD}$ 為高準位（邏輯1），0V 為低準位（邏輯 0），則此數位電路為何？ [9-3]

(A) (B) 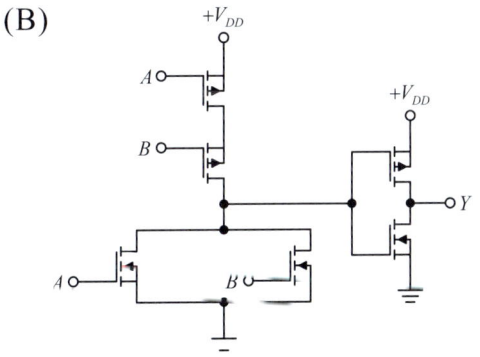 (C) 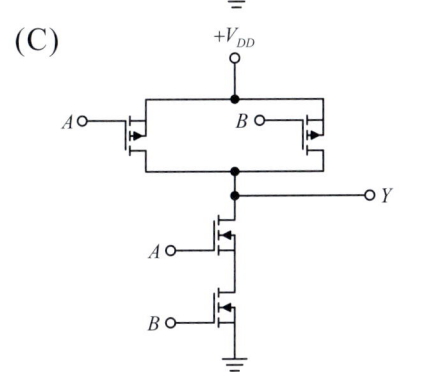 (D)

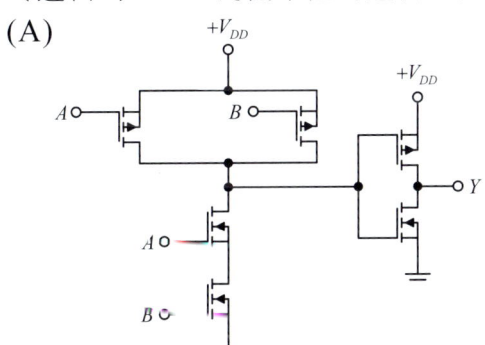

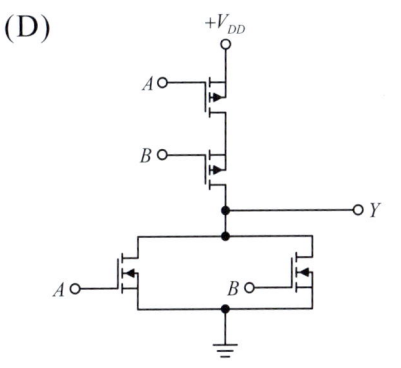

解答

答

26.B	27.C	28.D	29.A	30.C	31.D	32.A	33.B	34.A	35.C
36.C	37.D	38.C	39.C	40.D	41.D	42.A	43.D	44.B	45.B
46.B	47.A	48.B	49.D	50.B

解

26. (1) 矽掺雜砷，形成N型半導體。

    (2) P型半導體為電中性。

    (3) 本質半導體掺雜三價元素，形成P型半導體。

27. (1) $V_{rms} = \dfrac{V_m}{\sqrt{2}}$，$V_{av} = \dfrac{2}{\pi}V_m$

    (2) 波形因數等於 $\dfrac{V_{rms}}{V_{av}} = \dfrac{\pi}{2\sqrt{2}}$

28. (1) 空乏區電位差稱為障壁電壓。

    (2) 溫度升高，逆向飽和電流增加。

    (3) LED發光顏色由製造材料決定。

29. (1) $I_E = \dfrac{V_{CC} - V_{BE}}{\dfrac{R_B}{1+\beta} + R_E} = \dfrac{12 - 0.7}{\dfrac{305k}{1+99} + 2.6k} = 2\ \text{mA}$

    (2) $r_e = \dfrac{V_T}{I_E} = \dfrac{26\text{mV}}{2\text{mA}} = 13\ \Omega$

    $Z_o = r_e // R_E = 13 // 2.6k \approx 12.9\ \Omega$

31. (1) D-MOSFET的 $V_{GS} = 0$ 時，仍有通道存在。

    (2) P通道E-MOSFET，$V_{GS} < 0$ 時，才可使汲源極間導通。

    (3) E-MOSFET，閘源極間須加順偏電壓，才有汲源電流，V_{GS} 逆偏時沒有汲源電流。

32. (1) $I_D = I_{DSS}(1 - \dfrac{V_{GS}}{V_P})^2$，則 $1.44 = 9(1 - \dfrac{V_{GS}}{-3})^2$，$(1 - \dfrac{V_{GS}}{-3}) = \pm\sqrt{\dfrac{1.44}{9}} = \pm 0.4$，故

    $V_{GS} = -1.8\ \text{V}$ 或 -4.2V（不合）

    (2) $V_S = I_D R_S = 1.44\text{m} \times 2\text{k} = 2.88\ \text{V}$

    (3) $V_G = V_{DD}\dfrac{R_{G2}}{R_{G1}+R_{G2}} = V_{GS} + V_S = -1.8 + 2.88 = 1.08\ \text{V}$

    $\dfrac{R_{G1}}{R_{G2}} = \dfrac{V_{DD}}{V_G} - 1 = \dfrac{12}{1.08} - 1 \approx 10.11$，故

    $R_{G1} = 10.11 R_{G2} = 10.11 \times 20\text{k} = 202.2\ \text{k}\Omega$

解答

33. $g_m = \dfrac{2I_{DSS}}{|V_P|}(1-\dfrac{V_{GS}}{V_P}) = \dfrac{2\times 10}{4}(1-\dfrac{-3}{-4}) = 1.25 \text{ mA/V}$

34. (1) $I_D = K(V_{GS}-V_t)^2$,$1.2 = 0.3(V_{GS}-2)^2$,則 $V_{GS} = 4$ V

    (2) $g_m = 2K(V_{GS}-V_t) = 2\times 0.3\times(4-2) = 1.2$ mA/V

35. (1) $V_S = I_D R_S = 1.2\text{m}\times 1\text{k} = 1.2$ V

    (2) $V_G = V_{GS}+V_S = 4+1.2 = 5.2$ V

    (3) $V_G = V_{DD}\dfrac{R_{G2}}{R_{G1}+R_{G2}}$,$\dfrac{R_{G1}}{R_{G2}} = \dfrac{V_{DD}}{V_G}-1 = \dfrac{15.6}{5.2}-1 = 2$,則
    $R_{G1} = 2R_{G2} = 2\times 50\text{k} = 100$ kΩ

    (4) $Z_i = R_{G1} // R_{G2} = 100\text{k} // 50\text{k} \approx 33.3$ kΩ

36. (1) $V_{(+)} = \dfrac{\dfrac{20\text{mV}}{20\text{k}}+\dfrac{20\text{mV}}{20\text{k}}+\dfrac{10\text{mV}}{10\text{k}}+\dfrac{5\text{mV}}{5\text{k}}}{\dfrac{1}{20\text{k}}+\dfrac{1}{20\text{k}}+\dfrac{1}{10\text{k}}+\dfrac{1}{5\text{k}}} = \dfrac{20\text{m}+20\text{m}+20\text{m}+20\text{m}}{1+1+2+4} = 10$ mV

    (2) $V_o = V_{(+)}(1+\dfrac{20\text{k}}{10\text{k}}) = 10\text{m}\times 3 = 30$ mV

37. $Y = \overline{A+B+CD} = \overline{A}\,\overline{B}(\overline{C}+\overline{D})$

38. (1) 諧振時 $X_{C1}+X_{C2}+X_L = 0$

    (2) $\beta = \dfrac{X_{C1}}{X_{C1}+X_L} = -\dfrac{X_{C1}}{X_{C2}} = -\dfrac{C_2}{C_1} = -\dfrac{150\text{p}}{300\text{p}} = -0.5$

    (3) $A = \dfrac{1}{\beta} = \dfrac{1}{-0.5} = -2$

    $\dfrac{R_f}{R_i} = |A| = 2$,則 $R_f = 2R_i = 2\times 50\text{k} = 100$ kΩ

39. (1) $C = \dfrac{C_1 C_2}{C_1+C_2} = \dfrac{300\times 150}{300+150} = 100$ pF

    (2) $f_o = \dfrac{1}{2\pi\sqrt{LC}} = \dfrac{0.159}{\sqrt{100\mu\times 100\text{p}}} = 1.59$ MHz

40. (1) $V_{P-P} = 4\text{DIV}\times 2\text{V/DIV} = 8$ V

    (2) $T = 4\text{DIV}\times 1\text{ms/DIV} = 4$ ms
    $f = \dfrac{1}{T} = \dfrac{1}{4\text{m}} = 250$ Hz

41. (1) 電表黑棒接電池正端,紅棒接電池負端。

    (2) 黑棒固定接觸之接腳為基極,且為P型。

解答

42. (1) $V_m = \dfrac{110\sqrt{2}}{\dfrac{N_1}{N_2}} = \dfrac{110\sqrt{2}}{11} = 10\sqrt{2}$ V

    (2) $V_{o(av)} = \dfrac{2}{\pi}V_m = \dfrac{2}{\pi} \times 10\sqrt{2} = \dfrac{20\sqrt{2}}{\pi}$ V

    (3) $I_{o(av)} = \dfrac{V_{o(av)}}{R_L} = \dfrac{\dfrac{20\sqrt{2}}{\pi}}{10} = \dfrac{2\sqrt{2}}{\pi}$ A

    (4) $I_{D(av)} = \dfrac{I_{o(av)}}{2} = \dfrac{1}{2} \times \dfrac{2\sqrt{2}}{\pi} = \dfrac{\sqrt{2}}{\pi}$ A

43. (1) $\beta = 80$ 時：

    $I_B = \dfrac{V_{CC} - V_{BE}}{R_B} = \dfrac{12 - 0.7}{452k} = 25\ \mu A$

    $I_C = \beta I_B = 80 \times 25\mu = 2\ mA$

    $R_C = \dfrac{V_{CC} - V_C}{I_C} = \dfrac{12 - 6}{2m} = 3\ k\Omega$

    (2) $\beta = 100$ 時：

    $I_C = \beta I_B = 100 \times 25\mu = 2.5\ mA$

    $V_C = V_{CC} - I_C R_C = 12 - 2.5m \times 3k = 4.5$ V

44. (1) 對交流而言，第一級CE放大相位相反，故 $\dfrac{v_o}{v_i} < 0$。

    (2) 對直流而言，$V_{B2} > 0$。

45. (1) $I_E = \dfrac{V_{CC} - V_{CE}}{R_E} = \dfrac{12 - 6}{1k} = 6\ mA$

    (2) $I_B = \dfrac{I_E}{1+\beta} = \dfrac{6m}{81} \approx 74\ \mu A$

    (3) $V_{th} = V_{CC} \dfrac{20k}{R_{B2} + 20k}$

    $R_B = R_{B2} // 20k = \dfrac{R_{B2} \times 20k}{R_{B2} + 20k}$

    (4) $V_{th} - I_B R_B = V_B = 6.7$ V

    $12 \times \dfrac{20k}{R_{B2} + 20k} - 74\mu \times \dfrac{R_{B2} \times 20k}{R_{B2} + 20k} = 6.7$

    $240k - 1.48 R_{B2} = 6.7(R_{B2} + 20k)$，故

    $R_{B2} = \dfrac{240k - 134k}{8.18} \approx 12.96\ k\Omega$

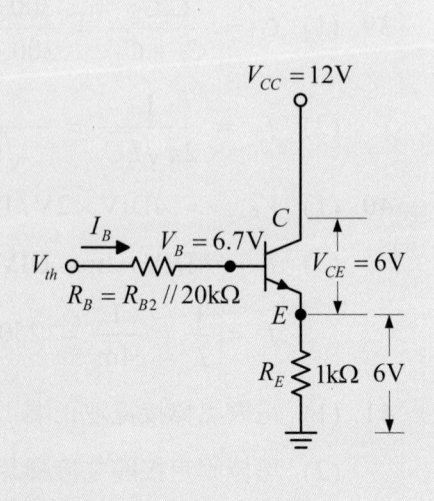

解 答

46. (1) $g_{m1} = 2\sqrt{K_1 I_{D1}} = 2 \times \sqrt{0.5m \times 0.5m} = 1\,\text{mA/V}$

   (2) $g_{m2} = 2\sqrt{K_2 I_{D2}} = 2 \times \sqrt{0.5m \times 2m} = 2\,\text{mA/V}$

   (3) $A_{v1} = \dfrac{v_{o1}}{v_{i1}} = -g_{m1}R_{D1} = -1m \times 15k = -15$

   $A_{v2} = \dfrac{v_{o2}}{v_{i2}} = \dfrac{(R_{S2} /\!/ R_L)}{\dfrac{1}{g_{m2}} + (R_{S2} /\!/ R_L)} = \dfrac{2k /\!/ 2k}{0.5k + 2k /\!/ 2k} = \dfrac{2}{3}$

   (4) $A_v = A_{v1} A_{v2} = -15 \times \dfrac{2}{3} = -10$

47. $V_{(-)} < V_{(+)}$ 時，$V_o = +V_{sat} = +15\,\text{V}$，則

   $V_{(-)} = \dfrac{\dfrac{V_i}{8k} + \dfrac{3}{4k}}{\dfrac{1}{8k} + \dfrac{1}{4k}} = \dfrac{V_i + 6}{1+2} < 0$，V 故 $V_i < -6\,\text{V}$

48. (1) $T = 4\left(\dfrac{R_1}{R_2}\right)R_3 C = 4\left(\dfrac{20k}{60k}\right) \times 9k \times 0.1\mu = 1.2\,\text{ms}$

   (2) $f = \dfrac{1}{T} = \dfrac{1}{1.2m} \approx 833\,\text{Hz}$

50. (1)

A	B	Y
1	1	1
1	0	1
0	0	0
0	1	1

➡

A	B	Y
0	0	0
0	1	1
1	0	1
1	1	1

   由真值表得知 $Y = A + B$

   (2) 圖(A)：$Y = \overline{\overline{AB}} = AB$

   圖(B)：$Y = \overline{\overline{A+B}} = A + B$

   圖(C)：$Y = \overline{AB}$

   圖(D)：$Y = \overline{A+B}$

NOTE